Jochen Oehler
Herausgeber

Der Mensch – Evolution, Natur und Kultur

Herausgeber
Prof. Jochen Oehler
Klinik und Poliklinik für Psychiatrie
und Psychotherapie, AG Neurobiologie
Universitätklinikum Dresden
Fetscherstr. 74
01307 Dresden
Deutschland
jochen.oehler@uniklinikum-dresden.de

Redaktionelle Bearbeitung: Lars Wilker

ISBN 978-3-642-10349-0 ISBN 978-3-642-10350-6 (eBook)
DOI 10.1007/978-3-642-10350-6
Springer Heidelberg Dordrecht London New York

Die Deutsche Nationalbibliothek verzeichnet diese Publikation in der Deutschen Nationalbibliografie; detaillierte bibliografische Daten sind im Internet über http://dnb.d-nb.de abrufbar.

Einbandentwurf: WMXDesign GmbH, Heidelberg

Gedruckt auf säurefreiem Papier

Springer ist Teil der Fachverlagsgruppe Springer Science+Business Media (www.springer.com)

Danksagung

Ich möchte an dieser Stelle allen Referenten ganz herzlich dafür danken, dass sie sich die Mühe gemacht und für diesen Band einen Beitrag, basierend auf ihren Ausführungen auf den oben erwähnten Tagungen, zur Verfügung gestellt haben.

Dieses Buch wäre nicht möglich geworden, wenn diese Tagungen nicht in einem so angenehmen und großzügigen Rahmen in den Räumen der Stiftung Deutsches Hygiene Museum Dresden hätten stattfinden können. Dafür sei seinem Direktor Herrn Prof. Klaus Vogel sehr herzlich gedankt. Herzlicher Dank gebührt vor allem seinem Mitarbeiter Herrn Dr. Christian Holtorf, mit dem mich vor und während der Tagungen eine intensive freundschaftliche Zusammenarbeit verband. In freundschaftlichem Dank bin ich auch Herrn Dr. Christian Starke verbunden, der mit einer großzügigen Spende die vielfältigen Vorbereitungsaktivitäten zu den Tagungen erleichterte.

Dank gilt mit gleichem Atemzug dem J. Springer-Verlag, der sofort bereit war, die Herausgabe dieses Bandes zu übernehmen. Hier bedanke ich mich ganz besonders herzlich bei Frau Stefanie Wolf für Ihre liebenswürdige und in jeder Situation entgegenkommende Art, wodurch so manche unvorhersehbare Schwierigkeit leicht behoben werden konnte.

Großer Dank gilt auch meinen Mitarbeiterinnen Frau Sabine Einert und Frau Heiderose Jakob, die umsichtig und ausdauernd die Organisations- und Manuskriptarbeit übernommen haben. Dankbar und verbunden bin ich meiner Partnerin Dr. Monika Jähkel für ihre stete Unterstützung nicht nur dieses Projektes.

Nicht zuletzt war es die umfassende finanzielle Förderung der Volkswagenstiftung, die zunächst die Darwin-Jubiläumstagung 2009 in großzügiger und schöpferischer Atmosphäre sowie durch einen Druckkostenzuschuss auch die Herausgabe dieses Buches ermöglichte. Hier danke ich vor allem Frau Dr. Henrike Hartmann, mit der mich über die gesamte Zeit eine sehr herzliche Zusammenarbeit verband.

Inhalt

Einführung

Jochen Oehler

Sprache, mit der wir moralische Entscheidungen treffen können, macht uns zum Menschen. Damit überlassen wir uns nicht dem bloßen Instinkt. Es ist die Fähigkeit diskutieren und über abstrakte Dinge sprechen zu können, die nicht real existieren, sondern vor unserem geistigen Auge stehen. Diese Befähigung ist es, durch die sich unser Intellekt so explosionsartig weiterentwickelt hat.

Jane Goodall

Darwins Prophezeiung „[...] in einer fernen Zukunft sehe ich Felder für noch weit wichtigere Untersuchungen sich öffnen [...], Licht wird auf den Ursprung der Menschheit und ihre Geschichte fallen [...]", die er am Ende seines epochalen Werkes „Über die Entstehung der Arten" äußert, hat sich 150 Jahre danach längst bewahrheitet. Das Evolutionsparadigma, so wie es sich heute aufgrund des wissenschaftlichen Fortschritts in vielen Bereichen darstellt, hat sich als ein erfolgreicher Forschungsansatz nicht nur in den empirisch vorgehenden Naturwissenschaften sondern auch in den verschiedenen Wissenschaften vom und über den Menschen erfolgreich erwiesen und trägt mehr und mehr zur Klärung existentieller Problemfelder des Menschen/der Menschheit bei – angesichts einer ganzen Reihe möglicher und durchaus bedenklicher Zukunftsszenarien ein Ansatz, der ein beträchtliches pragmatisches Potenzial beinhaltet.

Es ist längst zu einer wichtigen Gegenwartsaufgabe geworden, den Graben zwischen Natur- und Geistes- bzw. Kulturwissenschaften zu überwinden, da er in der Realität eigentlich nicht existiert. Die kulturelle Welt des Menschen ist ohne Berücksichtigung ihres evolutionären Ursprungs und des ihr eigenen evolutionären Verlaufs nicht umfassend analysier- und erklärbar. Pointiert ausgedrückt: Kultur ist Evolution mit anderen Mitteln. Somit scheint es dringend geboten, angesichts dieser vielen Zeitgenossen durchaus schon selbstverständlich erscheinenden Tatsache, nicht nur das Übergangsfeld zwischen der biologischen und kulturellen Daseinsweise des Menschen zu bestellen, sondern auch die spezifisch humanwissenschaftlichen Bereiche wie die Psychologie einschließlich der Kognitionswissenschaften, der Soziologie, der Politikwissenschaften sowie der Philosophie mit ihren Domänen der Erkenntnis und Ethik, ja selbst die Literaturwissenschaften, Kunst und Ästhetik wie auch Theologie in evolutionäre Denkweisen einzubeziehen. Dieser Weg ist durchaus beschwerlich, da die einzelnen Wissenschaftsbereiche längst in sich mehr oder weniger abgeschlossene Theorien- und Erklärungsgebäude aufweisen, allerdings auch zu „Grenzüberschreitungen“ neigen. Hier ist der trans- und interdisziplinäre Dialog gefragt, um Einseitigkeiten und unzutreffende Aussagen zur Daseinsweise des Menschen zu verhindern. Die Vergangenheit ist voll von solchen Beispielen, bei denen mitunter die wissenschaftliche Redlichkeit auf der Strecke bleibt und dem Erkenntnisfortschritt kein guter Dienst erwiesen wird. Man denke beispielsweise an die Lehren Mitschurins und Lyssenkos in der ehemaligen Sowjetunion, die nicht nur in der Wissenschaft sondern auch in der angewandten Landwirtschaft negative Folgen zeitigten. Als ein weiteres, anders gelagertes Beispiel wären auch verschiedene Auffassungen und Interpretationen über Sexualität in der Katholischen Kirche zu nennen.

Erfreulich sind aber Ansätze, die sich in vielen Tagungen, Kongressen, Vorlesungsreihen anlässlich des Darwin-Jubiläumsjahres 2009 finden lassen, so auch in den Beiträgen, die dem vorliegenden Buch zugrunde liegen. Es waren dies zwei vom VBIO initiierte Tagungen in Dresden, die in den Jahren 2007 (Jahr der Geisteswissenschaften – „Das Prinzip Bewegung in Natur und Kultur“) und 2009 („Darwin – Die Evolution und unser heutiges Bild vom Menschen“) mit beeindruckender öffentlicher Resonanz stattfanden und zu einem erfreulichen Brückenschlag zwischen Natur- und Geisteswissenschaften wurden. Hier haben Naturwissenschaftler, Psychologen, Soziologen, Politikwissenschaftler, Philosophen, auch Wissenschaftstheoretiker mit Vorträgen und Diskussionsbeiträgen in offener und fairer Weise eine interdisziplinäre Atmosphäre geschaffen, in der aus den verschiedensten Blickwinkeln der „Gegenstand Mensch“ beleuchtet wurde. Dass ein Verlag gewonnen werden konnte, dies in einem Buch zu vereinen, ermöglicht nun einem größeren Kreis als dem der Tagungsteilnehmer, in diesen interdisziplinären Dialog Einblick zu nehmen.

Natürlich können die Beiträge keinen Anspruch auf Vollständigkeit erheben, dies wäre eine Illusion. Aber die Breite und Vielfalt der sich aus den verschiedensten Wissenschaften ergebenden Sichtweisen lassen in aufschlussreicher Weise erkennen, dass wir gegenwärtig einen gewaltigen Wandel unseres Menschenbildes erfahren, bei dem die empirischen Ergebnisse der Naturwissenschaften und hier besonders der verschiedensten biologischen und anthropologischen Fachgebiete eine neue Basis zur Erklärung der menschlichen Daseinsweise beibringen.

Es ist nicht einfach, dieses höchst komplexe evolutionär entstandene Wirkungsgefüge des menschlichen Daseins und Verhaltens mit seinen Interaktionen proximater und ultimater Ursachen und Funktionsweisen zu analysieren. Und es ist schon gar nicht einfach, dies in die historisch entstandenen Denkmuster und -systeme, die sich in den Geistes- und Kulturwissenschaften mit ihren mitunter metaphysischen Anteilen herausgebildet haben, relevant einzuordnen. Einige Beiträge in diesem Buch dokumentieren daher auch, dass es noch einer beträchtlichen Wegstrecke bedarf, ehe ein Verständnis für evolutionäre Zusammenhänge zwischen bzw. in Natur und Kultur Allgemeingut werden kann. Dem aufmerksamen Leser wird nicht entgehen, dass einzelne Beiträge durchaus noch keine Einigkeit widerspiegeln, wenn es beispielsweise um die Sonderrolle oder Einzigartigkeit des Mensch als Art *Homo sapiens* geht, wo aus biologischer Sicht eine mehr gradualistische Orientierung favorisiert wird, der aus geisteswissenschaftlicher und philosophischer Perspektive die Betonung der spezifischen Sonderrolle des Menschen gegenübersteht. Wie auch immer sich diese Diskurse im Zuge des weiteren wissenschaftlichen Exkurses in der Zukunft gestalten werden, wir können und dürfen unsere Natur, d. h. die sich aus unserer phylogenetischen Herkunft ergebende Mitgift, nicht ignorieren und schon gar nicht als nicht existent betrachten, wie es leider in verschiedenen ideologisch oder auch theistisch orientierten Menschenbildern der Vergangenheit und auch der Gegenwart der Fall ist.

In dieser Mitgift sind unter anderem Dispositionen der Kooperation wie auch der Konkurrenz gleichermaßen verankert. Die kulturelle und die mit ihr verbundene technische Entwicklung und Daseinsweise des Menschen hat zwar die kooperativen Anlagen in vielfältiger Weise gefördert, leider aber auch die gegenteiligen, nämlich die zur Konkurrenz und Rivalität, die in ihren extremsten Formen bis zu massenhaften Tötungen von Menschen in kriegerischen Auseinandersetzungen, bis zu Ethnoziden geführt haben und leider immer noch führen. Wenn auch diese Aspekte nicht explizit in den vorliegenden Beiträgen behandelt werden, so sollen sie an dieser Stelle nicht unerwähnt bleiben, da sie zu einem realen und umfassenden Menschenbild der heutigen Zeit beizutragen haben. Dies wird allzu leicht und gern vergessen, wenn von der kulturellen Daseinsweise des Menschen gesprochen wird. Der konsequente evolutionäre Ansatz hilft hier maßgeblich, dies umfassend deutlich werden zu lassen. In ihm liegt daher vor allem ein beträchtliches pragmatisches Potenzial zur Interpretation historischer und gegenwärtiger Situationen, aber auch für die Gestaltung zukünftiger gesellschaftlicher Prozesse, auch auf globaler Ebene.

Humanität und Menschlichkeit, so sehr sie auch von unseren Naturanlagen mitgetragen und unterstützt werden – als umfassendes und übergeordnetes Prinzip sind sie ein geistiger Entwurf und dem entsprechend eine Errungenschaft der Kultur. Der leider viel zu früh verstorbene Zoologe und Neurobiologe Gerhard Neuweiler hat das in seinem Buch „Und wir sind es doch – die Krone der Evolution“ sehr treffend ausgedrückt: „Im Menschen emanzipiert sich die Evolution, denn er ist das einzige Lebewesen, das die Werkzeuge der natürlichen Evolution in die Hände nehmen und ihr eine eigene humane Welt entgegensetzen kann“. Dem soll an dieser Stelle eigentlich nichts weiter hinzugefügt werden als die Hoffnung, dass die Leser der Beiträge aus diesem Buch neben dem intellektuellen Vergnügen auch für Ihr eigenes Menschenbild etwas entnehmen können.

Autorenverzeichnis

Karl Eibl, Prof. Dr. phil. (geb. 1940); Studium der Literaturwissenschaften; 1967 Promotion über „Sprachkritik im Werk von Gustav Sack"; Professor für Neue Deutsche Literatur an der Universität Trier; 1990 Berufung nach München; Schwerpunkte: Kultur als biologische Adaptation, Evolutionstheorie der Literatur, Evolution und Sprache; umfangreiche Publikationstätigkeit zur Aufklärung, zur Goethezeit und der Literatur des frühen 19. und 20. Jahrhundert; Mitbegründer des Jahrbuchs für Computerphilologie; Bücher: u. a. „Zur Entstehung der Poesie" (1995), „Anima Poeta – Bausteine der biologischen Kultur- und Literaturtheorie" (2004), „Kultur als Zwischenwelt: Eine evolutionsbiologische Perspektive" (2009).

Department I, Germanistik, Komparatistik, Nordistik, Deutsch als Fremdsprache, Ludwig-Maximilians-Universität München, Schellingstraße 3, München, 80799 Deutschland, karl.eibl@germanistik.uni-muenchen.de

Joachim Fischer, Dr. habil. Privatdozent für Soziologie an der TU Dresden; im WS 2009/2010 Vertretung der Professur für Soziologische Theorie Universität Erlangen-Nürnberg, Forschungsschwerpunkte: Allgemeine Soziologie, Soziologische Theorien; Sozialtheorie und Wissenschaftstheorie, Gesellschaftstheorie und Gegenwartsdiagnostik; Kultursoziologie; Philosophische Anthropologie; Publikationen: Hg. (zus. m. Michael Makropoulos): Potsdamer Platz. Soziologische Theorien zu einem Ort der Moderne, München 2004; Philosophische Anthropologie. Eine Denkrichtung des 20. Jahrhunderts, Studienausgabe, Freiburg 2009; Hg. (zus. m. Thomas Bedorf u. Gesa Lindemann): Theorien des Dritten. Innovationen in Soziologie und Sozialphilosophie, München 2010. Weitere Informationen: www.fischer-joachim.org

Institut für Soziologie, Lehrstuhl für soziologische Theorie, Theoriegeschichte und Kultursoziologie, Technische Universität Dresden, Chemnitzer Str. 46a, 01187 Dresden, Deutschland, joachim.fischer@tu-dresden.de

Christian Illies, Prof. Dr. phil. (geb. 1963); Studium der Biologie, Kunstgeschichte und Philosophie; 1995 Dissertation in Oxford („An Essay in Kantian Ethics"); 2002 Habilitation; Assistenzen in Essen, USA, ECLA Berlin, TU Eindhoven; Gründungsmitglied Ethik-Akademie Berlin; 2006–2008 Professor für Philosophie der Kultur und Technik TU Delft; 2008 Professor für Praktische Philosophie, Lehrstuhl für Philosophie II Universität Bamberg; Schwerpunkte: Philosophie der Biologie und Anthropologie, Ethik und angewandte Ethik; zahlreiche Publikationen und Bücher: u. a. „Darwin" (Hösle u. Illies) (1999), „Philosophische Anthropologie im biologischen Zeitalter: Zur Konvergenz von Moral und Natur" (2006).

Lehrstuhl für Philosophie II, Universität Bamberg, An der Universität 2, 96047 Bamberg, Deutschland, christian.illies@uni-bamberg.de

Thomas Junker, Prof. Dr. rer. nat. (geb. 1957); Studium der Pharmazie; Promotionsstudium Geschichte der Naturwissenschaften Marburg; 1992–1995 Associate Editor of the Correspondence of Charles Darwin in Cambridge; 1993–1995 Feodor-Lynen-Stipendiat, Havard University (Cambridge, Mass.); 1996–2002 Assistent am Lehrstuhl für Ethik in der Biologie, Universität Tübingen; 2003 Habilitation; 2006 apl. Professur an der Fakultät für Biologie der Universität Tübingen; stellv. Vors. der AG Evolutionsbiologie im VBIO; Mitglied des wissenschaftlichen Beirats der Giordano-Bruno-Stiftung; zahlreiche Publikationen und Bücher: u. a. „Die Entdeckung der Evolution: Eine revolutionäre Theorie und ihre Geschichte" (Junker u. Hoßfeld) (2001), „Geschichte der Biologie: Die Wissenschaft vom Leben" (2004), „Die Evolution des Menschen" (2006), „Der Darwin-Code: Die Evolution erklärt unser Leben" (Junker u. Paul) (2009).

Lehrstuhl für Ethik in den Biowissenschaften, Universität Tübingen, Wilhelmstraße 19, 72074 Tübingen, Deutschland, thomas.junker@uni-tuebingen.de

Marie I. Kaiser, M.A. (geb. 1981); Studium der Biologie und Philosophie; Assistentin der Geschäftsführung am Philosophischen Seminar der WWU Münster; Schwerpunkte: Philosophie der Biologie, Philosophiedidaktik, Reduktionismus in der Biologie, Mechanismus-Begriff, Wissenschaftstheorie, Bioethik, Realismus-Antirealismus-Debatte; Buch: „Die Debatte um die Einheiten der natürlichen Selektion: Pluralistische Lösungsansätze" (2008).

Philosophisches Seminar, Westfälische Wilhelms-Universität Münster, Domplatz 23, 48143 Münster, Deutschland, marie.kaiser@uni-muenster.de

Harald Lesch, Prof. Dr. rer. nat. (geb. 1960); Studium der Physik; 1987 Dissertation über „Nichtlineare Plasmaprozesse in aktiven galaktischen Kernen"; Forschungsassistent an der Landessternwarte Heidelberg-Königsstuhl 1988–1991; Gastprofessur an der University Toronto; 1994 Habilitation Universität Bonn über „Galaktische Dynamik und Magnetfelder"; 1995 Professor für Theoretische Astrophysik bei der Universitätssternwarte an der LMU München; 2002 Professor für Naturphilosophie an der Hochschule für Philosophie München; Vielzahl von Preisen: u. a. 1988 Otto-Hahn-Medaille (für Dissertation), 1994 Bennigsen Förderpreis, 2004 Preis für Wissenschaftspublizistik Grüter Stiftung, 2005 Communicator-Preis der DFG und des Stifterverbandes für die deutsche Wissenschaft für Fernsehauftritte (z. B. alpha Centauri) und Publikationen; Arbeitsgebiete: Relativistische Plasmaphysik, Schwarze Löcher und Pulsare, Bioastronomie, Naturphilosophie; zahlreiche Bücher und Publikationen: u. a. „Kosmologie für Fußgänger" (2001), „BigBang, 2. Akt" (2003), „Kosmologie für helle Köpfe" (2006), „Physik für die Westentasche" (2010).

Institut für Astronomie und Astrophysik, Universität München, Scheinerstraße 1, 81679 München, Deutschland, lesch@usm.uni-muenchen.de

Jürgen Mittelstraß, Prof. Dr. phil. Dr. h.c. mult. Dr.-Ing. E.h. (geb. 1936); Studium der Philosophie, Germanistik und evangelischen Theologie; 1970–2005 Professor für Philosophie und Wissenschaftstheorie in Konstanz, 1990 Direktor des Zentrums Philosophie und Wissenschaftstheorie; Vorsitzender des Österreichischen Wissenschaftsrates; 1985–1990 Mitglied des Wissenschaftsrates; Mitglied des Vorstandes der Leopoldina; Mitglied der Pontificia Academia Scientiarum und weiterer in- und ausländischer Akademien; zahlreiche Auszeichnungen, Ehrendoktorwürdigungen und Preise; Forschungsschwerpunkte: Allgemeine Wissenschaftstheorie, Wissenschaftsgeschichte, Erkenntnistheorie, Sprachphilosophie, Kulturphilosophie; zahlreiche Bücher und Publikationen: u. a. „Die Häuser des Wissens. Wissenschaftstheoretische Studien" (1998), „Wissen und Grenzen: Philosophische Studien" (2001), „Enzyklopädie Philosophie und Wissenschaftstheorie" 4Bde. (Hrsg) (1995).

Konstanzer Wissenschaftsforum, Universität Konstanz, 78457 Konstanz, Deutschland, juergen.mittelstrass@uni-konstanz.de

Jochen Oehler, Prof. Dr. rer. nat. (geb. 1942); Studium der Biologie; 1967–1973 Assistent Humboldt-Universität Berlin, Bereich Verhaltenswissenschaften; 1973 Promotion über ein bioakustisches Thema; 1974–1989 Oberassistent am Institut für Pharmakologie der Medizinischen Akademie Dresden; 1988 Habilitation über ein experimentelles neuropharmakologisches/verhaltensphysiologisches Thema; 1990 Lehrauftrag Biologie für Mediziner; 1994 apl. Professor; 1994–2007 Leiter der AG Neurobiologie der Klinik und Poliklinik für Psychiatrie und Physiotherapie der Medizinischen Fakultät der TU Dresden; 1997–2007 Vizepräsident des Verbandes deutscher Biologen (Vdbiol); Schwerpunkte: Biokommunikation, Neurobiologie bei gestörten Organismus-Umwelt-Beziehungen, Aggressivität, Suizidologie, Evolutionstheorie; Buch: „Gott oder Darwin" (Klose u. Oehler) (Hrsg) (2008).

Klinik und Poliklinik für Psychiatrie und Psychotherapie, AG Neurobiologie, Universitätsklinikum Dresden, Fetscherstr. 74, 01307 Dresden, Deutschland, jochen.oehler@uniklinikum-dresden.de

Laura Otis, Prof. Dr. phil. (geb. 1961); Studium der Biologie – Neurobiologie, Anglistik; Professur für Anglistik, Emory University Atlanta/USA; 2000 Gastwissenschaftlerin am MPI für Wissenschaftsgeschichte in Berlin; Autorin von „Organic Memory" (1994), „Membranes: Metaphors of Invasion in Nineteenth-Century Literature, Science, and Politics" (1999), Übersetzerin von Santiago Ramon y Cajal's „Vacation stories" (2001), „Müller's Lab" (2007).

Department of English, Emory University, N 302 Callaway Center, 537 Kilgo Circle, Atlanta, GA 30322, USA, lotis@emory.edu

Werner J. Patzelt, Prof. Dr. phil. (geb. 1953); Studium der Politikwissenschaft, Soziologie und Geschichte in München; 1984–1990 Assistent Universität Passau; 1990 Habilitation; 1992 Professor für politische Systeme und Systemvergleich TU-Dresden; Mitglied der Kommission für Geschichte des Parlamentarismus und der politischen Parteien; Co-Chair des Research Comittee of Legislative Specialists der International Political Science Association und Mitglied des Executive Comittee der IPSA; 1995 Wissenschaftspreis des Deutschen Bundestages; Schwerpunkte: Vergleichende historische Analyse politischer Systeme, vergleichende Parlamentarismusforschung, evolutionstheoretische Modelle in der Politikwissenschaft; zahlreiche Monographien und Einzelarbeiten u. a. „Evolutorischer Institutionalismus" (2007).

Philosophische Fakultät, Institut für Politikwissenschaft, TU Dresden, Mommsensstraße 13, 01069 Dresden, Deutschland, werner.patzelt@tu-dresden.de

Josef H. Reichholf, Prof. Dr. rer. nat. (geb. 1945); Studium der Biologie, Chemie, Geografie und Tropenmedizin in München; 1970 Forschungsjahr in Brasilien; 1974 Sektionsleiter Ornithologie Zoologische Staatssammlungen München, 1995 Leiter der Hauptabteilung Wirbeltiere; Lehrtätigkeit an der LMU München sowie der TU München in Tiergeografie, Gewässerökologie und Naturschutz; Forschungsreisen: Südamerika, Afrika, Südasien; zahlreiche Preise: u. a. 2005 Treviranus-Medaille des Verbandes Deutscher Biologen (Vdbiol), 2007 Sigmund-Freud-Preis für wissenschaftliche Prosa; Mitglied im Präsidium WWF-Deutschland, Sachverständiger am Bundesumweltministerium; Hauptarbeitsgebiete: Biodiversität/Naturschutz, Evolutionsbiologie; zahlreiche Bücher u. a. „Das Rätsel der Menschwerdung: Die Entstehung des Menschen im Wechselspiel der Natur" (1997), „Warum wir siegen wollen" (2001), „Die falschen Propheten. Unsere Lust an Katastrophen" (2002), Eine Naturgeschichte des letzten Jahrtausends" (2007), „Rabenschwarze Intelligenz: Was wir von Krähen lernen können" (2009).

Lehrstuhl für Landschaftsökologie, TU München, Paulusstr. 6, 84524 Neuötting, Deutschland, reichholf.ornithologie@zsm.mwn.de

Hartmut Rosa, Prof. Dr. phil. (geb. 1965); Studium der Politikwissenschaft, Philosophie und Germanistik in Freiburg und an der LSE in London 1986–1993; Assistenzen: 1996 Universität Mannheim, 1997–1999 Universität Jena; 1997 Promotion in Berlin; 2004 Habilitation über „Soziale Beschleunigung" in Jena; Lehrstuhlvertretung (C4): 2004 Universität Duisburg/Essen, 2005 Universität Augsburg; 1988–2002 Akademische Auslandsaufenthalte: u. a. 1995 Harvard University, Cambridge, Mass., 2001–2002 Visiting Professor an der New School University, New York, 2002 Gastprofessor mit Forschungstätigkeit im Zwei-Jahres-Turnus in Soziologie; 2010 Professor für Allgemeine und Theoretische Soziologie und Direktor des Forschungszentrums „Laboratorium Aufklärung" Universität Jena; zahlreiche Publikationen und Monographien: u. a. „Beschleunigung. Die Veränderung der Zeitstrukturen in der Moderne“ (2005).

Institut für Soziologie, Friedrich-Schiller Universität Jena, Carl-Zeiß-Straße 2, 07743 Jena, Deutschland, hartmut.rosa@uni-jena.de

Frank Schwab, PD Dr. phil. (geb. 1963); Studium der Psychologie an der Universität des Saarlandes; 2000 Promotion über „Affektchoreographien“; 2008 Habilitation über „Lichtspiele – Eine Evolutionäre Medienpsychologie der Unterhaltung“ und Venia Legendi für das Fach Psychologie an der Universität des Saarlandes; 2001–2008 freier Dozent an der Privaten Europäischen Fachhochschule Fresenius in Idstein; 2008 Akademischer Oberrat an der Fachrichtung Psychologie, Medien- und Organisationspsychologie an der Universität des Saarlandes; Schwerpunkte: Nutzungs-, Rezeptions- und Wirkungsanalyse audiovisueller Medienangebote, Emotionspsychologie, Evolutionäre Psychologie; zahlreiche Publikationen; Bücher u. a. „Evolution und Emotion: Evolutionäre Perspektiven in der Emotionsforschung und der angewandten Psychologie“ (2004).

Philosophische Fakultät III, Psychologie – Medienpsychologie und Organisationspsychologie, Universität des Saarlandes, 66041 Saarbrücken, Deutschland, schwab@mx.uni-saarland.de

Volker Sommer, Prof. Dr. rer. nat. (geb. 1954); Studium der Biologie, Chemie und Theologie; 1985 Ph.D. in der Anthropologie; 1990 Habilitation im Fach Anthropologie und Primatologie in Göttingen; 1991–1996 Heisenberg-Stipendiat, PD in Göttingen; Professor für Evolutionäre Anthropologie am University College London; Feldforschungen über Sozialverhalten bei Primaten bes. indischer Tempelaffen, Gibbons im thailändischen Regenwald, Schimpansen im Bergwald Nigerias; Mitglied des wissenschaftlichen Beirats der Giordano-Bruno-Stiftung; zahlreiche internationale Projekte zum Schutz der Menschenaffen: Direktor des Gashaka Primate Project; zahlreiche Publikationen und Buchveröffentlichungen: u. a. „Wider die Natur? Homosexualität und Evolution“ (1990), „Lob der Lüge. Täuschung und Selbstbetrug bei Tier und Mensch.“ (1993), „Darwinisch denken: Horizonte in der Evolutionsbiologie“ (2007), „Schimpansenland: Wildes Leben in Afrika“ (2008).

Department of Anthropology, University College London, Gower Street, WC1E 6BT London, Großbritannien, v.sommer@ucl.ac.uk

Christian Suhm, Dr. phil. (geb. 1970); Studium der Philosophie, Gräzistik, Psychologie und Physik; 2003 Promotion über „Wissenschaftlichen Realismus“; 2003–2009 wissenschaftlicher Mitarbeiter/Assistent am Philosophischen Seminar der Universität Münster; 2009 wissenschaftlicher Geschäftsführer des Alfried Krupp Wissenschaftskollegs Greifswald; Schwerpunkte: Wissenschaftstheorie, Erkenntnistheorie, Philosophie des Geistes, Philosophie der Naturwissenschaften; Publikationen zum wissenschaftlichen Realismus, Körper-Geist-Problem und zum Naturalismus.

Stiftung Alfried Krupp Kolleg Greifswald, Martin-Luther-Straße 14, 17489 Greifswald, Deutschland, christian.suhm@wiko-greifswald.de

Bernhard Verbeek, Prof. Dr. rer. nat. (geb. 1942); Studium der Naturwissenschaften; 1971 Promotion in Bonn über „Biologische Untersuchungen an europäischen Eidechsen“; 1977 Habilitation (Venia Legendi: Zoologie, Didaktik der Biologie) Universität Dortmund; 1983 Professor für Erziehungswissenschaften und Biologie an der Universität Dortmund; Mitglied der Fakultät für Biologie der Ruhruniversität Bochum; Verhaltensbiologische Forschungen an Reptilien und Bienen; Vermittlung von biologischem Wissen in trans- und interdisziplinärem Zusammenhang; Schwerpunkt: verhaltensbiologische Aspekte beunruhigender gesellschaftlicher Entwicklungen vor evolutionärem Hintergrund; Bücher: u. a. „Die Anthropologie der Umweltzerstörung“ (1998), „Die Wurzeln der Kriege: Zur Evolution ethnischer und religiöser Konflikte“ (2004).

Fakultät Chemie, Fachgruppe Biologie und Didaktik der Biologie, Technische Universität Dortmund, Otto Hahn Straße 6, 44227 Dortmund, Deutschland, bernhard.verbeek@uni-dortmund.de

Annette Voigt, Dr. rer. nat. (geb. 1969); Studium der Landschaftsplanung in Berlin; 2000 wissenschaftliche Mitarbeiterin am Lehrstuhl für Landschaftsökologie TU München; 2008 Promotion über „Ökosystembegriff“; 2010 Assistentin an der Universität Salzburg, Fachbereich Geografie/Geologie; Schwerpunkte: Paradigmenwechsel und Wissenschaftstheorie in der Ökologie, Geschichte des Naturschutzes, Theorie zur Landschaft und Kulturlandschaft; Buch: „Die Konstruktion der Natur: Ökologische Theorien und politische Philosophien der Vergesellschaftung“ (2009).

AG Stadt- und Landschaftsökologie, FB Geographie und Geologie, Universität Salzburg, Hellbrunnerstrasse 34, 5020 Salzburg, Österreich, annette.voigt@sbg.ac.at

Eckart Voland, Prof. Dr. rer. nat. (geb. 1949); Studium der Biologie und Sozialwissenschaften an der Universität Göttingen; 1978 Promotion über „Sozialverhalten von Primaten“; DFG Stipendiat; 1992 Habilitation an der Universität Göttingen für Anthropologie mit Arbeiten über „Historische Demografie und Soziobiologie“; 1993 Senior Research Fellow Dept. of Anthropology, University College London; 1995 Professur für Philosophie der Biowissenschaften am Zentrum für Philosophie an der Universität Gießen; Schwerpunkte: Evolutionäre Anthropologie, Soziobiologie, Biophilosophie, Evolutionäre Ethik, Evolutionäre Religionswissenschaft; Bücher: „Grundriss der Soziobiologie“ (2002), „Die Natur des Menschen: Grundkurs Soziobiologie“ (2007).

Philosophie der Biowissenschaften am Zentrum für Philosophie und Grundlagen der Wissenschaft, Universität Gießen, Otto-Behaghel-Str. 10, 35394 Gießen, Deutschland, eckart.voland@phil.uni-giessen.de

Gerhard Vollmer, Prof. Dr. rer. nat. Dr. phil. (geb. 1943); Studium der Physik, Mathematik und Chemie, Philosophie und Sprachwissenschaften; 1971 Promotion in Theoretischer Physik in Freiburg; 1971–1972 Research Associate in Montreal; 1971 Wissenschaftlicher Assistent in Freiburg; 1974 Promotion in Philosophie in Freiburg; 1975–1981 Akademischer Rat für Philosophie an der Universität Hannover; 1981 Professor für Philosophie in Gießen; 1991 Professor für Philosophie an der Technischen Hochschule in Braunschweig; Mitglied der Leopoldina; Mitglied im Wissenschaftsrat der GWUP; 2002 Gastprofessor an der Hunan Normal University Changsa in China; 2004 Kulturpreis der Eduard-Rhein-Stiftung; Schwerpunkte: Logik, Evolutionäre Erkenntnistheorie, Grundlagen der Physik und Biologie, Naturphilosophie, Künstliche Intelligenz, Evolutionäre Ethik; zahlreiche Veröffentlichungen und Bücher: u. a. „Evolutionäre Erkenntnistheorie" (2002), „Was können wir wissen" (2003), „Biophilosophie" (1995), „Wieso können wir die Welt erkennen?: Neue Beiträge zur Wissenschaftstheorie" (2003).

Professor-Döllgast-Straße 14, 86633 Neuburg/Donau, Deutschland, g.vollmer@tu-bs.de

Franz M. Wuketits, Prof. Dr. phil. (geb. 1955); Studium der Zoologie, Paläontologie, Philosophie und Wissenschaftstheorie an der Universität Wien; 1978 Promotion; 1980 Habilitation, Professor für Wissenschaftstheorie; parallel dazu Lehraufträge und 1998–2004 Gastprofessuren an der Universität Graz, der Technischen Universität Wien und der Universität für Veterinärmedizin Wien sowie der Universität der Balearen in Palma de Mallorca (2006, 2008, 2009); Stellvertretender Vorstandsvorsitzender des Konrad Lorenz Instituts für Evolutions- und Kognitionsforschung in Altenberg/Donau; 1982 Österreichischer Staatspreis für Wissenschaftliche Publizistik; Schwerpunkte: Themen zur Evolutionstheorie; zahlreiche Bücher: u. a. „Warum uns das Böse fasziniert" (1999), „Der Affe in uns: Warum die Kultur an unserer Natur zu scheitern droht" (2002), „Ausgerottet – ausgestorben. Über den Untergang von Arten, Völkern und Sprachen" (2003), „Der freie Wille. Die Evolution einer Illusion" (2008), „Lob der Feigheit" (2008).

Institut für Wissenschaftstheorie, Universität Wien, NIG Universitätsstraße, 1010 Wien, Österreich, franz.wuketits@univie.ac.at

Kapitel 1
Was hat das Universum mit uns zu tun?

Harald Lesch

Was hat das Universum mit uns zu tun? Da der Mensch ein Teil des Universums ist, muss er etwas mit dem Universum zu tun haben. Das Universum stellt ja ganz allgemein den größten Ursache-Wirkung-Zusammenhang dar, über den hinaus zwar noch gedacht und gerechnet, aber nichts mehr beobachtet oder gemessen werden kann. Es definiert also nicht nur die Möglichkeiten materiell-energetischer Seinsformen sondern auch deren Grenzen. Leben, bzw. menschliches Leben stellt im Universum dann zwar eine spezielle Form, aber eben nur eine Form materieller Daseinsstruktur dar. Neben Galaxien, Gas, Sternen, Planeten, Asteroiden und anderen Formen unbelebter Materie gibt es eben auch noch Lebewesen. Das klingt nach Inventur, nach Aufzählung ohne Unterschied. Diese einfache erste Betrachtung liefert vielleicht die ein oder andere Anregung für ein weiteres Suchen nach Substanzen, aber ein wesentliches Moment geht hier verloren. Ich meine die empirische, sehr gut abgesicherte Tatsache, dass das Universum, wie alles was es enthält, eine Entwicklung durchlaufen hat und auch weiterhin durchläuft – nennen wir diese Entwicklung die kosmische Evolution.

Vor allem die zu Beginn des 20. Jahrhunderts gemachten Beobachtungen weit entfernter Galaxien stellen den Eckpfeiler für die Vorstellung einer kosmischen Evolution dar, denn alles deutet darauf hin, dass das Universum sich ausdehnt. Gedanklich können wir im Modell des expandierenden Universums einfach zurückgehen. Mit anderen Worten, wir gehen einfach einen Tag zurück, da war das Universum kleiner als heute und dann noch einen Tag und so weiter. Man erreicht dann in Gedanken den Punkt an dem das Universum angefangen haben muss. Da sich das Universum während seiner Expansion ständig abkühlte, machen wir es gedanklich dann nicht nur kleiner, sondern auch heißer. Es hatte offenbar einen Anfang, dessen Eigenschaften sich völlig vom momentanen Zustand unterschieden. Kurz und prägnant formuliert: das Universum fing sehr heiß, mit einer extrem gleichmäßigen Materieverteilung an und ist heute dagegen kalt und von geklumpter Materie geprägt.

H. Lesch (✉)
Institut für Astronomie und Astrophysik, Universität München,
Scheinerstraße 1, 81679 München, Deutschland
E-Mail: lesch@usm.uni-muenchen.de

J. Oehler (Hrsg.), *Der Mensch – Evolution, Natur und Kultur,*
DOI 10.1007/978-3-642-10350-6_1, © Springer-Verlag Berlin Heidelberg 2010

Wie sich dieser gleichmäßige, sehr heiße „Energiebrei" in den heutigen Zustand verwandelt hat, davon handelt dieser Beitrag.

1.1 Der gestirnte Himmel über uns

Ein Blick in den dunklen Nachthimmel genügt für eine fundamentale kosmische Erfahrung: Der Himmel über uns ist groß, sehr groß. Hier und da leuchtet ein Stern. Dazwischen ist offenbar fast nichts. Wenn da was wäre, würde das Licht der Sterne gar nicht unsere Augen erreichen, es würde vom Stoff zwischen den Sternen geschluckt werden. Das Universum muss also extrem leer sein, damit das Licht der Sterne unsere Augen überhaupt erreichen kann.

Astronomen lesen das Licht der Sterne. Das stellare Licht ist ihre kosmische Zeitung, es überbringt die Nachrichten von weit entfernten Welten und zwar mit der höchstmöglichen Geschwindigkeit, mit Lichtgeschwindigkeit: 300.000 km/s. Trotz dieser unvorstellbar großen Geschwindigkeit braucht das Licht selbst vom allernächsten Stern Jahre bis zur Erde. Licht braucht Zeit um zu uns zu kommen. Das Licht der Sterne und Galaxien ist immer schon die Zeitung von gestern. Es ist umso gestriger, je weiter die Sterne und Galaxien von der Erde entfernt sind.

Also im Grunde fehlen uns eigentlich die Worte für die Größe und Leere des Alls. Die Abstände zwischen Sternen sind über alle Maßen ungeheuerlich und die zwischen Galaxien sind nachgerade absurd. Astronomen messen die Entfernungen zwischen den Sternen in Lichtjahren, die Strecke, die das Licht in einem Jahr zurücklegt: knapp 10 Billionen km. Zwischen den Galaxien liegen unermesslich große Raumbereiche von Millionen und Milliarden von Lichtjahren, die vor Leere nur so strotzen. Das Licht von Galaxien ist Millionen und Milliarden Jahre unterwegs gewesen. Nur ein Teilchen pro Kubikmeter ist die mittlere Dichte des Kosmos. Das ist so gut wie nichts – nur zum Vergleich: in einem Kubikzentimeter Atemluft sind 100 Trillionen Teilchen. Das ganze Universum ist offenbar ein gewaltiges Meer der Leere in dem hier und da Inseln aus Materie mit vielen Milliarden Sternen vorkommen. Um einige dieser Sterne kreisen Planeten und auf einigen Planeten gibt es sogar Leben. Auf manchen Planeten gibt es Blumen und auf ganz wenigen sogar staunende Betrachter. Wie ist das alles nur entstanden?

1.2 Der Tag ohne gestern – der Anfang des Universums

Niemand war dabei und trotzdem sind sich die Astronomen heute einig: Das Universum hatte einen Anfang, es war nicht schon immer da. Eine ziemlich ungeheure Vorstellung, dass das Universum einmal nicht da gewesen sein soll. Ganz automatisch taucht doch die Frage auf: Was war vor dem Anfang? Was war die Ursache für den Anfang? Und wenn es eine Ursache gab, was war ihre Ursache? Diese Frage ließe sich unendlich fortführen. Das ist ein unlösbares logisches Problem und doch lässt es uns nicht ruhen. War der Anfang von einem Schöpfer gewollt oder war er nur Zufall? Am Anfang des Universums berühren sich Physik und Philosophie. Die Vorstellung der Astrophysiker vom Urknall als dem Anfang des Universums verzichtet auf jede philosophische Betrachtung, sie stützt sich vielmehr auf Beobachtungen von sehr weit entfernten Galaxien die, ähnlich wie unsere Milchstraße, aus vielen Milliarden Sternen bestehen. Der Verzicht auf die Warum-Frage erlaubt den Naturwissenschaftlern nach dem Wie zu fragen. Und wie war es?

Schauen wir uns im Universum um. Die Beobachtungen zeigen eindeutig, dass die Galaxien sich von uns entfernen, und zwar umso schneller, je weiter sie weg sind. Es ergibt sich ein ganz anschauliches Bild: Ähnlich wie ein frischer Hefeteig aufgeht, breitet sich der Raum zwischen den Galaxien aus. Die Galaxien sind Rosinen in diesem Teig, sie schwimmen im aufgehenden Teig mit, der sie voneinander weg treibt. Die Astronomen sprechen davon, dass das Universum expandiert. Und hat unser expandierender Kosmos einen Anfang, dann ist es ganz klar, dass er früher kleiner und ganz früher noch kleiner war. Das Universum muss also einmal sehr viel kleiner gewesen sein und es muss auch ganz anders ausgesehen haben als es sich uns heute zeigt. Dieses sehr große „Fast-Nichts" in dem heute hier und da Sterne und Galaxien leuchten, war früher ein winziges Etwas, sehr heiß und sehr dicht. Heute ist das Universum ja schon ziemlich leer. Das Licht unseres Muttersterns braucht 8 min Zeit um uns mit den ersten Strahlen zu versorgen. In den Anfängen des Kosmos waren die Distanzen zwischen Materiehaufen offenbar wesentlich kleiner, denn damals war die Materie auf sehr viel engerem Raum zusammengepresst und deshalb war sie heißer. War das Universum also früher viel kleiner, muss es auch viel wärmer gewesen sein. Je weiter wir in die Vergangenheit des Universums zurückgehen, umso heißer war es. Es hat Zeiten gegeben, in denen es für Moleküle viel zu heiß war. Die Wärmeenergie der Teilchen war einfach zu hoch und jede Verbindung zwischen den Atomen löste sich sofort wieder auf. In der ersten millionstel Sekunde war es so heiß, dass sich die Teilchen wieder in Energie verwandelten. Und ganz am Anfang, was war da? Nur unheimlich viel Energie, sonst nichts. Es war alles im Gleichgewicht, sonst nichts. Ein äußerst gleichmäßig verteilter strahlender Energiebrei erfüllte das winzige Universum.

Warum es nicht so blieb, sondern anfing sich auszudehnen, können wir nur vermuten. Offenbar gab es winzige Schwankungen im Energiebrei, die es aus seinem sehr labilen Gleichgewicht brachten. Man könnte es vergleichen mit einem Phänomen aus dem Labor: Normalerweise gefriert Wasser zu Eis wenn die Temperatur unter 0 °C fällt. Ganz langsam im Labor abgekühlt, bleibt es aber flüssig, dann nennt man es „unterkühltes" Wasser, es ist in einem Zustand, in dem es eigentlich nicht sein dürfte. Genau deshalb ist es so empfindlich, dass bereits eine ganz winzige Schwankung der Luft an seiner Oberfläche das Wasser schlagartig gefrieren lässt.

Beim Übergang von flüssig zu gefroren wird beim Wasser Energie frei, denn die eben noch frei beweglichen Wassermoleküle sind ja im nächsten Moment in Eiskristallen gefangen. Die überschüssige Bewegungsenergie verwandelt sich in Wärme.

Fast genauso, aber natürlich nicht wörtlich, war es am Anfang des Universums. Es befand sich zunächst in einem „falschen" Zustand, so wie das unterkühlte

Wasser. Deshalb haben winzige Schwankungen der Energie schon ausgereicht, um es ausfrieren zu lassen. Die Expansion des Universums wurde gespeist von der frei gewordenen Energie beim Ausfrieren. Es begann zu expandieren und sich abzukühlen, und es veränderte sich drastisch – bis heute.

Die mit der Ausdehnung des Universums einhergehende Abkühlung setzte verschiedene Prozesse in Gang. Je tiefer die Temperaturen fielen, umso mehr Teilchen tauchten aus dem Energiebrei auf, zwischen denen Kräfte wirksam wurden. Auf einmal war nicht mehr nur Strahlung da, sondern auch Materie.

1.3 Was die Welt im Innersten zusammenhält

Die vier fundamentalen Grundkräfte entstanden stufenweise: Zunächst gab es nur die Schwerkraft. Als die Temperatur immer weiter absank, tauchte die starke Kernkraft auf, die die winzigen Atomkerne zusammenhält. Der starken Kernkraft folgte die schwache Kernkraft, die für den radioaktiven Zerfall verantwortlich ist. Zuletzt entstand die elektromagnetische Kraft, die die Stabilität von Atomen und die Bindungen von Atomen zu Molekülen erst möglich macht. Diese Kräfte sind natürlich auch heute noch wirksam, sie wirken auch auf und in uns.

Die elektromagnetische Kraft kennen wir alle. Sie wirkt zwischen positiv und negativ geladenen Teilchen. Gleichnamige Ladungen stoßen sich ab, während sich ungleichnamige Ladungen anziehen. Atome bestehen aus positiv geladenen Atomkernen, die umrundet werden von negativ geladenen Elektronen. Die Stabilität von Atomen wird garantiert durch die gegenseitige Anziehung von Atomkern und Elektron. Auch die Verbindung von Atomen zu Molekülen beruht auf der elektromagnetischen Kraft; jede Verbindung entspricht dem Austausch von Elektronen, die dann gemeinsam von zwei oder mehreren Atomkernen gebunden werden. Ohne diese Kraft wären keine Moleküle möglich und es gäbe uns nicht. Die elektromagnetische Kraft kann „abgeschirmt" werden, denn positive und negative elektrische Ladungen können sich gegenseitig ausgleichen. Da in einem Atom die positiven Ladungsträger im Kern von der gleichen Anzahl negativ geladener Elektronen umgeben sind, sind Atome und auch deren Verbindungen, die Moleküle, insgesamt elektrisch neutral.

Die andere Grundkraft, die uns unmittelbar betrifft, ist die Schwerkraft. Sie ist viel schwächer als die elektromagnetische Kraft, aber sie ist trotzdem die „Königin" unter den Kräften, denn sie kann nicht abgeschirmt werden, es gibt keine Ladungen der Schwerkraft. Sie wächst mit der Menge der Teilchen. Je größer die Masse eines Objektes, umso größer ist seine Schwerkraft. Sie regiert die Welt des ganz Großen und der ganz großen Massen, der Planeten, Sterne, Galaxien und Galaxienhaufen.

Die beiden anderen Kräfte sind ganz anders. Sie wirken nur innerhalb der winzigen Atomkerne. Wäre ein Atom so groß wie ein Fußballstadion und würden sich die Elektronen auf der äußersten Reihe der Tribüne aufhalten, dann wäre ein Atomkern so groß wie ein Reiskorn am Anstoßpunkt. In diesem fast verschwindend kleinen Etwas konzentriert sich fast die ganze Masse des Atoms, in Form von Protonen und Neutronen. Protonen sind positiv geladen, Neutronen sind elektrisch neutral. In Atomkernen mit mehreren Protonen gibt es ein echtes Problem, denn gleichnamige Ladungen stoßen sich ab und zwar umso stärker, je näher die Ladungen sich kommen. Deshalb muss innerhalb von Atomkernen eine Kraft auftreten, die viel stärker ist als die elektromagnetische Kraft. Diese „starke Kernkraft“ hält die Kerne gegen die elektromagnetische Abstoßung zusammen. Wir kennen die ungeheure Stärke dieser Kernkraft nur zu genau, denn ihre Energie wird frei, wenn Atombomben explodieren.

Innerhalb von Atomkernen wirkt noch eine andere, deutlich schwächere Kernkraft, die für die Verwandlung von Neutronen in Protonen und umgekehrt verantwortlich ist. Sie ist zwar sehr schwach, aber dennoch enorm wichtig, denn schließlich können sich Atomkerne nur durch radioaktiven Zerfall verwandeln. Und nur weil diese Verwandlungen möglich sind gibt es überhaupt die verschiedenen chemischen Elemente, aus denen wir und die Welt um uns herum bestehen.

Etwa eine Sekunde nach dem Beginn hatte das Universum sich soweit abgekühlt, dass alle Teilchen und Kräfte entstanden waren. Der Kosmos glich einem gigantischen Kernreaktor, in dem die beiden Kernkräfte für kurze Zeit dominierten. Es gab vor allem Protonen, Neutronen und Elektronen. Die freien, ungebundenen Neutronen waren instabil und durch die schwache Kernkraft zerfielen sie in Protonen und Elektronen. Nach zwei Minuten waren durch die starke Kernkraft alle noch freien Neutronen in Atomkernen gebunden. Es hatten sich die ersten beiden Elemente des Periodensystems gebildet: Wasserstoff und Helium. Ein Wasserstoffkern besteht nur aus einem Proton, ein Heliumkern hingegen enthält zwei Neutronen und zwei Protonen. Helium entstand, weil Wasserstoff und freie Neutronen miteinander verschmolzen, was nur bei sehr hoher Temperatur und großem Druck passieren kann. Nach drei Minuten war diese erste Phase beendet. Das expandierende Universum war bereits so stark abgekühlt und die Dichte der Teilchen sowie auch ihre Temperatur waren so sehr gesunken, dass keine größeren Elemente mehr entstehen konnten. Das Universum hatte folgenden Zustand erreicht: Es bestand aus der vom Anfang übrig gebliebenen Strahlung und den negativ geladenen Elektronen, die sich frei zwischen den positiv geladenen Wasserstoff- und Heliumkernen bewegten. Drei von vier Atomkernen waren Wasserstoff und der vierte war Helium. Die Elektronen und Atomkerne „schwammen“ in einem Meer von Strahlung.

1.4 Die langweiligsten 400.000 Jahre im Universum

Und jetzt begannen die langweiligsten 400.000 Jahre des Kosmos. Strahlung, Atomkerne und Elektronen waren ganz eng miteinander verwoben, sie stießen ständig zusammen. Das expandierende Universum kühlte sich währenddessen ständig weiter ab und die Dichte der Strahlung und Materie verringerte sich ebenfalls. Jede noch so geringe Verdichtung von Teilchen wurde durch die Zusammenstöße mit der Strahlung sofort wieder ausgeglichen. Jeder Gasklumpen löste sich wie ein Eiswürfel in kochendem Wasser sofort wieder auf. Das ganze Universum war durchsetzt von einem gleichmäßig verteilten Gas aus Atomkernen und Elektronen. Es gab keinerlei Dichteunterschiede und es gab noch keine Galaxien oder Sterne. Erst als die Temperatur des Universums auf etwa 4.000 °C gesunken war, passierte wieder etwas: Strahlung und Materie trennten sich.

1.5 Strahlung und Materie trennen sich – die Gravitation regiert

Nach den „langweiligen" ersten 400.000 Jahren hatte sich das Universum so weit abgekühlt, dass die Bewegungsenergie der bis dahin frei beweglichen negativ geladenen Elektronen nicht mehr ausreichte um sich der Anziehungskraft der positiv geladenen Wasserstoff- und Heliumkerne zu entziehen. Die Atomkerne fingen die Elektronen ein und es bildeten sich zum ersten Mal neutrale Atome. Jede Pflanze enthält Wasser, die Verbindung aus zwei Wasserstoffatomen und einem Sauerstoffatom: H_2O. Jedes Wasserstoffatom in einem Wassermolekül ist uralt und das bedeutet, dass wir alle zu großen Teilen aus Atomen bestehen, die in den ersten hunderttausend Jahren des Universums entstanden sind. Sie könnten uns Geschichten erzählen – unvorstellbar, in welchen Organismen sie vorher schon waren! Woher der Sauerstoff kommt, davon später.

Nach 400.000 Jahren bestand das Universum also aus Atomen und Strahlung. Diese Aufspaltung hatte enorme Konsequenzen für die weitere Entwicklung der Materie, denn die enge Verbindung mit der Strahlung löste sich auf und wurde nie wieder erreicht. Es gab für die Lichtteilchen keine Stoßpartner mehr in der Materie. Die Elektronen waren von den Atomkernen eingefangen worden und die Strahlung hatte keinen Kontakt mehr mit der Materie. Die Temperaturen von Strahlung und Materie entwickelten sich völlig unterschiedlich. Während sich die Strahlungstemperatur gemäß der fortwährenden Expansion gleichmäßig verringerte, hängt die Temperatur der Materie seit damals nur noch von ihrer Dichte ab. Durch die Trennung der Strahlung von der Materie konnten Verdichtungen in der Materie nicht mehr durch Strahlung ausgeglichen werden. Die Materie wurde immer unabhängiger von der Expansion des ganzen Universums. Sie verdichtete sich an manchen Orten immer weiter – es bildeten sich Galaxien.

1.6 Die Materie organisiert sich

Genau hier wird es richtig spannend, denn wie kann sich Materie verdichten, während sich der Raum im Universum ständig ausbreitet? Hier entschied sich das Schicksal des Universums. Hier war eine wichtige Gabelung auf dem Weg hin zu den staunenden Bewunderern des Universums, denn die Entstehung der Galaxien ist ein Spiel auf des Messers Schneide. Galaxien entstehen, weil Gaswolken unter ihrem eigenen Gewicht zusammenfallen. Dies kann aber nur dann passieren, wenn die Expansion des Raumes langsam genug ist. Eine zu schnelle Expansion hätte die Dichte schneller verringert als die Schwerkraft sie hätte erhöhen können. Das war damals schon ein echter Wettbewerb, den die Schwerkraft an manchen Orten im Universum gewonnen hat, sonst gäbe es heute keine Materieverdichtungen und damit auch keine Galaxien. Aber das passierte eben nicht überall im Weltraum. Nur dort, wo die Materiedichte wirklich nennenswert war bildeten sich Galaxien. Nur dort war nämlich die Schwerkraft stark genug. Die anfänglich überall fast gleichmäßig verteilte Materie begann sich zu organisieren. Die Materieverdichtungen zogen immer mehr Gas zu sich heran. Das Universum entleerte sich und es bildeten sich Materieinseln, die immer weiter durch ihre eigene Schwerkraft anwuchsen. Und wieso konnten die Materieverdichtungen weiter anwachsen?

Die Dichte erhöht sich, weil Gas sich durch die Abgabe von Energie mittels Strahlung von ganz alleine abkühlt. Eine geringere Temperatur verringert auch den Druck der Materie, wodurch sich die Kräftebalance zwischen Schwerkraft und Druck zugunsten der Schwerkraft verändert. Das kühle Gas fällt immer tiefer in das Schwerkraftfeld hinein.

Durch das Wechselspiel von Schwerkraft und Strahlung konnte sich Materie endgültig zu Galaxien verdichten. Die Expansion des Universums hatte verloren. Das Ergebnis ist ein Weltraum, wie wir ihn auch heute noch beobachten: riesige Leerräume an deren Rändern Galaxien, zumeist in Galaxienhaufen, versammelt sind. Damals hat sich die Materie von der allgemeinen Expansion des Universums förmlich abgenabelt. Ein wichtiger Schritt hin zu Sternen und Planeten und damit auch zu den wichtigsten Voraussetzungen für Lebewesen war geschafft, denn nun begann etwas ganz Neues: Die Materie verwandelte sich – die ersten Sterne begannen zu leuchten und mit ihnen setzte sich etwas in Gang, das die Geschichte des Universums um ein neues Kapitel bereicherte: alle lebenswichtigen Elemente (z. B. Kohlenstoff, Sauerstoff und Stickstoff) wurden in Sternen erzeugt.

1.7 Sterne und Kerne – die kosmischen Elemente-Köche

Nach rund 20 Mio. Jahren hatte die Königin der Kräfte, die Gravitation, das Regiment vollständig übernommen – und der Weg zu den Sternen war frei. Sterne sind nichts anderes als riesige, leuchtende Gaskugeln. Die Sonne zum Beispiel, für die Lebewesen auf der Erde zwar der allerwichtigste Stern überhaupt, aber im Vergleich mit anderen Sternen ein ziemlich durchschnittlicher Vertreter, wiegt 300.000-mal soviel wie die Erde. Es gibt Sterne, die sind 100-mal schwerer als die Sonne, aber auch Leichtgewichte, die nur etwa ein Zehntel der Sonnenmasse besitzen. Aber jeder Stern, ganz gleich wie schwer er ist, ist das Ergebnis eines Kräftegleichgewichts zwischen Schwerkraft und Gasdruck. Die Schwerkraft zieht die Materie zum Zentrum des Gasballs, während der Gasdruck das Gas nach außen drückt. Sterne entstehen, weil Gaswolken zunächst durch ihr eigenes Gewicht zusammenfallen. Dabei wird das Gas immer mehr verdichtet, bis es sich „entzündet". Der Kollaps durch die eigene Schwerkraft ruft eine Kraft auf den Plan, die nur dann wirkt, wenn sich Atomkerne sehr nahe kommen. Im Zentrum eines sich gerade formenden Sterns wird das Gas so dicht gepackt, dass es sich immer mehr aufheizt. Die Atome lösen sich in positiv geladene Kerne und negativ geladene Elektronen auf. Ein Stern besteht aus einem dichten und heißen Gemisch von Ionen und Elektronen und in ihnen passiert etwas, was zunächst dem gesunden Menschenverstand widerspricht – die Verschmelzung von Atomkernen, die Kernfusion. Sie verdient genauere Betrachtung, denn die Kernfusion erzeugt alle chemischen Elemente, die schwerer sind als Helium. Diese Erkenntnis der Astronomen ist wichtig, denn die Sterne erzeugen die Elemente, aus denen sie selbst bestehen. Menschen bestehen zu 92 % aus dem Staub der Sterne.

Das Universum hatte in seiner frühen Phase nur zwei Elemente aufgebaut: Wasserstoff und Helium. Zu schwereren Elementen konnte es damals nicht kommen, denn das Universum war aufgrund seiner Expansion zu kalt und seine Dichte war zu gering geworden, um noch weitere, schwerere Atomkerne, wie z. B. Kohlenstoff und Sauerstoff, aufzubauen. Eine ganz wichtige Erkenntnis der Astronomie lautet: Alle Elemente, die schwerer sind als Helium, stammen aus den Sternen. Schauen Sie sich doch einmal um: Alles um Sie herum besteht aus Atomen, die viel schwerer sind als das Gas Helium – da gibt es Kohlenstoff, Sauerstoff und Stickstoff im Holz, das Heft, dass Sie gerade lesen, besteht ebenfalls aus diesen Atomen, womöglich mit Beimischungen von noch schwereren Elementen wie Mangan, Kobalt und Chlor für die Druckerschwärze. Es gibt Metalle wie Eisen, Kupfer und Gold. Wie oben schon geschrieben, Sie und ich bestehen aus Kohlenstoff, Stickstoff, Sauerstoff, Wasserstoff, Phosphor, Eisen, Kalzium, Zink, Selen und etlichen anderen Elementen. Atome unterschiedlichster Art, wohin man blickt; alle sind viel schwerer als Helium und alle werden in Sternen erbrütet. Wie sagte Novalis (1772–1801) einmal: „Einen Körper berühren ist wie den Himmel berühren." Wir wissen heute wie Recht er damit hatte.

Vor den ersten Sternen gab es also nur Wasserstoff und Helium. Auch heute, fast 14 Mrd. Jahre nach dem Anfang, besteht das Universum immer noch zu 99 % aus diesen beiden Elementen – zu drei Vierteln aus Wasserstoff und zu einem Viertel aus Helium. Die schwereren Elemente spielen mengenmäßig keine Rolle, aber wenn man bedenkt, dass aus diesen Elementen Lebewesen aufgebaut sind, dann bekommen sie eine enorme Bedeutung.

Ein Stern beginnt seine Elemente-Küche mit der Verschmelzung von Wasserstoff zu Helium. Ein Wasserstoffkern besteht nur aus einem Teilchen, dem positiv geladenen Proton. Aus vier Protonen entsteht ein Heliumkern, wobei sich zwei Protonen in Neutronen verwandeln. Das ist ziemlich merkwürdig, denn Protonen haben die gleiche Ladung und gleichnamige Ladungen stoßen sich ab. Wie kommt es zu einer Verschmelzung von Ladungen, die sich abstoßen? Es gibt eine Kraft, die diese Abstoßung überwindet – die starke Kernkraft. Wenn die Protonen sich sehr nahe kommen, geraten sie in den Einflussbereich genau dieser Kraft. Sie „greift" sich die Teilchen und zwingt sie zum Atomkern zusammen. Aufgrund einer weiteren Kraft, der „schwachen Kernkraft", verwandelt sich eines der beiden Protonen in ein ungeladenes Neutron.

Bei der Bildung des Atomkerns durch die Kernkraft wird Energie frei – die „Bindungsenergie". Sie entspricht der Energie, die man aufwenden müsste, um den entstandenen Atomkern wieder in seine Bestandteile zu zerlegen. Bei der Verschmelzung von Wasserstoff zu Helium wird sehr viel Energie frei. Unsere Sonne zum Beispiel strahlt seit 4,5 Mrd. Jahren Energie ab. Nach Einsteins berühmter Formel aber ist Energie ein Äquivalent für das Produkt von Masse und dem Quadrat der Lichtgeschwindigkeit. Die frei werdende Bindungsenergie entspricht also einem Verlust an Masse. Die Sonne verschmilzt pro Sekunde 600 Mio. t Wasserstoff zu gut 595 Mio. t Helium. Die Differenz von genau 4,27 Mio. t verliert unser Mutterstern pro Sekunde in Form von Strahlung. Diese Strahlung stößt auf die Teilchen im umgebenden Plasma und übt deshalb einen Druck aus, der das Plasma gegen sein eigenes Gewicht stabilisiert. Bei jedem Zusammenstoß verlieren die Strahlungsquanten Energie an die Teilchen, die aufgeheizt werden. Weil die Strahlung sehr stark durch das Plasma in ihrer direkten Ausbreitung behindert wird, braucht sie vom Zentrum bis zur Oberfläche des Gestirns mehrere Millionen Jahre. Sie startet als Gammastrahlung im Zentrum des Sterns, an seiner Oberfläche ist sie nur noch sichtbares Licht. Mit anderen Worten, bei ihrem Weg durch den Stern verliert die im Zentrum freigesetzte Strahlung praktisch ihre gesamte Anfangsenergie und nur ein winziger Bruchteil wird schließlich abgestrahlt. Danach geht alles ganz schnell, das Licht benötigt nur rund 8 min bis zur Erde und es wird von Pflanzen aufgenommen und die Fotosynthese beginnt. Das Licht der Sonne wird in Sauerstoff und Zucker verwandelt. Eine wahrhaft kosmische Verbindung vom Licht des Sterns zu einer blühenden Pflanze auf der Erde. Doch zurück zu den Kernen und den Sternen.

1.8 Das Leben eines Sterns

Alles hat ein Ende und natürlich wird der Wasserstoff im Zentrum eines Sterns irgendwann komplett in Helium verwandelt sein. In unserer Sonne wird die Wasserstoffverschmelzung noch mehr als 4 Mrd. Jahre anhalten, da die Verbrennung von Wasserstoff zu Helium sehr ineffizient ist. Nur einer von einer Trillion (10^{18}) Zusammenstößen ist erfolgreich. Diese geringe Effizienz garantiert der Sonne ein langes Leben. Aber irgendwann ist es soweit, der Wasserstoff im Zentrum ist verbraucht, auch wenn die Phase des Wasserstoffverbrennens die längste unter allen Brennstufen eines Sterns ist. Danach geht alles viel schneller, denn wenn die Wasserstoffverschmelzung aufhört, gerät ein Stern in eine Krise – eine Energiekrise. Schließlich hatte die Fusion von Wasserstoff zu Helium den Stern lange stabilisiert. Die frei werdende Energie hatte das Sternengas so stark aufgeheizt, dass es sich gegen seine eigene Schwerkraft „wehren“ konnte. Ohne die Wasserstofffusion fehlt diese Energiequelle und die Schwerkraft regiert ganz allein in der leuchtenden Gaskugel. Sie lässt die Kugel unter ihrem eigenen Gewicht zusammenfallen und die Dichte und Temperatur im Zentrum steigen an. Bei genügend hohem Druck kann der „zweite Gang“ der Kernfusion eingelegt werden – die Verschmelzung der schweren Heliumkerne, vor allem zu Kohlenstoff und Sauerstoff. Die Energie, die bei diesem Prozess frei wird, stoppt schließlich wieder die Kontraktion des Zentrums und stabilisiert den Stern erneut. Diesmal dauert es aber nur einige Millionen Jahre bis der Heliumvorrat ebenfalls verbraucht ist.

Was als Nächstes passiert, hängt vor allem von der Masse des Sterns ab. Ist er nur so schwer wie die Sonne, dann wird es keine weiteren Brennphasen mehr geben. Die Sternmasse bestimmt die Geschwindigkeit, mit der die Elemente erzeugt werden. Eine höhere Masse drückt stärker auf den zentralen Glutofen und erhöht so die Verschmelzungsrate. Ein Stern, der doppelt so schwer ist wie die Sonne, wird nur 1 Mrd. Jahre alt – die Sonne wird 10 Mrd. Jahre scheinen. Es gibt sogar Sterne, die 50- bis 100-mal schwerer sind als die Sonne, die leben aber nur wenige Millionen Jahre. Bei der Sonne ist also nach dem Heliumbrennen alles zu Ende, sie wird in sich zusammenfallen und als sehr heiße, nur wenige tausend Kilometer große Materiekugel langsam auskühlen. Bei schwereren Sternen arbeitet die Elementschmiede aber munter weiter. Immer wieder bricht der Brennvorgang im Zentrum zusammen, wieder und wieder zieht sich der Kern des Sterns zusammen, wird heißer und dichter und zündet neue Verschmelzungsprozesse. Jedes Mal beschleunigt sich die Entwicklung. Es entstehen zum Beispiel Magnesium, Neon, Silizium, Schwefel und am Ende sogar eine Eisenkugel im Kern. Zuletzt geht alles in wenigen Stunden. Nach dieser Phase ist aber erstmal Schluss. Bis zum Element Eisen wird bei jeder Fusionsreaktion Energie freigesetzt, und deshalb verlaufen diese Prozesse auch von ganz allein – ohne Einflüsse von außen.

Jetzt werden Sie einwenden: „Moment mal, es gibt doch Elemente, die schwerer sind als Eisen, zum Beispiel Gold, Silber und Blei. Woher kommen die denn?“ Eine berechtigte Frage. Sie stammen aus einer ganz besonderen Phase eines Sternenlebens: einer Supernova-Explosion. Wenn sich also im Inneren eine Eisenkugel gebildet hat und keine weiteren Brennphasen mehr möglich sind, dann fällt der Stern endgültig in sich zusammen. Seine äußeren Hüllen fallen auf den undurchdringlichen Eisenkern und werden wie von einem Trampolin nach außen geschleudert. Sie erreichen Geschwindigkeiten von mehreren tausend Kilometern pro Sekunde. Dabei wird der Stern so stark aufgeheizt, dass alle Elemente, die schwerer sind als Eisen, in einer explosiven Brennphase innerhalb von wenigen Minuten erzeugt werden. Die Entstehung schwererer Elemente als Eisen wird also erst durch die Energiezugabe ermöglicht, die durch die Sternexplosion freigesetzt wird. Die mit allen möglichen Elementen angereicherten Hüllen rasen ins Weltall und reichern das Gas zwischen den Sternen mit schweren Elementen an.

1.9 Das Gleichgewicht der Kräfte

Ein paar Bemerkungen seien dem Physiker erlaubt, denn sonst geht es in der rasanten Zirkusvorstellung der Materie, der wir gerade gefolgt sind, unter. Es geht um die Bedeutung der an einem Stern beteiligten Kräfte. Erinnern Sie sich noch? Die Schwerkraft ist die schwächste von allen Kräften im Universum. Dieser Schwäche verdanken wir viel, vielleicht sogar alles. Denn wäre die Schwerkraft nicht so schwach, dann wären Sterne nicht so unermesslich groß. Weil sie so schwach ist, müssen in einem Stern mindestens 10^{54} Protonen zusammenkommen, damit er leuchten kann. Denn nur dann ist die Schwerkraft der ganzen Kugel groß genug um unter ihrem eigenen Gewicht zusammenzufallen. Nur dann kann sich in ihrem Inneren eine so hohe Temperatur und Dichte aufbauen, dass die Atomkerne miteinander verschmelzen. Wäre die Schwerkraft etwas stärker, würden schon viel weniger Atome ausreichen um eine Gaskugel zu einem Stern werden zu lassen. Eine kleinere Gaskugel lebt natürlich viel kürzer als eine große. In einem Universum mit stärkerer Schwerkraft kann es deshalb keine Planeten geben, auf denen sich Leben innerhalb von Milliarden Jahren von Einzellern zu Pflanzen und Tieren entwickelt hat, denn die Energie spendenden Sterne würden gar nicht so lange existieren.

Ähnliche Überlegungen sind auch für die anderen Kräfte interessant: Ein Stern ist das Ergebnis konkurrierender Kräfte, vor allem der Schwerkraft des Sterns und des Strahlungsdruckes, der durch die Kernfusionsprozesse im Zentrum des Sterns entsteht. Die Effizienz der Kernfusion hängt aber von der Stärke der Kernkraft und von der Stärke der elektromagnetischen Kraft ab. Die eine greift zu, wenn sich die Protonen sehr nahe kommen und verbindet sie mit Hilfe der schwachen Kernkraft, die eines der beiden Protonen in ein Neutron verwandelt, zu einem neuen Atomkern. Die andere sorgt aber dafür, dass sich Protonen nur sehr selten nahe kommen, weil sich gleichnamige Ladungen abstoßen. Nur das ausgewogene Wechselspiel der Kräfte macht Sterne zu den sehr langlebigen Energiespendern von Leben jeglicher Art. Wäre zum Beispiel die elektromagnetische Abstoßung zweier gleichnamiger Ladungen nur um ein Winziges schwächer, würden viel mehr Atomkerne miteinander verschmelzen und der Brennstoff des Sterns wäre in wesentlich kürzerer Zeit verbrannt. Eine stärkere Kernkraft hätte eine raschere Verschmelzung von Atomkernen zur Folge und wieder wäre der Stern schneller ausgebrannt.

Pflanzen, Tiere, Menschen und Planeten gibt es aber nur, weil die Kräfte im Universum Sterne ermöglichen, denn sie sind die Energiespender für Lebewesen auf einem Planeten. Wären die Kräfte anders, gäbe es uns nicht.

Klar, man sollte sich nicht darüber wundern, dass die Katze dort die Löcher im Fell hat, wo sie ihre Augen hat. Aber interessant ist es schon, sich zu fragen, wie die vier fundamentalen physikalischen Kräfte miteinander kooperieren. Die physikalische Welt zeichnet sich durch eine enorme Abstimmung aus – sie ist sehr fein austariert. Da greift ein Rädchen exakt ins andere.

Doch jetzt wieder zurück ins kosmische Zirkuszelt, die Vorstellung geht weiter. In der nächsten Abteilung sehen wir einen gewaltigen Materiekreislauf am Werk. Die Galaxien entwickeln sich.

1.10 Von Explosionen, Sternleichen und dem großen Kreislauf der Elemente

Wir bestehen alle aus Sternenstaub. Unsere Atome stammen von anderen Sternen. Unser Sonnensystem ist das Resultat eines wirklich kosmischen Prozesses, der neue Elemente und damit neue Möglichkeiten in die Welt gebracht hat: hier die ganze Geschichte.

Nicht alle Sterne sind gleich. Es gibt große und kleine Sterne. Die schweren, großen Sterne leben schnell, sind sehr heiß und viele von ihnen explodieren als Supernova und geben die in ihnen erbrüteten Elemente an das Medium zwischen den Sternen zurück. Große Sterne sind viel schwerer als die Sonne. Von ihnen gibt es nur relativ wenige in der Milchstraße, nur etwa 10 % aller Sterne sind wesentlich schwerer als die Sonne. Die riesige Mehrheit ist kleiner und leichter. Sie leben viel länger als die Sonne und erzeugen auch nur ganz wenige Elemente in ihrem Inneren, denn ihre Masse kann keinen hohen Druck im Zentrum für die fortgeschrittenen Brennphasen erzeugen. Meistens ist nach der Verschmelzung von Helium zu Kohlen- und Sauerstoff Schluss. Die kleinen Sterne glühen dann einfach aus. So wird mit der Zeit immer mehr Gas in Sterne verwandelt und da die meisten Sterne einfach verglühen, nimmt der Gasvorrat einer Galaxie immer mehr ab.

Wie erwähnt, sind die großen Sterne zwar nicht sehr zahlreich, aber sie reichern das interstellare Gas mit neuen, schweren Elementen an und treiben den großen Kreislauf der Materie an. Das heiße Gas der explodierten, großen Sterne, kühlt sich im Weltraum ab und es bilden sich neue Gaswolken. Die Gasmasse der neuen Wolken wächst solange an, bis sie wiederum unter ihrer eigenen Schwerkraft erneut zusammenbricht. Es bilden sich dann neue Sterne aus den Überresten der alten Sterne. In einer kosmischen Gaswolke entstehen immer viele neue Sterne und zwar wenige große und viele kleine. Die großen Sterne explodieren sehr schnell und reißen mit ihren schnell davonrasenden Überresten die noch verbliebene Gaswolke auseinander. Häufig passiert es aber auch, dass Supernova-Explosionen durch ihre Druckwellen eine benachbarte Gaswolke so stark verdichten, dass sie unter ihrer eigenen Masse kollabiert und sich neue Sterne bilden. Sternentod und Sternengeburt können also ganz nah beieinanderliegen. Und immer werden die jüngeren Gaswolken mehr schwere Elemente enthalten als die älteren. Die alte Sternengeneration gibt die schweren Elemente an die jüngeren weiter.

In einer Galaxie wie unserer Milchstraße vollzieht sich dieser Materiekreislauf vor allem in der Scheibe und dort vor allem in den Spiralarmen. In ihrem Zentrum ist die Schwerkraft der Milchstraße am stärksten und deshalb war dort von Anfang an die Gasdichte am höchsten und es haben sich dort von Beginn sehr viele Sterne auf einmal gebildet – wodurch das Gas sehr schnell verbraucht wurde. In der weiter außen sich ums Zentrum drehenden Gasscheibe der Milchstraße war die Gasdichte nicht so hoch, so dass sich anfangs sehr viele Sterne gebildet haben. Hier ging es mit der Sternenentstehung erst los, als sich genügend Gas angesammelt und verdichtet hatte, dass sich große Wolken bilden konnten, die dann zusammenfielen und zu Sternen wurden. In der Scheibe einer Galaxie vollzieht sich durch Gasverdichtungen und Sternexplosionen der große Kreislauf der Materie. Innerhalb von 50 Mio. Jahren ist ein Zyklus dieses Kreislaufs beendet. Unsere Milchstraße ist rund 13 Mrd. Jahre alt, sie hat also schon viele Zyklen des Materiekreislaufs durchlaufen. Immer wieder haben sich neue Sterne gebildet, wovon einige dem interstellaren Gas ihre mit schweren Elementen angereicherten Hüllen in gewaltigen Explosionen zurückgegeben haben. Wie Brunnen mit ihren Fontänen Wasser verteilen, so haben die Explosionswolken der Supernovae ihre Hüllen in die galaktischen Scheiben regnen lassen. Ein großer Kreislauf verteilt seit vielen Milliarden Jahren Materie um, die in Millionen von Sternen immer wieder aufs Neue durch die Elementschmiede der Kernverschmelzung geschickt wird. Sternengeneration auf Sternengeneration verändert die Milchstraße, verarbeitet ihr Gas und reichert es immer mehr an.

Übrigens: unsere Sonne ist erst 4,5 Mrd. Jahre alt. Sie ist ein Nachfolger von etlichen Sterngenerationen. Sie besteht zwar überwiegend aus Wasserstoff und Helium, aber sie enthält auch schwerere Elemente, die sie von anderen, bereits lange vor ihrer Zeit explodierten Sternen übernommen hat. Bis zur Entstehung der Sonne hat die Milchstraße fast 10 Mrd. Jahre gebraucht – ein langer Weg.

1.11 Von den Gesetzen der Natur – wie im Himmel so auf Erden

Bevor wir jetzt weiter durch die Geschichte des Kosmos stürmen, sind vielleicht einige Bemerkungen über das Tun und Treiben der Naturwissenschaftler hilfreich.

Was machen Wissenschaftler eigentlich, die sich mit der Natur beschäftigen? Welche Methoden verwenden sie und wie erkennen sie etwas über die Natur? Naturwissenschaft war lange Zeit experimentelle Philosophie, das war die Suche nach dem Schöpfer und den ewigen Urgründen allen Seins. Naturwissenschaft war mit dazu da „Sinn zu stiften". Seit der Aufklärung hat sie sich weltanschaulich sehr entschlackt. Die Naturwissenschaften erklären die Natur nicht mehr innerhalb eines umfassenderen, religiös gedeuteten Weltbildes, sondern sie verzichten völlig auf jede Art von metaphysischen Fragestellungen. Die modernen Wissenschaften von der Natur sind reine Beschreibungswissenschaften, die keinerlei Deutungsansätze in sich enthalten. Trotz dieser drastischen „Entphilosophierung" der Naturwissenschaften können sie nicht auf die Philosophie verzichten, denn sie verwenden Begriffe, Methoden und Hypothesen, die sich nur außerhalb ihrer selbst, also transwissenschaftlich und somit nur auf der philosophischen Ebene diskutieren lassen. Einer dieser Begriffe ist das Naturgesetz und eine dieser Annahmen betrifft die universelle Gültigkeit der Naturgesetze. Schauen wir mal darauf zurück.

Ich bin ziemlich schnell durch die Entwicklungsgeschichte unserer Milchstraße gegangen. Dabei habe ich immer wieder eine Hypothese verwendet ohne sie ausdrücklich zu erwähnen. Die Hypothese lautet: Die Naturgesetze, die wir auf der Erde durch Beobachtungen und Experimente entdeckt haben, gelten überall im Universum. Dann und nur dann können wir nämlich überhaupt die Physik des Weltalls, also Astronomie betreiben. Wir können nur dann Vorgänge im Universum verstehen, wenn wir von dem, was wir von der Physik der Materie auf der Erde kennen, darauf schließen, was sich im Weltraum in den Sternen oder im Gas zwischen den Sternen abspielt. Für die Teilchenarten, die Atome, deren Atomkerne und Elektronen, aus denen Sterne oder Gaswolken bestehen, ist es demnach völlig unerheblich, ob sie sich auf unserem Planeten befinden, oder irgendwo in irgendeiner Galaxie. Sie verhalten sich immer gemäß den naturgesetzlichen Zusammenhängen, die ihnen unter den jeweiligen Umständen gestatten sich entweder zu Atomen oder sogar zu Molekülen zu verbinden.

Auch das Licht, das die Teilchen abstrahlen, hat überall im Universum die gleichen Eigenschaften wie hier auf der Erde. Die Atome der verschiedenen chemischen Elemente geben Strahlung in ganz gewissen Portionen ab, die durch die Energieniveaus in der Elektronenhülle ganz genau definiert sind. Man kann im irdischen Labor für jede Atomsorte die Strahlung in Abhängigkeit von Temperatur und Dichte messen. Ein Vergleich mit dem Licht der Sterne erlaubt dann auch, die physikalischen Bedingungen des Gases an der Sternoberfläche abzuleiten. Astronomen sind Lichtdeuter, für sie ist Licht die einzige wirkliche Informationsquelle. Aber der Deutung der Sternenstrahlung unterliegt immer die Hypothese, dass Licht Licht ist, egal wo es entsteht. Die Astronomie, als die Physik des Universums, verlangt sogar noch mehr als die Gültigkeit der Naturgesetze überall im Weltall. Sie verlangt die Gültigkeit der Naturgesetze zu jeder Zeit. Die Naturgesetze müssen immer und überall gültig sein. Dann – und nur dann – kann das Universum naturwissenschaftlich untersucht werden.

Warum auch die ewige Gültigkeit? Weil das Licht der Sterne und Galaxien Zeit braucht, bis es unsere Fernrohre auf der Erde erreicht. Das Sonnenlicht braucht 8 min bis zur Erde, das Licht des nächsten Sterns benötigt schon 4 Jahre, das berühmte Sternbild des Großen Wagens besteht aus Sternen, deren Licht schon 100 Jahre bis zur Erde unterwegs ist. Solche Zahlen sind noch ganz gut vorstellbar, weil sie mit unserer Lebensspanne vergleichbar sind. Aber wenn man bedenkt, dass das Licht der größten Nachbargalaxie unserer Milchstraße schon mehr als 2 Mio. Jahre braucht um zur Erde zu gelangen, dann ist unser Vorstellungsvermögen schon hoffnungslos überfordert. Das sind Zeitstrecken jenseits jeder Vorstellung.

Dieser Brunnen der Vergangenheit ist einfach viel zu tief für unsere Augen. Wir erkennen nichts mehr, weil wir es uns einfach nicht mehr vorstellen können.

Das Licht, das wir heute von dieser Galaxie empfangen, wurde zu einem Zeitpunkt abgestrahlt, als sich in Ostafrika gerade die Vorläufer des Menschen entwickelten. Sie sehen, die zeitlichen Abgründe werden immer riesiger. Es gibt Galaxien, die sind so weit von uns entfernt, dass ihre Strahlung zu einer Zeit entstand als es das Sonnensystem und die Erde noch gar nicht gab. Und doch, wenn wir das Licht heute in unseren Fernrohren empfangen und zerlegen, dann tun wir so, als ob auch schon damals alle uns bekannten Naturgesetze genauso gültig waren wie heute. Wir können übrigens am eigenen Leib schon die Stabilität der Naturgesetze überprüfen. Die materiellen Bausteine, aus denen wir bestehen, bleiben immer gleich. Wir altern zwar, aber das liegt im Zusammenspiel der Moleküle untereinander begründet. Die einzelnen Bauteile aber bleiben dieselben. Vom Staube kommen wir und zu Staube werden wir. Das ist atom- und kernphysikalisch völlig korrekt ausgedrückt.

Übrigens: jeder unserer Atemzüge beweist, dass sich die grundlegenden Gesetze der Materie und des Lichtes zumindest während unseres Lebens nicht verändern. Wenn die Sauerstoffmoleküle, die wir durch unsere Lungen aufnehmen, sich plötzlich nicht mehr mit dem Hämoglobin in unserem Blut verbinden würden, würden wir ersticken. Aber sie verbinden sich, nichts ändert ihre Bindungsfähigkeit, sie funktionieren nach genau abgestimmten Gesetzen. Nur zur Erinnerung: der Sauerstoff, den wir atmen, wird von Pflanzen durch Fotosynthese freigesetzt. Sie verwenden dafür das Licht der Sonne. Der Sauerstoff selbst aber stammt von Sternen, die es schon lange nicht mehr gibt, die sich in gewaltigen Explosionen in Gas aufgelöst haben, das sich an anderen Stellen wieder zu neuen Sternen verdichtete. Einer davon war unsere Sonne.

Die vorausgesetzte grundsätzlich unveränderliche Gesetzlichkeit der Natur ist das wichtigste Fundament naturwissenschaftlicher Forschung. Wäre die Natur chaotisch, also gesetzlos, oder würden sich die Gesetze des Aufbaus der Materie ständig verändern, gäbe es keine stabilen materiellen Strukturen.

So aber geht es in der Natur mit „rechten Dingen" zu. Weil sich die verschiedenen unveränderlichen physikalischen Grundkräfte in einem ewigen Wettbewerb befinden, gibt es überhaupt etwas. Die Sonne ist ein Gasball, sie ist da, weil ihr innerer Druck ihrer eigenen Schwerkraft die Waage hält. Der Druck aber entsteht durch die Kernkräfte im Zentrum, denn sie verschmelzen Atomkerne miteinander. Die bei der Kernfusion freiwerdende Energie heizt das Gas des Sterns auf und lässt es leuchten.

Letztlich ist auch der Mensch, der sich an ihrem Anblick erfreut, ein Teil der Natur, er besteht aus Bestandteilen, die vom Himmel kommen. Wir sind Kinder der Sterne. In der Milchstraße war schon viel passiert bis es endlich zur Bildung eines Planetensystems kommen konnte, auf dessen drittem Planeten sich nach über 4,5 Mrd. Jahren Lebewesen ihres Daseins selbst bewusst wurden. Kommen wir also zur nächsten Abteilung, der Bildung des Sonnensystems und seiner Planeten.

1.12 Von Gasriesen und Felsbrocken – aus einer Scheibe werden Planeten

Die Entstehung eines Sterns beginnt mit einer Gaswolke, die unter ihrem eigenen Gewicht zusammenstürzt, sie wird immer kleiner, dichter und heißer. Diese Kompression geht solange vonstatten, bis durch die Verschmelzung von Atomkernen im Zentrum ein Stern zu strahlen beginnt. Eine runde, strahlende Gaskugel ist entstanden.

Die Entstehung von Planeten ist viel schwerer zu erklären. Planeten sind komplizierter, denn im Vergleich zu den heißen Sternen stellen sie eine viel differenziertere Form von Materie dar.

Nehmen wir unser Sonnensystem als durchschnittlich an, also mit anderen Worten wir behaupten mal, dass unser Sonnensystem den kosmischen Normalfall darstellt. Was haben wir da: Im Zentrum des Sonnensystems steht die Sonne, in ihr sind mehr als 99 % der Gesamtmasse des Sonnensystems vereinigt: ihre Masse ist rund 600-mal schwerer als die Masse der sie umgebenden Planeten zusammen. Deshalb bestimmt ihre Schwerkraft auch die Bewegungsmöglichkeiten der Planeten. Sie umkreisen die Sonne in einer Ebene auf ganz leicht elliptischen Bahnen. Übrigens, das schreibt sich immer so hin: elliptische Bahnen. Auf einem Blatt Papier aufgezeichnet, lässt sich mit bloßem Auge ein Unterschied zwischen einem Kreis und den Bahnen der meisten Planeten kaum erkennen; höchstens für Merkur und Pluto ist die Ellipsenform ein wenig sichtbar.

Aber zurück zur Sonne: ihre Masse zwingt die Planeten zur Umkreisung und wir können deshalb davon ausgehen, dass die Entstehung der Planeten mit der Entstehung der Sonne direkt zusammenhängt.

Man unterteilt das Sonnensystem in Planeten und deren Satelliten (Monde), Asteroiden, Kometen und Meteoriten. Die Planeten wiederum treten in zwei Gruppen auf, als erdähnliche Planeten und als Gasplaneten. Erdähnlich nennt man solche Planeten, die in ihrem Aufbau der Erde relativ ähnlich sind und aus gesteinsartigem Material und Metallen bestehen. Ihre Dichte ist hoch, ihre Oberfläche fest und die Zahl der Monde gering. Zu dieser Gruppe gehören die vier der Sonne am nächsten stehenden Planeten Merkur, Venus, Erde und Mars. Jupiter, Saturn, Uranus und Neptun zählen hingegen zu den Gasplaneten und umkreisen die Sonne in zunehmend größeren Abständen. Sie bestehen fast nur aus Gas, und zwar vorwiegend aus Wasserstoff und Helium. Ihre Dichte ist eher gering (ungefähr so dicht wie Wasser), sie drehen sich recht schnell um ihre Achse und ihre Atmosphäre ist tief geschichtet. Der am weitesten entfernte Planet, Pluto, ist ein Felsbrocken, der wahrscheinlich einmal ein Mond von Neptun war und der seit August 2006 nicht mehr als richtiger Planet gehandelt wird. Er wurde von der Internationalen Astronomischen Union zum Zwergplaneten degradiert.

Unser Sonnensystem erstreckt sich über Milliarden Kilometer in den Weltraum hinaus. Jenseits des Planeten Neptun schließt sich ein ringförmiges Reservoir von Felsbrocken an, das sich bis auf etwa 70 Mrd. km, entsprechend dem 500-fachen Abstand Erde-Sonne, ausdehnt. Wenn wir die Oort'sche Wolke noch hinzurechnen, einen kugelförmigen Bereich um die Sonne, angefüllt mit Felsbrocken aller Art, den Resten aus der Entstehungszeit des Sonnensystems, dann reicht unser Sonnensystem sogar bis etwa 10 Billionen km – anders ausgedrückt anderthalb Lichtjahre – ins All hinaus. Das Licht benötigt 18 Monate um von der Sonne zur Oort'schen Wolke zu gelangen.

Das Sonnensystem ist 4,6 Mrd. Jahre alt. Diese Altersbestimmung ergibt sich aus Analysen von Meteoriten, den vagabundierenden Überbleibseln aus der Entstehungsphase des Sonnensystems. Sie sind zur gleichen Zeit entstanden wie die Planeten und die Sonne. Das Alter der Meteoriten kann man anhand des Zerfalls radioaktiver Elemente ziemlich genau messen. Die Hälfte der Atomkerne von Uran und Thorium zerfallen innerhalb von Milliarden Jahren, sie sind die ältesten Uhren des Universums. Aus dem Verhältnis der zerfallenen und den noch nicht zerfallenen Atomkernen ergibt sich das Alter des Gesteins.

Aus den Gesteinsanalysen lässt sich folgendes Bild der Geschichte des Sonnensystems zeichnen: In einer Ebene von einigen Milliarden Kilometern Durchmesser bewegen sich Planeten auf fast kreisrunden Bahnen seit mehr als 4,5 Mrd. Jahren um die Sonne. Donnerwetter! Jetzt muss ich sehr aufpassen, dass ich nicht ins Schwärmen gerate. Ich bremse mich einfach aus, indem ich eine wissenschaftliche Frage stelle und sie gleich wissenschaftlich beantworte, das „kühlt" mein staunendes Hirn etwas ab. Schließlich sollen Sie ja etwas lernen, zum Staunen komme ich schon noch, schließlich bin ich ja der Herr dieses Textes. Aber unter uns, Sie wundern sich doch sicher auch, wie für so lange Zeit etwas so stabil bleiben konnte? Das erzähle ich Ihnen gleich. Hier aber erstmal die Frage: Wie entstand das Sonnensystem?

Und jetzt gleich die Antwort als kurze Geschichte des Sonnensystems (Wir tun jetzt so, als wären wir als Zuschauer dabei, das hat den Vorteil, dass ich den Text in der Gegenwartsform schreiben kann):

Vor 4,6 Mrd. Jahren wächst im Innern einer zusammenstürzenden Gaswolke die Sonne heran. Währenddessen konzentriert sich um den jungen Stern ein Teil des Wolkengases in Form einer flachen, um den Stern rotierenden Gas- und Staubscheibe. Ihre Masse ist zwar nur ein winziger Bruchteil der Sonnenmasse, aber sie erstreckt sich auf 15 Mrd. km in den Raum hinaus. Alle Planeten entstehen in dieser Scheibe und deshalb bewegen sie sich auch noch heute praktisch in einer Ebene um die Sonne.

Die Entstehung der Planeten läuft in zwei Phasen ab. In Phase eins beginnt die Entwicklung mit zufälligen Zusammenstößen der anfangs gleichmäßig über die Scheibe verteilten Staubpartikel. Die Partikel kleben zusammen und bilden immer größere Klümpchen. Aus den Klümpchen werden schließlich Klumpen und immer größere Brocken. Innerhalb von wenigen Millionen Jahren bilden sich aus den Brocken die Vorläufer von Planeten, die „Planetesimale", von denen einige schon etliche hundert Kilometer groß sind. In Phase zwei vereinigen sich dann mehrere dieser Planetesimale zu noch größeren Objekten. Die schwersten Planetesimale wachsen aufgrund ihrer größeren Masse viel schneller als die leichteren Planetenvorläufer. Es entstehen Felsenplaneten, ihr Wachstum ist beendet, wenn fast aller Staub verbraucht ist. Dies alles dauert hundert Millionen Jahre. Merkur, Venus, Erde und Mars sind da.

Gasplaneten können sich nur in den äußeren Bereichen der Scheibe bilden. Dort ist die Temperatur so niedrig, dass die Schwerkraft der Felsenkerne Gasmoleküle festhalten kann. Die Kerne der äußeren Planeten sammeln auf diese Weise große Mengen an Gas auf. Jupiter wächst in weniger als 1 Mio. Jahre auf 317 Erdmassen an.

Die Planeten, die wir heute im Sonnensystem beobachten, sind also die übrig gebliebenen Gewinner der vielen Zusammenstöße ganz am Anfang. Alle Körper, die auf sehr elliptischen Bahnen durchs Sonnensystem vagabundierten, hatten eine viel größere Wahrscheinlichkeit mit anderen Planeten zusammenzustoßen. Deshalb sind sie längst verschwunden. Entweder sind sie mit anderen Planeten zusammengestoßen, in die Sonne gefallen oder sie haben das Sonnensystem längst verlassen. Nur noch ganz kleine Felsbrocken durchkreuzen als Kometen oder Asteroiden das Sonnensystem auf sehr elliptischen Bahnen, die übrigen Planeten hingegen haben fast kreisförmige Bahnen und das hat ziemlich wichtige Konsequenzen, denn kreisförmige Bahnen wirken sich positiv auf die Stabilität eines Planetensystems aus.

1.13 So was gibt es doch gar nicht – 4,5 Mrd. Jahre Stabilität

Und jetzt kommen wir zu dem staunenswerten Faktum der Stabilität des Sonnensystems. Seit 4,5 Mrd. Jahren bewegen sich die Planeten um die Sonne und zwar offenbar ohne dass sich ihre Bahnen merklich verändert haben. Zwar schwanken die Planeten ein wenig um die perfekte Kreisbahn, aber ihre leicht elliptischen Bahnen sind nach wie vor unverändert. Woher wissen wir das? Ganz einfach, es gibt uns! Hinter dieser Feststellung steckt eine ganze Menge, denn wir Menschen sind Teil der Natur; sind Ergebnis einer sehr langen biologischen Entwicklung, die niemals stattgefunden hätte, wenn unser Planet seine Entfernung zur Sonne merklich geändert hätte. Hätte sich der Abstand der Erde von der Sonne verringert, dann wäre es so heiß auf unserem Planeten, dass das Wasser gekocht und Leben sicher nicht überlebt hätte. Wäre andererseits ihr Abstand größer geworden, wäre die Erde für immer eingefroren. Der rekonstruierte Verlauf der Erdgeschichte, alle Untersuchungen der Gesteine lassen nur einen Schluss zu: Der Abstand Erde-Sonne ist seit einer kleinen Ewigkeit immer derselbe. Und auch alle anderen Planeten sind seit ihrer Entstehung auf denselben Entfernungen unverändert auf ihrer Rundreise um die Sonne unterwegs. Hätten sich deren Bahnen verändert, dann wären sie entweder mit anderen Planeten zusammengestoßen, wären in die Sonne gestürzt oder hätten das Sonnensystem verlassen.

Woher kommt diese unglaubliche Stabilität? Zunächst verlieren die Planeten keine Drehenergie mehr, denn die Gasdichte zwischen den Planeten ist so niedrig, dass die Planeten sich daran nicht nennenswert reiben. Die Beeinflussung durch die Schwerkraft der anderen Planeten ist so gering, dass sie nicht weiter ins Gewicht fällt. Dass alles weiter nach wie vor „rund" läuft ist offenbar lediglich dem Umstand zu verdanken, dass sich eventuelle Störungen so gut wie gar nicht auswirken. Aber richtig erklären lässt sich die Stabilität des Sonnensystems nicht. Es hätte auch ganz anders kommen können. Ausführlichste Untersuchungen der Bewegungen der Planeten führen zu dem bemerkenswerten Ergebnis, dass die Umkreisungen der Planeten nur für die nächsten 200 Mio. Jahre in die Zukunft genau zu berechnen sind. Über diese Zeit hinaus kann man die Stabilität nicht genau vorhersagen, weil sich einfach nicht kalkulieren lässt, ob sich die winzigen Störungen durch die anderen Planeten nicht doch eines Tages so aufsummieren, dass sie letztlich doch kleine Verzerrungen der ursprünglich stabilen Planetenbahnen hervorrufen und somit geringfügig näher in den Anziehungsbereich eines anderen Planeten rücken. Die Bahnen des Planeten würden auf diese Weise immer mehr deformiert und es könnte zu Zusammenstößen kommen oder die Kräfte wüchsen so sehr an, dass sie einen Planeten ganz aus seiner Bahn schleudern. Wir stehen hier vor einem echten Rätsel, denn ganz offenbar ist diese Möglichkeit, dass sich kleine Störungen immer weiter verstärken nicht auszuschließen, obwohl es seit 4,5 Mrd. Jahren offenbar niemals vorgekommen ist.

Da erhebt sich natürlich die Frage, ob der Ansatz, unser Sonnensystem sei der kosmische Normalfall, wirklich richtig ist. Die fast kreisförmigen Umlaufbahnen der Planeten lassen zumindest Zweifel daran aufkommen. Und in der Tat haben die letzten 10 Jahre uns Astronomen das Staunen gelehrt, denn die meisten Planeten um andere Sterne haben Bahnen, die viel elliptischer sind als die Bahnen der Planeten in unserem Sonnensystem. Sie wussten das nicht? Sie wussten nicht, dass man schon über 150 extrasolare Planetensysteme entdeckt hat? Ja, tatsächlich, seit 1995 ist es möglich Planeten um andere Sterne indirekt zu entdecken. Die Methode ist noch nicht wirksam für kleine Planeten wie die Erde, aber Planeten, die so schwer sind wie Saturn, lassen sich schon finden. Nicht nur die viel elliptischeren Bahnen unterscheiden diese Planetensysteme von unserem. Dort sind die großen Gasplaneten auch nicht so weit von ihrem Stern entfernt wie Jupiter oder Saturn von der Sonne. In extrasolaren Planetensystemen sind die Gasplaneten ihren Sternen so nahe dass, verglichen mit dem Sonnensystem, sie teilweise noch innerhalb eines Abstandes liegen, der dem Abstand Erde-Sonne entspricht; in einigen Fällen sogar noch viel näher. Wie sind die da hingekommen, denn entstanden sein können die Gasplaneten so nahe bei ihren Sternen ja nicht. Es war einfach viel zu heiß dort, als dass sich so nahe am Stern Gasplaneten bilden konnten. Sie müssen aus großen Entfernungen ins Innere des Planetensystems eingewandert sein. Das Einwandern ins Planetensystem war nur möglich, weil sich die Gasplaneten an der Gas- und Staubscheibe so stark gerieben haben, dass sie ihre Drehenergie verloren haben und in Richtung ihres Sterns gewandert sind. Die Wanderung war dann beendet, als sie den Innenrand der Staubscheibe erreicht hatten. Dort hatte die Strahlung des Sternes den Staub verdampft.

Die Bewegung der großen Planeten von außen nach innen musste katastrophale Konsequenzen für möglicherweise vorhandene andere Planeten gehabt haben. Deren Umlaufbahnen wurden nämlich durch die Gasriesen so stark gestört, dass sie entweder mit dem Gasriesen zusammenstießen, in ihren Stern fielen oder aus ihrem System herauskatapultiert wurden.

Das alles ist in unserem Sonnensystem nie passiert. Jupiter ist fünfmal so weit von der Sonne entfernt wie die Erde. Falls er von außen eingewandert sein sollte, dann war die Staubscheibe schon so stark durch die Strahlung der Sonne verdampft, dass er nicht weiter ins Innere des Sonnensystems eindringen konnte. Wie auch immer, unser Sonnensystem scheint so durchschnittlich nicht zu sein. Es hat durchaus besondere Eigenschaften, vor allem hat es einen ganz außerordentlich bemerkenswerten Planeten, die Erde: einen Planeten, auf dem sich eine neue Materieform gebildet hat, die sich von allem was vorher existierte grundlegend unterscheidet – Leben.

Eigentlich müsste die Erzählung jetzt mit der Entstehung und Entwicklung der Erde weitergehen. Aber machen wir zuvor noch einmal eine gedankliche Inventur. Es war ja doch alles ein bisschen viel, vom Urknall bis zur Entstehung der Erde.

1.14 Immer sind es die kleinen Abweichungen – der nicht ganz perfekte Kosmos

Gedanklich stehen wir jetzt kurz vor dem Beginn der Erdgeschichte. Wir haben sie im Kapitel Planetenentstehung ja schon entstehen lassen; sie ist schon da und umrundet als heißer Felsbrocken die noch junge Sonne, aber wir wollen noch einmal zurückschauen ins Damals, in das schon knapp 10 Mrd. Jahre alte Universum. Am Anfang war alles was sich im Universum befand sehr heiß und sehr gleichmäßig im Raum verteilt. Das Universum expandierte, kühlte sich ab und es entstanden Teilchen, die in einem Strahlungsbad schwammen. Dieser Übergang von einem gleichmäßig ausgedehnten Energiebrei in Teilchen und Strahlung entspricht praktisch einer Kondensation. So wie sich aus Wasserdampf durch Abkühlung Tröpfchen bilden, so hat sich in der Frühphase des Kosmos die Materie gebildet. Und wir können gleich mit den Wassertropfen weitermachen. Wenn man flüssiges Wasser noch weiter abkühlt, dann gefriert es und kristallisiert sogar. Gleiches geschah auch im Kosmos. Während der andauernden Expansion und Abkühlung bildeten sich schließlich Materieklumpen – Galaxien, Sterne und endlich auch Planeten. Und immer sind es die kleinen Abweichungen, die die Bildung solcher Materieinseln möglich machen. An manchen Stellen erhöhte sich durch kleinste Verdichtungen die Schwerkraft, die weitere Materie anzog. Die Materie floss aus in die Stellen mit höherer Dichte, dadurch entleerte sich das Universum. Es entstanden große Leerräume, an deren Rändern Galaxien entstanden, die sich ihrerseits, anzogen durch ihre gegenseitige Schwerkraft, zu Haufen von Galaxien versammelten.

Innerhalb der Galaxien spielte sich auf kleineren Ausdehnungen das gleiche Spiel ab: Gasverdichtungen verstärkten sich immer mehr, bis sie schließlich unter ihrem eigenen Gewicht kollabierten und Sterne entstanden. Die wiederum setzten einen völlig neuen Mechanismus in Gang, sie setzten durch die Verschmelzung von leichten Atomkernen zu größeren Kernen Energie frei. Es wurde Licht und es entstanden alle Elemente die schwerer sind als Helium. Durch Sternexplosionen wurden diese neu erzeugten Elemente ins Weltall geschossen. Ein Materiekreislauf kam in Gang, der ständig neue Sterne und immer mehr schwere Elemente erzeugte. Erst als das Universum schon fast 9 Mrd. Jahre alt war, kam es zur Bildung der ersten Planeten. Die Beobachtungen von extrasolaren Planetensystemen weisen ganz klar darauf hin dass nur Sterne, die mindestens so viele schwere Elemente wie die Sonne besitzen, auch von Planeten umkreist werden. Möglicherweise ist das Sonnensystem eines der ersten Planetensysteme in der Milchstraße.

So, und jetzt kommen wir zur Erde.

1.15 Der blaue Diamant

Nehmen wir eine Blume, sie ist ein Erdling. Sie kommt aus der Erde, sie lebt vom Wasser und den Mineralien, die sie über ihre Wurzeln aus dem Erdboden zieht. Ihre Energie bekommt sie von einem Stern, der 150 Mio. km von ihr entfernt Wasserstoff in Helium verwandelt. Die Blume wiederum verwandelt das Licht der Sonne in Zuckermoleküle und Sauerstoff. Sie ist, wie alle Lebewesen, ein Teil des großen Kreislaufs von Wasser, Erde und Luft, letztlich aber gespeist vom Feuer der Sonne.

In unserer Erzählung über den Kosmos sind wir der Entwicklung der einfachen und leichten Atome vom Urknall in Sterne und deren Verwandlung in die für Leben notwendigen schweren Elemente nachgegangen. Für die Existenz einer Blume sind das gewissermaßen die himmlischen Vorbedingungen. Für ihr Dasein, ihr Werden und Wachstum aber sind unmittelbar nur die Erde und die Sonne wirklich wichtig.

Am 21. Dezember 1968 um 17 Uhr amerikanischer Ostküstenzeit sehen zum ersten Mal Menschen den Erdball in seiner vollen Größe. Die drei Astronauten von Apollo 8 machen ein Foto, das um die Welt geht. Im schwarzen Universum steht ein blauer Planet – unsere Erde. Ihre Atmosphäre erscheint als hauchdünner Vorhang über der Oberfläche. Der größte Teil der Kugel ist mit den blauen Meeren bedeckt, hier und da sieht man Wolkenbänder und darunter die Konturen einiger Kontinente. Für die Besatzung von Apollo 8 war das ein ganz besonderer Moment. Sie sind so beeindruckt von der Schönheit ihres Heimatplaneten und von seiner Zerbrechlichkeit, dass sie ihn mit einem Diamant vergleichen. Diesen drei Männern wird in diesem Moment sehr deutlich vor Augen geführt, dass wir alle im gleichen Boot sitzen und so wird dieses erste Bild von der ganzen Erde zum Symbol einer neuen Idee: nicht mehr untertan sollen wir uns die Natur machen, sondern wenn irgendwie möglich, mit ihr leben und nicht gegen sie. Natur zu zerstören bedeutet die Grundlagen des Lebens in jeglicher Form zu zerstören. Wie lebensfeindlich Himmelskörper aussehen, erleben die Apollo 8 Astronauten ebenfalls sehr direkt, denn sie sind auf dem Flug zum Mond. Seine von Einschlägen zernarbte Oberfläche steht in völligem Kontrast zur Erde. Der Mond ist tot, er hat keine Atmosphäre und er ist völlig trocken. Da ist nichts außer Stein, kein Lied, keine Pflanze, kein Leben.

Sie werden sich vielleicht jetzt fragen, warum kommt denn der Erzähler ausgerechnet jetzt mit dem Mond. Den kennt doch jeder, was hat denn der Mond mit der Erde, ihrer Entstehung und Entwicklung zu tun? Na ja, Sie werden ja sehen, denn 6 Monate nach Apollo 8 werden Neil Armstrong und Edwin Aldrin als erste Menschen den Mond betreten und Mondgestein aufsammeln. Nach ihnen folgen noch fünf erfolgreiche Mondmissionen und alle bringen Mondgestein mit, knapp 400 kg. Jahrelange Untersuchungen dieses Gesteins haben eine ungeheure Geschichte aufgedeckt, die unbedingt zu den Anfangsepisoden der Erdentstehung gehört und deshalb erzählt werden muss.

Die Erde hat nämlich in ihrer ganz frühen Phase einiges mitgemacht und die von zahllosen Einschlagkratern zernarbte Mondoberfläche ist ein beeindruckendes Archiv dieser Urzeit. Der Mond ist gewissermaßen der Kronzeuge für die dramatischen Vorgänge zu Beginn der Erdgeschichte. Auf ihm zeigt sich, was sich vor etwa 4,5 Mrd. Jahren im gerade sich bildenden Sonnensystem abgespielt hat: Felsen stürzten auf Felsen, die Gesteine erhitzten sich durch die Einschlagenergie und die noch ganz jungen, unfertigen und noch wachsenden Felsenplaneten waren rot glühende Gesteinskugeln. Sie nahmen so lange weiter an Gewicht und Größe zu, bis ihre Schwerkraft die meisten durch das Sonnensystem vagabundierenden Felsbrocken eingesammelt hatte. Die von den sechs Apollo-Missionen auf die Erde gebrachten knapp 400 kg Mondgestein weisen eindeutig darauf hin, dass die Erde in ihrer Frühphase einen Einschlag eines Himmelskörpers überstanden hat, der doppelt so schwer war wie der Mars. Er besaß ein Fünftel Erdmasse und dieser Einschläger wurde beim Zusammenstoß komplett zerstört, sein Eisenkern versank in der damals noch glutflüssigen Urerde. Große Teile der leichten Erdkruste und der Kruste des Einschlägers wurden ins Weltall geschleudert und bildeten in ca. 60.000 km Entfernung einen Gesteinsring um die Erde, aus dem sich der Mond bildete. Der Mond ist wahrhaftig ein Grund zum Staunen, denn er steht der Erde gar nicht zu. Er ist viel zu schwer, nämlich ein Achtzigstel der Erdmasse. Einen solchen schweren Mond haben nur Gasriesen wie Saturn und Jupiter, die zehn- oder hundertmal schwerer sind als die Erde.

Die Anwesenheit des Mondes hat große Auswirkungen auf die Erde. Ohne den Mond würde sie im Weltraum taumeln. Ihre Drehachse würde so stark schwanken, dass eine Seite ihrer Oberfläche ständig zur Sonne gerichtet wäre, während die andere in totaler Dunkelheit erfröre. Keine schöne Vorstellung. So aber ist das Erde-Mond-System ein stabiles System, in dem die Erdachse nur wenige Grad hin und her schwankt, so dass die unterschiedlichen Jahreszeiten dabei entstehen.

Ohne den Mond würde die Erde sich so schnell um ihre eigene Achse drehen, dass die Windgeschwindigkeiten auf ihrer Oberfläche ständig zwischen 300 und 500 km/h lägen. Wenn es größere Lebewesen gäbe, dann wären die in jeder Hinsicht sehr flach. In die Höhe wachsende Pflanzen gäbe es sicher auch nicht. Blumen und Astrophysiker wären ohne den Mond gar nicht vorhanden.

Und nun stellen wir uns den Anblick des Himmels von der Erde aus vor, wie er vor 4,5 Mrd. Jahren aussah: In 80.000 km Entfernung schlagen immer noch Brocken auf den sich gerade bildenden, taumelnden Mond ein. Die Erde dreht sich in 7 h um die eigene Achse und sie wird umkreist von einem schweren Begleiter. Beide Himmelskörper spüren sich, ihre gegenseitige Schwerkraft beeinflusst beide gleichermaßen, man nennt dies die Gezeitenkraft, die auf der Erde Ebbe und Flut verursacht. Beide bremsen sich in ihrer Eigendrehung ab. Der Mond, als der deutlich leichtere der beiden Partner, wird viel stärker abgebremst und nach einer kurzen Zeit zeigt er der Erde immer die gleiche Seite. Man spricht davon, dass er in seiner Rotation synchronisiert ist. Mit anderen Worten, er dreht sich einmal um die eigene Achse, während er sich einmal um die Erde dreht. Die Erde dreht sich ebenfalls durch die Gezeitenkraft des Mondes immer langsamer, sie wurde bis heute auf 24 h Rotationszeit heruntergebremst. Die Drehenergie, die die Erde verliert, gewinnt der Mond an Bahnenergie. Seit damals entfernt er sich nämlich kontinuierlich von der Erde. Aus den anfänglichen 60.000 km sind bis heute 400.000 km geworden. Und es geht immer noch weiter. Die Erde wird sich immer langsamer drehen und der Mond sich von ihr immer weiter entfernen, jedes Jahr ein paar Zentimeter.

So viel zu den allerersten Anfangstagen der Erde. Sie ist zwar wie alle anderen terrestrischen Planeten das Ergebnis einer Unzahl von Einschlägen und Zusammenstößen, aber sie nimmt unter den Planeten des Sonnensystems eine einzigartige Stellung ein. Außergewöhnlich bis ins kleinste Detail ist er schon, dieser Erdkörper mit Weltmeer und Atmosphäre: kilometertiefe Ozeane umgeben die meist bloß um wenige zehn oder hundert Meter über den Meeresspiegel hinausragenden Landflächen. Fast gäbe es überhaupt kein festes Land, hätten die Meere etwas mehr Wasser. Es wäre gar keines vorhanden, wenn die Kräfte des Erdinnern nicht dafür sorgten, dass die Kontinente nicht an ihrer Basis auseinander fließen und ins Meer versinken. Und es gibt Leben auf diesem Planeten, ein offenbar einmaliges Phänomen im Sonnensystem. Insgesamt stellt die Erde ein großes System dar, dessen Teile miteinander wechselwirken und fein aufeinander abgestimmt sind; ein System, das mit der lebenden Natur nicht nur harmoniert, sondern wesentlich von ihr geprägt wird und sie folglich auch umfasst. Das beeindruckendste Beispiel für die zahllosen Wechselwirkungen zwischen Leben und unbelebter Natur ist die Entstehung der

Sauerstoffatmosphäre der Erde durch die Fotosynthese der Einzeller und Pflanzen. Belebte und unbelebte Natur bilden eine Einheit auf der Erde. Sie bedingen sich gegenseitig und stehen in einem empfindlichen Gleichgewicht. So, wie wir von der Evolution der Organismen sprechen, müssten wir von der Evolution der Erde als Ganzes sprechen, die erst die Voraussetzung für die Entwicklung des Lebens auf ihr war. Aber das ist für diesen Beitrag ein zu weites Feld.

Betrachtet man die lange Reise, die wir durchlaufen haben, und die mit der Zeit sich immer weiter diversifizierende Komplexität der Erscheinungen, so offenbart sich einem eine Ehrfurcht gebietende Geschichte.

Ich persönlich halte es mit Vincent van Gogh, der einmal gesagt hat:

> Man sollte Gott nicht nach dieser Welt beurteilen, die ist nur eine Studie, die nicht gelungen ist. Aber es muss ein Meister sein, der solche Schnitzer macht!

Literatur

Bennett J, Donahue M, Schneider N, Voit M, Lesch H (2009) *Astronomie – Die kosmische Perspektive*. Pearson, München

Blome HJ, Zaun H (2004) *Der Urknall*. C. H. Beck, München

Brockhaus Mensch, Natur, Technik (1999) *Vom Urknall zum Menschen*. F. A. Brockhaus, Leipzig Mannheim

Hasinger G (2007) *Das Schicksal des Universums*. C. H. Beck, München

Lesch H, Müller J (2001) *Kosmologie für Fussgänger*. Goldmann, München

Lesch H, Müller J (2003) *Big Bang 2. Akt*. Bertelsmann, München

Lesch H, Zaun H (2008) *Die kürzeste Geschichte allen Lebens*. Piper, München

Rahmann H, Kirsch K (2001) *Mensch – Leben – Schwerkraft – Kosmos*. Heimbach, Stuttgart

Smolin L (1999) *Warum gibt es die Welt*. C. H. Beck, München

Kapitel 2
Evolution: Treibende Kräfte in Natur und Kultur

Franz M. Wuketits

Wir dünken uns selbständig und hängen von allem in der Natur ab; in eine Kette wandelbarer Dinge verflochten, müssen auch wir den Gesetzen ihres Kreislaufs folgen, die keine andern sind als Entstehen, Sein und Verschwinden.

Johann Gottfried Herder

Wenn wir nicht absichtlich die Augen schließen, so können wir nach unseren jetzigen Kenntnissen annähernd unsere Abstammung erkennen, und wir brauchen uns derselben nicht zu schämen.

Charles Darwin

Vorbemerkung Der vorliegende Text ist sozusagen die Nachschrift meines im Dezember 2007 in Dresden gehaltenen Vortrags. Ich hielt den Vortrag im Wesentlichen in freier Rede, nur auf der Basis einiger Notizen, und schrieb den vollen Text danach. Dabei habe ich den Vortragsstil beibehalten. Allerdings habe ich nachträglich manches hinzugefügt, den Beitrag mit ein paar Anmerkungen versehen und einiges an zwischenzeitlich erschienener Literatur berücksichtigt.

2.1 Einleitung

Dass sich alles im Wandel befindet, ist ein Gemeinplatz. In den Wissenschaften wurde das statische längst von einem dynamischen Weltbild abgelöst; in der Biologie ist an die Stelle des typologischen das evolutionäre Denken getreten, was als eine der größten Umwälzungen in der Geschichte der biologischen Gedankenwelt zu bewerten ist (Mayr 1984). Der Ausdruck „Evolution" – der ganz allgemein „Entwicklung" bedeutet – findet aber in vielen Bereichen der realen Welt seine Anwendung, und an

F. M. Wuketits (✉)
Institut für Wissenschaftstheorie, Universität Wien,
NIG Universitätsstraße, 1010 Wien, Österreich
E-Mail: franz.wuketits@univie.ac.at

J. Oehler (Hrsg.), *Der Mensch – Evolution, Natur und Kultur,*
DOI 10.1007/978-3-642-10350-6_2, © Springer-Verlag Berlin Heidelberg 2010

Versuchen, den Menschen und seine „geistigen Strukturen“ als Teil einer umfassenden kosmischen Evolution zu begreifen, fehlt es nicht (z. B. Jantsch 1979; Unsöld 1981). Seine Position in der Welt zu erkennen, ist ein altes Anliegen des Menschen, und die Evolutionstheorie liefert ihm dabei entscheidende Perspektiven.

Im vorliegenden Beitrag geht es mir allerdings nicht darum, ein umfassendes evolutionäres Weltbild zu zeichnen (was schon aus Gründen der Kürze ein Ding der Unmöglichkeit wäre), sondern bloß um eine skizzenhafte Darlegung der Zusammenhänge zwischen biologischer und kultureller Evolution (die ja schon komplex genug sind).

„Biologische“ Evolution ist eigentlich ein unglücklicher Ausdruck, weil die Evolution des Lebens ja nicht biologisch verläuft, sondern nur biologisch erklärt wird. Wenn ich diesen Ausdruck hier trotzdem verwende, folge ich bloß einer allgemeinen Gepflogenheit.

Es ist bemerkenswert – und kein Ruhmesblatt für unsere Kultur –, dass man heutzutage, 150 Jahre nach dem Erscheinen von Darwins evolutionstheoretischem Hauptwerk „*On the Origin of Species by Means of Natural Selection*“ (Darwin 1859), immer wieder auf die Tatsache der Evolution hinweisen muss. Kreationisten unterschiedlicher Schattierungen treiben nach wie vor (oder schon wieder?) ihr Unwesen und finden nunmehr auch in Deutschland eine große Schar von Anhängern (Graf 2009; Kutschera 2007). Ich will darauf aber hier nicht näher eingehen, sondern gleich auf mein Thema zu sprechen kommen.

Was treibt die Evolution des Lebens, was unsere Kultur an? Aber sprechen wir hier tatsächlich von verschiedenen Dingen? Ist Kultur – oder das, was wir damit bezeichnen – nicht Teil unseres Lebens und mithin in unserer Natur verwurzelt? Die Entstehung der Kultur lässt sich ohne ein Verständnis unserer Evolution als „Naturwesen“ nicht hinreichend erklären. Dass „Natur“ und „Kultur“ Gegensätze seien, ist eine in unserer Kulturgeschichte tief verwurzelte Überzeugung, die mit dem Bestreben zu tun hat, uns von allen übrigen Geschöpfen abzugrenzen beziehungsweise abzuheben. Dieses Bestreben hat uns allerdings lange in die Irre geleitet. Dass zwischen Natur und Kultur enge Zusammenhänge bestehen, lässt sich plausibel machen. Die Befürchtung eines Biologismus ist dabei völlig unbegründet.

2.2 Evolution des Lebens

Die biologische Evolutionstheorie liefert eine umfassende Erklärung für den Wandel der Organismen seit der Entstehung des Lebens vor über 3 Mrd. Jahren (siehe z. B. Fischer 2008; Kutschera 2006; 2009; Mayr 2003; Storch et al. 2001; Wuketits 2009). Für diesen Wandel im Zuge der Evolution liegen inzwischen so viele Belege aus allen Disziplinen der Biologie und ihrer Rand- und Nachbargebiete vor, dass die Frage, ob Evolution stattgefunden hat oder immer noch stattfindet, ein für allemal als erledigt angesehen und eindeutig mit „Ja“ beantwortet werden muss. Das klingt wohl dogmatisch, aber noch hat es niemand geschafft, die Evolution als Tatsache wissenschaftlich zu widerlegen, worauf zu warten sich auch nicht lohnt. Zur Evolutionstheorie gibt es in der Biologie keine ernsthafte Alternative. Mayr (Mayr 2003, S. 14) stellt fest: „Evolution ist der wichtigste Begriff in der gesamten Biologie. Es gibt in diesem Fachgebiet keine einzige Frage nach dem Warum, die sich ohne Berücksichtigung der Evolution angemessen beantworten ließe." Wobei, nebenbei bemerkt, „Warum-Fragen" in den Naturwissenschaften kausale Erklärungen herausfordern und die Annahme von Wundern nicht zulassen. Schöpfungsmythen, wie sie in verschiedenen Kulturen, bei verschiedenen Völkern zu finden sind, mögen ihren Reiz haben, sind aber keine wissenschaftlichen Antworten auf die Frage, warum die Welt, die Erde und die Lebewesen entstanden sind.

Die erste befriedigende Antwort auf die Frage, was die (biologische) Evolution „antreibt", hat Darwin (Darwin 1859) mit seiner Theorie der natürlichen Auslese oder Selektion gegeben, die auch heute noch in ihren Grundzügen Gültigkeit hat. Darwin stellte unter anderem die Einmaligkeit des Individuums und den unterschiedlichen Reproduktionserfolg unter den Angehörigen einer Art fest; er sah die überall in der Natur waltende Konkurrenz unter Artgenossen und kam zu dem Schluss, dass die Selektion die jeweils tauglichsten Varianten fördert (*survival of the fittest*). Das sind diejenigen Individuen, die gegenüber anderen Angehörigen ihrer Spezies über bestimmte, vorteilhafte „Einrichtungen" verfügen; das ist beispielsweise jener Feldhase, der etwas schneller laufen und sich daher besser vor Feinden schützen kann als andere Kreaturen seiner Art; oder jener Leopard, der seiner Beute etwas effektiver auflauert als seine Artgenossen; und so weiter und so fort. Dabei geht es also stets um das Überleben, genau gesagt, das genetische Überleben, also die erfolgreiche Reproduktion. Klarerweise wird der schnelle Feldhase mit relativ hoher Wahrscheinlichkeit länger am Leben bleiben als der langsame und daher auch eine höhere Fortpflanzungschance gewinnen.

Es ist ein leider immer wieder anzutreffender Irrtum, dass Darwin ein Überleben der „Stärksten" im Sinn hatte. Das ist blanker Unfug. Es überlebt nicht der Riese, der alle anderen zertrampelt, auch nicht der unerschrockene Kämpfer, der sich jeder Gefahr stellt. Man kann die Formel „Überleben des Tauglichsten" stattdessen ohne weiteres einmal auch als „Überleben der Feiglinge" deuten (Wuketits 2008). Sich verstecken, tarnen, davonlaufen, verkriechen und so weiter sind nützliche Strategien im Dienste des Überlebens. Die Natur liefert dafür unzählige Beispiele. Entgegen einer verbreiteten Aufforderung soll man der Gefahr also keineswegs in die Augen sehen, sondern sich vor ihr aus dem Staub machen. (Im Übrigen haben wir zu viele tote Helden, aber zu wenige lebende Feiglinge. Doch wäre das schon ein anderes Thema). Sicher, eine Bärin mit Jungen tut alles, um diese zu verteidigen, aber schließlich geht es dabei um ihr eigenes (genetisches) Überleben. Und eine Katze, von einem Hund hoffnungslos in die Enge getrieben, wird sich gegen diesen schließlich zu verteidigen suchen und ihm ihre Krallen zeigen. Doch bloßes „Draufgängertum" zahlt sich im Allgemeinen nicht aus.

Darwin hatte zwar noch ziemlich nebelhafte Vorstellungen von Vererbung, erahnte aber gewissermaßen jenes Phänomen, welches wir inzwischen längst als „genetische Rekombination" (Neuordnung der Gene) kennen. Im Vorgang der (sexuellen) Fortpflanzung werden die elterlichen genetischen Potenzen bei den Nachkommen nicht einfach „zusammengezählt", sondern neu durchmischt. So entstehen jeweils neue Individuen, die weder mit ihren Eltern, noch untereinander identisch sind, sondern voneinander variieren. Kein Ei gleicht dem anderen, und so gibt es keine zwei Individuen – nicht einmal eineiige Zwillinge –, die nicht zumindest in bestimmten, wenn auch geringfügigen Merkmalen ein wenig voneinander abweichen. Die genetische Rekombination schafft also eine enorme Vielfalt von Variation und damit unterschiedliche Überlebens- bzw. Fortpflanzungschancen. Natürlich spielen dabei auch ökologische Faktoren eine wichtige Rolle. Dem besten Läufer unter den Feldhasen oder dem besten Beutegreifer unter den Leoparden nützt seine Tauglichkeit wenig oder nichts im Falle mehr oder weniger dramatischer Umweltänderungen. Pointiert gesagt: die Natur kennt keine Patentrezepte, die Vorteile, die ein Lebewesen durch die ihm eigenen „Einrichtungen" (z. B. physiologische Leistungen oder Verhaltensmerkmale) heute genießt, können sich schon morgen als Nachteile erweisen. „Die Not der Tauglichsten" (Wuketits 1999) besteht also darin, dass die Selektion immer nur das fördert, was quasi im Moment gefragt ist. Wäre es aber anders, würden Lebewesen stabile Strukturen und Verhaltensweisen sozusagen für alle Eventualitäten entwickeln oder würde sich ihre Umgebung nie ändern, dann gäbe es schließlich keine Evolution.

In diesem Zusammenhang muss auch das Aussterben in der Evolution erwähnt werden. Arten kommen und gehen, und bedingt durch Naturkatastrophen – z. B. dem Einschlag eines Asteroiden auf die Erde oder einem dramatischen Klimawandel – können auch ganze Organismengruppen hinweggerafft werden. Solche Phasen des Massenaussterbens hat es in der Erdgeschichte mehrmals gegeben (z. B. Stanley 1987), natürlich ist die bekannteste das Aussterben der Dinosaurier vor etwa 65 Mio. Jahren. Aber sie war keineswegs die größte Katastrophe der Erdgeschichte. Schon vor 250 Mio. Jahren raffte ein Massenaussterben über 80 % aller (marinen) Tierarten hinweg, unter ihnen die bekannten Trilobiten oder Dreilappkrebse und die Panzerfische. Scheinbar kommt es in der Evolution nicht so sehr darauf an, wie viele Arten jeweils existieren, es ist aber bemerkenswert, dass jedem großen Sterben das „Aufblühen" neuer Arten folgt. Wenn auch die Frage „Was wäre gewesen, wenn …?" in der Geschichte, so auch in der Evolutionsgeschichte, in der Regel bloß zu vielen Spekulationen Anlass gibt, so dürfen wir doch mit hoher Wahrscheinlichkeit behaupten, dass wir heute nicht da wären, wenn die Reptilien des Erdmittelalters auch die Erdneuzeit überdauert hätten. Denn die neben den Sauriern schon existenten Säugetiere waren – wie die paläontologische Überlieferung zeigt – relativ kleine, eher „unscheinbare" Formen. Die Saurier dominierten mit unzähligen Arten das Festland, die Gewässer und die Lüfte. Unter ihrer Vorherrschaft hätten sich die Säugetiere kaum über kleine, spitzmausähnliche Geschöpfe hinaus entfalten können – und so wären nie Schimpansen und Menschen entstanden.

In einer Zeit, in der wieder gern ein „intelligenter Planer" in der Evolution bemüht wird und das Konzept eines *intelligent design* vielerorts sein Unwesen treibt, muss allerdings ausdrücklich festgestellt werden, dass die Saurier nicht ausgestorben sind, um einer Vielfalt der Säugetiere – und schließlich Schimpansen und Menschen (wobei letztere den ersteren immer weniger Lebensmöglichkeiten bieten!) – zur Entfaltung zu verhelfen. Die (biologische) Evolution kennt keine Absichten und Pläne, sie hat keine Lieblingskinder, sondern geschieht einfach aufgrund der bereits von Darwin beobachteten Mechanismen. Wenn man so will, hatten wir bloß Glück, dass wir als Gattung aufgetreten sind, es hätte alles auch anders kommen können …

Hierzu ist noch zu bemerken, dass der Begriff des Mechanismus der natürlichen Auslese von Darwin komplexer und subtiler gefasst war als von manchen seiner

Epigonen. Vor allem hat der Engländer darauf hingewiesen, dass die Selektion nicht allein als Außenweltselektion zu verstehen sei und organismische Strukturen und Funktionen mithin nicht lediglich als Anpassungen an eine gegebene Umwelt gedeutet werden dürfen. Organismen sind komplexe Systeme, die nicht sozusagen als Spielbälle äußerer Kräfte zu verstehen sind. Sie sind aktive Systeme, die mit ihrer Umwelt in vielfältigen Wechselwirkungen stehen, also nicht einfach Resultate einseitiger Anpassungsprozesse darstellen. Eine Theorie der Systembedingungen der Evolution (Riedl 1975) trägt dem Umstand Rechnung, dass vereinfacht gesagt, die Lebewesen ihre Evolution mitbestimmen. Eine „innere Selektion“ als Gesamtheit der Konstruktions- und. Funktionsbedingungen der Organismen lässt beliebige, von der Außenwelt erzwungene Änderungen nicht zu. Woraus sich wiederum erklärt, dass Umweltänderungen von bestimmtem Ausmaß nicht zum Wandel des Organismus, sondern zu seinem Aussterben führen. Kein Lebewesen ist beliebig anpassungsfähig.

Um zu verstehen, was die biologische Evolution „antreibt“, ist den „epigenetischen Prozessen“ auch größere Aufmerksamkeit zu widmen, als Veränderungen von Genfrequenzen und Genexpressionen (Müller u. Newman 2003). Das heißt, die Evolution ist ein komplizierter Vorgang im Wechselspiel zwischen „innen“ und „außen“, zwischen Genen und Organismen und spielt sich somit auf verschiedenen, voneinander allerdings nicht getrennten Ebenen ab. Sie lässt sich als Prozess der Selbstorganisation begreifen (z. B. Goertzel 1992), ein Prozess, der sich selbst steuert und sich seine Gesetzmäßigkeiten selbst schafft. Ein einmal erreichter Entwicklungszustand „kanalisiert“ die weiteren Entwicklungsmöglichkeiten und engt die evolutionäre Bandbreite ein (Erben 1988). Ein Nashorn wird daher im Wesentlichen ein Nashorn bleiben und, selbst wenn es unter neuen Umweltbedingungen für seine Gattung vorteilhaft wäre, gewiss keine Flügel entwickeln. Überdies sind die Evolutionsabläufe im Wesentlichen irreversibel. Wie ich zu sagen pflege: Die Straßen der Evolution sind Einbahnstraßen, Geisterfahrer sind nicht zugelassen.

Schließlich noch ein paar Bemerkungen zum Tempo der biologischen Evolution. Darwin und viele Evolutionstheoretiker des 20. Jahrhunderts waren Gradualisten, also Anhänger der Vorstellung, dass sich Evolution langsam, kontinuierlich, in nahezu unendlich vielen kleinen Schritten vollzieht. Dieser Vorstellung stand im 20. Jahrhundert vorübergehend der Saltationismus gegenüber, wonach die Evolution Sprünge macht. Dass einem Ziegenbock über Nacht Flügel wachsen oder sich Spinnen plötzlich zu 3 m großen Monstren verändern können, hat wohl kein ernsthafter Evolutionstheoretiker jemals wirklich geglaubt, allerdings wurden „Typostrophen“ (sprunghafte Typenwandlungen) postuliert, wonach das Organisationsgefüge etwa einer Ordnung oder Klasse nicht durch kontinuierlichen Artenwandel in einer langen Artenkette, sondern diskontinuierlich entstanden sei (Schindewolf 1950). In den 1970er Jahren stellten einige Paläontologen dem Gradualismus das Modell des Punktualismus entgegen. Demnach gibt es in der Evolution lange Phasen in denen wenig geschieht, die dann aber von Evolutionsschüben unterbrochen werden („punktierte Gleichgewichte“; z. B. Gould 1989). Wie verläuft nun die Evolution tatsächlich? Heute ist das Problem im Wesentlichen längst gelöst. Die Evolution vollzieht sich bei einzelnen Stammesreihen mit durchaus verschiedener

Geschwindigkeit. Sie ist ein so komplexer Vorgang, dass sie sich mit einem einzigen Ablaufmodell nicht hinreichend beschreiben lässt.

Gradualismus und Punktualismus schließen einander nicht aus, sondern ergänzen einander (Vaupel Klein 1994). Mit anderen Worten: „Manchmal, bei bestimmten Organismengruppen, kann sie in der Tat sehr langsam verlaufen und gewissermaßen stagnieren, dann wiederum kann sie sich, unter günstigen ökologischen Bedingungen, beschleunigen und in ziemlich rascher Folge neue Arten hervorbringen" (Wuketits 2009, S. 38). Auf der einen Seite stehen die „lebenden Fossilien" oder Dauergattungen, die sich über viele Jahrmillionen kaum verändert haben und mit fossil erhaltenen Vertretern ihrer jeweiligen Gruppe große Ähnlichkeiten aufweisen, wie etwa der Quastenflosser oder der Pfeilschwanzkrebs (z. B. Thenius 2000). Auf der anderen Seite haben wir die etwa 500 Arten der Buntbarsche im ostafrikanischen Victoriasee, die in weniger als 200.000 Jahren entstanden sind (z. B. Verheyen et al. 2003). Das sind gewissermaßen Extreme, die jedoch anschaulich demonstrieren, mit welch unterschiedlicher Geschwindigkeit Evolution ablaufen kann.

Das Entstehen neuer Arten – wie schnell oder langsam sich die Evolution jeweils auch vollziehen mag – erfolgt jedenfalls planlos. Die philosophisch bedeutungsvollste Schlussfolgerung in Darwins Buch *„On the Origin of Species"* war (und ist nach wie vor) die Verabschiedung der Teleologie, der Vorstellung von einem universellen (Welten-)Zweck. Die Selektion operiert gewissermaßen opportunistisch und nimmt nicht die Zukunft vorweg. Die Evolution insgesamt ist mit einem Bastler ohne vorgefassten Plan vergleichbar, sodass uns schludrige Arbeit nicht verwundern darf (Buskes 2008). Die natürliche Auslese bringt keine „perfekte" Organisation hervor, sondern nur relativ optimale Strukturen, Funktionen und Verhaltensweisen. „Relativ" bedeutet in Bezug auf die jeweiligen Lebenserfordernisse, die sich jedoch, wie bemerkt, mittel- bis langfristig ändern. Auf Österreichisch gesagt: Evolution bedeutet ein ständiges Herumwurschteln; irgendwie geht es halt, aber auch das nur vorübergehend. Was die Anhänger des Konzepts eines *intelligent design* übersehen, ist die „Unvollkommenheit" in der Natur (Sober 2007).

2.3 Evolution der Kultur(en)

Was ist „Kultur"? Der Kulturbegriff hat über 400 verschiedene, wenn schon nicht Definitionen, so doch Konnotationen (Winkler 1988), was ja nicht gerade ermutigt, über kulturelle Evolution zu sprechen. Dazu kommt, dass „Kultur" sowohl über längere Zeiträume, also vertikal, tradierte Elemente (etwa religiöse Glaubenssysteme) umfasst, als auch sehr schnelle, horizontal verlaufende Änderungen (Modeströmungen) beinhaltet (Mesoudi 2007). Andererseits kann man leicht darüber Einigkeit erzielen, dass es sich bei Kultur um ein extrasomatisches, außerkörperliches Kontinuum von Gegenständen und Ereignissen handelt, die von Symbolen abhängen (White 1959).

Zur Kultur gehören Werkzeuge, Ornamente, Bauwerke, Kleidung, Malerei, Musik, Sitten und Bräuche, Moralvorstellungen, Sprache und so weiter. Hat man allerdings die längste Zeit Kultur als spezifisch menschliche Eigenschaft gesehen, so ist heute nicht mehr daran zu zweifeln, dass auch unseren nächsten Verwandten, den Schimpansen, kulturelle Fähigkeiten zugesprochen werden müssen, wie allein ihre vielfältigen Werkzeuge beim Fang von Insekten eindrucksvoll zeigen (z. B. Sommer 2008). Dass Werkzeuggebrauch auch evolutionsgeschichtlich dem Menschen vorausgeht, wurde schon vor vielen Jahrzehnten erkannt (z. B. Washburn 1960). Allenfalls wird man zugeben (müssen), dass der Mensch auf besondere Weise an Kultur beziehungsweise kulturelles Verhalten angepasst ist und nur seine kulturellen Traditionen Veränderungen in historischer Zeit angehäuft haben (Tomasello 1999). Die traditionell gesehene Kluft zwischen „Natur" und „Kultur" ist inzwischen allerdings weitgehend überbrückt – der „Natur-Kultur-Dualismus" verdampft gleichsam bei näherer Hinsicht (Haila 2000). Was an bemerkenswerten kulturellen Leistungen der Mensch auch immer zu vollbringen vermag – er kann nur soviel Kultur produzieren, wie seine Natur erlaubt, und es ist unbestritten, „dass die menschliche Kulturfähigkeit ihre Entstehung und ihre basalen Erfolge der biologischen Evolution und ihren Mechanismen verdankt" (Vogel 2000, S. 43).

Sicher ist nicht daran zu zweifeln, dass die kulturelle Evolution vom Gehirn abhängt, also von einem biologischen Organ, und damit von der biologischen Evolution nicht entkoppelt werden kann. Kultur ist nicht als Widersacher unserer Natur zu begreifen, sondern vielfach als deren Verstärker (Wuketits 2001). Wie allein die Werbung zeigt, appelliert man dabei an uralte „Instinkte". Insbesondere steht der biologische Imperativ „Finde einen Partner!" oft im Vordergrund. Eine Getränke- oder Autofirma bewirbt zwar Produkte, die mit diesem Imperativ scheinbar nichts zu tun haben, stellt ihre Erzeugnisse im Allgemeinen aber als reizvoller dar, wenn sie ihnen ein sexuelles Signal beigibt. Sowohl die Konsumation bestimmter Getränke als auch der Besitz einer bestimmten Automarke können bei der Partnersuche helfen.

Jede Kultur muss zumindest die physische Existenz ihrer Träger garantieren und mit den Erwartungen ihrer Träger harmonieren (Verbeek 2000). Eine Kultur, die darauf basieren würde, ihre Angehörigen der Existenzgrundlagen zu berauben, könnte sich nicht lang halten, weil sie schnell ihrer Träger verlustig ginge. Und sicher ist es kein Zufall, dass Religionen, die von ihren Anhängern Askese und Aufopferung verlangen, dafür auch eine Belohnung versprechen. Wenn schon nicht hier und jetzt, dann soll man zumindest „später", im „Jenseits", Dank für die ertragenen Entbehrungen erwarten dürfen. Gar nichts – das geht nicht, irgendetwas Angenehmes muss man schon in Aussicht gestellt bekommen. Hier zeigen sich die engen Verschränkungen zwischen biologischen Dispositionen und kultureller Erwartung vielleicht besonders deutlich. Eine Kultur lässt sich auch nicht auf suizidalem Verhalten aufbauen. Wenngleich der Suizid offenbar in allen Kulturen anzutreffen ist und bei einigen Ethnien Massensuizide vorkommen (Oehler 2004), sind das doch Ausnahmeerscheinungen. Und so tragisch aus menschlicher Sicht einzelne Fälle von Selbsttötung natürlich sind (auch die Zahl der Suizide etwa in Deutschland und Österreich ist beängstigend), so beenden die meisten Menschen doch nicht „freiwillig" ihr Leben. Eine Kultur, die ihre Mitglieder zum frühzeitigen Suizid auffordern würde, könnte sich als solche nicht lang halten.

Eine für die menschliche Kultur unabdingbare Voraussetzung, „einer der entscheidendsten Züge in der geistigen Menschwerdung“ (Kainz 1941, S. 323), war die Entstehung der Sprache, die – mitunter als Hauptmerkmal der Kultur charakterisiert (z. B. Dunn u. Dobzhansky 1952) – wiederum nur auf der Grundlage komplexer biologischer Prozesse erklärt und rekonstruiert werden kann. Hierbei erweisen sich vergleichende Studien an verschiedenen nichtmenschlichen Tieren als nützlich (Fischer 2009). Das bedeutet nicht, dass Kultur und kulturelle Evolution auf die biologische Evolution in einem ontologischen Sinn zu reduzieren sei. Kulturen unterliegen, ebenso wie Organismen, einem fortgesetzten Wandel (z. B. Antweiler 2007; Wuketits u. Antweiler 2004), allerdings beschreibt die kulturelle Evolution gleichsam einen eigendynamischen Verlauf (Wuketits 1984, 1989, 2004). So enthielt das auf früheren Stufen der Evolution des Menschen ausgeprägte Sprachvermögen noch keinerlei Anleitung für das Sprechen irgendeiner der heute über 6.000 Sprachen. Und – um noch weiter in der Evolutionsgeschichte zurückzugehen – mit der Befreiung unserer Vorderextremitäten von der Fortbewegung im Prozess des Erwerbs der bipeden Lokomotion war das Klavierspielen, das Führen der Feder oder das Entkorken von Weinflaschen mit Hilfe eben jener Extremitäten, die sich zu Händen entwickelten, noch keineswegs angelegt. Allerdings wären, umgekehrt, solche Tätigkeiten nicht durchführbar, hätten sich unsere Hände nicht auf so spezifische Weise entwickelt.

Zwar führt auch die kulturelle – wie die biologische – Evolution zu einer Entstehung von Mannigfaltigkeit, ihre jeweiligen Ergebnisse aber sind nicht Arten, sondern Kulturen innerhalb einer Spezies (mit einer Vielfalt von z. B. Sprachen, Moralsystemen, Sitten und Bräuchen). Und während ein Austausch von (genetischer) Information zwischen Arten in der Regel nicht möglich ist (nur sehr eng verwandte Arten sind miteinander kreuzbar, erzeugen dabei aber häufig nur sterile Bastarde), ist ein Austausch zwischen Kulturen nicht nur möglich, sondern sogar ein wichtiger Motor der kulturellen Evolution. Elemente einer bestimmten Kultur können aus verschiedenen anderen Kulturen stammen – was von Kulturanthropologen als *multiple parenting* (Boyd u. Richerson 1985) bezeichnet wurde –, während sich ein Lebewesen nicht aus Elementen anderer Organismen zusammensetzen kann (Chimären mit Löwen- Schlangen- und Ziegenmerkmalen bleiben der Mythologie vorbehalten). Wir vermögen mühelos Wörter anderer Sprachen in die eigene Sprache aufzunehmen, Tischsitten anderer Völker mit unseren zu verbinden, in anderen Kulturen entwickelte Techniken des Brotbackens zu übernehmen und so weiter und so fort. Wenn Kulturen in enge Berührung miteinander kommen, kann ein Prozess der „Kreolisierung“ binnen weniger Generationen neue Paradigmen, neue Ideenwelten schaffen (Benzon 1996). In anderen, metaphorischen Begriffen gesagt: der Baum der Kulturen unterscheidet sich vom Stammbaum der Lebewesen dadurch, dass er einem indischen Feigenbaum (Banyanbaum) ähnelt, dessen Äste nicht, von einem einzelnen Stamm ausgehend, einfach seitwärts beziehungsweise nach oben weisen, sondern gleichsam einander umschlingen, miteinander verwachsen und Luftwurzeln nach unten „entsenden“, die sich zu mächtigen Pfeilern entwickeln und Ästen ermöglichen, sich immer weiter vom Stamm weg auszubreiten (Linton 1955).

Schließlich geht es in der Kultur nicht um die Weitergabe von genetischer, sondern intellektueller Information, also Ideen. Das können Kochrezepte sein, Moralvorstellungen, Theorien über die Entstehung des Weltalls, mathematische Formeln und vieles mehr. Während die genetische Information linear, also von einer zur anderen Generation weitergegeben wird, können Ideen in alle Richtungen ausgetauscht werden. Entscheidend ist, dass sie in außerkörperlichen, materiellen Strukturen – Tontafeln, Büchern, Zeitschriften und neuerdings auf elektronischen Datenträgern – aufgezeichnet, gespeichert werden und über diese Strukturen jederzeit abrufbar sind, auch wenn ihr Urheber physisch nicht mehr existiert. So sind uns nach wie vor die Ideen längst verstorbener Personen zugänglich. „Während das Wissen eines Hundes im Hundegrab zerfällt, lebt das Wissen des menschlichen Individuums in den Köpfen der anderen Individuen fort, selbst dann noch, wenn die Erinnerung an die persönliche Existenz dieses Individuums längst erloschen ist" (Oeser 1987, S. 97). Insoweit ist Kultur vom genetischen Mechanismus der Speicherung und Weitergabe von Information entkoppelt. Es war, glaube ich, George Bernard Shaw, der den im vorliegenden Zusammenhang sehr treffenden Vergleich anstellte: „Haben Sie einen Apfel, den Sie mir geben, und habe ich einen Apfel, den ich Ihnen gebe, dann haben wir beide wieder nur einen Apfel. Haben Sie aber eine Idee, und ich habe eine andere Idee, und wir tauschen diese Ideen aus, dann haben wir jeder zwei Ideen." Ein ganz entscheidender Schritt beim „Ideenaustausch" war natürlich die Entwicklung der Schrift, die eingebettet zu sehen ist in die Entwicklung der Symbolbildung, der Fähigkeit, mittels Symbolen auf eine abstrakte Weise zu kommunizieren (z. B. von Bertalanffy 1968), womit ein fundamentaler Wesenszug menschlichen Verhaltens auch auf affektiver und kognitiver Ebene etabliert wurde (Wimmer 2004).

Daraus erklärt sich auch die geradezu ungeheure Entwicklungsbeschleunigung in der kulturellen Evolution. Wie Oeser (Oeser 1987, S. 188) bemerkt: „Zwischen den Pyramiden des alten Ägypten und den Abschussrampen der modernen Weltraumraketen liegt ein nach geologisch-biologischen Maßstäben unbedeutender Zeitraum." Ein ebenso unbedeutender Zeitraum ist verstrichen, seit das Rad erfunden wurde – was auch immer die diese Erfindung inspirierenden Faktoren gewesen sein mögen (z. B. Basalla 1988) –, wobei die uns heute vertraute vielfältige Verwendung von Rädern, z. B. an Autos, Traktoren, Eisenbahnen und Flugzeugen, ins 19. Jahrhundert zurückgeht. Dieser sehr kleine Zeitraum verschwindet praktisch auf der Zeitskala der Evolution. Zur Erinnerung: das Leben auf der Erde entstand vor knapp 4 Mrd. Jahren. Wirbeltiere, zu denen die uns vertrautesten Organismen gehören, traten vor etwa 500 Mio. Jahren auf, Primaten – jene Säugetierordnung, zu der wir selbst gehören – vor rund 60 Mio. Jahren. Die Evolution des „Menschen" umfasst nur noch einen Zeitraum von ca. 5 Mio. Jahren (z. B. Henke 2009). Das ist auch der zeitliche Rahmen für unsere kulturelle Evolution. Über relativ einfache Steinwerkzeuge kamen wir aber ein paar Jahrmillionen lang nicht hinaus. Die entscheidenden technologischen Erfindungen und Innovationen sind auf Epochen aus historischer Zeit zu datieren, und für die uns heute beherrschenden Technologien genügten knapp zwei Jahrhunderte, in manchen Fällen (z. B. Computer) nur wenige Jahrzehnte.

Eine ganz wichtige „Erfindung" in prähistorischer Zeit war allerdings das Feuer. Die Fähigkeit, Feuer zu entfachen und zu nutzen war beim Menschen wahrscheinlich schon vor etwa 1,5 Millionen Jahren entwickelt und bot viele neue Möglichkeiten, nicht zuletzt die der Nahrungszubereitung. Die Leichtigkeit, mit der wir heute Feuer entfachen können lässt uns kaum noch erahnen, welche ungeheure Bedeutung der Feuergebrauch in der – kulturellen – Evolution unserer Gattung hatte.

Ein Charles Darwin würde heute die Welt nicht wiedererkennen. Doch selbst jeder von uns, der fünf, sechs oder mehr Lebensjahrzehnte hinter sich hat, sieht sich mit einer Welt konfrontiert, die mit der seiner Kindheit kaum noch etwas gemeinsam hat (und in ihm oft genug Befremden auslöst).

Die jeweiligen Ergebnisse der kulturellen Evolution sind, wie gesagt, Kulturen mit jeweils spezifischen Merkmalen. Die Entwicklung der modernen Technologie aber ist ein die Kulturen übergreifender Prozess, der in kürzester Zeit die (kulturelle und natürliche!) Welt verändert hat – in einem Ausmaß, das uns längst Angst und Schrecken einflößen sollte. Denn auf diese Veränderungen waren wir als Spezies, ausgerüstet nach wie vor mit einem „Steinzeitgehirn", ebenso wenig vorbereitet wie die Träger einzelner Kulturen darauf vorbereitet waren. Eine Folge davon ist das rasche Aussterben von Kulturen. Wildbeutergesellschaften und Nomadenvölker haben in unserer mit atemberaubendem Tempo expandierenden technischen Zivilisation genauso wenig Überlebenschancen wie unsere nächsten Verwandten unter den Primaten. Wir brauchten sehr lang, um zu erkennen, dass alle Völker Kultur hervorbringen (daher der erst heute verpönte Ausdruck „Naturvölker") und noch länger, um die Schimpansen als Kultur produzierende Geschöpfe anzuerkennen.

Ich erinnere hier daran, dass der bedeutende Zoologe und Anthropologe Ernst Haeckel „Zivil"- und „Kulturvölker" geradezu peinlich genau von „Wilden" und „Halbwilden" abzuheben wusste. (Haeckel 1905)

Schon aber sind wir dabei, beide ihrer Lebensgrundlagen zu berauben, und es bleibt zu befürchten, dass alle Bemühungen, ihre (kulturelle) Vielfalt zu bewahren, zu spät kommen.

Zwar begleitet das Aussterben von Kulturen die kulturelle Evolution ebenso, wie das Aussterben von Arten untrennbar mit der biologischen Evolution verbunden ist, doch ist auch hier eine Beschleunigung der Prozesse nicht zu übersehen, vor allem eine Beschleunigung der Zerstörung von Lebensräumen, die für Völker ebenso wie für Arten das Ende bedeutet (z. B. Wuketits 2003). Gewiss waren unsere prähistorischen Ahnen keine Engel, und manche Indizien lassen geradezu zwingend den Schluss zu, dass das Verschwinden vieler pleistozäner Säugetiere auf ihr Konto ging. Jedoch hat der heutige Mensch mit Planierraupen, Kettensägen und Schnellfeuerwaffen Instrumente der Zerstörung in der Hand, die alles Bisherige in den Schatten stellen. Und er gebraucht diese und noch viele andere Instrumente nicht nur gegen andere Arten, sondern auch gegen seine Artgenossen. Nichts und niemand kann ihn dabei bremsen, auch seine oft – von ihm selbst beschworene – Vernunft vermag seinen destruktiven Tendenzen keinen Einhalt zu gebieten. Aber die Vernunft ist das jüngste Produkt unserer Evolution und bildet daher nur eine sehr dünne Schicht oberhalb mächtiger, seit Äonen zementierter (archaischer) Verhaltensanleitungen.

Entgegen einer landläufig verbreiteten Meinung, wonach „Kultur" – im weiteren wie auch im engeren Sinn – ein vom (menschlichen) Bewusstsein gesteuertes System sei, muss hier schließlich betont werden, dass die kulturelle Evolution ebenso wenig absichtsvoll geplant und zielgerichtet verläuft wie die biologische. Beide sind als ein „Zickzackweg" zu beschreiben (Wuketits 1998); die Zukunft einer Art ist ebenso ungewiss wie die Zukunft einer Kultur. In keinem der beiden Bereiche gibt es einen intelligenten Planer. Nur Einzelergebnisse im Rahmen der kulturellen Evolution – wie beispielsweise das Malen eines Bildes, das Verfassen eines Romans, die Komposition eines Musikstücks – sind zielintendierte Prozesse. Hinter ihnen stehen kreative Einzelindividuen, die auf die Verwirklichung der in ihnen schlummernden Ideen drängen. In ihrer Gesamtheit folgt die Kulturgeschichte keinem Plan, sonst wären ihre unzähligen Katastrophen nicht erklärbar (wobei man freilich sagen kann, dass vor allem Kriege sehr wohl geplante Ereignisse sind, ersonnen in kranken Gehirnen, die sich eben auch verwirklichen wollen). Sowenig wie die Naturgeschichte auf irgendein Endziel hinausläuft, sowenig ist ein Endziel der Kulturgeschichte auszumachen. Die Kulturgeschichte ist kein zwangsläufiger Prozess, es gibt keine historischen Gesetze, die die Kultur mit Notwendigkeit in ein bestimmtes Stadium treiben (Popper 1957). Nur gefährliche Propheten politischer und religiöser Ideologien (die Grenzen zwischen beiden sind sehr verschwommen) sind da anderer Meinung, weil sie unter Hinweis auf vermeintlich eherne Gesetze ihre eigenen Hirngespinste rechtfertigen und – schlimmer noch – in die Wirklichkeit umsetzen wollen. Niemand konnte zu Beginn unserer Zeitrechnung die Erfindung des Buchdrucks voraussehen, niemandem wären vor 300 Jahren Rundfunk und Fernsehen in den Sinn gekommen und keiner konnte im Jahr 1900 die beiden Weltkriege erahnen. Aber auch die Akteure der Geschichte hatten von den (späteren) Folgen ihres Tuns praktisch keine Ahnung. „Keiner hat wissen können, welche Geschichte er gemacht haben wird" (Riedl 1987, S. 88). Unsere Kultur ist uns also einfach passiert.

Soviel Ahnungslosigkeit ist freilich beängstigend und mahnt uns dringend zur Vorsicht. Insbesondere sei unseren Planern und Machern in Politik und Wirtschaft ins Stammbuch geschrieben, dass sie sich in Zurückhaltung üben sollen – weil sie nicht wissen können, was sie mit dem Vorantreiben ihrer kurzfristigen (manchmal vielleicht sogar gut gemeinten) Ziele langfristig an Übeln anrichten werden.

2.4 (Kultur-)Kritische Schlussbemerkung

Alles befindet sich ständig im Fluss – diese alte Weisheit wird durch das Studium der Evolution der Organismen ebenso bestätigt wie durch die Beschäftigung mit dem Wandel der Kulturen. Eine Beschreibung und Erklärung evolutiver Änderungen, sei es im Bereich der Lebewesen oder im Bereich der Kulturen, impliziert keine Wertungen.

Es mag so klingen, als ob Kulturen doch unabhängig von Lebewesen existieren könnten. Aber die Leser werden nach dem Gesagten verstehen, dass es so nicht gemeint sein kann.

> Hier zeigt sich bloß die Schwierigkeit, Phänomene in Worte zu fassen, die lange Zeit – auch sprachlich – getrennt waren.

Die ungeheure Entwicklungsbeschleunigung, die wir in jüngster Zeit wahrnehmen, achselzuckend mit dem Hinweis zu akzeptieren, es verändere sich eben alles, würde aber grober Fahrlässigkeit gleichkommen. Denn die Katastrophen, die unsere Spezies in der Natur anrichtet, sind nicht zu verwechseln mit den früheren Katastrophen der Erdgeschichte. Gewiss, jede Spezies beutet in gewissem Maße natürliche Ressourcen aus, aber es ist keine Spezies bekannt, die gezielt und systematisch Heerscharen von Arten ausrottet, wie das auf den Menschen zutrifft – der sich selbst kurioserweise als rationales Lebewesen sieht und denkt, der Fuchtel seiner biologischen Imperative entkommen zu sein.

Charakteristisch für unsere kulturelle Evolution in jüngster Zeit ist die beschleunigte Zerstörung von Lebensräumen nicht nur anderer Arten, sondern auch unserer Artgenossen (das geht, wie gesagt, Hand in Hand). Unsere Zivilisation zerstört natürliche und kulturelle Vielfalt (man mag fragen, ob sie die Bezeichnung „Kultur" überhaupt noch verdient), setzt auf „Monokulturen", und es scheint unter den in Politik und Wirtschaft Verantwortlichen nicht viele zu geben, die sich der Konsequenzen dieser Prozesse bewusst sind. Wo Vielfalt eingeebnet wird, dort ist Entwicklung nicht mehr möglich. Evolution kann sich, vereinfacht ausgedrückt, nur dort abspielen, wo es Unterschiede gibt. Vielfalt schafft Möglichkeiten – in welcher Richtung auch immer. Ihr Gegenteil ist Einfalt, und die bewirkt, wie schon der Gebrauch des Wortes in der Alltagssprache unterstellt, keine Entfaltungsmöglichkeiten. Aber vielleicht ist es das, was Politiker und Konzernmanager wollen, nicht wissend, welches Unheil sie anrichten. Der heute ständig allerorts erschallende Ruf nach Innovation und Reformen kann – und wird wahrscheinlich – dazu führen, dass entscheidende Errungenschaften unserer Kultur hinweg reformiert werden und kulturelle Vielfalt eingeebnet wird. Und letztlich wird sich niemand dafür verantwortlich fühlen …

Literatur

Antweiler C (2007) *Was ist den Menschen gemeinsam? Über Kultur und Kulturen.* Wissenschaftliche Buchgesellschaft, Darmstadt

Basalla G (1988) *The Evolution of Technology.* Cambridge University Press, Cambridge

Benzon W (1996) *Culture as an Evolutionary Arena.* J Soc Evol Syst 19: 321–362

Boyd R, Richerson PJ (1985) *Culture and the Evolutionary Process.* University of Chicago Press, Chicago

Buskes C (2008) *Evolutionär denken. Darwins Einfluss auf unser Weltbild.* Primus, Darmstadt

Darwin C (1859) *On the Origin of Species by Means of Natural Selection.* Murray, London

Dunn LC, Dobzhansky T (1952) *Heredity, Race and Society.* The New American Library, New York

Erben HK (1988) *Die Entwicklung der Lebewesen. Spielregeln der Evolution.* 3. Aufl. Piper, München Zürich

Fischer EP (2008) *Das große Buch der Evolution.* Fackelträger, Köln

Fischer J (2009) *Zur Evolution der menschlichen Sprache – ein Vergleich der Kommunikation von Mensch und Tier.* Naturw Rdsch 62: 397–405

Goertzel B (1992) *Self-Organizing Evolution.* J Soc Evol Syst 15: 7–53
Gould SJ (1989) *Punctuated Equilibrium in Fact and Theory.* J Soc Biol Struct 12: 117–136
Graf D (2009) Auferstehung des Schöpfungsglaubens – Kreationismus in Europa. In: Wuketits FM (Hrsg) *Wohin brachte uns Charles Darwin?* Bd 28, Schriftenreihe der Freien Akademie, Lenz, Neu-Isenburg, S. 25–44
Haila Y (2000) *Beyond the Nature-Culture Dualism.* Biol Philos 15: 155–175
Haeckel E (1905) *Die Lebenswunder. Gemeinverständliche Studien über Biologische Philosophie.* Kröner, Stuttgart
Henke W (2009) Licht wird fallen auf den Ursprung des Menschen – Paläoanthropologie und Menschenbild. In: Wuketits FM (Hrsg) *Wohin brachte uns Charles Darwin?* Bd 28. Schriftenreihe der Freien Akademie, Lenz, Neu-Isenburg, S. 67–102
Jantsch E (1979) *Die Selbstorganisation des Universums. Vom Urknall zum menschlichen Geist.* Hanser, München, Wien
Kainz F (1941) *Psychologie der Sprache. Grundlagen der allgemeinen Sprachpsychologie.* Bd 1, Enke, Stuttgart
Kutschera U (2006) *Evolutionsbiologie.* 2. Aufl. Ulmer, Stuttgart
Kutschera U (Hrsg) (2007) *Kreationismus in Deutschland. Fakten und Analysen.* LIT, Berlin
Kutschera U (2009) *Tatsache Evolution. Was Darwin nicht wissen konnte.* Deutscher Taschenbuch Verlag, München
Linton R (1955) *The Tree of Culture.* Knopf, New York
Mayr E (1984) *Die Entwicklung der biologischen Gedankenwelt. Vielfalt, Evolution und Vererbung.* Springer, Berlin, Heidelberg
Mayr E (2003) *Das ist Evolution.* Bertelsmann, München
Mesoudi A (2007) *Biological and Cultural Evolution: Similar but Different.* Biol Theory 2: 119–123
Müller GB, Newman SA (Hrsg) (2003) *Origination of Organismal Form: Beyond the Gene in Developmental and Evolutionary Biology.* MIT Press, Cambridge
Oehler J (2004) *Gibt es eine Biologie des Suizids?* Z Humanontogenetik 7: 69–81
Oeser E (1987) *Psychozoikum. Evolution und Mechanismus der menschlichen Erkenntnisfähigkeit.* Parey, Berlin, Hamburg
Popper KR (1957) *The Poverty of Historicism.* 2. Aufl. Routledge & Kegan Paul, London
Riedl R (1975) *Die Ordnung des Lebendigen. Systembedingungen der Evolution.* Parey, Hamburg, Berlin
Riedl R (1987) *Kultur – Spätzündung der Evolution?* Piper, München
Schindewolf OH (1950) *Grundfragen der Paläontologie. Geologische Zeitmessung, organische Stammesentwicklung, biologische Systematik.* Schweizerbart, Stuttgart
Sober E (2007) *What is Wrong with Intelligent Design?* Quart Rev Biol 82: 3–8
Sommer V (2008) *Schimpansenland. Wildes Leben in Afrika.* C. H. Beck, München
Stanley SM (1987) *Krisen in der Evolution. Artensterben in der Erdgeschichte.* Spektrum der Wissenschaft, Heidelberg
Storch V, Welsch U, Wink M (2001) *Evolutionsbiologie.* Springer, Berlin
Thenius E (2000) *Lebende Fossilien. Oldtimer der Tier- und Pflanzenwelt.* Dr. Friedrich Pfeil, München
Tomasello M (1999) *The Human Adaptation for Culture.* Annu Rev Anthropol 28: 509–529
Unsöld A (1981) *Evolution kosmischer, biologischer und geistiger Strukturen.* Wissenschaftliche Verlagsgesellschaft, Stuttgart
Vaupel Klein JC v (1994) *Punctuated Equilibria and Phyletic Gradualism.* Acta Biotheor 42: 15–48
Verbeek B (2000) *Kultur: Die Fortsetzung der Evolution mit anderen Mitteln.* Natur und Kultur 1: 3–16
Verheyen E, Salzburger W, Snoeks J, Meyer A (2003) *Origin of the Superflock of Cichlid Fishes from Lake Victoria, East Afrika.* Science 300: 325–329
von Bertalanffy L (1968) Symbolismus und Anthropogenese. In: Rensch B (Hrsg) *Handgebrauch und Verständigung bei Affen und Frühmenschen.* Huber, Bern, Stuttgart, S. 131–143

Vogel C (2000) *Anthropologische Spuren. Zur Natur des Menschen.* Hirzel, Stuttgart, Leipzig
Washburn SL (1960) *Tools and Human Evolution.* Sci Am 203: 62–75
White L (1959) *The Evolution of Culture. The Development of Civilization to the Fall of Rome.* McGraw-Hill, New York
Wimmer M (2004) *Gestörtes Gleichgewicht, symbolische Ordnung: Biologische und Soziokulturelle Dimensionen der Interaktion von Emotion und Kognition.* Soziale Systeme 10: 50–72
Winkler E-M (1988) *Ethnos, Kultur, Rasse – Realität oder Fiktion?* Wiener Studien zur Wissenschaftstheorie 2: 271–287
Wuketits FM (1984) *Evolution, Erkenntnis, Ethik. Folgerungen aus der modernen Biologie.* Wissenschaftliche Buchgesellschaft, Darmstadt
Wuketits FM (1989) *Biologische und kulturelle Evolution – Analogie oder Homologie?* Schriftenreihe der Freien Akademie Wiesbaden 9: 241–258
Wuketits FM (1998) *Naturkatastrophe Mensch. Evolution ohne Fortschritt.* Patmos, Düsseldorf
Wuketits FM (1999) *Die Selbstzerstörung der Natur. Evolution und die Abgründe des Lebens.* Patmos, Düsseldorf
Wuketits, FM (2001) *Der Affe in uns. Warum die Kultur an unserer Natur zu scheitern droht.* Hirzel, Stuttgart, Leipzig
Wuketits FM (2003) *Ausgerottet – ausgestorben. Über den Untergang von Arten, Völkern und Sprachen.* Hirzel, Stuttgart, Leipzig
Wuketits FM (2004) *Stichwort „Kultur“.* Naturw Rdsch 57: 109–110
Wuketits FM (2008) *Lob der Feigheit.* Hirzel, Stuttgart, Leipzig
Wuketits FM (2009) *Evolution. Die Entwicklung des Lebens.* 3. Aufl. C. H. Beck, München
Wuketits FM, Antweiler C (2004) *The Evolution of Human Societies and Cultures.* Handbook of Evolution, Bd 1, Wiley-VCH, Weinheim

Kapitel 3
Evolution ernst nehmen

Volker Sommer

3.1 Bekenntnisse eines Primatologen

Was und wie wir sind verdanken wir der Stammesgeschichte. Über einen äonenalten Strom sind wir mit anderen Organismen verbunden. Es kann gut sein, dass alle Lebensformen auf Erden auf einen einzigen Urorganismus zurückgehen – und dass sich diese Stammform allmählich zu einer enorm biodiversen Palette auseinanderentwickelte. Deshalb ist alles, was kreucht und fleucht oder sesshaft vor sich hinlebt, über eine Kette gemeinsamer Vorfahren miteinander verwandt: der Feigenbaum mit der Wespe, die ihn befruchtet; die Treiberameisen mit dem Regenwurm, den sie zerkleinern; die Korallen mit den Fischen, denen sie ein Zuhause bieten; der Leopard mit dem Weißnasenaffen, an dem er sich gütlich tut; und schließlich wir mit den Mikroben, die 90 % aller Zellen stellen, die unseren Körper ausmachen.

Heutzutage zweifeln die wenigsten Zeitgenossen, zumindest in westlichen Ländern, diese Tatsache der Evolution (Wuketits 2009) grundsätzlich an. Im Großen und Ganzen haben wir uns mit der Vorstellung von einem Artenwandel ganz gut eingerichtet. Wie wir ja auch andere Neuerungen verdaut und verinnerlicht haben, die einst als revolutionär galten und zunächst auf Unglauben und Ablehnung stießen – etwa, dass sich die Erde um die Sonne dreht oder dass das Herz eine Pumpe ist, statt einer Bluterwärmungsmaschine (Wallach 2009).

Die Anerkennung der Tatsache der Evolution gehört also zur Allgemeinbildung. Und wenn die Medien berichten, dass Vögel wohl befiederte Dinosaurier sind, erscheint ein solches Szenarium der Öffentlichkeit weder besonders herätisch noch blasphemisch. Das bedeutet indes nicht, dass viele Leute die Mechanismen des evolutionären Wandels verstünden, oder Einzelheiten der stammesgeschichtlichen Entwicklung parat hätten – so, wie ja auch die wenigsten von uns gute, faktische und mathematisch belegte Gründe dafür angeben könnten, warum ein heliozentrisches Weltbild einem geozentrischen überlegen sein sollte.

V. Sommer (✉)
Dept. Anthropology, University College London,
Gower Street, WC1E 6BT London, Großbritannien
E-Mail: v.sommer@ucl.ac.uk

J. Oehler (Hrsg.), *Der Mensch – Evolution, Natur und Kultur,*
DOI 10.1007/978-3-642-10350-6_3,

Es ist allerdings eine Sache, die Theorie der Evolution zu akzeptieren – wofür nicht unbedingt detaillierte Kenntnisse der Physik, Genetik oder Anatomie notwendig sind –, und eine andere, die Konsequenzen dieser Weltsicht zu durchdenken. Denn die Tatsache der Evolution so zu ernst nehmen, wie es angemessen wäre, müsste auch zu einer Verschiebung ethischer und existenzieller Perspektiven führen. Dieser Aufsatz will diese Zurückhaltung und die damit verbundenen Inkonsequenzen thematisieren. Dies geschieht aus einer durchaus nicht vorurteilsfreien Sicht, nämlich der eines Evolutionsbiologen, der seit Jahrzehnten das Sozialverhalten und die Ökologie von Affen und Menschenaffen erforscht. Diese Tiere und die Natur, in die sie eingebettet sind, liegen mir deshalb besonders am Herzen. So mag es verständlich sein (wenngleich nicht unbedingt verzeihlich ...), dass sie mich in Laufe der Zeit in bestimmten Hinsichten überzeugt haben. Für mich sind unsere allernächsten Verwandten besonders eindrückliche Zeitzeugen für die quasi nahtlose Vernetzung der Organismen – auch und gerade wenn es um die Einschätzung der Unterschiede und Gemeinsamkeiten zwischen Menschen und anderen Lebewesen geht.

Diese Überzeugung und die daraus abgeleitete Weltsicht ist im höchsten Grade subjektiv. Ich sehe in der subjektiven Komponente allerdings nichts Ehrenrühriges – speziell nicht, wenn dieser Konstruktivismus klar ausgesprochen wird. Während ich es umgedreht für viel problematischer halte, wenn Wissenschaftler glauben und behaupten, ihre Messungen seien objektive Spiegelungen der Realität und frei von „persönlichen" Tendenzen in der Ausdeutung der Ergebnisse. Insofern bin ich also der Meinung, dass Wissenschaft stets vom Zeitgeist durchwebt ist – und verschreibe mich damit den Auffassungen von Wissenschaftstheoretikern wie Robin Collingwood, Thomas Kuhn oder Bruno Latour (Zusammenfassungen in Walach 2009).

Vor diesem Hintergrund möchte ich für eine radikalere Anwendung des Evolutionstheorems auf unser Selbstverständnis werben.

3.2 Die Mechanisierung des Biologischen

Ausgangspunkt soll dabei die quasi reflexhafte Unterscheidung sein, mit der wir „Menschen" von „Tieren" unterscheiden. Diese Dichotomie zeichnet nicht nur unsere Alltagssprache aus, sondern ist auch explizite Annahme vieler Philosophen, Theologen und Naturwissenschaftler. In der westlichen Geistesgeschichte ist dieser Dualismus mit dem Namen von René Descartes verbunden (Walach 2009, S. 144–148). In der ersten Hälfte des 17. Jahrhunderts, um mit groben Pinselstrichen zu zeichnen, leitete Descartes die moderne Zeit ein, indem er das zweifelnde Ich zum Anker seiner Überlegungen machte – im Bruch mit Traditionen des Mittelalters, die christliche Verkündigung und daraus abgeleitete Strukturen für ewige Werte hielten. Der Zweifel repräsentiert die *res cogitans*, also die denkende Sache und den subjektiven Geist. Dieser Bezugspunkt lässt Descartes dann, in weiterer Konsequenz, auf die tatsächliche Existenz materieller Dinge rückschließen – auf die *res extensa*. Damit ist der cartesianische Dualismus begründet: zwischen dem Denken, das keine Ausdehnung besitzt sondern nur zeitlich verläuft, und der räumlich ausgedehnten Materie, die eine kategorial verschiedene Substanz ist.

In seiner „*Abhandlung vom Menschen*“ (*Traité de l'homme*) kommt Descartes zu dem naheliegenden Schluss, dass, weil nur Menschen über einen denkenden Geist und damit eine *res cogitans* verfügen, die anderen Lebewesen seelenlos sind. Macht man sich Descartes Grundannahmen zueigen, ist dies durchaus logisch. Ameisen und Muscheln zweifeln sicher nicht; bei Hunden, die den Kopf schief halten und dem Herrchen in die Augen schauen, oder bei Kühen, die gen Himmel wiederkäuen, mag sich zwar Zweifel an deren Zweifellosigkeit regen. Doch ist dieses tierliche Grübeln sicherlich nicht von so existenzieller Qualität, wie der Zweifel des Descartes. Solchen Tieren gleichwohl zumindest ein wenig Seele zuzusprechen, erscheint allerdings problematisch – denn man kann sich wohl einen halben Arm vorstellen, aber eine „halbe Seele“, das ist schwieriger zu visualisieren.

Solche Überlegungen bringen Descartes dazu, die Leiber von Tieren – wie auch die von Menschen – als Maschinen zu begreifen. Diese Einsicht orientierte sich nicht zuletzt daran, dass Uhren seinerzeit der Höhepunkt mechanischer Handwerkskunst waren. Der Leib-Seele-Dualismus des Descartes bricht allerdings mit jener Auffassung, die von Aristoteles ausgehend das Mittelalter hindurch selbstverständlich war: dass außer Menschen auch Pflanzen und Tiere beseelt seien. Ähnliche Auffassungen von der Beseeltheit aller Naturwesen leben außerhalb der europäischen Philosophie ungebrochen in Denktraditionen etwa des Hinduismus, des Buddhismus oder animistischer Vorstellungen fort – so sehr die Vorstellungen von dem, was eine Seele ist, in diesen eher „monistischen“ Denkgebäuden auch variieren mögen.

Dass Descartes das Biologische entseelte und mechanisierte, ist von kaum zu überschätzender Bedeutung für die Entwicklung der westlichen Wissenschaft, und ihrer unzweifelhaften praktischen Erfolge in Bereichen wie Technologie, Physiologie und Medizin.

Am Ende meines Essays werde ich argumentieren, dass sich der Substanzdualismus des Descartes heutzutage auf simple Weise auflöst. Allerdings nicht in dem Sinne, dass Tieren ihre Seele wiedergeschenkt würden. Sondern im Sinne einer „Ironie und Dialektik der Geschichte, [...] dass genau dieses Programm der Mechanisierung der Natur dazu geführt hat, dass nun auch das Funktionieren des Geistes, also der Descartes'schen *res cogitans*, nicht vor dieser Mechanisierung bewahrt bleibt“ (Walach 2009, S. 147).

Der Tier-Mensch-Rubikon des Descartes wurde bereits mit Ausformulierung der Evolutionstheorie vor 150 Jahren grundsätzlich fragwürdig. Dass die Grenze nicht scharf ist, belegte zunächst die vergleichende Anatomie und Morphologie. Wir haben fünf Finger und Plattnägel, ganz wie andere Menschenaffen, und dies ist ein augenfälliger Hinweis auf eine geteilte Stammesgeschichte. Heutzutage verstärkt die Genomik diese Einsichten, die auf Vergleichen von Körperstrukturen beruhen, mit lediglich anderen Methoden (Enard u. Pääbo 2004).

Während abgestufte Ähnlichkeiten hinsichtlich des Körperbaus nicht von der Hand zu weisen sind, bleibt die evolutionsbiologische Betrachtung unserer „geistigen“ Dimensionen oft umstritten – obwohl wiederum bereits Darwin erkannt hatte, dass die Echos der Vergangenheit auch in Verhaltensmustern, Selbstbildern,

Glaubensvorstellungen und sozialen Normen erklingen. Entsprechend begriffen frühe Anhänger der darwinschen Theorie den Menschen zwar als Tier, betonten jedoch „einmalige“ Charakteristika wie Sprache, Technologie oder Kultur als konstituierende Einzelmerkmale wahren Menschseins.

Das Konzept der „Sonderstellung“ des Menschen wurde besonders ab Mitte des 20. Jahrhunderts durch Fortschritte der Verhaltensbiologie mehr und mehr relativiert. Speziell Freilandstudien an Menschenaffen lösten die Mensch-Tier-Grenze weiter auf. Orang-Utans, Gorillas, Schimpansen und Bonobos wurden dabei zunehmend vermenschlicht (anthropomorphisiert) und Menschen vertierlicht (zoomorphisiert). Dieses Vorgehen halten ich nicht nur für legitim, sondern für geboten – eben weil sich Verhaltensbiologen als Gradualisten verstehen sollten, die in Übergängen denken, statt in strikten Klassen.

3.3 Kritik des Essenzialismus

Die moderne, zeitgenössische Anthropologie hat sich daher mehr und mehr einem naturalistischen Verständnis verschrieben. Dieser Ansatz lädt zu mancherlei Selbst-Deutung gerade auch unserer Denkneigungen ein, also jenes Instrumentariums, mittels dessen wir uns und unsere Umwelt ergründen.

Beispielsweise ist es überaus überlebenstauglich, unsere Umwelt intuitiv in Kategorien einzuteilen – weil es vorteilhaft ist, vom Einzelnen aufs Allgemeine zu schließen: „Nicht nur das eine Tier mit schwarzen Punkten in gelbem Fell will mich verschlingen, sondern alle, die so aussehen. Also lasst uns Leoparden meiden!“ Und umgekehrt: „Mmmh, diese rote Frucht schmeckt gut, und deshalb sind andere, die so aussehen, ebenfalls nicht giftig. Also lasst uns Kirschen pflücken.“ Vor-Urteile sind also gerade deshalb adaptiv – und so naheliegend und verführerisch –, weil sie das Denken verkürzen und uns das Leben ökonomischer gestalten lassen.

Die Evolutionäre Erkenntnistheorie macht allerdings klar, dass derlei Vor-Urteile zwar gesund sein mögen, aber deshalb nicht notwendigerweise mit der Struktur des Realen in seiner Gänze übereinstimmen (Vollmer 2002). Dieses Thema spielt auch im „Universalienstreit“ der Philosophie eine prominente Rolle. Im Kern dreht sich die Debatte darum, ob Klassen unabhängig von Einzeldingen existieren. *Realisten* bejahen dies: Die „Menschheit“ (oder „das Tier“, „der Leopard“, „die Kirsche“) hat ein Wesen, eine Essenz, und existiert deshalb unabhängig von den Mitgliedern dieser Kategorie. Obwohl es zunächst kontraintuitiv klingt, entsprechen die Realisten den griechischen Idealisten – denn es war Platon, der meinte, jeder auf Erden unvollkommenen Wesenheit entspräche ein vollkommenes Urbild im von ihm postulierten „Reich der Ideen“. Gegenspieler der Essenzialisten sind die *Nominalisten*. Sie behaupten, ähnlichen Dingen wäre lediglich ein „Nomen“ gemein, ein Name. Die sind zweifellos nützlich, wenn wir uns in der Welt bewegen und uns miteinander verständigen wollen, doch spiegeln die Namen keine Essenz wider. Nicht zuletzt, weil die Übergänge fließend sind. Wer will schon entscheiden, ab welchem Punkt ein Becher zur Tasse wird und schließlich zur Schale? Oder ob der Schwarze

Panther, wenn das Licht schräg auf sein Fell einfällt und die Rosettenzeichnung sichtbar macht, nicht doch als Leopard zu bezeichnen wäre.

Auch ich benutze wie selbstverständlich Begriffe wie „Tier", „Mensch", „Spezies" oder „Gattung". Doch bin ich mir bewusst, dass dies lediglich pragmatische Hilfsmittel sind, die mir erlauben, eine erste Ordnung in meine Gedanken zu bringen, und mit Gleichgesinnten darüber zu diskutieren, ob die Struktur dieser Ordnung sinnvoll ist, hilfreich oder irreführend, oder ob wir uns nicht alle in illusionären Zirkeln bewegen … Begriffe zu benutzen, ist somit durchaus nicht gleichbedeutend mit dem Glauben, dass Kategorien „real" sind.

Damit landen wir bei der Problematik, ob „Arten" wirklich existieren (Neumann 2009). Carl von Linné schwankte in seiner Taxonomie zwischen Nominalismus und Essenzialismus. Er hielt nur Arten für reale Einheiten und sah höhere Taxa ab der Gattung als künstlich an, weil ihre Festlegung willkürlich bleiben muss. Darwin hingegen war zumindest implizit Nominalist. Trotz des Titels *Über die Entstehung der Arten* verstand er sein Hauptwerk als Versuch, den „Tod des Artbegriffes" herbeizuführen. Denn Arten lassen sich ja nur im Querschnitt ausmachen, als Schnappschüsse – nicht hingegen im Längsschnitt, den gradueller Wandel kennzeichnet.

Die Realisten erhielten nochmals Auftrieb durch Ernst Mayrs Definition, wonach Arten Gemeinschaften von Individuen sind, die fortpflanzungsfähige Nachkommen miteinander zeugen können und von anderen Bevölkerungen reproduktiv isoliert sind. Das Konzept ist überaus problematisch, etwa weil mindestens ein Zehntel aller „Arten" von Vögeln, Schmetterlingen oder Primaten Hybriden bilden. Standardlehrbücher verkünden immer noch, Mischlinge seien unfruchtbar. Das stimmt oft nicht – übrigens auch nicht in jedem Falle für die gern zitierte Kreuzung zwischen Pferd und Esel. Zudem wäre bei obligatorischen Selbstbefruchtern, zu denen etwa manche parasitische Würmer zählen, jedes Individuum eine eigene Art. Das Artkonzept lässt sich auch kaum auf Bakterien anwenden, weil die sich nicht nur ungeschlechtlich durch „Klonen" vermehren, sondern durch Mechanismen des Gentransfers kaum Rekombinationsschranken besitzen. Solche Organismen lassen sich einfach nicht in distinkte Klassen pressen.

Zusatzannahmen versuchen, das Spezieskonzept zu retten, durch Prädikate wie „kladistisch", „pluralistisch", „ethologisch" oder „phenetisch" – doch überall sind Ausnahmen die Regel. Die Krux ist, dass Artdefinitionen die Spezies als evolutionäre Einheiten begreifen, deren Einzelteile auf Kohäsion angelegt sind. Diese gruppenselektionistische Auffassung kontrastiert mit dem modernen individualselektionistischen Verständnis. Demzufolge richtet sich Auslese nicht auf übergeordnete Einheiten, ob sie nun Gattung, Volk oder Art heißen, sondern bewertet den Fortpflanzungserfolg einzelner Lebewesen.

Genetiker gehen oft pragmatisch vor, und bezeichnen Cluster, die sich durch Sequenzanalysen ergeben, als Arten. Diese sind allerdings nicht unbedingt räumlich und zeitlich isoliert, sondern können sich vermischen – wodurch Arten verloren gehen können, ohne auszusterben (Mallet 1995). Mittlerweile ist klar, dass auch und gerade Menschen genetische Mosaike sind. Denn in der Hominisation, unserer Stammesgeschichte, fand – wie bei Pflanzen oder Bakterien – *retikuläre Evolution* statt, also das netzartige Einkreuzen von Geninformation durch Hybridisierung

(Arnold 2008). Als Symbol für den Prozess der Evolution ist es deshalb weniger angemessen, von einem Baum des Lebens zu reden, als von einem Netz des Lebens.

In Fortführung des Ansatzes der vergleichenden Anatomie schaffen die modernen Methoden der Molekularbiologie und Genomik interessanterweise für klare Einteilungen mehr Probleme, als sie lösen – denn je genauer die Untersuchungen, desto mehr Unterschiede werden ersichtlich. Es ist aber weithin in das Belieben des jeweiligen Taxonomen gestellt, welche dieser „innerartlichen" Variationen als so essenziell anzusehen sind, dass sie ein eigenes Taxon konstituieren.

Eine wesensmäßige, essenzielle Unterscheidung von Mensch und Tier – oder Gruppen von Organismen schlechthin – aufgrund von Merkmalen im Körperbau zu versuchen, endet immer in Problemen, weil die Kriterien willkürlich sind. Damit will ich sagen: Natürliche Klassen existieren nicht. Wir sind es, die sie erfinden, sie gegen andere Kategorien abgrenzen, und uns dieser Klassifikationen zu bestimmten Zwecken bedienen.

3.4 Schimpansen und andere Denker

Die prinzipielle Erkenntnis, dass Klassen konstruiert sind, lässt sich recht leicht anwenden auf die „Hardware" des Lebens, den Körperbau und die Anatomie – also dem, was auf den ersten Blick der *res extensa* des Descartes entspricht: der Materie. Doch Entsprechendes gilt auch für die *res cogitans*, die „Software" des Lebens – traditionell „Geist" genannt, also unser Denken, Träumen, Fühlen und Wollen. Wobei uns hier die Einnahme einer evolutionsbiologischen Perspektive schwerer zu fallen scheint – sind doch viele der angeblichen Sonderstellungs-Merkmale im „geistigen" Bereich angesiedelt.

Grundsätzlich gilt allerdings hinsichtlich dessen, was angeblich allein Menschen in der „geistigen Arena" tun können und Tiere nicht: Solche Trennungen bleiben solange in Mode, bis ein nichtmenschliches Tier entdeckt wird, das genau das kann, was angeblich allein die Krone der Schöpfung auszeichnet.

Nehmen wir den berühmten *Homo faber*. Demnach machte Werkzeugbenutzung das spezifisch Menschliche aus – bis Jane Goodall erstmals beobachtete, wie wilde Schimpansen Zweige zurichteten, um damit Termiten aus ihren Bauten zu fischen (Goodall 1986). Die Messlatte wurde daraufhin einfach höher gelegt. Zu den revidierten Behauptungen gehörte: Allein Menschen fertigen Geräte vorausschauend und für zukünftigen Gebrauch; nur Menschen bewahren sie für erneute Benutzung auf; allein *Homo sapiens* setzt verschiedene Artefakte in logischer Folge ein.

Speziell Forschungen an Schimpansen belegen, wie unzulässig auch diese neuerlichen Abgrenzungsversuche sind (Sommer 2008). So wählen die Menschenaffen bestimmte Pflanzenarten aus, je nachdem, ob sie hartes oder biegsames Rohmaterial benötigen, und transportieren die Zweige über teilweise erhebliche Distanz zum späteren Einsatzort. Wollen sie etwa Termiten fischen oder Bienenhonig erlöffeln, beißen sie die Enden bürstenartig auf. Das vergrößert die Oberfläche und damit die Ausbeute. Bienen nisten gern in Baumhöhlen. Schimpansen zeigen extreme Geduld, um diese Behausungen aufzubrechen – und hämmern mit Knüppeln oft mehr als tausendmal darauf ein. Zeitweilig beginnen sie diese Arbeit am Morgen, unterbrechen für eine Mittagspause, und fahren am Nachmittag fort. Außerdem legen sie geeignete Hölzer in den Baumkronen für eine zukünftige Wiederbenutzung ab.

Wilde Schimpansen spüren überdies im Boden metertief verborgene Ressourcen durch Probebohrungen auf. Im Umkreis von Termitenbauten gilt es etwa, dicht bevölkerte Kammern zu finden. Dazu drücken die Menschenaffen einen harten Stock in die Erde, ziehen ihn wieder heraus und beriechen das Ende. Dies wiederholen sie vielfach – bis sie über Geruch und Erdwiderstand eine lohnende Quelle lokalisieren. Dann führen sie ein zweites, biegsames Werkzeug ein. Um Erdhöhlen stachelloser Bienen zu finden und auszubeuten, setzen Schimpansen gar fünf, sechs verschieden gestaltete Grabstöcke und Honiglöffel ein – so, wie wir unseren Werkzeugkästen verschiedene Schlüssel entnehmen.

Derlei Berichte (Sanz u. Morgan 2007) erschienen anfangs unglaubhaft, sind aber mittlerweile mehrfach bestätigt. Gleichwohl wissen wir noch immer sehr wenig über Leben und Treiben unserer nächsten Verwandten. Denn halbwegs systematische Beobachtungen begannen vor gerade 50 Jahren, während Menschengesellschaften seit Jahrtausenden dokumentiert werden.

Deshalb sind auch Beobachtungen in Gefangenschaft weiterhin wertvoll – etwa die an einem Schimpansenmann in einem schwedischen Zoo, der kaltblütig für die Zukunft plante. Dies entkräftet den Einwand, wilde Menschenaffen würden Gegenwart und Zukunft keineswegs kognitiv trennen, weil ihre Beutezüge durchgängig von demselben Nahrungsbedürfnis motiviert seien. Der Zooschimpanse sammelte jedenfalls regelmäßig Steine. Außerdem klopfte er aus Zement gegossene Gehegeteile ab, um Hohlräume zu finden. Hier brach er Brocken aus, die er teilweise zu handlicheren Teilen zerschlug. Das Material versteckte er strategisch nahe am Wassergraben. Erst Stunden oder Tage später setzte er es als Wurfgeschosse gegenüber dem Publikum ein (Osvath 2009).

Seine Munitionssammlungen ähneln 2,6 Mio. Jahre alten Lagern von Steinwerkzeugen in Ostafrika, die Hominiden zugeschrieben werden. Aber waren es wirklich immer „Menschen", die diese Artefakte sammelten und bevorrateten? Oder machen wir hier nicht wiederum den Kardinalfehler, einen Beleg für „fortschrittliches" Verhalten wenn schon nicht uns Heutigen, so doch „Urmenschen" anzurechnen? Ausgrabungen in westafrikanischen Wäldern weisen jedenfalls nach, dass Schimpansen dort seit Jahrtausenden Hämmer und Ambosse aus Stein zum Nüssezerschlagen einsetzen. Erst seit ein paar Jahrzehnten ist diese Benutzung lithischer Artefakte durch Schimpansen genauer dokumentiert. Und erst seit ein paar Jahren wissen wir, dass auch andere nichtmenschliche Primaten Steinwerkzeuge zum Extrahieren von Nahrung einsetzen, darunter Kapuzineraffen in Südamerika und Makakenaffen in Thailand (Haslam et al. 2009). Oft sammeln sich die Steine, an denen deutliche Nutz- und Abnutzungsspuren nachweisbar sind, an bestimmten Lokalitäten an – ganz so, als würde es sich um die Werkstätten von „Urmenschen" handeln, deren Oberstübchen bereits von menschlichem Denken erhellt war.

Behaupten zu wollen, wir hätten die Bandbreite an technologischen Fähigkeiten bei anderen Tieren als Menschen bereits genügend ausgelotet, wäre also ziemlich voreilig. Viele angebliche Belege archaischer menschlicher Erfindungskraft könnten also in Wirklichkeit widerspiegeln, dass auch das Denken von Menschenaffen – und vielleicht auch das anderer Spezies – schon seit Urzeiten dem Hier und Jetzt entkommen konnte.

Zu den zäheren Versuchen, das Einzigartige der *conditio humana* zu belegen, zählt Berufung auf die alleinige „Kulturfähigkeit" der Menschen – wobei auch dieser Graben zunehmend erodiert, wenn wir eine undogmatische Umschreibung von Kultur vornehmen. Zwar existieren wohl ebenso viele Definitionen, wie es „Kulturen" selbst gibt. Zu den klarsten Kriterien zählt aber doch, dass Menschen je nach Wohnort unterschiedlichen Sitten folgen – was unsere kulturelle Vielfalt ausmacht. Doch auch die Gebräuche nichtmenschlicher Tiere können sich je nach Lebensraum unterscheiden. Obwohl also zur gleichen Art zählend, mögen lokale Populationen hinsichtlich ihrer sozialen Gepflogenheiten, Subsistenztechniken oder Nahrungsgewohnheiten differieren. Derlei Unterschiede sind nicht angeboren, sondern im sozialen Kontext erlernt (McGrew 2004).

Drückerfische beispielsweise blasen Seegurken durch einen Wasserstrahl um, um dann deren ungeschützte Seite auszufressen. Im Roten Meer allerdings – und nirgendwo sonst – transportieren die Fische ihre Beute im Maul vorsichtig nach oben und lassen dann los. Während die Stachelhäuter langsam nach unten trudeln, attackieren die Fische deren unbewaffnete Körperstellen. Seeotter beuten ihre Nahrung gleichfalls unterschiedlich aus. Entlang der kalifornischen Küste paddeln sie rückwärtig auf dem Wasser, balancieren dabei eine Muschel auf dem Bauch, um sie dann mit einem in den Vorderpfoten gehaltenen Stein zu zerschlagen. Otter weiter nördlich zeigen diese Technik nicht.

Wie zu erwarten sind speziell auch nichtmenschliche Primaten kulturfähig. So kommen periodisch in manchen Gruppen von Kapuzineraffen in Costa Rica bizarre Spiele in Mode. Dabei werden ausgewählten Partnern die Zehen gelutscht, ihnen werden Finger in die Nase gesteckt oder gar unter die Augäpfel geschoben. Dies dürfte wenig angenehm sein und erfordert einiges Vertrauen. Genau das ist wohl die Funktion der Intimitäten: Wer sie teilt, signalisiert Bereitschaft zu Allianz in anderen, meist aggressiven Kontexten. Außergewöhnlich kann es ebenfalls unter Japanmakaken zugehen. So nehmen die Affen mancherorts Kiesel in die Hände und klopfen sie klackernd aneinander – eine nutzlose Tätigkeit, die vielleicht Zugehörigkeit zu einer bestimmten Gruppe markiert.

Musterschüler in Sachen Kultur sind erneut Schimpansen – was diesbezüglichen Forschungen an der Gattung *Pan* den treffenden Spitznamen *Panthropologie* eintrug. Leiden sie an Durchfall, pflücken Schimpansen die rauen Blätter ausgewählter Pflanzen, falten sie und schlucken sie unzerkaut – was den Darm reizt und Wurmparasiten ausscheidet. Die genauen Mechanismen der Selbstmedikation sind unklar, doch muss diese Naturheilkunde über Generationen sozial weitergegeben werden. Wieder fällt auf, wie „prominente" Verhaltensweisen das kulturelle Profil mancher Bevölkerungen ausmachen – während sie anderswo komplett fehlen. So planschen Kommunitäten des Senegal in flachen Teichen während andere Gruppen Kontakt mit Wasser panisch meiden. Im nigerianischen Gashaka wiederum isst jeder Schimpanse jeden Tag Ameisen, rührt aber nie die weitaus nährreicheren Termiten an (Sommer 2008).

Wären die Schimpansen Menschen, würden sie aufgrund des Wasser„tabus" oder des Termiten„tabus" wohl als Anhänger einer magisch-religiösen Weltanschauung gelten. Die Psychologie der Menschenaffen jedenfalls dürfte jener ähnlich sein, über die sich Ethnien definieren: „Du willst ein Gashaka-Schimpanse sein? Dann iss Ameisen soviel Du willst, aber komm bloß nicht auf die Idee, je eine Termite anzurühren. Oder die Wassergeister zu stören. So was macht man nicht bei uns ..."

Der Katalog an Merkmalen, mit denen sich eine menschliche Sonderstellung eben nicht belegen lässt, ist mittlerweile umfangreich. Zur Freude der Gradualisten werden Tier-Mensch-Protagonisten zuweilen mit eigenen Waffen geschlagen – etwa, wenn an Bildschirmen geschulte Schimpansen zufällige Zahlenfolgen schneller und genauer rekapitulieren können, als menschliche Studenten.

Neben der Kultur hält sich das Ja oder Nein der Sprachfähigkeit als hartnäckiges Thema – wobei auch hier viel an den Definitionen hängt. Manche in Menschenobhut aufgewachsenen Menschenaffen lernen jedenfalls, gesprochenes Englisch zu verstehen oder kommunizieren mittels Gebärdensprache oder Kunstsprache über eine Computertastatur. Zudem können Zöglinge „sprechender" Eltern deren Vokabular übernehmen, ganz ohne eigene formelle Schulung. Meerkatzen im nigerianischen Gashaka wiederum verblüffen, weil die Affen nicht nur ihre Raubfeinde Leopard und Kronenadler mittels spezifischer Referenzlaute auseinanderhalten. Vielmehr führt eine Kombination der Rufe zu völlig neuer Bedeutung, nämlich der, in eine bestimmte Richtung weiterzuziehen (Arnold u. Zuberbühler 2006) – ganz ähnlich, wie Einzelworte einen anderen Sinn bekommen können, wenn sie in Sätzen aneinandergereiht werden.

„Primatozentrisch" zu argumentieren liegt nahe, weil Affen und Menschenaffen uns am nächsten stehen – weshalb die Mensch-Tier-Dichotomie hier am ehesten aufweicht. Gleichwohl können menschenähnliche mentale Leistungen auch bei anderen Tiergruppen festgestellt werden. Das Interessante hierbei ist, dass einige dieser mentalen Syndrome in paralleler Evolution mehrfach unabhängig voneinander entstanden sind – etwa bei Vögeln und Säugetieren (Beiträge in Hurley u. Nudds 2006). Eine solche Konvergenz der Denklandschaften scheint durch komplexe soziale Umwelten begünstigt zu sein – die nicht nur bei Primaten an der Tagesordnung sind, sondern ebenfalls bei Elefanten, Ratten, Walen, Papageien oder Rabenvögeln. Ein kompliziertes Miteinander stellt offenbar harte Anforderungen an Gehirne, weil Sozialleben nicht nur Vorteile bietet, etwa Schutz vor Raubfeinden oder Möglichkeiten der Zusammenarbeit. Gruppengenossen sind vor allem auch Konkurrenten, die eigenen Vorteil suchen – und sich dabei nicht scheuen, Täuschung und Falschinformation einzusetzen (Voland 2006).

Die Hypothese der *Machiavellischen Intelligenz* sieht dadurch eine Rüstungsspirale in Gang gesetzt: In dem Maße, wie die Gefahr wuchs, von anderen übervorteilt zu werden, wurde das eigene Gehirn zu einem immer besseren Lügendetektor und gleichzeitig immer effizienterem Manipulationsapparat (Sommer 1999). Das demonstrieren beispielsweise Rabenvögel. Wird vor den Augen von zwei im

Gehege gehaltenen Vögeln Futter versteckt, fliegen beide um die Wette los, sobald das der Versuchleiter erlaubt. Denn wer zuerst kommt, mahlt zuerst. Wird das Versteck aber nur einem Raben gezeigt und kommt ein zweiter erst hinzu, wenn das Gitter geöffnet wird, so lockt der „wissende" Rabe den anderen sonst wohin – ein offensichtliches Ablenkungsmanöver. Sobald der Wissende dem Versteck näher ist als sein Konkurrent, räumt er den Speicher rasch aus.

Nicht nur Menschen sind also in der Lage, sich in andere hineinzuversetzen und damit „Gedankenleser" zu sein. So jedenfalls will es mir und anderen Verhaltensforschern scheinen.

3.5 Kein Wir-Gefühl im Pongoland?

Allerdings: Es ist keineswegs so, dass alle Verhaltensbiologen oder Primatenforscher sich einig wären hinsichtlich dessen, was andere Tiere oder andere Primatenspezies tun – oder tun können. Oder was das, was sie tun oder nicht tun, zu bedeuten hat. Deshalb sei im Folgenden eine Diskussion skizziert, die sich um die Frage rankt, ob es nicht vielleicht doch ein entscheidendes Kriterium gibt, nach dem sich Menschen ins „Töpfchen" und andere Primaten ins „Kröpfchen" sortieren lassen.

Dies jedenfalls meint Michael Tomasello, Kodirektor am Max-Planck-Institut für evolutionäre Anthropologie in Leipzig. Seit einem guten Jahrzehnt leitet der Amerikaner an der seinerzeit in Sachsen gegründeten Forschungseinrichtung die Abteilung für vergleichende und Entwicklungspsychologie. Die Untersuchungen zu sozial-kognitiven Prozessen bei Menschen, Menschenaffen und Hunden werden international weit wahrgenommen. Tomasello ist damit einer der wenigen Wissenschaftler, der Motivationen nicht nur von Menschenkindern sondern auch von nichtmenschlichen Primaten erforscht. Sein letztes Buch ist das Ende einer Trilogie, mit der Tomasello jene Verhaltenskomplexe rekonstruiert, die er – im Unterschied zu etlichen anderen Kollegen – eben doch weitgehend für menschliche Spezifika hält, nämlich Kultur (1999), Spracherwerb (2003) sowie Kommunikation (2008).

Das Institut hat eine dem „Pongoland" des Leipziger Zoo angegliederte Außenstation, von der aus Forschungen an den dort in weiträumigen Innen- und Außengehegen lebenden Menschenaffen betrieben werden. Die Position von Tomasello und Mitgliedern seiner Arbeitsgruppe (Tomasello 2005) ließe sich folgendermaßen karikieren: Warum formiert sich im Leipziger Zoo kein FC Pongoland – trotz Dutzender ballgewandter Orang-Utans, Bonobos, Gorillas Schimpansen? Das Hauptargument: Menschenaffen fehlt das Wir-Gefühl; sie können deshalb keine Taktik abstimmen. Der spezifische Unterschied zwischen uns und Menschenaffen sei, dass letzteren jenes Wir-Empfinden abgeht, das kollektive Intentionen erlaubt. Mithin können zwar auch Menschenaffen andere als absichtsvoll Handelnde begreifen – somit Gedanken lesen –, und gemeinsam ein Fußballmatch aufmerksam verfolgen. Doch vermögen sie nicht die soziale Vogelperspektive einzunehmen, die es Mannschaftsmitgliedern erlaubt, aktiv zu spielen, weil dies erfordern würde, aufeinander abgestimmte Rollen zu übernehmen.

Die Menschenaffen-Station im Leipziger Zoo trägt den Namen Wolfgang-Köhler-Primaten-Forschungszentrum. Die Einrichtung ehrt die Pionierstudien von Wolfgang Köhler (1887–1967) zu mentalen Fähigkeiten von Menschenaffen. Dessen Schimpanse Sultan ging in Lehrbücher ein, weil er nicht durch Herumprobieren, sondern kopfakrobatisches Nachdenken kurze Stöcke mit Röhrchen zusammensteckte und Kisten aufeinanderstapelte, um an außer Reichweite befindliche Bananen zu gelangen. Sultan kam also laut Köhler nicht durch auf Versuch und Irrtum basierendes Lernen zum Erfolg, sondern war zur mentalen Leistung der „Einsicht" fähig.

Diese Köhler'sche Behauptung wurde in den Folgejahrzehnten vielfach verworfen, revidiert und erneut geprüft. Tomasello hat diese Tradition um explizite Vergleiche mit Menschen ausgeweitet. Damit vertritt er eine „Phänomenologie des Geistes", die sich naturalistisch gibt. Der 200 Jahre alte Meilenstein der Philosophie sollte deshalb genannt werden, weil der Hegelpreis der Stadt Stuttgart im Jahre 2009 an Tomasello ging.

Das ist insofern interessant, als die Preisverleihung signalisiert, dass naturgeschichtliche Deutungen mittlerweile selbst im „kulturistischen" Lager anerkannt sind – obwohl Menschen dort bisher als Tabula rasa auf die Welt kamen. Tomasello ist offenbar beliebt unter jenen, die die an sich längst müßige Dichotomie von „*nature*/*nurture*" bzw. „Natur/Geist" weiter pflegen, und sich dabei „*nurture*" und „Geist" auf die Flaggen schreiben. Er wird nicht als biologischer Determinist verstanden, da er populäre nativistische Thesen verwirft, die auf Angeborenes abheben: die von Noam Chomsky etwa, wonach Sprachfähigkeit auf angeborener universeller Grammatik aufbaut, als auch die Modularitätstheorie der Schule um Tooby und Cosmides, die menschlichen Geist gleich Schweizer Taschenmessern organisiert sieht, mit angeborenen Anpassungen für spezifische Bereiche.

Tomasello glaubt nicht an solche Blaupausen. Vielmehr sei es die auf gegenseitiges Informieren und Teilenwollen angelegte soziale Verfasstheit, die es Menschenkindern erlaubt, Denken im vollen menschlichen Sinne zu entwickeln. Was Kulturen dann als vokale Grammatiken ausbilden, folge im Nachhinein und sei entsprechend unterschiedlich. Grundprimat ist die Grundbereitschaft von Menschen, miteinander kooperieren zu wollen.

Bei anderen evolutionären Anthropologen treffen solche Positionen nicht nur auf Gegenliebe. Auf theoretischer Ebene erscheint beispielsweise das Primat einer kooperativen Motivation unausgegoren. Das „beißt sich" mit jener bereits skizzierten Theorie der „Machiavellischen Intelligenz", wonach zu erwarten ist, dass soziale Akteure eigennützig handeln. Bei Kommunikation würde es demnach zunächst nicht um Information gehen, sondern um Manipulation – und Zusammenarbeit entstünde sekundär, falls Individualismus unter dem Strich weniger Vorteile bietet.

Tomasello und Teamkollegen bestreiten zwar, es würde sich bei den Forschungen um „eine allzu simplizistische, antiquierte Suche handeln nach dem gewissen Etwas, das den Menschen in seiner Essenz gegenüber den anderen Tieren auszeichnet". Somit würde es nicht darum gehen, *den* einen Unterschied auszumachen, sondern das Bestreben sei, „die zahllosen kognitiven Unterschiede zwischen Menschen und anderen Primaten möglichst sparsam zu erklären" (Zitate aus Rakoczy u. Tomasello

2008). Aber ob wir nun nach einem grundlegenden Unterschied zwischen Mensch und Tier fahnden, nach dem „gewissen Etwas", oder nach einem sparsamen Begriff – eine solche Suche wird stets und automatisch fündig, weil sich Begriffe immer so ausdefinieren lassen, bis alle anderen Lebewesen außen vor bleiben. Nach den auch von Tomasello inzwischen *ad acta* gelegten Kriterien wie Werkzeuggebrauch oder Zukunftsplanung ist das aktuellste Argument für die Differenzierung von Tier und Mensch nun das kollektive, geteilte oder gemeinsame Wir-Gefühl. Diese „Wir"-Intentionalität gehe Menschenaffen ab und mache uns einzigartig.

Nehmen wir das einfache Beispiel, bei dem ein Kneipenbesucher Blickkontakt mit der Serviererin aufnimmt, und eine imaginäre Trinkbewegung andeutet. Weil beide einen gemeinsamen Kontext teilen, ist für beide klar, dass diese Geste sich nicht etwa auf die zum Mund geführte Hand bezieht, sondern für etwas anderes steht. Die Teilnehmer dieser Interaktion sind sich überdies bewusst, dass sie ihre Aufmerksamkeit teilen. Wenn ein anderer Gast von seinem Tisch aus die Szene verfolgt, versteht er wohl, was gemeint ist – wiegt sich aber nicht in dem falschen Glauben, er sei ein Teil des Signalaustausches. Solche Beispiele sind für Tomasello Beleg unserer einzigartigen sozialen Komplexität.

Was aber ist davon zu halten, dass wilde Schimpansen sich an bestimmten Körperteilen kratzen, um Fellpflege durch einen Gruppengenossen zu provozieren? Während einer Ruhephase scheuert der Bedürftige sich in der Achselhöhle und fokussiert so die Aufmerksamkeit des potenziellen Pflegers auf diese Stelle. Der versteht die Geste und reagiert prompt (Pika u. Mitani 2006). Wäre die Geste ausgeführt worden, während beide sich an Feigen gütlich tun, wäre sie ohne Folgen geblieben – genau wie die Serviererin nicht verstehen würde, was jemand will, der seine Hand zum Mund führt, während sie beide an der Kinokasse um Karten anstehen.

Tomasellos Instituts- und Amtskollege, Christophe Boesch, Leiter der Abteilung Primatologie, ist beispielsweise davon überzeugt, dass Schimpansen bei ihren gemeinsamen Jagden auf Affen durchaus aufeinander abgestimmte Rollen einnehmen (Boesch 2005). Mehrere Individuen beteiligen sich an der Jagd: ein Initiator, der die Attacke einleitet; ein Blockierer, der die Fluchtwege abschneidet; Treiber, die die Beute in bestimmte Richtungen drängen; und ein Fänger, der normalerweise im Hinterhalt lauert. Die naheliegende Deutung, es würde sich hierbei um eine koordinierte Aktion handeln, wird von Tomasello nicht geteilt (Tomasello et al. 2005). Stattdessen wird eine minimalistische Deutung angeführt: Es handele sich nicht um Kooperation, sondern um individuellen Opportunismus; jeder Teilnehmer an der Jagd würde sich an genau dem Zeitpunkt und Ort einklinken, an dem er selbst die beste Chance hat, die Beute zu ergreifen. Diese Deutung verkennt jedoch, dass der Initiator in lediglich einem Prozent der Fälle die Beute erlegt – weshalb er nach kurzer Zeit gelernt haben sollte, dass es sich nicht lohnt, eine Jagd zu starten. Zudem schließen sich die anderen Beteiligten der Aktion leise an, ohne offenbare Konkurrenz, sobald der Initiator einen Baum mit Beutetieren darauf besteigt. Nach erfolgreichem Fang erhalten die meisten der Beteiligten etwas von der Beute – ein Teilen, das offenbar von allen erwartet wird, und bestimmten ungeschriebenen Regeln zu folgen scheint. Die Beteiligung an der Jagd kann zwar durchaus als egoistische motiviert verstanden werden – doch ist Kooperation das beste Mittel, um Eigeninteresse zu verwirklichen.

Ein kollektives Ziel dürfte sich auch in den aggressiven Expeditionen in die Territorien benachbarter Schimpansengesellschaften widerspiegeln. Die können in geradezu militärisch anmutende, sich über Jahre hinziehende Ausrottungskämpfe kulminieren (Goodall 1986). Die Auseinandersetzungen erscheinen hoch koordiniert – Patrouillen von Männchen ziehen auf der Grenze des Wohngebietes gemeinsam los, wobei sie – ganz im Unterschied zum Alltagsverhalten im Zentrum des Territoriums – nahe beieinander bleiben und offenbar Lärm und Lautäußerungen unterdrücken. Bedauernswerte Opfer werden von einigen der Schimpansen auf den Boden gedrückt und auf dem Rücken liegend festgehalten, während andere ihnen durch Bisse und Schläge Wunden beibringen, die oft tödlich sind. Solche Beispiele suggerieren, dass wilde Schimpansen durchaus ein Wir-Gefühl haben. Sie erfüllen genau die Kriterien, die ihnen angeblich abgehen, weil sie keine Menschen sind: Sie teilen ihre Aufmerksamkeit (Jagd, Patrouille), haben ein gemeinsames Ziel (Beutemachen, feindliche Nachbarn angreifen), nehmen unterschiedliche Rollen ein, die von Mal zu Mal wechseln können (Treiber und Fänger, Immobilisierer und Verwunder). Ihre Kooperation basiert daher offenbar auf einer Vogelperspektive.

Tomasello vertritt in der Tradition des Neobehaviorismus die Position, dass das Sein das Bewusstsein bestimmt – dass also unsere Fähigkeiten stark abhängen von frühkindlichen Erfahrungen. Interessanterweise kann man dieses Argument gegen seine eigenen Schlüsse vorbringen. AIDS-Waisen in Rumänien beispielsweise, die unter erbärmlichen physischen und psychischen Bedingungen aufwachsen, würden in Zahlentests sicherlich sehr viel schlechter abschneiden, als Schimpansen. Ganz ähnlich könnte es sein, dass in einer Zookolonie aufgewachsene Schimpansen, die von Untersuchungsleitern hinter Gittern mit einer experimentellen Situation konfrontiert werden, die zum Bestehen der Tests nötigen mentalen Fähigkeiten nie entwickelt haben. Das soll nicht heißen, dass es sich in Pongoland nicht gut lebt. (Zumal hier niemand zum Mitmachen bei den Tests gezwungen wird. Es handelt sich durchweg um freiwillige Teilnehmer, denen vielleicht ein paar Rosinen als Belohnung winken, doch ist die Abwechslung der Untersuchungssituation sicherlich der größere Anreiz). Gleichwohl werden die Menschenaffen hier nicht mit jener ökologischen und sozio-emotionalen Komplexität konfrontiert, mit der sie sich in ihren Urwaldheimaten auseinandersetzen müssen, und die sie mental entsprechend anders heranreifen lässt.

In den 1990er Jahren vertrat Tomasello dezidiert die Meinung, Menschenaffen könnten sich nicht in andere hineinversetzen. So schienen Versuche zu belegen, dass Schimpansen den Zusammenhang zwischen Sehen und Wissen nicht begreifen. Sie sollten beim Erbetteln von Nahrung zwischen einer Person mit Augenbinde wählen und einer, die sie ansehen konnte. Zur Überraschung der Tester bettelten die Menschenaffen die Sehenden nicht häufiger an als die Sehbehinderten. Im Laufe der Zeit gelangte Tomasellos Arbeitsgruppe allerdings zu der Einsicht, dass Schimpansen in ihrer Naturgeschichte weniger mit Kooperation als mit Konkurrenz konfrontiert wurden. Wird das Experiment entsprechend in eine Wettbewerbssituation abgewandelt, dann wählt ein Niedrigrangiger systematisch jene Leckerbissen, die ein Hochrangiger nicht sehen kann. Offenbar versteht er doch, was der andere sieht und damit weiß und will.

Diese in Fachzeitschriften publizierte Kehrtwende über die Fähigkeiten zum „Gedankenlesen“ bei nichtmenschlichen Primaten wird in seinem zusammenfassenden Buch „*Origins of Human Communication*“ (Tomasello 2008) nur am Rande erwähnt – was naturgemäß die Skepsis gegenüber gegenwärtigen Schlüssen schürt.

Grundsätzlich gilt sicherlich, dass es in unser Belieben gestellt ist, ob wir uns an Unterschieden oder Gemeinsamkeiten delektieren wollen. Nehmen wir eine Katze und einen Hund. Da können wir bei der Vokalisation und an den Pfoten Unterschiede ausmachen – denn nur die Katze hat bewegliche Krallen. Zu den Gemeinsamkeiten zählen hingegen vier Extremitäten, ein Fell und die Versorgung der Jungen mit Milch. Eine generelle Rekonstruktion der Stammesgeschichte mag davon profitieren, auf die Gemeinsamkeiten dieser zwei Lebewesen abzuheben, und sie beide als Säugetiere zu begreifen und zu bezeichnen. Während ein Tiernahrungshersteller sicherlich mehr auf die durchschnittlichen Unterschiede in Physiologie und Körperbau achten wird.

Josep Call, ein aus Katalonien stammender Primatologe, ist die rechte Hand von Tomasello hinsichtlich der Forschung an Menschenaffen. Er hat ein umgangssprachliches Wörtchen der deutschen Sprache zu schätzen gelernt, mit dem er gerne die Frage beantwortet, ob Schimpansen diese oder jene Fähigkeit besitzen, die normalerweise nur Menschen zugeschrieben wird: „Jein“.

Call reflektiert damit eine philosophische Grunderkenntnis, nämlich dass Unterschiede erst durch *Konventionen* zu Merkmalen eines Objektes avancieren. Wir führen zunächst einen *Vergleich* durch. Dieser Akt der Unterscheidung über- oder unterschreitet unsere *Unterschiedsschwelle*, deren Dimension abhängig ist von unserer subjektiven Vorgeschichte, also unserer Erziehung, unserer Weltanschauung, unserem Vorwissens, und unserem Erkenntnisinteresse. Eben deshalb kann es auch keine gültige Antwort auf die Frage geben „Was ist der Unterschied zwischen einem Menschen und einem Menschenaffen?“ Denn es hängt von unserer subjektiven Diskrimination ab, in welcher Hinsicht wir einen Unterschied ausmachen oder nicht – und ob wir die diesbezügliche Frage deshalb mit Ja oder Nein beantworten. Oder eben, weil wir gelernt haben, mit Zweideutigkeit zu leben, mit „Jein“.

3.6 Evolutionärer Humanismus

Eine wesensmäßige Unterscheidung von Tieren und Menschen wird also durch die evolutionäre Anthropologie weithin und grundsätzlich in Frage gestellt – auch wenn, wie ja auch kaum anders zu erwarten, innerhalb der Disziplin durchaus keine Einigkeit besteht hinsichtlich mancher der „großen Fragen“.

Gleichwohl gilt, dass die aktuellen Erkenntnisse und Diskussionshorizonte der Evolutionsbiologie nicht nur wissenschaftlich bedeutsam sind. Denn die konsequente Ausformulierung eines strikt gradualistischen Programmes könnte – und wie ich meine, sollte – zudem zu einer evolutionsbiologisch informierten Grundierung ethischer und existenzieller Perspektiven führen. Eine entsprechende Debatte unter den Stichworten *Naturalismus* und *Evolutionärer Humanismus* hat in den letzten Jahren merklich an Fahrt gewonnen.

Beispielsweise zwingen uns die Befunde der Primatologie, speziell das Verhältnis zu unseren allernächsten Verwandten zu überdenken. Das betrifft zunächst die Taxonomie – bleibt aber, wegen der impliziten Konsequenzen, nicht darauf beschränkt. Die Einteilung der Hominoidea, der Menschenartigen, hat bereits mehrere Revolutionen hinter sich. So wurden bis in die 1970er Jahre die Großen Menschenaffen als Familie Pongidae den Hominidae gegenübergestellt, mit *Homo sapiens* als einziger lebender Form. Bei den Pongidae verblieb allerdings allein der Orang-Utan, als die Gattungen *Gorilla* und *Pan* (Schimpanse, *Pan troglodytes*; Bonobo, *P. paniscus*) den Hominidae eingegliedert wurden. Als die Molekularbiologie zudem klar machte, dass *Pan* mit *Gorilla* weniger nahe verwandt ist als mit *Homo*, wurde es eng. Denn nun musste eine Zwischendecke eingezogen werden, um innerhalb der Hominidae den „Tribus" der „Gorillini" abzugrenzen vom Tribus der „Hominini", zu dem nunmehr *Pan* und *Homo* zählen.

Der wirklich konsequente Schritt steht aus. Genetiker kalkulieren je nach ausgewählten Markern, dass sich *Homo* und *Pan* maximal 6 bis minimal 0,6 % unterscheiden (während durchschnittlich bereits 4 % zwischen Menschenmännern und -frauen liegen …). Differierte das Erbgut von Käfern um solche Bruchteile, würden sie gewiss nicht alternativen Genera zugeschlagen. Somit ist die Forderung durchaus angemessen, unsere Gattung zu erweitern – durch Umbenennen von Schimpansen in *Homo troglodytes* und Bonobos in *Homo paniscus* (Wildman et al. 2003).

Damit wären wir übrigens wieder in der Situation des 18. Jahrhunderts, als der Schwede Carl von Linné in den ersten Auflagen seines *Systema Naturae* die auch heute noch benutzte Ordnung der *Primates* schuf. Unter diese „Vorrangigen" oder Herrentiere schloss er u. a. die Gattungen *Homo* (Mensch), *Simia* (Affen) und *Lemur* (Halbaffen) zusammen. Zur Gattung *Homo* zählte er nun interessanterweise nicht nur *Homo sapiens*, sondern auch weitere Arten, in denen sich mehr oder weniger korrekte Merkmale von großen Menschenaffen, Menschenvölkern und Fabelwesen vereinten – darunter einen *Homo troglodytes*, der den heutigen Schimpansen am nächsten stehen dürfte.

Der durchaus fromme Linné brach mit seiner Systematik ein Tabu, als er die Krone der Schöpfung mit Affen in ein- und dieselbe Tierordnung einschloss. Der vermeintliche Angriff auf die Würde des Menschen führte in der Folgezeit zu hastigen Revisionen der Einordnung, die den sakrosanten Unterschied zwischen Mensch und Affe zu betonen suchten. Eifrig wurde weiter nach den *Humana* gesucht, unterscheidenden Körpermerkmalen. Der deutsche Zoologe Johann Christian Daniel von Schreber hob hervor, der Mensch habe im Gegensatz zu den übrigen Primaten nur zwei statt vier Hände. Der Göttinger Anatom und Anthropologe Johann Friedrich Blumenbach plädierte für die formalen Namen *Bimana* (Zweihänder) und *Quadrumana* (Vierhänder).

Blumenbach (1775) benannte auch den Schimpansen um, in *Simia troglodytes*. Der deutsche Naturforscher Lorenz Oken erfand schließlich im Jahre 1816 die heute gültige Gattung *Pan*.

Würde die Forderung nach Erweiterung der Gattung *Homo* sich unter den Taxonomen durchsetzen, wären wir damit wieder bei jener Nomenklatur, die Linné vor 250 Jahren wählte. Zu diesem Vorgang würde dann trefflich ein Aphorismus von Lichtenberg passen. Der nimmt die subjektiven und zeitgeistigen Dimensionen des wissenschaftlichen „Fortschritts" aufs Korn – weil der Fortschritt sich eben auch im Kreise drehen kann: „Noch zu glauben, der Mond habe Einfluss auf das menschliche Leben, ist Aberglaube; es wieder zu glauben, ist Wissenschaft."

Diese Überlegungen sind übrigens auch eine zusätzliche Unterstützung für die ethisch ausgerichtete Forderung, den Großen Menschenaffen einige jener Rechte zuzugestehen, die bisher nur für Menschen gelten – so das Recht auf Leben, körperliche Unversehrtheit und Freiheit von Folter. Die Initiative der Philosophen Peter Singer und Paola Cavalieri macht sich seit gut 15 Jahren dafür stark, Menschenaffen in die „*community of equals*" aufzunehmen, die „Gemeinschaft der Gleichen". Es würde damit als Unrecht gelten, sie in medizinischen Experimenten zu Tode zu richten oder ihren Lebensraum zu zerstören. Zugleich sollen sie als „Personen" angesehen werden – nicht zuletzt, weil Menschenaffen sich in andere Wesen hineinversetzen und in die Zukunft denken können, weshalb ihre Leidensfähigkeit der unseren sehr ähneln dürfte (Cavalieri u. Singer 1993).

Solche Forderungen setzen andere historische Debatten logisch fort – beispielsweise die, ob Frauen wählen sollen, ob Kinder in engen Bergwerksschächten als Zwergarbeiter eingesetzt werden dürfen, ob Menschen ihr zugeschriebenes Geschlecht ändern dürfen, ob Menschen gleichen Geschlechts heiraten dürfen, oder ob jemand mit dunkler Hautfarbe als Sklave gehalten werden darf. In diesen Fällen wurde nach oft leidenschaftlichen Diskussionen die „Gemeinschaft der Gleichen" jeweils erweitert. Der Moment scheint gekommen, erneut inklusiver zu werden (wobei die anthropozentrische und willkürliche Grenze zwischen Menschenaffen und anderen Tieren selbstverständlich ebenfalls hinterfragt werden kann).

Die Notwendigkeit praktischer Einschränkungen spricht nicht gegen den Grundsatz. Obwohl sie ein Recht auf körperliche Unversehrtheit haben, dürfen viele Menschen – Kinder, Komakranke – beispielsweise nicht wählen. Ganz ähnlich wird wohl niemand ein Recht auf Bildung für Bonobos fordern wollen, obwohl es plausibel erscheint, dass – wie bei „unmündigen" Menschen auch – ihre anderen rechtlichen Belange von einem Vormund vertreten werden können. Unhaltbar erscheint aber zumindest der Speziesismus, der Ungleichheit über ein essenzielles Artverständnis rechtfertigt. In Neuseeland und Spanien jedenfalls haben sich solche Überlegungen bereits in entsprechenden Gesetzentwürfen niedergeschlagen. Es geht also.

Wir haben nunmehr jener Argumentation den Boden bereitet, auf der sich auch der Substanzdualismus des Descartes fruchtbar auflösen lässt. Das entbehrt nicht einer gewissen Ironie, weil das Descartes'sche Programm der Mechanisierung der Natur letzten Endes nun auch auf den Geist angewandt wird – und dessen vornehmste Inkarnation, die Seele. Eine Zerlegung in die materiellen Einzelteile einer wie auch immer komplizierten Maschine mag uns Menschen entseelen (Metzinger 2009; Roth 2001), schafft aber zugleich das dualistische Problem der unbeseelten Tiere aus der Welt. Denn wir können nun den Doppelstandard aufgeben, und uns glücklich vereint in einem neuen Monismus wiederfinden – dem der seelenlosen Natur.

Beobachtungen wie die an Primaten oder Rabenvögeln unterstützen jedenfalls den Ansatz einer „Naturalisierung des Geistes" – jenes Programms, das alles Mentale auf Hirnprozesse zurückführen will. Zu den Grundeinstellungen dieser reduktionistischen Weltanschauung gehören: *Parsimonie* (die einfachste Erklärung gilt), *Materialismus* (mentale Zustände existieren, sind aber identisch mit Gehirnzuständen) und *Monismus* (statt wie im traditionellen Dualismus, demzufolge die Welt aus Geist und Materie besteht, behauptet der Monismus, dass nur physikalische Wirkungen real sind), sowie *Gradualismus* (zwar beruht Evolution auf „Sprüngen", den Mutationen, doch gehen hierdurch angestoßene Veränderungen in so kleinen Schritten vor sich, dass Wandel quantitativ und allmählich erfolgt – weshalb Übergänge stets fließend sind) (Wetz 2008).

Selbstverständlich entbehrt auch ein solcher Ansatz nicht einer gewissen Metaphysik – denn weder dieses, noch andere Theoriegebäude können letztlich aus sich selbst heraus begründet werden. Deshalb handelt es sich um einen heuristischen Ansatz, um ein Arbeitsprogramm, an dem man sich abarbeitet, um dann und wann ein Fazit zu ziehen, ob und inwieweit man zufrieden ist mit den Resultaten, zu denen es führt. Dieser Ansatz erscheint zeitgemäß und in dem Maße unausweichlich, wie die althergebrachte Dichotomie Tier-Mensch aufgrund neuerer Forschungen zusammenbricht.

Denn angesichts dessen, was wir heute über Menschenaffen wissen: Wer wollte da allen Ernstes weiter behaupten, dass allein Menschen Verstand, Geist oder eine Seele besitzen? Und wann sollte jene Urmenschenmutter gelebt haben, die – selbst seelenlos – ein beseeltes Kind zur Welt brachte?

Mir selbst wurden die selbstverständlichen Tier-Mensch-Trennungen meiner intellektuellen Kinderjahre suspekt, weil sie nach Jahrzehnten der Forschung in der weiten Natur allmählich keinen Sinn mehr hatten. Ohne Zögern begreife ich mich deshalb mittlerweile so, wie „Tiere" traditionell begriffen wurden: als geist-los, gott-los, seelen-los und radikal sterblich – wenn meine Neuronen zerfallen, geht das Licht aus. Was bleiben wird, sind Erinnerungen an mich in anderen, ebenfalls vergänglichen Gehirnen – die von jenen Schimpansen eingeschlossen, denen ich im afrikanischen Urwald begegnet bin.

Um die Gretchenfrage zu stellen: An was glauben Sie? Für den Selbsttest werden drei Positionen zur Auswahl geboten. Keine zweifelt dabei, entsprechend offizieller Haltung etwa auch der großen christlichen Glaubensgemeinschaften, das Faktum einer Evolution an.

Erste Position Ich bin Produalist und Nongradualist. Ich glaube an übernatürliche Kräfte, die nicht den Gesetzen der Physik unterliegen. Ich glaube, dass mein Geist durch Gebet mit dem Göttlichen in Kontakt treten kann. Deshalb sind Menschen wesensmäßig von Tieren verschieden. Beispielsweise können nur Menschen Gut von Böse unterscheiden. Irgendwann im Laufe der Evolution offenbarte sich Gott den Urmenschen, hat ihnen Geist geschenkt, Verstand, eine Seele und die Möglichkeit, nach dem Tod selig zu leben. Hölle und Himmel sind mithin frei von Neandertalern und Gorillas.

Zweite Haltung Ich bin Produalist und Progradualist. Ich glaube an Übernatürliches, doch akzeptiere ich die Erkenntnisse der Verhaltensbiologie. Deshalb muss ich annehmen, dass manche Tiere wie Menschenaffen ebenfalls mentale Qualitäten haben, wie wir sie unter den Begriffen Verstand, Bewusstsein und Geist zusammenfassen – und vermutlich zudem eine Seele. Somit wird die Ewigkeit von allerlei Getier bevölkert, das sich im Diesseits gut und richtig verhielt. Der Himmel ist ein Zoo.

Dritte Haltung Ich bin Nondualist und Progradualist. Ich benutze allein die Gesetze der Physik, um mir mein Weltbild zurechtzulegen. Ich meine, dass weder Menschen noch andere Tiere Geist oder eine unsterbliche Seele haben. Manche Tiere, einschließlich Menschen, verfügen über ein Bewusstsein, das ihnen etwa vorgaukelt, sie würden frei handeln, oder dass es göttliche Welten gibt. Diese Illusionen waren über weite Strecken der Evolution nützlich und machten Gläubige zu brauchbaren Genvehikeln – deren individuelle Kombination aber nach dem Tod in materielle Bestandteile zerfällt. Somit können wir den Himmel nur auf Erden haben.

Dass ich mit der letzten Haltung mehr als sympathisiere, dürfte klar geworden sein. Gleichwohl erkennt mein pragmatischer Monismus durchaus an, dass unser Gehirn dazu neigt, an Supranaturales zu glauben. Wir sind ein evolvierter *Homo religiosus*. Rituale wie Gebet, Meditation, Tanz können deshalb zur Empfindung der Außerkörperlichkeit führen, einer *unio mystica* mit dem Göttlichen, Seelenreisen und tiefen Glücksgefühlen – was die Neuropsychologie empirisch bestätigt. Es erscheint mir deshalb wenig hilfreich, derlei neuronale Potenzen zu leugnen, sie *per se* als rückwärtsgewandt zu verdammen, oder sie mit missionarisch atheistischem Eifer *ad absurdum* führen zu wollen. Denn einerseits kann sich auch ein „aufgeklärtes" Gehirn an Bachmessen und Weihrauch erfreuen. Andererseits ist eine säkulare Spiritualität durchaus möglich – Atheisten können ebenfalls meditieren (Metzinger 2009).

Die skizzierte gradualistische Sicht kann und sollte in Ethikdebatten einfließen. Im Unterschied zu religiös begründeten Handlungsanweisungen existieren allerdings für jene, die in der Tradition Darwins argumentieren, keine ewigen Werte, kein unwandelbares Wissen um „Gut" und „Böse" (Schmidt-Salomon 2009). Deshalb bezeichne ich mich als „Darwiniker" und eben nicht als „Darwinist". Denn -ismen halten Pragmatismus gewöhnlich nicht aus, sondern klammern sich an Dogmatismus – was uns Fundamentalisten wie Islamisten, Christianisten, Kommunisten und Kapitalisten beständig vorführen.

Vielmehr gilt es zu akzeptieren, dass sich Normen ändern, wenn sich Umwelten ändern. Der Klimax-Regenwald ist mehrfach der Savanne gewichen – genauso wie „Hoch"-Kulturen einander ablösten. Wie es mithin kein ökologisches Gleichgewicht gibt, weil sich das Klima stets wandelt, existiert ebenfalls kein ethisches Gleichgewicht. Wertvorstellungen sind darum relativ, inklusive dessen, was als lobenswert oder verwerflich gilt. Wie die eigene Sozialisation und Inkulturation uns das Maß für viele Dinge in die Wiege legt, illustrieren simple Kulturvergleiche. Denn Vorhautbeschneidung, Verzehr von Ameisen oder gleichberechtigtes Diskutieren zwischen Mann und Frau gelten in manchen Kulturen als Gräuel, in anderen als Tugenden. Derlei Werte prallen nun in einem mehr und mehr globalen Kontext immer häufiger zusammen. Genau deshalb sind die Zeiten vorbei, dass Kulturen auf ihren je eigenen Kodex pochen könnten. Die ökonomisch Ausgebeuteten der Subsahara mögen deshalb meinen Energie verschwendenden Lebensstil genauso hinterfragen, wie ich die Jagd auf „Buschfleisch" anprangere, die Afrikas Menschenaffen in die Ausrottung treibt.

Eine zeitgemäße, evolutionsbiologisch orientierte Ethik wird also Handlungsanweisung an Weltenbürger sein müssen. Der Streit wird dabei nie enden, sollte aber mittelfristig stabile Ergebnisse zeitigen, die dem Stand der Wissenschaft Rechnung zollen. Nehmen wir die Forderung nach Personenstatus für Menschenaffen – die vor 20 Jahren nicht nur mir selbst absurd erschienen wäre. Heute wird der Gedankengang oft durchaus sympathisierend reflektiert.

Für mich ist es jedenfalls ein bereicherndes Denken, mich als Menschenaffen zu begreifen – verstärkt es in mir doch das Gefühl, mit den anderen Lebewesen auf diesem Planeten verbunden zu sein, durch alle Zeiten der Lebensgeschichte hindurch. Diese Selbst-Wahrnehmung spielt sich auf einer anderen Ebene ab als meine mechanistisch-materialistische Weltanschauung. Aber diesen Trip mit der wunderbaren Zeitmaschine in meinem Gehirn gönne ich mir ab und zu ganz gerne.

Anmerkung Der Aufsatz erweitert folgende vormalige Beiträge: (1) Sommer, Volker (2009). Menschenaffen wie wir. Plädoyer für eine radikale evolutionäre Anthropologie. Biologie in unserer Zeit 39: 196–204. Weinheim: WILEY-VCH; (2) Sommer, Volker (2009). Kein Wir-Gefühl im Pongoland. Frankfurter Rundschau 27 Sep. 09 [Besprechung von Michael Tomasello (2009), Die Ursprünge der menschlichen Kommunikation. Berlin: Suhrkamp/Insel]. – Für fruchtbare Anregungen sei Karl-Ernst Friederich und Walter Sudhaus gedankt.

Literatur

Arnold K, Zuberbühler K (2006) *Semantic Combinations in Primate Calls*. Nature 441: 303

Arnold ML (2008) *Reticulate Evolution and Humans. Origins and Ecology*. Oxford University Press, Oxford

Boesch C (2005) *Joint Cooperative Hunting among Wild Chimpanzees: Taking Natural Observations Seriously*. Behav Brain Sci 28: 692 f. [Kommentar zu: Tomasello M, Carpenter M, Call J, Behne T, Moll H, *Understanding and Sharing Intentions: The Origins of Cultural Cognition*.]

Cavalieri P, Singer P (Hrsg) (1993) *The Great Ape Project. Equality Beyond Humanity*. St. Martin's Press, New York

Enard W, Pääbo S (2004) *Comparative Primate Genomics*. Annu Rev Genomics Hum Genet 5: 351–378

Goodall J (1986) *The Chimpanzees of Gombe: Patterns of Behaviour*. Harvard University Press, Cambridge

Haslam M, Hernandez-Aguilar A, Ling L, Carvalho S, de la Torre I, DeStefano A, Du A, Hardy B, Harris J, Marchant L, Matsuzawa T, McGrew W, Mercader J, Mora R, Petraglia M, Roche H, Visalberghi E, Warren R (2009) *Primate Archaeology*. Nature 460: 339–344

Hurley S, Nudds M (Hrsg) (2006) *Rational Animals?* Oxford University Press, Oxford

Mallet J (1995) *A Species Definition for the Modern Synthesis*. Trends Ecol Evol 10: 294–299

McGrew WC (2004) *The Cultured Chimpanzee: Reflections on Cultural Primatology*. Cambridge University Press, Cambridge

Metzinger T (2009) *The Ego Tunnel. The Science of the Mind and the Myth of the Self*. Basic Books, New York

Neumann R (2009) *How to be a Species? Struggling for (a) Concept(s)*. Lab Times 1: 20–23
Osvath M (2009) *Spontaneous Planning for Future Stone Throwing by a Male Chimpanzee*. Curr Biol 19: R190–R191
Pika S, Mitani J (2006) *Referential Gestural Communication in Wild Chimpanzees (Pan troglodytes)*. Curr Biol 16: R191–R192
Rakoczy H, Tomasello M (2008) *Kollektive Intentionalität und kulturelle Entwicklung*. DZPh Berlin 58: 1–10
Roth G (2001) *Fühlen, Denken, Handeln. Wie das Gehirn unser Verhalten steuert*. Suhrkamp, Frankfurt/M
Sanz CM, Morgan DB (2007) *Chimpanzee Tool Technology in the Goualougo Triangle, Republic of Congo*. J Hum Evol 52: 420–433
Schmidt-Salomon M (2009) *Jenseits von Gut und Böse. Warum wir ohne Moral die besseren Menschen sind*. Piper, München
Sommer V (1999) *Von Menschen und anderen Tieren. Essays zur Evolutionsbiologie*. Hirzel, Stuttgart
Sommer V (2008) *Schimpansenland. Wildes Leben in Afrika*. C. H. Beck, München
Tomasello M (2008) *Origins of Human Communication*. (*The Jean Nicod Lectures*) MIT Press Cambridge. [Dt.: Tomasello M (2009) *Die Ursprünge der menschlichen Kommunikation*. Suhrkamp, Berlin]
Tomasello M, Carpenter M, Call J, Behne T, Moll H (2005) *Understanding and Sharing Intentions: The Origins of Cultural Cognition*. Behav Brain Sci 28: 675–691
Voland E (2006) *Grundriß der Soziobiologie. Die Evolution von Kooperation und Konkurrenz*. Gustav Fischer, Jena
Vollmer G (2002) *Evolutionäre Erkenntnistheorie*. Hirzel/Wissenschaftliche Verlagsgesellschaft, Stuttgart
Walach H (2009) *Psychologie. Wissenschaftstheorie, philosophische Grundlagen und Geschichte*. W. Kohlhammer, Stuttgart
Wetz FJ (Hrsg) (2008) *Ethik zwischen Kultur- und Naturwissenschaft*. Kolleg Praktische Philosophie, Bd 1, Philipp Reclam jun., Stuttgart
Wildman DE, Uddin M, Liu G, Grossman LI, Goodman M (2003) *Implications of Natural Selection in Shaping 99.4 % Nonsynonymous DNA Identity Between Humans and Chimpanzees: Enlarging Genus Homo*. Proc Nat Acad Sci 100: 7181–7188
Wuketits FM (Hrsg) (2009) *Wohin brachte uns Charles Darwin?* Schriftenreihe der Freien Akademie 28, Angelika Lenz, Neu-Isenburg

Kapitel 4
Sterblichkeit: der paradoxe Kunstgriff des Lebens – Eine Betrachtung vor dem Hintergrund der modernen Biologie

Bernhard Verbeek

Leben gibt es auf der Erde seit fast 4 Milliarden Jahren, trotz allen Katastrophen. Die Idee des Lebens scheint unsterblich. Der Tod aber offenbar auch. Jedes Lebewesen ist davon bedroht, ja für Menschen und andere „höhere" Lebewesen ist er im Lebensprogramm eingebaut – todsicher. Diese Tatsache ist alles andere als selbstverständlich. Ist sie überhaupt kompatibel mit dem Prinzip der Evolution, nach dem der am besten Angepasste überlebt?

Aus der Individualsicht eines denkenden Organismus ist der Tod „das eigentliche Resultat". Diesen Gedanken Schopenhauers hat Sigmund Freud aufgegriffen. Das menschliche Verhalten erschien ihm so destruktiv und das ganze Leben so absolut sicher auf den Tod ausgerichtet, dass er glaubte, für sein theoretisches Gebäude nicht ohne einen *Todestrieb*, den er den Lebenstrieben antagonistisch gegenüberstellte, auskommen zu können. Er empfand den Todestrieb nicht nur als gleichrangig mit den „Ich-Trieben", er setzte zwischen diese beiden Begriffe sogar ein Gleichheitszeichen.

Freud war im Gegensatz zu manchen seiner Jünger bei der Erforschung geistigen Neulandes immer von der Vorläufigkeit seiner Hypothesen überzeugt. Speziell von der Biologie, die er in diesem Zusammenhang als „ein Reich der unbegrenzten Möglichkeiten" bezeichnet, erwartet er die überraschendsten Aufklärungen, „vielleicht gerade solche, durch die unser ganzer künstlicher Bau von Hypothesen umgeblasen wird." In der Tat hat mit immer noch zunehmendem Tempo die Biologie, nicht nur die evolutionär geprägte Verhaltensbiologie, sondern vor allem auch die Molekular- und Neurobiologie, eine Entwicklung durchgemacht, die orkanartig unser traditionelles Menschen- und Weltbild umgeblasen hat.

Konrad Lorenz glaubte im Aggressionstrieb das naturwissenschaftlich fassbar gemacht zu haben, was Freud seiner Ansicht nach etwas mystisch mit Todestrieb bezeichnet hatte. Andererseits betonte Lorenz (1963), dass der Aggressionstrieb in keinem Falle auf den Tod des Artgenossen ausgerichtet sei. Das ist leider heute so nicht mehr haltbar, denn es gibt viele Tiere, die aufgrund ihrer Verhaltensprogram-

B. Verbeek (✉)
Fakultät Chemie, Fachgruppe Biologie und Didaktik der Biologie, Technische Universität Dortmund, Otto Hahn Straße 6, 44227 Dortmund, Deutschland
E-Mail: bernhard.verbeek@uni-dortmund.de

J. Oehler (Hrsg.), *Der Mensch – Evolution, Natur und Kultur,*
DOI 10.1007/978-3-642-10350-6_4,

me Artgenossen töten, auch in freier Natur. Sie verbessern damit die Chancen für sich und vor allem für ihre eigenen potenziellen Nachkommen. Insofern wäre der massive Bezug zu den Ich-Trieben Freuds ganz offensichtlich, insbesondere wenn man sich das Credo der modernen Soziobiologie vergegenwärtigt: Das Verhalten der Lebewesen ist nicht auf die Erhaltung der Art optimiert, sondern auf Erhaltung und Ausbreitung der genetischen Information, und zwar der jeweils eigenen.

Dawkins' (1978) Buch vom „egoistischen Gen" erregt noch immer viele Gemüter. Bei genauerer Betrachtung wird freilich deutlich, dass solche Art von Egoismus im Einzelfall in unserem kulturbedingten Wortsinn durchaus als „altruistisch" bewertet werden kann, weil nämlich Altruismus den Erhaltungs-„Interessen" der Gene dienen kann (z. B. Voland 2007). Die Welt scheint eben oft paradox. Viel extremer noch als bei Menschen können wir das altruistische Wirken egoistischer Gene bei sozialen Insekten beobachten, wo sich selbstverständlich jedes Tier für die Zukunft der Gemeinschaft aufopfert und notfalls den eigenen sofortigen Tod riskiert. Genetisch disponierte Opferbereitschaft dürfte übrigens eine der Quellen des altruistischen Terrorismus sein, der die Welt in Atem hält, was ich ausführlicher an anderer Stelle dargelegt habe (Verbeek 2004). Die Natur „scheint alles auf Individuen angelegt zu haben und macht sich nichts aus Individuen", so hat bereits 1783 Goethe (Goethe 1998) intuitiv die Spannung zwischen Individuum und genetischer Fortpflanzungsgemeinschaft erfasst.

4.1 Die Erfindung der potenziellen Unsterblichkeit

Grundlegende biologische Erkenntnisse verdanken wir dem 19. Jahrhundert. Komplexes Leben – so auch das menschliche – ist organisiert über differenzierte Zellen und Gewebe mit bestimmten Funktionen. Primitives, urtümliches Leben dagegen kennt solche Organisation nicht; es manifestiert sich in unabhängigen Einzelzellen. Solche einfachen Bakterien und Protozoen gibt es bekanntlich noch heute. Einer der populärsten Einzeller ist das Pantoffeltierchen. Es vermehrt sich, wie jeder noch aus der Schule weiß, durch Teilung. Was sich vielleicht nicht jeder klar gemacht hat: Es stirbt nicht – jedenfalls es *muss* nicht sterben.

Im Volksmärchen heißt es formelhaft: Und wenn sie nicht gestorben sind, leben sie noch heute. Diese märchenhaften Einzeller, die heute leben, sind noch nie gestorben. Auch ihre Vorfahren nicht, soweit man von solchen sprechen kann. Jedes dieser Tierchen ist also so alt wie der Beginn seiner Entwicklungslinie, so alt also wie das Leben überhaupt. Auf seinem Weg durch die Weltgeschichte hat seine Abstammungslinie nirgendwo und nirgendwann einen Leichnam hinterlassen. Natürlich haben auch diese Wesen ihre Feinde, natürlich sterben unter widrigen Bedingungen auch sie, z. B. wenn ihr Wassertropfen unter dem Mikroskop austrocknet. Oder sie können gefressen werden. Von einem solchen nicht mehr existenten Tier kann natürlich kein lebendes mehr abstammen. (Man gestatte mir diese triviale Feststellung.)

Die lebenden Pantoffeltierchen stammen also nur von solchen ab, die noch nie gestorben sind – ganz anders als wir das traurigerweise von unserer eigenen Art kennen. Unsere eigenen Ahnen alterten und starben. Ein Pantoffeltier altert nicht; es lebt und wächst; ist es groß und dick genug, werden „einfach" zwei daraus. Weil alle Lebewesen, auch Einzeller, in die ökologischen Kreisläufe eingebunden sind, weil Lebensraum und Ressourcen nicht unbegrenzt sind, und somit keine Population immer weiter wachsen kann, stirbt zwar im Durchschnitt eines der beiden Tochtertiere; aber der Tod ist bei ihnen nicht genetisch eingebaut wie bei uns. Jedes hat aufgrund seiner Konstitution zumindest die Chance, „ewig" zu leben – solange die Umwelt ihm Daseinsmöglichkeiten bereithält.

4.2 Die Welt der Ideen

Im globalen Nonstop-Konzert der Natur werden die Partituren und Rollen in zahlreichen Variationen und unter wechselnden Bedingungen gespielt und getanzt. Alle Akteure müssen sich den realen jeweils aktuellen Verhältnissen stellen. Viele fallen bei der permanenten Aufführung (stets ohne vorherige Probe) aus den verschiedensten Gründen durch, z. B. wegen schlechten Wetters oder weil das „Publikum", d. h. die gesamte umgebende Welt, sich grundlegend geändert hat. Die reale dynamische Welt war immer voller Fährnisse. Wenn das so ist, müsste da nicht auf lange Sicht jeder real existierende Akteur einmal tödlich versagen? Wieso gibt es dann überhaupt noch Leben? Die Antwort ist einfach und formuliert sich in der Metaphorik der Ökonomie so: Weil immer neue Bewerber im Überschuss auf den Markt drängen; darunter auch neu*artige*, die im globalen Spiel des Lebens besser bestehen als ihre Vorgänger. Dabei gehen zwar die weniger rentablen konventionellen Firmen (Organismen) pleite; aber das System als Ganzes wird immer ausgefuchster.

Im Zeitalter von Gentechnologie und Informationstechnik ist uns geläufig, dass das Leben ermöglicht und gesteuert wird durch passende genetische *Programme*, die auf die Nachkommen übertragen werden. Von diesen Programmen sind in der Tat schon viele ausgestorben, auf jeden Fall alle, die nicht das Know-how für Reproduktionsfähigkeit enthielten. Außer der Reproduktions- und Vermehrungsfähigkeit war auch Innovationsfähigkeit gefordert, um auf dem Markt der Möglichkeiten überleben zu können. Mutation und sexuelle Rekombination sind die entscheidenden Mittel. Es ist zwar provozierend formuliert, aber ein interessanter Perspektivenwechsel, wenn Biologen behaupten, die eigentliche Evolution spiele sich auf der Ebene der Genprogramme ab, die Organismen seien nur die Hilfsmittel (Reproduktionsmaschinen) um deren Weiterexistenz zu ermöglichen.

Die geistig hoch entwickelten Individuen unserer Spezies sind sich ihrer selbst bewusst und als Nebenwirkung dieser Bewusstheit nun einmal recht narzisstisch. Freud zeigte, dass es nicht leicht wegzustecken ist, wenn man erfährt, dass man nicht den Mittelpunkt des Universums bewohnt (Kränkung durch Kopernikus, Galilei, Giordano Bruno). Und wenn man sich als Ebenbild Gottes in den Schlaf geträumt hat, aber als Enkel der Affen erwacht, ist das eine neue Kränkung (Darwin). Schon gar nicht möchte sich ein selbstbewusst gewordenes Wesen vorhalten lassen, es sei nicht wirklich Herr im eigenen Seelenhaushalt, sondern Resultat der Funktionen seines Gehirns, seines Organismus und der Welt, die ihn hat entstehen lassen (Freud 2000).

Diesen inzwischen wohlbekannten drei narzisstischen Kränkungen fügt nun die Molekulargenetik, unterstützt durch die Soziobiologie eine weitere hinzu: die informationstheoretische. Der Mensch ist codiert durch seine DNA, inzwischen sogar sequenziert und über das Internet abrufbar. Niemand kann mehr ernsthaft leugnen, dass unseren Phänotypen DNA-Programme zugrunde liegen. Ohne deren Erhalt und Fortschreibung gibt es keine Lebewesen. Das Genom in einer einzigen Zelle repräsentiert die (fast immaterielle) Idee eines ganzen Organismus. Plato, dem Verfechter der Ideenlehre, könnte das gefallen haben. Er hielt die Welt der Ideen für das Wahre, die Erscheinungen sind nur deren Schatten. Zu unserem Trost, da wir doch an den Erscheinungen hängen: Die Phänotypen, also die realen Organismen (auch wir selbst) sind keineswegs überflüssig, sie müssen erfolgreich durch die Prüfstationen der Selektion laufen, damit die Ideen – die genetischen wie auch die philosophischen – weiterleben können. Die Evolution spielt sich vernetzt auf allen Ebenen ab – unkündbar.

Erhaltung wird gesichert durch Entfaltung. Das ist ein kreativer und wandlungsfähiger Prozess, in dessen Verlauf der individuelle Tod tausendfältig in Erscheinung tritt, aber rasch wieder verblasst im bunten Strom der Evolution des Lebens. Nur die genetischen Programme müssen erhalten bleiben. Wie schon erwähnt: Die Natur macht sich nichts aus den Individuen. Eine unter diesem Aspekt interessante Lebensform zeigt uns ein kleiner, mit bloßem Auge noch gerade sichtbarer im Wasser schwebender Organismus, der sich mit Geißelfäden fortbewegt: die Kugelalge *Volvox*. Bei dieser Art formieren sich zahlreiche durch Teilung entstandene Tochterzellen so, dass sie eine wunderbar regelmäßige Hohlkugel bilden. Eine solche Hohlkugel ist nun ein fabelhafter Schutzraum für darin heranwachsende Tochterkugeln (Abb. 4.1). Irgendwann müssen die Kinder aber einmal hinaus in die Welt um sich weiter entfalten zu können. Bei *Volvox* muss dazu die Mutterkugel zugrunde gehen. Noch einmal ein Zitat aus Goethes Fragment über die Natur: „Sie lebt in lauter Kindern, und die Mutter, wo ist sie?" Sie spielt einfach keine Rolle mehr, wenn sie die Idee ihrer Lebensform vervielfacht und verjüngt hat.

Etwas später steht in demselben Goethe (Goethe 1998) zugeschriebenen aphoristischen Aufsatz im Tiefurter Journal noch ein Satz bedeutsamen Inhalts:

> Der Tod ist der Kunstgriff der Natur, viel Leben zu haben

Dieses Prinzip, Tod zugunsten von mehr Leben, ist nicht nur die unbedingte Voraussetzung für die Nachhaltigkeit ökologischer Kreisläufe auf einem endlichen Planeten, der Tod wird zur Erfolgsstrategie. Er wird einprogrammiert. Vitale Nachkommen, nicht individuelle Unsterblichkeit sind Grundbedingung für die weitere Teilnahme am Tanz des Lebens. Folgerichtig wurde die potenzielle Unsterblichkeit

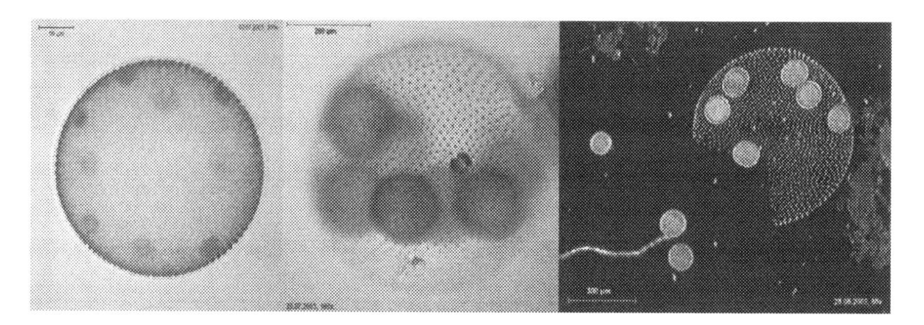

Abb. 4.1 Die Kugelalge *Volvox* gestaltet aus ihren Zellen einen schützenden Hohlraum, in welchem sich Tochterkugeln entwickeln können. Damit die Kinder frei werden, muss die Mutterkugel zugrunde gehen. Als ob Goethe auf diese Kugelalge angespielt hätte, formuliert er über die Natur: „Sie lebt in lauter Kindern, und die Mutter, wo ist sie?". (Quelle: http://commons.wikimedia.org/wiki/File:Volvox_aureus_3_Ansichten.jpg)

des Individuums für die Nachkommen, für die Zukunft, schon von der Idee her, das heißt vom genetischen Programm her geopfert. Die Körper sterben aufgrund einer inneren Uhr, aber die Keimbahn ist (potenziell) unsterblich. Diesen wichtigen Gedanken hatte August Weismann, den auch Freud bei seinen Überlegungen zitierte, bereits im 19. Jahrhundert. Alle aktuell existenten Lebensprogramme sind bis heute nicht gestorben obgleich sie einen meist dramatischen Wandel hinter sich haben.

Die Natur, die Evolution – auch wenn wir sie aus Gründen der besseren Kommunizierbarkeit im Folgenden immer wieder metaphorisch personalisieren – ist „natürlich" keine Person, kein Mensch mit Gefühlen, sondern ein emotionsloser *Prozess*. Sie kennt nicht Trauer noch Mitleid. Sie hat keine Skrupel und keine Moral. Sie „fragt" – unsere Sprache ist anthropomorph – nur nach dem Erfolg von Ereignissen und in unendlicher Kausalverflechtung nach dem Erfolg des Erfolges. Lebenserfolg, Über-Lebenserfolg ist nur möglich in der Auseinandersetzung mit der realen Umwelt. Heute gibt es nur noch *die* Genprogramme, die selbst und deren Vorfahren aufgrund der *passenden* Information „ihre" Organismen so zu gestalten verstanden, dass sie sich im Meer des Lebens, „voller Klippen und Strudel" (Schopenhauer 1988) hinreichend sicher bewegen und nachhaltig vermehren konnten; das sind die, die am besten in die jeweils aktuelle Welt passten – „*survival of the fittest*". Die anderen sind ausgestorben. Dabei ist es fast unerheblich, wie lange der Einzelorganismus lebt. Wichtig dagegen, ja unerlässlich ist, dass er in jeder Generation irgendwie hinreichend für überlebensfähigen Nachwuchs gesorgt hat, der die Lebensinformation weiter trägt.

Es gibt da Tierarten, die nach unseren menschlichen Maßstäben heroische Methoden entwickelt haben. Drohnen überleben einen erfolgreichen Begattungsakt nicht – im Gegensatz zu ihren Spermien. Bei vielen Spinnen wird das Männchen nach der Begattung schlicht vom Weibchen verspeist. So ergeht es auch dem Samenspender mancher Gottesanbeterin. Eine solche Fangschrecke, die ihren frommen Namen der an Beten erinnernden Haltung ihrer Fangarme verdankt, verspeist oft während der Begattung ihren Partner. Dessen autonom gesteuertes Hinterteil führt dann die Paarungsfunktionen auch kopflos aus. Letztlich wird hier also nicht nur die genetische Information des Männchens an die Nachkommen weitergegeben, sondern es werden auch die Bausteine und die gespeicherte Energie seines Körpers eingesammelt, verstoffwechselt und in die nächste Generation reinvestiert.

Diese zum „Liebesopfer" bereiten Tiere sind in ihrem Verhalten so programmiert, dass sie das freiwillig tun, wobei der Begriff „freiwillig" recht stark strapaziert ist. Jedenfalls nur solche Drohnen, die so programmiert waren, dass sie ihr individuelles Leben in die Fortpflanzung investierten, haben bis heute überlebt, auch wenn sie als Individuen damit sofort gestorben sind – als Genprogramme, die immer neue Phänotypen realisieren, haben sie bis heute überlebt.

Es gab zu allen Zeiten sehr viele Lebewesen ohne Nachkommen, aber keine *Vorfahren* ohne Nachkommen. Zu den Wesen ohne Nachkommen gehörten auch diejenigen Tiere, die vielleicht ein geruhsames und relativ langes Leben führen konnten, weil sie aufgrund einer Mutation in den verhaltenssteuernden Genen gar nicht scharf auf Fortpflanzung waren. Solche nachkommenlosen „Ideen" sind in der Evolution aber immer einmalig. Selbst, wenn sie potenziell unsterblich wären, hätte sie im Lauf der gefährlich langen Zeit längst ein Vogel gefressen oder ein Blitz erschlagen. Eine ganz einfache Logik: Lebende Kinder sind für den Fortbestand der Idee des Lebens wichtiger als unsterbliche Nicht-Eltern. Letztere sind immer die letzten ihres Stammes. Das „wissen" und vermeiden die Lebensprogramme gewisser Spinnenarten, bei denen die biologische Lebensuhr der Weibchen programmgemäß just in dem Moment ausläuft, da die in ihrer Obhut geschlüpfte Schar der Jungen ihren ersten großen Nahrungsbedarf hat. Die Mutter stirbt als Individuum und bildet mit diesem Kunstgriff die erste Nahrung für ihre individuenreiche Brut.

Auch Pflanzen trifft der programmierte Tod, nicht nur bestimmte Teile, etwa das jährlich abgeworfene Laub (z. B. Zwilling 2007). Viele Kräuter sind bekanntlich einjährig. Aber selbst langlebige Bäume leben nicht ewig. Wenn es mit Bäumen zu Ende geht, zeigen sie oft besonders reiche Samenproduktion. Die letzten Ressourcen werden in die nächste Generation investiert. Agaven können recht alt werden, aber wenn sie fruchten, geht ihr Leben zu Ende. Auch von Bambus haben schon viele Gartenbesitzer erfahren müssen, dass, wenn er blüht, zugleich sein letztes Jahr gekommen ist. So macht er Platz für die nächste genetisch neu durchmischte Generation, für einen neuen Durchgang in der Lotterie des Lebens.

4.3 Narzisstische Tumorzellen

Man könnte noch viele Beispiele anführen, die belegen, wie programmartig der Tod in die Organismen eingebaut ist – wenn dabei nur die Vermehrung gesichert ist. Anderseits meiden und fürchten vor allem Wirbeltiere ihn für gewöhnlich. Ihr Verhalten ist zunächst vor allem auf Selbsterhaltung eingestellt. Beim Menschen kommt – als Chance und zugleich Problem – noch die Selbstbewusstheit hinzu.

> Das Leben selbst ist ein Meer voller Klippen und Strudel, die der Mensch mit der größten Behutsamkeit und Sorgfalt vermeidet, obwohl er weiß, dass, wenn es ihm auch gelingt, mit aller Anstrengung und Kunst sich durchzuwinden, er eben dadurch mit jedem Schritt dem größten, dem totalen, dem unvermeidlichen und unheilbaren Schiffbruch näher kommt, ja gerade auf ihn zusteuert, dem Tode: dieser ist das endliche Ziel der mühseligen Fahrt und für ihn schlimmer als alle Klippen, denen er auswich.

So bildhaft direkt formulierte das Arthur Schopenhauer. Kein Todestrieb also, vielmehr ein Lebenstrieb! Vielleicht ist es nur ein Problem der sprachlichen Formulierung. Es läuft bei Freud und bei Schopenhauer auf dasselbe hinaus – wie bei uns allen: Das Resultat ist letztlich der Tod.

Der generelle Lebenswille ist evolutionstheoretisch leicht zu erklären. Denn nur wer sich zumindest bis zur erfolgreichen Reproduktion selbst am Leben gehalten hat, konnte sein Leben in die nächste Generation hinübertragen. Alle Säugetiere, insbesondere der Mensch, sind in der Jugend auf die Eltern, zumindest die Mutter angewiesen. Nur wer genügend lange lebt, kann überhaupt Kinder bekommen und sie beim Start ins Leben genügend lange unterstützen. Schutz- und pflegebedürftige Kinder, deren Eltern früh sterben, werden dagegen Waisenkinder; sie haben tatsächlich die schlechteren Chancen, weshalb dieser Ausdruck in unserem Sprachgebrauch je nach Zusammenhang eine mitleidige oder gar herablassende Nebenbedeutung hat.

Eltern müssen also im Dienste der Reproduktion hinreichend lange leben. Das wirft aber eine interessante Frage auf: Wenn die Individuen einer hypothetischen Art überhaupt nicht altern würden, immer weiter Kinder kriegen und sich daneben vielleicht noch in voll erhaltener Vitalität um die Ur-Ur-usw.-Enkel kümmern könnten, müsste eine solche Lebensform nicht allen anderen überlegen sein? Warum hat die Natur sie nicht hervorgebracht? Kann sie es nicht besser?

Von den Einzellern zumindest wissen wir ja, dass potenzielle Unsterblichkeit möglich ist. Wir wissen darüber hinaus, dass defekte Moleküle oder Teile davon auch bei Vielzellern ausgeschieden und durch intakte ersetzt werden können, sogar bei der DNA. Die über eigenes Erbmaterial verfügenden Mitochondrien entarten genetisch im Laufe eines individuellen Lebens in wachsender Zahl, bis dies für den Organismus zum Problem wird und die Energieversorgung nicht mehr gewährleistet ist. Auch das müsste nicht sein, denn in der Keimbahn geschieht diese Entartung offensichtlich nicht. Verschlissene Fingernägel und Haare wachsen nach. Knochensubstanz wird erneuert. Krokodile können beliebig viele Zähne nachsprießen lassen. Für alle Verschleißteile wäre eine Lösung denkbar oder es gibt sie schon irgendwo. Aber mit Ausnahme ganz weniger durchweg sehr primitiver Organismen, wie dem durch Knospung und Teilung vermehrbaren Süßwasserpolyp, ist der individuelle Tod bei den Metazoen, jedenfalls den höher organisierten, schon ins gencodierte Lebensprogramm eingebaut.

Allerdings, im Labor gibt es einen Stamm der Taufliege *Drosophila* mit verändertem Zellstoffwechsel, was ihr eine Lebenserwartung beschert, die immerhin um ein Drittel höher liegt als bei der Wildform; und die Lebensdauer eines kleinen, bei Genetikern und Entwicklungsbiologen neuerdings sehr beliebten winzigen Fadenwurmes namens *Caenorhabditis elegans* hat man sogar von bescheidenen 21 Tagen auf ein Vielfaches genetisch hochmanipulieren können.

Wenn so etwas bei Tierzuchten – es gibt z. B. langlebige und kurzlebige Hunderassen – und durch Manipulation im Labor geht, warum nur legt die Natur auf solche Verbesserungen offenbar keinen Wert? Ganz im Gegenteil, sie hat den Untergang der einzelnen Körperzellen mit großer Akribie genetisch einprogrammiert. Man kann Körpergewebe in Nährmedien züchten, im Prinzip wie Bakterienkulturen. In solchen Gewebekulturen gibt es keine Gelenke, die schleißen und keine Arterien, die verkalken. Aber selbst bei solchen Zellen, die mit allem, was sie brauchen, permanent versorgt werden, hört nach einer bestimmten Zahl von Teilungen aufgrund eines inneren Programms die Teilungsfähigkeit auf, und es beginnen Altern und Tod.

Potenziell unsterblich und unbegrenzt teilungsfähig ist allerdings eine höchst unerwünschte Kategorie von Gewebezellen, nämlich Krebszellen. Bekanntlich taugen sie aber nicht für einen funktionierenden Organismus, sondern verfolgen nur ihren partikularen „Reproduktionsegoismus" und richten, wenn man nichts dagegen tut, ihren Stammorganismus vorzeitig zugrunde. Sie verhalten sich „narzisstisch", wie Freud die Tumorzellen (jenseits des Lustprinzips) diskutiert. Das ist also nicht die Art von Unsterblichkeit, die differenzierten Individuen zum ewigen Leben verhelfen könnte. Diese Art von Unsterblichkeit ist tödlich.

4.4 Altruistischer Zelltod

Für Leben, das heute lebt, muss während der langen Evolutionsgeschichte in jedem Augenblick – ohne Unterbrechung – die Kontinuität der Keimbahn gewährleistet gewesen sein. Um diese zu sichern, hat die Natur überraschende Wege beschritten, sogar ein Selbstmordprogramm in die Körperzellen eingebaut, die so genannte *Apoptose* (vgl. Hug 2000). Wie bei der handwerklichen Gestaltung von Skulpturen angestrebte Strukturen geschärft und störende Materialien entfernt werden, so geschieht das, allerdings von innen heraus über komplexe Genprogramme und Botenstoffe gesteuert, auch bei der Ontogenese von Organismen. Zum Beispiel wird aus einer zunächst wenig ausdifferenzierten paddelförmigen Anlage auf diese Weise bei Embryonen die Fünffingrigkeit skulpturiert. Oder eine Kaulquappe, die als Frosch an Land geht, braucht ihre Kiemen und den Schwanz nicht mehr. Durch Apoptose werden die entsprechenden Zellen abgebaut, besser gesagt, sie besorgen dies selbst im Dienste des Ganzen.

Der schon erwähnte, für elegante, bahnbrechende Versuche geeignete, winzige und urtümliche Fadenwurm *Caenorhabditis elegans* hat seinen Erforschern einen interessanten Steuermechanismus verraten: Wie todesmutig scharfe Hunde liegen zwei „Zelltod-Gene" in ständiger Bereitschaft und warten auf einen Befehl, der letztlich ihr eigenes Ende bedeutet: Wird er erteilt, produzieren sie die chemischen Werkzeuge für die Selbstdemontage ihrer eigenen Zelle. Ein drittes Gen hält die beiden aber normalerweise an der Leine. Dieses Kontrollgen, selbst von anderen Instanzen kontrolliert, löst die Leinen nur, wenn das für Gestaltung und Weiterleben des Ganzen sinnvoll, ja notwendig ist. Erst dann arbeiten die scharfen Selbstzerstörer ungehemmt und vernichten die eigene Zelle, einschließlich ihrer selbst. Diese Forschungen an einem lächerlichen Wurm sind für die Medizin so bedeutsam, dass dafür der Nobelpreis 2002 (an Brenner, Horvitz und Sulston) vergeben wurde. Denn, nachdem man diesen Mechanismus erst einmal kannte, fand man ein ähnliches wirksames System, vermutlich aus gleichem Ursprung, auch beim Menschen (vgl. Jahn 2002). Der ingeniös einprogrammierte Tod ist ein Gestalter des Ganzen – ein offenbar universelles Prinzip in der Welt des Lebens.

Dieser Zellsuizid wird auch aktiviert, wenn es Hinweise auf Defekte in der genetischen „Software" der Zelle gibt, oder wenn deren Erbinformationen geschädigt oder durch ein Virus verändert sind. Im Sinne des Organismus ist das sehr vernünftig, denn solche Zellen ordnen sich ja nicht mehr dem Gesamtgefüge unter und können dadurch als Tumorzellen lebensgefährlich werden. Treten diese Zellen nicht von selbst ab, gewissermaßen in vorauseilendem Gehorsam, gibt es noch eine weitere Sicherung. Unser Immunsystem kann sie meist erkennen und ihnen den ausdrücklichen Befehl zur Selbstversenkung geben, also zu einer Art „altruistischem Selbstmord im Dienste der Staatsräson". Gewöhnlich wird dieser Befehl aufgrund der in der Zelle für einen solchen Notfall vorgesehenen Informationsstrukturen sofort befolgt, und die Zelle zerfällt. So wird großer Schaden vom Organismus abgewendet. Es kann aber auch der Fall eintreten, dass dieser komplizierte Selbstversenkungsmechanismus selbst geschädigt ist. Dann reagiert diese Zelle einfach nicht auf den Befehl. Sie verhält sich, wie Freud in diesem Zusammenhang sagte, „narzisstisch", und betreibt in rücksichtsloser Selbstbezogenheit nur noch ihr eigenes Weiterleben – und wird zur Tumorzelle.

Das berühmte und medizinisch umhegte Klonschaf Dolly ist von Tumoren verschont geblieben. Aber es gibt alle Anzeichen, dass es früher gealtert ist als normal gezeugte Artgenossen. In gewisser Weise wurde es schon alt geboren. Die Euterzelle, aus der ihr „Schöpfer" Ian Wilmut es entstehen ließ, hatte schon zuvor im Mutterorganismus zahlreiche Teilungsschritte hinter sich. Die Zahl der Teilungen ist aber, wie wir sahen, bei Gewebezellen begrenzt, und das könnte einige von Dollys Problemen erzeugt haben. Man weiß inzwischen sogar einiges über den Mechanismus dieser Begrenzung. Wenn Chromosomen repliziert werden, geht aus technischen Gründen am Ende immer ein Stückchen verloren, bis die Replikation sauber abläuft. Damit keine wichtige Information verloren geht, sind am Ende so genannte *Telomere* aus nichtinformativer DNA angefügt, vergleichbar dem Zelluloidvorspann altmodischer Filme. Ihr Verlust ist unter dem Gesichtspunkt des Informationsgehaltes nicht bedeutsam – zunächst. Sie verkürzen sich bei jedem Teilungsschritt ein Stück weit, bis sie nach beispielsweise fünfzig Teilungen aufgezehrt sind. Sie werden so zu einem limitierenden Zählwerk für die Teilungen. Leicht einleuchtend, dass es eine Möglichkeit geben muss, die Uhr wieder auf Null zu stellen. Das geschieht bei jeder natürlich gezeugten neuen Generation, dann nämlich werden diese Telomere wieder in voller Länge ansynthetisiert, das Zählwerk also neu aufgezogen. Zu diesem Zweck hält das Genom die normalerweise nicht aktivierte Information für ein Chromosomenverjüngungsenzym, eine Telomerase, bereit – ein höchst bedeutsames Enzym. 2009 wurden seine Erforscher Blackburn, Greider und Szostak mit dem Nobelpreis für Medizin geehrt.

4.5 Unsterblichkeit stirbt aus

Die Zellen der Organismen altern zusätzlich auch durch vielfältige andere Prozesse, unter anderem durch aggressive Moleküle, so genannte freie Radikale (dazu eine Übersicht bei Rensing 2007). Aber alle diese Angriffe kann das Leben offensichtlich langfristig prinzipiell beherrschen, sonst wäre es längst wieder ausgestorben oder gar nicht erst entstanden. Warum nur ist es so nachlässig bei der Restitution von Körperzellen?

Obgleich es, wie oben erwähnt, im Labor erwiesenermaßen Möglichkeiten gibt, Alterungsprozesse zumindest hinauszuschieben, hat die Natur in dieser Sache ganz erstaunlich wenig getan. Der Selektionsdruck in Richtung auf langes oder gar unbefristetes individuelles Leben scheint sehr gering zu sein – im Gegensatz zum Selektionsdruck auf einen programmierten somatischen Tod. Dieser gelenkte Tod wird, wie gezeigt, genutzt, um die Lebens*programme* zu erhalten. Oder etwas weniger anthropomorph ausgedrückt: Genprogramme, die diese Option des somatischen Todes nicht besitzen, haben gegenüber den anderen mit eingebautem Tod offenbar nicht nur keinen Vorteil, sondern einen Nachteil und verschwinden früher oder später. Jedenfalls gibt es sie nicht bei höher organisierten Lebewesen. Und die langlebigsten Formen gibt es nicht in der Natur, sondern im Labor.

Eine Antwort auf die interessante Frage, warum die Evolution des Lebens den Tod erfand und offensichtlich programmatisch förderte, kommt aus unerwarteter Richtung, nämlich von der experimentellen Mathematik. Wie man Klimamodelle im Computer durchspielen kann, so kann man es auch mit Evolutionsmodellen tun. Das hat den Vorteil, dass man die Bedingungen abwandeln und auch Verhältnisse schaffen kann, die es in der Realität gar nicht gibt, z. B. das Paradies der Unsterblichkeit. Spielerei? Mag sein, aber eine sehr aufschlussreiche. Bei solchen Testläufen in virtuellen Welten fand man heraus, dass Programme mit sterblichen Eltern im Laufe der Generationen solchen mit unsterblichen überlegen sind und diese folglich aus dem Rennen werfen. Die unsterblichen Eltern blockieren das Leben ihrer Nachkommen, weil sie potenzielle Plätze besetzen. In einer Welt, in der es keine Evolution, keine Weiterentwicklung gibt, hätte das freilich keine Bedeutung, denn Eltern und Kinder wären ja identisch. Viel gravierender als die bloße Blockade neuer Lebensplätze ist, dass die durch Unsterblichkeit eingenommenen Plätze mit abgewandelten, „innovativen" Programmen besetzt werden könnten. Unsterblichkeit behindert also die Evolutionsfähigkeit ihrer eigenen Nachkommen. Ausgerechnet ihre *Unsterblichkeit führt zu ihrem Aussterben*. So paradox kann das Leben sein – vermutlich nicht nur das im Computer simulierte. Nach seinen mathematischen Experimenten konstatiert Hans-Paul Schwefel (Schwefel 1990), es sei wahrscheinlich nicht Unvermögen der Natur, höhere Organismen als potenziell unsterblich zu programmieren, sondern das Ergebnis eines evolutionären Optimierungsprozesses.

4.6 Der neue Baum der Erkenntnis

Wenn wir uns daran machen, die weitgreifenden Kausalitätsstränge zu verfolgen, dann überblicken wir heute schon ein ganzes Bündel von naheliegenden Gründen, warum die Natur einerseits den Tod als unabdingbares Muss erfand und andererseits den Lebensdrang der Organismen maximierte. Nichts auf der Welt hat nur einen einzigen Grund. Die Ursache eines jeden Teilprozesses ist das gesamte Universum mit seiner komplexen Geschichte seit dem Urknall. Von theologischer Seite würde man vielleicht formulieren: Die umfassendste Ursache ist der tiefste Grund der gesamten Schöpfung, also Gott. Diese Einbettung aller Prozesse in den Ursprung gilt selbstverständlich auch und erst recht für ein so existenzielles Phänomen wie den Tod.

Diese Spannung zwischen Todeszwang und Lebensdrang war ein Erfolgsrezept in der Evolution. Seit das Gehirn des Menschen aber so leistungsfähig ist, dass ihm seine eigene Sterblichkeit unvermeidbar bewusst wird, wurde der Tod zum Problem, zum Leitmotiv von Kulten, zur Ursache von Religion. Seine bittere Erkenntnis wurde in unserem Kulturkreis mythologisch gefasst als Vertreibung aus dem Paradies des sorglos Unbewussten – jenseits der Kenntnis vom eigenen Tod (Abb. 4.2).

Man weiß heute schon manches über das molekulare Gefüge des Lebens. Und das Wissen nimmt beschleunigt zu. Warum sollte nicht eines Tages die Gentechnologie nicht nur die Lebenserwartung kleiner Fliegen und Fadenwürmer verlängern, sondern auch einen märchenhaften Traum der Menschheit erfüllen und den Tod besiegen, wenigstens den programmierten Alterstod – oder ihn wenigstens um Größenordnungen manipulativ hinausschieben? Noch altern zwar die Körperzellen von Teilung zu Teilung, messbar unter anderem an der Verkürzung der Telomere und der Funktionseinbuße der Mitochondrien; irgendwann verlieren sie ihre Teilungs- oder Lebensfähigkeit ganz. Aber eine biotechnische Totalverjüngung der Zellen ist nicht ganz undenkbar, jedenfalls nicht naturgesetzlich ausgeschlossen, so etwa wie ein Verstoß gegen die Hauptsätze der Thermodynamik. Eine Verjüngungskur mit Hilfe der Telomerase macht uns die Natur sogar selbst vor, nämlich bei den Keimzellen. In jeder natürlich entstandenen neuen Generation wird gewissermaßen die Sanduhr, das alte Symbol für die verrinnende Lebenszeit, wieder auf Start gestellt. Mir scheint es zwar unwahrscheinlich, aber vielleicht geht so etwas auch einmal bei den somatischen Zellen des Menschen. Die gesteigerte Gefahr der Tumorbildung und der zunehmende oxidative Stress ließen sich vielleicht flankierend beherrschen.

Freilich ein Klonmensch, analog zu Dolly, nur ohne vorzeitiges Altern, wäre noch kein Schritt in diese Richtung. Denn er wäre, wie ein „konventioneller" eineiiger Zwilling, eine ganz andere Persönlichkeit mit ganz eigener Vita, die *ab ovo* neu begann. Und zusätzlich lebt dieser Zwilling noch in einer anderen Zeit als sein genetischer Spender. Erstaunlich, dass es intelligente Menschen (zumindest auf pekuniärem Gebiet erfolgreiche) gibt, die glauben durch Klonen ihrer selbst den Schritt in die Unsterblichkeit tun zu können. Zur potenziellen Unsterblichkeit müssten schon abenteuerliche biotechnische Eingriffe in den Stoffwechsel und in die Steuerung der somatischen Zellen der ausdifferenzierten Organismen gelingen.

Abb. 4.2 Die erste Frucht vom Baum der Erkenntnis brachte das erschütternde Bewusstsein der *Gewissheit* vom eigenen Tod. Die nächste Frucht, eine gentechnologisch manipulierte, könnte eine zermürbende *Ungewissheit* bringen, ob und wann der Tod wirklich eintritt. Und die destruktive Frage: für wen? (Bild: Julius Schnorr von Carolsfeld)

Sollten diese aber eines Tages verfügbar sein, dann stünde im Garten menschlicher Zivilisation ein neuer Baum der Erkenntnis – ein gentechnisch aufgerüsteter.

Die Geschichte des Universums lässt sich nicht zurückdrehen, nicht einmal die der Menschen. Das Paradies des Unbewussten finden wir nicht wieder, aber wenn wir von diesen erhofften neuen Früchten – den rational gentechnologisch synthetisierten – kosten, kämen wir da nicht einem neuen Paradies der kontrollierten Humanität ein Stück näher? Der Gedanke ist verführerisch wie die versprochenen Früchte. Wahrscheinlich werden wir über fortschleichende Gerontoluxusmedizin einen Vorgeschmack kosten: Wer Zugang hat, wird nicht mehr darauf verzichten wollen. Wahrscheinlich aber werden diese neuen Früchte noch weniger bekömmlich sein als die erste Frucht vom mythischen Baum der Erkenntnis, die herauswuchs aus dem Unbewussten. Brachte diese erste Frucht die erschütternde *Gewissheit* vom eigenen Tod, so brächte die nächste eine zermürbende *Ungewissheit*, ob und wann er wirklich eintritt – und vor allem die destruktive Frage: für wen?

Noch – vor dem Zugriff auf die zweite Frucht – regieren Alter und Tod für Jeden. Darin sind alle Menschen im Prinzip noch gleich. Die Repräsentanten von Machtmissbrauch, Brutalität und Egoismus haben bislang in der Geschichte ein immer garantiertes natürliches Ende gefunden. Weltliche und geistliche Herrscher starben. Auch die schlimmsten Tyrannen ist die Welt wieder los geworden. Wenn aber künftig die selektionsbewährten genetisch gesteuerten Algorithmen zum natürlichen Alterstod unterlaufen werden könnten, dann müssten Menschen darüber befinden, wer potenziell ewig lebt. Denn für alle wird das nicht möglich sein. Die Kosten werden ins Unermessliche wachsen, und – noch viel schlimmer – die Lebensplätze, vor allem die lebenswerten Plätze sind und bleiben auf einem begrenzten Planeten begrenzt.

In einer solchen schönen neuen Welt, in der der individuelle Tod biotechnisch vermeidbar wäre, gäbe es also nicht nur das Problem durch die potenziell unsterblichen Quasiorganismen, die es ja schon heute gibt in Form juristischer Personen, etwa multinationaler Konzerne, Banken und Staaten, die mit einer für den ganzen Planeten gefährlichen Machtfülle rücksichtslos ihr eigenes Weiterleben betreiben (Verbeek 1998, 2000). Es gäbe zusätzlich ein neues, noch ärgeres Problem durch „natürliche“ Personen, die biotechnisch überarbeitet wurden. Welche Menschen würden unter solchen noch nie da gewesenen Bedingungen die Fittesten sein, die die verfügbaren Lebensplätze und -mittel über Generationenzeiträume besetzen? Nach aller Erfahrung und aller Logik sind es nicht solche, die das Gemeinwohl über ihr eigenes stellen. Es werden die sein, die besonders an ihrem persönlichen Leben hängen und darüber hinaus die größte Brutalität besitzen. Solche Individuen werden alle ihnen verfügbaren Ressourcen auf ihren eigenen Schutz und ihr eigenes Wohlergehen lenken.

Das taten solche Typen immer schon, aber jetzt wäre keine prinzipielle Grenze abzusehen. Im Schachspiel dient selbstverständlich jeder Zug dem Überleben des Königs, mit dem sich der Spieler identifiziert. Bauernopfer zählen kaum. Diese Regel leitet sich aus der unhinterfragten, „gottgegebenen“ historischen Realität ab. Gäbe es die potenzielle Unsterblichkeit im wirklichen Leben, dann würde die gesamte verfügbare Umwelt, die ökologische und die soziale – sehr viel ausgedehnter als bislang je möglich – den Zwecken der Mächtigsten untergeordnet. Hitler ließ die ihm unterstellten Zeitgenossen zu seiner Lebensverlängerung kämpfen und sterben bis zur letzten Minute, die sein individuelles Leben verlängern konnte. Den militärisch siegreichen Stalin wäre Russland und die Welt vielleicht bis heute nicht los geworden, wenn man die eingebaute Sterblichkeit hätte biotechnologisch abschalten können (Abb. 4.3).

Die Auswirkungen solch neuer Erkenntnisfrüchte auf die Evolution der Menschheit und die Zivilisation wären wahrscheinlich derart katastrophal, dass der für ein solches Szenario notwendige hohe zivilisatorische Standard, auch der biotechnische, bald wieder zerfiele. Wie schon im zitierten Computermodell erwiese sich Unsterblichkeit letztlich wieder einmal als tödlich. So könnte und würde sich das wohl regeln. Vielleicht leben wir eben doch in der besten aller denkbaren Welten.

Da die neue Welt, in der das Altern „eliminiert“ sein wird, wie Transhumanisten das versprechen, in der man, wenn die Erde unbewohnbar oder übervölkert ist, auf noch zu entdeckende Sterne auswandert, noch in sehr, sehr weiter Ferne liegt und da sie wahrscheinlich (wenn überhaupt) nicht so schön sein würde, wie verspro-

Abb. 4.3 Den militärisch siegreichen Stalin wäre Russland und die Welt vielleicht bis heute nicht los geworden, wenn man die eingebaute Sterblichkeit hätte biotechnologisch abschalten können. (Quelle: http://commons.wikimedia.org/wiki/File:Stalin_1945.jpg)

chen, haben wir vorläufig viel näher liegende Sorgen – persönlich, kollektiv und auch als Gattung. Wir sollten also nicht unzufrieden sein mit unserer individuellen Sterblichkeit und sie als das betrachten, was sie ist: etwas, das weiteres Leben und dessen Entwicklung ermöglicht. Vorläufig würde die aktuell lebende Generation wohl ethisch gut beraten sein, wenn sie nicht einem Phantom der Unsterblichkeit nachjagen würde, sondern die Ziele ihres Handelns darauf ausrichtete, dass in Zukunft die Erde nicht schlechter bewohnbar ist als heute.

Anmerkung Dieser Artikel enthält Elemente aus meinem Aufsatz (Verbeek 2003): *Die Natur, der Tod und das Leben*. In: *Natur und Kultur*. S. 120–128.

Literatur

Dawkins R (1978) *Das egoistische Gen*. Springer, Berlin, Heidelberg [*The selfish gene*. Oxford University Press, Oxford 1976]

Freud S (2000) *Jenseits des Lustprinzips*, 1920. Studienausgabe, Bd 3: *Psychologie des Unbewußten*. Fischer, Frankfurt/M

Goethe JW (1998) *Die Natur, Fragment*. Veröffentlicht 1783 im Tiefurter Journal aus: J.W.v. Goethe, Werke, Hamburger Ausgabe in 14 Bänden, dtv, Bd 13, Naturwissenschaftliche Schriften I: S. 45ff.

Hug H (2000) *Die Apoptose: Selbstvernichtung der Zelle als Überlebensschutz*. In: Biologie in unserer Zeit 3: 128–135

Jahn A (2002) *Ein fader Wurm im Fadenkreuz der Freitodforscher*. In: Spektrum der Wissenschaft 12: 10–11

Lorenz K (1963) *Das sogenannte Böse*. Borotha-Schoeler, Wien

Rensing L (2007) *Die Grenzen der Lebensdauer*. In: Biologie in unserer Zeit 3: 190–198

Schopenhauer A (1988) *Die Welt als Wille und Vorstellung*, 1. Bd, 4. Buch. Leipzig 1859, Nachdruck bei Haffmanns, Zürich

Schwefel H-P (1990) *Natürliche Intelligenz in evolutionären Systemen*. In: Albertz J (Hrsg) *Evolution und Evolutionsstrategien in Biologie, Technik und Gesellschaft*, Bd 9, S. 151–164. Schriftenreihe der Freien Akademie Wiesbaden

Verbeek B (1998) *Die Anthropologie der Umweltzerstörung: Die Evolution und der Schatten der Zukunft*, 3. erw. Aufl. Wissenschaftliche Buchgesellschaft, Darmstadt

Verbeek B (2000) *Kultur: die Fortsetzung der Evolution mit anderen Mitteln*. In: Natur und Kultur 1: 3–16

Verbeek B (2004) *Die Wurzeln der Kriege. Die Evolution ethnischer und religiöser Konflikte*. Hirzel, Stuttgart

Voland E (2007) *Die Natur des Menschen: Grundkurs Soziobiologie*. C. H. Beck, München

Zwilling R (2007) *Das Rätsel der Alterung*. In: Biologie in unserer Zeit 3: 156–163

Kapitel 5
Darwin als Sehhilfe für die Psychologie – Evolutionspsychologie

Frank Schwab

Im Folgenden geht es um Einäugige, stereoskopisches Sehen, weite und enge Horizonte, Monokel und Sonnenbrillen. Der Beitrag versucht die Metapher des Sehens und der Sehhilfen anzuwenden, um so zu verdeutlichen, welchen Gewinn die herkömmliche Psychologie durch die Verwendung einer Darwin'schen Brille erlangen kann.

Die Evolutionspsychologie versteht sich als eine neue Sicht auf die verschiedenen Disziplinen der Psychologie. Es gibt somit z. B. eine Evolutionäre Sozialpsychologie, eine Evolutionäre Entwicklungspsychologie oder eine Evolutionäre Medienpsychologie. Psychologen, die Darwins Brille tragen, erscheint es sehr unwahrscheinlich, dass es zur Erklärung psychischer Phänomene lediglich einer kleinen Menge – Lebensbereiche übergreifender – Allzweckmechanismen bedarf, wie beispielsweise Lernen, Modelllernen, Rationalität oder Kultivierung. Aus ihrer Perspektive ist es kaum ersichtlich, wie ausschließlich diese Mechanismen als Grundlage des menschlichen Erlebens und Verhaltens genügen könnten.

Evolutionspsychologen fragen nach der Organisation mentaler Prozesse und des daraus folgenden Verhaltens. Sie fragen nach dem äußeren Sinn einer untersuchten mentalen Struktur: Was ist der Zweck eines psychischen Mechanismus? Wie ist er in die Welt gekommen und wie kann man eventuell sogar Strukturvorformen in die phylogenetische und ontogenetische Entwicklungsgeschichte einordnen?

Darwin'sche Psychologen hoffen, dass die Berücksichtigung einer solchen evolutionären Perspektive die Güte theoretischer Überlegungen zum menschlichen Erleben und Verhalten verbessert. Neben dem proximaten Auge der herkömmlichen Psychologie, das auf die psychischen Mechanismen fixiert ist, riskieren Evolutionspsychologen auch ein ultimates/phylogenetisches Auge auf die sie interessierenden Phänomene. Dieses stereoskopische Sehen fördert in der Psychologie z. B. Forschungsfragen, die wegen unterschiedlichster Trugschlüsse vielfach gemieden werden. Man schaut nicht „richtig" hin. Mit einem zweiten, evolutionären Auge jedoch – so das Credo dieses Beitrags – sieht man besser. Unser Bild der menschlichen Psyche wird klarer und gewinnt an Tiefe.

F. Schwab (✉)
Philosophische Fakultät III, Psychologie – Medienpsychologie und Organisationspsychologie, Universität des Saarlandes, 66041 Saarbrücken, Deutschland
E-Mail: schwab@mx.uni-saarland.de

J. Oehler (Hrsg.), *Der Mensch – Evolution, Natur und Kultur,*
DOI 10.1007/978-3-642-10350-6_5, © Springer-Verlag Berlin Heidelberg 2010

5.1 Monokel – Psychologie als Darwin-freie Zone

Welches waren die einflussreichsten theoretischen Konstrukte der Psychologie des 20. Jahrhunderts? Neobehaviorismus, soziale Lerntheorie, kognitive Ansätze, moderne Psychoanalyse sowie postmoderne radikal konstruktivistische Ansätze dominierten weite Bereiche der akademischen Psychologie. Cosmides und Tooby fassen dies zusammen, wenn sie schreiben: „... *cognitive psychology has been conducted as if Darwin never lived.*" (Cosmides u. Tooby 1994, S. 43). Betrachtet man die psychologische Theorienbildung und Forschung des vergangenen Jahrhunderts, war sie in erster Linie geprägt von Versuchen, die Psychologie zu entbiologisieren (Crawford 1998, S. 3).

Während einige Ansätze sich eine Augenklappe zugelegt hatten und sich teilweise als theoretische Freibeuter gefielen, hatten andere ihr Monokel zurechtgerückt und fokussieren eifrig und durchaus recht erfolgreich auf kleine bis kleinste Ausschnitte psychologischer Phänomenwelten. Der Rest blieb verschwommen.

Weite Bereiche der herkömmlichen Anthropologie, der Soziologie, der Kommunikationswissenschaft sowie der kognitiven Psychologie fokussieren rein auf die aktuelle und ontogenetische Umwelt und das soziale Milieu als Determinanten menschlichen Erlebens und Verhaltens (Sherry 2004). So kann der menschliche Körper meist implizit als Produkt der Natur angesehen werden, während unsere Psyche als alleiniges Produkt der Kultur oder Umwelt betrachtet wird. Das menschliche Gehirn wird dabei als eine Art Hardware dargestellt, auf der die von der jeweiligen Kultur zur Verfügung gestellte Software läuft (Hagen 2005). Die evolvierte menschliche Natur wird hierzu fast vollständig ausgeblendet. Der Psychologe als „Software-Experte" vertritt dabei in erster Linie und im Kern „*learning-only approaches*" und ignoriert die Natur des Menschen, was eine Art „*nature blindness*" nach sich zieht (Sherry 2004). Findet die Biologie Berücksichtigung, werden fast ausschließlich biologische Mechanismen betrachtet (Genetik, Neurophysiologie, peripherphysiologische Aspekte). Es reicht die Frage: „Wie arbeiten diese Mechanismen, wenn sie menschliches Erleben und Verhalten beeinflussen?", die evolutionäre Frage „Zu welchem Zweck sind diese Mechanismen in der Welt, wozu wurden sie gestaltet?" bleibt meist unbeachtet.

Evolutionspsychologen tragen keine Monokel! Sie sind davon überzeugt, dass Darwins Theorie der Selektion nicht nur in der Biologie, sondern auch in der Psychologie eine gewinnbringende theoretische Hilfe darstellt.

5.2 Eine neue Brille – Evolutionspsychologie

Aber was genau ist Evolutionspsychologie? Wie sieht diese neue Perspektive in der Psychologie aus? Was unterscheidet sie von der (kognitiven) Psychologie?

Die prominenteste Schule evolutionären Denkens innerhalb der Psychologie ist die aktuelle Evolutionspsychologie (Santa Barbara Schule; Barkow et al. 1992; Buss

1999). Die Evolutionspsychologie ist der Ansicht, dass sich der menschliche Geist zu einem bedeutsamen Anteil aus einer Ansammlung von spezialisierten „informationsverarbeitenden Mechanismen" zusammensetzt. Diese sind so gestaltet, dass sie ganz spezifische Anpassungsprobleme unserer Vorfahren lösen konnten (Buss 1999). Nicht selten wird die Architektur des menschlichen Geistes mit einem Schweizer Messer verglichen, welches aus verschiedenen kognitiven Werkzeugen besteht.

Die Evolutionäre Psychologie ist eine theoretische Perspektive auf alle Teilgebiete der Psychologie. Sie bietet eine spezielle Sichtweise auf menschliches Erleben und Verhalten, indem sie das mentale Design des Menschen als Ergebnis der Evolution betrachtet. Danach ist das menschliche Gehirn – ebenso wie Herz, Lunge, Arme und Beine – ein Produkt der Selektion. In der Vergangenheit hat die Selektion stets solche Organvarianten (also auch solche Gehirne) begünstigt, die den Fortpflanzungserfolg erhöhten. Unser aktuelles mentales Design beruht demnach zu einem großen Teil auf Anpassungen an (vergangene) Umwelten. Strukturen und Mechanismen des Geistes lassen sich demnach – ebenso wie unser Gehirn – zumeist als funktionale Produkte der natürlichen und sexuellen Selektion beschreiben (Barkow et al. 1992).

Trifft dies zu, muss man die in den Sozialwissenschaften meist implizit vorhandene Annahme, der menschliche Geist sei gewissermaßen ein „unbeschriebenes Blatt" oder eine Art Allzweckcomputer, deutlich kritisieren (Pinker 2002). Man kann eben nicht ohne weiteres ausschließlich auf die aktuelle und ontogenetische Umwelt und das soziale Milieu als Determinanten menschlichen Erlebens und Verhaltens fokussieren. Es verbietet sich, die evolvierte menschliche Natur fast gänzlich auszublenden.

> Gegen genau diese Art der Einäugigkeit, des Tragens von Augenklappen oder der ausschließlichen Verwendung eines Monokels, wendet sich die Evolutionspsychologie. Sie lädt dazu ein, Darwins Sehhilfe auch in den Sozialwissenschaften und der Psychologie zu testen und einer empirischen Prüfung zu unterziehen. Wie sieht dieses Angebot genau aus?

Die Wurzeln der Evolutionspsychologie liegen einerseits in der Evolutionsbiologie, andererseits verwendet sie die in der kognitiven Psychologie etablierte Beschreibungssprache (Buss 1999). Die Evolutionspsychologie lässt sich anhand von fünf Prinzipien skizzieren (Cosmides u. Tooby 1997):

- Das menschliche Gehirn ist so gestaltet, dass es Verhalten erzeugt, das an spezifische Umweltbedingungen angepasst ist.
- Die so evolvierten psychologischen Mechanismen (EPM) dienen der Lösung von Problemen, denen unsere Jäger-und-Sammler-Vorfahren ausgesetzt waren. Sie sind ebenso wie fast alle Körpermerkmale das Ergebnis der Selektion.
- Die meisten dieser mentalen Prozesse entziehen sich dem Bewusstsein oder arbeiten derart effizient, dass wir sie kaum wahrnehmen (Instinktblindheit). Natürliche Kompetenzen, wie jemanden attraktiv zu finden, sich zu verlieben, die Furcht vor Krankheiten oder moralische Entrüstung, werden zwar als einfach erlebt, bauen jedoch auf komplexen Mechanismen auf.

- EPM sind spezialisiert auf ganz bestimmte Anpassungsprobleme. Dies sind ständig wiederkehrende Probleme, die sich während der Phylogenese unserer Spezies aufgetan haben und sich durch stabile Charakteristika auszeichnen, wie z. B. Partnerwahl, familiäre Beziehungen, Kooperation und Altruismus oder Wettstreit.
- Evolutionäre Anpassungsprozesse vollziehen sich sehr langsam, über viele Generationen hinweg. Deshalb sind EPM an vergangene Umwelten (EEA, *environment of evolutionary adaptedness*) angepasst.

Während sich also evolutionäre Anpassungsprozesse nur langsam vollziehen, können sich Umwelten dagegen vergleichsweise schnell ändern. Daher kann es zu einer mangelnden Passung zwischen dem vorhandenen, an eine vergangene Umwelt angepassten Mechanismus und der aktuellen Umwelt kommen (*mismatch*). So ist die menschliche Vorliebe für Fettiges in der Umwelt, in der diese Präferenz evolvierte, sicher adaptiv gewesen. Damals waren überlebenswichtige, vitaminreiche, fetthaltige Nährstoffe selten. In unserer heutigen Umwelt, in der sich an jeder Straßenecke eine Currywurstbude oder ein Dönerimbiss findet, kann dieser archaische Mechanismus nachteilige Konsequenzen haben.

Wie beim stereoskopischen Sehen erzeugt Darwins Sehhilfe einen Unterschied in der Wahrnehmung der Gegenstände. Der Unterschied liegt hierbei nicht im räumlichen, sondern im zeitlichen Abstand, den die wissenschaftliche Erklärung zu dem zu erklärenden Phänomen hat. Während sich die herkömmliche Psychologie meist nur um kurzzeitige Wirkzusammenhänge bemüht (etwa: *priming*, Lernen, Erinnern) und hin und wieder nach Einflüssen der Ontogenese fragt (Entwicklungspsychologie), erweitert die evolutionäre Perspektive den Horizont der Erklärungen um eine historische (phylogenetische) Fragestellung. Evolvierte mentale Produkte haben einen langen Weg hinter sich. Dieser Weg hat sie geprägt; zu dem gemacht, was sie sind. Das „Wo kommst Du denn her?“ ist eine zentrale Frage der Evolutionspsychologie.

EPM können aber nicht nur als Anpassungen, sondern auch als Nebenprodukt Verhalten erzeugen, für dessen Ausführung sie ursprünglich nicht evolvierten. So haben sich Lernmechanismen für den Spracherwerb entwickelt (Anpassung), mit deren Hilfe wir auch in der Lage sind, das Schreiben zu erlernen (Nebenprodukt). Strittig ist, inwiefern Aspekte unseres Medienverhaltens als Anpassungen oder als Nebenprodukt beschreibbar sind (Schwab im Druck). Aus der allgemeinpsychologischen Perspektive der Evolutionspsychologie kann man die individuelle literarische Begabung als „Rauschen“ beschreiben, während sie die „*Ornamental-mind*“-Theorie von Miller (Miller 2000) als Fitnessindikator betrachten würde (siehe Kap. 6).

Wie arbeitet die Evolutionspsychologie? Welche Daten nutzt sie? Welche Aussagen kann und will sie prüfen und welche nicht?

Evolutionspsychologische Studien zielen darauf ab, Anpassungsprobleme einer Spezies während ihrer Phylogenese zu identifizieren und einen psychischen Mechanismus zu postulieren, der diese Probleme adäquat unter den Bedingungen der vergangenen Umwelt (EEA) löst.

Zur Prüfung ihrer Annahmen vergleichen Evolutionspsychologen unterschiedliche Spezies oder Individuen einer Spezies in unterschiedlichen Umweltkontexten und Kulturen. Oder sie analysieren Geschlechtsunterschiede, die beispielsweise aufgrund von Annahmen zum elterlichen Investment oder damit in Verbindung stehenden unterschiedlichen Partnerpräferenzen vermutet werden. Grundsätzlich nutzt die Evolutionspsychologie zur Prüfung ihrer Annahmen das empirische Methodeninventar und die üblichen Datenquellen der (kognitiven) Psychologie. Um historische, geografische und kulturelle Einflüsse zu berücksichtigen, werden zusätzlich aber auch archäologische Datensätze, Daten von Jäger-Sammler-Gesellschaften, Beobachtungsdaten, Selbstbeschreibungen, Lebensverlaufsdaten, öffentliche Statistiken (wie Kirchentagebücher) und menschliche Produkte (kulturelle Artefakte, wie Höhlenmalerei, Musik oder auch Medienangebote) untersucht.

Eine direkte Prüfung phylogenetisch ultimater Prozesse sowie der Darwin'schen Theorie wird nicht angestrebt. Es werden vielmehr aus diesen Theorien abgeleitete Annahmen und Theorien hinsichtlich psychischer Phänomene überprüft, die sich teilweise widersprechen und konkurrieren können (Holcomb 1998).

Die Evolutionspsychologie stellt eine spezielle Perspektive innerhalb der Psychologie dar. Evolutionspsychologen sind überwiegend der Ansicht, dass sich der menschliche Geist zu einem bedeutsamen Anteil aus einer Ansammlung von spezialisierten „informationsverarbeitenden Mechanismen" zusammensetzt. Diese evolvierten Mechanismen sind so gestaltet, dass sie ganz spezifische Anpassungsprobleme unserer Ahnen lösen konnten (Buss 1999). In den letzten etwa 30 Jahren ist die Evolutionspsychologie angetreten, um prüfbare Erklärungen menschlichen Verhaltens aus Darwins Theorie abzuleiten. Man kann sie deshalb als eine Art Sehhilfe für die Psychologie beschreiben. Diese, aus einer evolutionären Perspektive formulierten Erklärungen, führen jedoch nicht selten zu Missverständnissen.

5.3 Lieber keine neue Brille – die Eingewöhnungszeit

Brillenträger kennen das: Irgendwie fühlt man sich größer und der Boden ist viel weiter weg als sonst. Hindernisse werden plötzlich als deutlich höher empfunden. Automatisch hebt man eventuell die Beine und läuft fast wie ein Storch über dieses Hindernis. Dabei ist es nur was ganz Kleines, man könnte ganz normal drübersteigen. Beim Autofahren hat man das Gefühl, man sitze höher. Teilweise erscheint uns das vertraute Gegenüber fremd, schlimmstenfalls hässlich. Jede Brille braucht eine gewisse Eingewöhnungszeit. Einige gewöhnen sich schnell daran und man kann sich nicht mehr vorstellen, was man zuvor alles nicht gesehen hat. Andere wollen die neue Brille am liebsten wieder umtauschen. Optiker kennen das!

5.3.1 Das hässliche Gegenüber

Brutaler Wettstreit und Egoismus: Ist aus der Perspektive Darwins der Mensch nicht durch und durch ein Egoist? Sehen wir durch Darwins Brille nicht vor allem einen unsympathischen Zeitgenossen, der teilweise brutal und rücksichtslos seine Ziele verfolgt?

Selektion wurde verschiedentlich als „Kampf ums Überleben" mit dem „Tüchtigsten" oder „Stärksten" als Gewinner porträtiert (McFarland 1999). Aus den Annahmen der Evolutionstheorie folgt aber keineswegs eine Natur als blutiges

Schlachtfeld. Gegen dieses Bild sprach sich schon Darwin aus. Der Hauptfaktor der Selektion besteht vielmehr in einer Beschränkung der Ressourcen und einer daraus entstehenden Konkurrenzsituation. Viele Organismen verwenden subtile Taktiken, um mit Mitgliedern ihrer Spezies in solchen Situationen zu konkurrieren, häufig ohne gewaltsame oder direkte Auseinandersetzung. Eine Strategie zur Fitnesssteigerung kann es zum Beispiel sein, sich besser zu tarnen, neue Nährstoffe zu erschließen, die eigene Reproduktion auf Jahre zurückzustellen und den Eltern als „Helfer am Nest" zu dienen, um die eigenen Geschwister großzuziehen, oder nach der reproduktiven Phase den Kindern beim Großziehen der Enkel zu helfen (Großmutterhypothese).

Die Fitness (natürlich nicht im Sinne von sportlich, sondern im Sinne von (An-) Passung) eines Individuums ist zudem ein relativer Begriff und muss stets im Verhältnis zu einer bestimmten Umwelt definiert werden. Fitte Individuen schlechthin gibt es nicht. Ein und dasselbe Merkmal kann sowohl fitnesssteigernd als auch -senkend sein. Merkmalsausprägungen stellen zudem meist einen Kompromiss zwischen verschiedenen Umweltanforderungen dar (Meyer et al. 1997; Krebs u. Davies 1996).

Egoismus Ein weiteres Missverständnis ist auf Dawkins (Dawkins 1978) Metapher „egoistischer Gene" zurückführbar. Dabei wird vermutet, dass – sollten unsere Gene egoistisch sein – wir als ihre Träger ebenfalls – wenn auch verborgen – ausschließlich egoistische Ziele verfolgen können. Dawkins (etwa 1982) hat sich in späteren Werken bemüht, diese Metapher zurechtzurücken. Dabei ist die Metapher des egoistischen Gens lediglich als eine anschauliche Umformulierung der Theorie der natürlichen Selektion gemeint. Genetisch erbliche Eigenschaften von Organismen konkurrieren dabei (quasi gänzlich selbstsüchtig) um ihr Fortbestehen. Die Tarnfärbung des Federkleides eines Vogels konkurriert egoistisch mit der weniger tarnenden Färbung. Nicht der Vogel ist dabei egoistisch, sondern die durch Gene realisierte Eigenschaft eines Aspekts des Vogels. Somit sind mögliche mentale Anpassungen zu kooperativem Verhalten (Altruismus) ebenso genetisch „egoistisch" wie das Tarnkleid eines Vogels. Die Neigung zu helfen und anderen unsere Liebe zu schenken, kann somit ebenfalls ein Produkt dieses „egoistischen" Prozesses sein.

5.3.2 Das gefesselte Gegenüber

Genetische Determinierung: Setzen wir uns Darwins Brille auf, erscheint alles sehr festgelegt. Der Mensch wandelt sich zum Phänotyp, zum reinen Produkt seiner Gene. Trifft dies zu? Beschreibt die Evolutionspsychologie den Menschen als gänzlich bestimmt durch seine Gene?

Obwohl die Evolutionstheorie eine Vererbung evolvierter Eigenschaften zumindest in Anteilen „verlangt", ist dies nicht gleichzusetzen mit einer starren genetischen Vorprogrammierung. Die Ontogenese der Eigenschaft wird in den meisten Fällen von Umweltfaktoren beeinflusst. So beschreibt das biologische Konzept der Reaktionsnorm unterschiedliche Phänotypen, die ein bestimmter Genotyp unter verschiedenen Umweltbedingungen ausbilden kann. Die Fruchtfliege (*Drosophila*) etwa bildet bei einer Aufzuchttemperatur von 15 °C 1.000 Facetten je Auge aus, bei einer Temperatur von 30 °C jedoch nur 750. Die Evolutionstheorie ist somit explizit interaktionistisch: Zudem verlangt eine evolvierte Anpassung zumeist steuernde Umweltsignale. Ein Beispiel hierfür ist die Ausbildung von Hornhaut an den Händen nach schwerer Arbeit (Hyperkeratose). Evolutionär Entstandenes ist somit sehr wohl grundsätzlich veränderbar. Die EPM der Evolutionspsychologie sind einerseits natürlich genetisch determiniert, andererseits jedoch führen genetisch determinierte Mechanismen keineswegs zu ausschließlich genetisch determiniertem Verhalten. So lassen unser genetisch determiniertes Skelett und die entsprechenden Muskeln eine enorme Vielfalt an Bewegungsmöglichkeiten zu. Eine Vielzahl an evolvierten psychischen Mechanismen (EPM) sollte somit ebenfalls eine immense Vielfalt an Verhaltensmöglichkeiten zulassen.

Außerdem, gerade das Wissen um die evolvierten Mechanismen erlaubt zudem erst deren Veränderung. So kann das Wissen, dass das weibliche Lächeln durch Männer (fälschlicherweise) häufig als Hinweis auf sexuelle Absichten interpretiert wird, aktiv genutzt werden.

Der präformistische Denkstil (Bischof 1989; Mayr 1998) geht davon aus, dass biologische Merkmale ausschließlich genetisch bedingt und daher angeboren seien. Ist ein Merkmal nicht von Geburt an vorhanden oder wird es später durch Umwelteinflüsse modifiziert, dann sei es – so der Trugschluss – nicht mehr (rein) biologischer Herkunft. Folgt man dieser Fehlinterpretation, müssten z. B. alle basalen Emotionen bereits sehr früh in der Ontogenese (beim Neugeborenen) auftreten. Bei einer solchen Argumentationskette werden aber beispielsweise auch Reifungsphänomene ausgeblendet, so als wolle man den pubertären männlichen Bartwuchs als sozialisationsbedingt definieren (Bischof 1989).

5.3.3 Das angepasste Gegenüber

Liefert Darwins Brille nicht ein Zerrbild der Wirklichkeit? Sehen Darwins Anhänger nicht wahnhaft in jeder biologischen Struktur und in jedem Verhaltensaspekt sogleich das Wirken einer Anpassung? Leiden sie nicht, wie ein Stalker an seinem Liebeswahn, als Evolutionspsychologen an einem Anpassungswahn? Diese wahnhafte Wahrnehmung von Anpassungsphänomenen in der belebten Natur wird auch als Panadaptationismus bezeichnet.

Der bekannte Paläontologe und Publizist Stephen Jay Gould (Gould 1997), aber auch andere haben den Evolutionspsychologen vorgeworfen, dass sie alle Aspekte eines Organismus als Anpassungen verstehen. Tatsächlich betrachten Evolutionspsychologen ebenso wie Evolutionsbiologen natürliche und sexuelle Selektionskräfte als einzige bekannte Quelle organisierter funktionaler Komplexität. Jedoch werden nicht alle Merkmale eines Organismus als funktionale Eigenschaften angesehen. Vielmehr kann ein funktionaler Aspekt eines Phänotyps auch begleitende Nebenprodukte erzeugen, zufällige Merkmale, die nicht aufgrund ihrer Funktion evolvierten. Die Farbe unserer inneren Organe etwa: Die Farbe unserer Leber ist ein Nebenprodukt ihrer Physiologie, hat aber an sich keine Funktion. Dabei ist die Identifikation eines Nebenprodukts ähnlich aufwendig wie die Identifikation einer Anpassung: unterstellt man, ein bestimmtes Merkmal habe sich als Nebenprodukt entwickelt, gilt es, die zugrunde liegende Anpassung bzw. die zugrunde liegenden Anpassungen zu identifizieren, welche das Nebenprodukt bedingten (Bauchnabel = Nebenprodukt/Nabelschnur = zugrunde liegende Anpassung). Gould hat solche Nebenprodukte als „*spandrels*" bezeichnet und behauptet, Nebenprodukte und Anpassungen seien nicht unterscheidbar. Die Evolutionspsychologie nimmt an, dass sich Nebenprodukt und Anpassung sehr wohl unterscheiden lassen. Nur bei Anpassungen sollten sich Belege für eine Gestaltung im Hinblick auf die jeweilige Umwelt finden lassen. Während Gould davor warnt, nicht jede Struktur – sei sie mental oder physiologisch – als Anpassung zu betrachten, ist es oft gefährlicher und wissenschaftlich unfruchtbarer, nicht nach einem Anpassungswert zu suchen. Vermutet man, dass es sich bei unseren Tonsillen um eine unnötige Struktur handelt, ist man schnell geneigt, zu einer operativen Entfernung der Mandeln zu raten. Darwin'sche Mediziner würden zunächst nach einer adaptiven Funktion forschen und deutlich zurückhaltender votieren (Nesse u. Williams 1997).

5.3.4 Das fantasierte Gegenüber

„*Just-so*"-*Stories* als wilde Spekulation: Aber sind denn nicht die meisten evolutionären Erklärungen der Evolutionspsychologie in erster Linie Stegreifgeschichten, Spekulationen und Konfabulationen? Hier wird unterstellt, Darwins Brille verzerre und entstelle nicht nur die Umwelt, sie macht ihre Träger auch noch besoffen, ja führe zu einer Art Verblödung, die dann in wilde Konfabulationen mündet. In „*Just-so*"-Stories erfinden sich die Darwinisten in der Tradition Pippi Langstrumpfs die (vergangene) Welt wie sie ihnen gefällt.

Die Funktionsforschung dient der Evolutionspsychologie als zentrale Heuristik (Bischof 1988, 1989; Dennett 1997), als eine fruchtbare Suchstrategie zur Generierung von Fragestellungen und Hypothesen. Meist finden sich sogar verschiedene widerstreitende funktionelle Hypothesen zum gleichen Phänomen, welche dann einer empirischen Testung unterzogen werden müssen. Diese Hypothesen jedoch werden manchmal als „*Just-so*"-Stories – als Stegreifgeschichten – karikiert (Dennett 1997), sind jedoch fester Bestandteil des wissenschaftlichen Vorgehens. Kritiker halten solche ultimaten Hypothesen teilweise für Zeitverschwendung. Wie kommt das? Meist erheben diese Kritiker das Experiment zur einzig befriedigenden wissenschaftlichen Methode. Da Experimente jedoch hinsichtlich der Phylogenese des Menschen nicht direkt möglich sind, erscheinen ihnen ultimate Erklärungen und Hypothesen nicht überprüfbar. Manche vertreten sogar die irrige Annahme, ultimate Hypothesen würden den Evolutionspsychologen als Erklärungen genügen. Tatsächlich sind sie jedoch der Start- und nicht der Endpunkt evolutionspsychologischer Argumentation.

Zudem wird teilweise die Ansicht vertreten, proximate Erklärungen auf der Ebene der Ontogenese oder der Physiologie seien gewichtiger als Erklärungen, welche

Anpassung und Reproduktion berücksichtigen (Gould 1997). Dabei wird die Frage „Zu welchem Zweck existiert der Mechanismus?" im Widerstreit zu der Frage „Wie ist der Mechanismus gebaut?" gesehen. Seit dem Nobelpreisträger für Physiologie und Medizin Nikolaas Tinbergen (Tinbergen 1963) sind jedoch ultimate (Zweckursache) und proximate (aktuelle (mechanistische)) Ursache als sich gegenseitig ergänzende Fragestellungen in der Biologie etabliert. So erhellt sich der Mechanismus einer Taschenuhr erst dann vollständig, wenn man berücksichtigt, dass diese zur Anzeige der Zeit gestaltet wurde. Ultimate Hypothesen werden dabei nicht selten auch in der Form eines historischen Berichts oder Szenarios formuliert, die es, wie in den historischen Wissenschaften üblich, gründlich zu prüfen gilt (vergleiche auch Geologie, Kosmologie).

Wirkliche „*Just-so*"-Stories sind wenig plausibel und frei von jeglichen Evidenzen, genau dies trifft auf die durch die Evolutionspsychologie formulierten Hypothesen selten zu. Natürlich liegen keine perfekten Informationen über das jeweilige EEA vor, jedoch bemüht sich die Evolutionspsychologie, die jeweils aktuell verfügbaren Informationen zu berücksichtigen.

EEA und *mismatch*: Wie soll man sich nun die Umwelt evolutionärer Angepasstheit vorstellen? Ja, und wo bzw. wann wäre diese Umwelt denn vorstellbar? Die Antworten hierzu sind entweder anschaulich und nicht ganz korrekt oder statistischer Natur und dann jedoch wenig anschaulich. Wagen wir einen Blick in die Vergangenheit: In einer ersten Annäherung und deshalb nicht immer ganz präzise, beschreiben Evolutionspsychologen das Pleistozän als EEA der heutigen Menschheit. Unsere Vorfahren lebten in den letzten 2 Millionen Jahren hauptsächlich als Jäger und Sammler des Pleistozäns (auch Eiszeit; etwa 2.000.000–20.000 v. Chr.). Dagegen stellen die wenigen tausend Jahre seit der Entwicklung des Ackerbaus eine kurze Zeitspanne dar (ca. 1 % dieser 2 Millionen Jahre). Die Entwicklung eines komplexen organischen Designs, wie jenes unseres Gehirns und damit unserer Psyche, schreitet jedoch nur langsam voran. So ist es unwahrscheinlich, dass unsere Spezies komplexe evolutionsbiologische Adaptationen an neuere Umweltbedingungen, selbst an den Ackerbau, entwickelt hat, ganz zu schweigen von der postindustriellen Gesellschaft (Cosmides u. Tooby 1994). Dies bedeutet nicht, dass sich EEA und aktuelle Umwelt total unterschieden. Ein extremer Unterschied hätte bereits zum Aussterben unserer Spezies beigetragen.

Es muss jedoch betont werden, dass diese angestammte Umwelt keineswegs einer bestimmten Zeit oder einem bestimmten Ort entspricht, es handelt sich vielmehr um ein statistisches Konzept der Wahrscheinlichkeit bestimmter Umweltmerkmalskonfigurationen, je nach zu untersuchendem Mechanismus. So haben sich Nahrungsaversionen sicher in Bezug auf andere Umweltmerkmale und Zeithöfe entwickelt als etwa emotionale Mechanismen der Eifersucht. Der Begriff der Anpassung bezieht sich also stets auf die mit einem psychischen Merkmal verbundene Entstehungsgeschichte.

Kritiker behaupten entweder, dass man niemals etwas Vernünftiges über das EEA wissen wird, oder dass es unnötig ist, etwas über diese Zeit zu wissen. Für die Evolutionspsychologie bestimmt die Merkmalskonfiguration des EEA (z. B. physikalische Umwelt, soziale Umwelt oder andere Spezies) die Struktur der jeweiligen Anpassung. Durch die natürliche Selektion hat sich die vergangene Umwelt wie ein versteinerter Fußabdruck in unserer mentalen Architektur verewigt. Daher können

Annahmen über die angestammte Umwelt der Psychologie helfen, die mentale Architektur des Menschen zu verstehen. Es ist eben viel einfacher etwas zu finden, wenn man eine Idee davon hat, wonach man suchen sollte.

Aber kann man etwas über das EEA wissen? Wenn es um Merkmale des Körpers geht, regt sich wenig Widerspruch hinsichtlich der Merkmale des EEA. Die Sauerstoffatmosphäre hat die Funktion unserer Lungen geprägt, unser Immunsystem hat sich als Antwort auf Viren und Bakterien entwickelt. Physikalische und chemische Aspekte der archaischen Umwelt waren ebenfalls in weiten Bereichen vergleichbar. Ganz anders reagieren Skeptiker wenn es um die Evolution des Gehirns geht. Jedoch zeigt sich auch diese Umwelt nicht gänzlich verschieden. Es gab z. B. Pflanzen, Tiere, Bäume, Wälder, Raubfeinde und Beutetiere. Und auch die Biologie war durchaus vergleichbar: Es gab unter anderem Zweigeschlechtlichkeit, Schwangerschaften, Eltern, Kinder, Geschwister, Menschen verschiedenen Alters sowie fremde und vertraute Personen. Das EEA beschreibt eben nicht nur Aspekte, die sich von der heutigen Umwelt unterschieden. Zu unserem Wissen über das EEA tragen Ethnologen, Historiker, Archäologen und Paläoanthropologen zudem stets neue Details bei.

Gerade aus evolutionspsychologischer Sicht kann man nicht „wild" herumspekulieren, sondern muss theoriegeleitet unter Berücksichtigung z. B. von Annahmen über zu lösende adaptive Probleme des EEA, des vermutbaren *mismatch* (*time lag*) und der Standards eines adaptiven Designs vorgehen.

Adaptive Funktionalität gilt für manche Kritiker als explanatorischer Luxus, als nichtfalsifizierbare Spekulation, mit denen man am Ende einer Untersuchung etwas „herumspielen" kann (Cosmides u. Tooby 1994). Dies ist in der Evolutionspsychologie sicher nicht der Fall, eher schon findet man solche „*Just-so*"-Stories in der populären Darstellung evolutionärer Theorien und Untersuchungen.

5.4 Darwins Brille: Wann benötigen wir sie?

Nicht jeder braucht eine Brille. Darwins Brille benötigen wir, wenn es um die Betrachtung und Analyse von Anpassungsphänomenen (oder deren Nebenprodukte) geht. Wann also ist es ratsam, Darwins Brille aufzusetzen? Die Evolutionspsychologie hat Standards adaptiven Designs entwickelt. Sie legen fest, wann ein Merkmal (eine Struktur, ein kognitiver Mechanismus, ein Verhalten) als Anpassung beschrieben werden kann. Wann also benötigt man Darwins Sehhilfe? Wie lassen sich die Standards adaptiven Designs beschreiben?

Um zu belegen, inwiefern ein Gestaltungsmerkmal als Anpassung zur Ausführung einer bestimmten Funktion X gelten kann, gibt es innerhalb der Evolutionspsychologie strenge Standards (Cosmides u. Tooby 1994):

- das Merkmal muss speziestypisch sein
- die Funktion X muss ein adaptives Problem darstellen (das heißt über Generationen hinweg existieren und seine Lösung muss einen Reproduktivitätsvorteil erbringen)

- das Gestaltungsmerkmal muss sich in der Umwelt, auf die es adaptiert ist, zuverlässig entwickeln
- es muss sich zeigen lassen, dass das Merkmal ausdrücklich zur Ausführung der Funktion X gestaltet ist und nicht ein Nebenprodukt einer anderen Adaptation oder eines physikalischen Gesetzes ist

Entgegen herkömmliche Annahmen sind die folgenden Aspekte als Belege nicht relevant:

- hohe Vererbbarkeit des Merkmals
- Variationen der Umwelt dürfen die Entwicklung des Merkmals nicht beeinflussen
- es muss der Nachweis erbracht werden, dass Lernen in seiner Entwicklung keine Rolle spielt

Dabei gehen Evolutionspsychologen davon aus, dass es (Buss 1995):

- viele und unterscheidbare adaptive Probleme gibt
- sich die Lösungen für ein Problem von denen für ein anderes unterscheiden
- erfolgreiche Lösungen abhängig von Alter, Geschlecht, Kontext und individuellen Umständen sind

5.5 Darwins Brille: ohne Weißabgleich?

Darwins Brille stellt die Farben der Welt verfremdet dar, aus schwarz und weiß, gut und böse wird ein Grau-in-Grau, manche vermuten gar ein schmutziges Zerrbild in Brauntönen. Darwins Perspektive erscheint – als Folge von Trugschlüssen – moralisch höchst bedenklich. Vertritt die Evolutionspsychologie nicht eine Vielzahl moralisch bedenklicher Ansichten über die Natur des Menschen? Naturalistischer und moralistischer Trugschluss sind die Grundlage dieser Fragestellung.

Der „*naturalistic fallacy*“ funktioniert nach folgendem Beispiel: Alle Männer sind von Natur aus aggressiv. Gandhi ist ein Mann. Gandhi hat somit das Recht oder die Pflicht aggressiv zu sein. Vom Sein wird auf das Sollen geschlossen (Humes-Gesetz: Sein-Sollen-Dichotomie). Aus beobachteten Tatsachen werden Wertsetzungen abgeleitet (Beispiel: mittlere gemessene Geschwindigkeit 60 km/h in einer verkehrsberuhigten Zone mit 30 km/h).

Beim moralistischen Trugschluss wird die Naturgegebenheit eines Sachverhaltes geleugnet, wegen der befürchteten Ableitung unerwünschter Normen, die auf dem zuvor geschilderten naturalistischen Trugschluss beruhen (Bischof 1996; Bischof-Köhler 2002): Weil nicht sein kann, was nicht sein darf. Allein schon die Frage nach einer möglichen evolutionären Basis von Geschlechtsunterschieden, Mord und Totschlag, Infantizid und Vergewaltigung wird dann als verwerflich betrachtet. Folgt man dem moralischen Fehlschluss dürfte man in den Sozialwissenschaften nur nach Dingen fragen, die auch moralisch vertretbar sind. Es dürften keine „unmoralischen“

Fragen oder Hypothesen geprüft werden (Etwa wieso Frauen weniger körperlich aggressives Verhalten zeigen als Männer).

Eine evolutionäre Perspektive kann solche „Tabus" bei der Hypothesenbildung verhindern. So sollten etwa aus einer moralischen Perspektive Stiefeltern ihre Stiefkinder wie ihre natürlichen behandeln. Evolutionäre Überlegungen lassen jedoch das Gegenteil vermuten, so konnten Daly und Wilson (1988) zeigen, dass Stiefeltern eine Hauptquelle von Kindesmisshandlung sind. Trivers (2002) konnte aus der Evolutionstheorie einen innerfamiliären Konflikt ableiten, der ebenfalls in verschiedenen Studien nachgewiesen werden konnte. Geschlechtsunterschiede stellen ein weiteres Gebiet dar, das für moralistische und naturalistische Trugschlüsse hochgradig anfällig scheint (Bischof-Köhler 2002; Mealey 2000). Auch hier gilt: Eine Erklärung ist keine Rechtfertigung. Deshalb dient die Evolutionspsychologie auch nicht dazu, soziale Hierarchien oder Rollen zu rechtfertigen, zumal „Tabula-rasa"-Annahmen der menschlichen Natur in gleicher Weise politisch missbrauchbar sind und auch missbraucht wurden (Pinker 2002).

Teleonomie statt Teleologie Die falsche Annahme, die Evolution könne bei der Begründung von Werten und Normen hilfreich sein, geht sicher einher mit der Sicht, die natürliche Auslese arbeite intentional oder zielgerichtet, hin zum Besseren. Dies ist nicht der Fall. Die Selektion wirkt lediglich auf existierende Varianten. Die Evolution arbeitet dabei weder intentional noch kann sie in die Zukunft sehen, um anstehenden Herausforderungen zu begegnen (Buss 1999). Sie bemüht sich auch nicht um eine „Verbesserung" der Organismen. Sie eignet sich deshalb in keinster Weise als moralisches Argument.

5.6 Darwins Scheuklappen: Kultur als Blinder Fleck?

Aber ist es denn nicht so, dass die Evolutionspsychologie die menschliche Kultur gänzlich vernachlässigt? Handelt man sich mit der Darwin'schen Perspektive auf den Menschen nicht auch Scheuklappen ein? Blendet der biologische Reduktionismus nicht jegliche Kulturanteile aus? Und darf Darwin'sches Denken nicht nur dort angewandt werden, wo interkulturell keinerlei Unterschiede bestehen? Wie steht es um Universalität und Kultur?

Die Evolutionspsychologie nimmt eine speziestypische mentale Architektur an – eine evolvierte „menschliche Natur". Daraus folgt keineswegs, dass alle Menschen überall die gleichen Eigenschaften zeigen. Die beobachtbare Variation hat dabei verschiedene Quellen z. B.: genetische Unterschiede oder Reaktionen auf die jeweilige Umwelt (Sprachlernen). Die Evolutionspsychologie vermutet vielmehr, dass sich die menschliche Natur ebenso beschreiben lässt wie die Natur einer Katze, einer Fliege oder einer Eiche. Es existiert ein jeweils speziestypisches Design mit umweltbedingten oder genetischen Variationen unter Individuen. Eine wichtige Quelle solcher Variation beruht auf der Tatsache, dass Individuen voneinander lernen (Boyd u. Richerson 1985), wobei diese Informationen über die Zeit akkumulieren können. So können zu unterschiedlichen Zeiten und Orten unterschiedliche Überzeugungssysteme entstehen. Diese Unterschiede sind ein weiterer Teil unterschiedlicher menschlicher Phänotypen (*extented phenotype*). Dabei versteht die Evolutionspsychologie „Kultur" als – wenn auch sehr komplexes – Produkt der menschlichen Psyche. Sie erachtet die menschliche Kultur also keineswegs als unwichtig. Die Evolutionspsychologie betrachtet sie vielmehr als einen zentralen Aspekt der menschlichen Natur (*culture by nature*), den es zu erklären gilt (Tooby u. Cosmides 1992).

5.7 Darwins Brille: Kein Luxusartikel

Elton John hat die Brille als Prestige- und Luxusobjekt seiner Selbstinszenierung eingesetzt. Einige Kritiker fassen auch Darwins Sehhilfe als unnötigen Luxus auf. So sägen sie mit Ockhams Rasiermesser eifrig an den Bügeln des Gestells. Ockhams Sparsamkeitsprinzip besagt, dass von mehreren Theorien, die den gleichen Sachverhalt erklären, die einfachste zu bevorzugen ist. Darwins Ansatz erscheint ihnen zur Erklärung menschlichen Verhaltens eben nicht sparsam.

Generalisierbarkeit und Sparsamkeit Evolutionäre Erklärungen sind nicht selten über verschiedene Spezies generalisierbar und somit – relativ zum Geltungsbereich – sparsamer. So sollte Ockhams Rasiermesser erst dann angesetzt werden, wenn mehrere Theorien vorhanden sind, welche die gewünschte Erklärung *in gleicher Tiefe* liefern. Eine kompliziertere Theorie, die ein Phänomen besser erklärt, kann daher einer einfacheren vorgezogen werden. Die Relativitätstheorie etwa ist komplizierter als die klassische Mechanik, kann aber auch mehr erklären.

Zentrale Aspekte evolutionärer Begründungen über Speziesgrenzen hinweg sind die Unterscheidung von natürlicher und sexueller Selektion, das Phänomen des Altruismus, der Täuschung und des Betrugs. Zentrale evolutionäre Ideen, die dies leisten sind etwa die „*Kin-selection*"-Theorie (Hamilton 1964), die Theorie parentalen Investments (Trivers 2002), die sexuelle Selektionstheorie (Darwin [1871] 2003; Miller 2000) oder die Reziprozitätstheorie (Trivers 2002; Tooby u. Cosmides 1992). Diese Theorien machen deutlich, wie aus der Evolutionstheorie testbare Vorhersagen über menschliches Verhalten abzuleiten sind.

„Warp-Drive"-Theorien Müssen in der Psychologie evolutionäre und nichtevolutionäre Erklärungen einander widersprechen? Wieso sollte die Evolutionstheorie bei der Entwicklung von Verhaltenserklärungen überhaupt berücksichtigt werden? Kurz gefasst kann man darauf antworten: Theoretische Überlegungen zum menschlichen Verhalten sollten evolutionäre Erklärungen beinhalten, sonst besteht die Gefahr so genannter „*Warp-drive*"-Theorien. Evolutionspsychologen bezeichnen Erklärungen, die nicht mit der Evolutionstheorie in Einklang zu bringen sind als „*Warp-drive*"-Erklärungen. Diese sind wissenschaftlich ähnlich riskant, wie Erklärungen physikalischer Phänomene, die Einsteins Relativitätstheorie widersprechen (Beim „*warp drive*" handelt es sich um den Raumschiffantrieb aus der Science-Fiction-Serie „*Star Trek*", welcher physikalischen Gesetzen widerspricht.). Verhaltenserklärungen müssen evolutionäre Aspekte nicht berücksichtigen, jedoch würde eine Berücksichtigung dieser Aspekte die Güte der Erklärung menschlichen

Verhaltens sicher heben. Evolutionäre Überlegungen sind außerdem in der Lage, bestimmte Fehler beim Theoretisieren über Verhalten und über ihm zu Grunde liegende Mechanismen zu verhindern.

Kein Luxus – Fassen wir zusammen Die Evolutionspsychologie als eine der wichtigsten Schulen evolutionären Denkens bietet nützliche und vielversprechende wissenschaftliche Werkzeuge und Strategien, welche die Psychologie mit den anderen „*life sciences*" verbindet.

Sicher ist die erst etwa 30 Jahre alte Evolutionspsychologie noch keine reife Wissenschaft – wie etwa die Physik – mit einem festen Regelwerk hinsichtlich der Legitimierung ihrer theoretischen Annahme durch Daten. Sie befindet sich vielmehr (noch) in einem explorativen Zustand (*protoscience*, Holcomb 1998), sodass es voreilig wäre, sie an den Kriterien einer ausgereiften Wissenschaft zu messen und ihr dann Wissenschaftlichkeit gänzlich abzusprechen. Darwins Perspektive erlaubt es den Wissenschaftlern, die sich mit der Spezies Mensch beschäftigen, genauer hinzusehen. Frech als Slogan formuliert: Mit einem zweiten, evolutionären Auge sieht man besser. Unser Bild der menschlichen Psyche wird schärfer und gewinnt an Tiefe.

Literatur

Barkow JH, Cosmides L, Tooby J (1992) *The adapted mind. Evolutionary psychology and the generation of culture.* Oxford University Press, Oxford

Bischof N (1988) *Ordnung und Organisation als heuristische Prinzipien des reduktiven Denkens.* In: Meier H (Hrsg) *Die Herausforderungen der Evolutionsbiologie.* Piper, München, S. 79–127

Bischof N (1989) *Emotionale Verwirrungen – Oder: Von den Schwierigkeiten im Umgang mit der Biologie.* Psychol Rundsch 40: 188–205

Bischof N (1996) *Das Kraftfeld der Mythen – Signale aus der Zeit, in der wir die Welt erschaffen haben.* Piper, München

Bischof-Köhler D (2002) *Von Natur aus anders.* Kohlhammer, Stuttgart

Boyd R, Richerson PJ (1985) *Culture and the evolutionary process.* University of Chicago Press, Chicago

Buss DM (1995) *Evolutionary psychology: A new paradigm for psychological science.* Psychol Inq 6: 1–30

Buss DM (1999) *Evolutionary psychology. The new science of the mind.* Allyn & Bacon, Boston

Cosmides L, Tooby J (1994) *Beyond intuition and instinct blindness: The case for an evolutionarily rigorous cognitive science.* Cognition 50: 41–77

Cosmides L, Tooby J (1997) *Evolutionary psychology: A primer.* http://www.psych.ucsb.edu/research/cep/primer.html. [08. März 2007]

Crawford C (1998) *The theory of evolution in the study of human behavior: An introduction and overview.* In: Crawford C, Krebs DL (Hrsg) *Handbook of evolutionary psychology.* Lawrence Erlbaum, Mahwah

Daly M, Wilson M (1988) *Homicide.* Aldine, Hawthorne New York

Darwin C (2003) [1871] *The descent of man and selection in relation to sex.* Gibson Square, London

Dawkins R (1978) *Das Egoistische Gen.* Springer, Berlin

Dawkins R (1982) *The extended phenotype. The long reach of the gene*. Oxford University Press, New York

Dennett DC (1997) *Darwins gefährliches Erbe*. Hoffmann & Campe, Hamburg

Gould SJ (1997) *The exaptive excellence of spandrels as a term and prototype*. Proc Natl Acad Sci 94: 10750–10755

Hagen EH (2005) *Controversial issues in evolutionary psychology*. In: Buss D (Hrsg) *The handbook of evolutionary psychology*. Wiley, Hoboken, S. 145–176

Hamilton WD (1964) *The genetical evolution of social behaviour I and II*. J Theor Biol 7: 1–16, 17–52

Holcomb HR (1998) *Testing evolutionary hypotheses*. In: Crawford C, Krebs DL (Hrsg) *Handbook of evolutionary psychology*. Lawrence Erlbaum, Mahwah

Krebs JR, Davies NB (1996) *Einführung in die Verhaltensökologie*. Blackwell, Berlin

Mayr E (1998) *Das ist Biologie. Die Wissenschaft des Lebens*. Spektrum, Heidelberg

McFarland D (1999) *Biologie des Verhaltens: Evolution, Physiologie, Psychologie*. 2. neubearb. Aufl. Spektrum, Heidelberg

Mealey L (2000) *Sex differences. Developmental and evolutionary strategies*. Academic Press, San Diego

Meyer W-U, Schützwohl A, Reisenzein R (1997) *Einführung in die Emotionspsychologie*. Bd II, Hans Huber, Bern

Miller GF (2000) *The mating mind: How sexual choice shaped the evolution of human nature*. Doubleday, New York

Nesse RM, Williams GC (1997) *Warum wir krank werden. Die Antworten der Evolutionsmedizin*. Beck, München

Pinker S (2002) *The blank slate: The modern denial of human nature*. Viking, New York

Schwab F (2010) *Lichtspiele – Eine Evolutionäre Medienpsychologie der Unterhaltung*. Kohlhammer, Stuttgart

Sherry JL (2004) *Media effects theory and the nature/nurture debate: A historical overview and directions for future research*. Media Psychol 6: 83–109

Tinbergen N (1963) *On aims and methods*. Ethology 20: 410–433

Tooby J, Cosmides L (1992) *The psychological foundations of culture*. In: Barkow JH, Cosmides L, Tooby J (Hrsg) *The adapted mind: Evolutionary psychology and the generation of culture*. Oxford University Press, New York, S. 19–36

Trivers RL (2002) *Natural selection and social theory. Selected papers of robert trivers*. Oxford University Press, Oxford

Kapitel 6
Schönheit und andere Provokationen – Eine neue evolutionsbiologische Theorie der Kunst

Thomas Junker

Die Evolution hat viele spektakuläre Phänomene hervorgebracht – von der Eleganz des Vogelflugs über die gigantischen Körper der Dinosaurier und die farbenprächtige Vielfalt der Korallenriffe bis hin zu ihrem jüngsten Geniestreich – der menschlichen Kunst. Die schönen Künste – Malerei, Bildhauerei und Architektur, Theater, Tanz, Oper und Filmkunst, Musik und Literatur – Produkte der Evolution? Diese Vorstellung mutet vielen Menschen fremd an, aber wie könnte es anders sein? Denn wenn Charles Darwin recht hat, dann sind nicht nur die körperlichen Merkmale der Menschen als Antworten auf die Erfordernisse des Lebens entstanden, sondern auch ihre geistigen Fähigkeiten und Verhaltensweisen. Im Jahr 1859 hatte er auf den letzten Seiten seines berühmten Buches über die Entstehung der Arten eine kühne Prophezeiung gemacht: Durch die Evolutionstheorie werde es „zu einer bemerkenswerten Revolution in der Naturwissenschaft kommen [...]. Die Psychologie wird auf die neue Grundlage gestellt, dass jede geistige Kraft und Fähigkeit notwendigerweise durch graduelle Übergänge erworben wird" (Darwin 1859, S. 484, 488; Junker 2008).

Wenn Darwins Theorie wirklich „jede geistige Kraft und Fähigkeit" erklären kann, dann sollte dies nicht nur für Eigenschaften wie Intelligenz, Moral oder Sprache, sondern auch für die Kunst gelten. Von biologischem Interesse sind dabei weniger die nach Zeit und Ort unterschiedlichen Sprachen, Moralvorstellungen und Kunstformen, die von dem in einer Gemeinschaft systematisch weitergegebenen Wissen (ihrer „Kultur") bestimmt werden. Im Vordergrund steht vielmehr die *allgemein menschliche, kulturübergreifende Befähigung* zur Kunst. Während die ästhetischen Regeln und die symbolischen Bedeutungen der unterschiedlichen Kunststile und -werke überwiegend von der spezifischen Kultur einer sozialen Gruppe bestimmt werden, gilt dies nicht für die zugrundeliegende Fähigkeit, dieses Wissen aufzunehmen, kreativ umzugestalten und weiterzugeben. Dieses Vermögen kann nicht erlernt sein, da es die Voraussetzung für kulturelles Lernen und für das Interesse an ästhetisch bearbeiteten Gegenständen und Verhaltensweisen ist.

T. Junker (✉)
Lehrstuhl für Ethik in den Biowissenschaften, Universität Tübingen,
Wilhelmstraße 19, 72074 Tübingen, Deutschland
E-Mail: thomas.junker@uni-tuebingen.de

J. Oehler (Hrsg.), *Der Mensch – Evolution, Natur und Kultur,*
DOI 10.1007/978-3-642-10350-6_6, © Springer-Verlag Berlin Heidelberg 2010

In dieser Hinsicht unterscheidet sich die Kunst nicht von anderen geistigen Fähigkeiten der Menschen und ihren konkreten Erscheinungsformen, beispielsweise der Sprache. Während die einzelnen Sprachen sehr unterschiedlich sein können und in jahrelanger mühsamer Arbeit erlernt werden müssen, basieren sie gleichermaßen auf einer biologisch vorgegebenen Sprachfähigkeit der Menschen (Bierwisch 2008; Hauser et al. 2002; Snowdon 2001). Entsprechendes gilt für die Regeln des Zusammenlebens, für die Moralvorstellungen einer sozialen Gruppe, die erlernt werden müssen und die in den Rechtssystemen der modernen Gesellschaften eine beträchtliche Komplexität erreicht haben. Letztlich beruhen aber auch diese auf den „sozialen Instinkten" der Menschen und auf einem biologisch angelegten Sinn für Gerechtigkeit und Fairness (Darwin 1871, S. 158–184; Hamilton 1975; de Waal 1996). Warum sollte es bei der Kunst anders sein? Die Fähigkeit ein Kunstwerk herzustellen und die Bereitschaft, es als solches anzuerkennen und wertzuschätzen, sind komplexe geistige Vorgänge, die nur von einer entsprechend differenzierten Architektur und Funktionalität des Gehirns geleistet werden können. Schimpansen oder autistische Kinder beispielsweise sind nur sehr begrenzt dazu in der Lage, weil ihnen die biologischen Voraussetzungen fehlen (Baron-Cohen 1999; Morris 1962).

Phänomene wie Sprache, Moral oder Kunst können also nur entstehen, wenn sowohl die notwendigen Gene als auch eine geeignete Umwelt in Form systematischer Wissensvermittlung (z. B. Erziehung) vorhanden sind. Es ist noch weitgehend unbekannt, um welche Gene es sich handelt. Und so war die Entdeckung des für die Sprach- und Artikulationsfähigkeit bedeutsamen Gens *FOXP2* ein wichtiger, aber eben nur ein erster Schritt (Krause et al. 2007). In Anbetracht der Komplexität der kulturellen und künstlerischen Verhaltensweisen muss man davon ausgehen, dass eine beträchtliche Zahl von Genen zu unterschiedlichen Zeiten der Individualentwicklung aktiviert werden muss. Für die weitere Argumentation ist dies indes von untergeordneter Bedeutung, da es zunächst nur darum geht sicherzustellen, dass die genannten Merkmale einen erblichen Anteil haben. Man verfährt also wie bei anderen körperlichen oder geistigen Eigenschaften – der Augenfarbe, dem aufrechten Gang oder der allgemeinen menschlichen Intelligenz –, deren Erblichkeit schon lange feststand, bevor man etwas über Gene wusste.

6.1 Schwierigkeiten und Widerstände

Wenn man also mit der modernen Wissenschaft anerkennt, dass die Menschen und ihre geistigen Fähigkeiten ein Produkt der biologischen Evolution sind, dann muss auch die Kunstfähigkeit auf diese Weise entstanden sein. So eindeutig und überzeugend diese elementare Überlegung ist, so schwierig war es, die Frage zu beantworten, *warum* und *wie* dieses Merkmal entstand.

Im historischen Rückblick wird deutlich, dass die Evolutionsbiologie das Rätsel der Kunst nicht lösen konnte, solange überzeugende theoretische Modelle für die Entstehung und Funktion biologischer Phänomene fehlten, die auch bei der menschlichen Kunst eine wichtige Rolle spielen. So wurde beispielsweise bis vor wenigen Jahrzehnten nur ansatzweise verstanden, welche Funktion auffällige und scheinbar nutzlose Merkmale wie die bunten Federn der Paradiesvögel haben. Entsprechend rätselhaft blieb dann auch, warum Kunstwerke meist aufwändig gestaltet und luxuriös präsentiert werden (und unter welchen Umständen das Gegenteil der Fall sein kann). Darwins Selektionstheorie gab ja zunächst nur einen allgemeinen Rahmen vor und ließ viele Detailprobleme offen. Und so verging mehr als ein Jahrhundert bis neue ergänzende Konzepte – vor allem Amotz Zahavis Handicap-Prinzip, Richard Dawkins' erweiterter Phänotyp (*extended phenotype*) und das kognitionspsychologische Konzept des „Gedankenlesens" („*Theory of Mind*") – eine der Komplexität der menschlichen Kunst angemessene evolutionsbiologische Analyse ermöglichten (Dawkins 1982; Whiten 1999; Zahavi 1975).

Dieses nicht nur historisch höchst aufschlussreiche, *innerbiologische Ringen* um die adäquate Wahrnehmung und Erklärung der Kunst habe ich an anderer Stelle geschildert (Junker 2010). Im Folgenden möchte ich auf die ebenso gravierenden *äußeren Hindernisse* eingehen: Die Evolutionsbiologie, so heißt es, *soll* die Kunst nicht erklären, da dies ihren Zauber zerstören würde, oder sie *kann* dies nicht, da sich der Gegenstand „Kunst" nicht definieren lässt.

Interessanterweise haben wissenschaftliche Erklärung der Kunst *generell* mit emotionalen Widerständen zu rechnen. So beginnt Pierre Bourdieu seine kunstsoziologische Analyse „Die Regeln der Kunst" mit der beredten Klage, dass „unzählige Kritiker, Schriftsteller, Philosophen [...] bereitwillig verkünden, die Erfahrung des Kunstwerks sei unsagbar", und dass sie „widerstandslos die Niederlage des Wissens anerkennen". Dem scheint, so führt er weiter aus, die Furcht zugrunde zu liegen, dass „die wissenschaftliche Analyse zwangsläufig die Besonderheit des literarischen Werks und der Lektüre, angefangen mit dem ästhetischen Vergnügen, zerstören muss" (Bourdieu 1999, S. 10, 11).

Ich halte diese Befürchtung für unbegründet. Die Kunst entfaltet ihre Faszination und ihren Zauber unabhängig davon, ob die Zuschauer oder Zuhörer wissen, wie diese Wirkung hervorgerufen wird. Man muss nichts von Musik verstehen, um sie genießen zu können. Nichtsdestoweniger können Kenntnisse über das Leben eines Komponisten oder die Entstehungsbedingungen eines Werkes die Intensität und das Spektrum der Wahrnehmungen bereichern; dem wird beispielsweise mit Programmheften oder Ausstellungskatalogen Rechnung getragen. In anderen Fällen können entsprechende Kenntnisse, das „Ferne" und „Unnahbare", die quasi religiöse „Aura", zerstören, mit der manche Kunstwerke umgeben werden, um ihnen Exklusivität zu verleihen (Benjamin 2007, 18 Fn.). Man denke in diesem Zusammenhang nur an die prätentiöse Organisation der Salzburger oder Bayreuther Festspiele oder an die einschüchternde Präsentation vieler religiöser Kunstwerke, die den unbefangenen Genuss und das Verständnis der dargebotenen Werke über Gebühr erschweren können. Und schließlich lassen sich durch die wissenschaftliche Analyse unerwünschte Wirkungen eines Kunstwerks zumindest teilweise neutralisieren. Bekanntermaßen diente und dient die Kunst in allen politischen Systemen auch als Mittel der Propaganda und es kann von Vorteil sein, wenn man die Mechanismen versteht, mit denen bei der Inszenierung eines Reichsparteitages, einer Fronleichnamsprozession oder eines Kinofilms gearbeitet wird. Unabhängig von diesen praktischen Erwägungen lässt sich festhalten, dass sowohl die Produktion eines Kunstwerkes als auch seine Wahrnehmung und der damit verbundene Genuss *weitgehend unbewusst* erfolgen, vielleicht sogar erfolgen müssen.

Von größerem Gewicht ist der Einwand, dass die als „Kunst" bezeichneten Phänomene so vielfältig und schillernd sind, dass sich kein gemeinsamer Nenner bestimmen lässt. Die Kunst war traditionellerweise ein Gegenstand der Geisteswissenschaften. Von der Ästhetik, der Kunstgeschichte, der Soziologie und der Philosophie der Kunst wurde eine Vielzahl unterschiedlicher und oft widersprüchlicher Analysen vorgelegt (Carroll 2000; Davies 1991; Hauskeller 1998; Ritter 1976; Ullrich 2001). Aus evolutionsbiologischer Sicht ist diese Situation unproblematisch, solange sie Raum für eine neue Perspektive lässt. Die Vielzahl konkurrierender Bestimmungen dessen, was Kunst sei, hat jedoch bei vielen Kunsthistorikern und -philosophen zu der Überzeugung geführt, dass sich der Gegenstand ihrer Wissenschaft grundsätzlich nicht bestimmen lässt: „Zweifel daran, ob sich ‚Kunst' überhaupt definieren lasse, wurden seit Mitte des 20. Jahrhundert [...] forciert" (Ullrich 2001, S. 567).

Mit eigenartigem Stolz lassen Bücher mit dem Titel „Was ist Kunst?" ihre Leser wissen, dass jede „Definition zu kurz greift", immer wieder „Wesensteile außer acht" lasse und selbst die Frage „auf einem grundsätzlichen Irrtum beruhen könnte": „Wenn Versuche, die Fragen ‚Was ist Kunst'? zu beantworten, meist mit Enttäuschung und Verwirrung enden, dann ist vielleicht – wie so oft – die Frage falsch gestellt" (Mäckler 2000, S. 6; Zitat von Nelson Goodman). Nun, wenn die Frage falsch gestellt ist, dann wäre es interessant zu erfahren, wie die richtige Frage lautet und wie sie korrekt zu beantworten ist. Diese Klarstellung erfolgt indes nicht, sondern die Leser haben sich damit abzufinden, dass ihr Anliegen – das Wesen der Kunst zu verstehen – als unerfüllbar abgewiesen wird. Auch aus evolutionsbiologischer Sicht kann man die Freude der Kunsthistoriker darüber, dass sie ihren Gegenstand nicht definieren können oder wollen, nicht teilen. Wie soll die Entstehung der Kunst erklärt werden, wenn es unmöglich ist zu sagen, was darunter zu verstehen ist?

Was bleibt, wenn es kein inhaltliches Kriterium gibt, durch das sich ein Kunstwerk von einem anderen Gegenstand unterscheiden lässt? Die Tatsache, dass Kunst ein historisch veränderliches, soziales Phänomen ist. So findet sich in „Kunstgeschichte: Eine Einführung" folgende ‚Definition': Es genüge nicht, dass „der Hersteller eines solchen Artefaktes sich ‚Künstler' und sein Produkt ‚Kunst' nennt. Es bedarf der Beistimmung einer Reihe befugter Individuen, Gruppen, Interessenten, Institutionen, die oft erst nach kontroverser Auseinandersetzung darin übereinkommen, dem angebotenen Artefakt das Prädikat ‚Kunst' zu verleihen" (Warnke in Belting et al. 2008, S. 23). Der Unterschied zwischen Kunstwerken und gewöhnlichen Gegenständen soll also auf der Akzeptanz durch eine soziale Gruppe beruhen. Kunst ist, was die „Kunstwelt" („*the artworld*") als solche anerkennt (Danto 1964; Dickie 1984). Oder allgemeiner, was einer beliebigen Gruppe von Menschen zusagt: „Anstatt eine Definition der wahren Kunst zu geben und dann danach zu urteilen, ob ein Erzeugnis dieser Definition entspricht, oder nicht, wird eine bestimmte Reihe von Erzeugnissen, die aus irgend einem Grund Menschen eines bestimmter Kreises gefallen, als Kunst anerkannt" (Tolstoi 1898,1993, S. 65–66).

Eine analoge Verschiebung von der inhaltlichen auf die soziale Ebene gab es auch in der Wissenschaftsphilosophie. Hier sollte die *Korrespondenztheorie* der Wahrheit, die diese als Übereinstimmung mit der Wirklichkeit auffasst, durch die *Konsenstheorie* ersetzt werden, der zufolge das Kriterium der Wahrheit in der langfristigen Übereinstimmung der Meinungen qualifizierter Personen (z. B. der Wissenschaftler) besteht.

Der soziale Aspekt ist ein zutreffendes und wichtiges Charakteristikum von Kunst, aber er gibt keinen Hinweis darauf, inwiefern sich ein Kunstwerk von einer wissenschaftlichen Theorie oder von einem gewöhnlichen Gegenstand, wie beispielsweise einer Wurst, unterscheidet. In beiden Fällen kann der „Hersteller" des Artefaktes oder der Theorie nicht frei entscheiden, sondern er ist von einer „Reihe befugter Individuen, Gruppen, Interessenten, Institutionen" (z. B. der Metzger-Innung, dem Gesundheitsamt, den Wissenschaftlerkollegen) abhängig. Da alles, was Menschen denken oder tun, in irgendeiner Form von anderen Menschen geprägt und bewertet wird, kann das Besondere an der Kunst nicht in ihrer sozialen Dimension liegen. Sie lässt sich allerdings auch nicht ohne diese verstehen.

Es ist charakteristisch für die Kunst, dass sie einer bestimmten sozialen Gruppe zugeordnet werden kann und erst sehr spät als „Weltkulturerbe" oder als Weltsprache wahrgenommen wurde. Kunst ist einer der Werte, mit dem sich „ganze Gesellschaften stolz identifizieren" (Dilly in Belting et al. 2008, S. 16). In dem Maße, in dem Nationen, Religionsgemeinschaften, soziale Klassen, Berufsgruppen oder Generationen um Ressourcen und Anerkennung konkurrieren, wird auch erbittert darüber gestritten, welcher Kunst der Vorzug gebührt und was überhaupt als Kunst gelten darf.

Diese Abgrenzungsversuche sind so häufig und der Streit darüber so geläufig, dass nur wenige Beispiele genügen mögen. So ist für den Kunstphilosophen Arthur Danto die Existenz einer *Theorie der Kunst* die Voraussetzung dafür, dass es Kunst geben kann. Der letztendliche Unterschied zwischen einem Karton mit Seifenkissen (einer „Brillo box") und einem Kunstwerk, das aus einer Brillo box besteht, werde durch eine Kunsttheorie hervorgerufen, die ihm die Weihe gebe. Da es nun in der Altsteinzeit aller Wahrscheinlichkeit nach keine Kunsttheoretiker gab, wäre es den „Malern von Lascaux wohl niemals eingefallen, dass sie Kunst an diesen Wänden produzierten" (Danto 1964, S. 581). In anderen Kunsttheorien werden nicht nur die ästhetischen Produktionen der Altsteinzeit und der Naturvölker ausgegrenzt oder übergangen, sondern auch diejenigen der Antike. So lässt die Kunstgeschichte ihre „Zuständigkeit" noch heute „formal" mit dem Auftreten der christlichen Kunst beginnen (Warnke in Belting et al. 2008, S. 27) oder man knüpft den Beginn der Kunst (im modernen Sinn) an die neuzeitliche Geldwirtschaft und den Kunstmarkt (Zitko 2010). Und so sei es mittlerweile „nicht mehr ungewöhnlich, Kunst statt als anthropologische Konstante als temporäres Phänomen zu sehen" (Ullrich 2001, S. 557).

Bekanntermaßen wird auch bei modernen Kunstwerken häufig bestritten, dass es sich um solche handelt. Berühmtheit erlangte in dieser Hinsicht die Beuys'sche Fettecke. Joseph Beuys hatte in einer Zimmerecke der Düsseldorfer Kunstakademie 5 kg Butter befestigt. Im Jahr 1988 entfernte eine Reinigungskraft die „Fettecke", da sie ihren Kunstcharakter nicht erkannte. Die darauf einsetzenden öffentlichen

Diskussionen zeigten eine deutliche Diskrepanz zwischen dem Kunstverständnis einer breiten Öffentlichkeit und demjenigen professioneller Kunstexperten. Für die evolutionsbiologische Analyse der Kunst lässt sich zweierlei festhalten:

1. Die Kunst ist neben der Sprache, der Religion und den Essregeln eines der wichtigsten Mittel, mit denen sich soziale Gruppen abgrenzen. Dies bedeutet zugleich, dass sich die Mitglieder einer Gruppe darauf verständigen müssen, was jeweils als Kunst anerkannt wird. Die leidenschaftlichen Debatten über die Qualität einer Theaterinszenierung oder eines Romans sind Ausdruck der Tatsache, dass dieser Entscheidungsprozess keineswegs einfach ist, sondern das Abwägen unterschiedlichster Interessen erfordert und Ausdruck der jeweiligen Machtkonstellationen ist.
2. Aus Sicht der Evolutionsbiologie kann es aber nicht darum gehen, in diesem Streit Partei zu ergreifen, indem eine Kunstform bevorzugt und einer anderen der Rang abgesprochen wird, da es ihr ja gerade um die allgemein menschliche Befähigung zur Kunst geht.

Und so wäre es fatal, wenn Geoffroy Miller mit seiner These recht hätte, dass die evolutionsbiologische Erklärung der Kunst sehr viel besser zur volkstümlichen Ästhetik (*folk aesthetics*) passt, zu dem „was normale Menschen schön finden", als zur elitären Ästhetik, wie sie den modernen Kunstbetrieb prägt (Miller 2000, S. 284). Wie der Literaturwissenschaftler Karl Eibl bemerkte, kann es nicht angehen, den „Geschmack der ‚einfachen Leute' aus dem Bereich der Kunst" hinauszudefinieren, wenn man nach der „gemeinsamen Menschennatur fragt. Aber das gilt auch umgekehrt: Auch mit der ‚elitären Ästhetik' muss die biologische Erklärung ohne Ausschließungs-Tricks fertig werden" (Eibl 2004, S. 302).

Dies ist in der Tat die Herausforderung, vor der die evolutionsbiologische Erklärung steht. Da es ihr um die allgemein menschliche Fähigkeit geht, kann sie sich nicht auf ausgewählte Zeitepochen oder Beispiele beschränken. Sie muss für alle Formen der Kunst gelten, für den Musikantenstadl ebenso wie für die Zwölftonmusik, für die Höhlenmalereien der Altsteinzeit ebenso wie für die *Ready-mades* von Marcel Duchamp, für Richard Wagners „Ring des Nibelungen" ebenso wie für die Verfilmung von J. R. R. Tolkiens „The Lord of the Rings".

Ja, sie wird noch weiter ausgreifen müssen und Aktivitäten einbeziehen, die von dem erst im 18. Jahrhundert entstandenen modernen System der Künste (Malerei, Bildhauerei und Architektur, Musik und Literatur; Kristeller 1951) nicht erfasst werden, aber ähnliche Funktionen erfüllen wie diese: Beispiele wären Körperbemalungen und Tätowierungen, die kommerzielle Produktwerbung und Sportarten wie der Eiskunstlauf. Besteht aber nicht die Gefahr, dass die Ausweitung des Gegenstandsbereichs eine Definition der Kunst gänzlich unmöglich macht, nachdem dies schon für die Kunst im klassischen Sinne schwer bis unmöglich war? Wie wir sehen werden, ist das Gegenteil der Fall – die (parteiliche) Eingrenzung hat den Blick auf das allgemeine Phänomen verstellt.

Die Nichtdefinierbarkeit des Kunstbegriffs wird oft damit begründet, dass die klassischen Kriterien – Ästhetik, Schönheit und Harmonie – sich als nicht universal erwiesen: Die „ästhetischen Gesetze" sollen einem ständigen „zeitlichen Wandel" unterliegen. Gleichzeitig würde aber die überwiegende Mehrzahl der Menschen „mit den Stichwörtern Kunst und Künstler die Aufgabe [verbinden], ‚Schönes, Ästhetisches herzustellen; die Umwelt, unsere Städte menschlicher, schöner zu gestalten'" (Dilly in Belting et al. 2008, S. 15–17). Dieser Gedanke spiegelt sich auch in der traditionellen Bezeichnung „schöne Künste" für Malerei, Architektur, Theater, Tanz, Musik und Literatur wider. Selbst wenn es also keine allgemein gültigen ästhetischen Gesetze geben sollte, muss sich jede Kunsttheorie mit der Tatsache auseinandersetzen, dass die Forderung nach einer ästhetischen Bearbeitung von Gegenständen, die als Kunst gelten sollen, so weithin und hartnäckig vertreten wird.

Die Diskussion wird noch dadurch kompliziert, dass die Rede von Schönheit in der Kunst sich auf zwei unterschiedliche Bereiche beziehen kann. Zum einen kann sie den *dargestellten Gegenstand* betreffen. So wurde gefordert, dass nur oder bevorzugt schöne Dinge von der Kunst dargestellt werden sollen. Diese Einschränkung ist sicher unzutreffend. Es gibt auch eine *Ästhetik des Hässlichen* (Rosenkranz 1853) und viele Künstler sehen es als ihre vornehmste Aufgabe, auch die Grausamkeiten, Widrigkeiten und Banalitäten des Lebens zu reflektieren (Adorno 1970, S. 48, 79). Man denke nur an die Bilder Francisco de Goyas aus dem spanischen Unabhängigkeitskrieg, an Edgar Allen Poes Erzählungen oder an moderne Horrorfilme. Woran aber soll sich die Ästhetik orientieren, wenn sie auch den Phänomenen gerecht werden will, die sich nicht als schön bezeichnen lassen? Hier sei der Kunstphilosophie zufolge neben dem Hässlichen an „das Erhabene, das Charakteristische, das Interessante" zu denken (Zimmermann 1985, S. 383). Wie wir sehen werden, stimmt dieser erweiterte Begriff von Ästhetik genau mit dem überein, was den neueren evolutionsbiologischen Erkenntnissen zufolge zu erwarten ist.

Zum anderen geht es bei der Schönheit in der Kunst um die *ästhetische Bearbeitung*. Die vorgefundenen Gegenstände sollen also unabhängig von ihren ursprünglichen Eigenschaften nach bestimmten ästhetischen Kriterien verändert werden. Dass diese Bearbeitung nicht unbedingt in einer Verschönerung, sondern auch in der Verfremdung bestehen kann, belegen beispielsweise die berühmten Frauenporträts von Picasso eindrucksvoll. Auf die Frage, ob die Kunst völlig auf eine ästhetische Bearbeitung ihrer Gegenstände verzichten kann, werde ich noch genauer eingehen.

Die Situation ist also alles andere als eindeutig, und jeder Versuch einer wissenschaftlichen Theorie der Kunst wird diese Ambivalenzen und Vieldeutigkeiten reflektieren müssen. Kann die Evolutionsbiologie dies leisten? Kann sie die Rätsel lösen, an denen die Kunstgeschichte und -philosophie nach Ansicht vieler ihrer Vertreter gescheitert sind?

6.2 Evolutionäre Theorien der Kunst

Von einigen Autoren wird die Kunst als evolutionärer Nebeneffekt ohne direkten Anpassungsnutzen aufgefasst (Eibl 2004, S. 301–319; Pinker 1998, S. 521–545). Eine deutliche Mehrheit geht aber davon aus, dass die typischen Merkmale der Kunst – ihr allgemeines Vorkommen bei allen Menschen, der mit ihr verbundene

Lustgewinn und der erforderliche Aufwand – es sehr wahrscheinlich machen, dass Kunst eine biologische Anpassung mit einem eindeutigen Nutzen ist. Worin dieser besteht, ist allerdings umstritten.

John Tooby und Leda Cosmides, die ursprünglich die Nebeneffektansicht vertreten hatten, vermuten mittlerweile, dass die Kunst ähnlich wie das Spiel eine wichtige Voraussetzung für die Reifung und Entwicklung der Gehirnfunktionen ist. Eine darüber hinausgehende Bedeutung für das normale Leben lehnen sie wegen des fiktionalen Charakters der Kunst weiterhin ab. Da die von ihr dargestellten imaginären Welten falsche Informationen über die reale Welt enthalten, gefährden sie den Erfolg unserer Handlungen sogar (Tooby u. Cosmides 2001).

Geoffroy Miller geht davon aus, dass die Kunst der Menschen (ebenso wie die meisten anderen ihrer charakteristischen geistigen Fähigkeiten) als Fitnessindikator in der sexuellen Auslese dient (Miller 2000, S. 104, 258–291). Analog zum Pfauenschwanz sei die Kunst ein sexuelles Ornament, das entstand, weil die Frauen diejenigen Männer bevorzugten, die schön sangen und elegant tanzten, die interessante Bilder malten, unterhaltsame Geschichten erzählten und symmetrische Steinwerkzeuge (Faustkeile) herstellten. Bei dieser Theorie stehen also die ästhetischen Qualitäten der Kunstwerke und die (sexuelle) Konkurrenz innerhalb der Gruppen im Vordergrund.

Demgegenüber wird in einer ganzen Reihe von Arbeiten der gemeinschaftliche Aspekt der Kunst betont. Ihre wesentliche Funktion soll gerade darin bestehen, für soziale Kohäsion zu sorgen (Boyd 2005; Dissanayake 1992, 2008; Eibl-Eibesfeldt u. Sütterlin 2007). Auch hier gibt es aufschlussreiche Parallelen im Tierreich. So hat Steven Brown gezeigt, dass die komplexesten Gesänge von Tieren, sowohl bei den Singvögeln als auch bei Primaten (Gibbons), nicht Teil des Balzverhaltens sind, sondern der territorialen Abgrenzung und der Aufrechterhaltung sozialer Bindungen dienen. Die Gesänge seien also gerade kein Ausdruck sexueller Konkurrenz, sondern eine Demonstration kooperativer Stärke (Brown 2000, S. 245–246). Zur Konkurrenz kommt es allerdings auch hier, aber diese ist nach außen verlagert. Analoge Beispiele aus dem Bereich der Musik der Menschen wären Chöre oder Marschmusik. Wie wir gesehen haben, gehört es aber ganz allgemein zu den auffälligsten und beständigsten Effekten der Kunst, dass sie die Bindung innerhalb der Gruppen verstärkt und gleichzeitig zur Abgrenzung nach außen führt.

Wenn Kunst sowohl etwas mit Ästhetik, Verschwendung und Fantasie zu tun hat, als auch ein Mechanismus der Gemeinschaftsbildung ist, dann muss die evolutionsbiologische Theorie diese Aspekte erklären. Darüber hinaus sollte sie zeigen, warum diese vier Elemente in der Kunst zu einem einheitlichen Phänomen verschmolzen sind. Anders gefragt: Warum ist Gemeinschaftsbildung effektiver, wenn sie auf der aufwändigen und verschwenderischen Konstruktion imaginärer Welten beruht?

In „Der Darwin-Code: Die Evolution erklärt unser Leben" (Junker u. Paul 2009) haben wir ein entsprechendes integriertes Gesamtmodell vorgestellt. Hier unsere These im Überblick:

> Kunst ist ein Werkzeug, das in einzigartiger Weise die Verständigung über (unbewusste) Wünsche und Ziele erleichtert. Dadurch wiederum ermöglicht sie eine intensivere Koordination und Synchronisation gemeinschaftlichen Verhaltens. Wenn eine Gruppe (oder ein

Individuum) sich möglicher Gemeinsamkeiten versichern oder diese herstellen will, wird die Kunst aktiviert. Ist dies nicht nötig, wird sie „abgeschaltet".

Wie die Mehrzahl der Autoren gehen wir also davon aus, dass Kunst eine Anpassung ist. Der Vergleich mit anderen Tieren legt nahe, dass künstlerische Fähigkeiten ganz wesentlich durch die Konkurrenz der Individuen innerhalb der Jäger- und Sammlergruppen entstanden. Diese Funktion – Partner durch ästhetische Präsentationen auf die eigenen genetischen Qualitäten aufmerksam zu machen und auf diese Weise anzulocken – haben sie auch nie verloren. Parallel dazu dienten gemeinsame Aktionen und Signale wie Gesänge, Tänze oder Körperbemalungen als Mittel territorialer Abgrenzung und zur Aufrechterhaltung sozialer Bindungen. Aber erst in dem Moment, in dem die Menschen begannen, sich mit den aufwändig gestalteten Produkten oder Verhaltensweisen anderer Individuen zu identifizieren (das heißt sie als Teil ihres erweiterten Phänotyps zu akzeptieren), entstand die Kunst, so wie wir sie heute kennen – als aufwändig gestaltete, kollektive Fantasien, als Utopien: „In jedem genuinen Kunstwerk erscheint etwas, was es nicht gibt" (Adorno 1970, S. 127).

6.3 Das Rätsel Schönheit

Es war lange eine offene Frage, wie sich die Entstehung von Schönheit – das bunte Gefieder eines Paradiesvogels oder der Gesang einer Amsel – biologisch erklären lässt. Der Selektionstheorie zufolge werden sich Merkmale nur dann auf Dauer in der Evolution durchsetzen, wenn sie nützlich sind. Die genannten Merkmale scheinen aber nicht nur nutzlos zu sein, sondern sie vermitteln den Anschein, als bestehe ihr eigentlicher Zweck gerade darin, das Überleben der Tiere zu gefährden oder knappe Ressourcen zu verschwenden.

Darwin erklärte diese Merkmale mit dem *Prinzip der sexuellen Auslese*. Er war überzeugt, dass die Weibchen vieler Tierarten bestimmte Eigenschaften der Männchen bevorzugen und es so zur Evolution dieser Merkmale kam. Er konnte aber keine befriedigende Erklärung dafür geben, *welche Eigenschaften* von den Weibchen als schön und begehrenswert empfunden werden und sprach von der Schönheit „um der Schönheit Willen" (Darwin 1866, 1959, S. 371). Wenn der Pfauenschwanz dadurch entstand, dass er den weiblichen Pfauen gefällt, dann stellt sich die Frage, warum diese eine so extreme und für die Männchen so kostspielige Vorliebe entwickelt haben.

Grundsätzlich sollte ein Tier bei der Partnerwahl ein Interesse an guten Genen haben, denn schließlich hängt sein biologischer Erfolg nicht nur von der Zahl seiner Nachkommen ab, sondern auch von ihrer Qualität. Was aber haben ein verschwenderischer Federschmuck oder lauter Gesang mit guten Genen zu tun? Da die sexuelle Auslese wie ein Markt mit Angebot und Nachfrage funktioniert, kommt es nicht nur auf die Qualität des Produktes an, sondern auch auf geschicktes Marketing. Und so handelt es sich beim spektakulären Aussehen und Verhalten der Männchen vieler Tierarten um nichts anderes als um Werbung für ein Produkt

– die Gene seiner Träger. So eignen sich beispielsweise glänzende Federn mit kräftigen Farben besonders gut, um den Gesundheitszustand eines Vogels anzuzeigen, da Federn bei Parasitenbefall schnell ihr schönes Aussehen verlieren (Voland u. Grammer 2003).

Rätselhaft war aber lange, warum in der sexuellen Auslese nicht nur überlebensdienliche Merkmale wie Gesundheit, Kraft, Risikovermeidung oder Energieeffizienz von den potenziellen Sexualpartnern als attraktiv empfunden werden, sondern manchmal auch das Gegenteil. Eine überzeugende Erklärung fand Amotz Zahavi in den 1970er Jahren mit dem *Handicap-Prinzip* (Zahavi 1975). Er zeigte, dass extravagante Präsentationen eine wichtige Funktion haben, weil die Demonstration der körperlichen und geistigen Leistungsfähigkeit umso überzeugender wirkt, je schwieriger und aufwändiger sie ist. Nur dann ergeben sich Unterschiede zwischen den Individuen und aussagekräftige Kriterien für die Partnerwahl. Entsprechend „unzulänglich ist die Identifikation der Kunst mit dem Schönen [...]. In dem, wozu Kunst geworden ist, gibt die Kategorie des Schönen lediglich ein Moment ab" (Adorno 1970, S. 407).

Die Theorie der sexuellen Auslese erklärt also, warum Menschen und andere Tiere auf das Aussehen ihres Körpers Wert legen, warum sie ihn pflegen, schmücken und elegant bewegen. Die Handicap-Theorie wiederum macht verständlich, warum gerade die nicht unmittelbar nützlichen Luxusbildungen aller Art so attraktiv wirken – weil sie Lebenskraft und einen Überfluss an Ressourcen in fälschungssicherer Weise demonstrieren.

Die ästhetische Bearbeitung des menschlichen Körpers spielt nicht nur in der Mode, sondern auch bei manchen Kunstformen, wie dem Tanz, eine direkte Rolle. Bei vielen Kunstwerken, wie einem Gemälde oder einem Roman, ist diese unmittelbare Verbindung zum Körper des Künstlers aber nicht gegeben. Noch weniger gilt dies, wenn Menschen Wert darauf legen, Kunstwerke zu besitzen, die sie nicht selbst hergestellt haben. Um diese „Distanzwirkung" der sexuellen Auslese zu verstehen, ist es notwendig, ein weiteres biologisches Prinzip einzuführen, den „erweiterten Phänotyp" eines Organismus (Dawkins 1982).

Der Phänotyp eines Menschen ist nichts anderes als die Person, wie sie zu einem bestimmten Zeitpunkt als Resultat der Gene und Umweltbedingungen existiert. Der erweiterte Phänotyp umfasst nun alles, was neben dem Körper eines Organismus von seinen Genen beeinflusst wird. Hierzu gehören alle Dinge, die ein Tier (oder Mensch) herstellt – ein Vogelnest, ein Bieberdamm, eine Wohnhöhle. Bei Menschen kann man den erweiterten Phänotyp also auch als „erweiterte Person" oder „erweitertes Ich" bezeichnen. Wenn ein Schreiner einen schönen Tisch baut, ein Künstler ein interessantes Bild malt oder ein Anwalt einen eleganten Schriftsatz verfasst, so sind diese Dinge Ausdruck ihrer Fähigkeiten und damit auch ihrer Gene. In abgeschwächter Form gilt das auch für Dinge, die man besitzt oder mit denen man sich umgibt. Und selbst diejenigen Aspekte der Umwelt werden als erweitertes Ich erlebt, für die die eigenen Gene nur sehr bedingt verantwortlich sind. Wenn Menschen beispielsweise stolz auf die Geschichte und die Besonderheiten ihrer Stadt sind, oder wenn sie sich für deren Bausünden schämen, dann heißt dies nichts anderes, als dass sie in ihnen einen Ausdruck ihres erweiterten Ichs sehen.

Bevor ich zeigen werde, wie diese biologischen Konzepte ansonsten rätselhafte Phänomene der menschlichen Kunst verständlich machen, ist noch eine Präzisierung möglich. So wird man gerne zugestehen, dass schöne Kleidung, Schmuck, ein großes Haus oder ein flottes Auto der sexuellen Attraktivität dienen. Gleichzeitig sind diese Signale aber nicht nur an potenzielle Sexualpartner gerichtet, sondern auch an viele andere Personen, mit denen man in Kontakt kommt. Dies verweist darauf, dass Sexualität und Fortpflanzung nur zwei Möglichkeiten der Kooperation zwischen Menschen sind. Auch in allen anderen, gemeinsam gestalteten Lebensbereichen kommt es auf die richtige Auswahl der Partner an. Und so ist die sexuelle Auslese eigentlich nur ein Spezialfall der kooperativen Auslese („soziale Selektion", Boyd 2005, S. 157).

Je nach Art der Zusammenarbeit werden sich die gewünschten Eigenschaften unterscheiden, aber da echte Signale generell wichtig sind, lässt sich das Handicap-Prinzip über den Bereich der Sexualität hinaus auf jede Form der Kooperation ausdehnen. Dass dies tatsächlich der Fall ist, zeigt sich beispielsweise daran, dass riskantes Verhalten bei Männern oft in erster Linie dem Ansehen in einer Gruppe gleichgeschlechtlicher Freunde dienen soll. Die Handicap-Theorie lässt sich also in der Weise erweitern, dass eine schwierige und aufwändige Präsentation nicht nur sexuelle Attraktivität, sondern auch die allgemeinen Qualitäten als Kooperationspartner beweisen soll.

6.4 Die moderne Kunst – ein Gegenbeispiel?

Bei unseren Vorträgen zur Evolution der Kunst wurden wir regelmäßig mit der Frage konfrontiert, ob unsere Theorie denn auch falsifizierbar sei. Da sie eine ganze Reihe von konkreten Aussagen beinhaltet, ist dies relativ einfach. So kann es weder Kunst geben, die auf die ästhetische Bearbeitung ihrer Gegenstände und auf überflüssige, nutzlose Veränderungen verzichtet, noch kann es Kunst als bloße Abbildung der Realität ohne fiktionale Elemente geben, und schließlich kann es keine Individualkunst geben. Jedem kunsthistorisch interessierten Leser werden hier spontan eine Reihe von Beispielen einfallen, die unseren Thesen zu widersprechen scheinen. Aber ist dies wirklich der Fall?

Nehmen wir als Beispiel die Schönheit. Menschen empfinden Dinge als schön, die ihr Wohlgefallen erregen, wie es in Kants „Kritik der ästhetischen Urteilskraft" heißt (Kant 1790, 1977, S. 113–124). Das Gefallen wiederum stellt sich ein, wenn ein Gegenstand, eine Umwelt oder ein Verhalten biologische Vorteile versprechen (Sitte 2008). Gesteuert werden diese Emotionen durch das biologische Lust-Unlust-Prinzip. Wenn die Kunst unsere kollektiven Gefühle und Wünsche widerspiegelt, dann sollte sie auch unsere Albträume und Ängste reflektieren. Ebenso wichtig für die Motivation ist aber die Orientierung an erstrebenswerten, lustvollen Zielen und so ist zu erwarten, dass positive Visionen in der Kunst eine zentrale Rolle spielen. Kunstwerke wären dann, ähnlich wie das Sigmund Freud für den Traum behauptet hat, Ausdruck eines Wunsches (Freud 1900, 1942). Unter diesen Wünschen wiederum sollten diejenigen dominieren, die unserem biologischen Sinn des Lebens entsprechen (Junker 2009). So ist zu erwarten, dass körperliche Schönheit als Ausdruck von Jugend, Gesundheit und Lebenskraft ein bevorzugtes Thema darstellt.

Wie kann es dann aber sein, dass der Begriff des Schönen in der heutigen Ästhetik nur noch eine untergeordnete Rolle spielt, dass wir mit den „‚nicht mehr schönen' Künste[n] des 20. Jahrhunderts" konfrontiert sind (Zimmermann 1985, S. 348)? Warum sollte es der bevorzugte Leitsatz der Kunsthistoriker sein, dass in der Kunstgeschichte „das Wort ‚schön' gar nicht vorkommt" (Dilly in Belting et al. 2008, S. 15). Entsprechend gelten evolutionsbiologische Theorien, die auf der Bedeutung ästhetischer und im klassischen Sinn schöner Formen beharren, als uninformiert und ewig gestrig.

Eine genauere Betrachtung zeigt, dass hier unterschiedliche Kunstbegriffe zugrunde gelegt werden. Wie wir sahen, lässt die moderne Kunsttheorie oft nur als Kunst gelten, was die Kunstwelt (die professionellen Kritiker, die Museen und Sammler) als solche anerkennt. Historisch und soziologisch lässt sich verstehen, warum sich die Studenten einer Kunstakademie als Künstler verstehen, der *creative director* einer Werbeagentur sich aber nicht so nennen darf. Aber sachlich? Da die Evolutionsbiologie gerade nicht selbst Partei sein will, wird sie auch andere Bereiche einbeziehen, die sich mit der ästhetischen Bearbeitung unserer Lebenswelt beschäftigen, beispielsweise die Werbung. In der Werbung aber wird die Ästhetik des menschlichen Körpers auf hohem Niveau und mit unverkennbarem Willen zur Schönheit zelebriert. Und der Appetit des Publikums scheint in dieser Hinsicht unerschöpflich zu sein, wie der Literaturwissenschaftler Winfried Menninghaus konstatiert:

> Heutige Zeitgenossen scheinen dem Versprechen der Schönheit enthusiastischer ergeben zu sein als je ein idealistischer Ästhetiker. Aufwendungen für Schönheitsvermehrung haben ungeahnte Höhen erreicht. [...] Die kulturelle Entfesselung von Schönheitskonsum und Schönheitsarbeit ist eine bestimmende Signatur der Gegenwart. (Menninghaus 2003, S. 10)

Warum aber spielt die Schönheit in der modernen Kunst kaum mehr eine Rolle? Hier gibt es eine positive und eine negative Antwort. Das Überangebot an billiger Schönheit und an einfallslosen Harmonien, denen wir in den Massenmedien, in Zeitschriften oder im Radio tagtäglich ausgesetzt sind, führt zu Überdruss und hinterlässt einen schalen Geschmack. Die moderne Kunst kann hier mit musikalischen und visuellen Disharmonieren einen höchst wichtigen und willkommenen Ausgleich bieten. Und sie kann sich Lebensbereichen zuwenden, die von der Werbung ausgeblendet werden, wie Krankheit, Alter und Tod. Es ist wie beim Essen, wenn unser biologisch höchst sinnvoller Appetit auf süße Speisen durch das Überangebot an gezuckerter Massenware überfordert wird und sich ins Gegenteil verkehrt.

Trotz alledem ist zu beobachten, dass der biologisch angelegte Wunsch nach Schönheit ungebrochen ist. Das Problem für die moderne Kunst im engeren Sinne besteht nun darin, dass ihre kommerziellen Schwesterbereiche auf enorme materielle und personelle Ressourcen zugreifen können. Dadurch konnte die Werbeindustrie die Ästhetik der Schönheit weitgehend für sich monopolisieren, mit der Folge, dass sich die meisten Künstler anderen Formen der ästhetischen Bearbeitung zuwenden mussten. Neue ökologische Nischen waren das Experimentelle, das Provokative und das Abstoßende.

Der Verlust des Monopols der Kunst auf Schönheit ist also auch eine Chance, Bereiche der Ästhetik auszuloten, in die sich die kommerzielle Schönheitsindustrie nicht vorwagen will oder kann. Und doch scheinen bei modernen Künstlern und Kunsttheoretikern Enttäuschung und Trauer vorzuherrschen, denn die übertriebene, kategorische Ablehnung der Schönheit legt den Verdacht nahe, dass dieser Rückzug nicht allzu freiwillig geschah.

Die moderne Kunst hält noch eine zweite, interessante Schwierigkeit für die evolutionsbiologische Kunsttheorie bereit, die so genannten *Ready-mades* (*Objet trouvé*). Dabei handelt es sich um vorgefundene Alltagsgegenstände oder Abfälle, an denen der Künstler keine oder kaum Veränderungen vornimmt, die aber gleichwohl als Kunst deklariert werden. Im Gegensatz dazu behauptet die evolutionsbiologische Theorie, dass sich Signale ohne Kosten zum Missbrauch anbieten; deshalb werden sich auf Dauer solche durchsetzen, die schwierig zu produzieren, aufwändig oder teuer sind.

Die *Ready-mades* scheinen nun genau diese Bedingung nicht zu erfüllen. Sie machen es schwierig festzustellen, ob es sich um ein ernst gemeintes Signal handelt; entsprechend zögerlich sind viele Menschen, sie als Kunst anzuerkennen. Wie also lässt sich der Wert der *Ready-mades* erklären, die zu ihrer Herstellung nur wenig Aufwand erfordern und leicht nachgemacht werden können? Wie Pierre Bourdieu gezeigt hat, besteht das Missverhältnis zwischen dem Wert des Kunstwerks und seinen Produktionskosten nur, solange man die Herstellung des materiellen Gegenstands durch den Künstler isoliert betrachtet. Wenn man das Kunstwerk aber als „Produkt eines ungeheuren Unternehmens der symbolischen Alchimie" sieht, bei dem ein „ganzes Gefolge von Kommentaren und Kommentatoren [...] zur Produktion des Kunstwerks beitragen" (Bourdieu 1999, S. 275), und die Kosten der Präsentation in einem Kunstmuseum oder einer Galerien einbezieht, dann sieht das Verhältnis schon ganz anders aus: „Das Kunstwerk ist das allgemeine Gut so wie das Werk Aller. Jede Generation überliefert es verschönert der folgenden oder hat die Befreiung des absoluten Bewusstseins fortgearbeitet. [...] Was sie [die Künstler] producieren, ist nicht ihre Erfindung, sondern die Erfindung des ganzen Volkes" (Hegel zitiert nach Rosenkranz 1844, S. 180).

In gewisser Weise imitiert (und karikiert) die moderne Kunst hier die religiöse Magie wie sie beispielsweise in der katholischen Kirche praktiziert wird. So stehen die Produktionskosten einer weniger als einen Cent kostenden, dünnen Teigplatte (einer Oblate) in keinem Verhältnis zu dem ihr zugeschriebenen Wert: Sie soll durch den magischen Akt der Wandlung zum Wertvollsten überhaupt werden, zum Fleisch eines Gottes. Der Wert entsteht auch hier durch den argumentativen Aufwand, der jahrhundertelang betrieben wurde, um dieses Missverhältnis wegzudiskutieren und durch den realen Luxus der Kultbauten.

Und so kann man auch für die *Ready-mades* festhalten, dass sowohl ihre Produktion als auch die des jeweiligen Künstlers „in Bezug auf das Gesetz des Erhalts der sozialen Energie keine Ausnahme darstellt" (Bourdieu 1999, S. 275). Nichts anderes sagt Darwin, wenn er schreibt, dass man „von jeder Einzelheit der Struktur in jedem lebenden Geschöpf [...] annehmen [kann], dass sie entweder von besonderem Nutzen für einen Vorfahren war oder dass sie jetzt von besonderem Nutzen für die Nachkommen dieser Form ist, entweder direkt oder indirekt durch die komplexen Gesetze des Wachstums“ (Darwin 1859, S. 199–200).

6.5 Was ist Kunst?

Wenn man die verschiedenen Eigenschaften, die Kunstwerken sowohl in traditionellen (ästhetischen) als auch in konventionalistischen (historischen oder institutionalistischen) Definitionen zugeschrieben werden, zusammenfasst, dann lassen sich diese auf folgende biologische Grundphänomene zurückführen:

- Die formale Ästhetik (Schönheit, Besonderheit) eines Kunstwerks soll die *genetischen Qualitäten* ihrer Produzenten und Besitzer signalisieren.
- Luxus, Verschwendung und lebenspraktische Nutzlosigkeit lassen sich der Handicap-Theorie zufolge als *Ehrlichkeit*s-Signale verstehen.
- Die (symbolische) Bedeutung von Kunstwerken ist Ausdruck ihrer sozialen Funktion als ein Mittel der Kommunikation (Panofsky 1955). Kunst ist also eine *Sprache*.
- Der fiktionale Charakter der Kunst verweist darauf, dass sie *Wünsche und Gefühle* repräsentiert. Oder kurz: Kunst ist ästhetisch bearbeitete Kommunikation über Gefühle und Wünsche.

Warum aber wird die Gefühls- und Wunschwelt in dieser einzigartigen Weise verherrlicht, warum gibt es die Kunst? Die aufwändige Art der Präsentation lässt nur den Schluss zu, dass die Verständigung über Gefühle und Wünsche ausgesprochen wichtig, aber auch sehr täuschungsanfällig ist. Menschen sind von Natur aus soziale Tiere; wie die Mehrzahl der Primaten können sie nur gemeinsam überleben. Bei sozialen Tieren wird die Konkurrenz innerhalb der Horde um Nahrung, Sexualpartner und sozialen Rang zum maßgeblichen Selektionsfaktor. Die unterschiedlichen Interessen bringen zwangsläufig Konflikte, Verrat und Schmarotzertum mit sich. Trotz alledem müssen sich die Gruppenmitglieder ihres Wohlwollens und Vertrauens versichern. Die Gemeinsamkeit der Ziele, ohne die eine menschliche Gemeinschaft nicht existieren könnte, ist also sowohl unentbehrlich als auch zerbrechlich.

Menschen haben nun eine ganze Reihe von Methoden der Gemeinschaftsbildung entwickelt: Eine ist die Sprache, die es erlaubt, mit mehreren Personen gleichzeitig zu kommunizieren, andere sind Gemeinschaftsrituale – Tänze, Spiele, Schauspiele, Feste – und gemeinsame Fantasien (Mythen). Und hier nun kommt die Kunst ins Spiel: Sie koordiniert und synchronisiert die Gefühle und Wünsche der Individuen, indem sie ihnen besonderen Wert verleiht und sie zelebriert. Da Gefühle und Wünsche die Identität einer Person und einer Gruppe wesentlich ausmachen, müssen sie qualitativ hochwertig und fälschungssicher präsentiert werden.

Und so lässt sich die Kunst als eine evolutionär neue Technik verstehen, die es den modernen Menschen ermöglichte, sich in unmittelbarer, intensiver und gemeinschaftlicher Weise über ihre (unbewussten) Gefühle und Ziele zu verständigen und diese zu koordinieren. Sie machte die Gruppen zu Superorganismen, die anderen Menschenformen oder Tieren durch ihre intensivere Zusammenarbeit überlegen waren und wurde als wichtiger Überlebensvorteil nun auch von der natürlichen Auslese gefördert. Mit der Kunst erreichen und feiern die Menschen nichts anderes als die (partielle) Lösung eines der größten Probleme, vor denen jede Gemeinschaft aus Individuen mit unterschiedlichen Interessen steht: Die Koordination und Synchronisation ihrer divergierenden Ziele als Voraussetzung für eine erfolgreiche Kooperation.

Literatur

Adorno TW (1970) *Ästhetische Theorie*. Suhrkamp, Frankfurt/M

Baron-Cohen S (1999) *The Evolution of a Theory of Mind*. In: Corballis MC, Lea SEG (Hrsg) *The Descent of Mind: Psychological Perspectives on Hominid Evolution*. Oxford University Press, Oxford, S. 261–277

Belting H, Dilly H, Kemp W, Sauerländer W, Warnke M (Hrsg) (2008) *Kunstgeschichte: eine Einführung*. 7. überarb. und erw. Aufl. Reimer, Berlin

Bierwisch M (2008) *Die Entwicklung des Gehirns und der Sprache*. In: Klose J, Oehler J (Hrsg) *Gott oder Darwin? Vernünftiges Reden über Schöpfung und Evolution*. Springer, Berlin, S. 173–200

Benjamin W (2007) [1936] *Das Kunstwerk im Zeitalter seiner technischen Reproduzierbarkeit*. Suhrkamp, Frankfurt/M

Bourdieu P (1999) *Die Regeln der Kunst. Genese und Struktur des literarischen Feldes*. Suhrkamp Taschenbuch Wissenschaft 1539, Suhrkamp, Frankfurt/M [*Les règles de l'art. Genèse et structure du champ littéraire*. Paris: Éditions du Seuil, 1992]

Boyd B (2005) *Evolutionary Theories of Art*. In: Gottschall J, Wilson DS (Hrsg) *The Literary Animal: Evolution and the Nature of Narrative*. Northwestern University Press, Evanston, S. 147–176

Brown S (2000) *Evolutionary Models of Music: From Sexual Selection to Group Selection*. Perspectives in Ethology, 13, S. 231–281

Carroll N (Hrsg) (2000) *Theories of Art Today*. University of Wisconsin Press, Madison

Danto A (1964) *The Artworld*. The Journal of Philosophy, 61, S. 571–584

Darwin C (1859) *The Origin of Species: by Means of Natural Selection, or the Preservation of Favoured Races in the Struggle for Life*. John Murray, London

Darwin C (1871) *The Descent of Man, and Selection in Relation to Sex*. John Murray, London

Darwin C (1959) *The Origin of Species by Charles Darwin: A Variorum Text*. In: Peckham M (Hrsg) Pennsylvania UP, Philadelphia

Davies S (1991) *Definitions of Art*. Cornell University Press, Ithaca

Dawkins R (1982) *The Extended Phenotype: The Long Reach of the Gene*. Oxford University Press, Oxford

de Waal FBM (1996) *Good Natured. The Origins of Right and Wrong in Humans and Other Animals*. Harvard University Press, Cambridge

Dickie G (1984) *The Art Circle*. Haven, New York

Dissanayake E (1992) *Homo Aestheticus: Where Art Comes From and Why*. Free Press, New York

Dissanayake E (2008) *The Arts after Darwin: Does Art Have an Origin and Adaptive Function?* In: Zijlmans K, van Damme W (Hrsg) *World Art Studies: Exploring Concepts and Approaches*. Valiz, Amsterdam, S. 241–263

Eibl K (2004) *Animal Poeta: Bausteine der biologischen Kultur- und Literaturtheorie*. Mentis, Paderborn
Eibl-Eibesfeldt I, Sütterlin C (2007) *Weltsprache Kunst: zur Natur- und Kunstgeschichte bildlicher Kommunikation*. Brandstätter, Wien
Freud, S (1942) [1900] *Die Traumdeutung*. Gesammelte Werke, Bd 2–3, Imago, London
Hamilton WD (1975) *Innate Social Aptitudes in Man: An Approach from Evolutionary Genetics*. In: Fox R (Hrsg) *Biosocal Anthropology*. Malaby Press, London, S. 133–153
Hauser MD, Chomsky N, Fitch WT (2002) *The Faculty of Language: What Is It, Who Has It, and How Did It Evolve?* Science, 298, S. 1569–1579
Hauskeller M (1998) *Was ist Kunst? Positionen der Ästhetik von Platon bis Danto*, Beck'sche Reihe 1254. C. H. Beck, München
Junker T (2008) *Die Evolution des Menschen*. Reihe Beck Wissen, 2. Aufl. C. H. Beck, München
Junker T (2009) *Der Darwin-Code: Die Evolution erklärt den Sinn des Lebens*. In: Hoff GM (Hrsg) *Weltordnungen*. Tyrolia, Innsbruck Wien, S. 127–143
Junker T (2010) *Geheimwaffe Kunst: Eine neue evolutionsbiologische Theorie*. In: Reyer H-U, Schmid-Hempel P (Hrsg) *Darwin und die Evolutionstheorie in der heutigen Zeit*. Reihe Zürcher Hochschulforum, vdf, Hochschul-Verlag an der ETH, Zürich
Junker T, Paul S (2009) *Der Darwin-Code: Die Evolution erklärt unser Leben*. 2. Aufl. C. H. Beck, München
Kant I (1977) [1790] *Kritik der Urteilskraft*. Werkausgabe, Bd 10, Weischedel W (Hrsg) Suhrkamp Taschenbuch Wissenschaft 57, Suhrkamp, Frankfurt/M
Krause J, Lalueza-Fox C, Orlando L, Enard W, Green R, Burbano H, Hublin J, Hänni C, Fortea J, de la Rasilla M (2007) *The Derived FOXP2 Variant of Modern Humans Was Shared with Neandertals*. Current Biology, 17, S. 1908–1912
Kristeller P (1951) *The Modern System of the Arts*. Journal of the History of Ideas, 12, S. 496–527
Mäckler A (2000) *1460 Antworten auf die Frage: was ist Kunst?* DuMont, Köln
Menninghaus W (2003) *Das Versprechen der Schönheit*. Suhrkamp Taschenbuch Wissenschaft 1816, Suhrkamp, Frankfurt/M
Miller G (2000) *The Mating Mind: How Sexual Choice Shaped the Evolution of Human Natur*. Doubleday, New York [*Die sexuelle Evolution: Partnerwahl und die Entstehung des Geistes*. Spektrum, Heidelberg, 2001]
Morris D (1962) *The Biology of Art*. Alfred Knopf, New York [*Biologie der Kunst*. Karl Rauch, Düsseldorf, 1963]
Panofsky E (1955) *Meaning in the Visual Arts: Papers in and on Art History*. Doubleday, Garden City [*Sinn und Deutung in der bildenden Kunst*. DuMont Schauberg, Köln, 1975]
Pinker S (1998) *Wie das Denken im Kopf entsteht*. Kindler, München [*How the Mind Works*. W. W. Norton, New York 1997]
Ritter J, Gründer K (Hrsg) (1976) *Kunst*. In: *Historisches Wörterbuch der Philosophie*, Bd 4. Schwabe & Co., Basel Stuttgart, S. 1358–1434
Rosenkranz K (1844) *Georg Wilhelm Friedrich Hegel's Leben*. Duncker & Humblot, Berlin
Rosenkranz K (1853) *Ästhetik des Häßlichen*. Bornträger, Königsberg
Sitte P (2008) *Evolutionäre Ästhetik und funktionale Schönheit*. In: Klose J, Oehler J (Hrsg) *Gott oder Darwin? Vernünftiges Reden über Schöpfung und Evolution*. Springer, Berlin, S. 331–348
Snowdon CT (2001) *From Primate Communication to Human Language*. In: de Waal FBM (Hrsg) *Tree of Origin: What Primate Behavior Can Tell Us about Human Social Evolution*. Harvard University Press, Cambridge, S. 193–227
Tolstoi LN (1993) [1898] *Was ist Kunst?* Diederichs, München
Tooby J, Cosmides L (2001) *Does Beauty Build Adapted Minds? Toward an Evolutionary Theory of Aesthetics, Fiction and the Art*. SubStance, 94/95, S. 6–27
Ullrich W (2001) *Kunst/Künste/System der Künste*. In: Barck K et al. (Hrsg) *Ästhetische Grundbegriffe*. Historisches Wörterbuch, Bd 3. Metzler, Stuttgart Weimar, S. 556–616
Voland E, Grammer K (Hrsg) (2003) *Evolutionary Aesthetics*. Springer, Berlin

Whiten A (1999) *The Evolution of Deep Social Mind in Humans*. In: Corballis MC, Lea SEG (Hrsg) *The Descent of Mind: Psychological Perspectives on Hominid Evolution*. Oxford University Press, Oxford, S. 173–193

Zahavi A (1975) *Mate selection – A Selection for a Handicap*, Journal of Theoretical Biology, 53, S. 205–214

Zimmermann J (1985) *Das Schöne*. In: Martens E, Schnädelbach H (Hrsg) *Philosophie. Ein Grundkurs*. Rowohlt, Reinbek, S. 348–394

Zitko H (2010) *Kunstwelt: Mediale und systemische Konstellation*. Fundus Band 191, Philo Fine Arts, Hamburg

Kapitel 7
Sprache macht Kultur

Karl Eibl

Es gibt eine Fülle von Eigenschaften und Fähigkeiten, an denen man das Besondere des Menschen gegenüber den anderen Lebewesen festmachen wollte, z. B.: aufrechter Gang, Haarlosigkeit, Werkzeuggebrauch, Werkzeugherstellung, Bewusstsein, Werfen, Sprechen, Lachen, Weinen, Lügen. Doch bei all diesen Eigenschaften konnte nachgewiesen werden, dass es sie in Ansätzen bereits im Tierreich gibt. Es bleiben noch ein paar Eigenheiten übrig, wie Religion oder Willensfreiheit, aber diese Merkmale können wiederum dem Menschen bestritten und zur bloßen Illusion erklärt werden. Bleibt dann als letzte Differenz die Fähigkeit übrig, solche Illusionen zu haben …

Doch wenn man sich auf den Gedanken der Evolution einlässt, dann ist die Suche nach dem „Klick", der den Menschen hervorbrachte, grundsätzlich zum Scheitern verurteilt. Vielleicht haben auch Affen so etwas wie Religion, in Ansätzen, sie können es nur nicht kommunizieren. Anders sieht die Beziehung aus, wenn wir nicht eine Diskontinuität suchen, sondern verschiedene entfernte Punkte auf einem Kontinuum ins Auge fassen. Es gibt eine Fülle von Leistungen, zu denen jeder gesunde Mensch bei entsprechender Anleitung fähig ist, aber kein Schimpanse: Steuern eines PKW in der Rushhour, Leitung einer McDonalds-Filiale, Schiefe Schlachtordnung, die sachgerechte Wartung und Bedienung einer Guillotine oder den Bau von Kathedralen. Michael Tomasello sieht hier ein Spezifikum menschlicher Kultur. Sie habe kumulativen Charakter, funktioniere in der Art einer Ratsche oder eines Wagenhebers, das heißt auf bestimmte Erfindungen können dann weitere Erfindungen aufgebaut werden (Tomasello 2002). Man kann es sich so vorstellen, dass Menschenaffen zwar schon einigen Ingenieursgeist besitzen, mit dem sie unterschiedliche Instrumente zum Angeln von Termiten entwickeln, und dass die Beherrschung dieser Techniken nicht angeboren, sondern erlernt ist, dass aber Menschen durch Aufsatteln weiterer Erfindungen, etwa der des Rades und des Geldes und der Tiefkühlung, schließlich große Fastfood-Ketten entwickeln. Das ist in der Tat ein Unterschied. Wenn man ihn aber im Sinne einer Diskontinuitätshypothese

K. Eibl (✉)
Department I Germanistik, Komparatistik, Nordistik, Deutsch als Fremdsprache,
Ludwig-Maximilians-Universität München, Schellingstraße 3, 80799 München, Deutschland
E-Mail: karl.eibl@germanistik.uni-muenchen.de

J. Oehler (Hrsg.), *Der Mensch – Evolution, Natur und Kultur,*

DOI 10.1007/978-3-642-10350-6_7,

ausbaut, gerät man auch hier in Schwierigkeiten. Denn auch für den Wagenhebereffekt hat man Beispiele im Tierreich angeführt. So hat in den letzten Jahren eine neukaledonische Krähenart (*Corvus moneduloides*) von sich Reden gemacht, die Werkzeuge mit Werkzeugen bearbeitete, indem sie ein für ihre Zwecke zu kurzes Stöckchen dazu benutzte, sich ein längeres herbeizuangeln (Taylor et al. 2007). Unklar scheint aber zu sein, ob es sich hier um ein erlerntes und damit als kulturell zu bezeichnendes Verhalten handelt oder um spontane Geschicklichkeit auf Grund angeborener Fähigkeiten. Bis zur Werkzeugmaschinenfabrik haben es die Krähen jedenfalls noch nicht gebracht. Dazu mangelt es ihnen anscheinend an jener Vorratshaltung für Problemlösungen, die wir als menschliche Kultur bezeichnen und die in ihren komplizierteren Leistungen an Sprache gebunden ist.

Ich kann hier nicht die Versuche einer absoluten Chronologie der Sprachentstehung referieren und beurteilen (einen Überblick der Hypothesen findet man bei Christiansen 2003; zur schnellen Information s. Jürgens 2003). Sprache hat keine direkten Fossilien hinterlassen, sodass hier alle Vermutung auf Erschließungen beruht. Und dann hängt natürlich sehr viel davon ab, was man überhaupt für die entscheidende Leistung von Sprache hält, die über das bei Tieren beobachtbare Kommunikationsverhalten hinausführt. Ich will nur kurz drei Zeitschwellen anleuchten, die immer wieder einmal im Zusammenhang der Sprechentstehung besonders hervorgehoben werden.

Datierungen auf die Zeit um 50.000 Jahren halte ich für sehr fragwürdig. Sie stützen sich ganz wesentlich darauf, dass die ältesten „künstlerischen" Zeugnisse unserer Vorfahren etwa 30.000 Jahre alt sind, und dass deren Schaffung Sprache voraussetzt. Es handelt sich dabei vor allem um Höhlenmalereien sowie Figurenfunde in Höhlen. Die viel umrätselte Plötzlichkeit dieser Erscheinungen, die gar zur Rede von einem „*big bang*" des Geistes vor 50.000 Jahren geführt hat, lässt sich am besten damit erklären, dass es sie überhaupt nicht gab: Der ganze lange Vorlauf (Malereien auf Baumrinden, an Felswänden, die dem Wetter ausgesetzt waren, Schnitzereien und Werkzeuge aus Holz, Körperbemalungen und was sich sonst noch denken lässt) ist schlicht verloren. Als unabdingbare Voraussetzung der heutigen Menschensprache gilt eine bestimmte Mutation des Gens FOXP2. Man weiß allerdings noch nicht so ganz genau, welche Voraussetzungen des Sprachvermögens überhaupt von ihm betroffen sind, sondern nur: Ohne diese Mutation will es nicht so richtig klappen mit der Sprache. Früher nahm man an, dass diese Mutation vor 200.000 Jahren entstand, aber da man sie auch beim Neandertaler (der sich vor 300.000–400.000 Jahren von „uns" getrennt hat) gefunden hat, kann man eine deutlich frühere Entstehung (und nebenbei auch eine gewisse Sprechfähigkeit des Neandertalers) vermuten (Krause et al. 2007). Also 400.000 Jahre? Wenn dieses Gen aber nur für bestimmte Leistungen der vokalen Sprache zuständig ist und wir vor der vokalen bereits eine gut ausgebildete Gebärdensprache hatten, dann rückt der mögliche Anfang noch ein ganzes Stück weiter in die Vergangenheit. Immerhin glaubt man bei 2 Mio. Jahre alten Schädeln (*Homo habilis*) Abdrücke jenes Broca'schen Hirnareals gefunden zu haben, dem man wesentliche Leistungen des Sprachvermögens zuschreibt. Diese weite Spanne möglicher absoluter Datierungen zwingt uns nicht zu einer Entscheidung, sondern ist eher ein Hinweis darauf, wie lange ein so komplexes Ding wie die Sprache braucht, um seine (vorerst) endgültige Gestalt zu erreichen.

7.1 Kultur

„Kultur" ist einer jener lebensweltlichen Hochbegriffe, die je nach Kontext sehr Verschiedenes bedeuten können. Sowohl Biologisten als auch Kulturalisten pflegen bei der Frage nach dem Zusammenhang von Natur und Kultur triumphierend mitzuteilen, der Mensch sei von Natur aus ein Kulturwesen – aber sie ziehen daraus ganz unterschiedliche Konsequenzen. Etwas genauer, aber gleichfalls noch recht leerformelhaft, ist die Rede von der biokulturellen Koevolution oder der Gen-Kultur-Evolution. Auch hier wird man über das „Ko-" hinaus etwas präziser werden müssen, wenn man den spezifisch menschlichen Kulturtyp erfassen will. Die Pointe der Koevolutionshypothese besteht dann darin, dass menschliche Kultur als Selektionsfaktor bei der somatischen Evolution wirkte und dadurch die Kulturfähigkeit (und Kulturbedürftigkeit) in der Art einer positiven Rückkoppelung verstärkte. Beispiele dafür lassen sich schon für die Frühzeit der Menschwerdung namhaft machen (ich folge hier Reichholf 2004 und Schrenk 2001): Vor etwa 2,5 Mio. Jahren, am Ende des Tertiärs, kam es zu einer starken Klimaverschlechterung. Ein Teil der Australopithecinen reagierte darauf mit der Entwicklung eines besonders „robusten" Gebisses, das war der *Paranthropus robustus*, ein anderer Teil benutzte Steinwerkzeuge, um die Pflanzen verdaulicher zu machen. Das war der *Homo habilis*, also der „fähige" oder „geschickte" Mensch. Die Einstellung der Selektion auf manuelle Geschicklichkeit ermöglichte Jagdwaffen, diese wiederum waren Voraussetzung für eine Umstellung auf Nahrung mit einem stärkeren Proteinanteil, der wiederum als Voraussetzung für die starke Gehirnvergrößerung gilt. Einen großen Schub erhielt diese Entwicklung vermutlich durch die Benutzung des Feuers, das ebenfalls zu einem Zuwachs an verwertbarem Protein führte. Fraglich ist allerdings, wie lange diese Koevolution andauerte. Ausgehend von der *Out-of-Africa*-Hypothese, die sich seit den 1980er Jahren durchgesetzt hat, kann man sagen: Irgendwann zwischen der Auswanderung aus Afrika vor 100.000–40.000 Jahren und der drastischen Beschleunigung der kulturellen Veränderungen in den letzten 400 Jahren wurden biologische und kulturelle Entwicklung voneinander abgekoppelt, und zwar so, dass die biologische Ausstattung weiterhin die kulturelle Entwicklung mitbestimmte, von der Kultur aber keine relevante Rückwirkung mehr auf das Genom ausging. Die gemeinsame Gen-Kultur-Koevolution der Eigenschaften *aller* Menschen dürfte recht früh, nämlich vor der großen Wanderung abgeschlossen gewesen sein, es sei denn, man nimmt danach noch weiteren intensiven Reiseverkehr von globalem Ausmaß an (Cavalli-Sforza 1999). Das heißt: Der letzte Faktor, der auf die biologische Ausstattung der meisten Menschen wirkte, war das Sesshaftwerden im Laufe der letzten 10.000 Jahre. Es dürfte mit einem Selektionsdruck zu erhöhter Toleranz für Nähe, besonderem Kommunikationsgeschick und gewissen Planungs- und Verteilungsfähigkeiten verbunden gewesen sein. Aber schon dieser Faktor betraf streng genommen nicht mehr das gemeinsame Erbgut, sondern führte zu Konvergenzen der Entwicklungen verschiedener Populationen, die je nach ökologischen Rahmenbedingungen auch zu Spezialergebnissen geführt haben können. Der Standardbeleg für späte Gen-Kultur-Evolution, die Laktosetoleranz von Hirtenvölkern, ist nur als Beispiel für solche regionalen Entwicklungen brauchbar, die ohnedies niemand bestreitet (letzter Stand zur Gen-Kultur-Evolution: Laland et al. 2010).

Die Gen-Kultur-Koevolutions-Hypothese kann die frühe technische Kultur erklären. Aber man kommt damit kaum über die neolithische Schwelle und schon gar nicht in die letzten 400 Jahre, also in die Zeit, die sich gerade durch ein ganz besonderes Maß an technologischer Entwicklung auszeichnet. Und überhaupt nicht erfasst ist die semantische Komponente von Kultur. Gemeint ist der weite Bereich, z. B. von Kommunikation, Herrschaft, Unterricht, Kunst, Religion und Überlieferung, der den „höherstufig generalisierten, relativ situationsunabhängig verfügbaren Sinn" einer Kultur oder ihren „Vorrat an bereitgehaltenen Sinnverarbeitungsregeln" umfasst (Luhmann 1980, S. 19). Diese semantische Komponente wölbt sich nicht nur als Deutungsrahmen über die technische Komponente und deren biologische Voraussetzungen, sondern es gibt gute Gründe für die Vermutung, dass sie überhaupt erst die Auskoppelung der Kultur aus dem koevolutiven Zusammenhang ermöglicht hat.

Wie also hat man sich das Verhältnis von natürlicher und kultureller Ausstattung des Menschen vorzustellen? Ein Kulturbegriff, der für die Behandlung dieses Verhältnisses besonders fruchtbar gemacht werden kann, lässt sich meines Erachtens aus Überlegungen gewinnen, die schon vor mehr als 100 Jahren William James in seinen „*Principles of Psychology*" angestellt hat. James war einer der ersten Psychologen, die die Evolution als einen wichtigen Faktor für die Entstehung der menschlichen Psyche betrachtet haben. Während der Mainstream psychologischer und soziologischer Auffassungen bis in die Gegenwart annimmt, beim Menschen seien die Instinkte irgendwie zurückgefahren, reduziert, abgeschaltet oder dergleichen, modellierte James anders: Die Menschen hätten nicht weniger, sondern mehr Instinkte als die Tiere. Doch nicht in dieser quantitativen Formulierung liegt die Pointe seiner Konzeption, sondern im Verhältnis dieser Instinkte zueinander. Sie bilden nicht etwa ein harmonisches Ensemble, sondern sie *widersprechen* einander. Ursache dafür ist die Komplexität der Lebensumstände höherer Tiere, die nicht mehr allein durch „fest verdrahtete" Instinkte bewältigt werden können. *„Since any entirely unknown object may be fraught with weal or woe, Nature implants contrary impulses to act on many classes of things, and leaves it to slight alterations in the conditions of the individual case to decide which impulse shall carry the day."* Die evolutionäre Technik, die hier zur Herstellung von Elastizität und Plastizität verwendet wurde, baut zwar auf den Instinkten auf, bringt diese aber in ein antagonistisches Verhältnis und schafft auf diese Weise Raum für eine herausragende Rolle der Erfahrung. *„They contradict each other – ‚experience' in each particular opportunity of application usually deciding the issue. The animal that exhibits them loses the ‚instinctive' demeanor and appears to lead a life of hesitation and choice, an intellectual life; not, however, because he has no instincts – rather because he has so many that they block each other's path."* (James 1890, S. 393, Sperrung von

James. In der deutschen Version von 1909, S. 398: „Sie widersprechen einander, sodass die Erfahrung in jedem Anwendungsfall über den Ausgang entscheidet. Das betr. Tier macht dann nicht mehr den Eindruck eines ‚instinktiv' sich verhaltenden und scheint ein Leben voll der Überlegung und Wahl, ein intellektuelles Leben zu führen; jedoch nicht deshalb, weil es keine Instinkte hat – sondern vielmehr weil es so viele besitzt, dass die sich gegenseitig den Weg versperren.")

Unschwer lässt sich daraus ein Kulturbegriff gewinnen, der nicht nur biologischen Interessen Genüge tut, sondern auch die Kulturwissenschaften in ihrer Eigenart respektiert und zugleich an die biologischen Voraussetzungen anbindet. Man muss nur das, was James als individuelle Erfahrung formuliert hat, zur Gruppenerfahrung ausweiten: Semantische Kultur soll dann *die kollektiv aufbewahrte, bearbeitete und parat gehaltene Erfahrung* heißen. Das ist so weit nichts Neues. In anderen Modellkontexten ist es das „kulturelle Wissen" (Titzmann 1989) oder das „kulturelle Gedächtnis" (Assmann 1997), das den Kernbestand von Kultur bildet. Oder das, was Tomasello mit wieder etwas anderen Anschlüssen als gemeinsamen Hintergrund (*common ground*) bezeichnet (Tomasello 2009). Selbst die triebsteuernde Funktion ist kein neuer Befund, sie wurde schon von Freud und seinen Jüngern beachtet. Aber es geht nun nicht um eine mythisch-metamorphotische, universelle Libido, die von der Kultur unterdrückt wird, sondern um einen Adaptationen-Set, der wegen seiner Widersprüchlichkeit der Steuerung durch Erfahrung bedarf.

Die Möglichkeit, kollektive Erfahrungskonserven anzulegen (also Kulturen zu bilden), verdankt die Menschheit der Sprache, genauer: der Kombination von zwei Eigenschaften dieser Sprache, nämlich der Referenzialität (Bezug auf die Umwelt) und der Arbitrarität/Konventionalität (Benennung mittels Vereinbarung). Auch hier wird man vorweg einen Widerspruch vermuten können: Referenz sollte eigentlich Willkür ausschließen. Kinder und naive erwachsene Gemüter bestehen denn auch immer wieder einmal drauf, dass ihre Benennung der Dinge die „richtige" ist. Aber es wird zu zeigen sein, dass gerade die spannungsvolle Kombination dieser beiden Eigenschaften als Entstehungsgrund der menschlichen Kultur(en!) aufgefasst werden kann.

7.2 Angeborene Dispositionen, kulturelle Realisationen

Eine Grundfrage der biologischen Auffassung von Sprache ist schon von Darwin zumindest im Grundsatz geklärt worden, nämlich die Frage nach dem Verhältnis von Angeborenem und Erworbenem:

> [...] einer der Begründer der edlen Wissenschaft der Philologie sagt, Sprache sei eine Kunst [erlernte Kunstfertigkeit] wie Brauen oder Backen. Aber das Schreiben würde besser als Vergleich gepasst haben. Die Sprache ist sicher kein echter Instinkt, denn jede Sprache muss erlernt werden. Sie unterscheidet sich jedoch stark von allen gewöhnlichen Künsten, denn der Mensch hat eine instinktive Neigung zum Sprechen, wie wir auch aus dem Lallen der Kinder entnehmen können, während kein Kind eine instinktive Neigung zum Brauen, Backen oder Schreiben hat. (Darwin 1921, S. 144)

Das Nachdenken über Sprache unter evolutionärem Gesichtspunkt ist in den letzten Jahrzehnten nach der Öde des Behaviorismus erst allmählich wieder in Gang gekommen. Noch der Strukturalismus, der die Linguistik lange Zeit dominiert hatte, war letztlich geschichts- und damit auch evolutionsblind. Der Gedanke des Systems ließ sich nur durch eine synchronistische Betrachtungsweise konsequent realisieren. Man versuchte den Mangel dieser Vorgehensweise durch den Gedanken an eine Abfolge synchroner Schnitte zu beheben, aber was für die Veränderungen von einem Schnitt zum anderen verantwortlich war, ließ sich damit nicht erfassen. Noch Foucaults Geschichtsbild hat diese Sichtweise beerbt, indem es Wandel nur als kataklysmischen Epochenbruch konzipieren konnte. Die biologische Evolution ist für ein solches Denken nur als kulturelle Konstruktion begreifbar, ohne relevanten Wahrheitsgehalt. Es folgte die Generative Transformationsgrammatik Noam Chomskys mit einer anderen Variante der Evolutionsblindheit. Chomsky galt lange Zeit als *der* Vertreter des Nativismus, das heißt der Lehre, dass grundlegende Strukturen der Sprache(n) angeborenen Charakter haben, ja, dass Linguistik eigentlich eine Sparte der Biologie sei. Aber er wollte mit der Evolutionstheorie nichts zu tun haben. So entstand ein Kuriosum: Ein Biologismus ohne Evolutionstheorie. (Auseinandersetzung mit Chomsky unter diesem Aspekt: Pinker u. Bloom 1992). Chomsky hat denn auch seine Konzeption mit mehr Recht als „cartesianisch" bezeichnet als er selbst wohl dachte. Denn wenn man mit „eingeborenen Ideen" (*ideae innatae*) operiert, deren Herkunft aber im Dunkeln lässt, dann muss man wohl auch mit Descartes einen göttlichen Ursprung dieser Ideen annehmen … Aus dieser Konstellation ist wohl auch Chomskys Begriff einer „Universalgrammatik" zu verstehen, die allen Sprachen zu Grunde liegt. Letzten Endes hätte eine solche Universalgrammatik die gesamte kognitive Ausrüstung der Spezies zu umfassen, und vielleicht besteht Chomskys größter Verdienst darin, dass er damit einen starken Anstoß zur kognitivistischen Forschung gegeben hat. Wenn man das nativistische Konzept aber in Kontakt zur Vielfalt der Einzelsprachen bringen will, dann wird man eher nach universellen Programmen zu suchen haben, die *Entstehung und Erwerb* dieser Einzelsprachen regeln (und die natürlich ihrerseits wieder in Interdependenz zur übrigen kognitiven Ausstattung stehen). Derek Bickerton hat aus seinen Studien zu Kreolsprachen das Konzept eines „Bioprogramms" des *Spracherwerbs* gewonnen, und er hat auch in mehreren Ansätzen versucht, dabei die Evolutionstheorie angemessen zur Geltung zu bringen. Inzwischen scheint das Pendel wieder zur anderen Seite auszuschlagen. Es zeichnet sich in der Frage der Sprachentstehung eine Art gemäßigter „Neokulturalismus" ab. Michael Tomasello will nun, Bickerton (und manchen anderen) souverän ignorierend, Sprache(n) im engeren Sinne der akustischen Sprachsysteme wieder zu rein kulturellen Produkten machen, die allerdings in so hohem Maße mit biologischen Bausteinen operieren und biologisch entwickelte Bedürfnisse erfüllen, dass man nicht wirklich von einer Wende sprechen kann. Jede Spracherwerbstheorie muss heute speziestypische menschliche Fähigkeiten angeborener Art und kulturelle Variablen annehmen, und die verschiedenen Konzeptionen unterscheiden sich nur darin, wie weit und auf welche Weise sie die angeborenen Dispositionen in die Einzelsprachen hineinreichen lassen.

7.3 Sachbezug oder Personenbezug der Sprache

Eine andere (Schein-) Differenz besteht bei der Frage, was überhaupt die adaptive Leistung der Sprache ist. Auch hier herrscht insofern ein gewisser salomonischer Konsens, als allgemein ein Multifunktionalismus der entwickelten Sprache anerkannt wird. Differenzen aber ergeben sich, wenn es um die dominierende Leistung geht, die für die Entstehung und Festigung der Menschensprache verantwortlich war.

Grob kann man dabei Personenbezug und Sachbezug unterscheiden. Die These vom Primat des Sachbezugs kann bei Bickerton anknüpfen. Bickerton hat seine Auffassung dankenswerterweise in einem Spiegel-Interview, also mit der entsprechenden Vereinfachung und Pointierung, vertreten. Die Anfänge der Menschensprache hätten sich den Herausforderungen des Wechsels vom Urwald in die Savanne zu verdanken. Wenn z. B. ein Trupp von 8 oder 10 Leuten einen Mammutkadaver fand und davon der Gruppe – Bickerton rechnet mit 30 oder 40 Individuen – Mitteilung machen wollte, dann musste irgendeine Form der symbolischen Kommunikation benutzt werden. Bickerton denkt sich das so:

> BICKERTON: [...] Stellen Sie sich vor, ein Urmensch findet einen Mammutkadaver und kehrt zu den Seinen zurück. Dann könnte er „Öööőchchch“ gesagt haben und so gemacht haben ... (*deutet Stoßzähne an*).
> SPIEGEL: Aha, das erste Wort der Menschheit lautete also „Öööőchchch“ und bedeutete „Mammut“?
> BICKERTON: Warum nicht? Jedenfalls hieß es sicher nicht „hallo“ oder „tschüs“, wie man es annehmen müsste, wenn die Fortentwicklung der sozialen Intelligenz die Triebfeder der Sprachentwicklung gewesen wäre.

Das wird man mit dieser Ausschließlichkeit nicht stehen lassen können. Jane Goodall hat beschrieben, dass ihre Schimpansen „einander begrüßen, wenn sie sich nach einer Trennung wiederbegegnen“, und dass sie dafür eine breite „Skala von Begrüßungsgesten“ einsetzen (Goodall 1971, S. 103). Sollten die Urmenschen wirklich unhöflicher gewesen sein als die Schimpansen oder unsere Hunde? Man kann getrost verallgemeinern: Bei allen Rudel- und Hordentieren ist die Begrüßung eine wichtige vertrauensbildende Maßnahme. Nein, die ersten Worte in der von Bickerton imaginierten Ursituation lauteten wahrscheinlich: „Hallo, Öööőchchch.“ „Hallo“ wäre dabei das Tiererbe, „Öööőchchch“ allerdings wäre der menschliche Zugewinn, auf den es uns hier ankommt.

Die andere Auffassung ist die vom Primat des Personenbezugs. Eine gewisse Popularität hat hier in den letzten Jahren die Vermutung Robin Dunbars gewonnen, die Menschensprache sei eine Art evolutionärer Fortsetzung des Groomings der Affen. „Sprache ist entstanden, damit wir tratschen können“ (Dunbar 1998, S. 105). Die Größe des menschlichen Gehirns sei für Personengruppen von etwa 150 Individuen bemessen und die Kommunikation zwischen 150 Individuen sei mit Grooming nicht zu leisten. Dunbar verwendet bei seinen Berechnungen allzu viele Bereinigungsmaßnahmen (zur Detailkritik s. Eibl 2004, S. 191–194). Doch davon abgesehen hat die These zwei Vorzüge und zwei Schwächen. Die beiden Vorzüge: Sie ist eine Kontinuitätsthese und sie stellt in den Mittelpunkt eine Leistung. Die

Schwächen: Weshalb haben die Menschen sich überhaupt zu größeren Gruppen zusammengeschlossen? Dunbar spricht einerseits dramatisch vom „unbarmherzigen ökologischen Zwang zur Vergrößerung der Gruppen" (Dunbar 1998, S. 103), aber wenn er auf die Frage nach den Ursachen für diesen Zwang zu sprechen kommt, meint er: „Die Antwort lautet kurz und bündig: Wir wissen es nicht" (Dunbar 1998, S. 152). Tatsächlich waren da ja nicht 150 Leute, die dringend ein neues Kommunikationsmittel brauchten und deshalb die Sprache erfanden, sondern die allmähliche Vergrößerung der Gruppen (und des Gehirns) und die Entstehung der Menschensprache gingen Hand in Hand und bedingten einander gegenseitig. Ganz gewiss hat hier auch der Sachbezug als Selektionsvorteil gewirkt. Die zweite Schwäche hängt damit zusammen: Grooming sowie Klatsch und Tratsch sind nicht nur quantitativ sehr verschieden. Die einzige Information, die durch Grooming übermittelt wird, heißt: „Ich mag Dich". Klatsch und Tratsch hingegen geben auch *Informationen über Dritte* – wer mit wem weshalb vielleicht was getan hat. Und schließlich gehören zu den vermutlich frühen, überlebensförderlichen Mehrleistungen der Sprache auch Mitteilungen vom Typ: „Achtung, hier schleicht ein Leopard herum.", was man mittels Grooming kaum kommunizieren kann, wohl aber durch Laute oder durch Gebärden, wie sie schon zur kommunikativen Ausstattung unserer Mitprimaten gehörten (Cheney u. Seifarth 1994).

7.4 Berührungen, Mimik und Gestik, Laute

Kommunikation ist ja nicht auf die Lautsprache allein angewiesen. Es gibt auch Medien der anderen Sinne, sogar olfaktorische Kommunikation, die uns freilich wegen der Verkümmerung des menschlichen Geruchssinnes weitgehend verschlossen bleibt. Das taktile Medium, also das Grooming in einem weiten Sinne, wird auch von den Menschen noch vornehmlich für intime Kontakte verwendet. Daneben gibt/gab es das visuelle Medium, das in den letzten Jahren auch unter evolutionärem Gesichtspunkt besonders beachtet wird. Mit guten Gründen vermutet man bei der Verständigung durch Mimik und Gebärden eine Ursprungsstelle der Sprache überhaupt (Corballis 2002; Fehrmann u. Jäger 2004; Jäger 2009; Niemitz 1987; Tomasello 2009). Auf die neuerdings in diesem Zusammenhang herangezogene Bedeutung der Spiegelneurone gehe ich hier nicht ein. Die Unterscheidung von empirischem Befund, begründeter Vermutung und Unfug bedürfte einer eigenen Abhandlung. Der Leser vergleiche hierzu aus erster Hand Rizzolatti und Sinigaglia (2008). Das Freiwerden der Hände durch den aufrechten Gang hat uns hier große Vorteile gegenüber den vierfüßigen Vettern verschafft und sehr differenzierte Äußerungen ermöglicht. Tomasello sieht insbesondere bei den Zeigegesten einen wichtigen Unterschied zwischen Mensch und Tier. Hunde können immerhin menschliche Zeigegesten lernen und befolgen, Schimpansen können sie auch selbst ausführen, aber sie benutzen sie nur gegenüber Menschen und nur „imperativisch", das heißt wenn sie etwas verlangen (andere Gesten gehören durchaus zum innerartlichen Repertoire). Beim Menschen hingegen gehören Zeigegesten anscheinend zum angeborenen Kommunikationsinventar, und ihre Funktion ist nicht (nur), dass etwas verlangt wird, sondern sie werden auch eingesetzt, um die Aufmerksamkeit auf etwas zu lenken. Ihre Funktion ist es also, durch Lenkung der Aufmerksamkeit gemeinsames Wissen zu erzeugen (den oben erwähnten *common ground*), das wiederum gemeinsames intentionales Handeln ermöglicht.

Auf dieser Basis können, wie die Gebärdensprachen für Gehörlose zeigen, sehr leistungsfähige Sprachen aufgebaut werden. Die Entwicklung setzt an bei unwillkürlichen, angeborenen Displayfunktionen, die wir auch an Tieren beobachten können, sie kann ergänzt werden um den Gebrauch abbildender (ikonischer) Elemente, die vermutlich schon ein Privileg des Menschen sind, und sie kann dann auch mit konventionell-arbiträren Bezeichnungen operieren. Unsere modernen Gehörlosensprachen setzen allerdings bereits den arbiträren Charakter der Vokalsprache als Vorbild voraus. Ob man auch den Frühmenschen ein hoch entwickeltes Gebärdensystem mit nennenswerten arbiträren Elementen zuschreiben kann, darf bezweifelt werden. Dass sich schließlich (wann?) die akustische Sprache durchgesetzt hat und die anderen Kanäle zweitrangig werden ließ, bedarf jedenfalls einer evolutionären Erklärung.

Man muss wohl unterscheiden zwischen den Anfangsvorteilen und der späteren Nutzung ursprünglicher Nebeneffekte, wenn nicht gar Mängel. Zunächst kann man von einem Miteinander zweier Äußerungsmedien ausgehen. Auch heute ist gesprochene Sprache fast immer von ergänzenden oder unterstreichenden Gesten begleitet, und ähnlich dürfte die frühe Gebärdensprache auch schon durch Laute ergänzt worden sein. Ein erster Vorteil der akustisch übermittelten Signale besteht darin, dass sie ohne Blickkontakt auskommen. Das vervielfacht die Chancen gelingender Kommunikation, nämlich durch Verständigung nach rechts, links, hinten, über Hindernisse hinweg und vor allem auch bei Dunkelheit. Ferner ist es möglich, die Lautstärke zu regulieren, Vertrauliches leise zu kommunizieren, anderes mit erhobener Stimme oder gar schreiend einer Hundertschaft zu übermitteln. Das dürften die Anfangsvorteile gewesen sein, die zumindest ein gleichberechtigtes Nebeneinander beider Kanäle fördern konnten. (Erst der übernächste Schritt, die Alphabetschrift, lässt dann einen Kanal ohne jedes gestische Moment entstehen. Dem kommt man dann aber oft durch Illustrationen zu Hilfe.)

Diese Vorteile hätten aber kaum ausgereicht, um die heutige Dominanz des akustischen Kanals zu begründen. Denn es gab auf diesem Weg eine wichtige Hürde. Die aus dem Tierreich überkommenen körperlichen Mittel der Vokalisierung waren recht beschränkt und mussten erst entwickelt werden. Wir operieren beim Sprechen mit einem Mundraum, der sich stark von dem der anderen Primaten unterscheidet. Insbesondere die Vokale können wir weit variantenreicher artikulieren als unsere Vettern. Dafür sind eine verstärkte Wölbung der Schädelbasis und eine tiefe Lage des Kehlkopfes verantwortlich, die zusammen den vergrößerten Mundraum ergeben. Allerdings fordert das seinen Preis. Während nämlich beim Schimpansen Kehlkopfdeckel und Gaumensegel einen dichten Verschluss bilden, sodass er ohne Schwierigkeiten gleichzeitig schlucken und atmen kann (menschliche Säuglinge können es auch), müssen wir immer entscheiden, ob wir gerade atmen oder etwas zu uns nehmen wollen. Wenn uns da ein Fehler unterläuft, verschlucken wir uns, bekommen einen Hustenanfall, und wenn es ganz schlimm ausgeht, ersticken wir. Gleichzeitig mit der Vergrößerung des Mundraums musste also auch eine entsprechende Beherrschung der Feinmotorik ausgebildet werden – auf evolutionärem Wege. Das heißt im Klartext: Es mussten eine ganze Menge Menschen ersticken, bis wir so einen patenten Kehlkopf hatten. Das aber bedeutet, dass die Entwicklung der Sprechwerkzeuge mit sehr starken Vorteilen der gesprochenen Sprache verbunden gewesen sein muss, damit sich diese Kosten lohnten.

Entscheidend für diese Entwicklung war wohl der schon angekündigte Nebeneffekt, der einen Nachteil zu einem Vorteil ummünzte und ihn produktiv nutzte, nämlich die „Künstlichkeit" (Willkürlichkeit, Arbitrarität, Konventionalität) der akustischen Sprachzeichen. Der visuelle Kanal knüpfte zumindest bei „natürlichen" Verhältnissen an. Noch heute nutzen wir das für unsere elementaren Verständigungsbemühungen in exotischen Urlaubsländern. Das ist beim akustischen Kanal nur in geringem Umfang möglich. Gewiss könnten wir Vogelgezwitscher nachahmen oder das Gebrüll eines Mammuts. Aber damit stoßen wir bald an Grenzen. Bei Bickertons Beispiel musste die akustische Bezeichnung – Gebrüll – durch eine gestische präzisiert werden, denn brüllen tut in der Savanne vieles. Erst als der heimkehrende Urmensch sagte: „Mammut", war das Tier kurz und präzis bezeichnet.

Für eine Übergangszeit muss man wahrscheinlich einen regen Austausch zwischen den Kanälen ansetzen. Reine Ikonizität ist ja ohnedies unmöglich, und auch die in den vorliegenden Ausführungen verwendete Unterscheidung symbolisch-arbiträr/ikonisch ist nicht sehr genau und nur dem Wunsch nach schneller Verständigung geschuldet (Nöth 2000). Schon bei ganz einfachen ikonischen Abbildungen kommt es immer darauf an, welchen Teil des abzubildenden Gegenstandes man für relevant hält! Im Falle von Bickertons Mammut sind es die großen Zähne, aber es könnte auch der Rüssel sein. So lange der Urmensch nicht den ganzen Kadaver herschleppt, enthält die Repräsentation immer ein arbiträr-konventionelles Element. Dieses unvermeidliche Element mag auch der Ansatz für eine frühe arbiträre Gestensprache gewesen sein. Aber die entscheidende Befreiung verdankt sich der Festlegung auf die Dominanz des akustischen Kanals, der nur noch vergleichsweise kümmerliche Reste des Ikonischen wahren konnte (Corballis 2002, S. 186). *Der Mangel an ikonischer oder pantomimischer Plausibilität musste kompensiert werden durch erhöhte Konventionalisierung der Zeichen.* Die Folgen dieser Befreiung und Neudetermination waren immens und prägend für alles, was wir menschliche Kultur nennen. Denn mit der Konventionalität/Arbitrarität wird die Möglichkeit des *symbolischen* Wirklichkeitsbezugs gewonnen.

Die Differenz kann man sich *in nuce* verdeutlichen, wenn man die Möglichkeiten einer Kommunikation innerseelischer Vorgänge prüft. Die literarische Welt ist voller Klagen darüber, dass man das Innerste der Seele nicht mitteilen kann. „Spricht die Seele, so spricht, ach schon die Seele nicht mehr", meinte Friedrich Schiller. Nicht selten wird dann die Möglichkeit einer Sprache ohne Worte ins Auge gefasst. Das ist keineswegs abwegig. Illusionär ist nur die Vorstellung, dass diese Sprache ohne Worte leistungsfähiger wäre als die mit Worten. Auch beim Menschen gibt es unwillkürliche Displayfunktionen, die auf eine „natürliche", symptomatische Weise über die Gemütsbewegungen Auskunft geben (Eibl-Eibesfeldt 2004; Ekman 2007). Sie können auch absichtlich eingesetzt werden und haben dann ikonische Qualität. Freude, Trauer, Angst, Ekel, Misstrauen, Ärger und Ähnliches lassen sich damit ausdrücken und wahrnehmen. Doch das Repertoire dieser Sprache ohne Worte bleibt beschränkt auf einen Grundbestand von Emotionen. Das, was Moses Mendelssohn die „vermischten Empfindungen" nannte, ist viel zu komplex für diese Ausdrucksmittel, ganz abgesehen von der Verknüpfung mit Gegenständen/Ursachen; nicht ausgedrückt werden kann damit, worunter jemand leidet, worüber er sich freut und *was* er denkt. Die *Theory of Mind*, das heißt unsere Vorstellung von kognitiven innerseelischen Vorgängen anderer Menschen, kann mit solchen Mitteln nur in bescheidenem Umfang bedient werden. Wir können zwar aus der Blickrichtung, aus der Atemfrequenz, aus unwillkürlichen Bewegungen Absichten zu erschließen versuchen, und der Partner kann zumindest die Blickrichtung expliziter machen durch entsprechende Zeigegesten. Das war's dann auch. Die lautsprachliche Kommunikation ist hier viel leistungsfähiger. Eine direkte, symptomatische oder ikonische Sprache der Seele steht ihr zwar nicht zur Verfügung. Aber die kulturelle Arbeit vieler Generationen hat ein Netz aus arbiträren Benennungen geknüpft, das immer wieder durch Konventionen festgezurrt wurde. In der deutschen Sprache zum Beispiel haben die Mystik und der Pietismus den Wortschatz um viele Bezeichnungen für Innerseelisches bereichert, deren religiöser Ursprung uns gar nicht mehr bewusst ist. Wer in einer solchen Tradition aufwächst, kann seine eigenen Gedanken und Empfindungen nach den Vorgaben ihrer Kommunikabilität regulieren und die Selbstbeschreibungen der anderen nach diesen Vorgaben entschlüsseln.

7.5 Leistungen der Arbitrarität/Konventionalität

Wofür ist die arbiträre Lautsprache sonst noch geeigneter als ikonisch gebundene Gestensprachen? Die Unterscheidung verschiedener Raubkatzen, verschiedener Schlangenarten oder verschiedener Kräuter und Wurzeln, auch verschiedener Verwandtschaftsgrade mit ikonischen Mitteln ist vielleicht nicht unmöglich, würde aber sehr schnell in epische Umständlichkeit ausarten. Je komplexer die Umwelt, desto rationeller sind arbiträr-konventionelle Bezeichnungen. Wer da einen höheren Anteil an arbiträrer Benennungskapazität besaß, war in der Reproduktionskonkurrenz überlegen, und zwar sowohl in der Konkurrenz zwischen Individuen als auch in der Konkurrenz zwischen Gruppen.

Ebenso wichtig wurde es, dass man über Nichtanwesendes reden konnte. Über das Land hinter den Bergen oder den gestrigen Tag, auch über Gott und das All. Der einfache Verweis auf einen abwesenden Mammutkadaver ist zwar auch mittels Zeigegesten möglich, aber er setzt die Möglichkeit einer physischen Kontaktaufnahme voraus. Wenn ich der Zeigerichtung folge, komme ich zum „Ööööchchch". Diese Möglichkeit schwindet mit zunehmender zeitlicher und räumlicher Entfernung: Eine ikonische oder pantomimische Verabredung für die Jagd am nächsten Morgen ist schon weit schwieriger und wird kaum ohne Hilfe symbolisch-konventioneller

Elemente möglich sein. Wenn es um die Ernte im kommenden Herbst geht, wird man mit ikonischen Gebärden nicht mehr durchkommen. Hier setzt eine zentrale Leistung der arbiträr-referenziellen Sprache ein: Die Vergegenständlichung, das heißt die Fähigkeit, auch Nichtanwesendem den Status eines Gegenstandes zu verleihen (vergleiche mit etwas anderer Herleitung Eibl 2004, S. 232 ff.).

Nicht anwesend im Sinne physischer Unzugänglichkeit ist jedenfalls die Vergangenheit. Obwohl doch kaum etwas so real ist/war. Alle Erfahrungen sind solche aus der Vergangenheit. Doch ihr Gegenstandscharakter kann nur mittels der sprachlichen Repräsentation wiederhergestellt werden. Die wichtigste Methode solcher Repräsentation ist das Erzählen als Verknüpfung von Sachverhalten zu einem nichtzufälligen Ganzen. Da sind ikonische Sprachen schon deshalb im Nachteil, weil sie nur eine Konjunktion kennen, das „und“, mit dem wir die Dinge nebeneinander stellen. Die ungemein fruchtbaren Verbindungen mit z. B. „weil“, „wenn … dann“, „um … zu“, „aber“ „sodass“ sind nur mit konventionalisierten Zeichen möglich. Von solchen Konjunktionen – ausgesprochenen und unausgesprochenen – lebt das Erzählen, das mithin nur im akustischen Medium über die bloße „und“-Folge hinauskommen kann. Hier liegt dann auch die Fundierung menschlicher Kulturen durch vergegenständlichende Sprache: Man kann Kulturen auffassen als ein Aggregat von Erzählungen, die die Welt nach Ursache und Folge erklären.

Gleichfalls nur in nichtikonischen Medien ist das Abstrahieren möglich. In der Wirklichkeit gibt es nicht die Spezies *Mammuthus africanavus*, sondern nur einzelne Mammuts. In abstrahierter Form gespeichertes Wissen über „das“ Mammut kann dann für Planungen des Zukünftigen appliziert werden. „Zukunft“ aber ist gleichfalls rein ikonisch nicht darstellbar. Unmöglich dürfte es auch sein, mit ausschließlich ikonischen Mitteln Geltungsbedingungen von Aussagen zu markieren, das heißt Aussagen zu bilden, die zum Gegenstand von Aussagen gemacht werden können (Cosmides u. Tooby 2000; Eibl 2009a, S. 54–56, zum Komplex der Metainformationen). Nur wenn man arbiträr-konventionelle Mittel benutzt, kann man neue Bedeutungen vereinbaren, – kann man über die Wahrheit von Aussagen diskutieren, – kann man gemeinsame Imaginationsräume als solche kennzeichnen und gemeinsame Pläne schmieden oder Experimente vollführen, – kann man einander Träume erzählen, – kann man durch falsche Markierungen des Geltungsbereichs von Propositionen einander belügen … (Man sollte nicht, wie Sommer 1992, auch die nichtsprachlichen Täuschungen der Tiere zu Lügen ernennen; mit solchen Anthropomorphismen nimmt man die gewünschten Ergebnisse schon in der Beschreibungssprache vorweg.)

Ich greife zurück auf die Eingangsbemerkungen zu James: Nur mittels der Lautsprache und ihrer von ikonischen Zwängen befreiten Symbol- oder Vergegenständlichungsleistung ist es möglich, vergangene Erfahrung als tradiertes Wissen intersubjektiv zu konservieren und damit letztlich zur Kultur auszubauen. „Wissen“ heißt hier natürlich nicht systematisch geprüftes Wissen, sondern das, was von den betreffenden Menschen für Wissen gehalten wird, und es ist auch nicht auf „reine“ Kognitionen beschränkt, sondern enthält auch Handlungspräferenzen (Wertungen) und damit verbundene Emotionen. Dieses sprachlich fixierte

Wissen wird als Abbildungssystem über die Welt gelegt und bildet eine Art Zwischenwelt (Eibl 2009a). Sie ist mit der Welt durch Referenz verknüpft, aber da die Repräsentation der Welt in ihr symbolischer, auf Konvention beruhender Art ist, ist sie zugleich arbiträr. Manche radikalen Sozialkonstruktivisten lassen von dieser Konstellation nur die Arbitrarität übrig, sodass die sprachlich fundierten Weltkonstruktionen insgesamt zu willkürlichen, allenfalls in sich selbst kohärenten Phantasmen werden. In bestimmten Teilbereichen des geistigen Lebens mag diese Diagnose sogar zutreffen. Aber die konsequente Ablösung vom Wirklichkeitsbezug wäre ein selbstmörderisches Unternehmen und hätte keine evolutionäre Chance.

Das Element der Arbitrarität öffnet über die Möglichkeiten der Speicherung hinaus einen weiten Spielraum der Gestaltung und Anpassung. Im tropischen Regenwald zum Beispiel müssen Erfahrungen anders bearbeitet und gespeichert werden als in der Savanne, polygyne Gesellschaften müssen andere Folgeprobleme lösen als polyandrische oder monogame, nach der Erfindung des Rades sieht die Welt anders aus als davor. Das gilt nicht nur für die externen Herausforderungen, sondern in mindestens gleichem Maße für die intrinsischen, also für das Management konkurrierender Instinkte, die auf die jeweilige Lebensform eingestellt werden müssen. Gerade hier kann die Arbitrarität der Sprache sich bewähren. Sie kann Situationen definieren und standardisieren, sodass der „Hiatus", das abwägende Innehalten vor einer Entscheidung, entlastet und trotz der Instinktkonkurrenz eine Möglichkeit automatisierten Verhaltens geschaffen wird.

Überdies wird es mittels der arbiträren Sprachzeichen möglich, auf die Herausforderungen der Wirklichkeit mit Stellvertreterkonstruktionen („Metaphern") zu reagieren, mit deren Hilfe die Auslöser und Endhandlungen adaptiver Verhaltensweisen neu definiert werden. Wird z. B. der relevante Personenkreis über die nächste Verwandtschaft hinaus erweitert, kann man auch Nichtverwandte zu Brüdern und Schwestern, Vätern oder Töchtern ernennen und wenigstens einen Teil der Solidarität und affektiven Bindung auch auf diese übertragen, unterstützt vielleicht durch die Konstruktion einer Abstammung vom selben Totemtier. Diese affektive Bindung wird quasi von der anderen Seite unterstützt durch die Disgregationsangst, die Angst, den Kontakt zur Herde, zum Rudel zu verlieren (Eibl 2004, S. 188–191, in Anschluss an Bilz 1971). Die Angst vor dem Alleinsein – das in alter Zeit ja tatsächlich ein äußerst gefährlicher Zustand war – kann dann in diverse religiöse oder politische „Heimaten" oder unter die schützende Hand eines Alpha-Wesens führen. Unser evolviertes Kausalitätsbedürfnis wird dann durch Ursprungsgeschichten befriedigt.

Eines der wichtigsten Medien von Vergesellschaftung ist der Handel. Am Anfang mag da sprachlose oder gestisch vermittelte wechselseitige Hilfe zwischen Gruppenangehörigen gestanden haben, du hattest heute Pech bei der Jagd, deshalb gebe ich dir etwas von meiner Beute ab, und beim nächsten Mal machen wir es vielleicht umgekehrt (Cosmides u. Tooby 2006), da muss man nicht viel reden. Von den Eipos berichtet Volker Heeschen: „Die Eipos machen Bitten etwa durch Blicke deutlich; wer sich neben einen, der isst, setzt, hat schon eine Bitte um Gabe überdeutlich ausgedrückt." (Heeschen 1988, S. 208) Das geht noch ohne arbiträre

Zeichen. Aber von Handel wird man ernsthaft erst reden können, wenn solche Reziprozität Vertragsform gewinnt, die über das Hier und Jetzt hinausreicht und sich zu zeitversetzter und mittelbarer Reziprozität erweitert, als explizites Verhandeln über die Äquivalenz von Werten und als förmliches Versprechen der Gegenleistung einschließlich der Möglichkeit der Mahnung und öffentlichen Ächtung bei deren Ausbleiben. Im Zentrum dieser Aktivitäten steht das Geld. Die Primatologen haben erforscht, wie viele Grooming-Einheiten z. B. gegen einmal Kindstreicheln eingetauscht werden oder wie der Tauschverkehr „Sex gegen Futter" funktioniert (Noë et al. 2001). Begriffe wie „Handel" oder „Markt" in diesem Zusammenhang scheinen mir aber die entscheidende Differenz auszublenden: Die Verwendung konventionell festgesetzter Währung. Als Zwischentauschmittel ohne eigenen Gebrauchswert ist das Geld der Musterfall eines bloß konventionellen Zeichens, und zwar nicht erst, seit es Papiergeld und Münzen aus fast wertlosem Metall (und bald nur noch Plastikkarten) gibt. Auch die Edelmetalle früherer Zeiten hatten ja kaum praktischen Wert. Aber als Zwischentauschmittel waren sie besonders geeignet, weil sie nur in begrenzter Menge verfügbar und sehr haltbar waren. Die Referenz jedoch war/ist so umfassend, dass sie wegen eines Mangels an Unterscheidungsqualität fast in ihr Gegenteil kippte und verschwand: Die einzige Differenz ist die von käuflich/nichtkäuflich.

7.6 Sprachspiele und zweite Ernsthaftigkeit

Zur Geschichte der Menschensprache gehört vermutlich von Anfang an das Spiel mit der Sprache. Wir werden zwar geboren mit der Anlage zur Sprache, mit einem Spracherwerbsprogramm, vielleicht auch mit so etwas wie einer Universalgrammatik. Aber um daraus eine richtige individuell beherrschte Sprache zu machen, gibt es nur eine Methode: Lernen und Üben. Das gilt nicht nur für die Sprache, sondern für alle wichtigeren Adaptationen der höheren Tiere. Der Vogel übt das Fliegen, der Wolf das Drohen und Beißen, der Löwe das Jagen. Häufig sind diese Übungen mit Lust verbunden („intrinsisch motiviert"). Wir nennen das dann Spielen. Spielen, kann man definieren, ist ein mit Lust verbundenes Üben und Lernen. (Zum Zusammenhang mit Funktions- und Organisationsmodus sowie der Bedeutung für Literatur vergleiche besonders Tooby u. Cosmides 2001; Eibl 2009b). Dass es auch ein Lernen und Üben ohne Lust gibt, scheint ein menschliches Privileg zu sein. Damit solches Spielen jedoch überhaupt möglich ist, müssen unsere Adaptationen zeitweise aus ernsthaften Problemsituationen herausgelöst werden. Spielen können nur satte Individuen in geschützten Räumen.

Satte Individuen in geschützten Räumen, das sind z. B. Säuglinge, wenigstens zeitweise. Man hört sie dann Brabbeln, das heißt sie erlernen und üben den Gebrauch ihrer Stimmwerkzeuge, ohne das man schon so etwas wie Semantik, geschweige denn einen Problembezug erkennen könnte. Die nächste, schon kommunikative Stufe sind die „vokalen Spiele" (Begriff von Papušek, Papušek und Harris nach Oerter 1999, S. 123) zwischen Mutter/Vater und Kind, die schon mit

2–4 Monaten beginnen: Lautketten, die wechselseitig wiederholt werden. Es folgen dann ritualisierte, regelhafte Sequenzen (z. B. Heie heie bute, Ninne ninne sause, Pitsche Patsche Peter, Knusper knusper knäuschen, Heile heile Segen, Hoppe hoppe Reiter – natürlich auch mit anderen metrischen Mustern: Eine Fundgrube ist Enzensberger 1961), die oft schon semantisiert sind, aber sich kaum auf ein „Außerhalb" beziehen. Niemand käme auf den Gedanken, den Reiter tatsächlich in irgendeinem Graben oder Sumpf zu suchen. Später tritt das dann als Dichtung auf. Das Pferd Parzivals steht und stand in keinem Stall dieser Welt.

Es ist das weite Feld der fiktionalen oder uneigentlichen Rede, das sich hier öffnet und das an dieser Stelle nur in merkpostenhafter Verkürzung notiert werden kann. Es handelt sich dabei aber keineswegs um einen ignorierbaren Randbereich, sondern um eine Sprachverwendung von vielfach alltagsrelevanter pragmatischer Dimension. Ich habe einmal in halb scherzhafter Weise die entsprechende Redeweise als grammatikalischen Modus, nämlich als „Emeritiv" zu charakterisieren versucht (Eibl 2004, S. 343 ff.). Es ist der Modus der entpflichteten Rede, der auf literaler Ebene keine einklagbaren Wirklichkeitsbezüge aufweist. Auf einer zweiten Ebene aber kann er kommunikativ sehr fruchtbar werden und die ganze Fülle von Anspielung und Zitat, Parabel und Gleichnis, Metapher und Allegorie auch für praktische Zwecke nutzbar machen. Die Rede von der „Autonomie" der Dichtung, wie sie unter ganz bestimmten historischen Bedingungen seit bald 250 Jahren uns immer wieder begegnet, hat sicherlich ein „*fundamentum in re*". Kinderreime oder dadaistische Gedichte sind in diesem Sinne „autonom", das heißt rein selbstreferenzielle, zweckfreie Gebilde, die uns den Genuss an unserem Sprachvermögen vermitteln. Aber diese Autonomie ist zumeist nur die Basis, von der aus literarische Sprachverwendung in einer Art zweiter Ernsthaftigkeit durchaus wieder lebenspraktische Funktionen übernehmen kann. Das kann schonende Funktion sein, wenn man durch die Blume spricht oder, schon etwas heftiger, mit dem Zaunpfahl winkt. Ebenso gut kann der Modus aber auch durch Drastik Aufmerksamkeit heischen, wenn etwa der Elefant im Porzellanladen getadelt oder am Wochenende die Sau rausgelassen wird. Ich verzichte auf einen genaueren Blick auf klassisch-kanonische Literatur, weil diese sich nicht mit wenigen Sätzen abarbeiten lässt, beschränke mich auf den Hinweis, dass unser ganzes alltägliches Sprachverhalten von literarischen Elementen durchzogen ist. Jeder Witz, den wir erzählen, jede Pointe, jede Übertreibung der Alltagsrede, aller Klatsch und Tratsch beziehen ihren Reiz nicht zuletzt aus dem Geschick, mit dem der Sprecher prunkt. Den höchsten Triumph allerdings feiert die referenzlose (oder selbstreferenzielle) Sprache in der Metaphysik. Wenn man den Übungs- und Spielcharakter solcher Sprache gebührend zur Kenntnis nimmt und sie nicht als Rede über etwas anderes als sich selbst (oder, was fast das gleich ist: über das Ganze) missversteht, kann man selbst die philosophische Rede Martin Heideggers genießen.

Ohnedies sollte man den Charakter der Sprache als Informationsvehikel nicht falsch verstehen. Volker Heeschen hat über die Eipos berichtet, dass Instruktionen, Aufforderungen, Anweisungen im Gespräch der kleinen Gesellschaften eine bemerkenswert geringe Rolle spielen. Man redet meistens über Belangloses, das der Partner ohnedies schon weiß. Unsere Vorstellung, dass die Sprache der aktuellen Koordination unserer Aktionen und der Übermittlung neuer Informationen dient, ist zwar nicht falsch, aber sie trifft nicht den Funktionskern der Sprache dieser Völker (Heeschen 1988, S. 208). Sprache dient im Wesentlichen dem ständigen „*mapping*", einer Kartierung der Umwelt, der natürlichen und der sozialen, sie hält die Welt sozusagen sauber und in Ordnung. Das ist jedoch keine Besonderheit der „Primitiven". Was Michel Foucault etwas abschätzig das „Gemurmel" genannt hat, durchzieht auch unser Leben wie ein ubiquitäres Geflecht. Andauernd wird geredet. Nicht etwa deshalb, weil Menschen einander andauernd etwas mitzuteilen hätten. Es ist eher ein Am-Leben-Erhalten der Sprache (und verwandter Symbolsysteme) in ihrer Funktion als Strukturmuster der Welt. Heute wird das vielfach von technischen Mitteln bedient. Was uns an redundanter Leerlauf-Information über Papier, Lautsprecher, Bildschirm erreicht, simuliert zumeist nur Relevanz. Tatsächlich handelt es sich um *Refresh*-Routinen, wie wir sie seit zigtausenden von Jahren brauchen, seit die ursprünglich starren biologischen Programme durch erfahrungs- und traditionsgeleitete Regularien ergänzt oder ersetzt werden, die der ständigen Befestigung, Reparatur und Renovierung bedürfen.

Literatur

Assmann J (1997) *Das kulturelle Gedächtnis. Schrift, Erinnerung und politische Identität in frühen Hochkulturen.* C. H. Beck, München

Bickerton D (1981) *Roots of Language.* Karoma, Ann Arbor

Bickerton D (1995) *Language and Human Behavior.* University of Washington Press, Seattle

Bilz R (1971) *Paläoanthropologie. Der neue Mensch in der Sicht einer Verhaltensforschung.* Bd 1, Suhrkamp, Frankfurt/M

Cavalli-Sforza LL (1999) *Gene, Völker und Sprachen. Die biologischen Grundlagen unserer Zivilisation.* Hanser, München

Cheney DL, Seyfarth RM (1994) *Wie Affen die Welt sehen. Das Denken einer anderen Art.* Hanser, München

Christiansen MH, Kirby S (Hrsg) (2003) *Language Evolution. States of the Art.* Oxford University Press, New York (mit zahlreichen Originalbeiträgen der wichtigsten anglophonen Vertreter wie Bickerton, Corballis, Deacon, Dunbar, Hauser/Fitch, Lieberman, Pinker, Tomasello u. a.)

Corballis MC (2002) *From Hand to Mouth. The Origins of Language.* Princeton UP, Princeton

Cosmides L, Tooby J (2000) *Consider the Source. The Evolution of Adaptations for Decoupling and Metarepresentation.* In: Sperber D (Hrsg) *Metarepresentations. A Multidisciplinary Perspective.* Oxford University Press, New York, S. 53–116

Cosmides L, Tooby J (2006) *Evolutionary Psychology, Moral Heuristics, and the Law.* In: Gigerenzer G, Engel C (Hrsg) *Heuristics and the Law.* Dahlem Workshop Report 94. MIT Press, Cambridge

Darwin C (1921) *Die Abstammung des Menschen und die geschlechtliche Zuchtwahl.* Reclam, Leipzig

Dunbar R (1998) *Klatsch und Tratsch. Wie der Mensch zur Sprache fand.* Bertelsmann, München

Eibl K (2004) *Animal Poeta, Bausteine der biologische Kultur- und Literaturtheorie.* Mentis, Paderborn

Eibl K (2009a) *Kultur als Zwischenwelt. Eine evolutionsbiologische Perspektive.* Suhrkamp, Frankfurt/M

Eibl K (2009b) *Vom Ursprung der Kultur im Spiel. Ein evolutionsbiologischer Zugang*. In: Anz T, Kaulen H (Hrsg) *Literatur als Spiel. Evolutionsbiologische, ästhetische und pädagogische Aspekte*. Beiträge zum Deutschen Germanistentag 2007. De Gruyter, Berlin, S. 19–33

Eibl-Eibesfeldt I (2004) *Biologie des menschlichen Verhaltens*. Piper, München

Ekman P (2007) *Gefühle lesen. Wie Sie Emotionen erkennen und richtig interpretieren*. Spektrum, Heidelberg

Enzensberger HM (1961) *Allerleirauh. Viele schöne Kinderreime*. Suhrkamp, Frankfurt/M

Fehrmann G, Jäger L (2004) *Sprachraum – Raumsprache. Raumstrategien in Gebärdensprachen und ihre Bedeutung für die kognitive Strukturierung*. In: Jäger L, Linz E (Hrsg) *Medialität und Mentalität. Theoretische Studien zum Verhältnis von Sprache, Subjektivität und Kognition*. Fink, München, S. 177–193

Goodall J (1971) *Wilde Schimpansen*. Rowohlt, Reinbek

Heeschen V (1988) *Humanethologische Aspekte der Sprachevolution*. In: Gessinger J, Rahden W v (Hrsg) *Theorien vom Ursprung der Sprache*. Bd 2, de Gruyter, Berlin, S. 196–248

Jäger L (2009) *Sprachevolution. Neuere Befunde zur Audiovisualität des menschlichen Sprachvermögens*. In: literaturkritik.de, Nr. 2 (Februar 2009) http://www.literaturkritik.de/public/rezension.php?rez_id=12740&ausgabe=200902

Jürgens U (2003) *Phylogenese der sprachlichen Kommunikation*. In: Rickheit G, Herrmann T, Deutsch W (Hrsg) *Psycholinguistik*, de Gruyter, Berlin, S. 33–56

James W (1890) *The Principles of Psychology*. Bd 2, Dover, New York

Krause J, Lalueza-Fox C, Orlando L, Enard W, Green R, Burbano H, Hublin J, Hänni C, Fortea J, de la Rasilla M (2007) *The Derived FOXP2 Variant of Modern Humans was Shared with Neandertals*. Current Biology 17: 1908–1912

Laland KN, Odling-Smee J, Myles S (2010) *How Culture Shaped the Human Genome: Bringing Genetics and the Human Sciences Together*. Nature Reviews, Genetics 11: 137–149

Luhmann N (1980) *Gesellschaftsstruktur und Semantik*. Studien zur Wissenssoziologie der modernen Gesellschaft. Bd 1, Suhrkamp, Frankfurt/M

Niemitz C (1987) *Die Stammesgeschichte des menschlichen Gehirns und der menschlichen Sprache*. In: Niemitz C (Hrsg) *Erbe und Umwelt. Zur Natur von Anlage und Selbstbestimmung des Menschen*. Suhrkamp, Frankfurt/M

Noë R, Hooff JARAM van, Hammerstein P (Hrsg) (2001) *Economics in Nature. Social Dilemmas, Mate Choice and Biological Markets*. Cambridge University Press, Cambridge

Nöth W (2000) *Handbuch der Semiotik*. Metzler, Stuttgart, Weimar

Oerter R (1999) *Psychologie des Spiels. Ein handlungstheoretischer Ansatz*. Beltz, Weinheim Basel

Pinker S (2003) *Language as an Adaptation to the Cognitive Niche*. In: Christiansen MH, Kirby S (Hrsg) *Language Evolution*. Oxford University Press, Oxford, S. 16–37

Pinker S, Bloom P (1992) *Natural Language and Natural Selection*. In: Barkow JH, Cosmides L, Tooby J (Hrsg) *The Adapted Mind. Evolutionary Psychology and the Generation of Culture*. Oxford University Press, New York, S. 451–493

Reichholf JH (2004) *Das Rätsel der Menschwerdung. Die Entstehung des Menschen im Wechselspiel mit der Natur*. dtv, München

Rizzolatti G, Sinigaglia C (2008) *Empathie und Spiegelneurone. Die biologische Basis des Mitgefühls*. Suhrkamp, Frankfurt/M

Schrenk F (2001) *Die Frühzeit des Menschen. Der Weg zum Homo sapiens*. C. H. Beck, München

Sommer V (1992) *Lob der Lüge. Täuschung und Selbstbetrug bei Tier und Mensch*. C. H. Beck, München

Taylor AH, Hunt GR, Holzhaider JR, Gray RD (2007) *Spontaneous Metatool Use by New Caledonian Crows*. Current Biology 17: 1504–1507

Titzmann M (1989) *Kulturelles Wissen – Diskurs – Denksystem. Zu einigen Grundbegriffen der Literaturgeschichtsschreibung*. Zeitschrift für französische Sprache und Literatur 99: 47–61

Tomasello M (2002) *Die kulturelle Entwicklung des menschlichen Denkens*. Suhrkamp, Frankfurt/M

Tomasello M (2009) *Die Ursprünge der menschlichen Kommunikation*. Suhrkamp, Frankfurt/M

Tooby J, Cosmides L (2001) *Does Beauty Build Adapted Minds? Toward an Evolutionary Theory of Aesthetics, Fiction and the Arts*. In: Porter Abbott H (Hrsg) *On the Origin of Fictions: Interdiscilinary – Perspecives*. Special Issue, SubStance: A Review of Theory and Literary Criticism 94/95 30: 6–27

Kapitel 8
Darwin, Engels und die Rolle der Arbeit in der biologischen und kulturellen Evolution des Menschen

Josef H. Reichholf

8.1 Der Mensch, ein Arbeitstier

Im Jahre 1876, 5 Jahre nach Erscheinen von Darwins Buch über die Evolution des Menschen und die sexuelle Selektion (Darwin 1871), veröffentlichte Friedrich Engels den berühmt gewordenen Essay „Anteil der Arbeit an der Menschwerdung des Affen" (Engels 1876). Die Kernfrage darin lautet in Kurzform: Warum hat der Mensch eigentlich ein Bedürfnis nach Arbeit? Engels Antwort wird nachfolgend näher betrachtet und vom gegenwärtigen Kenntnisstand aus beurteilt. Wie sich zeigen wird, beantworten seine Überlegungen die Frage nicht wirklich. Sie ist weiterhin offen. Es können lediglich einige zusätzliche Anhaltspunkte zur Diskussion gestellt werden. Angesichts des drängenden Problems millionenfacher Arbeitslosigkeit und der Forderungen nach einem „Grundrecht auf Arbeit" kommt den Überlegungen zum möglichen Ursprung des Bedürfnisses nach Arbeit mehr als nur akademisches Interesse zu.

Der methodische Ansatz der Evolutionsbiologie versucht, die Ursprünge von Entwicklungen zu ergründen, die sich auf den „Bühnen der Zeit" manifestieren. Es geht also nicht darum festzustellen, wozu Arbeit hier und jetzt gut sein kann, sondern weshalb es ein Bedürfnis danach offenbar in allen physisch und psychisch normalen Menschen gibt. Tätigkeiten, die unmittelbar der Erhaltung des Lebens und einer gewissen Vorsorge für die nahe Zukunft (Vorratshaltung) dienen, werden nicht als Arbeit betrachtet. Denn funktionell sind diese den normalen Aktivitäten von Tieren gleich zu setzen – sie stellen Lebensnotwendigkeiten dar. Allerdings kann die unmittelbar nötige Selbstversorgung, der Aufwand für die Subsistenz, eine Bezugsbasis für die weitergehenden Leistungen abgeben, die durch Arbeit erbracht werden. Um diese, eigentlich als Mehrarbeit zu charakterisierende Leistung geht es. Sie kennzeichnet den Menschen – *Homo sapiens*. Aber es gibt andere „arbeitende" Tiere, deren Fleiß wir zwar sprichwörtlich nehmen, aber die wir dennoch nicht mit uns vergleichen

J. H. Reichholf (✉)
Lehrstuhl für Landschaftsökologie, TU München,
Paulusstr. 6, 84524 Neuötting, Deutschland
E-Mail: reichholf.ornithologie@zsm.mwn.de

J. Oehler (Hrsg.), *Der Mensch – Evolution, Natur und Kultur,*
DOI 10.1007/978-3-642-10350-6_8, © Springer-Verlag Berlin Heidelberg 2010

möchten: Bienenfleiß und Emsigkeit der Ameisen. Dieser Hinweis soll vorab klarstellen, dass es in den nachfolgenden Erörterungen nicht allein um die unmittelbare, durch Verwandtschaft gegebene evolutionäre Wurzel geht, sondern auch um vergleichend funktionale Betrachtungen. Denn ähnliche Funktionen, auch wenn sie konvergenter Natur sind, eröffnen Einblicke in Zusammenhänge, die bei rein genealogischer Fragestellung verborgen bleiben. Unsere nächsten Verwandten, die Schimpansen, ähneln uns offenbar überhaupt nicht in einem etwaigen Bedürfnis nach Arbeit. Ameisen schon eher. Es wird sich zeigen, welche Vergleiche angebracht sind.

Engels Argumentation

> Die Arbeit [...] ist die erste Grundbedingung alles menschlichen Lebens, und zwar in einem solchen Grade, dass wir in einem gewissen Sinn sagen müssen: Sie hat den Menschen selbst geschaffen [...] Darwin hat uns eine annähernde Beschreibung [...] unserer Vorfahren gegeben. Sie waren über und über behaart, hatten Bärte und spitze Ohren und lebten in Rudeln auf den Bäumen. Wohl durch ihre Lebensweise veranlaßt, fingen diese Affen an, auf ebener Erde sich der Beihilfe der Hände beim Gehen zu entwöhnen und einen mehr und mehr aufrechten Gang anzunehmen. Damit war der entscheidende Schritt getan für den Übergang vom Affen zum Menschen [...] Wenn der aufrechte Gang bei unseren behaarten Vorfahren zuerst Regel und mit der Zeit Notwendigkeit werden sollte, so setzt dies voraus, daß den Händen inzwischen mehr und mehr anderweitige Tätigkeiten zufielen. Auch bei den Affen herrscht schon eine gewisse Teilung der Verwendung von Hand und Fuß. Die Hand [...] dient vorzugsweise dem Pflücken und festhalten der Nahrung [...] Mit ihr bauen sich manche Affen Nester [...] Mit ihr ergreifen sie Knüttel zur Verteidigung gegen Feinde und bombardieren diese mit Früchten und Steinen. Mit ihr vollziehen sie in Gefangenschaft eine Anzahl einfacher, den Menschen abgesehener Verrichtungen. Aber gerade hier zeigt sich, wie groß der Abstand ist zwischen der unentwickelten Hand selbst der menschenähnlichsten Affen und der durch die Arbeit von Jahrhunderttausenden hoch ausgebildeten Menschenhand [...] Keine Affenhand hat je das roheste Steinmesser verfertigt [...] So ist die Hand nicht nur das Organ der Arbeit, sie ist auch ihr Produkt. Nur durch Arbeit [...] hat die Menschenhand jenen hohen Grad an Vollkommenheit erhalten, auf dem sie Raffaelsche Gemälde, Thorvaldsensche Statuen, Paganinische Musik hervorzaubern konnte. Aber die Hand stand nicht allein. Sie war nur Glied eines ganzen, höchst zusammengesetzten Organismus. Und was der Hand zugute kam, kam auch dem ganzen Körper zugute [...] Die allmähliche Verfeinerung der Menschenhand und die mit ihr Schritt haltende Ausbildung des Fußes für den aufrechten Gang hat unzweifelhaft [...] auf andere Teile des Organismus rückgewirkt [...] Die mit der Ausbildung der Hand, mit der Arbeit, beginnende Herrschaft über die Natur erweiterte bei jedem neuen Fortschritt den Gesichtskreis des Menschen [...] Andrerseits trug die Ausbildung der Arbeit notwendig dazu bei, die Gesellschaftsglieder näher aneinanderzuschließen [...] Kurz, die werdenden Menschen kamen dahin, dass sie einander etwas zu sagen hatten. Das Bedürfnis schuf sich sein Organ: Der unentwickelte Kehlkopf des Affen bildete sich langsam, aber sicher um [...] und die Organe des Mundes lernten [...] einen artikulierten Buchstaben nach dem anderen auszusprechen. Dass diese Erklärung der Entstehung der Sprache aus und mit der Arbeit die einzig richtige ist, beweist der Vergleich mit den Tieren. Das wenige, was diese [...] einander mitzuteilen haben, können sie einander auch ohne artikulierte Sprache mitteilen [...] Arbeit zuerst, nach und dann mit ihr die Sprache – das sind die beiden wesentlichsten Antriebe, unter deren Einfluß das Gehirn eines Affen in das bei aller Ähnlichkeit weit größere und vollkommenere eines Menschen allmählich übergegangen ist [...] Mit dem Auftreten des fertigen Menschen [kam ein neues] Element [hinzu] – die Gesellschaft. Hunderttausende von Jahren [...] sind sicher vergangen, ehe aus dem Rudel baumkletternder Affen eine Gesellschaft von Menschen hervorgegangen war. Aber schließlich war sie da. Und was finden wir wieder als

den bezeichnenden Unterschied zwischen Affenrudel und Menschengesellschaft? [...] Die Arbeit fängt an mit der Verfertigung von Werkzeugen [...] Die ältesten [sind die] Werkzeuge der Jagd und des Fischfangs, erstere zugleich Waffen. Jagd und Fischfang aber setzen den Übergang von der bloßen Pflanzennahrung zum Mitgenuss des Fleisches voraus, und hier haben wir wieder einen wesentlichen Schritt zur Menschwerdung [...] Und je mehr der werdende Mensch sich von der Pflanze entfernte, desto mehr erhob er sich über das Tier [...] Am wesentlichsten aber war die Wirkung der Fleischnahrung auf das Gehirn [...] Die Fleischkost führte zu zwei neuen Fortschritten [...] zur Dienstbarmachung des Feuers und zur Zähmung von Tieren [...] die in der Milch und ihren Produkten [...] ein neues [...] Nahrungsmittel [lieferten]. Wie der Mensch alles Essbare essen lernte, so lernte er auch in jedem Klima leben [...] Der Übergang aus dem gleichmäßig heißen Klima der Urheimat in kältere Gegenden, wo das Jahr sich in Winter und Sommer teilte, schuf neue Bedürfnisse: Wohnung und Kleidung [...] neue Arbeitsgebiete und damit neue Betätigungen, die den Menschen immer weiter vom Tier entfernten [...] Zur Jagd und Viehzucht trat der Ackerbau, zu diesem Spinnen und Weben, Verarbeitung der Metalle, Töpferei, Schiffahrt [...] Handel und Gewerbe [...] endlich Kunst und Wissenschaft, aus Stämmen wurden Nationen und Staaten. Recht und Politik entwickelten sich und mit ihnen das phantastische Spiegelbild der menschlichen Dinge im menschlichen Kopf: die Religion [...] und so entstand mit der Zeit jene idealistische Weltanschauung, die namentlich seit Untergang der antiken Welt die Köpfe beherrscht hat. Sie herrscht noch so sehr, dass selbst die materialistischen Naturforscher der Darwinschen Schule sich noch keine klare Vorstellung von der Entstehung des Menschen machen können, weil sie unter jenem ideologischen Einfluss die Rolle nicht erkennen, die die Arbeit dabei gespielt hat (Zitate aus Engels 1876).

8.2 Kurzvergleich mit der gegenwärtigen Sicht der Evolution des Menschen

In seiner Darlegung der Evolution des Menschen folgte Friedrich Engels im Wesentlichen Charles Darwin (1871). Der Ablauf entspricht nach heutiger Auffassung der „Savannentheorie" und der Annahme des afrikanischen Ursprungs unserer Art, wobei Engels aber offenbar davon ausgeht, dass die eigentlichen Vorfahren von *Homo sapiens* unbekannt (geblieben) sind, weil sie „irgendwo in der heißen Erdzone, wahrscheinlich auf einem großen, jetzt auf den Grund des Indischen Ozeans versunkenen Festlandes (als) ein Geschlecht menschenähnlicher Affen von besonders hoher Entwicklung (lebten)." Diese Ansicht ist neuerdings wieder im Rahmen der so genannten Wasseraffentheorie vertreten worden (Morgan 1997, Niemitz 2004). Übereinstimmend mit der modernen Sicht geht die Entwicklung des menschlichen Fußes, auch bei Engels, der Hand und der Gehirnvergrößerung voraus. Für diese nimmt er den Wechsel von vegetarischer Ernährung zur Fleischkost an (Reichholf 1990, 2008). Auch die Abfolge der kulturellen Evolution entspricht im Großen und Ganzen der gängigen Sicht der Gegenwart. Dass in seiner Argumentation deutlich lamarckistische Züge enthalten sind, beruht auf dem damalig noch sehr geringen Kenntnisstand zur Natur der Vererbung. Darwin hatte ganz ähnlich argumentiert. Ihn und seine geistigen Nachfahren kritisiert Hegel allerdings wegen ihrer „idealistischen Weltanschauung", die er als Ideologie einstuft, weil sie sein zentrales Anliegen, die Rolle der Arbeit, nicht erkannt und berücksichtigt hatten.

Daran hat sich bis in unsere Zeit so gut wie nichts geändert. Die evolutionären Veränderungen in Körperbau und Lebensweise der Menschen werden als Anpassungen an die Umwelt gedeutet und nicht oder eher nebensächlich als autonomer Prozess, der nicht mit den Zwängen der (natürlichen) Umwelt in Verbindung steht. Für Engels ist klar, dass sich die Hand gemäß der Nutzung und gezielten Herstellung von Werkzeugen formte, dass Bedürfnisse des Lebens in winterkalten Regionen neue Arbeitsbereiche erzeugten und dass mit dem Ackerbau und der damit zusammenhängenden Sesshaftwerdung die Arbeit zur zentralen Größe auch in der kulturellen Evolution des Menschen wurde. Engels betrachtet die Arbeit zwar *expressis verbis* als Ursache, als unmittelbare Wirkursache (*causa efficiens*), aber seine Formulierungen erwecken eher den Eindruck eines Kreisprozesses mit starker Rückkoppelung, aus dem die Aufwärtsentwicklung, der Aufstieg des Menschen, hervorgegangen ist. Ursachen und Folgen ersetzen einander: „Der Übergang aus dem [...] heißen Klima der Urheimat in kältere Gegenden [...] schuf neue Bedürfnisse (und) neue Arbeitsgebiete", schreibt Hegel. Weshalb Menschen in kältere Gegenden ziehen sollten, um dort arbeiten zu müssen, geht aus seiner Argumentation nicht hervor. In dieser Frage nach den Gründen, nach der Veranlassung von Entwicklungen, deren Ergebnisse den evolutionären Weg des Menschen charakterisieren, steckt das eigentliche Problem der Arbeit. Wie konnte eine über die bloße Existenzsicherung hinausgehende Betätigung zustande kommen? Worin lagen ihre Anfangsvorteile und warum nutzten unsere nächsten Artverwandten, die Menschenaffen, diese Vorteile nicht? Und warum konnte sich das Prinzip Arbeit so dauerhaft im Leben des Menschen etablieren, dass Mangel an Arbeit als Belastung, als Nachteil, sogar als menschenunwürdig empfunden wird? Anfangsvorteile müssen sich dieser evolutionsbiologischen Argumentation gemäß dauerhaft erhalten und gesteigert haben. Eine kurzfristige, nur vorübergehende Vorteilhaftigkeit reicht für die Erhaltung des „Prinzips Arbeit" nicht aus.

8.3 Bezeichnende Unterschiede zwischen Mensch und Menschenaffen

Drei morphologische Hauptmerkmale gelten unabhängig von der Deutung ihres Zustandekommens als kennzeichnend für die Sonderstellung des Menschen gegenüber seinen nächsten Verwandten. Es sind dies erstens der zweibeinige Gang und die damit verbundene aufrechte Körperhaltung, zweitens die Nacktheit und drittens das übergroße Gehirn. Ihre evolutionäre Entstehung lässt sich anhand von Fossilfunden strukturell und zeitlich verfolgen. Hingegen entzieht sich der Ursprung der vierten menschentypischen Eigenschaft, die Evolution der Sprache(n), einer paläontologischen Rekonstruktion. Die kulturelle Evolution schließlich gilt als so weitgehend eigenständiger Prozess, dass sie den Kulturwissenschaften zugeordnet wird. Da ihre Wurzeln aber zweifellos in die Zeiten hinabreichen, die der rein physischen Menschwerdung zuzurechnen sind (Paläolithikum), sind evolutionsbiologische Fragestellungen zu ihrem Ursprung angebracht (Reichholf 2001). Unklar bleibt bei dieser Aufteilung, wo die Arbeit in ihren Anfängen anzusiedeln wäre. Engels verbindet sie mit der Evolution der Hand. Infolgedessen müssten sie oder ihre frühen Wurzeln bereits tief im biologischen Werdegang des Menschen verankert sein. Wird Arbeit hingegen eingeschränkt als Mehrarbeit nach dem Sesshaftwerden der Menschen betrachtet, fällt sie ganz in den kulturgeschichtlichen Bereich der letzten rund 10.000 Jahre. 90–95 % der Evolution unserer Art hätte es ohne eine so aufgefasste Arbeit nicht gegeben. Es käme ihr nur das Attribut einer ganz rezenten Neuerung zu, die nichts mit dem biologischen Ursprung der Menschen zu tun hat. Sie wirkte nicht mit, als sich die Stammeslinien der Menschenaffen und der Gattung Mensch voneinander trennten. Genau dies ergibt sich aus dem Vergleich der Menschen mit den Menschenaffen. Schimpansen, Gorillas und Orang-Utans arbeiten nicht. Sie führen eine reine Subsistenzlebensweise ohne die geringsten Ansätze zur vorausschauenden Vorratshaltung. Da dies entsprechend auch für die anderen Primaten gilt, kommt Arbeit als (Verhaltens)Merkmal allein dem Menschen zu.

8.4 Einzigartigkeit der Arbeit

Arbeit ist dennoch keine alleinige Besonderheit des Menschen. Für Honigbienen, Ameisen oder Termiten besteht das Leben praktisch nur aus Arbeit. Als Arbeiterinnen bilden sie eine eigene „staatstragende" Kaste in den komplexen Staaten dieser hochgradig sozialen (eusozialen) Insekten. Ihre Fortpflanzungsfähigkeit bleibt unterdrückt. Bei den Ameisen, die auch wie die Bienen zu den Hautflüglern (Hymenopteren) gehören, gibt es bei manchen Arten sogar besonders spezialisierte Kasten, wie Soldaten und „Vorratstopf-Ameisen", die von normalen Arbeiterinnen gefüttert werden müssen, weil sie selbst keine Nahrung mehr zu sich nehmen können. Bereits oberflächliche Betrachtungen des Lebens in Bienen- und Ameisenstaaten vermitteln den Eindruck von besonderem „Fleiß". Daher fanden Redewendungen wie „Bienenfleiß" und „emsig" Eingang in die Umgangssprache. Indirekt drückt sie das Gefühl aus, dass Arbeit eine Betätigung des Individuums ist, die nicht für sich selbst ausgeübt, sondern für eine Gemeinschaft geleistet wird. Die Nester von Bienen, Wespen, Ameisen und Termiten sind Gemeinschaftswerke, die bezogen auf die durchschnittliche Lebenserwartung dieser Insekten eine außerordentlich hohe Dauer haben. Manche Ameisen- oder Termitenhügel werden erheblich länger bewohnt als Bauwerke von Menschen, wenn man jeweils die arttypische Generationszeit oder Lebenserwartung zugrunde legt. Dass große Gemeinschaftsleistungen sozialer Insekten durch chemische „Gleichschaltung" der Arbeiterinnen erzielt werden und mit dem weitgehenden Verlust von Individualität verbunden sind, berührt uns unangenehm. Das Unbehagen verstärkt sich, wenn andere menschenähnliche Eigenheiten im Leben dieser Insekten zutage treten, wie Sklavenhaltung, (chemische) Sterilisierung und Vernichtungskriege (Hölldobler u. Wilson ,1990).

Anklänge in diese Richtung sind für Säugetiere nur beim Nacktmull (*Heterocephalus glaber*) gefunden worden. Die Gemeinschaftsarbeit der Biber (*Castor fiber* und *Castor canadensis*) beim Bau von Dämmen, die Wasser von Bächen und Flüssen zu Biberseen aufstauen, wird im Gegensatz zur „Kastenarbeit" von

Insekten aus menschlicher Sicht in aller Regel positiv gewertet. Die in der wissenschaftlichen Beschreibung verwendeten Bezeichnungen für Tätigkeiten, die auf die Gemeinschaft ausgerichtet sind, drücken das unverkennbar aus. Die Worte beinhalten Wertungen. „Arbeiterinnen" können Menschen, aber auch Bienen oder Ameisen sein. Wenn Biber an einem Damm bauen, „arbeiten" sie zwar. Aber als „Arbeiter" bezeichnet man sie dennoch nicht. Gibt es keine Notwendigkeit für den Dammbau, weil das Wasser für die Biber tief genug ist, errichten sie auch keine Dämme. Sie suchen gewiss nicht nach neuer Arbeit. Der Blick auf einen Ameisenhaufen vermittelt hingegen den Eindruck, dass die Arbeiterinnen umherlaufen, so als ob sie Arbeit haben wollten. Es könnte daher aufschlussreich sein, das Arbeiten von Ameisen oder Bienen genauer zu betrachten. Welchen Aufwand an Energie bedeutet für sie die Arbeit? Was veranlasst sie dazu? Die Soziobiologie (Wilson 1975) begründet zwar, dass sie „etwas davon haben, zu arbeiten", aber um die Fortpflanzung dreht es sich hier nicht. Es geht vielmehr um die Energie, die von den Arbeiterinnen eusozialer Insekten aufgewendet wird. Woher kommt sie? Warum wird sie eingesetzt?

Klar ist, dass die Energie, die für die Arbeit ausgegeben wird, nicht in die Fortpflanzung investiert werden kann. Nicht in die eigene, aber sie kommt der Fortpflanzungsleistung der Königin, ihrer Mutter, zugute. Denn die Arbeiterinnen betreuen den Nachwuchs. Dabei wird deutlich, dass sich die Eier legende Königin nahezu nicht bewegt, während die Arbeiterinnen umso mehr und umso weiter herumeilen, je größer der Staat wird und je unbeweglicher sich die Königin verhält. Offenbar stellen Fortpflanzung und Bewegung Gegenpole dar. Je mehr Energie in die Fortpflanzung gesteckt wird, umso geringer wird die Beweglichkeit und umgekehrt. Kommt es im Bienenstock zum Schwärmen, bei dem die alte Königin mit einem Teil des Volkes den Stock verlässt, dauert es nach dem Schwärmflug eine Weile, bis die Fortpflanzung wieder in Gang kommt. Das mag trivial erscheinen. Aber dass Fortpflanzung die Beweglichkeit mindert, ist bei Tieren in allen Abstufungen zu finden. Je mehr Eier die Weibchen produzieren, desto „träger" verhalten sie sich – bis hin zur völligen Flugunfähigkeit der zu „Eiersäcken" gewordenen Weibchen von Frostspannern und manchen anderen Schmetterlingen.

Hieraus folgt, dass die Zuteilung (Allokation) von Energie zu beachten ist, wenn es um die Deutung der Arbeit und ihrer Entstehung geht. Die von der Fortpflanzung ausgeschlossenen weiblichen Nachkommen eusozialer Insekten sind Arbeiterinnen geworden. Ihre Aktivität hat stark zugenommen. Tendenziell trifft das auch für Vögel zu, wenn sich ihr (noch) nicht reproduzierender Nachwuchs als „Helfer" bei der Aufzucht der Jungen des (dominanten) Elternpaares betätigt. Mit ihrem Einsatz erbringen sie eine „Leistung", deren Energie-Gleichwert durchaus als Arbeit bezeichnet werden kann.

8.5 Bezug auf den Menschen

Die Anklänge zum Verhalten des Menschen, die sich aus der Wortwahl zwangsläufig ergeben, werden zwar dadurch relativiert, dass es sich beim Vergleich mit eusozialen Insekten allenfalls um eine Analogie handeln könne. Menschen und

Ameisen trennt „die halbe Welt des Tierreichs". Unsere stammesgeschichtlich nächsten Verwandten, die Menschenaffen, arbeiten nicht. Den Ameisen oder Bienen vergleichbare Arbeiterkasten gibt es bei Säugetieren nicht. Auch bei allen übrigen Wirbeltieren sind solche, ein Staatswesen charakterisierende Strukturen nicht vorhanden. Wir neigen dazu, Bienen und Ameisen für (chemisch) ferngesteuerte Automaten zu halten, die sich nach den vorgegebenen Signalen richten. Arbeit bedeutet bei ihnen aber den Ausschluss von der eigenen Fortpflanzung. Dennoch lassen sich bei der Betrachtung solch fernliegender „Extreme" aufschlussreiche Hinweise auf den Menschen entnehmen. So ist erstens die Intensität der Arbeit negativ mit der (eigenen) Fortpflanzung korreliert. Zweitens erfordert Arbeit Energie, drittens finden wir Arbeit nur in mehr oder weniger ausgeprägt kooperierenden Gemeinschaften von Lebewesen und viertens wird Arbeit stets in „geordneter" Weise verrichtet. Dass sie zur Wirkung kommt, setzt eine entsprechend hierarchisch strukturierte Sozietät voraus. Fünftens hat Arbeit auch bei Tieren zumeist Attribute des Zwangs.

Aus solchen Feststellungen geht allerdings nicht hervor, wie Arbeit entstanden ist. Sie geben lediglich Rahmenbedingungen und Konsequenzen an. Doch eine Schlussfolgerung lässt sich ziehen: Menschengruppen, die als Jäger und Sammler lebten, leisteten keine Arbeit. Sie versorgten sich selbst in der Form der Subsistenzwirtschaft, schränkten ihre Fortpflanzung nicht mit zusätzlicher Arbeit ein und verwendeten keine Energien dafür. Sie kooperierten zwar in ihren Gruppen miteinander, aber ohne Attribute des Zwangs. Eine „Arbeiterklasse" wurde in den Jäger- und Sammlergemeinschaften nicht gebildet (Binford 1984, Eibl-Eibesfeldt 1984). Die enge Koppelung von Arbeit mit der menschlichen Hand und der Evolution des Menschen, wie sie Engels (s. 8.1) angenommen hatte, trifft daher sicherlich nicht zu. Engels hatte die Arbeit als Begriff so weit gefasst, dass er ihr auch die Fertigung von Faustkeilen, Steinmessern und Jagdwaffen, also die ganze Geräteherstellung, unterordnete. Wenn man Arbeit so verstehen will, verliert sie sich einschließlich ihrer späteren Bedeutung in der Beliebigkeit. Denn auch Menschenaffen machen sich mit geschickten Händen Schlafnester, werfen mit Steinen, verteidigen sich mit Knüppeln oder fertigen feine Gerätschaften, mit denen sie Termiten aus deren Bauen „angeln". Die außerordentliche Geschicklichkeit, die manche Vögel etwa beim Bau ihrer Nester zeigen, die so kompliziert sind, dass sie keine Menschenhand nachmachen kann, würde gleichfalls unter den Engel'schen Begriff von Arbeit fallen. Die Einzigartigkeit der menschlichen Arbeit ginge damit zwangsläufig verloren und Engels Argumentationskette verlöre an Stringenz. Es ist daher sicher angebracht, alle Tätigkeiten, die zur Subsistenz-Lebensweise gehören, nicht der Arbeit zuzuordnen. Ansonsten müsste jede Lebensäußerung, die der Selbsterhaltung und der Fortpflanzung dient, konsequenterweise bei allen Lebewesen auch Arbeit genannt werden. In der eingeschränkten, präziser fassbaren Form tritt sie dagegen beim Menschen erst mit dem Sesshaftwerden auf (Reichholf 2008). Insofern stimmt die menschliche Arbeit tatsächlich recht gut mit der Tätigkeit der Arbeiterinnen eusozialer Insekten überein, weil sie mit Leistungen für eine größere, hierarchisch geordnete Sozietät verbunden ist, die zusätzliche Energie erfordert. Von Anfang an trägt die Arbeit beim Menschen also auch Züge des Zwangs, des erzwungenen Arbeitens „für andere".

Nun sind aber die Gruppen unserer nächstverwandten Primaten durchaus gut strukturiert und ihre Angehörigen sehen sich den unterschiedlichsten Zwängen ausgesetzt. Also gibt die Entwicklung einer komplexen Sozialstruktur nicht zwangsläufig den Weg zur Arbeit und die Bildung einer „Arbeiterkaste/klasse" vor. Gemeinsame Leistungen, wie Abwehr von Feinden oder Jagd nach Beute, reichen als Vorbedingung ebenfalls nicht aus für die Entstehung einer arbeitsteiligen Gesellschaft, zumindest nicht bei Primaten. Die Besonderheit der eusozialen, arbeitsteiligen und in „Klassen" strukturierten Insekten steckt in der Art ihrer Fortpflanzung und den sich daraus ergebenden Verwandtschaftsverhältnissen. So sind die Arbeiterinnen mit den nachfolgenden „Töchtern" ihrer Mutter, der Königin, enger verwandt als sie das mit ihren eigenen Kindern wären. Soziobiologisch betrachtet sollten sie folglich mehr in die folgenden Geschwistergenerationen als in eigene Nachkommen investieren. Ihre zu „emsiger Arbeit" gesteigerte Aktivität ließe sich also über die außergewöhnlichen Verwandtschaftsverhältnisse verstehen und begründen. Beim Menschen und anderen Säugetieren kommen lediglich Tanten diesem System nahe, aber genetisch nur in viel geringerem Umfang. Infolgedessen eignet sich das Modell der eusozialen Insekten nicht dafür, Ursprung und Bedeutung der menschlichen Arbeit daraus abzuleiten. Beim Menschen sind die Arbeiter mit denen, für die sie arbeiten, überhaupt nicht näher verwandt. In jeder traditionellen Jäger- und Sammlergruppe gäbe es hingegen genetisch weit mehr Rechtfertigung für Arbeit als in sesshaften (Groß)Gesellschaften.

Bleibt somit doch nur eine rein soziologische Erklärung für die Arbeit übrig? Eine tiefere evolutionsbiologische Basis hat sich den bisherigen Darlegungen zufolge jedenfalls nicht aufzeigen lassen. Gewisse Ähnlichkeiten mit eusozialen Insekten ergeben sich offenbar aus Analogien und nicht aus gleichartigen Wurzeln, aus Homologien. Diesem Zwischenbefund steht jedoch ein anderer, sehr gewichtiger Einwand entgegen: Arbeit wird vom Menschen als Bedürfnis empfunden, auch wenn sie zum Zwang missbraucht werden kann. Arbeitsfreie Zeit, die Muße, taugt nur im Kontrast zur Arbeit, nicht aber als Dauerzustand. Von Mächtigen wurde und wird ein offensichtlich natürliches Bedürfnis nur ausgenutzt. Erfunden worden ist es von den Machthabern nicht. Diese Tatsache verweist wieder zurück in die Biologie. Aber das Problem kann klarer eingegrenzt werden: Das Bedürfnis nach Arbeit kam mit dem Sesshaftwerden zustande. Die Frage ist warum.

8.6 Der Mensch als „Läufer"

Seiner Natur nach ist der Mensch ein Läufer. Der Begriff des „Fortschritts" beinhaltet die Fortbewegungsweise als Metapher. Bei aller Wertschätzung für die Hand und ihre Leistungen wird nicht von „Fortgriff" gesprochen, wenn ein Vorankommen in der Gesellschaft oder auch im Prozess der Evolution gemeint ist. Auch im lateinischen *procedere* für den Prozess steckt diese Wurzel. Arbeit hat hingegen nahezu generell mit den Händen zu tun. Engels betont das zu Recht.

Es war aber nicht die Evolution der Hand, die uns auszeichnet. Der bei weitem größere und bedeutendere Unterschied steckt in den Beinen, speziell in der Ausbildung der Füße. Sie kennzeichnen den Menschen als Läufer. Die aufgerichtete, zweibeinige Fortbewegungsweise bahnte den Weg zum Menschen. Sie ist unter allen Säugetieren einzigartig. Sie kennzeichnet uns als Läufer, nicht nur als zweibeinigen Geher. Der zweibeinige Lauf steht in enger Verbindung mit dem besten Kühlsystem, das es bei Säugetieren gibt, unserer nackten Haut. Kein anderes Säugetier kann so anhaltend und so weit laufen wie der Mensch. Über das Kühlsystem der Haut führt der Körper bei starkem Schwitzen bis zu 40.000 kJ überschüssiger Wärme ab. Das ist das Vier- bis Fünffache des normalen täglichen Energieumsatzes. Dauerlaufleistungen werden dadurch möglich, die weit über die Marathondistanz hinausgehen und gegenwärtig bei 600 km ununterbrochenen Laufens liegen. Die paläontologischen Befunde sprechen dafür, dass die Änderung in der Fortbewegungsweise bei der Trennung der Stammeslinie der Menschenaffen und der Vormenschen die entscheidende Rolle gespielt hatte.

Die zweibeinige Fortbewegung machte ein weiträumig nomadisches Umherschweifen möglich. Ähnlich wie die Gnus und Zebras der Serengeti in unserer Zeit ausgedehnte jahreszeitliche Wanderungen durchführen, dürften die großen Tierherden gegen Ende des Tertiärs auch im regelmäßigen Rhythmus der Regen- und Trockenzeiten über die afrikanischen Savannen gezogen sein. Die Vor- und Frühmenschen folgten ihnen (Reichholf 2009). Löwen und Hyänen konnten das nicht und blieben ortsgebunden in ihren Revieren. Wie solche Wanderungen ablaufen, ließ sich bis in die Gegenwart an noch existierenden Jäger- und Sammlerkulturen nachvollziehen (Binford 1984). Auch kleine Gruppen von Menschen durchstreifen dabei im Lauf eines Jahres oder in ihrem Leben riesige Gebiete. Die Art Mensch *Homo sapiens* ist 150.000–180.000 Jahre alt. Die Gattung *Homo* datiert über 2 Mio. Jahre zurück. Also waren die anatomisch modernen Menschen, während mindestens 95 % ihrer Existenzzeit als biologische Art, Nomaden. Auf die Gattung Mensch bezogen nimmt, die seit etwa 10.000 Jahren zustande gekommene Sesshaftigkeit, nur einen Zeitanteil von einem halben Prozent oder weniger ein. An unserer Natur als Läufer hat sich in dieser kurzen Zeit nichts geändert. Wir haben uns der Sesshaftigkeit physisch nicht nennenswert angepasst. Die stark verminderte körperliche Bewegung erzeugt eine Vielzahl spezifischer Krankheiten. Betroffen davon ist nicht nur das Skelett als „Hardware" im engeren Sinne mit den Bandscheiben- und Gelenkproblemen, Haltungsschäden und der Abnutzung durch einförmige Belastungen, sondern auch das innere, das physiologische Funktionssystem, insbesondere der Blutkreislauf. Beim Menschen ist „alles" auf Bewegung, auf Gehen und Laufen, eingestellt ist. Mit Ersatzhandlungen durch Sport, neuerdings insbesondere durch Jogging, wird in wohlhabenden Gesellschaften diesem Mangel entgegengewirkt. Unzureichend, wie man weiß. In der Freizeit äußert sich der Drang nach Ortsveränderung in massenhaften Ferienreisen, bei denen es mehr um die Mobilität als solche denn um die Erholung geht. Die sesshafte Lebensweise passt nicht zu unserer Natur. Auch unsere Herkunft aus familiären Kleingruppen und Clans bereitet Anpassungsschwierigkeiten in den Massengesellschaften mit ihrer Anonymität und Ideologisierung.

8.7 Eine neue Sicht der „Arbeit"

Die weit reichenden Folgen der unzureichenden Passung zwischen unserer Natur und den Massengesellschaften sind bekannt und vielfach diskutiert worden. An dieser Diskrepanz setzt die zentrale These zum Ursprung der Arbeit an: Als Bedürfnis entstand sie aus dem weitgehenden Wegfall der nomadischen Lebens- und Fortbewegungsweise. In der Terminologie der vergleichenden Verhaltensforschung stellt dieses „Bedürfnis" nach Konrad Lorenz (Lorenz 1978) ein „aktionsspezifisches Triebpotenzial" dar. Dieses „Potenzial" muss abgearbeitet [*sic*!] werden, sonst baut sich Unlust auf. In einer ersten groben Abschätzung lässt sich dazu sogar eine Mengenangabe machen. Wenn traditionelle Jäger und Sammler 5–6 h pro Tag auf den Beinen sind/waren, um ihren Lebensunterhalt zu sichern, und alle paar Wochen größere Ortsveränderungen nötig waren, um zu neuen Such- und Jagdgründen zu gelangen (Binford 1984), kommt eine durchschnittliche tägliche Aktivitätszeit von etwa 8 h zustande. Es ist sicherlich kein Zufall, dass diese Zeitspanne einem üblichen 8-Stunden-Arbeitstag moderner arbeitsteiliger Gesellschaften entspricht.

Ein weiterer Befund kommt hinzu. Der energetische Grundumsatz des Menschen liegt mit nur 2,2–2,5 mg Sauerstoffverbrauch pro kg Körpergewicht pro h auf einem niedrigen Niveau. Es entspricht einem für Säugetiere typisch tropischen Aufwand an Energie. Schimpansen verbrauchen etwa 2 mg, Hunde von 30–40 kg Gewicht aber 3,7 mg und mehr. Dieser hohe Grundumsatz kennzeichnet sie als Abkömmling des in kalten Regionen verbreiteten Wolfes. Auf unsere Körpermasse bezogen fehlen uns beim Leben in den gemäßigten Klimabereichen gut 40 % an innerer Wärmeerzeugung. Unbekleidet befinden wir uns erst bei einer Außentemperatur von 27 °C im thermoneutralen Zustand. Auch das ist „tropisch". Bei dieser Temperatur erzeugt der Körper ohne besondere Inanspruchnahme gerade so viel innere Wärme wie nach außen abfließt, ohne zusätzliche Kühlung durch Schwitzen. Sinkt die Außentemperatur unter 27 °C, muss der Körper seine Aktivität entsprechend steigern oder bekleidet werden, je nachdem, wie stark die Temperatur vom Thermoneutralzustand abweicht. Bei zu hoher Außentemperatur oder verstärkter innerer Wärmefreisetzung wird mit Schwitzen gekühlt. Wie schon betont, verfügt der Mensch mit seinen Massen ekkriner Schweißdrüsen über das beste Kühlsystem unter allen Säugetieren. Die Bekleidung schafft einen leicht zu wechselnden Schutz vor Kälte nach Bedarf. In geschlossenen Räumen pflegen wir Temperaturen von 20–22 °C einzustellen. Sie garantieren bei normaler Bekleidung die tropische Neutraltemperatur von etwa 27 °C auf der Haut. Kühlung durch Schwitzen und Bekleidung halten uns Menschen einen vergleichsweise großen „Temperaturraum" von 10–35 °C für normale körperliche Aktivität offen. Verbunden ist damit ein extrem langes Durchhaltevermögen über viele Stunden voller Aktivität. Es nimmt daher auch nicht wunder, dass die größte Bereitschaft zu körperlicher Arbeit beim Menschen in den klimatisch gemäßigten Breiten und nicht in der tropisch-afrikanischen Heimat unserer Art gegeben ist. In dieser Klimazone wird die Leistung über den größten Teil des Jahres weder durch zu große Hitze noch durch zu starke Kälte eingeschränkt. Auch Großtiere führen ihre Migrationen in den thermisch günstigen

Übergangszeiten (Frühjahr/Herbst oder in den Wechselphasen zwischen Regen- und Trockenzeiten) oder in den dafür günstigen Tagesstunden durch. Die Hitze von Mittag und frühem Nachmittag gebietet Siesta.

Diesem Modell zufolge entstand das Bedürfnis nach Arbeit mit dem Sesshaftwerden der ursprünglich als Nomaden lebenden Menschen. Arbeit kompensiert den weitgehenden Ausfall des Laufens und Wanderns. Sie ist demgemäß Ausdruck einer uralten phylogenetischen Anpassung an die nomadische Lebensweise des Menschen. „Wanderlust" steckt nach wie vor in uns. In unserer Fortbewegung unterscheiden wir uns am stärksten von den nächstverwandten Primaten. Ihr Bedürfnis nach dem Schwinghangeln lässt sich in Zoos leichter decken als das weiträumige Umherwandern von Zweibeinern. Das im Zoo ermöglichte Hangeln reicht insbesondere für den Orang-Utan dennoch oft nicht aus und sie verfetten. Auch das beständige Abgehen bestimmter Routen, meistens entlang der Käfigwände, zeigt bei zahlreichen Tieren in Zoohaltung das vorhandene Laufbedürfnis an. Es geht rasch in eine Bewegungsstereotypie über. Die Tiere artgerecht zu „beschäftigen" gehört bekanntlich zu den größten Herausforderungen einer modernen Zootierhaltung. Es ist daher nur folgerichtig, auch beim Menschen, ein entsprechendes Bedürfnis nach „Abarbeitung" des Bewegungsdranges anzunehmen. Freiheitsentzug im Gefängnis wird als Strafe eingesetzt und auch so empfunden. Es gilt nicht als Wohltat, über Wochen, Monate oder Jahre einfach faul bleiben zu dürfen.

Sozio(bio)logisch hat die Arbeit beim Menschen zwar direkt nichts mit der Tätigkeit von Arbeiterinnen im Insektenstaat zu tun. Betrachten wir sie aber als Abarbeitung von physiologischen Bedürfnissen, kommen Übereinstimmungen zustande. Was bei Arbeiterinnen eusozialer Insekten energetisch nicht direkt, das heißt im eigenen Körper, der Fortpflanzung zugeteilt werden kann, geht in die Bewegungsaktivität. Die „emsige Betätigung" arbeitet die umorientierten Stoffe ab. Beim sesshaften Menschen kompensiert die Arbeit den aktionsspezifischen Anteil der Energie, die eigentlich dem Laufen zugeteilt (gewesen) wäre. Vielleicht ist diese veränderte Zuteilung von Energie auch der Grund dafür, dass sesshafte Bevölkerungen im Durchschnitt mehr Kinder pro fertiler Frau erzielen können als ausgeprägt nomadisch lebende, sofern die für den Aufbaustoffwechsel der Föten benötigten Proteine zur Verfügung stehen. Die Folge der Sesshaftwerdung war jedenfalls ein (rasches) Anwachsen der Bevölkerungen. Man sollte also keineswegs Arbeit nur so betrachten, dass sie Energie „kostet". Mit Arbeit kann auch verfügbare einfach „abgearbeitet" werden. Zusätzliche energetische Aufwendungen entstehen nur, wenn mehr als von Natur aus verfügbar ist, geleistet werden soll.

Diese Betrachtungsweise entspricht wohl auch dem subjektiven Gefühl, dass (angemessene) Arbeit befriedigt. Darauf begründet sich die Forderung nach einem „Menschenrecht auf Arbeit". Wenn sie, was sehr wahrscheinlich zutrifft, tatsächlich für den Menschen ein Bedürfnis ist, dann rechtfertigt sich diese Forderung. Die sozialen Aspekte, die hinzukommen und die „Arbeitslose" in der Gesellschaft abqualifizieren, wenn sie keine ihnen angemessene Betätigung finden, verstärken dieses Bedürfnis. Sie sind aber nicht dessen Ursache.

Aus dem Blickwinkel der Evolutionsbiologie geht die Hypothese, dass Arbeit als Bedürfnis entsteht, wenn der biologisch normale nomadische Lebensstil aufgegeben wird, von einem Funktionswandel in der Evolution aus. Ursprünglich war sie mit der nomadischen Lebensweise verbunden und nun steht die verfügbare Energie für andere Funktionen zur Verfügung. Abgerufen, abgearbeitet muss sie aber auf jeden Fall werden. Würde man versuchen, die Arbeit auf dem direkten Weg zum Ursprung zurückzuverfolgen, käme keine plausible Erklärung zustande. Denn wie sollte über kleinste Schritte ein „bisschen Arbeitsbedürfnis" entstanden und von der Selektion gefördert worden sein, wenn keine Vorteile damit verbunden sein konnten, weil es quantitativ einfach viel zu wenig war. Arbeit kann nur mit einer gewissen Grundmenge von Leistung und Leistungsfähigkeit starten. Sie sollte sich in der „Währung der Evolution", im Fortpflanzungserfolg, bewähren. Ein hundertstel Baby „mehr" ist kein Fortschritt. Erst durch viele Stunden zusätzlicher Leistung über Jahre hinweg kommt ein Zuwachs in der Fortpflanzungsleistung zustande, der zählt. Eine lange Vorinvestition von Leistungen kann nicht lohnen, wenn keine Vorteile absehbar sind. Direkterklärungen scheitern meistens an den – nicht vorhandenen – Anfangsvorteilen. Denn es gibt in der Evolution kein „um zu"! Und dann muss auf den erfolgreichen Anfang auch die Nachhaltigkeit folgen. Der Funktionswandel hat dieses Problem nicht, weil die (Vor)Leistung, um die es geht, im anderen Kontext längst weit genug gediehen ist, um im neuen Zusammenhang sogleich wirksam werden zu können. Die zweite, wohl von Anfang an schon praktizierte Form der „Nutzung" von Arbeit zeigt dies, die Ausbeutung. Wer andere für sich arbeiten lassen kann, erzielt sofort Vorteile. Auch was die Zahl der Nachkommen betrifft. Die Herrscher vergrößerten mit der Arbeitsleistung ihrer Untergebenen nicht nur ihre Macht, sondern sie sicherten auch den Überlebenserfolg ihrer Kinder und steigerten die Zahl ihrer Nachkommen. Die Regelung der Erbfolge ging daraus hervor.

Ziemlich sicher war von Anfang an die Arbeit mit Ausbeutung durch die Mächtigen verbunden. Stets stand sie in Konflikt zwischen den eigenen Vorteilen und den Lasten aus den Forderungen jener, für die man zu arbeiten hatte. Die Übergänge zwischen produktiver, das eigene Wohl und die eigene Familie fördernder Arbeit und der Ausbeutung waren fließend. Engels hatte dieses Ausbeutungspotenzial einerseits im Auge, sah andererseits aber auch die Möglichkeiten, die in der Arbeit stecken, wenn sie nicht nur für andere, sondern in fairem Anteil für die Arbeitenden selbst geleistet werden kann. Arbeit ohne „die Anderen", denen sie (auch) zugutekommt, ist unrealistisch. Ohne diese Anderen gäbe es keine Abnehmer für die Produkte oder Leistungen und damit auch keine Entlohnung. Was sich nur für den Eigenbedarf lohnt, verliert den Charakter von Arbeit. Die bloße Selbstversorgung wäre für alle Gesellschaften ein Rückschritt in die Steinzeit.

8.8 Ausblick

Arbeit hat viele Gesichter. „Die Arbeit" gibt es nicht, obgleich sie sich naturwissenschaftlich als zusätzliche Energieausgabe recht genau quantitativ bestimmen ließe. Man könnte die Arbeitsleistung wie bei elektrischen Geräten in Kilowattstunden ermitteln und auf die arbeitenden Körper beziehen (Leistung pro Kilogramm Körpergewicht). Das wäre gewiss fairer als die Bezugnahme auf die „Zeit“ in Form von Arbeitsstunden, weil in der physiologischen Leistung die tatsächliche Inanspruchnahme und Belastung des arbeitenden Körpers zum Ausdruck käme.

Doch was bei rein körperlicher Arbeit angemessen sein mag, lässt sich nicht so leicht auf die geistige Arbeit übertragen. Diese nimmt viel Energie in Anspruch. Das Gehirn ist zehnmal aktiver als es seinem Masseanteil am Körper entspricht. Es setzt 20 % oder mehr des normalen täglichen Energieverbrauches im Körper um. Gehirnarbeit ist in energetischer Hinsicht echte Arbeit und Leistung. Das Bedürfnis nach „geistiger Betätigung“ entstand daher vermutlich auch in enger Verbindung mit der physischen Mobilität. Den engen Zusammenhang beider Evolutionsprozesse dokumentieren die Fossilien zur Menschwerdung. Die Entwicklung zum zweibeinigen Läufer ging der starken Gehirnvergrößerung voraus. Diese charakterisiert noch mehr als die Aufrichtung des Körpers den Evolutionsweg unserer Gattung. Vormenschen der Gattung *Australopithecus* waren bereits Zweibeiner. Zu unserer Gattung *Homo* gerechnet werden aber erst solche Frühmenschenformen, deren Gehirnvergrößerung über das Niveau der Menschenaffen klar hinausgegangen war, also die beiden Menschenarten *Homo habilis* und *Homo erectus*. Insbesondere für *Homo erectus* ist sicher, dass er sich auf eigenen Beinen die gesamte zusammenhängende, für ihn überhaupt bewohnbare Kontinentalmasse Afrikas und Eurasiens erschlossen hatte. Sein Gehirn erreichte schon die Masse kleiner Gehirne heutiger Menschen.

Es würde zu weit führen, die Folgen der Gehirnvergrößerung und die damit verbundenen Funktionsänderungen zu diskutieren. Eine der Folgen war auf jeden Fall aber die Steigerung, gleichsam die gesteigerte Fortschreibung der säugetier- und primatentypischen Neugier durch das ganze Leben des Menschen hindurch. Unter anderem ging daraus auch die Wissenschaft hervor. Gelungene, gut gelernte Bewegungen rufen eine „Funktionslust“ (Konrad Lorenz) hervor. Wir wissen inzwischen, dass körperliche und geistige Arbeiten mit der Ausschüttung von Endorphinen begleitet werden, die Gefühle der Befriedigung hervorrufen. Gerade dieses innere Belohnungssystem drückt den uralten Zusammenhang der anhaltenden Bewegung (Laufen) mit den Leistungen durch Arbeit und Denken aus. Die am höchsten bezahlte Tätigkeit in unserer offenen Gesellschaft ist die des Managers, der dauernd unterwegs ist.

Laufen kann bekanntlich „süchtig“ machen, arbeiten auch. Der moderne Ausdruck hierfür ist „Workaholic“. Friedrich Engels hatte unter dem Eindruck der damals noch ganz neuen „Evolutionslehre“ Darwins eine Vorstellung zu entwickeln versucht, welche Rolle die Arbeit in der Evolution des Menschen spielte. Die rasche Ideologisierung seiner Überlegungen in Verbindung mit Karl Marx und dessen Deutung von Arbeit und Kapital blockierte offenbar die weitere naturwissenschaftliche Behandlung dieser Problematik. Erst unsere Zeit hoher Arbeitslosigkeit und zunehmender Verlagerung der Produktion von den Menschen auf Maschinen hat die Arbeit wieder in den Blickpunkt des Interesses gerückt. Wie die hier dargelegten Betrachtungen zeigen, wissen wir nach wie vor viel zu wenig über die Entstehung und die grundlegende Bedeutung der Arbeit für den Menschen. Die Behandlung ihrer sozialen und politischen Aspekte reicht nicht aus, um mittel- und langfristig tragfähige Konzepte für den Umgang mit der Arbeit zu entwickeln. Hinter dem Ruf nach einem Grundrecht auf Arbeit steckt mehr als ihre gerechte Verteilung und angemessene Entlohnung in der Gesellschaft.

Literatur

Binford LR (1984) *Die Vorzeit war ganz anders*. Harnack, München
Darwin C (1871) *The Descent of Man, and Selection in Relation to Sex*. John Murray, London
Eibl-Eibesfeldt I (1984) *Die Biologie des menschlichen Verhaltens*. Piper, München
Engels F (1876) *Anteil der Arbeit an der Menschwerdung des Affen*. Die Neue Zeit, Stuttgart
Hölldobler B, Wilson EO (1990) *The Ants*. Harvard University Press, Cambridge Mass
Lorenz K (1978) *Vergleichende Verhaltensforschung*. Springer, Berlin
Morgan E (1997) *The Aquatic Ape Hypothesis*. Souvenir, London
Niemitz C (2004) *Das Geheimnis des aufrechten Gangs*. C. H. Beck, München
Reichholf JH (1990) *Das Rätsel der Menschwerdung*. DVA, Stuttgart
Reichholf JH (2001) *Gemeinsam gegen die Anderen. Evolutionsbiologie kultureller Differenzierung*. Bayerische Akademie der Wissenschaften. Philosophisch-Historische Klasse. Abhandlungen Neue Folge 120: 270–281
Reichholf JH (2008) *Warum die Menschen sesshaft wurden*. Fischer, Frankfurt/M
Reichholf JH (2009) *Warum wir siegen wollen*. Fischer, Frankfurt/M
Wilson EO (1975) *Sociobiology: The New Synthesis*. Belknap, Harvard University Press, Cambridge

Kapitel 9
Menschliches Erkennen in evolutionärer Sicht

Gerhard Vollmer

9.1 Ist alles in Evolution?

Es war einige Zeit Mode – etwa bei der Frankfurter Allgemeinen Zeitung –, prominenten Zeitgenossen einen Fragebogen vorzulegen. Da stand dann: Wer ist Ihr Lieblingsautor? Welche Person bewundern Sie am meisten? Eine dieser Fragen hieß: Was halten Sie für die wichtigste wissenschaftliche Erkenntnis überhaupt? Als Philosoph hätte ich Skrupel, eine solche Bewertung vorzunehmen. Der Physiker Gerd Binnig, 1986 Nobelpreisträger für das Rastertunnelmikroskop, hat die Frage kurzerhand beantwortet: Für ihn ist die wichtigste wissenschaftliche Entdeckung die Darwin'sche Theorie.

Darwins Theorie handelt zunächst nur von Lebewesen. Man kann den Begriff „Evolution" aber wesentlich weiter fassen und auf andere Systeme anwenden. Binnig geht sehr weit: Alles unterliege der Evolution, der Veränderung, den Gesetzen der natürlichen Auslese. Binnig spekuliert sogar darüber, ob auch die Naturgesetze einer Evolution unterliegen, ob also nicht nur die Evolution nach Naturgesetzen abläuft, sondern die Naturgesetze selbst sich entwickeln, ja ob nicht sogar die Dreidimensionalität des physikalischen Raumes ein Evolutionsprodukt sein könnte (Binnig 1989).

Der Physiker Lee Smolin hat diese Idee zu einer ganzen kosmologischen Theorie ausgebaut (Smolin 1999). Danach gibt es viele Universen, die mehr oder weniger stabil und deshalb mehr oder weniger langlebig sind. Manche Universen haben „Nachkommen", denen sie ähnliche, aber nicht identische Eigenschaften vererben. Die stabilen und vermehrungsfähigen Universen werden immer mehr. Unser Universum hat die Eigenschaften, die es hat, weil es von diesen Universen so viele gibt. Nach Smolin gibt es also nicht nur Evolution *innerhalb* unseres Universums, sondern sogar Vererbung, Auslese und Evolution *zwischen* zahlreichen verschiedenen

G. Vollmer (✉)
Professor-Döllgast-Straße 14,
86633 Neuburg/Donau, Deutschland
E-Mail: g.vollmer@tu-bs.de

J. Oehler (Hrsg.), *Der Mensch – Evolution, Natur und Kultur,*
DOI 10.1007/978-3-642-10350-6_9,

Universen – eine gewagte Spekulation, bei der sich der Evolutionsgedanke wahrlich als „universell" erweist!

Man spürt, dass da etwas nicht stimmt. Die Lebensdauer eines Universums hängt hier zwar von seinen Eigenschaften ab, aber nicht von den Eigenschaften der anderen Universen. Was bei diesem kosmologischen Modell fehlt, ist die Konkurrenz zwischen den Teilsystemen. Deshalb gibt es auch keine natürliche Auslese, die doch für die Darwin'sche Theorie so wesentlich ist. Man kann sich fragen, ob man dann überhaupt noch von Evolution sprechen darf. Aber natürlich kann man einem Autor nicht vorschreiben, wie er die Wörter zu gebrauchen habe. Darum geht es uns hier auch nicht. Wir wollten nur zeigen, wie weit der Begriff „Evolution" gefasst werden *kann*. Offenbar kann man alles unter diesem zeitlichen Aspekt betrachten. Auf diese Weise wird der Evolutionsbegriff zu einem Grundbegriff der Naturbeschreibung.

Belege für die integrative Rolle, die man dem Evolutionsbegriff zuschreibt, bieten aber auch viele neuere Bücher über Evolution. Eine unvollständige Liste umfasst *Autoren* wie Bill Bryson: „Eine kurze Geschichte von fast allem", Gene Bylinsky: „Evolution im Weltall", Hoimar von Ditfurth: „Im Anfang war der Wasserstoff", John Gribbin: „Genesis", Erich Jantsch: „Die Selbstorganisation des Universums", G. Siegfried Kutter: „The universe and life: origins and evolution", Erwin Laszlo: „Evolution – die neue Synthese", Axel Meyer: „Evolution ist überall", Rupert Riedl: „Die Strategie der Genesis", Albrecht Unsöld: „Evolution kosmischer, biologischer und geistiger Strukturen", und *Herausgeber* wie Peter Aichelburg, Reinhard Kögerler: „Evolution", Andrew C. Fabian: „Origins", Alan Grafen: „Evolution and its influence", Erich Jantsch: „The evolutionary vision", Wolfgang Laskowski: „Evolution", Günther Patzig: „Der Evolutionsgedanke in den Wissenschaften", Rolf Siewing: „Evolution", Friedrich Wilhelm: „Der Gang der Evolution". Diese Bände zeigen, dass man den Evolutionsbegriff sehr fruchtbar als integratives Konzept benutzen kann.

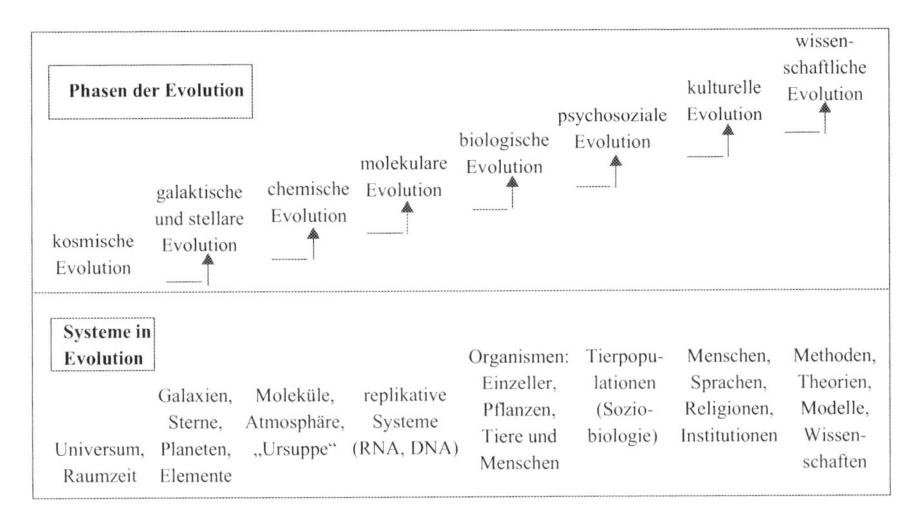

Abb. 9.1 Stufen der universellen Evolution

Man muss sich klar darüber sein, was man damit leistet. Was man auf jeden Fall erreichen kann, ist eine Ordnung unseres Wissens. So gelingt aber auch eine Lokalisierung unserer Wissens*lücken*. An einem solchen Evolutionsschema (Abb. 9.1) kann man also auch zeigen, wo wir noch am wenigsten wissen, etwa über die Evolution von Galaxien, über die Entstehung des Lebens oder über die Entstehung von Kulturen.

So kann man viele positive Aspekte des Evolutionskonzeptes zusammentragen. Aber auch über die Grenzen eines solchen Integrationsversuchs müssen wir uns Gedanken machen. Sie werden sichtbar, wenn es um die Gesetze geht, die in der jeweiligen Phase wirksam sind: In der Regel sind diese Gesetze nicht für alle Evolutionsphasen anwendbar oder gültig (Vollmer 1989).

9.2 Eine mögliche Motivation

Bei der Universalität des Evolutionsgedankens ist es sicher erlaubt zu fragen, ob Evolution auch für die Philosophie eine solch integrative, vielleicht sogar problemlösende Rolle spielen kann. Tatsächlich hilft der Evolutionsgedanke beim Lösen erkenntnistheoretischer und ethischer Probleme. Deshalb ist es legitim, von einer „Evolutionären Erkenntnistheorie" und von einer „Evolutionären Ethik" zu sprechen. Das soll allerdings nicht bedeuten, dass nun plötzlich alle Probleme der Erkenntnistheorie oder der Ethik durch Verweis auf die biologische Evolution gelöst werden könnten. Es ist jedoch ein Spezifikum dieser Art von Erkenntnistheorie und von Ethik, dass sie die Evolution einbeziehen. Das war jedenfalls vor Darwin nicht der Fall, konnte gar nicht der Fall sein, und es ist auch nach Darwin keineswegs selbstverständlich.

Einige Probleme müssen sogar schon gelöst sein, *bevor* man Evolution in erkenntnistheoretische oder ethische Überlegungen einbringen kann. Darauf werden wir in Abschn. 9.3 zurückkommen.

Warum also sollten wir die Evolution in der Philosophie berücksichtigen? Konrad Lorenz, der Vater der Evolutionären Erkenntnistheorie, kam bekanntlich aus der Verhaltensforschung. Mein persönlicher Zugang war ein anderer (Vollmer 1975). Ich habe die Evolutionäre Erkenntnistheorie zwar später als Lorenz, zunächst aber ganz unabhängig vom ihm entwickelt. Ich kam aus der Physik und fragte mich, warum wir uns die Strukturen, von denen etwa in der Relativitätstheorie die Rede ist, nicht anschaulich vorstellen können. Hier möchte ich noch einmal einen anderen, einen eher innerphilosophischen Zugang vorstellen (Abb. 9.2). Auf diesem Wege könnte auch jemand, der mit „rein" philosophischen Gedankengängen erzogen wird, auf die Evolution stoßen.

Beim Studium der Philosophie begegnen wir – historisch wie systematisch – häufig der Mahnung, wir sollten, wenn wir rational sein und argumentieren wollten, unsere Begriffe definieren, unsere Behauptungen beweisen und unsere Forderungen begründen. Kritische Geister entdecken jedoch bald, dass man mit diesem Begründungspostulat, gerade dann, wenn man es ernst nimmt, regelmäßig scheitert;

Abb. 9.2 Heuristischer Argumentationsgang und systematischer Ort für Evolutionäre Erkenntnistheorie, Ethik und Ästhetik

es führt in die dreifache Sackgasse des Münchhausen-Trilemmas: unendlicher Regress, logischer Zirkel, dogmatischer Abbruch.

Das Postulat der Letztbegründung ist also zwar attraktiv, aber letztlich doch unerfüllbar. In dieser Situation kann man entweder an der Philosophie bzw. an der Rationalität verzweifeln, oder man wird zu einer nicht mehr ganz so idealen, dafür aber wenigstens realistischen Konzeption zurückgehen, zur Idee der kritischen Prüfung. Das ist der Weg, den Hans Albert in seiner Darstellung des kritischen Rationalismus weist (Albert 1968). Er führt letztlich zum hypothetisch-deduktiven Verfahren, zur Methode von Versuch und Irrtumsbeseitigung, zur systematischen Fehlersuche, ohne Letztbegründungsansprüche oder Ähnliches.

Irgendwo müssen wir allerdings auch dabei mit unseren Versuchen beginnen. Selbst wenn dieser Anfang seinerseits hinterfragt, kritisiert, noch einmal zur Disposition gestellt und aufgegeben werden kann, müssen wir doch in jedem konkreten System, auch in einem vorläufigen System, irgendwo anfangen. Wo könnten, wo sollten wir anfangen?

Ein möglicher Vorschlag lautet: Beginnen wir doch da, wo wir sowieso „schon immer" beginnen – „schon immer" natürlich in Anführungszeichen, denn es gibt nichts, was schon immer da gewesen wäre! Gehen wir also recht weit zurück: nicht nur in der Ontogenese bis zum Neugeborenen, nicht nur in der Philosophiegeschichte bis zu Thales, sondern in der Phylogenese bis zu unseren stammesgeschichtlichen Vorfahren – und prüfen wir, wie weit wir damit kommen! Wir werden dann – zunächst *deskriptiv* – feststellen, dass wir sowohl im kognitiven als auch im sozialen Bereich mit einigen Strukturen rechnen können, die in der Evolution entstanden sind. Wie viele und welche das genau sind, das ist eine empirische Frage, zu der die meisten Antworten noch ausstehen. Entscheidend ist im Augenblick der Nachweis, dass es so etwas gibt, dass es also angeborene, genetisch bedingte und somit auch phylogenetisch entstandene Strukturen des Erkennens und des Sozialverhaltens gibt, und dafür haben wir auch einige sehr schöne Beispiele.

Nun kann man weiterfragen (und Philosophieren heißt ja Weiterfragen): Warum bringen wir als Menschen solche Strukturen kognitiver Art, solche Strukturen des Sozialverhaltens mit? So stoßen wir unweigerlich auf die Gesetze der biologischen Evolution. Hier liegen offenbar nicht mehr nur beschreibende, sondern auch erklärende, *explanative* Elemente. Ganz im Sinne wissenschaftlicher Erklärung fragen wir also: Warum ist das so? An dieser Stelle wird also die Evolutionstheorie aus den biologischen Wissenschaften als erklärende Theorie in Anspruch genommen. So lernen wir, ob, wie und „warum die Vergangenheit die Gegenwart erklärt" (Voland 1993).

Man kann dabei mindestens drei Gebiete unterscheiden: die Evolution kognitiver Strukturen, die Evolution des Sozialverhaltens und die Evolution der ästhetischen Urteilsbildung. Auf jedem dieser Gebiete kann man zunächst empirische Untersuchungen anstellen. Man könnte eine evolutionäre Psychologie, sogar eine Paläopsychologie, eine Paläolinguistik, ganz allgemein eine Biologie der Erkenntnis entwickeln. Ganz ähnlich kann man die Strukturen des Sozialverhaltens empirisch untersuchen. Das tut die Ethologie (vergleichende Verhaltensforschung) und heute mit besonderem Erfolg die Soziobiologie. Dabei kann man – immer noch deskriptiv und explanativ – bis zu einer Biologie der Moral vorstoßen. Das Gleiche könnte man auch noch für unser ästhetisches Urteilen versuchen: Warum urteilen wir so und nicht anders? Warum finden wir dieses schön, jenes nicht? Es ist also auch eine Biologie der Kunst denkbar; sie ist aber als deskriptive und vor allem als explanative Disziplin noch wenig ausgebaut (Rentschler 1988).

Hat man nun eine Biologie der Erkenntnis, eine Biologie der Moral oder eine Biologie der Kunst, so lässt sich durchaus sinnvoll fragen: Welche Konsequenzen haben diese Einsichten für die Philosophie, für die Erkenntnistheorie, für die Ethik, für die Ästhetik? Auf dieser Ebene lassen sich dann auch weitere Aufgaben wahrnehmen: *explikative*, also begriffsverschärfende, und *normative*, also solche, die mit Wahrheit und Wahrheitskriterien auf der kognitiven Seite, mit Geltung und Geltungskriterien auf der ethischen Seite zu tun haben.

9.3 Probleme, Voraussetzungen, Thesen

Das also wäre ein systematisch-innerphilosophischer Zugang. Wir skizzieren nun, wie man so etwas aufbauen könnte, und machen dabei sowohl auf Gemeinsamkeiten zwischen Evolutionärer Erkenntnistheorie und Evolutionärer Ethik als auch auf einige wichtige Unterschiede aufmerksam (Tab. 9.1). Allerdings können wir weder alle Gemeinsamkeiten noch alle Unterschiede nennen. Der Übersichtlichkeit wegen wählen wir eine Einteilung in Probleme, Voraussetzungen, Thesen und Folgerungen. Weitere Vergleichsmöglichkeiten bieten sich an.

Beginnen wir mit den Problemen, die wir aus didaktischen Gründen in Frageform kleiden.

Bekannt ist Kants Einteilung der Philosophie: Was können wir wissen? Was sollen wir tun? Was dürfen wir hoffen? Was ist der Mensch? Zu den beiden letzten Fragen nehmen wir allerdings nicht ausdrücklich Stellung. (Merkwürdigerweise kommt die Ästhetik in Kants Fragen nicht vor.)

Haben wir die Frage nach unseren Erkenntnismöglichkeiten, und sei es auch nur versuchsweise, beantwortet, dann können wir eine zweite Art von Fragen stellen: *Warum* können wir gerade das wissen, was wir wissen? Warum können wir die Welt so weit erkennen, wie wir das tun? Das sind Fragen nach *Erklärungen*. Analog können wir auf der Seite des Sozialverhaltens, der Moral und der Ethik nach einer Erklärung fragen: Wieso handeln wir eigentlich richtig? Bei dieser Formulierung haben wir jedoch ein ungutes Gefühl. Wir können uns nämlich viel eher darüber einigen, dass wir einiges erkennen, als darüber, ob wir richtig handeln. Es ist eben viel leichter, sich darüber klar zu werden, was der Fall ist, als darüber, was man tun soll, und deshalb auch leichter, sich zu einigen, wie weit wir die Welt erkennen, als darüber, ob wir richtig handeln oder nicht. Im Folgenden werden wir uns vorwiegend mit der erkenntnistheoretischen Seite befassen; erst am Schluss kommt auch noch einmal das Handeln zur Sprache. Für die Evolutionäre Ästhetik müssen wir uns mit einem Literaturhinweis begnügen (Voland u. Grammer 2003).

Tab. 9.1 Evolution, Erkenntnis, Ethik – eine Übersicht

	Erkenntnistheorie	Ethik
Probleme	Was können wir wissen? Wieso können wir die Welt erkennen? Wieso nicht immer und wieso nicht vollständig?	Wie sollen wir handeln? Wieso handeln wir richtig? Wieso nicht immer?
Voraussetzungen	Realismus ontologisch erkenntnistheoretisch methodologisch Fehlbarkeit allen Wissens Naturalismus Evolutionstheorie	Utilitarismus Symmetrieprinzipien (etwa die Goldene Regel) Verzicht auf Letztbegründung Naturalismus (keine Metaphysik) Evolutionstheorie, Spieltheorie
Thesen	Erkennen als Gehirnfunktion Gehirn als Überlebensorgan Erklärung kognitiver Leistungen und Fehlleistungen Passung durch Anpassung	Unser Sozialverhalten ist teilweise evolutiv erklärbar. Erhalt der Menschheit! Sollen-Können-Prinzip! Evolutionäre Stabilität!
Folgerungen	Erkennbarkeit der Welt „Mesokosmos" als kognitive Nische Empirismus/Rationalismus Kritik an Kant Induktionsprobleme Anschaulichkeit	„Sozialer Mesokosmos" Zurück zur oder weg von der Natur? Künftige Generationen!
Offene Probleme	Können wir den Mesokosmos verlassen? Wenn ja, wie kommt das?	Können wir den sozialen Mesokosmos verlassen? Wie kommt das?
Grenzen		
Kritik		

Um nun wirklich Erkenntnistheorie, insbesondere Evolutionäre Erkenntnistheorie betreiben zu können, machen wir einige Voraussetzungen, die wir hier nur schlagwortartig nennen.

Zunächst wird ein bestimmter *Realismus* vorausgesetzt. Man kann diesen Realismus noch einmal differenzieren in einen ontologischen Realismus (Gibt es die Welt, und wie sieht die Welt aus? Ist sie strukturiert? Ist sie bewusstseinsunabhängig?), einen erkenntnistheoretischen Realismus (Was können wir über diese so vermutete Welt wissen?) und einen methodologischen Realismus (Wie erlangen wir solches Wissen?). Man kann diese Ebenen am besten charakterisieren über die jeweiligen Gegensätze: Gegenpositionen zum ontologischen Realismus sind Idealismus und Solipsismus; Gegenpositionen zum erkenntnistheoretischen Realismus sind Transzendentalphilosophie, Positivismus und Konstruktivismus; eine Gegenposition auf der methodologischen Seite ist der Instrumentalismus (Vollmer 1991).

Eine andere Einsicht, die wir voraussetzen, ist die *Fehlbarkeit unseres Wissens*. Wir sprechen auch vom „hypothetischen" Charakter unseres Wissens. Dieser Fallibilismus ist ein Standpunkt, wie ihn die Skeptiker in einer nicht radikalen, nicht agnostischen Variante vertreten, aber auch der kritische Rationalismus und noch andere Positionen. Die Evolutionäre Erkenntnistheorie selbst stützt dann diese Einsicht; aber die Fehlbarkeit unseres Wissens kann auch ohne Bezug auf Evolution, schon durch Kritik an unserem Erkenntnisvermögen, erkannt und vertreten werden, etwa aufgrund der Feststellung, dass wir uns immer wieder täuschen lassen und in Widersprüche verwickeln, oder als resignierende Zusammenfassung all der historischen Versuche, sicheres Wissen über die Welt zu erlangen oder zu garantieren.

Die dritte Voraussetzung, die wir machen, ist der *Naturalismus*. Über den Naturalismus könnte man wieder sehr viel sagen (Vollmer 1995). Wir wollen ihn hier nur ganz kurz charakterisieren: Der Naturalismus ist die Auffassung, dass es überall in der Welt, auch beim Denken und Erkennen, mit rechten Dingen zugeht. Das heißt in unserem Fall vor allem auch, dass wir selbst Evolutionsprodukte sind, dass Denken und Erkennen, aber auch moralisches und ästhetisches Urteilen Gehirnfunktionen sind, dass wir kausale Erklärungen gegenüber teleologischen bevorzugen, dass komplexe Systeme in der Regel aus einfachen aufgebaut und entstanden sind, und Ähnliches.

Und natürlich brauchen wir die *Evolutionstheorie*; schließlich gibt sie unseren Disziplinen ihren Namen!

Nun einige Thesen, die in der Tabelle allerdings wieder nur als Schlagwörter formuliert sind. Erkennen wird im Rahmen des Naturalismus als Gehirnfunktion aufgefasst, das Gehirn aber als Evolutionsprodukt; in diesem Rahmen wird also versucht, auch diese Funktion, das Erkennen, über evolutive Prozesse zu verstehen.

Ein Verdienst, das wir der Evolutionären Erkenntnistheorie zuschreiben, ist eine naturalistische Antwort auf die alte Frage: Wieso können wir die Welt erkennen? Das klingt vielleicht zu optimistisch. Natürlich kann man auch behaupten, wir wüssten nur sehr wenig oder überhaupt nichts über die Welt. Man kann und muss die Fragestellung also auch spiegeln: Es gibt ja nicht nur Leistungen unseres Erkenntnisapparates, sondern auch *Fehlleistungen*. Die Evolutionäre Erkenntnistheorie versucht, Leistungen und Fehlleistungen dieses kognitiven Systems zu erklären. An dieser Stelle erfüllt sie also eine doppelte erklärende Aufgabe.

Nun könnte man einwenden, hier handle es sich gar nicht um Erkenntnistheorie. Erkenntnistheorie habe ausschließlich explikative und normative Funktionen; sie solle und wolle das Geltungsproblem lösen, und Ähnliches. Mir scheint es historisch nicht angemessen, Erkenntnistheorie auf explikative und normative Aufgaben zu beschränken. Das tut etwa Wolfgang Stegmüller in seiner Kritik an der Evolutionären Erkenntnistheorie (Stegmüller 1984). Das ist umso unverständlicher, als er für die Wissenschaftstheorie eine Verschränkung von deskriptiven und normativen Elementen ausdrücklich in Anspruch nimmt, wenn er sagt: „Vielmehr ist aufzuzeigen, inwiefern die rationale Rekonstruktion wissenschaftlicher Erkenntnis welche sich die Wissenschaftstheorie zur Aufgabe gemacht hat, sowohl eine deskriptive Komponente als auch eine normative Komponente enthält" (Stegmüller 1973).

Trotzdem darf man natürlich fragen: Ist die Evolutionäre Erkenntnistheorie in der Lage, Geltungsprobleme zu lösen? Die Antwort ist einfach: Sie ist es nicht, dies aber nicht, weil sie es laufend versucht oder verspricht und dann doch nicht leistet, sondern weil sie die traditionellen Geltungsansprüche von vornherein für nicht einlösbar hält.

Eine weitere These: Wenn wir entdecken, dass unser kognitiver Apparat in einem gewissen Sinne (den man explizieren muss) auf die Welt passt, mindestens so weit passt, dass Welt und Apparat zusammen Erkenntnis ermöglichen, und wenn man nun fragt: Wie kommt aber dies? – dann lautet unsere Antwort: Diese Passung ist Ergebnis einer Anpassung. An dieser Stelle wird der Anpassungsbegriff aus der Biologie benutzt. Da er in der Biologie selbst umstritten ist, kann man nicht davon ausgehen, dass nun ganz selbstverständlich wäre, in welchem Sinne hier von Anpassung die Rede ist. Man kann aber die Aufgabe, diesen Begriff zu klären, den Biologen überlassen.

9.4 Folgerungen der Evolutionären Erkenntnistheorie – Der Mesokosmos

Wenn wir entdecken, dass wir eine gewisse Passung aufweisen, dann können wir fragen: An welchen Bereich sind wir in kognitiver Hinsicht eigentlich angepasst? Wie weit reicht also das Erklärungspotenzial einer evolutiven oder phylogenetischen Erklärung? Hier ist eine Analogie zum Begriff der ökologischen Nische hilfreich. Definieren wir als ökologische Nische jenen Ausschnitt der realen Welt, an den ein Organismus in seiner Lebensweise angepasst ist, dann ist die kognitive Nische eines Organismus jener Ausschnitt der Welt, an den er kognitiv, also wahrnehmend, interpretierend, rekonstruierend angepasst ist. Und die kognitive Nische des Menschen nennen wir *Mesokosmos*. Offenbar ist das ein anthropozentrischer Begriff; die kognitiven Nischen anderer Organismen können und werden anders aussehen.

Eine wichtige Frage ist die nach der Kommensurabilität solcher Nischen. Kann man die kognitiven Nischen verschiedener Organismen miteinander vergleichen? Kann man sie vergleichend bewerten? (Jakob von Uexküll würde das bestreiten.) Ist etwa unser Mesokosmos „weiter“ oder sogar „besser“ als die kognitive Nische des Schimpansen? Diese Fragen werden wir jetzt nicht diskutieren.

Zur Charakterisierung des Mesokosmos betrachten wir zunächst ein Beispiel.

Abbildung 9.3 zeigt ein Strichgebilde. Aber was sehen wir eigentlich? Wir sehen mindestens etwas Zweidimensionales; aber alle oder fast alle werden auch noch die Schlüsselkriterien für die dritte Dimension richtig interpretieren und so etwas wie ein dreidimensionales Drahtgebilde sehen, nämlich zwei Würfel, einen kleineren in einem größeren. Mathematiker könnten uns dann noch darüber aufklären, dass die Zeichnung auch als Projektion eines vierdimensionalen Hyperwürfels aufgefasst werden kann. Man kann an dieser Projektion noch viele Eigenschaften des vier-

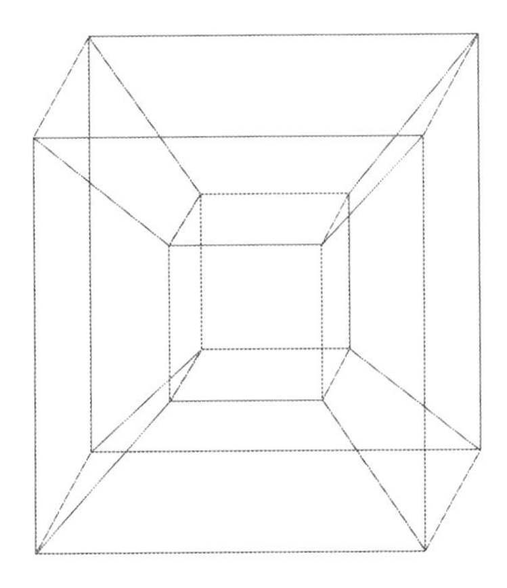

Abb. 9.3 Der Hyperwürfel

dimensionalen Würfels ablesen, abzählen: Er hat 16 Ecken, 32 Kanten, 24 Flächen und – was man allerdings nicht sofort sieht – 8 begrenzende Räume. Eines können wir freilich trotz allem nicht: Wir können uns ein solches vierdimensionales Objekt nicht vorstellen.

Warum können wir uns Vierdimensionales nicht vorstellen? Warum können wir uns nichteuklidische Räume nicht vorstellen? Warum sind für uns die Effekte der Speziellen Relativitätstheorie – Längenkontraktion, Zeitdilatation, Geschwindigkeitsaddition, Lichtgeschwindigkeit als Grenzgeschwindigkeit – nicht vorstellbar, erst recht nicht die der Allgemeinen Relativitätstheorie oder gar der Quantentheorie?

Die Antwort ist jetzt einfach: Diese Strukturen liegen außerhalb unseres Mesokosmos; für sie haben wir in der Evolution keine Vorstellungskraft gebraucht und keine entwickelt. Mesokosmische Strukturen dagegen sind anschaulich; auf sie sind wir geprägt, geeicht, zugeschnitten.

Die Dimensionen und die Grenzen des Mesokosmos lassen sich angeben (Tab. 9.2). Meistens gibt es dabei eine Unter- und eine Obergrenze.

Beginnen wir mit der zeitlichen Dimension. Auch hier ist der Mesokosmos nach unten und nach oben begrenzt. Für die Untergrenze gilt die Frage: Was können wir gerade noch als zeitlich getrennt erfassen und was nicht? Unser Auflösungsvermögen in zeitlicher Hinsicht, manchmal auch subjektives Zeitquant genannt, liegt bei 1/20 Sekunde. Wo liegt die Obergrenze dessen, was uns intuitiv zugänglich ist? Sie entspricht etwa unserer eigenen Lebensdauer, die wir ja einigermaßen überblicken.

Ähnliches gilt dann für Strecken, für Geschwindigkeiten, für Beschleunigungen, für Temperaturen. Die Grenzen des Mesokosmos im Temperaturbereich liegen etwa beim Gefrier- und beim Siedepunkt des Wassers. Man kann diese Grenzen durch Training etwas hinausschieben, allerdings nicht beliebig weit. Und natürlich ist auch die Empfindlichkeit in verschiedenen Bereichen nicht immer gleich. So können wir durch Handauflegen bei einem Kind – das Kind zwar nicht heilen, aber doch – merken, dass es 38 °C Temperatur hat. Bei heißem Wasser werden wir da-

Tab. 9.2 Der Mesokosmos

Größe	Untergrenze	Beispiele	Obergrenze	Beispiele
Zeiten (t)	Sekunden (s)	Herzschlag	Jahrzehnte	Lebensdauer
Abstände (s)	Millimeter (mm)	Staub 0,05 mm Haar 0,1 mm	Kilometer (km)	Horizont 20 km, Tagesmarsch 30 km
Geschwindigkeiten $v = ds/dt$	Ruhe $v = 0$		$v = 10$ m/s $= 36$ km/s	Sprinter, Geschoss, Vogel
Beschleunigungen	Gleichförmige Bewegungen $a = 0$		$a = 10$ m/s^2 $\approx$ Erdbeschleunigung	Sprinter, freier Fall
Massen, Gewichte	Gramm (g)		Tonnen	Felsen, Bäume, Tiere
Temperaturen	−10 °C	Gefrierpunkt	100 °C	Siedepunkt des Wassers
Elektrische und magnetische Felder	–	–	–	–
Komplizierte Systeme	Komplexität Null	Isolierte Systeme (Staub)	Lineare Systeme	Lineare Kausalität

gegen nicht merken, ob es 55 oder 56 °C hat. Unsere Empfindlichkeit und unser Auflösungsvermögen sind eben nicht überall gleich.

Wichtig ist nun, dass es durchaus makroskopische Strukturen gibt, die *nicht* zum Mesokosmos gehören, etwa elektrische und magnetische Felder. Der Mesokosmos ist also nicht einfach die makroskopische Welt. Das Magnetfeld der Erde ist sicher von makroskopischer Größenordnung, gehört aber nicht zu unserem Mesokosmos; denn dafür haben wir kein Sinnesorgan.

Eine letzte Kategorie bilden die komplizierten Systeme. Was uns dabei intuitiv zugänglich ist, sind sehr einfache Systeme, vielleicht lineare Systeme. Sobald es Rückkopplung gibt, Nichtlinearitäten, exponentielles Wachstum, Nebenwirkungen, Fernwirkungen, versagt unsere Intuition. Dafür lassen sich viele sehr schöne und didaktisch verwertbare Beispiele geben (Vollmer 1985). Und gerade in didaktischer Hinsicht ist es ganz wichtig, dass wir den Umgang mit komplizierten Systemen üben, auch mit solchen, die wir nicht durchschauen. Normalerweise werden wir in Schule, Hochschule und Lehrbüchern vertraut gemacht mit Systemen, die wir – wenigstens nach geeignetem Unterricht – auch verstehen können. Andererseits müssen wir doch im Alltag und in der Wissenschaft, als Entwicklungshelfer und im Grunde auch schon im Umgang mit anderen Menschen, mit Systemen umgehen, die wir *nicht* durchschauen. Der Psychologe Dietrich Dörner hat in Experimenten wie Tanaland, Lohhausen und anderen nachgewiesen, wie sehr wir bei solchem Umgang zu Fehlverhalten neigen (Dörner 1989). Den Umgang mit komplizierten Systemen könnte und sollte man also viel besser einüben.

9.5 Wieso können wir den Mesokosmos verlassen?

Man kann noch weitere Folgerungen ziehen, etwa anhand der Frage: Was geschieht eigentlich, wenn wir die Grenzen des Mesokosmos überschreiten? Wir tun das ja in der Wissenschaft, die Spezielle Relativitätstheorie für große Geschwindigkeiten, die Allgemeine Relativitätstheorie für starke Gravitationsfelder beziehungsweise für große Abweichungen von der Euklidizität. Man wird in der Quantentheorie viele Beispiele finden und auch in Theorien über komplizierte Systeme.

Offenbar schaffen wir es, den Mesokosmos zu verlassen. Es gibt also – über Wahrnehmung und Erfahrung hinaus – noch eine weitere Stufe der Erkenntnis, die wir theoretische oder wissenschaftliche Erkenntnis nennen können. Sie wird von uns auch erreicht. Das geht allerdings nicht über die Anschauung, sondern vor allem über die *Sprache*, über die deskriptive und argumentative Sprache, die wir in der Wissenschaft benützen und weiterentwickeln: Wir prägen neue Begriffe und formulieren neue Sätze, deren Folgerungen wir in der Erfahrung überprüfen können.

Wie immer das im Einzelnen geschieht, wir können jedenfalls die Grenzen des Mesokosmos überschreiten, und deshalb kann auch eine phylogenetische Erklärung für unsere mesokosmischen Fähigkeiten über *wissenschaftliche* Erkenntnis nur wenig sagen: Für die Relativitätstheorie gibt es keine biologischen Wurzeln.

Was man jedoch versuchen kann, ist, bei den *Hindernissen* nach biologischen Wurzeln zu fragen: Warum hat nicht schon Aristoteles die Relativitätstheorie entwickelt? Welche Schwierigkeiten standen dem im Wege, und sind sie vielleicht biologischer Natur? Dazu liegen inzwischen viele interessante Ergebnisse vor (Frey 2007; Frey u. Frey 2009; Hell et al. 1993).

Auf diese Weise wird man auch die Wissenschaftsgeschichte besser verstehen. Aus der Sicht der Evolutionären Erkenntnistheorie wird man erwarten, dass eine Erfahrungswissenschaft wie die Physik im Mesokosmos beginnt und dessen Grenzen allmählich überschreitet. Unter diesem Aspekt ist etwa die Entwicklung der Bewegungslehre von Aristoteles über die mittelalterliche Impetustheorie zu Galilei und Newton und schließlich zu Einstein fast zwangsläufig; jedenfalls hätte sie nicht umgekehrt verlaufen können (Vollmer 1986). Es zeigt sich nämlich, dass die aristotelische Theorie die mesokosmisch häufigsten Bewegungen – gebremste Bewegung in der Ebene, gebremster Fall im widerstehenden Medium – recht gut und sparsam beschreibt. Das Trägheitsprinzip, das nach Galilei zunächst nur auf der Erde, nach Newton sogar für den gesamten Kosmos gilt, erfordert eine starke Abstraktion, fast im Widerspruch zu dem, was man mesokosmisch zu beobachten glaubt. Das gilt auch für Wirkungen, die sich nach Newton verzögerungsfrei ausbreiten sollen, und erst recht für die Erhaltungssätze für Energie, Impuls oder Drehimpuls.

Macht man sich das klar, dann erkennt man auch die Bedeutung der Evolutionären Erkenntnistheorie für die Didaktik, insbesondere für die Wissenschaftsdidaktik, aber auch allgemein für die Pädagogik. Lernende, Leserinnen, Schüler und Studierende kommen mit mesokosmischen Vor(aus)urteilen, die das Lernen erschweren.

Inzwischen kennt man eine ganze *intuitive Physik*. Solche mesokosmischen Überzeugungen und Erwartungen – ob nun genetisch bedingt oder individuell erworben – sind schwer zu korrigieren, gerade weil sie den Lernenden gar nicht bewusst sind. Lehrende müssen das wissen, damit sie die falschen Erwartungen gezielt aufdecken und überwinden können. Die Evolutionäre Erkenntnistheorie legt also eine kontrastierende Didaktik nahe (Vollmer 1984).

9.6 Gibt es auch einen sozialen Mesokosmos?

Zuletzt beschäftigen wir uns noch einmal mit der Analogie zwischen Evolutionärer Erkenntnistheorie und Evolutionärer Ethik, die wir schon angedeutet haben. Der soziale Mesokosmos wäre jener Ausschnitt der Welt, in dem wir uns – nicht irgendwie, sondern – zu unseren Mitmenschen, also sozial, verhalten. Gibt es auch hier einen Bereich, an den wir angepasst, auf den wir evolutiv geprägt sind, bei dem es uns schwerfällt, die Grenzen zu überschreiten, weil wir da keinen intuitiven Zugang haben? Wir können auch diese Frage bejahen. Es gibt also einen *sozialen Mesokosmos*.

Man kann ihn auch darstellen. Hans Zeier etwa hat ihn durch zahlreiche deskriptive Merkmale charakterisiert (Zeier 1978). Ganz ähnlich also, wie auf der kognitiven Seite ein Mesokosmos existiert, den wir überschreiten können, so gibt es auch einen sozialen Mesokosmos, den wir verlassen können. Und wie wir den Mesokosmos nur mit theoretischen Mitteln überschreiten, so brauchen wir auch theoretische Mittel, um den sozialen Mesokosmos zu verlassen, etwa eine deskriptive und argumentative Sprache oder Institutionen, durch die wir uns selbst zwingen, unsere Normen zu befolgen (Vollmer 2001, 2008).

Der soziale Mesokosmos ist allerdings noch nicht so gut untersucht wie sein kognitives Analogon. Hier liegt eine wichtige Aufgabe für Verhaltensforscher, Soziobiologen, Psychologen, Soziologen und – nicht zu vergessen – Philosophen.

Literatur

Albert H (1968) *Traktat über kritische Vernunft*. Mohr Siebeck, Tübingen

Binnig G (1989) *Aus dem Nichts. Über die Kreativität von Natur und Mensch*. Piper, München, S. 181

Dörner D (1989) *Die Logik des Mißlingens. Strategisches Denken in komplexen Situationen*. Rowohlt, Reinbek

Frey U (2007) *Der blinde Fleck. Kognitive Fehler in der Wissenschaft und ihre evolutionsbiologischen Grundlagen*. Ontos, Frankfurt/M

Frey U, Frey J (2009) *Fallstricke. Die häufigsten Denkfehler in Alltag und Wissenschaft*. Beck, München

Hell W, Fiedler K, Gigerenzer G (Hrsg) (1993) *Kognitive Täuschungen. Fehl-Leistungen und Mechanismen des Urteilens, Denkens und Erinnerns*. Spektrum, Heidelberg

Rentschler I, Herzberger B, Epstein D (Hrsg) (1988) *Beauty and the brain. Biological aspects of aesthetics*. Birkhäuser, Basel

Smolin L (1999) *Warum gibt es die Welt? Die Evolution des Kosmos*. Beck, München [engl. 1997]

Stegmüller W (1973) *Probleme und Resultate der Wissenschaftstheorie und Analytischen Philosophie*. Band IV, Erster Halbband bzw. Studienausgabe Teil A, Springer, Berlin, S. 8

Stegmüller W (1984) *Evolutionäre Erkenntnistheorie, Realismus und Wissenschaftstheorie*. In: Spaemann R, Koslowski P, Löw R (Hrsg) *Evolutionstheorie und menschliches Selbstverständnis*. VCH, Weinheim, S. 10–14

Voland E (Hrsg) (1993) *Evolution und Anpassung. Warum die Vergangenheit die Gegenwart erklärt*. Hirzel, Stuttgart

Voland E, Grammer K (Hrsg) (2003) *Evolutionary aesthetics*. Springer, Berlin

Vollmer G (1975) *Evolutionäre Erkenntnistheorie*. Hirzel, Stuttgart

Vollmer G (1984) *Jenseits des Mesokosmos. Anschaulichkeit in Physik und Didaktik*. In: Der Physikunterricht 18: 5–22, S. 16–18

Vollmer G (1985) *Das alte Gehirn und die neuen Probleme*. In: Vollmer G (Hrsg) *Was können wir wissen*? Band 1, Hirzel, Stuttgart, S. 116–165, dort S. 116–127

Vollmer G (1986) *Wissenschaft mit Steinzeitgehirnen*. In: Boehringer Mannheim (Hrsg) *Mannheimer Forum 86/87*: S. 9–61, dort S. 39–43

Vollmer G (1989) *Der Evolutionsbegriff als Mittel zur Synthese – Leistung und Grenzen*. Philosophia naturalis 26: 41–65. Auch in: Vollmer G (1995) *Biophilosophie*. Reclam, Stuttgart S. 59–91

Vollmer G (1991) *Wider den Instrumentalismus*. In: Bohnen A, Musgrave A (Hrsg) *Wege der Vernunft*. Albert-Festschrift. Mohr, Tübingen, S. 130–148

Vollmer G (1995) *Was ist Naturalismus*? In: Vollmer G *Auf der Suche nach der Ordnung*. Hirzel, Stuttgart, S. 21–42

Vollmer G (2001) *Können wir den sozialen Mesokosmos verlassen*? In: Görgens S, Scheunpflug A, Stojanov K (Hrsg) *Universalistische Moral und weltbürgerliche Erziehung*. IKO, Frankfurt/M, S. 12–31

Vollmer G (2008) *Der Turm von Hanoi – Evolutionäre Ethik*. In: Wetz F-J (Hrsg) Kolleg Praktische Philosophie, Band 1, Reclam, Stuttgart, S. 124–151

Zeier H (1978) *Evolution von Gehirn, Verhalten und Gesellschaft*. In: Stamm RA, Zeier H (Hrsg) *Lorenz und die Folgen. Die Psychologie des 20. Jahrhunderts*, Band VI, Kindler, Zürich, S. 1088–1121, dort S. 1109, 1118f

Kapitel 10
Der Geist ist ein Naturprodukt – Macht das unfrei und verantwortungslos?

Bernhard Verbeek

Irgendwie fühlen wir uns gelenkt von einer immateriellen moralischen Instanz, die uns Willensfreiheit gestattet, und unterstellen sie auch intuitiv unseren Mitmenschen. Die moderne Neurobiologie allerdings hat die Illusion freischwebender Entscheidungen, nicht gebunden an physiologische Realität, zerstört.

10.1 Der Geist braucht Gehirn

Nichts dürfte so verlässlich das Selbstwertgefühl stärken wie die Überzeugung, man sei ein Ebenbild Gottes. Das dürfte der uneingestandene Hauptgrund dafür sein, dass manche Menschen so unerschütterlich daran festhalten. Wie Gott wäre man nicht an Naturgesetze gebunden, sondern völlig frei. Trotz der immensen narzisstischen Nahrung, die aus einem solchen Menschenbild gesogen werden kann, waren seine führenden Protagonisten selten so weltfremd, dass sie diese absolute Freiheit tatsächlich für sich und den Normalbürger erwarteten. Aber in ihrem Erleben gab es sie grundsätzlich, zumindest früher und als Ausnahmeerscheinungen: Solche, die einen Glauben hatten, dass sie Berge versetzen konnten, waren auch selbst von der Gravitation befreit, konnten über das Wasser wandeln oder massive Wände widerstandslos durchschreiten. Wenn augenscheinlich Naturgesetze verletzt wurden, war es allerdings doch nicht allein die Macht eines menschlichen Willens, sondern es bedurfte der Mitwirkung außernatürlicher Kräfte. Ein Gott oder Teufel hatte seine Hand im Spiel. Das ist übrigens kein Alleinstellungsmerkmal unserer christlich verwurzelten abendländischen Kultur.

Nun gab es inzwischen Aufklärung, Evolutionstheorie und Molekulargenetik, neuerdings noch die Neurobiologie. Wer ein gefestigtes Weltbild hatte, musste sich von mancher liebgewordenen Vorstellung verabschieden. Das Neue in der heutigen Situation besteht vor allem darin, dass einer wahrnehmbaren Öffentlichkeit klar wird, dass

B. Verbeek (✉)
Fakultät Chemie, Fachgruppe Biologie und Didaktik der Biologie, Technische Universität Dortmund, Otto Hahn Straße 6, 44227 Dortmund, Deutschland
E-Mail: bernhard.verbeek@uni-dortmund.de

J. Oehler (Hrsg.), *Der Mensch – Evolution, Natur und Kultur,*
DOI 10.1007/978-3-642-10350-6_10, © Springer-Verlag Berlin Heidelberg 2010

es auch die eingangs wie selbstverständlich postulierte Persönlichkeitsinstanz nicht wirklich gibt, jedenfalls nicht als reinen Geist, der unabhängig von physiologischen Strukturen und Funktionen wäre. Für jemanden, der das bisher anders sah, ist eine solche Erkenntnis natürlich ein Schock, wieder eine neue narzisstische Kränkung, obgleich man Kopernikus, Darwin, Freud und andere noch nicht richtig verarbeitet hat.

Was man Sigmund Freud vor allem übelnahm und immer noch übelnimmt, ist, dass er deutlich gemacht hat: Der Mensch ist triebgesteuert, obgleich er meint, er steuere seine Triebe. Das Bewusste ist nur ein geringer Teil unseres Seelenlebens, und vom Ozean des Unbewussten mit seinen geheimnisvollen Strömungen weiß es *per definitionem* zunächst einmal nichts. „Der Schlüssel zur Erkenntnis vom Wesen des bewussten Seelenlebens liegt in der Region des Unbewusstseyns", hatte schon sehr früh das romantische Multitalent Carl Gustav Carus (er war Arzt, Naturphilosoph und Maler) formuliert. Als der junge Freud Medizin studierte, war die Zeit der Romantik vorbei. Um das bewusste Seelenleben zu verstehen betrieb der forschende Arzt zunächst biologische Forschung an Neuronen und Hirnstrukturen. Weil mit den damals verfügbaren Methoden aber der Anschluss der Psychologie an die naturwissenschaftliche Physiologie nicht zu erhoffen war, hat er sich den geistschaffenden Auswirkungen der Hirnaktivität zugewandt, ohne dabei die Abhängigkeit der Psyche vom Organismus je zu bezweifeln.

In unseren Tagen hat sich das naturwissenschaftliche Methodenarsenal gigantisch erweitert. Neu durch die Neurobiologie ist insbesondere, dass man spezifische Aktivitätszentren klarer lokalisieren und live bei der Arbeit beobachten kann, dass man die Neurochemie besser durchschaut und mit mehr Durchblick pharmakologisch, elektrophysiologisch und sogar chirurgisch und mit technischen Hilfsaggregaten sehr gezielt eingreifen kann.

So wird es immer schwerer, ja völlig unhaltbar, psychische Phänomene als unabhängig von der Physis zu betrachten. Zum Beispiel zeigten die in letzter Zeit viel und aufgeregt diskutierten, methodisch recht einfachen schon in den 1970er Jahren von Benjamin Libet durchgeführten Versuche, bei denen es um die willentliche Betätigung eines Hebels ging, dass auch bei derartig simplen Entscheidungen die Physiologie des Gehirns dem bewussten Erleben zeitlich voraus ist. Mit Verdruss muss eine Versuchsperson erleben, dass man einen willentlichen Entschluss an den Hirnströmen schon ablesen kann, bevor sie ihn bewusst gefasst hat. Aber wieso konnte man eigentlich erwarten, dass die Zeitabfolge umgekehrt sei? Ein Parlamentsbeschluss kann auch nicht gefasst sein, bevor debattiert und abgestimmt wurde. Ein direkter Beobachter dieses Prozesses kann schon etwas früher als die Öffentlichkeit wissen, wann das formelle Ergebnis erscheint.

Aus Tierversuchen ist schon seit Mitte des 20. Jahrhunderts bekannt, dass elektrische Reizung bestimmter Hirnteile heftigen Ausdruck von Emotionen wie Angst oder Aggression auslösen kann. So flieht ein Huhn vor einem imaginären Feind oder greift ihn an oder legt sich zur Ruhe – je nach Reizort im Gehirn. Daran zu zweifeln, dass das prinzipiell bei Menschen genauso ist, lässt die Empirie schon lange nicht mehr zu. Menschliche Versuchspersonen verhalten sich vergleichbar. Unvermeidbare Hirnoperationen kann man bei Bewusstsein unter Lokalanästhesie durchführen (das Gehirn selbst ist schmerzfrei). Die durch Reizung bestimmter

Hirnregionen ausgelösten Handlungen und Äußerungen wirken auf Außenstehende (soweit sie die neuronale Reizung nicht in Betracht ziehen) situationsinadäquat. Die Patienten selbst haben dafür aber gewöhnlich Begründungen, die ihnen subjektiv völlig rational erscheinen. Ihr Gehirn liefert kunstvolle Denkfiguren, welche das Festhalten an der Fiktion ermöglichen, Herr ihrer Gedanken und Aktionen zu sein. So viel steht jedenfalls fest: Ohne Gehirn keine Bewusstheit, kein Unbewusstes und auch keine moralische Instanz. Das Gehirn ist sogar die Voraussetzung für unsere personale Existenz – ungeachtet der Frage, ob wir das mögen.

10.2 Das Gehirn braucht Gene

Jeder Organismus, auch der Mensch, ist Produkt einer biologischen Entwicklung, und zwar nicht nur seiner ontogenetischen, sondern auch einer phylogenetischen. Die ontogenetische, also die Individualentwicklung, wird ganz wesentlich durch das Genom bestimmt. Ohne das spezifische menschliche Genom kann niemals ein Mensch entstehen. Von der genetischen Information sind wir genauso abhängig wie eine Kartoffelsorte. Aber auch das beste genetische Programm, egal ob potenzielle Hochleistungskartoffel oder potenzieller Spitzenphilosoph, muss Bedingungen vorfinden, die ihm die Genese „seines" Organismus ermöglichen. Es muss eingebettet sein in ein entsprechendes zelluläres, biochemisches und ökologisches Milieu. Neben Energie und den notwendigen Baustoffen gibt es Signale aus der jeweiligen Umwelt, die die Ausdifferenzierung oft entscheidend beeinflussen. Bei Menschen und Tieren geht es dabei auch um die Ausdifferenzierung des Gehirns. Damit sind die Bedingungen, also frühkindliche und sogar vorgeburtliche Erfahrungen, von oft ausschlaggebender Bedeutung für den individuellen Charakter; eine alte Erkenntnis, die heute auf physiologischer Basis bestätigt wird (z. B. Roth 2008).

Genetische Information ist also nicht alles im Leben, aber ohne genetische Information ist alles Leben nichts, überhaupt nicht existent. Weil uns diese Information nicht unmittelbar sinnlich zugänglich ist, sondern erst durch die Fortschritte der Genetik und Informationstechnologie nur indirekt erschlossen werden kann, fällt es uns schwer, eine Denkfigur zu entwerfen, die der Bedeutung des Genoms gerecht wird. Darwin ging seinerzeit selbstverständlich von einer Vererbung biologischer Eigenschaften aus, hatte aber von deren prinzipiellen Mechanismen kaum eine Ahnung. Das erlaubte den Gegnern seiner Theorie herbe Kritik bis hin zum Vorwurf der „Hohlheit". Wie wollte man (damals) erklären, dass in der Embryonalentwicklung „jedes Organ [...] aus allgemeiner Urmasse des Organismus an seiner Stelle unmittelbar [entsteht]" (Carus 1866/1986, S. 312)?

Nachdem die Wirkung des Gengefüges aber bis in molekulare Details (im Prinzip) bekannt ist, wurden Genetik und Biochemie zu einem Teil der Evolutionsforschung. Man forschte auf einer ganz neuen Ebene und erkannte: Die eigentliche biologische Evolution vollzieht sich in den genetischen Programmen. Sie sind überhaupt die entscheidende „Idee" des Lebens, die durch die Erdgeschichte weitergegeben wird. Sie „wissen" ihre molekulare Umwelt so zu steuern, dass sich das Leben erhalten und ausbreiten konnte, und zwar durch Reproduktion und ständige Weiterentwicklung der prinzipiell streng konservativen genetischen Information. Zugegeben, diese, vor allem von einigen Soziobiologen wie Dawkins (1978) bisweilen recht provozierend in eine breite Öffentlichkeit getragene Erkenntnis der modernen Evolutionsforschung entspricht nicht den Denkgewohnheiten, mit denen wir aufgewachsen sind.

Omne vivum ex vivo. Diese seinerzeit bahnbrechende, uns heute geläufige Einsicht eines Louis Pasteur (er wies nach, dass Leben nicht spontan, etwa in einem Kehrichthaufen, entsteht – was bis dahin allgemein angenommen wurde) veranlasst uns zu noch einer weiteren Erkenntnis, die wichtiger ist, als ihre Trivialität vermuten lässt: Jeder von uns, überhaupt alle Lebewesen haben eine lückenlose Kette von Ahnen, bis hinein in die Zeit der Entstehung des Lebens vor fast 4 Mrd. Jahren (als Leben eben doch aus Unbelebtem entstanden ist). Diese einfache Logik bedeutet für die genetischen Programme, dass sie (unter Androhung der „Todesstrafe", das heißt des Aussterbens) in allen Phasen ihrer Geschichte sich einem Tauglichkeitstest stellen mussten. Nur die kamen durch, die „ihre" Organismen zumindest so lange am Leben halten konnten, bis sie Nachkommen erzeugten, die ihrerseits wieder ihrer jeweiligen Umwelt gewachsen waren und erfolgreich eine nächste Generation als Träger neuer Programmversionen hervorbringen konnten. Dieser Kunst aller Künste verdanken wir unser Dasein; sie wurde aufrechterhalten und weiterentwickelt durch Variation und Auslese. Viele wurden in die Welt berufen, aber nur wenige auserwählt. Von wem? Von einer mitleidlos unbestechlichen Kraft, die einen Namen bekam: Selektion.

Die Einführung der Selektion in das Gedankengebäude war Darwins genialer Schritt. Obgleich dieser Gedanke logisch so zwingend ist, dass man ihn als trivial abtun könnte, hat die Welt des Geistes damit noch immer Probleme, sobald zur Sprache kommt, dass auch der Mensch seine Existenz dieser Selektion verdankt. Dessen ungeachtet wurde das Genom – auch das, aus dem unsere Spezies entstand – durch die Selektion darauf optimiert, sich mit Hilfe „seiner" Organismen vermehren und weiterentwickeln zu können. Für alle Lebewesen, auch für Mikroorganismen und Pflanzen ist es wichtig, die Welt sinnvoll wahrnehmen zu können. Wesen mit leistungsfähigem Gehirn haben dabei gesteigerte Möglichkeiten. Genprogramme, die diesbezüglich versagten, fielen gleich wieder in die Nichtexistenz. Anders als Viele vermuten, beschränken also Gene und Gehirn unsere Freiheit nicht; im Gegenteil, es ist diese zu hochfunktionalen Strukturen evolvierte genetische Information, die uns Freiheit und so etwas wie eine Welt des Geistes überhaupt erst ermöglicht.

10.3 Die Gesellschaft braucht unreflektierte Moral

Dies alles gilt zwar auch für die so genannten höheren Tiere, aber bei *Homo sapiens* ist das besonders interessant, nicht nur weil wir zufällig selbst dieser Spezies angehören, sondern vor allem weil sich bei Menschen dank der neuronalen Fähigkeiten (viel mehr als bei anderen Tieren) die Möglichkeit einer besonders aktiven, zielgerichteten Handhabung der Umwelt ergeben hat – und zwar bewusste Handhabung.

Als Menschen neigen wir zum Vermenschlichen. Aber die Evolution ist keine menschenähnliche Person, sondern ein kosmischer Prozess. Ein solcher kennt keine Moral – leider. Was zählt, ist nur der Erfolg. Wenn etwa ein Parasit in die Verhaltensphysiologie seines Wirtes eingreift und so die Zukunft der eigenen Verbreitung sichert, dann ist das ein Ergebnis der Weiterentwicklung seiner DNA-Sequenzen und kein Beispiel moralischer Verwerflichkeit. Kein ernst zu nehmender Mensch wird gegenüber einem Tollwutvirus oder einem Leberegel mit Traktaten über Ethik und Humanität argumentieren. Wenn Moral in der Überlebenspraxis aber erfolgsdienlich ist, hat sie (neben der Unmoral, für die dasselbe zutrifft) in der Evolution sehr wohl eine Chance. Eine Voraussetzung für moralisches Handeln ist die Befähigung zu einer dem Bewusstsein zugänglichen Zukunftsfolgenabschätzung. Weil bei subhumanen Wesen die Hirnkapazität dazu nicht reicht, spielt sie dort – vielleicht abgesehen von Ansätzen bei den intelligentesten Tieren – keine Rolle. Dafür können bei diesen Tieren die dem Bewusstsein nicht zugänglichen sozialen Instinkte umso ausgeprägter sein.

Im Tierreich gibt es hochkomplexe Sozialwesen, die selbstdienlich und sehr wirksam ihre Umwelt gestalten, vor allem bei Insekten. Man bewundert ihre Funktionalität und die klaglose „Arbeitsmoral" der Bauarbeiter und Arbeiterinnen, die „Opferbereitschaft" der Pflegekräfte und die todesverachtende „Kampfmoral" der Soldaten. Selbst auf veränderte Umweltbedingungen vermögen außermenschliche Organismen sinnvoll zu reagieren, z. B. auf lokale und klimatische Gegebenheiten, aber ihnen fehlt die unermessliche Weite von Möglichkeiten, die sich aufgrund reflektierten Handelns auftut, wie wir es vom Menschen kennen. Bei Insekten oder Spinnen etwa ist das Verhaltensrepertoire derart stabil, dass morphologisch ähnliche Arten leichter an ihren Bauten zu unterscheiden sind als am Aussehen ihrer Vertreter.

Beim Menschen, dem ersten Freigelassenen der Schöpfung, wie Herder ihn genannt hat, ist das anders. Zwar kann auch er nicht gegen Naturgesetze verstoßen, aber es steht nicht im Genom, wie seine Bauten auszusehen haben oder wie die Versorgung und die Logistik seiner ins Gigantische wachsenden Metropolen gelöst wird. Insofern fehlt ihm etwas, was z. B. Termiten besitzen. Es steht nicht einmal in unseren Genen, dass wir alle selbst geschaffenen Probleme lösen können – leider. Unser Genom lässt aber zu, dass Gemeinschaften, Kulturen und Zivilisationen unterschiedlichsten Charakters entstehen – allerdings mit allem Risiko des Unerprobten (von Frisch 1974). Wir sind eben freigelassen, ohne dass es einen Bewährungshelfer gibt. Das sollte uns zu besonderer Vorsicht mahnen, etwa bei geochemischen Experimenten, die Atmosphäre und Hydrosphäre verändern.

Der Prozess der Evolution „berücksichtigt" ungerührt und unbestechlich alles: Die Notwendigkeit für die Individuen und Gruppen, sich selbst zu behaupten einerseits und die Notwendigkeit sozialer Einbindung und Fürsorge andererseits. Ist letzteres Potenzial nicht vorhanden, leidet auch ersteres darunter. Genetisch verankerte soziale Instinkte und Kommunikationsregeln, wie bei Honigbienen, sind eine bewährte Möglichkeit. Aber bei einem Wesen mit großer offener Gehirnkapazität, das buchstäblich zu fast allem fähig ist, das in und von einer enorm wandlungsfähigen

Kultur lebt, muss ein anderes Regelwerk her. Es muss ähnlich verlässlich sein wie die Regelung durch Instinkte und zugleich doch die beobachtete kulturelle Vielfalt ermöglichen. Diese in den einzelnen Zivilisationen so unterschiedlichen Regeln, wie auch die Sprachen, können natürlich nicht alle genetisch fixiert sein. Es gibt jedoch einen Ausweg: Kulturelle Werte, darunter Moralsysteme, werden individuell in der Ontogenese „installiert". Das wird durch prägungsartigen Erwerb der Inhalte und zusätzlich durch gesellschaftliche Kontrolle erreicht. Unter Prägung versteht man in der Ethologie eine besonders leichtgängige und nachhaltige Form von Lernen in sensiblen Phasen.

Freud (1914, 1923/2000) sprach von einem Über-Ich, das wie ein Agent der Gesellschaft im Individuum über die Einhaltung der Regeln wacht. Es spricht vieles dafür, dass für diesen Agenten in jedem Menschen eine „Planstelle" und für die prägungsartig vermittelbaren Kulturinhalte bestimmte „Speicherplätze" vorgesehen sind – um hier einmal Metaphern aus Verwaltung und Computertechnik zu verwenden. Von Natur aus aktiv, sucht das Individuum die Umwelt unter bestimmten Gesichtspunkten nach Inhalten ab, die ins neuronale Gefüge passen und speichert sie dauerhaft ein. Nach erfolgter Prägung ist der Inhalt zuverlässig verfügbar – wie ein Instinkt, und nicht revidierbar, also quasi „schreibgeschützt" (Verbeek 1998, 2004). Mit dieser inzwischen allgemein akzeptierten Vorstellung vom prägungsartigen Lernen kulturspezifischer Inhalte harmoniert die Erfahrung, dass ein Wandel einmal verankerter Werte- und Moralsysteme nicht so leicht durchsetzbar ist, wie sich das zum Beispiel eine Besatzungsmacht in fremdem Kulturraum erträumt.

Solche Moralsysteme, auch solche, die aus unserer Sicht Verbrechen zur Folge haben, etwa Blutrache und Ehrenmorde, werden als naturgesetzlich und gottgegeben erlebt, sklavisch befolgt, oft unter größten Opfern, und meist in keiner Weise kritisch hinterfragt. So etwas beschäftigte auch Darwin (1871/1923). Er erwog, dass die sonderbaren Verhaltensweisen, die man in anderen Kulturen vorfindet, daher rühren, „dass ein dem Gehirn in seiner aufnahmefähigsten Zeit eingeschärfter Glaube fast die Natur eines Instinktes anzunehmen scheint. Das eigentliche Wesen des Instinktes besteht darin, dass er ohne Überlegung befolgt wird."

Im Gegensatz zum Phänomen Kultur ist im Tierreich das Phänomen Prägung recht verbreitet. Stockenten lernen in Minuten, wie ihre Mutter aussieht, Lachse prägen sich unauslöschlich ein, wo ihre Laichgewässer sind; ebenso finden Meeresschildkröten ihre Geburtsinsel nach einer Reise über tausende Kilometer wieder. Das Problem prägungsartig aufzusaugender Wertesysteme aber hat nur der Mensch. Man kann sich vorstellen, wie das in der Evolution entstand: Wer aufgrund günstiger genetischer Konstellation kulturelle Gepflogenheiten spielend aufnahm, war auch reproduktionsbiologisch im Vorteil. Bei Individuen oder ganzen Clans, denen ein entsprechender Genomabschnitt fehlte oder wenn er defekt war, waren die Voraussetzungen weiter zu existieren schlecht. Deshalb gibt es auch keine moralunfähigen Gesellschaften. Auch die Mafia hat ihre Moral, eine sehr rigide sogar – nur dass sie mit der unseren nicht übereinstimmt und diese „Ehrenwerte Gesellschaft" andere Ziele verfolgt.

Solche instinktartig gesicherte Moral, auch wenn sie kulturspezifisch installiert ist, hat mit der rational kontrollierten, etwa der des viel zitierten kategorischen Imperativs eines Immanuel Kant, nicht viel zu tun. Gleichwohl ist sie die vielleicht wichtigste kultursichernde Kraft. Ihre Verlässlichkeit beruht darauf, dass ihre Einrichtung selektionsbewährt und damit genetisch prädisponiert ist.

10.4 Ethik und Recht brauchen reflektierte Verantwortung

Um eine solche kulturspezifische Moral durchzusetzen, hat die Natur einige Kunstgriffe entwickelt. Dazu gehören Schuldgefühle nach Verstößen, und Lusterlebnisse nach Befolgen der Regeln des jeweils installierten Moralsystems. Auf der Ebene der Neurophysiologie bedeutet das: Aktivierung bestimmter Unlustregionen bei Verstößen oder Ausschüttung von Endorphinen, wenn man im Einklang mit den Normen ist. Weil sich unser Erleben aber auf einer ganz anderen Ebene abspielt als die begleitenden physiologischen Prozesse, erleben wir Schuld nicht als neuronales Phänomen, sondern als ein metaphysisches Prinzip, wodurch der Einhaltung der Moral noch einmal besonderer Nachdruck verliehen wird. Kein Wunder also, dass in unseren Denkfiguren Schuld und Sühne tief verankert sind. Sie entsprechen dem so genannten „gesunden Volksempfinden“. Auch wenn dieses aus historischen Gründen verständlicherweise in Misskredit geraten ist, hat es an dem kulturellen Prozess der Rechtsentwicklung schon deshalb einen erheblichen Anteil, weil ein System, das sich zu weit von den Vorgaben der Evolution entfernt, wirkungslos bleibt (Helsper 1989).

Nun erklären namhafte Neurobiologen, so Gerhard Roth, dass Willensfreiheit eine Illusion ist, ein sprachliches Konstrukt ohne Entsprechung in der außersubjektiven Realität. Folglich gebe es auch keine Schuld. Da unser Rechtssystem auf diesen falschen Vorstellungen basiert, erscheint es logisch, es aufzukündigen. Eindrucksvolle Beispiele von extrem abstoßenden Straftätern, die nach operativer Beseitigung eines Gehirntumors wieder zu völlig normalen harmlosen Menschen wurden, können die schicksalhafte Abhängigkeit von der Hirnphysiologie belegen. In anderen Fällen dürften zu den Ursachen von Straftaten unglückliche genetische Konstellationen, vielleicht noch häufiger verderbliche Umwelteinflüsse wie eine völlig verkorkste Kindheit gehören. Beides, *nature and nurture* schlägt sich natürlich auch in den Hirnstrukturen und somit im Verhalten nieder.

Dieses alles unbestritten, besitzen Menschen aber generell – ebenfalls aufgrund ihrer genetischen Konstellation und ihrer Hirnphysiologie – in bedeutend höherem Maße als Tiere die Fähigkeit, die Folgen ihrer Handlungen abzuschätzen. Sonst könnten wir nicht einmal die einfachsten Geräte erfinden und bedienen. Diese Fähigkeit ist zwar enger begrenzt als Viele glauben – einen aktuellen Beweis liefert die Finanzkrise – aber unbestreitbar haben wir sie. Allerdings ebenso unbestreitbar schlägt sie sich keineswegs immer in vernünftigem Handeln nieder. Es gibt noch viel mächtigere Motivationen als die Vernunft. So steht auf jeder Packung Zigaretten der ernsthafte Hinweis „Rauchen kann tödlich sein“, und jeder weiß, dass man alkoholisiert nicht Autofahren darf (und kann), aber die Freiheit zu vernünftigem

Verhalten scheint bei allem Wissen doch sehr eingeschränkt. Auch die einfache Tatsache, dass in einer endlichen Welt unendliches Wachstum nicht möglich ist, und dass durch unser Wirtschaftssystem die ökologischen Grundlagen gefährdet sind, findet in der Praxis der meisten Menschen und damit in der Politik erst Niederschlag durch die Erkenntnis fördernde Kraft des Faktischen: durch Umweltprobleme, Ressourcenmangel, menschengemachte Katastrophen.

Können wir nach diesen ernüchternden Erkenntnissen nun folgenlos die Justiz beurlauben? Wohl kaum. Wie ein Moralsystem bewirkt auch jedes Rechtssystem spezifische handlungswirksame Neuronenaktivitäten, die die Entscheidungen, ja die ganze Denkweise beeinflussen. Mancher Autofahrer, der aufgrund seiner ursprünglichen psychischen Konstellation auch alkoholisiert – und dann besonders enthemmt – Auto fahren würde, unterlässt es doch. Seine Fähigkeit zur Folgenabschätzung, vielleicht noch geschärft durch Punkte in der Verkehrssünderkartei hat sein Neuronengefüge dahingehend umorganisiert, dass er sich verantwortlich verhält – infolge der Justiz. Oder ein anderes Beispiel: Ein hypothetischer Staat verzichtet aufgrund angeblicher Erkenntnisse offiziell auf die Verfolgung von Umwelt- und Steuerdelikten und deckt seine Einnahmen sozusagen durch eine freundlich erbetene Kollekte ohne Sanktionsgefahr für Zahlungsunwillige. Sehr bald wären die ökologischen Bedingungen katastrophal, und die ökonomischen so, dass der Staat nicht einmal neue Kredite bekommen könnte, weil er keinen Kredit mehr hätte, sondern seine Existenz an Räuberbanden hätte abgeben müssen, die ihr Geld mit der Moral der Mafia einzutreiben wissen.

Solche Konsequenzen kann sich wohl kein Neurobiologe gewünscht haben. Was sich freilich entscheidend ändert, ist die philosophische und anthropologische Begründung des Rechtssystems. Freier Wille im idealen immateriellen Sinne ist eine Illusion, aber Verantwortung hat man. Unser Gehirn, das Genom, die Evolution haben sie ermöglicht – oder uns eingebrockt. Die kulturelle Umwelt, dazu gehört auch das Rechtssystem, hat eine verhaltenssteuernde Kraft. Deshalb ist es so wichtig, dass Gesetze realistisch und zukunftsbezogen gestaltet werden – und durchsetzbar sind.

Nehmen wir uns die Freiheit – die evolutionär und neuronal ermöglichte – eine zukunftsfähige Ethik durch reflektierte Verantwortung zu begründen. So etwas bedarf der ständigen Aktualisierung – wie das Leben überhaupt, seit jeher. Denn in unserem dynamischen Universum ist alles im Fluss. Niemand kann sie anhalten, die Evolution – den Prozess permanenter Neuschöpfung.

Anmerkung Das vorliegende Kapitel ist eine überarbeitete Fassung des Essays „Evolution und Neurobiologie: Sind wir jetzt unfrei und unverantwortlich?" UNIVERSITAS 2/2010.

Literatur

Carus CG (1986) *Vergleichende Psychologie oder Geschichte der Seele in der Reihenfolge der Thierwelt.* [Braumüller, Wien 1866] Nachdruck Georg Olms, Hildesheim, Zürich, New York

Darwin C (1923) *Die Abstammung des Menschen.* Kröner, Leipzig [*The descent of man, and selection in relation to sex*, London, 1871]

Dawkins R (1978) *Das egoistische Gen*. Springer, Berlin [The selfish gene, Oxford, 1976]
Freud S (2000) [*Zur Einführung des Narzissmus 1914; Das Ich und das Es*. 1923]. Nachdruck in Studienausgabe Bd III, *Psychologie des Unbewußten*. Fischer, Frankfurt/M
Helsper H (1989) *Die Vorschriften der Evolution für das Recht*. Otto Schmidt, Köln
Roth G (2008) *Homo neurobiologicus – ein neues Menschenbild?* Aus Politik und Zeitgeschichte 44–45: 6–12
von Frisch K (1974) *Tiere als Baumeister*. Ullstein, Frankfurt/M
Verbeek B (1998) *Organismische Evolution und kulturelle Geschichte: Gemeinsamkeiten, Unterschiede, Verflechtungen; Ethik und Sozialwissenschaften, Streitforum für Erwägungskultur*. H 2, S. 269–280
Verbeek B (2004) *Die Wurzeln der Kriege: Zur Evolution ethnischer und religiöser Konflikte*. Hirzel, Stuttgart

Kapitel 11
Die Evolution der Religiosität

Eckart Voland

Ein konsequent darwinischer Blick auf den Menschen bedeutet, auch im Denken, Fühlen und Handeln biologische Anpassungsgeschichte zu suchen, denn auch die psychischen und mentalen Eigenheiten des *Homo sapiens* unterliegen der natürlichen Selektion. Lässt sich die religiöse Lebenspraxis von Menschen daher auch aus einer Fitnessperspektive betrachten?

Darwin hat bekanntlich gelehrt, dass der Mensch – wie alle anderen Organismen neben ihm – ein reines Produkt des natürlichen Geschehens sei. Das umfasst nicht nur jene äußerlichen Merkmale, die auch für den Laien die Affenähnlichkeit leicht erkennen lassen, sondern in gleichem Maße auch das Verhalten des Menschen mit seinen evolvierten Präferenzen, Interessen, Strategien und Mechanismen.

Und das gilt mit gleicher Berechtigung auch für den menschlichen Geist und seine kulturellen Produkte, die, wenn die Theorie richtig sein soll, sich ebenso Darwins grandioser Welterklärung fügen müssen. Auch die psychischen und mentalen Eigenheiten des *Homo sapiens* müssen notwendigerweise mit der Implikation der natürlichen Selektion behaftet sein, also ihre Entstehung der Funktionslogik des genzentrierten *struggle for life* verdanken und als biologische Adaptationen im Mittel biologische Funktionalität im Darwin'schen Fitnessrennen erkennen lassen.

Nicht selten überkommt auch den ansonsten überzeugten und theoriegefestigten Darwinisten hier eine tiefe Skepsis, denn schließlich verpflichtet Darwin zu einer monistischen Weltsicht, und die widerspricht der weit verbreiteten philosophischen Intuition, dem menschlichen Geist einen irgendwie gearteten Sonderstatus zuzuweisen. Haben schon Evolutionäre Ethik, Evolutionäre Erkenntnistheorie und Evolutionäre Ästhetik ihre Vermittlungsschwierigkeiten und leiden folglich unter teilweise massiven Akzeptanzvorbehalten, wird es bei einer evolutionären Sicht auf die menschliche Religiosität noch einmal deutlich sperriger. Dass ausgerechnet

E. Voland (✉)
Philosophie der Biowissenschaften am Zentrum für Philosophie und Grundlagen der Wissenschaft, Universität Gießen, Otto-Behaghel-Str. 10, 35394 Gießen, Deutschland
E-Mail: eckart.voland@phil.uni-giessen.de

J. Oehler (Hrsg.), *Der Mensch – Evolution, Natur und Kultur,*
DOI 10.1007/978-3-642-10350-6_11, © Springer-Verlag Berlin Heidelberg 2010

Transzendenzüberzeugungen und damit die psychische Gewissheit der Antinaturalisten selbst konstruktive Leistung diesseitiger „egoistischer Gene" sein könnte, erscheint dann vielen doch als ungültige Überinterpretation des Darwin'schen Prinzips, und dualistisches Denken behält die überhand. Allerdings – die Skepsis ist eher gefühlt als rational begründet, denn seriöse Versuche, die religiöse Lebenspraxis von Menschen aus einer Fitnessperspektive heraus zu betrachten, sind ausgesprochen rar und auch erst neueren Datums (Blume 2009; Boyer u. Bergstrom 2008; Bulbulia et al. 2008; Feierman 2009; Vaas u. Blume 2009; Voland u. Schiefenhövel 2009).

Auf den ersten Blick scheint eine naturalistische Perspektive durchaus gerechtfertigt zu sein, denn schließlich gilt Religion als transkulturelle Universalie (Antweiler 2007). Keine menschliche Gesellschaft, die je von Ethnografen oder Historikern beschrieben wurde, ist ohne das ausgekommen, was im weit reichenden Konsens von Fachleuten und Laien gleichermaßen als Religion aufgefasst wird. Die USA gelten als eines der wissenschaftlich-technisch fortgeschrittensten Länder dieser Welt und haben zugleich eine in der Bevölkerung weitläufig kultivierte religiöse Praxis bei einem breit ausdifferenzierten Angebot an Religionen. Interessanterweise zeigen auch bedeutende Wissenschaftler, wie die großen Physiker des 20. Jahrhunderts, deren Arbeiten das Maximum menschlicher Rationalität erkennen lassen, nicht selten Anwandlungen von religiösen Gefühlen. Man denke nur an Max Planck (Planck 1949) und seine Vorstellungen eines unpersönlichen Gottes. Als dies spricht genauso wie ihr vorgeschichtliches Alter (Mithen 1999; Rossano 2009) dafür, dass Religion irgendwie mit der menschlichen Natur zusammenhängen könnte.

Aber wie? Eine ganz direkte, unmittelbare Interpretation des Religiösen als biologische Angepasstheit bietet sich nicht an, denn wer es ernst meint mit dem Glauben, geht Kosten ein, die sich augenscheinlich niemals in biologischer Fitness auszahlen werden. Er muss opfern, abgeben, teilen oder Kirchensteuer zahlen, also mühsam erwirtschaftete materielle Ressourcen an Stellen verausgaben, die ihm keinen Fitnessertrag versprechen. Er muss auch Opportunitätskosten in Kauf nehmen, denn wer betet, kann nicht arbeiten. Das bedeutet verpassten Gewinn. Und schließlich verlangen einige Religionen von ihren Anhängern Investitionen in Form von Vitalität. Initiationsriten, Selbstgeißelungen, Wallfahrten und Tabus sind alles andere als lebens- und überlebensförderliche Wellnessveranstaltungen. Das Problem ist unabweisbar: Es besteht in der Frage, ob Religiosität und Evolution tatsächlich zusammengehen oder ob wir es hier nicht mit einer signifikanten Erklärungslücke des ansonsten so überzeugenden Darwin'schen Theorieangebots zu tun haben.

11.1 Religiosität – Frömmigkeit – Religion

Um in dieser Angelegenheit voranzukommen, müssen wir vorab ein wenig begriffliche Ordnung schaffen. Religiöse Lebensvollzüge speisen sich aus dreierlei Quellen, die es strikt auseinanderzuhalten gilt. Da ist zunächst die Naturgeschichte, die die Religionsfähigkeit des Menschen hervorgebracht hat. Damit ist die mentale

Fähigkeit, fromm sein zu können (oder kurz: *Religiosität*) gemeint. Dann gibt es die Individualgeschichte oder Ontogenese, deren Umstände die individuell variierende Manifestation von Religiosität, also die unterschiedliche Ausprägung von *Frömmigkeit*, erklärt. Und schließlich gibt es die Kulturgeschichte, die die symbolische Nische in der Gesellschaft formt, in der sich die Entwicklung von Religiosität zu Frömmigkeit vollzieht und die darüber entscheidet, in welcher konkreten *Religion* individuelle Frömmigkeit ihren Platz findet. In diesem Artikel geht es vorrangig um die Naturgeschichte der Religiosität, also um die Frage, ob die Möglichkeit, fromm werden zu können, eventuell als selektionsbewährte Angepasstheit zu betrachten sein könnte.

Auch wenn hinter Religion kein kanonisch festgelegtes Konzept steht, sodass immer mal wieder Abgrenzungsprobleme zu nicht religiösem Verhalten entstehen, scheint die Mehrheit der Fachleute davon auszugehen, dass Religionen durch zumindest folgende Komponenten gebildet werden: zunächst eine kognitive Komponente, denn Religionen schaffen Überzeugungen und produzieren Metaphysik. Überdies kultivieren sie Spiritualität. Ferner bieten sie ihren Anhängern Selbstbewusstsein und personale Identität und schaffen damit Voraussetzungen für soziale Bindungen, produzieren also in Abgrenzung zu den anderen ein Wir-Gefühl. Religionen haben eine elaborierte kommunikative Praxis, indem sie vor allem das nutzbar machen, was Biologen „ehrliche Signale" nennen, und schließlich verpflichten Religionen ihre Anhänger auf eine verbindliche Binnenmoral. Es bietet sich an, diese unterschiedlichen Aspekte des Religiösen zunächst getrennt einer evolutionären Analyse zu unterziehen, um anschließend eine Gesamtschau zu versuchen. Das wollen wir tun und beginnen mit den religiösen Kognitionen.

11.2 Kognition und Metaphysik

Die entwicklungs- und kognitionspsychologische Forschung der vergangenen Jahre hat einige für unser Thema interessante Einsichten hervorgebracht. Zum Beispiel die Erkenntnis, dass Kinder etwa bis zum 5. Geburtstag über kognitive Strategien verfügen, die hervorragend dazu geeignet sind, spontan religiöse Überzeugungen zu produzieren. So denken Kinder von Beginn an dualistisch (Bering et al. 2005). Man weiß das, weil Kinder auch toten Gegenständen und Gestorbenen mentale Zustände zuschreiben. Ferner denken Kinder finalistisch (Kelemen u. DiYanni 2005), womit gemeint ist, dass alles, was es gibt, in ihren Augen Funktionen erfüllt. Es gibt Wolken, damit es regnet, und es regnet, damit Blumen gedeihen können. Alles scheint zweckmäßig eingerichtet worden zu sein. Und nicht zuletzt verfügen Kinder in ihren ersten Lebensjahren noch nicht über das, was man mangels geeigneter Übersetzung als „*Theory of Mind*" bezeichnet. Damit ist gemeint, dass Kinder zunächst keine Vorstellung von unterschiedlichem Wissen und mentalen Zuständen Anderer haben. Vielmehr glauben sie, dass in allen Köpfen dasselbe Wissen beheimatet ist (Richert u. Smith 2009). Alle wissen alles.

Diese kognitiven Strategien, die nicht erst besonders gelernt werden, sondern als biologische Grundeinstellungen des menschlichen Verstandes die Welt interpretieren, bringen ganz spontan und anstrengungslos mentale Grundpfeiler religiöser Metaphysik hervor: Alleswissen und Alleswisser, einen körperlosen Geist und finale Planmäßigkeit. Fachleute wie die amerikanische Entwicklungspsychologin Deborah Kelemen (Kelemen 2004) behaupten deshalb folgerichtig, dass Kinder intuitive Theisten seien. So gesehen, besteht die intellektuelle Herausforderung nicht darin, ein Glaubenssystem zu übernehmen – dies geschieht im Regelfall spontan und anstrengungslos – sondern darin, sich dem als Rationalist zu widersetzen.

Es gibt weitere kognitive Grundeinstellungen, die hier ihren Beitrag leisten. Fachleute beschreiben einen *„agency detection device“*, das *„jumping to conclusion“*, *„need for closure“*, „intuitive Ontologien“ und vieles mehr (Brüne 2009; Frey 2009; McKay u. Dennett 2009). In ihrer Summe bilden diese kognitiven Kompetenzen eine funktional differenzierte Klaviatur, mit deren Hilfe das Gehirn Geschichten generiert. Menschen können nicht gut mit Unsicherheit und Erklärungslücken umgehen, sodass ihre Geschichten in der Regel geschlossener sind, als sie es objektiv eigentlich sein dürften. Man denke nur an den Zeugen, der den Hergang eines Verkehrsunfalls genau beschreiben zu können behauptet, obwohl er erst hingeschaut hat, nachdem er die Kollision gehört hat. „Falsche Erinnerungen“ (Kühnel u. Markowitsch 2009) sind ein gravierendes Problem in Rechtsprechung und Psychologie. Und weil das Gehirn gar nicht anders kann, als Geschichten zu generieren, kann man geradezu von einem kognitiven Imperativ sprechen. Dieser wird vor allem in drei wesentlichen Leistungen sichtbar: Generalisieren, Rationalisieren, Konfabulieren.

Überaus interessant ist nun, dass diese kognitive Kompetenz des Gehirns biologisch zur Lösung adaptiver Probleme evolviert ist, also in den Zeiten ihrer Entstehung irdische Nützlichkeit hervorgebracht hat. Zum Beispiel der bereits kurz erwähnte *„agency detection device“*. Es war für unsere prähistorischen Vorfahren vorteilhaft, mit der Hypothese in die Welt zu gehen, dass alles, was passiert, durch Verhalten verursacht ist. Wer beim Rascheln im Gebüsch erst Zeit für eine sorgfältige Ursachenanalyse verbraucht, geht Risiken ein. Wer hingegen reflexartig auf Tier oder Feind schließt, hatte im Mittel Vorteile, auch wenn dies mehr als nur gelegentlich zu Fehlurteilen geführt hat. Sich zu irren, ist in diesem Fall besser als agnostische Ignoranz. Experten sprechen hier vom Rauchmelderprinzip (Nesse 2005): Häufiger Fehlalarm mag nervig sein, eine unterlassene Warnung aber tödlich.

Man braucht nicht viel Fantasie, um in diesen kognitiven Strategien die Anfänge des Animismus zu erkennen (Guthrie 2008). Der Clou ist nur, dass wir es hier mit der konstruktiven Leistung eines irdisch nützlichen Organs zu tun haben. Und deshalb schuf sich der Mensch Gott nach seinem Vorbild (Boyer 2009). Folglich trägt das Überirdische menschliche Züge. Götter haben Absichten und Bedürfnisse, sie können lieben und strafen. Wäre es anders, könnten sich Menschen gar kein Bild vom Jenseits machen. Das wusste im Prinzip schon Feuerbach (Jung 2009). Heute kennen wir jedoch die evolutionären Hintergründe dieser Projektionen. Religiöse Metaphysik hat in dieser Sicht den Status eines evolutionären Nebenprodukts. Die kognitiven Strategien sind nützlich. Sie produzieren aber auch Ergebnisse, derentwegen sie nach allem, was wir wissen, nicht evolviert sein können.

11.3 Spiritualität und Transzendenzvorstellungen

Durch geeignete Techniken können sich Menschen in mentale Zustände der besonderen Art hineinversetzen. Durch Meditation, Ekstase, Hypnose oder Trance lösen sie neurophysiologische Prozesse aus, die interessanterweise mit nachweisbaren Vorteilen für Wohlbefinden und Gesundheit einhergehen (Koenig et al. 2001). Beispielsweise werden Schmerz- und Angstempfindungen zurückgedrängt und das Immunsystem und Wundheilungsprozesse positiv unterstützt. Man kann deshalb vortrefflich darüber streiten, ob Schamanismus, der diese Zusammenhänge kultiviert und nutzbar macht, am Anfang der Medizin- oder Religionsgeschichte steht (McClenon 2002). Vermutlich lässt sich beides gar nicht eindeutig unterscheiden, weil Therapie und Religion anfänglich untrennbar miteinander verbunden waren. In gewisser Weise sind sie es immer noch, und man braucht in diesem Zusammenhang gar nicht auf die immer mal wieder verblüffenden Erfolge von Wunderheilern und Placeboeffekten verweisen.

Viele Einzelstudien und zunehmend auch statistisch belastbare Metaanalysen bezeugen einen systematisch positiven Zusammenhang zwischen Krankheitsbewältigung und dem, was man „positive Sinnzuweisung" nennen könnte (Grom 2004; Mueller et al. 2001). Operationen beispielsweise werden im Mittel besser von Gläubigen als von kritischen Atheisten überstanden, was sich selbst in Mortalitätsstatistiken niederschlägt. Vor allem auch Erkrankungen im Bereich von Depressionen und Angststörungen werden durch mystische Hingabe an religiöse Fiktionen abgewehrt. Kurz: Kontingenzbewältigung gelingt denjenigen besser, die im Glauben gefestigt sind. Die Grundüberzeugungen ihrer Religion schützen sie auf dem Weg durch die unvermeidlichen Fährnisse des Lebens. Religion übt psychohygienische Funktionen aus.

Freilich gibt es auch die andere Seite. Religionen befreien nicht nur von Angst, sondern sie erzeugen auch welche. Es gibt bekanntlich Menschen, die unter dem Druck ihrer religiösen Überzeugungen in Angst und Depression gezwungen werden und ihr Leben entlang religiöser Zwangs- und Wahnvorstellungen organisieren. Dennoch scheint in der Gesamtbilanz die lebensbewältigende Unterstützung durch Religion ihre Kostenseite zu übersteigen.

11.4 Personale Identität, soziale Bindungen und die Stärkung des Wir

Soziobiologen interpretieren die 99,5 % der menschlichen Geschichte, die sich vor der neolithischen Revolution, also vor Sesshaftigkeit und Agrikultur, abgespielt hat, und in der die natürliche Selektion der Menschheit ihren charakteristischen Stempel aufdrückte, als Geschichte einer praktisch ständigen Konkurrenz zwischen autonomen Subsistenzgruppen um ökologische Lebensvorteile (Alexander 1987). Die praktisch ständige Auseinandersetzung mit benachbarten Feinden hat vor allem wehrhafte und mitgliederstarke Gruppen begünstigt. Und dies wiederum hat evolutionär für Mechanismen des Gruppenzusammenhaltes gesorgt (Weingarten u. Chisholm 2009), mit deren Hilfe die spontane Egozentrik der Menschen und ihr Eigeninteresse zu Gunsten kollektivistischer Einstellungen und Strategien überwunden werden konnte.

Religiöse Rituale spielen eine funktionale Rolle. Ihre Performanz sorgt für eine emotionale Synchronisation derjenigen, die daran teilnehmen (Hayden 1987). Ohne emotional wirksame Rituale hätten Glaubenssysteme weder eine verhaltensbestimmende Tiefe noch eine motivierende Kraft. Und auch dieser Zusammenhang erschließt sich nicht nur aus sorgfältigen Analysen von Anthropologen an naturnahen Bevölkerungen, sondern das aufmerksame Auge wird Vergleichbares auch in der Moderne und auch abseits religiöser Praxis erkennen. Hinweise auf Rituale in Militär, Popkultur oder Sport mögen hier genügen.

Allerdings reicht die gleichschaltende Kraft emotionalisierender Rituale solange nicht zur Stärkung einer Gruppe, wie nicht klar ist, wer eigentlich dazu gehört, und was das „Wir“ von den „Anderen“ unterscheidet. Hier kommen Mythen ins Spiel, also Geschichten aus gemeinsamer Erinnerung und Tradition, letztlich die gemeinsamen Wahrheiten, auf deren Kraft und Weisheit man sich unbezweifelbar und letztinstanzlich berufen kann. Mythen schaffen als Teil des „Wir“ personale Identität und sie liefern das Kriterium zur Ausgrenzung der anderen.

Das berühmte Jaspers-Wort „Wahrheit ist, was uns verbindet“ dürfte historisch eher umgedreht gedacht worden sein: „Was uns verbindet, ist Wahrheit“. Hier liegt der Grund dafür, dass Religionen gar nicht anders als dogmatisch sein können. Heilige Kriege werden der Wahrheit halber geführt, und erst der kritische Blick von außen erlaubt die „Wahrheit“ als strategische Konstruktion im Dienst einer diesseitigen Konkurrenz zu entlarven – einer Konkurrenz, deren Motor letztlich der Darwin'sche Fitnessimperativ ist (Verbeek 2004), auch wenn das Getriebe aus einem komplizierten kulturgeschichtlichen Gestänge besteht.

11.5 „Ehrliche Signale“ und der Tribut der Verbindlichkeit

Religionen imponieren durch außergewöhnliche Kommunikationsstile. Diese sind nicht selten bizarr, aufwändig, prunkvoll. Auch in den ärmsten Regionen dieser Welt bedient sich religiöse Praxis nicht selten teurer Signale, die angesichts eines Mangels auch am Nötigsten ökonomisch unvernünftig, weil verschwenderisch und deshalb manchen geradezu zynisch erscheinen müssen. Vieles von dem erinnert an die aus dem Tierreich bekannten so genannten luxurierenden „Handicap-Signale“: Balzgesänge und Prachtgefieder sind hier zu nennen, also Merkmale, mit denen im Zuge sexueller Konkurrenz um die Akzeptanz durch das andere Geschlecht geworben wird.

Man weiß heute, dass mit diesen Merkmalen ansonsten verborgene Qualitäten des Anbieters annonciert werden (Zahavi u. Zahavi 1997). Die Pfauenhennen wählen deshalb den prachtvollsten Hahn, weil er die gesündesten Küken zeugt (Petrie

1994). „Gute Gene" – also „innere Werte" – sind nicht sichtbar und müssen deshalb werbewirksam und ehrlich angezeigt werden. Das Pfauenrad ist deshalb ein ehrliches Signal, weil trivialerweise Hähne nur in dem Umfang Extrakosten zum Bau und zum Unterhalt ihres Federschmucks in Kauf nehmen können, wie sie es sich auch tatsächlich leisten können. Wer sich übernimmt, ruiniert sich. Luxus ist eben fälschungssicher.

Die biologisch uralte Strategie, teure Signale einzusetzen, um kommunikative Verlässlichkeit zu garantieren, hat sich im Laufe der menschlichen Kulturgeschichte von ihrer ursprünglichen Domäne – nämlich Sexualität und Partnerwahl – in andere Lebensbereiche ausgebreitet (Uhl u. Voland 2002). Auch die Kommunikation innerhalb einer Gemeinschaft wird durch den Umstand belastet, dass „innere Werte" – hier moralische Integrität – nicht direkt beobachtbar sind, sondern wahrnehmbar und fälschungssicher angezeigt werden müssen. Darauf zu verzichten, würde moralische Gemeinschaften, wie Religionen es sind, dem so genannten „Schwarzfahrerproblem" aussetzen.

Damit ist die in den Sozialwissenschaften vielfach untersuchte Beobachtung gemeint, dass in einem Konflikt zwischen dem Eigeninteresse und dem Gemeinwohl mit größerer Wahrscheinlichkeit das Eigeninteresse siegt. Man möchte zwar die Leistungen der Solidargemeinschaft in Anspruch nehmen – z. B. Infrastruktur oder soziale Sicherungssysteme – aber persönlich möglichst wenig dafür aufwenden. Die Tragödie der Allmende, die Verelendung öffentlicher Güter sind Beispiele, die die destruktive Falle des Schwarzfahrerproblems charakterisieren.

Eine probate Maßnahme, um ihr zu entgehen, besteht darin, von den Mitgliedern einer moralischen Gemeinschaft zu verlangen, dass sie ihr moralisches Engagement fälschungssicher offenbaren. Dem dienen teure Signale (Henrich 2009). Wer sie zeigt, meint es ernst und ist verlässlich. Hierzu ein suggestiver Befund: Die amerikanischen Anthropologen Richard Sosis und Eric Bressler (Sosis u. Bressler 2003) haben untersucht, wie erfolgreich, gemessen an ihrer Lebensdauer, amerikanische Gründersiedlungen waren. Im 19. Jahrhundert ließen sich viele Gemeinschaften auf der Suche nach geeignetem Lebensraum in den rauen Landschaften der *Rocky Mountains* nieder. Diese Gemeinschaften hielten dem ökologisch-ökonomischen Druck ihrer neuen Heimat sehr unterschiedlich stand. Während einige sehr schnell aufgaben, haben andere immerhin mehrere Jahrzehnte ihr Auskommen gefunden.

Der ökonomische Hintergrund für Erfolg versus Misserfolg lag in der Frage, wie verlässlich und effizient innerhalb der Gruppen zusammengearbeitet wurde, wie nachhaltig also das kooperationshinderliche Schwarzfahrerproblem gelöst wurde. Der Unterschied zwischen den gescheiterten und den erfolgreichen Siedlungen bestand nun interessanterweise darin, dass die erfolgreichen Gemeinschaften durch gemeinsame religiöse Grundüberzeugungen zusammengehalten wurden, während die weniger erfolgreichen bloß säkulare Interessen verfolgten. Das Forscherteam konnte weiter zeigen, dass diejenigen religiösen Siedlergemeinschaften besonders ausdauernd waren, die von ihren Mitgliedern am meisten „teure Signale" verlangt haben, etwa in Form von Nahrungstabus oder anspruchsvollen Verhaltensvorschriften. Je teurer die Religion – so die Schlussfolgerung – desto stärker die Binnenmoral und weniger mächtig das Schwarzfahrerproblem (Iannaccone 1994).

Das Schwarzfahrerproblem lässt sich in dem Maße zurückdrängen, wie es gelingt, die nicht kooperierenden Normenübertreter als solche zu erkennen und zu sanktionieren. In einfachen überschaubaren Gemeinschaften, in denen nichts verborgen bleibt und jeder jeden kennt, bedarf es keiner besonderen sozialen Rolle oder Institution zur Normenüberwachung. Wenn soziale Komplexität zunimmt, reicht informelle, gegenseitige Beobachtung der Tugendhaftigkeit nicht mehr aus zur erfolgreichen Aufrechterhaltung von Kooperation und Solidarität. Es muss jemanden geben, der urteilt und straft. Aber warum sollte jemand diese soziale Funktion übernehmen? Schließlich produziert der Richter mit seiner Leistung für die Gemeinschaft selbst ein öffentliches Gut und zwar auf eigene Kosten, ohne selbst nennenswerte Vorteile davon zu tragen. Wir haben es also mit einem „Schwarzfahrerproblem zweiter Ordnung" zu tun (Fehr u. Gächter 2002), und deshalb wieder mit jenem naturgewachsenen Hindernis, das der spontanen Entstehung und anhaltenden Verlässlichkeit von Kooperation im Wege steht.

Könnte es sein, dass Religionen auch hier eine konstruktive Rolle spielen? Man hat überlegt, ob nicht Gottesfurcht und damit die Internalisierung von Moral und Normentreue und deren Überwachung durch die innere Instanz des Gewissens biologisch als adaptive Antwort auf das Schwarzfahrerproblem zweiter Ordnung evolviert sein könnte. Einiges spricht dafür: Kulturvergleichende Studien belegen, dass der Glaube an strafende Götter mit der Gruppengröße, mit sozialer Komplexität und dem Ausmaß sozialer Kooperation zunimmt (Johnson 2005; Roes u. Raymond 2003). In einfachen überschaubaren Subsistenzgruppen haben Götter, Ahnen und Geister vorrangig andere Aufgaben, eine Strafandrohung bei Normenübertretung gehört nicht prominent hierzu.

Auch wenn die Forschung unbestreitbar noch viel zu klären hat, spricht die gegenwärtige Befundsituation dafür, dass Religiosität ein Bündel von biologischen Funktionen erfüllt. Hierzu zählen zuallererst eine erleichterte persönliche Kontingenzbewältigung, die Sichtbarmachung und Stärkung von *In-group/out-group*-Unterschieden im Zuge einer Zwischengruppenkonkurrenz um Lebens- und Überlebensvorteile, und die Überwindung des Schwarzfahrerproblems auf zwei Ebenen. Diesbezüglich scheint die Hypothese, dass wir es mit einem Komplex evolutionärer Angepasstheiten zu tun haben, wohl begründet (Voland 2009a, b). Lediglich die Konstruktion religiöser Metaphysik scheint biologisch bedeutungslos zu sein. Sie ist wohl besser als Nebenprodukt einer aus anderen Gründen evolvierten kognitiven Maschinerie des Menschen zu verstehen. So gesehen stimmt es schon, was Religionskritiker wie beispielsweise Friedrich von Hayek (von Hayek 1996) behaupten: „Religion überlebt, weil sie Kinder zeugt, nicht weil sie wahr ist!".

Der evolutionäre Blick auf Religion generiert neue Aspekte und auch neue Fronten im ewigen Streit zwischen Wissen und Glauben, Religion und Aufklärung. Atheisten müssen vielleicht ein bisschen mehr als bisher akzeptieren lernen, dass Glauben „funktionieren" kann und Religion von eigen interessierten, intrinsisch motivierten Gehirnen nachgefragt wird. Religionskritik auf die historische Kopplung von Religion und Macht zu gründen, greift angesichts eines offensichtlich evolutionär prädisponierten Bedarfs an Religion zu kurz. Auf der anderen Seite müssen Religionsverwalter mit der möglicherweise kränkenden Einsicht fertig werden, dass

Religion ein durch und durch irdisches Phänomen mit profanen Nutzenfunktionen innerhalb biologischer Zwecke ist. Für die gern gepflegte Idee einer essenzialistischen Sonderrolle der Religionen ist in der Darwin'schen Welt kein Platz.

Literatur

Alexander R (1987) *The Biology of Moral Systems*. De Gruyter, Hawthornne

Antweiler C (2007) *Was ist den Menschen gemeinsam? Über Kultur und Kulturen*. WBG, Darmstadt

Bering JM, McLeod K, Shackelford TK (2005) *Reasoning about Dead Agents Reveals Possible Adaptive Trends*. Hum Nat 16: 360–381

Blume M (2009) *Evolutionsforschung zu Religiosität und Religionen – Die neue Dynamik „religionsbiologischer" Forschungen*. In: Klöcker M, Tworuschka U (Hrsg) *Handbuch der Religionen* 22, Ergänzungslieferung 2009. Olzog, München

Boyer P (2009) *Und Mensch schuf Gott*. Klett-Cotta, Stuttgart

Boyer P, Bergstrom B (2008) *Evolutionary Perspectives on Religion*. An Rev Anthrop 37: 111–130

Brüne M (2009) *On Shared Psychological Mechanisms of Religiousness and Delusional Beliefs*. In: Voland E, Schiefenhövel W (Hrsg) *The Biological Evolution of Religious Mind and Behaviour*. Springer, Berlin, S. 217–228

Bulbulia J, Sosis R, Harris E, Genet R, Genet C, Wyman K (Hrsg) (2008) *The Evolution of Religion: Studies, Theories, and Critiques*. Collins Foundation, Santa Margarita

Fehr E, Gächter S (2002) *Altruistic Punishment in Humans*. Nature 415: 137–140

Feierman JR (Hrsg) (2009) *The Biology of Religious Behavior – The Evolutionary Origins of Faith and Religion*. Praeger, Santa Barbara

Frey U (2009) *Cognitive Foundations of Religiosity*. In: Voland E, Schiefenhövel W (Hrsg) *The Biological Evolution of Religious Mind and Behaviour*. Springer, Berlin, S. 229–241

Grom B (2004) *Religiosität – psychische Gesundheit – subjektives Wohlbefinden: Ein Forschungsüberblick*. In: Zwingmann C, Moosbrugger H (Hrsg) *Religiosität: Messverfahren und Studien zu Gesundheit und Lebensbewältigung*. Waxmann, Münster, S. 187–214

Guthrie S (2008) *Spiritual Beings – A Darwinian, Cognitive Account*. In: Bulbulia J, Sosis R, Harris E, Genet R, Genet C, Wyman K (Hrsg) *The Evolution of Religion: Studies, Theories, and Critiques*. Collins Foundation, Santa Margarita, S. 239–245

Hayden B (1987) *Alliances and Ritual Ecstasy: Human Responses to Resource Stress*. J Sci Study Relig 26: 81–91

Henrich J (2009) *The Evolution of Costly Displays, Cooperation and Religion: Credibility Enhancing Displays and Their Implications for Cultural Evolution*. Evol Hum Behav 30: 244–260

Iannaccone LR (1994) *Why Strict Churches are Strong*. Am J Sociol 99: 1180–1211

Johnson DDP (2005) *God's Punishment and Public Goods*. Hum Nat 16: 410–446

Jung M (2009) *Ludwig Feuerbach – Wie Gott gemacht wurde*. Emu, Lahnstein

Kelemen D (2004) *Are Children „Intuitive Theists"? Reasoning about Purpose and Design in Nature*. Psychol Sci 15: 295–301

Kelemen D, DiYanni C (2005) *Intuitions about Origins: Purpose and Intelligent Design in Children's Reasoning about Nature*. J Cog Dev 6: 3–31

Koenig H, McCullough M, Larson D (Hrsg) (2001) *Handbook of Religion and Health*. Oxford University Press, New York

Kühnel S, Markowitsch HJ (2009) *Falsche Erinnerungen – Die Sünden des Gedächtnisses*. Spektrum, Heidelberg

McClenon J (2002) *Wondrous Healing – Shamanism, Human Evolution, and the Origin of Religion*. Northern Illinois University Press, Dekalb

McKay RT, Dennett DC (2009) *The Evolution of Misbelief.* Behav Brain Sci 32: 493–561
Mithen S (1999) *Symbolism and the Supernatural.* In: Dunbar R, Knight C, Power C (Hrsg) *The Evolution of Culture – An Interdisciplinary View.* Edinburgh University Press, Edinburgh, S. 147–169
Mueller PS, Plevak DJ, Rummans TA (2001) *Religious Involvement, Spriritualitv, and Medicine: Implications for Clinical Practice.* Mayo Clin Proc 76: 1225–1235
Nesse RM (2005) *Natural Selection and the Regulation of Defenses: A Signal Detection Analysis of the Smoke Detector Principle.* Evol Hum Behav 26: 88–105
Petrie M (1994) *Improved Growth and Survival of Offspring of Peacocks with More Elaborate Trains.* Nature 371: 598, 599
Planck M (1949) *Vorträge und Erinnerungen.* Hirzel, Stuttgart
Richert RA, Smith EI (2009) *Cognitive Foundations in the Development of a Religious Mind.* In: Voland E, Schiefenhövel W (Hrsg) *The Biological Evolution of Religious Mind and Behaviour.* Springer, Berlin, S. 181–193
Roes FL, Raymond M (2003) *Belief in Moralizing Gods.* Evol Hum Behav 24: 126–135
Rossano M (2009) *The African Interregnum: The „Where," „When," and „Why" of the Evolution of Religion.* In: Voland E, Schiefenhövel W (Hrsg) *The Biological Evolution of Religious Mind and Behaviour.* Springer, Berlin, S. 127–141
Sosis R, Bressler ER (2003) *Cooperation and Commune Longevity: A Test of the Costly Signalling Theory of Religion.* Cross-Cultural Res 37: 211–239
Uhl M, Voland E (2002) *Angeber haben mehr vom Leben.* Spektrum, Heidelberg
Vaas R, Blume M (2009) *Gott, Gene und Gehirn – Warum Glaube nützt. Die Evolution der Religiosität.* Hirzel, Stuttgart
Verbeek B (2004) *Die Wurzeln der Kriege – Zur Evolution ethnischer und religiöser Konflikte.* Hirzel, Stuttgart
Voland E (2009a) *Evaluating the Evolutionary Status of Religiosity and Religiousness.* In: Voland E, Schiefenhövel W (Hrsg) *The Biological Evolution of Religious Mind and Behaviour.* Springer, Berlin, S. 9–24
Voland E (2009b) *Keine menschliche Kultur ohne Religion – die Gründe.* In: Kraus O (Hrsg) *Evolutionstheorie und Kreationismus – ein Gegensatz.* Steiner, Stuttgart, S. 83–96
Voland E, Schiefenhövel W (Hrsg) (2009) *The Biological Evolution of Religious Mind and Behaviour.* Springer, Berlin
von Hayek FA (1996) *Die überschätze Vernunft.* In: Hayek FA von (Hrsg) *Die Anmaßung von Wissen.* Mohr, Tübingen, S. 76–101
Weingarten CP, Chisholm JS (2009) *Attachment and Cooperation in Religious Groups.* Curr Anthropol 50: 759–785
Zahavi A, Zahavi A (1997) *The Handicap Principle – A Missing Piece of Darwin's Puzzle.* Oxford University Press, New York

Kapitel 12
Evolutionstheorie als Geschichtstheorie – Ein neuer Ansatz historischer Institutionenforschung

Werner J. Patzelt

12.1 Ein Prozess in drei Gestalten – biologische, kulturelle und institutionelle Evolution

Werden und Vergehen kennzeichnen die Natur. Dass Einzelwesen geboren werden, reifen, altern und sterben, lernen schon Kinder. Dass auch Arten, einschließlich der des Menschen, entstehen und vergehen, gerät während der Schulzeit ins Blickfeld. Erwachsene begreifen dann, dass Individuen gleichsam die Träger und „Realisatoren" des Bauplans einer Art sind: Als solche werden sie gezeugt, als solche tragen sie ihre Art während der eigenen Lebensspanne, als solche geben viele den ihnen eingeschriebenen Bauplan an Nachfolger weiter, und all dies leistend wirken Einzelwesen wie „Durchlaufposten" ihrer Art. Diese besteht zwar nie ohne ihre Individuen; doch meist kommt es auf kein einzelnes Lebewesen als solches an, um dessen Art fortbestehen zu lassen. Zu verdanken ist der Wandel einer Art mancherlei Veränderungen (z. B. Variationen, Rekombinationen) bei der Weitergabe des Bauplans von Individuum zu Individuum, desgleichen den Besonderheiten einer je konkreten Realisierung des allgemeinen Bauplans einer Art unter spezifischen Umständen. Durchsetzungskraft, weitere Verbreitung und somit Dauerhaftigkeit („Mutation") erlangt solcher Wandel dann, wenn die bei der Weitergabe unterlaufenen Veränderungen und die von der Umwelt oder der ökologischen Nische einem Individuum oder einer Gruppe von Individuen aufgezwungenen Variationen ihrerseits Weitergabevorteile bei der Reproduktion des Bauplans eröffnen. Die individueller Veränderung geschuldete Ausnahme mag dann nach einigen Generationen sogar der Normalfall geworden sein. Umwelt ist dabei alles, was ein Individuum oder eine Art umgibt. Die „ökologische Nische" ist hingegen jener Teil der Umwelt, welcher für das Individuum oder die Art unmittelbar wichtig ist, vor allem weil aus ihr die nötigen Ressourcen bezogen werden oder in ihr die Auseinandersetzung mit Konkurrenten zu bestehen ist.

W. J. Patzelt (✉)
Philosophische Fakultät, Institut für Politikwissenschaft, TU Dresden,
Mommsenstraße 13, 01069 Dresden, Deutschland
E-Mail: werner.patzelt@tu-dresden.de

J. Oehler (Hrsg.), *Der Mensch – Evolution, Natur und Kultur,*
DOI 10.1007/978-3-642-10350-6_12, © Springer-Verlag Berlin Heidelberg 2010

Das alles ist am Fall biologischer Reproduktion und der Entwicklung der biologischen Arten wohlbekannt und auch recht gut verstanden (Mayr 2001; Riedl 1975). In den eingeführten Fachbegriffen formuliert, würde – wenigstens außerhalb von Kreationistenkreisen (Neukamm 2009) – kaum jemand Anstoß an dem nehmen, was da auszuführen ist über chemisch codierte Baupläne, also über den „Genotyp" der Individuen einer Art; über genetische Replikation und Gewebebildung; über den Zusammenhang zwischen phänotypischer Variation und genotypischer Mutation; über die doppelte Selektionswirkung einerseits jener Strukturbildung, die den Veränderungen bei Replikationsprozessen schon vorausgegangen ist („innere Selektionsfaktoren"), und andererseits der ökologischen Nische des sich entwickelnden Individuums oder der evolvierenden Art („äußere Selektionsfaktoren"); sowie über die typenbildende Wirkung von gleichwie erschlossenen Reproduktionsvorteilen.

Deren Wirken führt zu einer von drei Folgen. „Einseitig" wirkender äußerer Selektionsdruck führt zu einer recht klaren Tendenz in der Veränderung eines Merkmals; das Ergebnis ist „transformierende Selektion". Es können die Nischenbedingungen aber auch die jeweiligen Extrema in der Variationsbreite eines Merkmals begünstigen. Das Ergebnis ist dann „disruptive Evolution", die – in Kombination mit transformierender Selektion – neben geografischer Isolation eine Hauptursache für die Entstehung neuer Arten ist. Im Normalfall bleiben hingegen die äußeren Selektionsfaktoren recht konstant, weswegen Veränderungen oft keinen Reproduktionsvorteil bringen. In diesem Fall, der Beibehaltung eines bestimmten Merkmals, liegt „stabilisierende Evolution" vor. Und während die zunächst genannten Zusammenhänge Gemeingut der „Synthetischen Theorie" der Evolution sind, also des seit langem vorherrschenden Paradigmas der biologischen Evolutionsforschung, befasst sich mit den Wechselwirkungen von inneren und äußeren Selektionsfaktoren die Systemtheorie der Evolution (Riedl 1975, 1976, 2003).

Auch weiß man inzwischen, dass das Zusammenwirken einzelner Gene sowie die Sequenzen ihrer Aktivierung durch Steuerungs- oder Regulatorgene bestimmt werden, die zusammenfassend das „epigenetische System" heißen, also das „auf die (anderen) Gene einwirkende System". Variation und Rekombination gibt es natürlich auch bei der Weitergabe jener Steuerungs- und Regulatorgene. Beides entfaltet dann besonders große „Hebelwirkungen", weil von den Steuerungs- und Regulatorgenen der Aufbau ganzer *Baugruppen* eines Individuums oder einer Art angeleitet werden. Übersteht einer der Replikationsfehler im epigenetischen System somit das Wirken innerer und äußerer Selektionsfaktoren, passt also die veränderte Baugruppe gut in den bisherigen Gesamtbauplan und erschließt obendrein Ressourcen- oder Replikationsvorteile in der – gegebenenfalls auch ihrerseits im Entwicklungsverlauf veränderten – ökologischen Nische, so stehen die Chancen gut, dass alsbald ein neuer Typ einer Art, ja womöglich eine neue Art entsteht und sich verbreitet. Eben solche Hebelprozesse machen das Wirken des „blinden" Zufalls beim Evolutionsprozess zum Wirken eines *durch unterschiedliche Wahrscheinlichkeitsdichten bereits geordneten* Zufalls. Wichtig zu verstehen ist in diesem Zusammenhang, dass das statistische Konzept der „Wahrscheinlichkeitsdichte" nicht die Wahrscheinlichkeit eines einzelnen Zufallsereignisses erfasst, sondern die Wahrscheinlichkeit, mit der ein zufälliges Ereignis in einem Möglichkeitshorizont gewisser Spannweite an einer bestimmten Stelle auftreten wird. (Eine eingehende Analyse, wie aus Zufallsprozessen biologische Ordnung entsteht, gibt Riedl 1975). Beim Blick auf solche Hebelwirkungen des epigenetischen Systems löst sich auch das Rätsel, warum funktionell so gut aufeinander *passende*, vom eigenen Aufbauprozess her aber ganz *unabhängige* Strukturen überhaupt in so stimmiger Wechselbezüglichkeit entstehen konnten, etwa die Farbschemata von Blüten und die genau sie entdeckenden Sinnesorgane von Insekten, obwohl doch die Entstehungswahrscheinlichkeit solcher funktioneller Strukturkopplungen im Falle des Waltens von Zufallsprozessen mit zu *jedem* Zeitpunkt *gleicher* Wahrscheinlichkeit eines *jeden* Ereignisses ziemlich nahe bei null läge. Auf eben dieses vermeintliche Rätsel reagiert die These vom „intelligenten Design" mit einer letztlich unnötigen kreationistischen Antwort: Irgendjemand müsse die Welt so *eingerichtet* haben, dass zusammenpassende Strukturen dort entstünden, wo sie der „blinde Zufall" durchaus *nicht* schaffen könne.

Überhaupt nicht selbstverständlich ist es nun aber, sich anhand genau dieser Denkfiguren auch das Wie-es-gemacht-wird von kulturellen und sozialen Strukturen oder das Wie-es-sich-vollzieht von deren Entwicklung zu erschließen. Wenn von einer möglichen Verbindung des Evolutionsdenkens mit geistes- und sozialgeschichtlichen Untersuchungen die Rede ist, wird vielmehr und typischerweise unter Betonung seiner offensichtlichen Schwächen zuallererst an den „Sozialdarwinismus" gedacht, also an Herbert Spencers vor (!) der Entwicklung moderner Evolutionsforschung formulierte Gesellschaftstheorie (hierzu und zum Kontext dessen siehe mit weiteren Verweisen Patzelt 2007a). Doch eigentlich ist doch folgender Prozess ganz unübersehbar und als solcher auch wohlbekannt:

Menschen treten ein in Institutionen wie eine Kirche oder in Organisationen wie eine Universität; sie tragen diese, verändern sie vielleicht; Menschen verlassen eines Tages auch wieder alle Sozialgebilde, in die sie einst hineingeraten sind; und diese selbst, in Sonderheit die so stabilen Institutionen und Organisationen, bleiben dann in der Regel bestehen. Sie gab es meist schon vor der zeitweiligen Mitgliedschaft der Masse ihrer Angehörigen; sie wandeln sich oft in viel längeren Zyklen als dem Werdegang einer individuellen Mitgliedschaft; und sehr viele von ihnen sind, obwohl sie das Hinzukommen und Ausscheiden von so vielen Mitgliedergenerationen überdauert haben, inzwischen selbst samt ihren Trägern vergangen: so das institutionelle Gefüge altägyptischer Tempel und das römische Heer, so etliche christliche Orden, so noch mehr politische Parteien. Bei alledem ist der Einzelne zwar nicht grundsätzlich vernachlässigbar, und zwar weit über die Feststellung hinaus, dass derlei Sozialgebilde in keinerlei praktischer Weise ohne ihre je konkreten Träger existieren: Immer nur konkrete Menschen sind Jesuiten oder Verfassungsrichter, erlernen Sprachen oder Malweisen und geben sie weiter; manche Menschen schaffen obendrein – das alles praktizierend – *nachwirkende Werke* voller Innovationen, die vielfach nachahmt oder als Quelle von Regeln eigener Werke genutzt werden; und einige wenige Menschen holt der Tod aus einer genau durch sie markant veränderten Literatur- und Musiklandschaft oder Wissenschaftsszene, deren Entwicklung fortan einen ziemlich anderen Verlauf nimmt, als er ohne den verstorbenen Einzelnen wahrscheinlich oder überhaupt möglich gewesen wäre. Doch nur im

Ausnahmefall kommt es wirklich auf solches Agieren eines *bestimmten* Menschen an, während die meisten anderen Menschen, schon aus recht geringem Abstand besehen, wirklich ganz austauschbare Durchlaufposten ihres Ordens oder ihrer Partei, ihrer musikalischen Stilrichtung oder ihrer wissenschaftlichen Schule sind (zur Rolle von Charisma siehe in evolutionstheoretischer Perspektive Patzelt 2009). Gleichwohl sind stets *Individuen jeweils eigenen Gepräges* die Träger und „Realisatoren" des Regelwerks ihrer Institutionen oder Organisationen, von handlungsleitenden Selbstverständlichkeiten einer Gesellschaft oder der Diskurszusammenhänge einer Kultur. Auch gibt niemand anderes als sie derlei Regelwerke, handlungsleitende Selbstverständlichkeiten und Diskurszusammenhänge an Nachfolger weiter, die dann ihrerseits die Existenz einer Institution oder einer kulturellen Form (etwa von Sonetten und Fugen) bis auf Weiteres fortsetzen.

Das alles legt schon intuitiv die Vermutung nahe, Institutionen könnten auf der Wirklichkeitsschicht des Kulturellen und Sozialen die Seitenstücke zu jenen Arten sein, deren zeitgenössische Vielfalt in der Pflanzen- und Tierwelt und deren naturgeschichtliches Gewordensein Gegenstände der biologischen Evolutionsforschung sind. Schon der Blick auf das hier einschlägige, einst von Nicolai Hartmann für die Philosophie erschlossene und später von Rupert Riedl popularisierte Konzept eines Schichtenbaus der Wirklichkeit (zusammenfassend sowie mit weiteren Literaturhinweisen siehe Patzelt 2007b, S. 184–193) plausibilisiert diesen Gedanken. Man unterscheidet nämlich folgende, im Lauf der Evolution übereinander gelagerte und einander einesteils von unten nach oben tragende, andernteils von oben nach unten formende „Schichten der Wirklichkeit":

1. das molekulare und submolekulare Substrat aller materiellen Wirklichkeit
2. die genetisch verankerten Repertoires von Wahrnehmung, Informationsverarbeitung, Empfindung und Verhalten von Lebewesen jeglicher Art, desgleichen die Körper von Lebewesen als deren „Vehikel"
3. (kulturspezifische) Wissensbestände, Deutungsroutinen und Normen, anhand welcher – als Durchführungsmittel sozialen Handelns – komplexere Sozialfigurationen hervorgebracht und aufrechterhalten werden
4. das Handeln „hier und jetzt" lebender Einzelmenschen, die auf der Grundlage von (3) sozialisiert und in ihrem Habitus geprägt sind
5. Rollen, Rollengefüge und Kleingruppen, die unmittelbar aus (4) und letztlich auf der Grundlage von (2) entstehen
6. Organisationen und Institutionen, in denen (4) auf Dauer gestellt und komplex vernetzt wird
7. die Ebene auch räumlich ausgreifender und diese Räume prägender politischer Systeme
8. die Ebene „supranationaler" Systeme bzw. des „internationalen" Systems

Auf den Ebenen (2) und (6) zeigt sich das letztlich gleiche Verhältnis von Individuum und Art oder Institution, ebenso dasselbe Muster normalen Wandels: Entstehung sowie strukturbildende Nutzung von Bauplänen; übergenerationeller Fortbestand von Strukturen während der Weitergabe des Bauplans von Individuum zu Individuum; kontingenter Wandel und kontingentes Vergehen unter pfadabhängiger Wirkung innerer wie äußerer Selektionsfaktoren. Unverkennbar verdankt sich ja auch der Wandel einer Institution wie des Benediktinerordens oder einer kulturellen Form wie der einst in Italien entstandenen Oper einer Reihe von – für sich oft durchaus kleinen – Veränderungen bei der Weitergabe des Übernommenen, auch selbst oft schon Abgewandelten. Ebenso unverkennbar erlangt das Veränderte Bleibechancen und Durchsetzungskraft vor allem dann, wenn es entweder selbst Weitergabevorteile besitzt oder seinem Träger oder Propagator Wettbewerbsvorteile erschließt – sei es, weil das Neue an sich leichter zu handhaben und nachzubilden ist, sei es, weil es besser in die aktuell gegebene kulturelle, gesellschaftliche, wirtschaftliche oder politische Situation passt und aus ihr mehr an hilfreichen Ressourcen zu ziehen erlaubt. In beiden Fällen wird das Neue von Zeitgenossen, oder von einer späteren Generation der Institutionsmitglieder oder Angehörigen einer „Schule", häufiger als das Unveränderte aufgegriffen und wirkt für sie fortan handlungsprägend.

Eben diese Entwicklungs- und Verbreitungsprozesse sind Institutionen- und Gesellschaftshistorikern sowie in der Musik-, Literatur- und Kunsthistoriografie wohlbekannt und in überaus vielen Fällen je für sich sehr gut verstanden. Doch es vermutet noch kaum jemand, dass bei der Entwicklung etwa von Kompositionsstilen und Bauformen, von sozialen Strukturen und von politischen Institutionen allenthalben *dieselben* Mechanismen wirken könnten wie auch bei der Entstehung der biologischen Arten, und dass sich alle diese Phänomene und Prozessmuster deshalb in einer überwölbenden Theorie und Theoriesprache *gemeinsam* erfassen ließen. Dabei zeigt doch die seit vielen Jahren in ganz verschiedenen Wissenschaften auf inhaltlich ganz unterschiedliche Phänomene angewendete Systemtheorie, dass dergleichen nicht nur möglich, sondern sogar äußerst hilfreich ist, um gemeinsame Grundstrukturen zunächst disparater bzw. zuvor miteinander inkommensurabler Erscheinungen zu erkennen. Also spricht vieles tatsächlich für einen solchen Versuch auch mit einer Evolutionstheorie, die von ihrer Fixierung auf allein biologische Strukturen gelöst wurde (zur Durchführbarkeit eines solchen Versuchs siehe die empirischen Studien in Patzelt 2007, 2008; Demuth 2009; Lempp 2009). Dass derlei so lange unentdeckt blieb, hat wohl folgenden Grund:

Die Erscheinungsweisen kulturellen oder sozialen Wandels werden von den mit ihnen befassten Wissenschaftszweigen rein traditionell ganz anders semantisch oder kognitiv „vermessen" als die Erscheinungsformen von Wandel in der unbelebten Natur oder in der Geschichte der Arten. Auch kennen die Geistes- und Sozialwissenschaften die Geschichte ihrer Gegenstände schon seit langem ziemlich gut und haben für die Erfassung des an ihr für wichtig Geltenden längst eigene, untereinander freilich recht verschiedene, Begriffe und analytische Kategorien geprägt. Klarer Nachzügler war hier die Naturgeschichte. Solange man nämlich, und zwar bis ins frühe 19. Jahrhundert, gemäß den Berichten des Alten Testaments nur mit wenigen Jahrtausenden an Erdgeschichte rechnete, konnte man die tatsächliche Geschichte der unbelebten Natur ohnehin nicht verstehen. Bis weit in die Neuzeit hinein fehlte es einfach an den dafür erforderlichen geologischen, chemischen oder paläozoologischen bzw. paläoanthropologischen Entdeckungen. Ein zutreffendes Verständnis der Geschichte auch der belebten Natur aber brauchte erst einmal gesichertes Wissen um die tatsächliche Jahrmillionen-, ja Jahrmilliardendauer von

Erd- und Lebensgeschichte und setzte deshalb erst im späten 19. Jahrhundert mit Darwin, Wallace und Haeckel ein. Bei alledem mussten zum Verständnis der Naturgeschichte wirklich taugende Begriffe ganz neu gefunden, angemessenen Theorien überhaupt erst einmal ersonnen werden. Im Grunde können wir erst seit der Verfügbarkeit der Darwin'schen Lehre und der Genetik, der Soziobiologie sowie der Systemtheorie der Evolution die Naturgeschichte des Menschen ebenso begreifen, wie das hinsichtlich der menschlichen Sozial-, Kultur- und Politikgeschichte lange vorher schon gelungen war (Riedl 2003). Als aber endlich überzeugende Theorien der Naturgeschichte verfügbar waren, hatten sich die historiografischen Standards und geschichtstheoretischen Kernbegriffe der Geistes- und Sozialwissenschaften längst verfestigt und wurden seither als für alle praktischen Zwecke ausreichend, als grundlegender Neuerungen nicht mehr bedürftig empfunden.

Obendrein waren ausgangs des 19. Jahrhunderts sowohl viele Naturwissenschaftler als auch viele Geistes- und Sozialwissenschaftler tief davon überzeugt, wechselseitig kaum Berührungspunkte zu haben. Die damaligen naturwissenschaftlichen Leitdisziplinen der Physik und Chemie verstanden sich ohnehin als ganz und gar ungeschichtlich: Ihr Kennzeichen war die Suche nach „immer und überall geltenden Gesetzen", anhand welcher sich Epochen überspannend verallgemeinerbare Erklärungen formulieren ließen. Hingegen verstanden die Geistes- und Sozialwissenschaften ihre Gegenstände am liebsten von deren Geschichte her und interessierten sich vor allem für deren historisch ganz unterschiedlich gewachsenen, höchst individuelle Formen. Bei deren Erklärung konnten offenkundig keine allgemeinen Gesetze, sondern nur den Einzelfall erfassende Narrative helfen. Zudem ließ der nach Darwin einsetzende Siegeszug des Evolutionsbegriffs jenen der Naturgeschichte ins Dunkel geraten, sodass die gedankliche Verbindung von „Geschichte" und „Evolution" den einen wie eine Banalität, den anderen aber wie eine ganz unnötige Mesalliance erschien. Das alles endete darin, dass nicht die wechselseitige Sprachlosigkeit zwischen Natur- und Kulturgeschichte erklärungsbedürftig wurde, sondern ganz im Gegenteil der Versuch, ihnen eine gemeinsame Sprache anzubieten. Heute jedenfalls wirkt auf viele allein schon der Gedanke abenteuerlich, es *könne* eine gemeinsame Beschreibungs- und Erklärungssprache für so unterschiedliche Prozesse derart großer Vielfalt geben, und gar noch eine solche, die verlässlich begehbare Brücken zwischen Geistes-, Sozial-, Natur- und Technikwissenschaften schlüge. Hat man diesen Gedanken aber erst einmal zurückgewiesen, dann gibt es schon gar keinen Raum mehr für Vorstellungen darüber, wie viel Erhellendes da auszuführen wäre über kulturell (und nicht nur chemisch) codierte Baupläne, über memetische (und nicht nur genetische) Replikation, sowie über der letzteren Rolle bei der sozialen oder kulturellen Strukturbildung.

Dann freilich bleibt auch unbemerkt, dass es ganz abseits der alten Sackgasse des Sozialdarwinismus sowie oberhalb der Erklärungsabsichten von Soziobiologie (Voland 2000) und Evolutionspsychologie (Neyer 2008) eine Verbindung von Evolutions- und Institutionenforschung, von Evolutions- und Geschichtstheorie nicht nur geben kann, sondern tatsächlich schon gibt. Von der Biologie herkommende Forscher übersehen dies deshalb leicht, weil sie die biologische Evolutionstheorie, ihrerseits eine der ganz großen wissenschaftlichen Errungenschaften, gerne schon für das Ganze der Evolutionstheorie halten. Gerade Soziobiologen und Evolutionspsychologen, die weit in den Bereich von Sozialem und Kultur eindringen, kultivieren nämlich oft die Vermutung, die von ihnen untersuchten, genetisch angelegten Verhaltensprogramme hätten ausreichende Erklärungskraft selbst dort, wo – und nicht erst bei den Primaten – auch unverkennbar *eigendynamische* kulturelle und soziale Strukturen auf biologischen Fundamenten aufbauen (Junker u. Paul 2009). Die Grenzen der eigenen Wissenschaftsfamilien werden dann bei Naturwissenschaftlern ebenso zu „Grenzen der Welt", wie sich das spiegelbildlich unter Geistes- und Sozialwissenschaftlern vollzieht. Selbst wenn unter diesen ausdrücklich die Rede auf die „Natur des Menschen" kommt, wie etwa in der Politischen Philosophie, gilt es weiterhin als gerade abwegig, sich ausgerechnet von den Naturwissenschaften über die Natur des Menschen belehren zu lassen: Alles Wichtige sei doch schon philosophisch bedacht und geklärt worden, wenigstens soweit überhaupt eine „wissenschaftliche Klärung" möglich wäre. Weiter befestigt wird solche Grenzziehung dann gerne mit dem plausiblen Argument, Theorien sollten nicht überkomplex sein, sondern mit möglichst wenigen, idealerweise auch nicht sonderlich voraussetzungsreichen Annahmen auskommen. Allzu leicht gerät diese Forderung aber zur Rechtfertigung einer intellektuell nur bequemen Ausgrenzung naturwissenschaftlicher Einsichten aus sozial- und geisteswissenschaftlichen Theorien. Dann freilich bleiben jene Synthesen unverbunden und sozial- wie geisteswissenschaftlich ungenutzt, welche die Evolutionsforschung doch bereits hervorgebracht hat: die *synthetische Theorie* der Evolution, welche die Darwin'schen Einsichten in den Selektionsprozess mit biochemischen Erkenntnissen zur Struktur des Erbguts verbindet (Mayr 2001); die *Soziobiologie* mit ihren Anschlussdisziplinen der Evolutionspsychologie und Evolutionären Ethik, welche Kulturelles und Soziales auf der Basis Darwin'scher Mechanismen verstehen lässt; sowie der *Evolutorische Institutionalismus*, der die Einsichten von Evolutionärer Erkenntnistheorie, Memetik und Systemtheorie der Evolution mit soziologischen Einsichten in die Konstruktion sozialer Wirklichkeit und die Stabilisierung sozialer Gefüge sowie kultureller Gebilde verkoppelt (Berger u. Luckmann 1969; Giddens 1988; Patzelt 1987). Eben von dieser letztgenannten Synthese her erschließt sich aber der Nutzen von Evolutionstheorie als Geschichtstheorie.

12.2 Der Schlüssel zum Verständnis – Meme als „zweiter Replikator"

Brückenbegriff zwischen jenen drei „Synthesen" sowie hinein in die Welt der Geistes- und Sozialwissenschaften ist jener des Mems und Memplexes. Meme sind kulturelle Muster, Memplexe ausgedehnte Konfigurationen solcher kulturellen Muster, oder präziser: Memplexe sind Komplexe koadaptierter Meme. Der Begriff des Mems wurde, isomorph mit jenem des Gens, eingeführt von Dawkins (Dawkins 1994 [1976]) und hat den Zweck, parallel zum Verständnis chemisch codierter Replikationsprozesse auch kulturell codierte Replikationsprozesse zu verstehen. Aus dieser zunächst rein intuitiven Anregung entstand das inzwischen recht weit aufgefächerte Forschungsfeld der Memetik (Augner 2003; Blackmore 2000; Breitenstein 2002; Dennett 1991; eine knappe Einführung mit weiteren Literaturhinweisen bieten Lempp u. Patzelt 2007, S. 106–111). Meme und Memplexe können gelernt, nachgeahmt, anhand von erlernten Regeln hervorgebracht, auch kreativ neu abgewandelt und auf alle diese Weisen tradiert werden. Zum Beispiel sind Verhaltens-, Rede-, Denk- oder Gestaltungsmuster Meme, desgleichen Regeln oder Gebrauchsanweisungen, die man erlernen und für eigene Zwecke anwenden kann; und Exempel für sogar ziemlich ausgedehnte Memplexe sind etwa die Liturgie einer Eucharistiefeier oder der – gegebenenfalls in einem Verfassungstext niedergelegte – Bauplan eines Systems politischer Repräsentation. An Memen und Memplexen ist im Übrigen nichts Rätselhaftes oder bisheriger Forschung Entgangenes: Es werden nur in einer *abstrakteren* Sprache solche Dinge und Zusammenhänge benannt, die jeweils für sich durchaus bekannt sind, noch nicht aber Interesse auf ihre *quer über ganz verschiedene Lebensbereiche hinweg gleichen Merkmale* gezogen haben. Die Memetik gleicht dergestalt stark der Systemtheorie: Gegenstandsübergreifende Sachverhalte werden erkenn- und benennbar, sobald nicht mehr gegenstandsspezifisch auf sie geblickt oder nachgedacht wird, sondern in einer Perspektive, die gerade das strukturell und funktionell Gemeinsame und in *dieser* Hinsicht Verallgemeinerbare erkennbar macht. Dass eben dies aus der Warte der jeweils eigenen Spezialdisziplin „gar nicht nötig", letztlich nur eine „überflüssige Überfrachtung" wäre, ist nun freilich auch ein – inzwischen ganz verstummter – Standardeinwand gegen die disziplinübergreifende Nutzung der Systemtheorie gewesen.

Weitergegeben oder repliziert werden Meme in einfachen Fällen durch – auch unmittelbar *ohne* Verständnis vorgenommenes – Nachahmen, in komplexeren Fällen durch das Erlernen solcher Regeln, deren kompetente Anwendung das zu tradierende kulturelle Muster bzw. die anhand seiner aufzubauenden Strukturen neu entstehen lässt. Das Nachsingen eines Liedes „nach Gehör" im Unterschied zum Singen dieses Liedes nach Noten, die man vorab erlernen und mit seiner Stimme akustisch umsetzen muss, mag für diesen Unterschied ein recht eingängiges Beispiel sein. Man kann diesen Unterschied sogar auf die kontrastierende Formel von lamarckistischer und darwinistischer Replikation bringen. Sie ist ohnehin sehr hilfreich, um einen zentralen Unterschied zwischen biologischer und (sozio-)kultureller Evolution zu verstehen. Biologische Replikation verläuft allein „darwinistisch": Kopiert – sowie anschließend verwendet – werden die *Regeln*, nach denen Gewebe aufgebaut wird. Mehr oder minder fehlerfrei wird somit der Genotyp repliziert, während es keine direkte Informationsweitergabe von Phänotyp zu Phänotyp gibt. Im Bereich der kulturellen und sozialen Evolution geht es da komplexer zu. Offensichtlich gibt es auch hier „darwinistische" Replikation: Ein Schüler erlernt Regeln und deren Anwendung, etwa die Notenschrift sowie das Spiel auf dem Klavier; und alsbald kann er anhand der Notierungs- und Spielregeln sogar ein solches (akustisches) kulturelles Muster von sich aus realisieren, etwa eine Melodie oder einen Sonatensatz, das er selbst noch nie gehört hat. Doch im Bereich der kulturellen Evolution gibt es obendrein „lamarckistische" Replikation, nämlich die unmittelbare Weitergabe des selbst Erworbenen: Kinder erlernen ihre Muttersprachen durch nachahmendes Reden; und im akademischen Bereich werden mitunter Konzepte oder Argumente übernommen sowie weiterverwendet, die deren Übermittler selbst gar nicht korrekt verwenden, ja vielleicht auch nicht einmal im „eigentlich gemeinten Sinn“ verstanden haben. Zusätzlich zur Informationsweitergabe gleichsam „von Genotyp zu Genotyp“ (präzise: „von Memotyp zu Memotyp“) funktioniert auf dieser Wirklichkeitsschicht des Kulturellen somit auch die Informationsweitergabe von – sozusagen – „Phänotyp zu Phänotyp“ (präzise: „von Phämotyp zu Phämotyp“). Eben das verleiht der kulturellen Evolution eine viel größere Geschwindigkeit und auch einen viel größeren Variantenreichtum, als sie die auf „darwinistische Replikation“ beschränkte biologische Evolution haben kann.

Bei Vögeln als individuell erlernte regionale Varianten von artspezifischen Gesängen bekannt, bei Schimpansen unter anderem als regionale Varianten des Umgangs mit Grabstöcken, setzt die Verwendung von Memen offensichtlich schon lange vor der Evolutionsstufe des Menschen ein. Auf unserer kulturellen Stufe sind dann Meme und Memplexe, wie das – mit freilich anderen Begriffen – bereits die Wissenssoziologie oder die phänomenologische Soziologie gezeigt haben, als „alltagspraktische Selbstverständlichkeiten“ die zentralen Durchführungsmittel, die kulturell standardisierten, gar kanonisierten Ressourcen aller Prozesse sozialer Struktur-, Rollen-, Organisations- und Institutionenbildung (zur Analyse von sozialen Strukturbildungsprozessen sowie zum dafür zentralen Konzept der „Durchführungsmittel“ und „Ressourcen“ der Wirklichkeitskonstruktion siehe Patzelt 1987, 1998, 2007c). Im Übrigen lässt sich zeigen, dass sämtliche Theoreme der Evolutionstheorie, in denen die Begriffe des Gens oder Phäns sowie deren Derivate (z. B. Genotyp, Genpool, Gendrift, epigenetisches System) auftreten, theoretisch sinnvoll und empirisch gehaltvoll mit dem Begriffe des Mems oder Phäms reformuliert werden können, nämlich als Memotyp, Mempool, Memdrift oder epimemetisches, das heißt: auf andere Meme einwirkendes und deren Verkoppelung steuerndes System (Lempp 2007a; Patzelt 2007d).

Ein Beispiel mag genügen. Ein Phänotyp ist die nischenabhängige individuelle Realisierung eines Genotyps, ein Phämotyp die nischenabhängige individuelle Realisierung eines Memotyps. Ein in seiner Parlamentsfraktion gut sozialisierter, verlässlich als ihr kompetentes Mitglied agierender Abgeordneter trägt somit – wie viele Dutzende seiner Kollegen – die prägende handlungsleitende Selbstverständlichkeit seiner Fraktion in sich. Dieser unter den Fraktionskollegen recht gleichartige Komplex gemeinsamer institutioneller Wissensbestände, Deutungsroutinen und Handlungskompetenzen ist ihr gemeinsamer, durch Sozialisation erworbener Memotyp. Hingegen sind die individuellen Variationen all dessen, auf Unterschiede in den konkreten politischen Sozialisationsprozessen, Rollenanforderungen oder Naturellen zurückzuführen, der jeweilige und höchstpersönliche Phämotyp.

Durch weitere Ausarbeitung dieses Begriffsfeldes entstehen dann auch klare Konzepte zur Erfassung folgender Phänomene: die ebenfalls phämotypische (und nicht nur phänotypische) Variation; die memotypische (und nicht nur genotypische) Mutation; die Selektionswirkung einerseits jener kulturellen und sozialen (und nicht nur biochemischen) Strukturbildungen, die den einzelnen memetischen (und nicht nur genetischen) Replikationsvarianten vorausgehen („interne Selektion“); die

Selektionswirkung andererseits jener ökologischen Nische, in der solche Neuerungen praktizierenden Individuen um ihre Reproduktionschancen konkurrieren („externe Selektion"); sowie die institutionelle Reproduktion, die eben nicht die biologische Fortpflanzung meint, sondern die Rekrutierung und gelingende Sozialisation neuer Mitglieder, das heißt neuer Generationen oder Alterskohorten, einer Institution oder Organisation. Reproduktionsvorteile für sie gibt es im Bereich des Sozialen oder Kulturellen einesteils dann, wenn ein modifizierter Bauplan und dessen individuelle Konkretisierung besser als seine unveränderten Konkurrenten in jene ökologische Nische passt, in der es konkret zur Konkurrenz kommt. Andernteils kommt es hier auch zum Seitenstück jener sexuellen Selektion, die nach dem Handicap-Prinzip arbeitet (Miller 2001): Mitunter wirken gerade solche Meme und Memplexe besonders anziehend oder zumindest respektheischend, die sich anzuverwandeln und anschließend anzuwenden mühevolle Investitionen verlangt, etwa im Fall besonders anspruchsvoller Praxen (z. B. des virtuosen Spiels von Musikinstrumenten oder der Beherrschung körperlich schwieriger Sportarten) oder komplizierter wissenschaftlicher Theorien (früher des Marxismus, heute von Luhmanns Lehre oder komplexer *Rational-choice*-Modelle). Folge des Wirkens solcher externer Selektionsfaktoren ist auch hier Typenbildung, nämlich die Entstehung unterschiedlicher kultureller und institutioneller Formen. Dergestalt erweist sich die Memetik als nichts anderes denn die Weiterführung der bereits so gut gelungenen Einblicke in den – rein chemisch – ablaufenden *genetischen* Replikationsmechanismus biologischer Evolution in ein besseres Verständnis jener *kulturellen* Replikationsmechanismen, die ihrerseits der Evolution sozialer Strukturen zugrunde liegen. Im Anschluss an Dawkins (1994) kann man Meme somit zusammenfassend als jenen „*zweiten* Replikator" verstehen, dessen Entstehung und Nutzung seit der Entwicklung eines halbwegs leistungsfähigen Zentralnervensystems möglich wurde und welcher, *oberhalb* der von Genen als „*erstem* Replikator" geschaffenen *biologischen* Schicht der Wirklichkeit, die ganz besonderen – und dominant von Menschen besiedelten – Wirklichkeitsschichten des *Kulturellen* und des *Institutionellen* zu erzeugen vermochte. Es gibt sogar die These, dass die so erstaunliche und den natürlichen Geburtsvorgang an seine Grenzen bringende Vergrößerung des menschlichen Großhirns ihren Grund darin habe, dass solche Personen durch sexuelle Selektion bevorzugt wurden, die besonders gute „Memverwender" waren und dadurch die kulturelle Evolution beschleunigten (Blackmore 2000).

Wahrscheinlich ist es ein lohnendes Abenteuer, solche parallele Evolutionsprozesse auf den verschiedensten Wirklichkeitsschichten intellektuell zu durchdringen und das Zusammenwirken genetischer mit memetischen Replikationsprozessen zu untersuchen. Derlei zielt ab auf den Versuch, eine kultur- und sozialwissenschaftliche Evolutionstheorie ganz parallel zur biologischen Evolutionstheorie zu schaffen und dabei jeder Form von Reduktionismus aus dem Weg zu gehen (Patzelt 2007d; zur – diesem Beitrag zugrunde liegenden – evolutionären Institutionentheorie Lempp 2007a; Patzelt 2007c). Mehr noch: Es kann versucht werden, *beiderlei* Evolutionstheorie als einer einzigen Wurzel entsprossene *Varianten* einer *allgemeinen* Geschichtstheorie auszuformulieren. Das ist gewiss starker Tobak – für Historiker ohnehin, und für Biologen im Grunde ebenso: „Weiß" man denn nicht seit Jahrzehnten, dass Geschichtliches sich nicht „naturwissenschaftlich reduzieren lässt" – und dass Kultur nun einmal viel mehr ist als „praktizierte Biologie"? Wohl stimmen beide Aussagen, entbinden aber trotzdem nicht von der Antwort auf die Frage, ob sich zentrale Prozessmuster und Prägefaktoren des in Natur wie Kultur und Gesellschaft beobachtbaren „Werdens und Vergehens" wohl nicht nur in ihrem individuellen Verlauf *beschreiben*, sondern auch in vom konkreten Einzelfall abgehobener und somit „theoretisierbarer" Weise *erkennen* und *erklären* ließen. Dieser Beitrag soll zeigen, wie das gelingen kann.

12.3 Was ist Geschichtstheorie – und gehört zu ihr wohl auch die Evolutionstheorie?

12.3.1 Geschichtstheorie und Geschichtsphilosophie

Geschichtstheorie – ihrerseits eine Disziplin mit ehrwürdiger, die bloße Methodenreflexion der Geschichtswissenschaft weit überschreitender Tradition (Hoffmann 2005; Jordan 1999) – ist in ihrer anspruchsvollsten Form das Ergebnis des Versuchs von Historikern, größere Zusammenhänge sowie deren Strukturen unterhalb der Oberfläche jener so vielfältigen Ereignisgeschichte zu erkennen, zu beschreiben, zu verstehen und zu erklären, welch letztere der übliche Gegenstand geschichtswissenschaftlicher Forschung ist. Oft wird die Entdeckung derartiger „Grundmuster" in der Geschichte auf induktivem Wege versucht: Man bemüht sich, in der persönlich überblickten Geschichte Typen von Konfigurationen zu erkennen, desgleichen Muster von Zusammenhängen, Dynamiken und Abfolgen von Perioden. Aus solcher individueller Gestalterkenntnis – ihrerseits die Zusammenschau einer Vielzahl von Fällen verlangend – wird dann eine intersubjektiv teilbare Geschichtstheorie dergestalt entwickelt, dass man andere anleitet, jene Geschichtsauszüge in der gleichen Weise zu sehen und zu gliedern, wie man das selbst tut; dass man die Gründe dafür auslegt, eben diesen Typ, jenes Muster, die fragliche Dynamik und die das alles konturierende Periodisierung als dem Gegenstand *eigentümlich* wahrzunehmen, das heißt gerade nicht als ihn nur „deutend übergestülpt" aufzufassen; und dass man die möglichst plausibel nachgewiesenen Typen, Muster, Dynamiken und Perioden dann auch von ihren vermutlichen oder wahrscheinlichen Ursachen her erklärt. Je mehr historische Epochen und kulturelle Räume von solchen „Anleitungen des Erkennens" sowie von plausiblen Erklärungen des gemeinsam Erkannten umfasst werden, umso allgemeiner und anspruchsvoller ist eine Geschichtstheorie dieser Art. Auf dem Weg zu solchen Theorien werden in Geschichtswissenschaft und historischer Kultur-, Sozial- oder Politikforschung Entwicklungen aller Art analysiert sowie deren Abläufe periodisiert, werden einzelne kulturelle Muster und ganze Gesellschaftsformationen klassifiziert, und werden die Ergebnisse all dessen systematisiert – manches Mal unter Herausarbeitung markanter „Bewegungsprinzipien der Geschichte" (zur mitunter fatalen Rolle all dessen in der Politikwissenschaft siehe Patzelt 2007a), manches Mal unter Distanzierung genau vom Letzteren.

Zur besonderen Herausforderung gerät bei alledem die Auswahl jener analytischen Kategorien und Theorien, anhand welcher man derlei „entdeckt" oder gestaltmäßig „erfasst". Wie unvoreingenommen, wie verlässlich sind sie wohl? Und wo, an welchen Grenzen, begibt man sich von fruchtbarer Heuristik hinein in hermeneutische Dogmatik oder gar in ideologische Geschichtsbilder? Solche Probleme werden besonders gut sichtbar, wenn man geschichtstheoretische Arbeit nicht induktiv, sondern *deduktiv* anlegt. Dann verwendet man nämlich von vornherein ziemlich klare und – zumindest auf Hypothesenniveau – für zutreffend gehaltene Vorstellungen davon, was an geschichtlichen Abläufen wie strukturiert und auf welche Weise unvermeidlich wäre. Der eine blickt dann vielleicht durch die Brille des Historischen Materialismus auf die Geschichte (Blackledge 2002; Ferraro 1992), erkennt also die Dialektik von Produktivkräften und Produktionsverhältnissen als deren Triebkraft sowie eine klare Abfolge verschiedener Gesellschaftsformationen als deren vorgezeichneten Weg.

Der andere wählt womöglich die Perspektive des Historischen Institutionalismus (Thelen 1999, 2002) und erschließt sich, gleichsam als „Bewegungsprinzip" der Geschichte, das ständige Zusammenwirken von Kontingenz und Pfadabhängigkeit bei der Herausbildung und Weiterentwicklung aller Strukturen. Dann erkennt man als zentrale Erscheinungsweisen von Institutionenevolution etwa die Aufschichtung von institutionellen Strukturen („*institutional layering*"), die Umnutzung bestehender Strukturen („*institutional conversion*"), die Verschiebung der Rolle einer Institution im Gesamtzusammenhang der sie umgebenden sozialen Wirklichkeit („*institutional drift*") oder die Verdrängung einer Institution durch ihre Konkurrenten („*institutional displacement*"). Wie weit eine solchermaßen deduktiv angelegte Geschichtstheorie schon im Vorfeld der Klärung ihres Wahrheitsgehalts fruchtbar sein kann, hängt zweifellos davon ab, wie weit man mit ihr *falsifikationistisch* umgeht, also *ergebnisoffen* auf eine zugleich möglichst informationshaltige *und* trotzdem bis auf Weiteres nicht für falsch zu haltende Geschichtstheorie hinarbeitet. Unfruchtbar wird solch deduktives Herangehen hingegen dann, wenn man sogar ohne überzeugende, faktenbegründete Nachweisführung seine eigene Geschichtstheorie als richtig ansetzt und im Grunde nur nach lehrhaften Illustrationen sucht, nicht aber nach möglichen Falsifikatoren.

Über eine solchermaßen immer noch auf *empirische Analyse* ausgehende Geschichtstheorie zielt die Geschichtsphilosophie weit hinaus (Klein 2005). Neben der Suche nach einem „*Sinn hinter der Geschichte*" ist ihrem Schrifttum oft eigentümlich, dass, vom Blick in die Vergangenheit belehrt, auch noch *Prognosen* über die Zukunft formuliert werden. Das geschieht nicht selten entlang der Vermutung, im historischen Material erkannte Abläufe würden sich über die Gegenwart hinaus auch noch in die Zukunft hinein fortsetzen. So mag es auch immer wieder sein, etwa im Gegenstandsbereich der Demografie. Nicht selten werden allerdings auch zweifelsfrei in die Zukunft weiterwirkende Abläufe für einen anstehenden Prognosewunsch zwar grundsätzlich einschlägig, doch praktisch recht unnütz sein – etwa dann, wenn man aus den gewiss weitergehenden Plattenverschiebungen der Erdkruste sehr konkrete Erdbebenwarnungen abzuleiten hofft. In anderen Fällen mag eben die *Sensibilisierung für bislang unbemerkt* Weiterwirkendes solche Reaktionen auslösen, die

– als „sich selbst widerlegende Prophezeiungen“ wohlbekannt – die Wirkungskraft des korrekt Beobachteten deutlich verringern können. Auf diese Weise geht etwa die deutsche Gesellschaft, und durchaus nicht erfolglos, mit dem nachwirkenden Reiz des Nationalsozialismus um. Im Übrigen kommt es auch immer wieder zu Fehldeutungen und irrigen Extrapolationen wahrgenommener Prozesse.

Das alles macht zutreffende Prognosen gewiss nicht weniger wünschenswert und den methodischen Ansatz auch nicht unvernünftig, durch Extrapolation bisheriger Entwicklungen auf Künftiges zu schließen. Trotzdem dürfte es dem Abwerfen von Ballast gleichkommen, wenn sich die Geschichtstheorie von der Versuchung fernhielte, auch noch Prognosen anzubieten. Für alle praktischen Erkenntnis- und Erklärungszwecke beim Blick auf geschichtliche Entwicklungen reicht es nämlich aus, deren Struktur- und Prozessmuster von der Vergangenheit bis zur jeweiligen Gegenwart zu überblicken. Was dann die Zukunft über die mögliche, im Einzelfall vielleicht auch ganz unzweifelhafte Weiterexistenz bisher schon effektiver Wirkungszusammenhänge hinaus an Neuem bringen mag, das kann geschichtstheoretisch durchaus offenbleiben. Obendrein darf man konkrete Vorhersagen im Dienst der gesellschaftlichen und politischen Praxis gewiss der eher kurzfristigen orientierten und selbst in diesem Rahmen erfahrungsgemäß fehlerträchtigen sozialwissenschaftlichen Prognostik überlassen. Immerhin bezweifelt ja auch niemand den Erkenntniswert der biologischen Evolutionstheorie mit dem Argument, sie könne zwar erklären, wie welche Hunderasse entstanden sei, versage aber bei Prognosen über das künftige Schicksal des eigenen Dackels. Es mit der Zukunft von Institutionen und kulturellen Formen ebenso zu halten, also nicht Individualgeschicke vorhersagen zu wollen, sondern „nur“ die aus der Geschichte über die Gegenwart auf die Zukunft zuführenden, ja oft auch noch in der Zukunft weiterlaufenden Entwicklungen gründlich zu studieren, führt dann zu einer Geschichtstheorie, die sich sorgsam von den Untiefen des Determinismus und Historizismus, des Finalismus und der Teleologie fernhält. Eine solche vermeidet auch schon den Anschein der Behauptung, soziale und kulturelle Entwicklungen hätten ein vorgegebenes Ziel, das zu erkennen die Aufgabe von Geschichtswissenschaft sei, oder wären schlechterdings unaufhaltbar, was eine zutreffende Geschichtstheorie recht unmittelbar zu einer politischen Theorie machte (Patzelt 2007e).

Die biologische Evolutionstheorie gerät ohnehin nicht in solche Gefahren. Sie beschränkt sich auf das Erkennen, Beschreiben, Verstehen und Erklären dessen, was aus der Vergangenheit der Arten zu deren Gegenwart führte, und ihr fällt die Feststellung überaus leicht, dass sogar künftig gleichbleibende Prozess*muster* – etwa jene der genetischen Replikation sowie der am Phänotyp eines Individuums ansetzenden externen Selektion – in der Zukunft keineswegs für gleichbleibende oder wiederkehrende Prozess*ergebnisse* sorgen müssen. Immerhin ist in ihrem Rahmen die Kategorie des *Zufalls* ganz zentral, und deren Gebrauch rät von vornherein davon ab, über Entwicklungsprozesse in Begriffen einer gleichwie gesetzten Zwangsläufigkeit nachzudenken. Dann allerdings eignet sich die biologische Evolutionstheorie durchaus nicht als Geschichts*philosophie*. Sie ist vielmehr nichts anderes als der Beispielsfall einer zwar empirisch gesättigten, doch das bloße Beschreiben weit übersteigenden, nämlich die beschriebenen Prozessmuster auch noch gegenstandsübergreifend *erklärenden* Geschichts*theorie*.

12.3.2 Geschichte, Vorgeschichte und Evolutionstheorie

Mancher pflegt einzuwenden, die biologische Evolutionstheorie sei gar keine Geschichtstheorie und schon deshalb ohne Belang für die Geschichtswissenschaft. Sie habe nämlich nicht die Geschichte des Menschen zum Gegenstand, sondern bloß dessen *Vor*geschichte. Geschichte als Historikergegenstand läge nämlich erst dort vor, wo man dank des Gebrauchs von Schrift in das Selbstverständnis einer Schrift besitzenden Kultur eindringen und diese „von innen her" verstehen könne. Einer Kultur ohne (verstehbare) Schrift stehe man hingegen wie einem nur äußerlich zu erklärenden Naturgegenstand gegenüber. Sieht man das so, dann findet sich allerdings der ganze menschliche Entwicklungsweg hin zu schriftbasierten Hochkulturen als „Frühgeschichte" oder „Vorgeschichte" aus dem Forschungsfeld der „eigentlichen" Geschichtswissenschaft ausgegrenzt. Diese kommt denn auch an den meisten Universitäten ohne Professuren für „Vor- und Frühgeschichte" aus, ja in der Regel sogar ohne alledem gewidmete Lehrveranstaltungen. Dass Sammlungen von Kulturerzeugnissen schriftloser Völker auch heute noch oft ins Ausstellungsprogramm naturgeschichtlicher, nicht aber kunstgeschichtlicher oder gar allgemeinhistorischer Museen eingegliedert sind, verleiht dieser Spaltung zwischen einer „echten" Geschichtswissenschaft und ihrer – gleichsam „nur" – naturwissenschaftlichen „Vorstufe" einen überaus dichten symbolischen Ausdruck. Doch anthropologische Studien haben nun einmal über jeden vernünftigen Zweifel hinaus erwiesen, dass es längst vor Entstehung der Schrift solche Prozesse und Prozessmuster strukturellen Werdens menschlicher Kultur und Gesellschaft gab, die bis heute nachwirken oder gar weiterlaufen. Also besteht ein recht plausibles Verlangen danach, gemeinsam mit der Geschichte menschlicher Hochkulturen auch jenes so langfristige Werden zu überblicken, in dem sich das Leben überhaupt und viel später auch unserer Spezies samt ihren besonders komplexen Kulturen entwickelte.

Eben dieses Verlangen erachten viele Historiker nun aber als ganz irrelevant für ihr Fach. Dem liegt nicht selten die über das abgrenzende „Schriftargument" noch weit hinausgehende Überzeugung zugrunde, die Natur dessen, was durch „alle Geschichte hindurch" immer gleich bleibe, sei gerade *nicht* der (vordringliche) Gegenstand der Geschichtswissenschaft, denn diese befasse sich mit dem „*Wandel in der Zeit*", nicht aber mit Konstanten oder Konstantem. Einer solchen Position gegenüber verfängt dann nur selten der Einwand, „Konstantes" sei gar nicht so konstant: Alle Arten des Lebendigen, ja auch die Erde und der Kosmos selbst, hätten eine Geschichte, die im Übrigen lange schon, und mit durchaus beträchtlichem Erfolg, erforscht werde. Die übliche Historikerreplik lautet vielmehr: Dies alles sei bloß *Natur*geschichte – während die Geschichtswissenschaft eben für die *Human*geschichte zuständig sei. Doch auch diese umfasst mindestens 200.000 Jahre, seit den Anfängen unserer Spezies gar an die fünf Jahrmillionen. Für eben diese Zeiten bietet nun die biologische Evolutionsforschung, nicht zuletzt als Paläoanthropologie entfaltet, recht verlässlichen empirischen Aufschluss. Mit ihm arrangieren sich Historiker durchaus: Natürlich sei alles Leben, einschließlich des Menschen, durch Evolution entstanden; doch das berühre den Gegenstandsbereich der Geschichtswissenschaft gerade nicht. Diese erforsche nämlich die Entwicklung menschlicher *Kulturen* und solcher *Gesellschaften*, für deren Erkenntnis und Erklärung die unstreitige Tatsache der biologischen Evolution doch nichts Sonderliches beitragen könne. Zwar gäbe es in der menschlichen Geschichte nicht nur Umstürze („Revolutionen"), sondern – und viel häufiger – schrittweise Entwicklungen, die man als Historiker eben „Wandel", mitunter sogar „Evolution" nenne. Doch letzteres wäre allein metaphorisch und kontrastierend gemeint und habe mit dem naturwissenschaftlichen Begriff und Theoriegebäude der Evolution nichts zu tun. Überhaupt reiche es für die Geschichtswissenschaft aus, den Begriff der „Evolution" – sofern er überhaupt erforderlich, also nicht besser durch den des „Wandels" zu ersetzen sei – summarisch oder unscharf zu verwenden; und durchaus nicht benötige man ihn als Kürzel einer präzisen oder gar allgemeinen Theorie – denn eine solche könne es zur menschlichen Geschichte ohnehin nicht geben. Biologische Evolutionsforscher hören solche Aussagen, mit denen Historiker sich die Evolutionstheorie vom Leibe halten, meist sogar recht zufrieden: Nun können sie sich auf die Naturgeschichte beschränken, müssen aber – abgesehen von einigen soziobiologischen oder evolutionspsychologischen Ausflügen – nicht obendrein noch für die ungleich materialreicher dokumentierte und vom Variantenreichtum des Gegenstandes her viel komplexere Kultur- oder Institutionengeschichte zuständig sein.

Diesbezüglich war man vor der Ausdifferenzierung gesonderter Wissenschaften freilich schon weiter. In vielerlei Schöpfungsmythen wird nämlich in die Naturgeschichte auch noch die Geschichte des Menschen und seiner Kulturen, Gesellschaften und Institutionen eingebettet. Beispielsweise erschafft Gott am Anfang der Bibel Himmel und Erde, alsbald auch die Pflanzen und die Tiere, später dann den Menschen. Der aber handelt nach einiger Zeit nicht mehr wie ein an seine kreatürlichen Voraussetzungen (das heißt an sein ihm eingeschriebenes Ethogramm oder an „Gottes Willen") gebundenes Naturwesen, sondern agiert voll von erwachendem Eigensinn. Alsbald erkennt er, dass er auch grundsätzlich „falsche" Entscheidungen treffen kann, ja treffen will – so in der berühmten Passage von Genesis 3, 1–24, wo Adam und Eva vom „Baum der Erkenntnis" essen, anschließend Gut von Böse unterscheiden können und sich dergestalt aus dem Paradies vertrieben finden. Eben das heißt in den abrahamitischen Religionen „Sünde" und gilt ihnen als Ursache misslingenden Lebens und Zusammenlebens. An dieser Stelle ließe sich übrigens die Evolutionstheorie gut mit den Offenbarungsreligionen verbinden: Wenn nämlich – wie in der biblischen Geschichte vom „Sündenfall" – das Menschwerden gerade mit der Fähigkeit zum bewussten Tun des Falschen einhergeht, dann kann es durchaus sinnvoll (gewesen) sein, dass ein um seine Schöpfung besorgter Gott den Menschen über Propheten die „richtigen" Regeln gelingenden Lebens und nachhaltiger Entwicklung vor Augen führt. Überlegungen solcher Art theologisch erprobend, könnten nicht wenige Religionsgemeinschaften die Evolutionstheorie sogar als weitere Erhellung der von ihnen gelehrten Wahrheiten nutzen. Sie müssten sich insbesondere nicht länger auf die ganz unfruchtbare Kontroverse zwischen Schöpfungsglauben und Kreationismus einlassen – zumal gerade ein allmächtiger Gott doch gewiss nicht daran gehindert war, die Welt über den Evolutionsalgorithmus zu schaffen, und auch nicht daran zu hindern ist, über Kontingentes die angestoßenen Evolutionsprozesse weiterhin zu beeinflussen.

Natürlich zersetzten sich beim „Übergang vom Mythos zum Logos", also im Zug der Entstehung von Wissenschaft, alles erklärende Erzählungen. Dabei war besonders folgenreich, dass die Geschichte der Natur (z. B. Wie entstand die Erde, wie die Vielfalt der Tiere und Pflanzen, wie der Mensch?) sowie viele ihrer inneren Wirkungszusammenhänge (z. B. Wie genau vollzieht sich die Zeugung? Warum kommt es zu Missbildungen?) lange Zeit recht im Dunkeln blieben und sich deshalb der Erklärungskraft von Mythen überlassen fanden. Hingegen war die Geschichte der menschlichen Kulturen, Gesellschaften und Institutionen – mitsamt ihrer Prägefaktoren – spätestens seit Herodot (Schadewald 1995) Gegenstand intellektueller Zuwendung und, seit der Entstehung der modernen Geschichtswissenschaft zwischen dem 17. und 19. Jahrhundert, einer immer erfolgreicheren empirischen Aufklärung. Als historisches Kulturwesen begriff man den Menschen darum längst recht gut, bevor man ebenso gut die Geschichte der Erde verstehen oder das Werden sowie die innere Zusammengehörigkeit aller Lebewesen, einschließlich des Menschen, erkennen konnte. Deshalb verfestigte sich unter den Politik-, Kultur- und Gesellschaftshistorikern erheblicher Stolz auf das ihnen Gelungene schon zu einer Zeit, als die Vorgeschichte – und gar erst das soziobiologische Substrat – der von ihnen erschlossenen Sozial-, Kultur- und Politikgeschichte noch weitgehend unbekannt war. Tatsächlich war sogar der Begriff der Evolution längst – nämlich von der Aufklärungsphilosophie her – in den (entstehenden) Sozialwissenschaften geprägt, *bevor* ihn Naturhistoriker und Biologen für ihre *nachholenden* eigenen Erklärungsbedürfnisse entlehnten (Hennecke 2007). Rasch allerdings verband die Erfolgsgeschichte der fortan erarbeiteten biologischen Evolutionstheorie den Begriff – und gar die Theorie – der Evolution so eng mit allein biologischen Denkfiguren, dass heute nur – oder *erst* – wenige Wissenschaftler einen präzisen Begriff der Evolution in einem *anderen* als dem biologischen Kontext zu verwenden wünschen oder anzuwenden pflegen. Dabei ist es im Grunde die Verbindung von Nachzüglerschaft *und* von durchschlagendem Erfolg, was die Evolutionstheorie so vielen Sozial-, Kultur- und Geschichtswissenschaftlern überaus suspekt macht – und insbesondere, seit sie auch außerhalb der Naturwissenschaften in immer mehr ziemlich „fertige" Paradigmen des Verstehens sozialer Wirklichkeit und ihres Werdens eindringt sowie selbst dort zum Neudenken auffordert, wo es viele lieber beim bloßen Weiterdenken des schon Etablierten bewenden ließen (auf der Faktenebene siehe Dennett 1995, als diesbezüglich höchst erklärungskräftige Theorie der Struktur wissenschaftlicher Revolutionen Kuhn 2003).

Lange Zeit verfing zwar bei der geschichts- und kulturwissenschaftlichen Abwehr des seit Darwin aufblühenden Evolutionsdenkens der oben erörterte „Kunstgriff", Geschichte von Vorgeschichte zu unterscheiden und so die Gegenstände der Evolutionsforschung als für Historiker irrelevant auszugeben. Doch seit dem Siegeszug von Soziobiologie und Evolutionspsychologie verfängt dieser Kniff immer weniger: Allzu viele Befunde sprechen einfach dafür, dass die – unter Wissenschaftlern meist unumstritten: durch Evolution entstandene – „Natur des Menschen" auch in die höheren Schichten des Kulturellen und des Institutionellen hineinwirkt. Dann freilich haben die Gegenstände von Geschichts-, Kultur- und Sozialwissenschaften nicht nur ein biologisches Fundament, sondern sollte dieses auch von den auf diese Gegenstände spezialisierten Disziplinen im Rahmen ihrer komplexeren Theorien besser nicht ignoriert werden. Den Blick auf dieses doch recht simple Teilmengenverhältnis von (allgemeiner) Geschichtstheorie und (biologischer) Evolutionstheorie behindert eigentlich nur jene allzu gut etablierte Trennung zwischen Natur und Kultur, zwischen „Tieren" und „Menschen", die genau dort Grenzmarken intellektueller Vernachlässigung entstehen ließ, wo eigentlich höchst interessante *Aufschichtungsverhältnisse* des spezifisch Humanen auf dem allgemein Kreatürlichen zu studieren wären.

Erst recht gehörten „Vorgeschichte", Geschichte und Evolutionstheorie eng zusammen, wenn die biologische Evolutionstheorie ohnehin nur die bislang am besten ausgearbeitete Sonderanwendung einer „Allgemeinen Evolutionstheorie" ist, die ihrerseits darlegt, dass – und entlang welcher Mechanismen – der Evolutionsprozess auf *allen* Schichten der Wirklichkeit im Grunde gleich abläuft und auf diesen Schichten nur jeweils spezielle Replikatoren in Rechnung zu stellen sind: chemische Replikatoren („Gene") auf der Ebene der biologischen Replikation, kulturelle Replikatoren („Meme") auf der Ebene der sozialen Replikation. Eben dafür spricht viel. Also sollte die Evolutionstheorie sehr wohl in eine allgemeine Geschichtstheorie integriert werden, und zwar nicht nur als eine Theorie biologischer Evolution und somit des biologischen Substrats aller Kultur, Gesellschaft und Politik, sondern *überdies* als verallgemeinerbare, empirisch gehaltvolle Theorie der Prozessmuster in der Entwicklung *aller* Strukturen, das heißt allgemeiner „evolutionärer Algorithmen" (Dennett 1995). Eingeschränkt auf typischerweise von der Geschichtswissenschaft erforschte Strukturen, ist das sogar der traditionelle Anspruch von Geschichtstheorie. Sie ist ja mehr als nur eine Systematisierung historiografischer Ergebnisse, sondern obendrein ein – empirischen Wahrheitsgehalt beanspruchendes – Aussagengefüge über genau jene Wirkungszusammenhänge, deren Ergebnisse eben als Geschichte – und somit in der Geschichtsschreibung – fassbar werden.

12.4 Die allgemeine und die institutionsanalytische Evolutionstheorie

12.4.1 Warum sind Institutionen evolutionstheoretisch so interessant?

Unter den für Historiker, Kultur- und Sozialwissenschaftler interessanten Strukturen spielen Institutionen eine ganz besondere Rolle (zur Theorie der Institution und zur sozialwissenschaftlichen Institutionenforschung siehe Lempp 2007a und Patzelt 2007c). Ihrerseits zu untergliedern nach *Personen*institutionen wie ein Parlament oder eine Armee sowie nach *Sach*institutionen wie das Eigentum oder Rechtsstaatlichkeit, sind sie die zentralen Bauteile, ja die festen sozialen „Strukturkerne" sozialer und kultureller Wirklichkeit. Im Mittelpunkt der folgenden Ausführungen stehen zwar die Personeninstitutionen; es lassen sich allerdings alle getroffenen Aussagen auch auf Sachinstitutionen übertragen. Insgesamt sind also gerade Institutionen dasjenige, woran sich geschichtliches Werden besonders folgenreich entfaltet. Mit ihrer Entstehung setzte einst die Formation einer ganz neuen Sozialebene im Schichtenbau der Wirklichkeit ein; und einmal entstanden sowie auf Dauer gestellt, kanalisieren wichtige unter ihnen fortan die weitere Entwicklung von ganzen Gesellschaften und Kulturen. Als Geschichtstheorie wird die Evolutionstheorie darum im Wesentlichen eine Theorie der Geschichtlichkeit des Institutionellen sein müssen.

Hinsichtlich ihres Erklärungs*anspruchs* kann eine Theorie der Geschichtlichkeit des Institutionellen sich gut an der naturgeschichtlichen Erklärungsleistung der biologischen Evolutionstheorie orientieren. Diese leitet aus den individuellen Geschichten der einzelnen Arten durchaus nicht gleichsam ein „Bewegungsprinzip der Geschichte" ab, von dem her sie anschließend die „Geschichte des Lebens" auslegen würde. Vielmehr begnügt sie sich mit der Aufklärung jener „Mechanismen" oder „Algorithmen", in denen biologische Strukturen entstehen, weitergegeben werden und sich verändern. Gerade diese Beschränkung auf das analytisch wirklich Erforderliche und dann auch Ausreichende machte die biologische Evolutionsforschung erfolgreich. Gerade das hat Vorbild auch einer sozial- und kulturwissenschaftlichen Geschichtstheorie zu sein: Es geht keineswegs um eine Forscherjagd nach „dem" Bewegungsprinzip „der" Geschichte, das sich irgendwo zwischen vielen Bäumen historischer Einzelbefunde verstecke, sondern das Ziel besteht allein in der Erhellung jener Struktur- und Prozessmuster, die das Werden, die Weitergabe und den Wandel institutioneller Strukturen kennzeichnen. Eine solche zwar bescheiden ansetzende, doch – wegen der großen Rolle von Institutionen – trotzdem sehr weitreichende Geschichtstheorie wurde während der letzten Jahre im Dresdner Sonderforschungsbereich „Institutionalität und Geschichtlichkeit" als „Evolutorischer Institutionalismus" entwickelt (Patzelt 2007, 2007g).

Dessen Kernthesen sind: Institutionen stellen auf der Wirklichkeitsschicht des Sozialen die Seitenstücke zu den Spezies auf der Wirklichkeitsschicht des Biologischen dar; die Entwicklung von Institutionen verläuft entlang der gleichen Prozessmuster wie die Evolution der Arten; Ursache ist, dass eben *alle* Prozesse von Strukturentwicklung denselben, von einer „Allgemeinen Evolutionstheorie" erfassten Regelmäßigkeiten folgen; und weil die biologische Evolutionstheorie somit nur die zuerst entdeckte *Sonder*anwendung dieser „Allgemeinen Evolutionstheorie" ist, lassen sich – ganz ohne jeden biologischen Reduktionismus – durch auf andere denn biologische Gegenstände zulaufende Rekonkretisierungen der Allgemeinen Evolutionstheorie völlig parallele, empirisch gehaltvolle und zu transdisziplinären Einsichten führende Evolutionstheorien über das Werden und den Wandel sowohl kultureller als auch institutioneller Strukturen formulieren.

12.4.2 Die „Allgemeine Evolutionstheorie"

Die „Allgemeine Evolutionstheorie" (Lempp u. Patzelt 2007) umfasst einen Großteil jener analytischen Konzepte und theoretischen Aussagen, die sich bereits beim Studium der Entwicklung der Arten als erkenntniserschließend und erklärungsträchtig erwiesen. Als Stufenfolge, die von Darwin über die Synthetische Evolutionstheorie bis hin zur Systemtheorie der Evolution führt (Riedl 2003), lässt sich der Fundus jener – wie sich im Nachhinein zeigen sollte: Spezialanwendung der – Evolutionstheorie recht klar umschreiben. Indessen ist dieser wissenschaftsgeschichtliche Entstehungsort moderner Evolutionstheorie in der Biologie nur der *Ausgangspunkt* für die Entwicklung der Allgemeinen Evolutionstheorie. Diese entstand dadurch, dass vom biologischen empirischen Referenten der – am Fall der Entwicklung der Arten entstandenen – naturwissenschaftlichen Evolutionstheorie *abstrahiert* und allein der *auch andere* empirische Referenten erfassende analytische Gehalt jener Konzepte und Theoreme zurückbehalten wurde. Diese – nachstehend umrissenen – evolutionstheoretischen Konzepte und Theoreme werden anschließend durch Anwendung auf andere empirische Referenten, z. B. auf Institutionen oder künstlerische Formen, aufs Neue und in eben anderer denn biologischer Weise rekonkretisiert (zum wissenschaftstheoretischen Status dieses Vorgehens siehe z. B. Balzer 1987). So wie in eine mathematische Formel, wenn sie auf verschiedene physikalische oder technische Zusammenhänge angewendet wird, einfach unterschiedliche materielle Konkretisierungen der in der Formel angeführten Terme eingesetzt werden, diese Formel selbst und ihre Aussagestruktur aber stets die gleiche bleibt, verhält es sich auch hier: Die – auf hohem Abstraktionsgrad – immer gleichen Aussagen der Allgemeinen Evolutionstheorie finden sich bloß auf die Entwicklungsprozesse unterschiedlicher Strukturen angewendet. Das heißt: In ihre allgemeinen Konzepte werden unterschiedliche empirische Referenten eingesetzt, was dann freilich zu klar differenzierten Aussagen auf jetzt eben niedrigeren Abstraktionsstufen führt. Leicht ist zu erkennen, dass es sich hier ebenso wenig um „reine Heuristik" oder um „bloße Analogiebildung" handelt wie bei der natur- oder technikwissenschaftlichen Anwendung einer gleichen mathematische Formel auf unterschiedliche empirische Referenten. Vielmehr wird ein *übergreifender* Erklärungsrahmen auf *inhaltlich verschiedene*, doch *strukturell isomorphe* Prozesse des Werdens, der Replikation, des Wandels und des Vergehens von Gefügen jeglicher Art angewendet.

Die zentralen Aussagen der so entstandenen Allgemeinen Evolutionstheorie lassen sich wie folgt zusammenfassen. Erstens ist Evolution ganz allgemein ein Prozess des Aufbaus und der Weiterentwicklung von Strukturen, bei dem Informationen über die Baupläne der zu schaffenden Strukturen aus verschiedenen Informationsträgern („Vehikeln") ausgelesen, in – ebenso verschiedene – „Baumaßnahmen" umgesetzt und später ihrerseits weitergegeben werden. Zu den Gütekriterien solcher Weitergabe zählen die Langlebigkeit der Vehikel; ihre Fähigkeit, genaue Kopien der transportierten Informationsmusten; zuzulassen; sowie die Häufigkeit, mit welcher solche Kopien erstellt werden. Auf dieser Abstraktionsebene tut es offenbar nichts zur Sache, ob es sich dabei um Informationen über den Aufbau und die Weitergabe von Geweben mannigfaltiger Organismen, von sprachlichen und musikalischen Strukturen oder von sozialen Strukturen und Institutionen handelt. Nur die Baumaterialien der Strukturen (z. B. Moleküle, Laute, menschliche Handlungen) sowie die Träger der für ihren Aufbau erforderlichen Informationen (z. B. DNA, Noten, verschriftlichte Regeln, im Gedächtnis gehaltenes Wissen um handlungsleitende Selbstverständlichkeiten) sind verschieden; das Muster des Gesamtvorgangs ist hingegen allenthalben gleich. Letzteres ist eine klar falsifizierbare, doch bislang gut bekräftigte Aussage.

Zweitens kommt es beim Auslesen der Informationen von ihren Trägern, bei der Umsetzung jener Informationen in Baumaßnahmen sowie überhaupt bei deren Weitergabe immer wieder zu Varianten, zu Lücken, zu Umstellungen oder zu so nicht vorgesehenen Vervielfältigungen im Informationsfluss oder später im Bauvorgang. Beim Auftreten dieser Fehler spielt der Zufall eine große Rolle, wobei allerdings – je nach Lage der Dinge – nicht jede zufällige Veränderung die gleiche Wahrscheinlichkeit auf folgenreiche Auswirkungen hat. Also wirkt zwar der Zufall; doch er wirkt entlang unterschiedlicher Wahrscheinlichkeitsdichten für die Beibehaltung seiner Folgen. Eben das bringt jene Ordnung in ansonsten rein zufallsgesteuerte Prozesse, die sich mit den Mitteln der Stochastik gut erfassen lässt. Dank dieser Ordnung entsteht auch aus reinem Zufall Pfadabhängigkeit und mündet sogar Kontingenz in Strukturen, die anschließend selbst dem weiterhin reinen Kontingenten einen es begrenzenden Entfaltungsrahmen setzen.

Drittens hängt von zwei Faktoren ab, welche der tatsächlich aufgetretenen Veränderungen Chancen auf Weiterbestand und Weitergabe besitzen, das heißt: welche Veränderungen zu fortan beständigen „Mutationen" werden. Einesteils wirkt sich als Ensemble „innerer Selektionsfaktoren" aus, wie gut die aus veränderten Informationen oder Bauvorgängen aufgebaute Struktur zur bislang schon entstandenen und weiterzubauenden Gesamtstruktur passt. Falls eine Veränderung gut oder überhaupt passt, dann kann dort, wo über die bereits aufgebauten und somit weiterhin gleich bleibenden Strukturteile hinausgegangen wird, sehr wohl Neues entstehen. Falls eine Veränderung hingegen gar nicht zur bisher geschaffenen Form passt, wird der weitere Strukturaufbau über kurz oder lang abgebrochen. Das bis dahin Entstandene bleibt unvollendet und vergeht oft auch, weil ihm keine weiteren, es erhaltenden Ressourcen mehr zugeführt werden. Andernteils setzen an dem, was nach dem Wirken der inneren Selektionsfaktoren an Veränderungen geblieben ist, fortan die „äußeren Selektionsfaktoren" an. Bei ihnen handelt es sich um funktionelle Anforderungen aus der Nische der jeweils aufgebauten Struktur, bei deren Erfüllung die Struktur jene Ressourcen erhält, von denen sie für ihr Andauern abhängig ist. Wenn eine veränderte Struktur weiterhin in ihre Nische passt, oder falls sie dank ihrer Veränderung nun gar besser in diese Nische passt, oder wenn überhaupt erst der Zufall eingetretener Veränderungen für die weitere Passung der Struktur in ihre – aus gleich welchen Gründen – veränderte Nische sorgt, dann wird sie weiterhin die bisherigen funktionellen Anforderungen erfüllen und – im Gegenzug – bestandssichernde Ressourcen erlösen können. Falls sich das aber nicht so verhält, die veränderte Struktur nun also schlechter oder gar nicht mehr in ihre Nische passt, dann wird die verändert aufgebaute Struktur auch verminderte Bestandschancen sowie reduzierte Möglichkeiten haben, sich – in Konkurrenz mit anderen Strukturen um die verfügbaren Ressourcen – zu replizieren. Natürlich sind auch diese Aussagen falsifizierbar, fanden sich bislang aber allenthalben bekräftigt.

Viertens erhält der Evolutionsprozess durch dieses kombinierte Wirken von inneren und äußeren Selektionsfaktoren, in Bezug auf welch beide eine Strukturveränderung entweder passend („fit") ist oder sich gegenüber ihren Alternativen als nicht konkurrenzfähig erweist, unverkennbar eine gewisse „Richtung": Wandel vollzieht sich – bis auf Weiteres – gemäß den geschaffenen inneren Voraussetzungen und entlang den weiterwirkenden Außenbedingungen. Trotzdem ist ein solcher Evolutionsprozess nicht „determiniert": Sowohl bei der Weitergabe von Bauplänen als auch bei den von solchen Bauplänen angeleiteten Prozessen der Strukturbildung waltet stets der Zufall, und das Gleiche gilt für die Weiterentwicklung der Nische einer sich entwickelnden Struktur, die doch auch ihrerseits aus sich zufallsunterworfen entwickelnden Strukturen aufgebaut ist. Also lässt sich zwar in Gestalt des eben beschriebenen Variations-, Selektions- und Retentionsmechanismus ein allenthalben wiederkehrendes Prozessmuster des Geschichtlichen angeben, das obendrein die immer wieder feststellbare *Gerichtetheit* so vieler Prozesse der Strukturbildung erklärt. Doch derartige „Teleonomie" (Hassenstein 1981) ist keineswegs gleichbedeutend mit unterstellter „Teleologie" (Pleines 1994), bedeutet also überhaupt nicht die Zuschreibung eines festen, vorgegebenen Ziels, auf das hin ein geschichtlicher Prozess sich mit Gesetzmäßigkeit bewege.

Fünftens ist zu unterscheiden zwischen der weitergegebenen *Information*, aus der eine Struktur aufgebaut werden kann, den *Trägermedien* („Vehikeln") dieser Information, sowie jenen *Strukturen*, die anhand der weitergegebenen Informationsmuster aufgebaut werden. Das Ensemble der weitergegebenen Informationen heißt auf der Ebene biologischer Strukturen ihr „Genotyp", beim Bauplan von anhand kultureller Codes geprägten Systemen hingegen deren „Memotyp", im Fall von Institutionen präzis deren „institutionelle Form". Hingegen heißt die – unter zufällig variierenden Nischenbedingungen sowie in kontingenten, pfadabhängigen Prozessen – konkret aufgebaute biologische Struktur eines Individuums dessen „Phänotyp", die Realisierung eines kulturell geprägten Systems entsprechend dessen „Phämotyp". Die konkrete Erscheinungsform einer Institution, die aus dem Handeln konkreter Menschen mit ihren individuellen phäno- und phämotypischen Eigentümlichkeiten erzeugt wird, heißt deren „praktizierte Form". Alle externen Selektionsprozesse, ihrerseits womöglich zu dauerhaften Veränderungen (also „Mutationen") am Genotyp, Memotyp oder der institutionellen Form führend, setzen offensichtlich am Phänotyp, am Phämotyp oder an der praktizierten Form einer Institution an, das heißt: an der jeweils konkret realisierten Struktur. Weitere Variations- und Selektionsprozesse setzen freilich obendrein an jenen Trägermedien („Vehikeln") an, mit denen die zur Strukturbildung benötigten Informationen transportiert werden. Das zu beachten ist deshalb so wichtig, weil die für die Evolution von *Vehikeln* maßgeblichen inneren und äußeren Selektionsfaktoren doch recht andere sein können als jene, welche auf die – mittels der (reduzierten oder verbesserten) Transportleistung der Vehikel – aufgebauten *Strukturen* sowie deren *Bauanleitungen* wirken. Also fällt der Evolutionsprozess in der Praxis stets viel komplexer und noch kontingenter aus, als das die recht einfache Allgemeine Evolutionstheorie auf den ersten Blick erwarten lässt.

Sechstens darf nie übersehen werden, dass Veränderungen am *Steuerungssystem* der Strukturbildung, also am epigenetischen System im Bereich biologischer Evolution, am epimemetischen System im Bereich kultureller oder sozialer Strukturbildung, besonders folgenreich sein werden, da von Veränderungen der entsprechenden (biologischen) „Regulatorgene" und (kulturellen) „Regulatormeme" gleich ganze Baugruppen der aufzubauenden Strukturen betroffen sein werden. Die hier einschlägigen „Steuerungs- und Regulatormeme" sind im Mindestfall kulturelle Selbstverständlichkeiten, die institutionell nicht weiter unterfangen sind. Im Maximalfall ist das epimemetische System einer Institution aber selbst eine (weitere) Institution. Beispielsweise wirkten als empimemetisches System realsozialistischer Staaten stets ihre kommunistischen Parteien – und als deren epimemetisches System oft genug die sowjetischen Besatzungs- oder Invasionstruppen (eine detaillierte Analyse der Wirkungsweise des epimemetischen Systems bietet innerhalb der Ethnomethodologie die Theorie der „*politics of reality*", also der „Methoden wirklichkeitskonstruktiver Politik"; siehe Patzelt 1987, S. 115–125; Patzelt 1998).

Es versteht sich von selbst, dass auch beim epimemetischen System der evolutionskonstituierende Dreifachprozess von Variation, Selektion und Retention sowohl bei den Vehikeln ansetzen wird als auch bei der die „Bauanleitung" enthaltenden, jeweils spezifisch codierten Information, und dass es keinerlei Gewähr dafür gibt, dass beide Zufallsprozesse einander verstetigend zusammenwirken werden. Auch hier entscheiden anschließend die internen Selektionsfaktoren darüber, welche Veränderung welcher Baugruppe überhaupt zustande kommen kann, und legen die externen Selektionsfaktoren im nächsten Wirkungsschritt fest, welche von einer so veränderten Baugruppe geprägten Phänotypen, Phämotypen oder praktizierte (institutionelle) Formen sich in Konkurrenz mit welchen anderen durchsetzen werden und besonders große Chancen auf Replikation der erzielten Veränderung erringen. Durch jene Mutationen im epigenetischen oder epimemetischen System, die – nach dem Wirken beider Gruppen von Selektionsfaktoren – ihrerseits zu veränderten und weiterhin bestandsfähigen Genotypen, Memotypen und institutionellen Formen führen, kann es offenbar rasch zu auch sehr großen Evolutionsschritten kommen. Derartige Mutationen sind darum jene großen Beschleuniger von Evolutionsprozessen, ohne welche die mitunter erstaunliche Geschwindigkeit dieser Prozesse weder zustande käme noch erklärt werden könnte.

12.4.3 Evolutorischer Institutionalismus

Empirischer Referent einer Geschichtstheorie des Sozialen sind vor allem Institutionen. Auf recht hoher Wirklichkeitsschicht angesiedelt, sind sie durchaus keine ohne menschliches Zutun entstehenden „Naturtatsachen"; vielmehr verdanken sie ihre (Weiter-)Existenz nichts anderem als routinemäßig zusammenpassenden, sinngeleiteten menschlichen Handlungen (zu den hier einschlägigen mikrosoziologischen Theorien der Konstruktion sozialer Wirklichkeit siehe Berger u. Luckmann 1969; Giddens 1988; Patzelt 1987, speziell zur Rolle von Memen und Memplexen bei der Formierung sozialer Institutionen siehe Patzelt 2007c). Institutionenevolution beginnt damit, dass Menschen – auf der Grundlage angeborener, von der Soziobiologie inzwischen gut aufgeklärter Sozialität – ihre Handlungen sinnhaft aufeinander zu beziehen und dabei immer wieder recht stabile Rollenstrukturen aufzubauen vermögen. Obendrein können Menschen ihren Handlungen eine gemeinsame Leitidee zugrunde legen, oft auch eine gemeinsame Leitdifferenz zu anderen Sozialarrangements, und ebenso ganze Bündel von – mehr oder minder gut zusammenpassenden – Leitideen oder Leitdifferenzen. Auf diese Weise entstehen von dieser Leitidee oder Leitdifferenz geordnete Sozialstrukturen, die – nicht selten in hierarchischer Schichtung – für Handlungssicherheit und wechselseitig erwartbare Handlungsmuster sorgen. (Alle im Folgenden aus rein stilistischen Gründen nur im *Singular* abgehandelten Gedankenschritte sind natürlich ebenso mit der Vorstellung von *Bündeln* von Leitideen oder Leitdifferenzen nachzuvollziehen). Außerdem lassen sich die Ordnungsvorstellungen und Geltungsansprüche solcher Leitideen oder Leitdifferenzen von den Trägern oder Adressaten einer Institution auch noch für sich selbst sowie für andere symbolisch dicht zum Ausdruck bringen, obendrein wirkungsvoll ästhetisieren und dergestalt in die Tiefenschichten emotionaler Bindungen eintragen. Genau dann ist eine Institution mit oft klarer, durch alle individuellen Besonderheiten ihrer Träger durchscheinender „institutioneller Form" entstanden. Sie lässt sich unter zusätzlicher Zuhilfenahme von Identitätsfiktionen und Machtmechanismen noch weiter verfestigen (Patzelt et al. 2005). In den nicht nur, aber gerade auch dabei verwendeten methodischen Praktiken einer kunstvollen Stabilisierung sowohl der Konstruktionsprozesse von Institutionen als auch von deren jeweils realisierter Form ist das jeweilige epimemetische System am Werk. Jeder Blick in Geschichte und Gegenwart zeigt, dass so hervorgebrachte und aufrechterhaltene Institutionen, samt ihren organisationellen Unterbauten und Macht anwendenden Begleitstrukturen, die zentralen „Bausteine" sozialer und politischer Wirklichkeit sind.

Einmal bestehend, werden in ihrem Wirkungsbereich lebende sowie durch Geburt, Werdegang oder persönliche Aufnahme in ihn oder in die Institution selbst gelangte Personen durch die in und von der Institution in Geltung gehaltenen kulturellen Muster geprägt, das heißt anhand jener Meme und Memplexe, die den „Bauplan" der Institution enthalten. Derartige „Subjektformierung" führt oft dazu, dass solche Personen die jeweilige Institution auch gerne und gar mit Nachdruck aufrechterhalten, ja es sogar als eine ihrer ganz wichtigen (Lebens-)Aufgaben erachten, dieser Institution – etwa ihrer Partei oder Kirche – neue Mitglieder zuzuführen und auch diesen die tragenden kulturellen Muster der Institution aufzuprägen. Dabei kommt es immer wieder zu jenen Variationen, Umdeutungen, Rekombinationen und nur selektiven Anverwandlungen der weitergegebenen Meme und Memplexe, an denen innere und äußere Selektionsfaktoren in der beschriebenen Weise ansetzen und dergestalt gerichtete Evolutionsprozesse hervorrufen: Bisherige kulturelle Muster der Institution werden von Novizen kreativ neuverstanden oder in andere sinnstiftende Kontexte gerückt, vielleicht auch einfach missverstanden; einstweilige institutionelle Selbstverständlichkeiten werden neu kombiniert oder abgelehnt; sie werden anschließend, wenn auch modifiziert über ihre Negation, eben doch wieder prägend; oder es mangelt einfach an zielstrebigen und gekonnten Bemühungen zur Sozialisation wirklich kompetenter Neumitglieder.

Viele der so entstehenden Memvarianten werden sich zwar individuell verfestigen, für die Gesamtinstitution aber folgenlos sein und nicht zu wirklich nachhaltig stabilen Verhaltensmustern und sozialen Strukturen führen: Entweder passen sie nicht zu den weiterhin handlungsleitenden Selbstverständlichkeiten der Institution, oder sie passen nicht zu den von der Institution immer noch zu erfüllenden funktionellen Anforderungen. Manch andere Memvarianten, gleich ob zufällig entstanden oder absichtlich herbeigeführt, werden allerdings so gut zu den bisherigen handlungsleitenden Selbstverständlichkeiten der Institution oder zu den institutionell zu erfüllenden Funktionen passen, dass ihre Träger in Konkurrenz mit anders sozialisierten Institutionsmitgliedern größere Durchsetzungs- und Karrierechancen haben. Dann werden freilich auch die von ihnen getragenen Memvarianten, aufgrund entsprechender Hebel- und Vorbildwirkung, größere Chancen der Weiterverbreitung besitzen. „Institutionelle Memdrift" ist die Folge und verändert die Wahrscheinlichkeitsdichten künftiger Entwicklungspfade.

Alles, was in Form alltagspraktisch folgenreicher Machtmechanismen dazu beiträgt, *bestimmte* kulturelle Muster – und andere eben nicht – in der oder für die jeweilige Institution verfügbar zu halten sowie sie beim memetischen Replikationsprozess auf eine *besondere* – und eben keine andere – Weise aneinanderzukoppeln, ist Bestandteil jenes epimemetischen Systems, das als kulturelle Selbstverständlichkeit (wie die Religiosität von Mönchen) oder als eigene Institution (wie einst die SED) *in* einer Institution (etwa einem Kloster) oder *für* eine Institution (etwa für den Ministerrat der DDR) strukturbildend wirkt. Die konkrete Funktionsweise jedes epimemetischen Systems beschreibt und erklärt die – oben knapp eingeführte – alltagssoziologische Theorie der *politics of reality*. Natürlich unterliegen auch die handlungsleitenden Selbstverständlichkeiten oder – gegebenenfalls – die institutionellen Formen epimemetischer Systeme der Evolution. Eben das verleiht Wandlungsprozessen im Machtsystem der institutionellen Formgebung und Formstabilisierung eine besonders große Hebelwirkung, da von ihnen gleich ganze Baugruppen einer Institution betroffen sein können und dann ihrerseits weitreichende Kaskadeneffekte nach sich ziehen – wie einst während der Friedlichen Revolution nach dem Machtverlust der SED.

Auf alle diese Weisen entsteht auch aus ganz kontingenten Prozessen variantenreicher oder fehlerhafter Sozialisation neuer Institutionsmitglieder eine – oft sogar recht klare – *Richtung* institutionellen Wandels. Dieser Wandel mag im Nachhinein wie die Folge eines auf eben solche Ergebnisse ausgehenden „*intelligent design*" oder wie „naturnotwendig" wirken. Tatsächlich aber verdankt er sich nur dem Zusammenwirken einesteils von kontingenter Variation bei der Weitergabe kultureller Muster im Generationenwechsel, andernteils von systematischer Selektion durch zwar auch ihrerseits kontingent entstandene, jetzt aber – einmal geworden – sowohl von innen als auch von außen her ordnungsstiftende Faktoren. Noch deutlicher wird diese *Selbsterzeugung* von Ordnung und Richtung im Prozess der Institutionenevolution, wenn man nicht nur auf die individuellen Prozesse memetischer Replikation blickt, sondern die Selektionswirkungen der „Gesamtarchitektur" von Institutionen untersucht.

12.4.4 Die geschichtsprägenden Folgen der „doppelt asymmetrischen Architektur" von Institutionen

Mit „institutioneller Architektur" ist einesteils das Gefüge handlungsleitender Selbstverständlichkeiten und von aus ihnen entstehender sozialer Strukturen einer Institution gemeint, andernteils die Ordnung und Verschlingung jener Funktionsketten, in denen eine Institution in ihrer Nische jene Leistungen erfüllt, im Gegenzug für welche sie bestandsnotwendige Ressourcen erhält (Demuth 2007, 2007a). Zwar haben alle Institutionen individuell höchst unterschiedliche „Architekturen" solcher Art. Ihrer Konstruktion und Statik nach lassen sie sich aber allesamt gut vergleichen. Dabei fällt – erstens – eine folgenreiche doppelte „Asymmetrie" institutioneller Architekturen auf, die ihrerseits alle Prozesse der Institutionenentwicklung prägt. Zweitens ist es so, dass jegliche Institutionenarchitektur, und zwar ganz wie die „Architektur" eines Wirbeltiers oder einer über viele Jahrhunderte errichteten abendländischen Kathedrale, nicht nur bautechnisch, sondern auch historisch gelesen werden muss: Vieles, was später entstand, fand diesen (und keinen anderen!) Platz in einer bereits geprägten Struktur, weil das neue Bauteil zu einem bestimmten Zeitpunkt in eine damals eben schon bestehende Form einzupassen war; und dieses Bauteil steht selbst dann noch an seinem Ort, jetzt vielleicht dem Betrachter Rätsel aufgebend, wenn jene anderen Bauteile abgetragen sind, die ihm einst seinen Platz angewiesen haben. Also ist immer danach zu fragen, was in der „Architektur" eines evolvierenden Gebildes – hier: einer Institution – jeweils „vorher schon" da war, bevor sich Weiteres entwickeln konnte. Das aber läuft auf die Frage hinaus, was in einer evolvierenden Architektur als gleichsam „zu bebürdendes Fundament" oder als „unter stabilitätsstiftende Zugkräfte zu setzender Anker" bereits verfügbar ist, bevor sich Weiteres auf ihm aufschichten oder von ihm abhängig machen lässt.

Hinsichtlich der „Asymmetrie" von institutionellen Architekturen sind im Einzelnen vier Fälle zu unterscheiden.

Erstens finden sich „am Anfang" einer Institution oder „unten" in ihr jene handlungsleitenden Selbstverständlichkeiten, welche entweder einst – wie der Glaube der Apostel an die Gottheit Christi – überhaupt erst jene pfadabhängigen, strukturbildenden Prozesse einsetzen ließen, die zur gegenwärtigen institutionellen Form – etwa der christlichen Kirchen – führten, oder die ihrerseits (wie der Glaube an die kreatürliche Gleichheit von Menschen) den „ultimativen Deutungshorizont", also die Akzeptanz- und Verständnisvoraussetzungen, für nun ihrerseits auf ihnen aufbauende handlungsleitende Selbstverständlichkeiten zweiten oder höheren Grades abgeben (etwa für die Gleichheit alle Bürger vor dem Gesetz oder aller Wähler an der Urne).

Zweitens findet man „am Anfang“ oder „unten“ die strukturellen Voraussetzungen und routinisierten Prozessabläufe für die Erfüllung jener Grundfunktionen einer Institution, von deren Verfügbarkeit ihrerseits abhängt, ob und wie gut weitere Funktionen in – gegebenenfalls weit ausgreifenden – Funktionsketten erfüllt werden können. Bei einem PC muss beispielsweise erst einmal die Hardware funktionieren, bevor ein noch so gutes Betriebssystem seine Funktion erfüllen kann; die aufzusetzende Anwendersoftware verlangt ihrerseits ein funktionierendes, mit ihr selbst kompatibles Betriebssystem; und erst wenn das alles gegeben ist, können am PC-Arbeitsplatz jene Funktionen erfüllt werden, derentwegen er eingerichtet wurde. Die gleiche Hierarchie innerhalb von Funktionsketten kennzeichnet auch Institutionen: Innerhalb des Justizsystems muss erst einmal der Gesetzgeber die erforderlichen Normen schaffen; dann können Gerichte auf sie eine konsistente Rechtsprechung gründen, und anschließend erst werden Polizeibeamte motiviert ihren Ermittlungsaufgaben nachgehen.

Drittens wird man „in den späteren Entwicklungsschichten“ einer Institution (also „oben auf“ oder „weiter außen an“ ihrer zentralen Struktur) alles das finden, was – in ständiger Auseinandersetzung der Institution mit ihrer Nische sowie aufgrund von zufälligen Veränderungsprozessen – auf dem Weg von Versuch und Irrtum oder Bewährung an weiteren Strukturelementen zu einer Institution *hinzugekommen* ist. Im Bereich der katholischen Kirche schichtete sich beispielsweise über die Kollegialstruktur der Bischöfe die Zentralverwaltung des Römischen Bischofs als „päpstliche Kurie“; und während der Entwicklung von Parlamenten kam zu deren ursprünglichen Plenarversammlungen das ausgreifende Gefüge ihrer entscheidungsvorbereitenden Ausschüsse, Fraktionen und Fraktionsarbeitskreise sowie der zwischen alledem vermittelnden Steuerungsorgane hinzu.

Viertens entstehen „am Ende von Funktionsketten“ oft *weitere* Dienstleistungen einer Institution für ihre Nische, und zwar zusätzlich zu – oder in Abwandlung von – bislang erbrachten zentralen Leistungen. Etwa wurde im Früh- und Hochmittelalter das abendländische Kloster von einem Ort gemeinschaftlichen Rückzugs aus der Welt, was eben ein Kloster in der Spätantike war, zu einer zentralen Institution von Landerschließung und Landesausbau, und wiederum später übernahmen viele Klöster (auch noch) die Funktion der Heranbildung intellektueller und gesellschaftlicher Eliten – und obendrein noch die der Absorption von Bevölkerungsüberschuss.

Sehr wohl kann es bei den letztgenannten Prozessen dazu kommen, dass sich das Statik- oder Funktionszentrum einer Institution hin zu jenen neuen Struktur- und Funktionselementen verlagert. Etwa sind den heutigen Malteser- oder Johanniterorden, jetzt tätig im medizinischen Notfallwesen, deren Ursprünge als kriegerische Ritterorden so gut wie überhaupt nicht mehr anzusehen. Ebenso wenig erkennen die meisten in der Struktur präsidentieller Regierungssysteme deren Ursprung als institutionelle Form der konstitutionellen Monarchie. Tatsächlich wird bei lange bestehenden Institutionen oft vieles von dem, was einst für sie konstituierend oder prägend war, zunächst nachrangig und später gar zum Traditionsballast, von dem man sich modernisierend trennt. Doch sehr wohl kann es dabei widerfahren, dass man mit dem vermeintlichen Abschneiden bloß „alter Zöpfe“ das Fundament der immer noch tragenden handlungsleitenden Selbstverständlichkeiten ins Wanken bringt und seiner Institution dadurch, in womöglich sogar bester Absicht, eine tiefgreifende Krise beschert. Eben das erlebte die Katholische Kirche nach dem Aufbruch des Zweiten Vatikanischen Konzils. Und nicht geringer ist das Risiko, durch Reformen in bislang störungsfrei ablaufende Funktionsketten so einzugreifen, dass die ungeplanten Folgen geplanter Eingriffe eine Institution erst um ihre Wirksamkeit, dann um ihre Ressourcenzufuhr aus der Umwelt und schließlich um ihre Existenz bringen. Schon so manches Wirtschaftsunternehmen wurde auf diese Weise zu Tode saniert, und nicht wenige PC-Benutzer bezahlen für leichtfertige Eingriffe in grundlegende Systemeinstellungen mit dem Verlust wichtiger Funktionalitäten. Welchen Stellenwert nun aber tatsächlich für eine Institution, für ihr Werden im Lauf der Geschichte sowie für ihre Reproduktion in Tausenden von Einzelsituationen sozialen Handelns welches ihrer strukturellen Elemente oder welcher ihrer Funktionsabläufe besitze, das kann immer nur eine sorgsame empirische Untersuchung ihrer gesamten institutionellen Architektur zutage fördern.

Offenkundig prägt nun eben diese doppelte „Asymmetrie“ einesteils der Selbstverständlichkeits- und Strukturschichten einer Institution, andernteils ihrer Funktionsketten, die Evolution dieser Institution. Rein zufällige Änderungen in den späteren, höheren oder „äußeren“ Schichten oder Teilen der institutionellen Architektur, und ebenso rein zufällige Änderungen an den Enden von Funktionsketten, werden nämlich wegen ihrer meist geringen Tragweite viel größere Chancen haben, zum Rest der Struktur dieser Institution oder zu den an sie gestellten funktionellen Anforderungen zu passen, als das bei rein zufälligen Änderungen in den früheren, tieferen und „inneren“ Teilen der institutionellen Architektur oder an den Ausgangsgliedern von Funktionsketten der Fall sein kann. Beispielsweise lässt sich in die Schnittstelle der katholischen Kirche mit der Gesellschaft viel leichter eine Struktur priesterloser Gemeinden und Gottesdienste einfügen als in den Kern dieser Institution die – unter Protestanten doch so weit verbreitete – Praxis, wonach zum Bischof oder Priester wird, wen die jeweilige Gemeinde wählt, und nicht der, auf welchen das Bischofsamt in einer ununterbrochenen, persönlichen Weitergabe seit der Zeit der Apostel zugekommen ist, und das Priesteramt durch Weihe seitens eines ordnungsgemäß ins Amt berufenen Bischofs. Auf eben diese Weise setzen bei Institutionen die *inneren Selektionsfaktoren* an und bewirken unterschiedliche Wahrscheinlichkeitsdichten für die Auswirkungen sogar rein zufälligen Wandels. Die Kernbestandteile einer institutionellen Form bestehen also langfristig und verändern sich allenfalls durch schrittweise Verlagerung des Statikzentrums einer Institution; hingegen gibt es große Freiheitsgrade bei allem, was sich an der tragenden institutionellen Form hochranken mag. Eben das – und nicht eine „List der Vernunft“ oder ein „Gesetz der Geschichte“ – verleiht der strukturellen Entwicklung einer Institution pfadabhängig Kohärenz und Richtung.

Ebenso werden Veränderungen an den Grundfunktionen einer Institution für vielerlei abgeleitete oder „aufsetzende“ Funktionen höchst folgenreich sein und können leicht die Passung der Institution zu den an sie gerichteten Funktionsanforderungen ihrer Nische gefährden. Das mag alsbald zum spürbaren Ressourcenentzug und anschließend entweder zur Wiederherstellung der früheren

Grundfunktionen oder zum Verkümmern der Institution führen. Erfüllt etwa ein Parlament im parlamentarischen Regierungssystem nicht mehr verlässlich die Aufgabe, eine Regierung ins Amt zu bringen und im Amt zu halten, so werden sich die hieraus abgeleiteten Funktionen der effektiven Regierungskontrolle, konsistenten Gesetzgebung und verlässlichen Verkopplung von Volkswillen und Staatswillen auch nicht mehr gut erfüllen lassen; und eben das mag nach einiger Zeit das Parlament um seinen öffentlichen Rückhalt sowie im Fall eines – in Staatskrisen oft als Ausweg begrüßten – autoritären Putsches gar um seine Existenz bringen. Hingegen sind zufällige Veränderungen an den Enden von Funktionsketten viel weniger riskant und dienen, als zufallsgetriebener Prozess von „Versuch und Irrtum", vorzüglich der steten Anpassung einer Institution an sich verändernde Anforderungen aus ihrer Nische. Auf diese Weise experimentieren etwa jüngst ins Parlament gelangte Parteien mit neuen Weisen der Öffentlichkeitsarbeit oder des Austarierens von Parlamentsfraktion und Parteiführung. Indem dabei manches unterstützungs- und ressourcensichernd gelingt, doch anderes eben nicht, wirken hier die *äußeren Selektionsfaktoren* und geben auch ihrerseits dem institutionellen Entwicklungsprozess seine Richtung vor.

12.4.5 Institutionenmorphologie

Es gibt der Geschichte von Institutionen – und darüber hinaus allen geschichtlichen Prozessen, die von Institutionen kanalisiert oder geprägt werden – große Kohärenz, dass aus dem Zusammenwirken von Zufall, von inneren wie äußeren Selektionsfaktoren sowie der weichenstellenden Rolle doppelt asymmetrischer institutioneller Architekturen üblicherweise *sowohl* eine Stabilisierung bestehender Ordnung *als auch* eine plausible Richtung ihrer Weiterentwicklung folgt. Noch mehr an innerem Zusammenhang kann man in der Institutionengeschichte dann erkennen, wenn man sich Prozesse des „Imports" oder „Exports" von Institutionen vor Augen führt. Beispielsweise verbreiteten sich Elemente des europäischen Parlamentarismus bis heute nachwirkend in Europas amerikanischen und afrikanischen Kolonien oder wurde das deutsche Bundestagswahlrecht erst von Neuseeland übernommen und sodann, wenngleich nur in Teilen, von dort nach Wales und Schottland tradiert. Die eine institutionelle Form ausmachenden Meme können nämlich auch anders weitergegeben werden als nur „vertikal", also durch gelingende Sozialisation von Novizengenerationen, die in eine bestehende Institution eintreten. Man kann Meme und Memplexe vielmehr auch absichtlich, obschon ungewissen Erfolgs, bereits bestehenden Institutionen inkorporieren oder neu zu errichtenden Institutionen zugrunde legen, was beides „horizontaler Memtransfer" heißt. Auf diese Weise entstehen *institutionelle Verwandtschaftsverhältnisse* entlang des gleichen Wirkungsmechanismus, der auf der Ebene des Biologischen beim Kreuzen von Arten oder beim „*genetic engineering*" zur Anwendung kommt.

Tatsächlich lässt sich mit der strukturell gleichen Theorie (Balzer 1987), welche – als Spezialfall der Allgemeinen Evolutionstheorie – die Entstehung und den Zusammenhang der biologischen Arten erklärt, ebenso – und als weiterer Spezialfall der Allgemeinen Evolutionstheorie – auch die Vielfalt jener Zusammenhänge zwischen uns bekannten Institutionen erklären, die so vielen Historikern immer wieder auffällt. Als den geschichtstheoretischen Paradigmen ihrer Disziplin verpflichtete Fachleute geraten sie angesichts solcher Auffälligkeiten dann leicht zwischen Skylla und Charybdis: Einesteils „wissen" sie, dass alle geschichtlichen Figurationen „einzigartig" und darum „unvergleichbar" sind; und andernteils steht ihnen doch klar vor Augen, dass die Bundesräte der hellenistischen Bundesrepubliken ebenso aus Vertretern der „Mitgliedsstaaten" bestanden wie einst die europäischen Land- und Reichsstände, als deren Fortsetzung sich wiederum unschwer der Rat der Europäischen Union erkennen lässt. In dieser Lage behilft man sich einerseits mit vorsichtigen, nur „heuristisch" gemeinten Verweisen auf „Parallelen", andererseits mit abweisender Kritik an „falschen Analogien". Zu den tatsächlich vorliegenden Ähnlichkeits- oder Verschiedenheitsbeziehungen sowie zu deren Erklärung ist damit aber offenbar recht wenig gesagt. Das unternimmt allerdings der Evolutorische Institutionalismus, und zwar in Form der – nachstehend äußerst knapp umrissenen – Institutionenmorphologie (zu deren Ansatz sowie ersten Ergebnissen bei der Analyse der Geschichte und Ausbreitung von Parlamenten seit der Spätantike siehe Patzelt 2007f, zu ihrer Verwendung in der vergleichenden Diktaturforschung Patzelt 2009a).

Die Ausführungen zur doppelt asymmetrischen „Architektur" von Institutionen ließen bereits vermuten, dass das Wirken innerer Selektionsfaktoren zum Entstehen von vergleichsweise wenigen Grundtypen wirklich dauerhafter Institutionen führen wird, die äußeren Selektionsfaktoren hingegen eine große Vielfalt von Varianten dieser Grundtypen hervorrufen, die ihrerseits auf recht unterschiedliche Nischenbedingungen adaptiert sind. Eben dieses Bild zeigt sich beim Blick in die Geschichte aller halbwegs verbreiteten Institutionen und wird keinen Historiker überraschen: Es gibt recht wenige Grundformen von Monarchien, Parlamenten und Parteien, doch eine schier unübersehbare Vielfalt ihrer Varianten. Im Rahmen des Evolutorischen Institutionalismus lässt sich nun gut erklären, warum sich das so verhält und schwerlich anders sein kann. Obendrein gibt der parallele und so erfolgreiche Versuch der Biologen, die Fülle der Arten des Lebendigen zu ordnen und in einen sowohl diachron als auch synchron sinnvollen Zusammenhang zu bringen, Anlass zur Hoffnung, auch der Fülle des historisch wie zeitgenössisch Institutionellen lasse sich eine Ordnung zuschreiben, die ihrem Gegenstand nicht einfach übergestülpt, sondern ihm bloß abgeschaut ist.

Einesteils können – soweit unsere historischen und gegenwartsbezogenen Kenntnisse jeweils reichen – alle Institutionen danach gegliedert werden, wie ihre institutionellen Formen einst entstanden sind, wie sie sich entlang des Wirkens ihrer inneren Selektionsfaktoren entwickelt haben und welche „institutionellen Verwandtschaftsverhältnisse" wohl zwischen ihnen entstanden sind, nämlich durch „Institutionenexport" und durch die bewusste Übernahme von institutionellen Bauplänen oder von Bauplanteilen (also von Memen) seitens bislang von solchen Institutionen noch nicht berührter Gesellschaften. Was aufgrund solcher *gemeinsamer Ursprünge* oder „Kreuzungen" ebenso zusammengehört, wie das die Skelette der

Wirbeltiere trotz der offenkundigen Unterschiede zwischen Menschen und Vögeln tun, heißt „*homolog* ähnlich". Derartige memetische Verwandtschaftsverhältnisse nachzuzeichnen und historisch zu erklären, stiftet Ordnung in der *Kulturgeschichte* des Institutionellen.

Andernteils lässt sich auch Ordnung in der *Funktionsgeschichte* des Institutionellen schaffen. Im Rahmen unseres jeweiligen Wissens können nämlich alle aus Geschichte und Gegenwart bekannten Institutionen danach gegliedert werden, welchen funktionellen Anforderungen aus ihren Nischen sie zu genügen hatten oder weiterhin zu entsprechen haben, und vor allem danach, welche *gleichen* funktionellen Anforderungen aus der jeweiligen Nische selbst auf solche Institutionen in deren „Oberflächenschichten" oder „Außenschichten" angleichend wirkten oder weiterhin angleichend wirken, die völlig unterschiedlichen Ursprungs und ohne jegliches memetisches Verwandtschaftsverhältnis sind. Was an institutionellen Formen aufgrund solcher *Adaption an dieselben Nischenanforderungen* dennoch gleich wurde, ohne von seiner Herkunft her zusammenzugehören, heißt „*analog* ähnlich". In eben dieser Weise sind die Flügel eines Insekts und eines Vogels einander ähnlich, obwohl sie jeweils eine ganz andere Herkunft und Stellung im Bauplan ihrer Art besitzen. Sehr wohl kann also homolog Ähnliches analog unähnlich, analog Ähnliches hingegen homolog unähnlich sein. Wenn ferner gleiche funktionelle Nischenanforderungen auf homolog gleiche Strukturen treffen und diese obendrein durch die Herausbildung analoger Ähnlichkeitsbeziehungen (weiter) einander angleichen, so spricht man von „homoiologer" Ähnlichkeit. Als weitere ordnungsstiftende Begriffe neben jenen der Homologie, Analogie und Homoiologie verwendet man in der Morphologie auch noch jene der Homonomie und der Homodynamie (Riedl 2003; Patzelt 2007d). Weil Historiker bislang aber nur den Begriff der Analogie nutzen und ihn obendrein recht uneinheitlich gebrauchen, vermögen sie solche Zusammenhänge nicht präzise zu erfassen. Als Notbehelf dient ihnen Rede von „echten" oder „falschen" Analogien, für deren Unterscheidung nun freilich objektivierbare Kriterien fehlen. Jetzt aber kann hier die Geschichtstheorie des Evolutorischen Institutionalismus weiterhelfen: Indem durch interkulturell und quer über alle Geschichtsperioden vergleichende Studien festgestellt wird, woher genau welche Zusammenhänge, Ähnlichkeiten und Verschiedenheiten der jetzt bestehenden und oft sehr weit in die Geschichte zurückreichenden Institutionen kommen, erschließt sich sowohl die Kohärenz als auch die Kontingenz historischen Werdens und lässt sich besser denn je verstehen, warum unsere soziale und kulturelle, unsere wirtschaftliche und politische Wirklichkeit eben so beschaffen ist, wie sie ist, und welche Eingriffe in sie größere, welche anderen aber viel geringere oder gar solche Veränderungen zeitigen würden, die wegen ihrer Nebenwirkungen eher nicht wünschenswert sind.

12.4.6 Institutionen und ihr Wandel

Fasst man alle bislang eingeführten Aussagen der institutionenanalytischen Evolutionstheorie zusammen, so zeigt sich, dass es nicht weniger als sieben ganz unabhängig voneinander auftretende und dann komplex zusammenwirkende Ursachen institutionellen Wandels gibt, die sich in drei größere Gruppen zusammenfassen lassen (Patzelt 2007c). Diese Ursachen werden dann zu besonders weitreichendem, sich stark verdichtendem oder raschem Institutionenwandel führen, wenn sie Veränderungen an den Trägerschichten institutioneller Strukturen und an den Ausgangspunkten von Funktionsketten nach sich ziehen. Zunächst einmal ergibt sich Institutionenwandel durch Wechselwirkungen zwischen einesteils dem in der Geschichte einer Institution immer wieder vorkommenden Kohorten- und Generationenwechsel ihrer Träger und andernteils jenen Veränderungen an der (praktizierten) institutionellen Form, die ihrerseits immer wieder von neuen Institutionenmitgliedern ausgelöst werden. Erstens führen veränderte biografische Prägungen von Novizenkohorten zu überzufälligen, das heißt systematischen Variationen bei jenen persönlichen oder habituellen Voraussetzungen der Trägergruppen einer Institution, an denen dann ihrerseits die institutionelle Sozialisation ansetzen wird. Zweitens kommt es – aufgrund der erstgenannten Ursache – mit großer Wahrscheinlichkeit alsbald auch zu spezifisch überzufälligen Variationen bei den Prozessen memetischer Replikation, also bei den Sozialisationsprozessen selbst.

Ferner entsteht Institutionenwandel im Vollzug jener Alltagspraxen, in und aus denen soziale Strukturen erzeugt sowie die ihrer Hervorbringung und Akzeptanz zugrundeliegenden Sinndeutungen in Geltung gehalten werden, oder bei denen das alles eben weniger gut oder gar nicht gelingt. Derlei kann sich – so die dritte Ursache von Institutionenwandel – auf der Ebene bloßer Verhaltensmuster, also der praktizierten Form der Institution vollziehen. Dann verändert sich etwa die in einem Orden getragene Kleidung sowie manches Detail im Alltagsleben, nichts aber am grundsätzlichen Regelwerk und am übergreifenden Sinn der lediglich eine andere Gestalt annehmenden Verhaltensdetails. Solcher Wandel kann aber auch die handlungsleitenden kulturellen Muster selbst umfassen und so zur vierten Ursache von Institutionenwandel werden: Regeln und regelauslegender Sinn selbst ändern sich in diesem Fall nachhaltig. Das wandelt die institutionelle Form sogar dann, wenn auf der Ebene des rein Äußerlichen das meiste gleich bleiben sollte – etwa beim Wandel einer Universität, wenn sie an die Stelle weitgehend ungeregelter Studiengänge solche mit einem strikten, verbindlichen Curriculum setzt. Fünftens kann solcher Wandel auch jenes Machtsystem treffen, das die Reproduktion und Stabilisierung der institutionellen Form anleitet, also das epimemetische System der Institution. Dann freilich werden ganze Teile der institutionellen Form nicht mehr so wie bislang reproduziert. Solches zeigt sich an der letzten, sozialistischen Volkskammer der DDR zwischen dem Sommer 1989 und dem Frühjahr 1990: Die SED als Machtzentrum des Staatswesens und Anleitungsorgan der Volkskammer zerfiel – und so wurde selbst in der noch sozialistischen Volkskammer vieles an parlamentarischem Leben möglich, was zuvor wirkungsvoll unterbunden war (Schirmer 2005).

Im Übrigen wird Institutionenwandel von Wandlungen in der ökologischen Nische der Institution hervorgerufen. Es kann dort nämlich – als sechste Ursache institutionellen Wandels – rasante und chaotische Umwälzungsprozesse geben. Solche Turbulenzen beeinträchtigen gewiss die – gar nicht so rasch einzuregelnde – Passung der Institution an ihre Nische. Das widerfuhr beispielsweise der SED angesichts von Gorbatschows Reformen. Auf dergleichen kann eine Institution mit – sie alsbald wandelnden – Versuchen institutioneller Reformen reagieren; das freilich unternahm die SED vor dem Spätherbst 1989 gerade nicht. Andernteils – und siebte Ursache institutionellen Wandels – kann es selbst innerhalb einer ziemlich stabilen Nische aufgrund der in dieser Nische ablaufenden zufallsgetriebenen Evolutionsprozesse zu veränderten funktionellen Anforderungen an eine in diese Nische eingebettete Institution kommen. Beispielsweise wurden in Deutschland von den christlichen Kirchen lange Zeit immer weniger spirituelle Dienstleistungen in Form von Gottesdiensten oder Sakramenten nachgefragt, während die Anforderungen an kirchliches Engagement in Form von Sozialeinrichtungen oder politischen Stellungnahmen deutlich stiegen. Auch auf diese veränderten funktionellen Anforderungen wird eine Institution oft mit Versuchen institutionellen Lernens reagieren. Diese können, wie jegliches Reformvorhaben, natürlich scheitern – etwa deshalb, weil durch veränderte Nischenanforderungen an die Institution *bislang* eher unwichtige strukturelle oder motivationale Schwächen dieser Institution *fortan* besonders stark ins Gewicht fallen und dann deren Funktionieren, und gar erst ihre Neuadaptierung, sehr behindern können.

Diesen drei *Ursachengruppen* von Institutionenwandel stehen nun sechs typische *Formen* institutioneller Wandlungsprozesse gegenüber, wenn auch ohne klaren Kausalnexus zwischen spezifischen Wandlungsursachen und besonderen Wandlungsformen. Erstens gibt es den gleichsam „normalen" Evolutionsprozess: Im Generationenwechsel passt sich eine Institution, entlang den von ihrer geprägten Form gewiesenen Pfaden, den sich verändernden Nischenbedingungen an. Erfolgen diese nicht turbulent, sondern allmählich, so kann eine Institution durch stetiges institutionelles Lernen mit diesen Anpassungsnotwendigkeiten gut zurechtkommen und erlebt eine „stabilisierende" oder „transformierende" Evolution.

Die zweite Form von Institutionenwandel ist die Krise mit anschließendem Niedergang einer Institution, welcher bis zu deren Auflösung reichen kann. Eine solche Krise kann – wie im Fall der SED – aus Umweltturbulenzen entstehen, und zwar zumal dann, wenn besonders große Anpassungsanforderungen auf eine ohnehin schon problematische institutionelle Form treffen. Eine solche Krise entsteht freilich auch dann, wenn die ersten zwei Ursachen von Institutionenwandel – Wechsel der institutionellen Trägergenerationen, Veränderungen in den innerinstitutionellen wirklichkeitskonstruktiven Prozessen – zu Risiken für die Statik der Institution führen. Das ist etwa dann der Fall, wenn einesteils – wie in spirituell verfallenden Klöstern – wichtige handlungsleitende Selbstverständlichkeiten erodieren, oder wenn andernteils Grundfunktionen nicht länger erfüllt werden, im Wirtschaftsbereich etwa solche der verlässlichen Produktion und Distribution von Gütern und Dienstleistungen. Kommt es zum Verfall bisheriger handlungsleitender Selbstverständlichkeiten, dann wird von vielen Institutionsmitgliedern der Sinn vieler, auch faktisch wichtiger konkreter Regeln nicht mehr eingesehen werden, und eben das führt alsbald zum Verlust ihrer handlungsprägenden Wirkung und lässt bislang ganz selbstverständlich reproduzierte Strukturen erodieren. Kommt es – etwa aus dem gerade genannten Grund – zu Mängeln bei der Erfüllung von Grundfunktionen, so misslingt über kurz oder lang auch die alltägliche Erfüllung jener vielen Detailfunktionen, an deren Verlässlichkeit sich wiederum vielerlei Loyalitätsbindungen an die Institution knüpfen. In beiden Fällen wird die Institution die für ihr weiteres Wirken erforderlichen Ressourcen bald nicht mehr beschaffen können. Niedergang, Verkümmern, vielleicht auch Auflösung sind dann kaum umgehbare Folgen.

Bei der dritten Form von Institutionenwandel gelingt einer in die Krise geratenen Institution die Restabilisierung. Dazu kann aufgezwungenes oder freiwilliges institutionelles Lernen ebenso führen wie die zusätzliche Erschließung von krisenabpuffernden Ressourcen. Ersteres gelang etwa der katholischen Kirche durch die Reformen des Konzils von Trient, Letzteres den von Aufständen bedrohten kommunistischen Regimen in der DDR und Ungarn durch den Eingriff sowjetischer Truppen.

Die vierte Form institutionellen Wandels erlebt man als „Verdichtung" oder „Beschleunigung" von Geschichte (neben einer theoretischen Ausarbeitung des Nachstehenden finden sich vielerlei empirische Fallstudien hierfür in Patzelt u. Dreischer 2009). Sie vollzieht sich auf den „oberen" oder „äußeren" Schichten von Institutionen immer dann, wenn es zu Veränderungen an den Trägerstrukturen einer Institution oder an deren grundlegenden Funktionsabläufen kommt. Derlei zieht meist, wie die Sprengung einiger Fundamente eines Gebäudes, an vielerlei sonstigen Stellen dieses Gebäudes weitere Einsturzvorgänge oder sehr rasche Wandlungsprozesse nach sich. So pflegen denn auch die entscheidenden Phasen von Revolutionen vonstattenzugehen, etwa die tiefgreifenden Systemreformen von Anfang August 1789 in der Französischen Nationalversammlung, die rasche Ausbreitung von Arbeiter- und Soldatenräten im Verlauf des Oktober 1918 in den Städten des deutschen Kaiserreichs, desgleichen die Massendemonstrationen in der DDR vom Oktober und November 1989. Von wachsamen Zeitgenossen sowie – in der Rückschau – von Historikern wird dergleichen stets als „Beschleunigung der Geschichte" erfahren. Sie kann sowohl in tiefgreifende Systemreformen als auch zum Kollaps einer Institution oder eines Institutionensystems führen. Es hängt natürlich ganz von der Art der zusammenbrechenden Träger struktureller Bürden und der reißenden Verankerungen von Funktionsketten ab, in welchen inhaltlichen Dimensionen oder entlang welcher konkreter Probleme solche geschichtlichen Verdichtungs- oder Beschleunigungsprozesse vonstattengehen.

Fünftens kann eine neue Variante der sich wandelnden Institution oder überhaupt eine neue Art von Institution entstehen. Das ist einesteils möglich durch die – allmähliche oder plötzliche – Ausrichtung der bisherigen Institution an einer neuen Leitidee oder Leitdifferenz, andernteils durch die Verlagerung des Statik- und Funktionszentrums einer Institution, wie sie durch kontinuierlichen Struktur- und Funktionswandel erfolgt. Auf die erste Weise ließen die US-amerikanischen Verfassungsväter durch Ausrichtung des zur Mitte des 18. Jahrhunderts in England entwickelten Regierungssystems auf die Leitidee einer Republik das Institutionengefüge des präsidentiellen Regierungssystems entstehen. Auf die zweite Weise entwickelten sich die britischen Parlamentskammern, und hier zumal das Unterhaus, durch allmählichen Funktionswandel weg von einem ständischen Beratungsorgan der englischen Krone hin zu einem souveränen Parlament als Herzkammer eines Regierungssystems, in dem die Krone allenfalls noch „herrscht", doch keineswegs mehr „regiert". Je nach Wirkung der Nischenbedingungen können solche Prozesse auch „disruptive" Evolution bewerkstelligen, also die typenbildenden Begünstigung von Extrema in der Variationsbreite eines Merkmals. Insgesamt heißen solche Prozesse „institutionelle Transformation" oder „Typogenese" und begründen jene homologen Ähnlichkeitsverhältnisse, denen nachzugehen Aufgabe der oben umrissenen Institutionenmorphologie ist.

Schließlich kann eine Institution, und zwar auch ganz ohne vorangehende Krise, einer regulativen Katastrophe zum Opfer fallen. Eben diese steht nämlich am Ende einer auch ganz störungsfreien institutionellen Entwicklung, falls Evolution in eine Sackgasse hineingeführt hat: Nicht mehr in der Lage, ihre institutionelle Form neuen funktionellen Anforderungen anzupassen oder neue Mitglieder anzuziehen, erlöst eine Institution nicht länger die für ihre Weiterexistenz nötigen Ressourcen – und bricht eben deshalb zusammen, erlischt oder wird aufgelöst. So geht es in einer Marktwirtschaft Jahr für Jahr vielen Unternehmen, so ergeht es gar nicht wenigen politischen Parteien, und das gleiche Schicksal widerfuhr in Geschichte und Gegenwart nicht wenigen christlichen Orden. Eine Katastrophe ist derlei allerdings nur für die untergehende Institution selbst; seitens ihrer Nische wird eher die „kreative Zerstörung" eines ohnehin nicht mehr länger „zeitgemäßen" oder „akzeptablen" Sozialgebildes wahrgenommen.

12.5 Was lehrt das alles?

Was der Evolutorische Institutionalismus in der beschriebenen Weise anbietet, ist zweifellos eine Geschichtstheorie. Sie geht bis zu jenem Punkt, an dem Grundformen institutionellen Wandels, dessen Faktoren, die inneren oder äußeren Zusammenhänge geschichtlich gewordener institutioneller Formen sowie die Ursachen der Gerichtetheit so vieler geschichtlicher Prozesse erklärt werden. Unschwer lässt sie sich konkreten, eng am Quellenmaterial arbeitenden historischen Untersuchungen zugrunde legen. Deren Befunde nutzt sie zur Zusammenschau der Prozessmuster allen geschichtlichen Werdens.

Die Evolutionstheorie leistet dies obendrein ohne jede Spur von biologischem Reduktionismus und ohne allen Anklang an geschichtsphilosophische Spekulationen deterministischer, historizistischer oder finalistischer Art. Das gelingt, weil sich die „Algorithmen der Evolution" nicht nur in der Geschichte von Lebewesen und Arten am Werk finden, sondern – wie gezeigt – in der Geschichte *aller* auf der Grundlage von Leben funktionierender Strukturen. Gibt es aber Evolution als allgemeines Prozessmuster auf (fast) allen Schichten der Wirklichkeit, dann ist es auch gewiss sinnvoll, in den Begriffen der Allgemeinen Evolutionstheorie über *alle* Geschichte nachzudenken (Vollmer 1995) – von der Naturgeschichte über die Sozial-, Wirtschafts- und Politikgeschichte bis hin zur Kulturgeschichte, und zwar sowohl über das, was bei alledem träge stagniert oder sich kaum wandelt, als auch über die Erscheinungsweisen und Prozesse von Veränderung.

Klingt das alles plausibel, so wäre der Geschichtswissenschaft wohl eine Erneuerung ihres etablierten Theorieinstrumentariums anzuraten. Sie sollte einesteils die Geschichtstheorie als gerade *nicht* spekulativen Teil ihres intellektuellen Paradigmas neu fördern, andernteils genau die Evolutionstheorie zum Angelpunkt ihrer geschichtstheoretischen Reflexionen machen. Dass dies auf keinerlei geschichtsphilosophische Abwege führen muss, wurde gezeigt. Und ebenso ist klar, dass derlei weder an der eingebürgerten Methodik noch an der bewährten empirischen Fundierung geschichtswissenschaftlicher Arbeit etwas verändern muss.

Außerdem ließen sich im evolutionstheoretischen Paradigma Geschichts-, Kultur- und Sozialwissenschaft zum wechselseitigen Vorteil aufs Engste miteinander verbinden (Patzelt 2007e). Zumal die Morphologie kultureller und sozialer Formen verspräche ein überaus fruchtbares transdisziplinäres Forschungsfeld zu werden (Patzelt 2007d). Erhellend ist ja allein schon jene Aufmerksamkeitsverschiebung, welche in diesem Zusammenhang die folgende Frage bewirkt: Was nützt uns eigentlich das morphologische Wissen um das „Natürliche System" der Pflanzen und Tiere? Unmittelbar für die Praxis nützt es in der Tat nur den Botanikern und Zoologen: Man kann eben jede Pflanze, jedes Tier „genau bestimmen" und „richtig einordnen". Doch offenbar ist dieser „unmittelbare Praxisnutzen" gar nicht der wirklich ins Gewicht fallende *kulturelle* Nutzen unserer Kenntnis des „Natürlichen Systems". Dieser besteht vielmehr darin, dass wir nun die „Ordnung des Lebendigen" verstehen und unseren Platz in dieser Ordnung kennen – sowohl in jener Ordnung, die sich uns zeitgenössisch als Querschnitt darbietet, als auch in der so faszinierenden „Ordnung des Werdens", deren rasch vergänglicher Teil wir selbst sind.

Nicht anders verhielte es sich mit jenen Ordnungen des Politischen, Wirtschaftlichen, Gesellschaftlichen oder Kulturellen, die es allesamt noch aufzudecken gilt. Hierzu würden evolutionsanalytisch-morphologische Analysen der inneren Zusammenhänge jener höchst verschiedenartigen Institutionen, die Menschen während langer Zeiten in vielen Kulturen für so mannigfaltige Zwecke hervorgebracht haben, ebenso viel beitragen wie einst die gelungene Klassifikation der Wirbeltiere für das Natürliche System. Derartige Untersuchungen hätten obendrein erheblichen praktischen Wert: Analytische Instrumente zur Abschätzung der Fitness von Institutionen und des vermutlichen Wirkungsgrads von Reformen lassen sich ebenso in Aussicht stellen wie Hinweise darauf, an welche Elemente zu reformierender Institutionen man besser nicht rührt, wenn man institutionelle Krisen vermeiden will (Lempp 2007). Das alles einst vor Augen, dürften wir so klar wie nur irgend möglich erkennen, in welchen uns selbst weit übergreifenden kulturellen und sozialen Zusammenhängen wir stehen, welche Verantwortung wir für das alles tragen – und wie vieles Unwiederholbare und Unwiederbringliche uns, Generation für Generation, zur Bewahrung und Weitergabe anvertraut ist. Auf diese Weise genutzt, erhellt die Evolutionstheorie wie kein anderes intellektuelles Paradigma die *conditio humana*.

Literatur

Augner R (Hrsg) (2003) *Darwinizing culture. The status of memetics as a science*. Blackmore, Oxford

Balzer W, Ulises Moulines C, Sneed JD (1987) *An architectonic for science. The structuralist program*. Reidel, Dordrecht

Berger P, Luckmann T (1969) *Die gesellschaftliche Konstruktion der Wirklichkeit. Eine Theorie der Wissenssoziologie*. Fischer, Frankfurt

Blackledge P (2002) *Historical materialism and social evolution*. Palgrave Macmillan, Basingstoke

Blackmore S (2000) *Die Macht der Meme. Oder die Evolution von Kultur und Geist*. Spektrum, Heidelberg

Breitenstein R (2002) *Memetik und Ökonomie. Wie Meme Märkte und Organisationen bestimmen*. Westfälische Wilhelms-Universität Münster, Bd 45, Münster

Dawkins R (1994) [1976] *Das egoistische Gen*. Spektrum, Heidelberg

Demuth C (2007) *Institutionen und ihre endogenen Systembedingungen*. In: Patzelt WJ (Hrsg) *Evolutorischer Institutionalismus. Theorie und empirische Studien zu Evolution, Institutionalität und Geschichtlichkeit*. Ergon, Würzburg, S. 415–448

Demuth C (2007a) *Institutionen und ihre Stabilität*. In: Patzelt WJ (Hrsg) *Evolutorischer Institutionalismus. Theorie und empirische Studien zu Evolution, Institutionalität und Geschichtlichkeit*. Ergon, Würzburg, S. 449–480

Demuth C (2009) *Der Bundestag als lernende Instititution. Eine evolutionstheoretische Analyse der Lern- und Anpassungsprozesses des Bundestages, insbesondere an die Europäische Integration*. Nomos, Baden-Baden

Dennett DC (1991) *Consciousness explained*. Little, Boston

Dennett DC (1995) *Darwin's Dangerous Idea. Evolution and the meanings of life*. Simon & Schuster, New York

Ferraro J (1992) *Freedom and determination in history according to Marx and Engels*. University Press, New York

Giddens A (1988) *Die Konstitution der Gesellschaft. Grundzüge einer Theorie der Strukturierung*. Campus, Frankfurt

Hassenstein B (1981) *Biologische Teleonomie*. In: Neue Hefte für Philosophie 20: 60–71

Hennecke HJ (2007) *Evolution und spontane Ordnung als Gegenstand der Wirtschafts- und Sozialwissenschaften*. In: Patzelt WJ (Hrsg) *Evolutorischer Institutionalismus. Theorie und empirische Studien zu Evolution, Institutionalität und Geschichtlichkeit*. Ergon, Würzburg, S. 23–39

Hoffmann A (2005) *Zufall und Kontingenz in der Geschichtstheorie. Mit zwei Studien zur Theorie und Praxis der Sozialgeschichte*. Klostermann, Frankfurt

Jordan S (1999) *Geschichtstheorie in der ersten Hälfte des 19. Jahrhunderts: die Schwellenzeit zwischen Pragmatismus und klassischem Historismus*. Campus, Frankfurt

Junker T, Paul S (2009) *Der Darwin-Code. Die Evolution erklärt unser Leben*. C. H. Beck, München

Klein H-D (2005) *Geschichtsphilosophie. Eine Einführung*. Literas, Wien

Kuhn TS (2003) *Die Struktur wissenschaftlicher Revolutionen*. Suhrkamp, Frankfurt

Lempp J (2007) *Ein evolutionstheoretisches Modell zur Analyse institutioneller Reformen*. In: Patzelt WJ (Hrsg) *Evolutionärer Institutionalismus. Theorie und empirische Studien zu Evolution, Institutionalität und Geschichtlichkeit*. Ergon, Würzburg, S. 599–639

Lempp J (2007a) *Evolutionäre Institutionentheorie*. In: Patzelt WJ (Hrsg) *Evolutorischer Institutionalismus. Theorie und empirische Studien zu Evolution, Institutionalität und Geschichtlichkeit*. Ergon, Würzburg, S. 375–413

Lempp J (2009) *Die Evolution des Rats der Europäischen Union. Institutionenevolution zwischen Intergouvernementalismus und Supranationalismus*. Studien zum Parlamentarismus 9, Nomos, Baden-Baden

Lempp J, Patzelt WJ (2007) *Allgemeine Evolutionstheorie. Quellen und bisherige Anwendungen.* In: Patzelt WJ (Hrsg) *Evolutorischer Institutionalismus. Theorie und empirische Studien zu Evolution, Institutionalität und Geschichtlichkeit.* Ergon, Würzburg, S. 97–120

Mayr E (2001) *What evolution is.* Basic Books, New York

Miller G (2001) *Die sexuelle Evolution. Partnerwahl und die Entstehung des Geistes.* Spektrum, Heidelberg, Berlin

Neukamm M (Hrsg) (2009) *Evolution im Fadenkreuz des Kreationismus. Darwins religiöse Gegner und ihre Argumentation.* Vandenhoeck & Ruprecht, Göttingen

Neyer FJ (Hrsg) (2008) *Anlage und Umwelt. Neue Perspektiven der Verhaltensgenetik und Evolutionspsychologie.* Lucius & Lucius, Stuttgart

Patzelt WJ (1987) *Grundlagen der Ethnomethodologie. Theorie, Empirie und politikwissenschaftlicher Nutzen einer Soziologie des Alltags.* Fink, München

Patzelt WJ (1998) *Wirklichkeitskonstruktion im Totalitarismus. Eine ethnomethodologische Weiterführung der Totalitarismuskonzeption von Drath M.* In: Siegel A (Hrsg) *Totalitarismustheorien nach dem Ende des Kommunismus.* Böhlau, Köln, Weimar, S. 235–271

Patzelt WJ (Hrsg) (2007) *Evolutorischer Institutionalismus. Theorie und empirische Studien zu Evolution, Institutionalität und Geschichtlichkeit.* Ergon, Würzburg

Patzelt WJ (2007a) Evolutionsforschung in der Politikwissenschaft. Eine Bestandsaufnahme. In: Patzelt WJ (Hrsg) *Evolutorischer Institutionalismus. Theorie und empirische Studien zu Evolution, Institutionalität und Geschichtlichkeit.* Ergon, Würzburg, S. 59–93

Patzelt WJ (2007b) *Perspektiven einer evolutionstheoretisch inspirierten Politikwissenschaft.* In: Patzelt WJ (Hrsg) *Evolutorischer Institutionalismus. Theorie und empirische Studien zu Evolution, Institutionalität und Geschichtlichkeit.* Ergon, Würzburg, S. 183–235

Patzelt WJ (2007c) *Institutionalität und Geschichtlichkeit in evolutionstheoretischer Perspektive.* In: Patzelt WJ (Hrsg) *Evolutorischer Institutionalismus. Theorie und empirische Studien zu Evolution, Institutionalität und Geschichtlichkeit.* Ergon, Würzburg, S. 287–374

Patzelt WJ (2007d) *Kulturwissenschaftliche Evolutionstheorie und Evolutorischer Institutionalismus.* In: Patzelt WJ (Hrsg) *Evolutorischer Institutionalismus. Theorie und empirische Studien zu Evolution, Institutionalität und Geschichtlichkeit.* Ergon, Würzburg, S. 121–182

Patzelt WJ (2007e) *Plädoyer für eine Rehistorisierung der Sozialwissenschaften.* In: Patzelt WJ (Hrsg) *Evolutorischer Institutionalismus. Theorie und empirische Studien zu Evolution, Institutionalität und Geschichtlichkeit.* Ergon, Würzburg, S. 237–283

Patzelt WJ (2007f) *Grundriss einer Morphologie der Parlamente.* In: Patzelt WJ (Hrsg) *Evolutorischer Institutionalismus. Theorie und empirische Studien zu Evolution, Institutionalität und Geschichtlichkeit.* Ergon, Würzburg, S. 483–564

Patzelt WJ (2007g) *Das Challenge-Response-Konzept im Evolutorischen Institutionalismus.* In: Nève D de et al. (Hrsg) *Herausforderung – Akteur – Reaktion. Diskontinuierlicher sozialer Wandel aus theoretischer und empirischer Perspektive.* Nomos, Baden-Baden, S. 73–86

Patzelt WJ (2008) *Die Koevolution von europäischer Notenschrift und abendländischer Musik.* PowerPoint-Präsentation (erhältlich vom Verfasser)

Patzelt WJ (2009) *Charisma und die Evolution von Institutionen.* In: Felten FJ, Kehnel A, Weinfurter S, *Institution und Charisma.* Festschrift für Gert Melville zum 65. Geburtstag. Köln, S. 607–616

Patzelt WJ (2009a) *Was soll und wie betreibt man vergleichende Diktaturforschung? Ein forschungsprogrammatischer Essay in evolutorischer Perspektive.* In: Totalitarismus und Demokratie 6: 167–207

Patzelt WJ, Demuth C, Dreischer S, Messerschmidt R, Schirmer R (2005) *Institutionelle Macht. Kategorien ihrer Analyse und Erklärung.* In: Patzelt WJ (Hrsg) *Parlamente und ihre Macht. Kategorien und Fallbeispiele institutioneller Analyse.* Nomos, Baden-Baden, S. 9–46

Patzelt WJ, Dreischer S (Hrsg) (2009) *Parlamente und ihre Zeit.* Nomos, Baden-Baden

Pleines J-E (Hrsg) (1994) *Teleologie. Ein philosophisches Problem in Geschichte und Gegenwart.* Würzburg

Riedl R (1975) *Die Ordnung des Lebendigen. Systembedingungen der Evolution.* Paray, Berlin, Hamburg

Riedl R (1976) *Die Strategie der Genesis. Naturgeschichte der realen Welt.* Piper, München

Riedl R (2003) *Riedls Kulturgeschichte der Evolutionstheorie.* Springer, Berlin

Schadewald W (1995) Tübinger Vorlesungen, Bd 2: *Die Anfänge der Geschichtsschreibung bei den Griechen: Herodot, Thukydides,* Suhrkamp 4. Aufl. Frankfurt

Schirmer R (2005) *Machtzerfall und Restabilisierung der Volkskammer im Lauf der Friedlichen Revolution.* In: Patzelt WJ (Hrsg) *Parlamente und ihre Macht. Kategorien und Fallbeispiele institutioneller Analyse.* Nomos, Baden-Baden, S. 171–215

Thelen K (1999) *Historical Institutionalism in Comparative Politics.* In: The Annual Review of Political Science 2: 369–404

Thelen K (2002) *How Institutions Evolve.* In: Mahoney J, Rueschemeyer D (Hrsg) *Comparative Historical Analysis in the Social Sciences,* New York, S. 208–239

Voland E (2000) *Grundriss der Soziobiologie.* Spektrum, Heidelberg

Vollmer G (1995) *Biophilosophie.* Reclam, Stuttgart

Kapitel 13
Biologie statt Philosophie? Evolutionäre Kulturerklärungen und ihre Grenzen[1]

Christian Illies

13.1 Der Mensch, das besondere Tier – einleitende Vorbemerkung

Vor über siebzig Jahren fand man in einer Höhle nahe Hohlenstein-Stadel, im heutigen Baden-Württemberg, eine Frau, die keiner bekannten Spezies und nicht einmal eindeutig den Hominiden zugeordnet werden konnte. Wegen ihres Aussehens wurde sie schon bald als „Löwenfrau" bekannt,[2] denn sie hatte eine menschlich-aufrechte, unbehaarte Gestalt mit weiblichen Rundungen, aber zugleich eine Mähne, sowie Augen, Ohren und Schnauze eines Löwen. Eine sehr weitläufige Verwandte des Minotaurus, so schien es, und doch wesentlich älter als alle Bewohner des Olymps, denn vermutlich wurde die knapp 30 cm große Skulptur bereits in der Altsteinzeit vor etwa 32.000 Jahren aus Mammut-Elfenbein geschnitzt. Wir wissen nicht, ob sie kultischen Zwecken diente oder ein Kind mit ihr spielte, ob sie als Glücksbringer für die Jagd oder als Schamanin mit Löwenmaske verehrt und gefürchtet wurde. Aber die Löwenfrau legt nahe, dass der Mensch schon im Morgendämmern seiner Kultur über die eigene Nähe, aber auch Distanz zum Tier nachgedacht haben muss. Die Frage nach der menschlichen Selbstverortung begegnet uns in dieser Figur, und sie bestimmt viele Zeugnisse menschlichen Nachdenkens, welche uns die Altertumswissenschaften vorlegen. Mit dem Begriff „*animal rationale*", wie er unter Bezug auf Aristoteles geprägt wurde, findet sie schließlich ihre klassische, für das Abendland lange Zeit maßgebliche Antwort: Der Mensch als Tier, dessen spezifi-

[1] Der Aufsatz erschien zuvor bei V. Gerhardt und J. Nida-Rümelin (Hrsg.) (2010) *Evolution in Natur und Kultur*, de Gruyter, Berlin/New York, S. 15–38. Nachdruck mit freundlicher Genehmigung des Verlages de Gruyter.

[2] Unterdessen wird sie als „Löwenmensch" bezeichnet, da die in solchen Fragen Klarheit schaffenden Geschlechtsteile bei der Figur fehlen und in Zeiten von *gender mainstreaming* derartige Festlegungen gerne vermieden werden.

C. Illies (✉)
Lehrstuhl für Philosophie II, Universität Bamberg,
An der Universität 2, 96047 Bamberg, Deutschland
E-Mail: christian.illies@uni-bamberg.de

J. Oehler (Hrsg.), *Der Mensch – Evolution, Natur und Kultur*,
DOI 10.1007/978-3-642-10350-6_13, © Springer-Verlag Berlin Heidelberg 2010

sches Merkmal die Vernunftbegabtheit ist, die ihn zugleich von allen anderen Tieren abgrenzt und über sie stellt. Aber wo genau verläuft die Grenze? Und wie kann der Mensch beides zugleich sein? Die aristotelische Definition beantwortet diese Fragen nach der Doppelnatur nicht, sondern erhebt das offene Rätsel gleichsam zur Wesensbestimmung des Menschen.

Die durch Charles Darwin vollständig neu begründete Biologie hat unser Verständnis dessen, wie Lebewesen zu ihren jeweiligen Charakteristika kommen, revolutioniert. Die natürliche Selektion kann für die artspezifischen Merkmale eine Erklärung geben, die im Einklang mit dem (ateleologischen) Erklärungstyp der modernen Naturwissenschaften steht. Das schließt den Menschen ein: Schon bald nach Darwins „*On the Origin of Species*" (1859) wurde die Selektionstheorie auch auf die Entwicklung des Menschen angewandt. Dies geschah zunächst durch andere Autoren, etwa Huxley (1863), Büchner (1869) und Haeckel (1868), die evolutionsgeschichtliche Darstellungen der Menschwerdung vorlegten. Schließlich verfasste Darwin selbst zwei einschlägige Studien, nämlich „*The Descent of Man and Selection in Relation to Sex*" (1871) und in „*The Expression of Emotions in Man and Animal*" (1872). Es ging ihm dabei nicht nur um die Herausbildung der biologischen Art *Homo sapiens* in einem langen Entwicklungsgeschehen, sondern auch um evolutionäre Erklärungen menschlicher Verhaltensweisen, Empfindungen, Denkakte und sogar der Kultursphäre. Phänomene wie Moral, Kunst und Religion wurden von ihm in den Blick genommen und durch ererbte Antriebe wenigstens teilweise erhellt. In den beiden Werken klingen damit alle wichtigen Themen an, die heute noch die Debatten bestimmen.

Der große, freilich nicht unkontroverse Anspruch der Evolutionstheorie, auch Kulturphänomene erklären zu können, ist nicht zuletzt deswegen von besonderem Interesse, weil sie damit bis in den traditionellen Bereich der Philosophie vordringt – wie es Darwin in seiner berühmten Tagebuchnotiz vom 16. August 1838 bereits feststellte: „Der Ursprung des Menschen ist nun bewiesen. Die Metaphysik muß aufblühen. Wer den Pavian versteht, wird mehr zur Metaphysik beitragen als Locke" (Notebook M). Um diesen philosophischen Anspruch der Evolutionstheorie soll es im Folgenden gehen: Können Biologie und Evolutionswissenschaften, indem sie anheben, das Kulturwesen Mensch und die Kultursphäre zu erklären, langfristig die Philosophie ersetzen? Oder bleibt ein Ort genuin philosophischer Selbstreflexion bestehen, zu dem sie nicht vordringen können?

Im Folgenden wird zunächst analysiert, auf welche Weise die Evolutionswissenschaften Kulturphänomene zu erfassen und erklären versuchen. Es lassen sich hier fünf verschiedene evolutionäre Erklärungsansprüche unterscheiden. Dabei wird sich zeigen, wie unterschiedlich solche Erklärungen sein können: Sie reichen von eher allgemeinen natürlichen Rahmenbedingungen der Kulturentfaltung bis hin zu dem genannten (letztlich philosophischen) Anspruch, ein (naturalistisches) Weltbild begründen zu können. Zweifellos sind, wenigstens im Moment, viele dieser Erklärungsansprüche spekulativ und programmatisch. Entsprechend finden wir eine Fülle von Einwänden und Bedenken gegen sie, die kurz angeführt werden. Besonders der Welterklärungsanspruch verdient dann aber einen etwas genaueren Blick. Obgleich es tatsächlich in der Logik evolutionstheoretischer Erklärungen liegt, bestimmte weltbildrelevante Aussagen zu machen, bleibt dieser Anspruch grundsätzlich uneinlösbar – so jedenfalls wird abschließend argumentiert werden.

13.2 Kulturerklärungsansprüche der Biologie und Evolutionstheorie – Fünf Typen von Erklärungsansprüchen[3]

13.2.1 Natürliche Rahmenbedingungen kultureller Entwicklung (Typ A)

Von verschiedenen Autoren wurden Naturgegebenheiten im weitesten Sinne als Voraussetzung für spezifische Kulturformen benannt. Montesquieu verweist bereits 1748 in „*De l'esprit des lois*" auf das Klima, welches jeweils unterschiedliche Staatsformen und Gesetze zur Folge habe (warme Klimazonen führten beispielsweise zur Trägheit ihrer Bewohner, der am besten mit despotischen Herrschaftsformen Abhilfe getan werde). Diese Beziehung zwischen Klima und speziellen Kulturformen hat dann Huntington (1915) in „*Civilization and Climate*" noch weiter ausgearbeitet und ganze Landkarten der *climatic energy* gezeichnet.

Umfassender hat jüngst Jared Diamond in „*Guns, Germs and Steel: The Fate of Human Societies*" nach natürlichen Rahmenbedingungen gefragt. Es geht ihm um die „naturwissenschaftliche Komponente der Humangeschichte", um so Kausalzusammenhänge in kulturellen Entwicklungen aufzuklären (Diamond 1997, S. 506). Er will so verstehen, warum sich Kulturen sehr unterschiedlich entwickelt haben, warum die Angehörigen eines Volks entweder „ausstarben, zu Jägern und Sammlern wurden, oder Staaten mit komplexer Organisation errichteten" (Diamond 1997, S. 501 f.).

Er identifiziert hierbei vier natürliche Faktoren, die bei der Entwicklung menschlicher Kulturen in den letzten 13.000 Jahren ausschlaggebend gewesen seien, nämlich erstens die Ausstattung einer Region mit Wildpflanzen und -tieren, die sich domestizieren lassen. Denn nur, wo es einen hinreichend großen Reichtum solcher Arten gäbe, könne sich eine Agrargesellschaft entwickeln, weil sonst nicht genügend Nahrung zur Verfügung stehe. Aber erst bei Nahrungsmittelüberschüssen hätten sich neue Berufe herausbilden können, weil sich nicht alle dem Nahrungserwerb widmen mussten. Zugleich habe es ein Bevölkerungswachstum gegeben: „Aus beiden Gründen fußten alle ökonomisch differenzierten, sozial geschichteten Gesellschaften mit zentralistischer politischer Ordnung oberhalb der Stufe kleinerer Häuptlingsreiche auf der Landwirtschaft" (Diamond 1997, S. 502). Als zweite Faktorengruppe verweist Diamond auf die landschaftlichen Gegebenheiten, die über die Möglichkeit der „Diffusion und Migration" von Neuerungen entschieden. Hier profitiere der eurasische Raum von seiner vornehmlichen Ost-West-Orientierung, die einem Austausch wenig Hindernisse in den Weg stelle: Einerseits sei der eurasische Raum auf seiner Ost-West-Achse nicht durch unüberwindbare Meere oder Gebirge zerschnitten, die einen Austausch von Pflanzen, Tieren, aber auch technischen Neuerungen behindert hätten, andererseits hätten Nutzpflanzen (etwa Erbsen) oder

[3] Es handelt sich bei der hier entwickelten Typologie um eine modifizierte und erweiterte Fassung der in „*Die Gene, die Meme und wir. Was versprechen evolutionäre Erklärungen des Kulturwesens Mensch zu leisten?*" (Illies 2004) erstmals vorgelegten Unterscheidung.

Haustiere (wie das Huhn), die in einer Region dieses großen Raumes gezüchtet wurden, problemlos in anderen übernommen werden können, weil sie ein vergleichbares Klima gehabt hätten (was in Amerika, wegen seiner Nord-Süd-Orientierung, nicht der Fall gewesen sei) (Diamond 1997, S. 208–230). Als Drittes komme die Entfernung der Kontinente voneinander hinzu: Weit abgelegene Kontinente wie Amerika hätten keine Neuerungen von anderen Gesellschaften übernehmen können, während Afrikas Nähe zu Eurasien den Menschen dort erlaubt habe, manche Erfindungen rasch aufzugreifen. Und schließlich, viertens, spielten die Unterschiede in der Fläche und Bevölkerungsgröße der Kontinente eine wichtige Rolle: Wo mehr Menschen wohnten, dort gäbe es auch mehr kreative Menschen und damit mehr Ideen und Innovationen. China habe hier mehr Ressourcen gehabt als Neuguinea. Andererseits sei es günstig, wenn die geografischen Gegebenheiten innerhalb eines Großraums viele miteinander rivalisierende und konkurrierende Gesellschaften beförderten. Gerade das sei ein Grund für den raschen weltpolitischen Aufstieg Europas in den letzten Jahrhunderten gewesen (und für das Zurückfallen des vormals technisch wesentlich weiter entwickelten Chinas). Denn die Zersplitterung in zahlreiche Kleinstaaten – begünstigt durch die geografische Formation Europas mit seinen vielen Inseln, Halbinseln, Meeren und Gebirgen – erzeugte nach Diamond einen hohen Innovationsdruck: „Gesellschaften, die ins Hintertreffen gerieten, machten entweder den Rückstand wett oder wurden (wenn sie das nicht schafften) von konkurrierenden Gesellschaften verdrängt“ (Diamond 1997, S. 503).

Neben solchen allgemeinen Rahmenbedingungen gibt es evolutionär entstandene, artspezifische Rahmenbedingungen, die durch physiologische und anatomische Charakteristika des *Homo sapiens* festgelegt sind. Unsere evolutionär entstandene, körperliche Verfasstheit ermöglicht bestimmte Bewegungen, Handlungen oder Wahrnehmungen. Liefen wir nicht auf zwei Beinen, so gäbe es keinen Walzer. Unser opponierbarer Daumen erlaubt uns nicht nur einen subtilen Werkzeuggebrauch, sondern hat auch zur Entwicklung einer Welt von Artefakten geführt, die gerade auf eine Handhabung durch eine so gestaltete Hand zugeschnitten sind. „*The Hand: How Its Use Shapes the Brain, Language, and Human Culture*“ nannte Wilson (1998) ein Buch, in dem sich Kulturerklärungen dieses zweiten Typs finden. Solche organischen Voraussetzungen der Kulturentfaltung werden auch ganz allgemein im Bereich des Erkenntnisapparates vermutet (Lenneberg 1967; Lorenz 1977) – man denke etwa daran, wie das Spektrum der für uns sichtbaren und unterschiedenen Farben den Farbgebrauch der Malerei vorgibt. Grundsätzlich lässt sich sagen: Der Mensch ist von seiner biologischen Ausstattung her nur befähigt, bestimmte Kulturformen zu entwickeln. Wir kennen weder Bilder mit ultravioletten Farbtupfern noch Palmströms Geruchsorgel; beides wären Kulturformen für andere Wesen als den *Homo sapiens*.

13.2.2 Kulturbefähigende Anlagen des Menschen (Typ B)

Während der erste Typ von Kulturerklärungen allgemeine Schranken und Möglichkeitsräume für die Kultur benennt, gibt es auch Annahmen über spezielle kulturbefähigende Verhaltensdispositionen des Menschen (die genaue Abgrenzung zwischen dem ersten und zweiten Typ wird nicht immer möglich sein. so ist unser Sprachvermögen vermutlich beiden Typen zuzuordnen). Auf ganz grundlegender Ebene wären das Anlagen, die der Mensch noch, wenigstens teilweise, mit anderen Tieren teilt, aber dazu träten die besonderen menschlichen Vermögen. Erst diese ermöglichen die Kultur des Menschen. Solche genetisch angelegten Verhaltensdispositionen sollen nun einerseits Grundlage für individuelle Kulturleistungen, andererseits für allgemeine Kulturphänomene einer Gesellschaft bilden.[4]

Darwin argumentiert etwa in seinem „*The Descent of Man*" (1871), dass wir einen „moralischen Sinn" als evolutionäre Anpassung hätten; er entstehe durch eine Kombination von den besonderen intellektuellen Fähigkeiten des Menschen mit bereits bei höheren Tieren vorhandenen sozialen Instinkten (z. B. Mutterinstinkt, eine natürliche Geselligkeit, Anlagen für wechselseitige Unterstützung und ein Bedürfnis nach Unterordnung). Die Sprache erlaube eine soziale Kontrolle dieser Instinkte, und schließlich gäbe es die Macht der Gewohnheit, die der Stabilisierung von Verhaltensnormen diene.

Die Ethologie führte diesen Ansatz weiter. Insbesondere die Soziobiologie hat seit den 1960er Jahren für die Existenz solcher Anlagen argumentiert, vor allem in den Bereichen des Kooperations- und Konfliktverhaltens, bei den Geschlechterbeziehungen und den Elternstrategien. Es gelang dabei nicht nur, für die Tierwelt mathematisch beeindruckende Verhaltensanalysen vorzulegen, sondern auch eine sinnvolle Deutung verschiedener sozialempirischer Befunde über menschliches Kulturhandeln auf individueller wie kollektiver Ebene zu entwickeln. So zeigt sich, dass auch der Mensch eher dann aufopfernd hilft, wenn die Hilfsempfänger nahe Verwandte sind (was auf eine Anlage zum nepotischen Altruismus verweisen könnte). Statistisch lässt sich das einerseits beim individuellen Verhalten nachweisen und spiegelt sich andererseits auch in gesellschaftlichen und rechtlichen Regeln (das Erbrecht folgt oftmals sehr genau genetischen Beziehungen). Entsprechendes gilt etwa bei den Geschlechterbeziehungen – man denke nur an die gesellschaftlichen und religiösen Inzesttabus. Dass dies nicht nur subjektiv so ist, sondern praktische Konsequenzen hat, soll sich in der höheren Sterblichkeit von Stiefkindern zeigen (Voland 2000, S. 282–288).

Die evolutionäre Psychologie betont vor allem, dass solche Anlagen nach den Bedürfnissen eines Sammler- und Jägerdaseins selektioniert wurden; als Beleg werden etwa sexueller Neid, Vorlieben für offene, fruchtbare Landschaften, für bestimmte Gerüche oder für Süßes sowie unsere Fähigkeit, Freundschaften zu schließen, genannt (Pinker 1999). In jüngster Zeit kommen Untersuchungen zu Anlagen für Kunstschaffen und einen ästhetischen Sinn, aber auch für Religiosität hinzu.

13.2.3 Kulturentwicklung als teilautonomer Evolutionsprozess (Typ C)

Dem evolutionstheoretischen Paradigma verpflichtet, aber nicht biologisch sind Theorien, die den Prozess der natürlichen Selektion auf die Kulturentwicklung

[4] Genes prescribe epigenetic rules, which are the regularities of sensory perception and mental development that animate and channel the acquisition of culture. (Wilson 1998, S. 171)

übertragen. Hier werden kulturelle Phänomene als evolutionär konkurrierende Gebilde verstanden. Dabei wird für diese Kulturphänomene ein eigener Vererbungsmechanismus angenommen (vor allem durch Nachahmung und Gewohnheit) und das Ganze insofern als lamarckistisches Geschehen gedeutet, als hier erworbene Eigenschaften weitergegeben werden.[5]

Die Übertragung des Evolutionsparadigmas auf die Kultur kann in zwei Typen auftreten; entweder losgelöst von jeder biologischen Grundlage – diese „autonome" Variante kultureller Evolution wird als Typ D noch zur Sprache kommen – oder als lediglich „teilautonomes" Geschehen, bei dem ein Bezug zu biologischer Fitness fortbesteht. Diese teilautonomen Erklärungen gehen einerseits davon aus, dass Kulturen sich nach evolutionären Prinzipien entwickeln, und vermuten andererseits eine Rückkopplung vom evolutionären Erfolg einer Kultur an das biologische Überleben ihrer Mitglieder – die unterschiedlichen Kulturen können der Gruppe reproduktive Vor- oder Nachteile gegenüber anderen Gruppen bringen. Der Soziobiologe Wolfgang Wickler argumentiert etwa, dass Traditionswissen für das Überleben des Menschen ebenso wichtig sei wie genetische Anlagen (oder Information); ein reiches und gutes Traditionswissen wäre damit ein selektiver Vorteil für eine Gruppe. Von Konrad Lorenz gibt es viele Vorschläge des Typs D, etwa wenn er die konkrete Funktion von Brauchtum und Riten (wie etwa Ritualkämpfe oder Tänze) im Begrenzen von Aggression zwischen Gruppenmitgliedern sieht, da sich die Mitglieder auf diese Weise untereinander nicht schädigen, besser zusammenhalten und gegen andere Gruppen abgrenzen (Wickler u. Seibt 1977, S. 351; Lorenz 1983, S. 82).

Hier spielt die Kultur zwar eine Rolle bei der biologischen Auslese, insofern sich die Individuen der Gruppe mit der erfolgreichsten Tradition durchsetzen und mehr Nachkommen haben werden als Mitglieder anderer Gruppen, aber die Verbindung von Kulturformen und Genen ist in diesem Fall letztlich zufällig. Es werden ja nicht bestimmte Gene wegen ihrer spezifischen Information positiv ausgelesen, sondern es werden diejenigen Gene häufiger repliziert, welche die Vertreter einer Gruppe mit überlegener Tradition zufällig besitzen.[6] Um ein eher martialisches Beispiel zu wählen: Das antike Rom konnte sich letztlich gegen Karthago durchsetzen, weil Fabius Maximus und andere eine überlegene Militärstrategie entwickelten, nicht weil die römischen Gene besser angepasst gewesen wären.[7] In der Folge wurde das vormals dominierende Karthago zerstört und viele Einwohner getötet. Daher bevölkern letztlich mehr Nachkommen der Römer als der Phönizier das Mittelmeergebiet (und deswegen haben sich die römischen Gene gegen die phönizischen weitgehend durchgesetzt).

[5] So argumentieren etwa Boyd und Richerson (1988) und Gould (1996, S. 217–230). Es muss betont werden, dass eine Entwicklung durch natürliche Selektion bestimmt werden kann, unabhängig davon, was der Vererbungsmechanismus ist; deswegen ist Darwins Theorie mit dem Lamarckismus durchaus verträglich (und Darwin selbst war Lamarckist hinsichtlich der Vererbung).

[6] Insofern kann dieser Aspekt der Lorenz'schen Theorie auch gegen die Einwände der Soziobiologie verteidigt werden – jedenfalls solange nicht genetisch angelegte Verhaltensweisen auftreten, die innerhalb der Gruppe vorteilhafter sind als ein traditionsgemäßes Verhalten.

[7] Dazu kam, dass die nicht nachhaltige Holzwirtschaft die Phönizier der Grundlage ihres Wohlstandes als Handelsnation beraubte: Der Bestand an Libanon-Zedern ging dramatisch zurück.

13.2.4 Kulturentwicklung als autonomer Evolutionsprozess (Typ D)

Eine vollständige Autonomie der Kulturevolution findet sich dort, wo die Selektion kulturintern Entwicklungen erklären soll, bei denen keine positiven Rückkopplungen an den biologischen Erfolg der Träger der jeweiligen Kulturphänomene stattfinden. In diesem Sinne analysiert zum Beispiel Friedrich August von Hayek (1899–1992) die Entwicklung von Institutionen, die er (wie auch andere kulturelle Artefakte) in einem evolutionären Wettbewerb sieht. Sein Ausgangspunkt ist der Mensch als begrenztes Vernunftwesen, das orientierungsbedürftig ist und stets Regeln befolgen muss, weil es nicht in jedem Einzelfall sein Handeln und dessen Folgen einschätzen kann (Hayek 1996, S. 22).[8]

Regeln kompensieren nach von Hayek also einen konstitutionellen Wissensmangel; sie sind die zu Standardlösungen kondensierten geschichtlichen Erfahrungen einer Kultur (Hayek 1969, S. 171).[9] Regeln können den persönlichen oder gesellschaftlichen Bereich des Handelns betreffen (also etwa, wie ich meinen Tag gestalte oder wie ich andere begrüße), und sie können mehr oder weniger formal sein (Rechtsregeln sind zum Beispiel präzise artikuliert, während Moralregeln oft informell übernommen werden). Ihre Entwicklung versteht von Hayek als autonomes evolutionäres Geschehen, das er mit den Darwin'schen Kategorien analysiert: Eine „Variation" entstehe durch neue Handlungsregeln, die sowohl aus einem kreativen Akt wie einem Irrtum hervorgehen können. Diese Regeln seien einem Selektionsgeschehen unterworfen (Hayek 1969, S. 157 f.), wobei sich diejenige durchsetze, nach der zu handeln für eine Gruppe vorteilhaft sei. Nachteilige Regeln stürben dagegen aus, weil niemand sie mehr befolge. So komme es schließlich zu „Anpassungen an die vergangene Erfahrung, die sich durch selektive Ausmerzung weniger geeigneten Verhaltens ergeben haben" (Hayek 2005, S. 34). „Vererbt" werden Regeln durch Imitation: Nützliche Regeln werden von mehr und mehr Menschen oder Kulturen befolgt, andere verschwinden (Hayek 1973, S. 49). Die Selektion finde damit innerhalb einer Gruppe und zwischen unterschiedlichen Gruppen statt, wobei im letzteren Fall gelegentlich eine biologische Selektion folge; Gruppen mit weniger erfolgreichen Regeln können auch physisch aussterben – das wäre dann eine Kulturentwicklung als teilautonomer Evolutionsprozess. Normalerweise geht es aber lediglich um die Durchsetzung erfolgreicherer Regeln oder einer „kumulative(n)

[8] Ein in der Gegenwart viel diskutiertes Beispiel für eine solche autonome Evolution der Kultur ist auch die von Dawkins angeregte „Memetik", die alle kulturellen Phänomene (z. B. Ideen, Melodien, Töpfern, Alphabet, Institutionen, Wahnvorstellungen) als „Meme" betrachtet, worunter kulturelle Einheiten verstanden werden, die sich im Selektionsraum der Kultur analog zu Genen im biotischen Raum verhalten sollen. Nach der Memetik setzt sich ein Mem selektiv deswegen durch, weil es von verstehenden Menschen aufgegriffen und nachgemacht wird und sich gut in die Memelandschaft einpasst (Blackmore 1999). Für eine ausführlichere Darstellung von Hayeks Evolutionismus siehe Illies (2009, S. 197–231).

[9] All das steht in Nähe zu Gehlens und Burkerts Ansicht, dass Institutionen für die Orientierung notwendig seien.

Einverleibung von Erfahrung" (Hayek 2005, S. 43) ohne biologische Rückkopplung; hier kann man von einem autonomen Prozess kultureller Evolution sprechen. (Auch wenn man die Möglichkeit und Gefahr sieht, dass die Entwicklung von Institutionen nicht selektiv-evolutionär abläuft. Das sei bei Planwirtschaften oder totalitären Gesellschaften der Fall, in denen die natürliche Auslese nützlicherer Regeln gewaltsam verhindert werde, weil einige zu wissen meinen, was für alle am besten sei. Nach Hayek kommt es in einem solchen Falle meist zu einer schlechten Entwicklung, da die positive Akkumulation von Erfahrungen und Verbesserung der Institutionen ausbleibe.)

Ein anderes Beispiel ist die Entwicklung von Ideen und Theorien nach Toulmin (z. B. „*Foresight and Understanding*", 1961), der diese mit der biologischen Evolution parallelisiert: „*in both the zoological and the intellectual case [...] historical continuity and change can be seen as alternative results of variation and selective perpetuation, reflecting the comparative success with which different variants meet the current demands to which they are exposed.*" (Zitat aus „*Human Understanding*", 1972, zitiert nach Losee 2004, S. 141) Auch hier gilt, dass sich Theorien wegen ihrer Eigenschaften kulturell durchsetzen und nicht, weil die Anhänger der Theorie mit höherer Fruchtbarkeit gesegnet würden.

Allgemein verstehen solche Erklärungsansätze die Kulturentwicklung als Geschehen, in denen Kulturelemente im selektiven Wettstreit stehen. Die knappe Ressource, um die konkurriert wird, ist nach Dawkins „die Aufmerksamkeit eines menschlichen Gehirns", unsere Zeit und unser Interesse. Je nach ihren Eigenschaften, wie der „psychologischen Anziehungskraft" (Dawkins 1976, S. 228, 232) werden sie dazu auf eine größere oder geringere Bereitschaft zur Nachahmung stoßen, also „vererbt" werden. Eine kurze, eingängige Melodie der Beatles hat beispielsweise bessere Replikationsaussichten als eine Tonfolge aus Alban Bergs Oper „Wozzek", einfach weil sie besser nachgeahmt werden kann (das Beispiel der Melodie diskutiert ausführlich Blackmore 1999, S. 55 f.). Diese Kulturevolution lässt sich daher als „autonom", da nicht biologisch rückgebunden, bezeichnen.

Es sei angemerkt, dass bei diesem Typ Kulturevolutionen nicht nur unabhängig von biologischen Trägern oder reproduktivem Erfolg sind, sondern sich sogar gegen diesen richten können. Eine gegenüber anderen Kulturen selektiv erfolgreichere Kultur oder Tradition kann letztlich für die, welche sie praktizieren, biologisch nachteilig sein: Das Ideal vollständiger sexueller Enthaltsamkeit (selbst in der Ehe) bei den nordamerikanischen *Shakern* zum Beispiel setzte sich bei ihnen zwar erfolgreich durch, besiegelte dann aber (in Verbindung mit einem aufkommenden Missionsverbot) zugleich das biologische (und so schließlich auch kulturelle) Ende der *Shaker*. Auch eine kultur-evolutionär erfolgreiche Idee oder Theorie kann biologisch schädlich, also maladaptiv für ihre Vertreter sein. Man denke an Trofim Lysenkos Vererbungslehre, die für Jahrzehnte im Sowjetkommunismus ideale Selektionsbedingungen fand (sie entsprach dem kommunistischen Weltbild), aber für viele tödliche Auswirkungen hatte, da die auf sie gegründete Landwirtschaft zu großen Hungersnöten führte.

13.2.5 Evolutionstheorie als philosophische Weltdeutung (Typ E)

Weltbilder und Deutungen der Wirklichkeit sind Teil unserer Kultur. Daher kann der oft mit der Evolutionstheorie erhobene Anspruch, Grundlage für eine bestimmte Weltdeutung zu sein, als letzter Erklärungstyp genannt werden. Dieser umfassende Anspruch wird allerdings nur von einigen Evolutionsbiologen erhoben, so etwa von Dennett in seinem Buch „*Darwin's Dangerous Idea*“ (1996), wo er von der Evolutionstheorie als einer universalen Säure spricht, die mit ihrem Erklärungsanspruch alles durchzieht (und auflöst) und so zu einer „*theory of everything*“ avanciert. Und Robert Trivers forderte bereits 1978, dass „Politologie, Jura, Wirtschaftswissenschaft, Psychologie, Psychiatrie und Anthropologie alle Zweige der Soziobiologie werden“ (Zitiert nach *Die Zeit* vom 29.9.1978, Dossier „Soziobiologie“, 33). Wilson hat dies umzusetzen versucht, indem er in seinem Buch mit dem bezeichnenden Titel „*Consilience. The Unity of Knowledge*“ (1998) evolutionäre Erklärungen für alle wichtigen Kulturphänomene vorlegt.

Um zu verstehen, inwiefern die Evolutionswissenschaften zur Grundlage einer Weltdeutung werden können, sollten wir einen kurzen Blick auf die Charakteristika philosophischer Weltdeutungen werfen. Die Philosophie, jedenfalls in ihrem traditionellen Selbstverständnis, erhebt erstens den Anspruch, eine universale Metawissenschaft zu sein. Sie versucht, alle Phänomene der Wirklichkeit zu erfassen und ihre Zusammenhänge zu erhellen (z. B. Natur, Geist, den Kosmos, das Soziale, die Kunst). Dabei geht es auch darum, Prinzipien zu beschreiben, die konstitutiv für Wirklichkeitsbereiche und die Wirklichkeit als Ganze sind. Zweitens ist die Philosophie reflexiv; das heißt, sie sucht denkend auch das Denken und Erkennen selbst zu begreifen (was letztlich aus ihrem Anspruch folgt, Universalwissenschaft zu sein). So gibt es eine philosophische Erkenntnistheorie und Philosophien der einzelnen Wissenschaften. Und als drittes Charakteristikum ist anzuführen, dass die Philosophie explizit die Geltungsfrage stellt. Sie erhebt normative Ansprüche, macht also nicht nur Aussagen darüber, wie die Wirklichkeit ist, sondern auch, wie sie oder Teile von ihr (z. B. unser Handeln, Institutionen) sein soll.

In allen drei Bereichen finden wir nun auch ein Vordringen der Evolutionswissenschaft, womit sie ganz dem oben zitierten Satz Darwins entspricht, dass mit der neuen Einsicht die „Metaphysik aufblühen“ müsse. Schauen wir auf die drei angeführten Charakteristika: Auch die Evolutionswissenschaft ist eine Universalwissenschaft, da sie für fast alle Bereiche der Wirklichkeit Erklärungen vorlegt- von der Natur (einschließlich der Entstehung des Kosmos), den Lebewesen mit ihren Eigenschaften, bis hin zu den Phänomenen der sozio-kulturellen Welt (siehe die Erklärungen A–D). Dabei ist das Selektionsprinzip insofern metawissenschaftlich, als hier mit einem Prinzip Entwicklungen in all den heterogenen Wirklichkeitsbereichen erklärt werden sollen. Dennett nennt die natürliche Selektion deswegen treffend „substratneutral“ (Dennett 1996, S. 82) – das Substrat, an dem es wirkt, kann alles vom Kosmos bis zur Sprache oder der Entwicklung von Ideen sein. Dieser (ungeheuerliche) Status kommt keinem anderen Prinzip der

Naturwissenschaften zu. (Ansatzweise versucht wurde Ähnliches lediglich beim Chaosprinzip und bei den Hauptsätzen der Thermodynamik. Deren Reichweite blieb aber deutlich beschränkt; mit dem Anspruch des Selektionsprinzips sind sie nicht zu vergleichen). Auch das zweite Charakteristikum philosophischer Weltdeutungen wird von der Evolutionstheorie geteilt: Im Unterschied zur Physik, der großen Leitwissenschaft seit dem 17. Jahrhundert, hat die Evolutionstheorie das Denken selbst zum Thema. So gibt es eine Evolutionäre Erkenntnistheorie und evolutionäre Erklärungen der Entwicklung von wissenschaftlichen Theorien (z. B. Toulmin). Schließlich, drittens, dringt die Evolutionstheorie massiv in den Bereich der Geltungsansprüche vor. Dies geschieht einerseits in der evolutionären Ästhetik, wo ästhetische Urteile als funktionale Anpassungen gedeutet werden. Andererseits finden wir in der Ethik zwei evolutionäre Strategien: Zum einen gibt es Programme einer naturalisierenden Erklärung der Ethik; hier werden moralische Vorstellungen als funktionale Anpassungsprodukte erklärt. Damit gibt es im engeren Sinne keine Moral mehr, die legitime Geltungsansprüche erheben könnte. Zum anderen wurden Evolutionäre Ethiken vorgelegt. Hier soll die Selektionstheorie selbst zu normativen Einsichten führen. Es bleibt also kein Privileg der Philosophie, an dem die Evolutionstheorie nicht nagen würde. Umfassend beansprucht die Evolutionstheorie, ein eigenes (naturalistisches) Weltbild zu begründen und damit die Philosophie zu beerben.

Der hier skizzierte Erklärungsanspruch E unterscheidet sich insofern von den ersten vier, als es nicht darum geht zu zeigen, wie ein bestimmter Mechanismus oder ein natürlicher Ablauf von Ereignissen zu einem bestimmten Kulturphänomen führt. Stattdessen wird argumentiert, dass ein zentrales Kulturphänomen – nämlich unsere Weltdeutung – eine gute Begründung in der Evolutionstheorie findet. Die Evolutionstheorie macht hier also keine Angebote für Kausalerklärungen von Kulturphänomenen (wie bei A–D), sondern ist die Geltungsgrundlage für die Richtigkeit eines Phänomens, eben einer Weltdeutung. Der fünfte Typ baut so gleichsam auf den anderen Erklärungsansprüchen auf; man könnte ihn daher auch über statt in die Reihe der anderen vier Typen stellen.

13.2.6 Anmerkungen zur Typologie

Offensichtlich lassen sich nicht immer scharfe Grenzen zwischen den verschiedenen Typen evolutionärer Kulturerklärungen ziehen, da die Entwicklungsgeschehen engstens miteinander verwoben sind. Ein Beispiel hierfür ist die Verbreitung der Kuhmilchkultur – oder ihr Fehlen – in unterschiedlichen Regionen der Welt, wie sie Durham ausführlich analysiert hat (1991, S. 226–285). Seine Theorie lässt sich mit den hier eingeführten Typen der Erklärung rekonstruieren. Als wichtige Voraussetzung für eine Milchkultur sind zunächst natürliche Rahmenbedingungen zu nennen, die Viehzucht gestatten (A). Zudem ist das Klima eine einschränkende Bedingung für den Umgang mit Milch: Nur in gemäßigten Zonen hält unverarbeitete

Milch lang genug, um sie frisch zu trinken; wo es zu heiß ist, wird die Milch dafür zu schnell sauer. In solchen Gegenden trinkt man entweder überhaupt keine Frischmilch, oder sie wird zu länger haltbaren Produkten wie Käse verarbeitet. Neben diesen natürlichen Rahmenbedingungen ist die biologische Natur des Menschen ein entscheidender Faktor: Frischmilch wird nur dort getrunken, wo Menschen den Milchzucker abbauen und verdauen können. Die meisten Säugetiere sind dazu nicht in der Lage, weswegen sie nach ihrer Säuglingszeit unverarbeitete Milch nicht zu sich nehmen können. Der Mensch ist eine Ausnahme, genauer: jene 20–25 % der Weltbevölkerung, die das Milchzucker verdauende Enzym Laktase auch als Erwachsene besitzen. Das sind vor allem Europäer und Mitglieder sibirisch-mongolischer Ethnien. Bei den übrigen Menschen bewirkt frische Milch heftige Durchfälle.

Darüber hinaus gibt es eine Fülle allgemeiner Anlagen, die notwendig sind, um eine viehzüchtende Agrargesellschaft aufzubauen und zu organisieren (also B), etwa das Sprachvermögen und Anlagen zur Kooperation. Zu den genannten Faktoren kam vermutlich ein Selektionsgeschehen auf der Ebene konkurrierender Gruppen mit ihren jeweiligen Nahrungstraditionen. Milch ist eine sehr gute Nahrung, besonders wegen ihres hohen Kalziumgehalts – insofern dürften sich in dafür günstigen Gegenden Viehzucht treibende und Milch nutzende Kulturformen gegenüber anderen durchgesetzt haben, da sie eine besonders ergiebige Nahrungsquelle hatten. Die Milchkultur hatte einen Selektionsvorteil gegenüber Kulturen, in denen Milch nicht getrunken oder verarbeitet wurde (C). Und innerhalb dieser Milchkulturen gab es einen (kulturell bedingten) Selektionsdruck in Richtung auf das Enzym Laktase; denn wer es besaß, konnte Frischmilch trinken und damit eine besondere Kalziumquelle nutzen. So erklärt sich, dass bei Kulturen mit Milchwirtschaft in nicht zu heißen Regionen (eben dort, wo sich Milch einige Tage hält) Menschen fast ausnahmslos Laktase bilden (wie Burger et al. (2007) von der Universität Mainz an Gebeinen steinzeitlicher Europäer zeigen konnte, hat sich das die Laktase codierende Gen erst mit der Verbreitung der Viehzucht vor rund 8.000 Jahren durchgesetzt).

Das letzte Kapitel dieser Selektionsgeschichte ist die weltweite Verbreitung der europäischen Kultur (unter anderem durch ihre technisch-militärische, aber auch ihre organisatorische Überlegenheit), was überall Rahmenbedingungen schafft, die eine Selektion in Richtung auf Enzymträger begünstigen – also wieder ein Geschehen des Typs C. Wenn wir außerdem die Verbreitung der wissenschaftlichen Theorie über die Verbreitung der Milchkultur, die gerade vorgestellt wurde, betrachten, dann haben wir noch ein Beispiel autonomer Kulturevolution des Typs D: Unabhängig von der biologischen Fitness, also der Kinderzahl von William Durham, hat seine Theorie (kulturevolutionären) Erfolg; sie stößt auf allgemeines Interesse (also auf die „Aufmerksamkeit menschlicher Gehirne"), sodass sie sich kulturell „vermehrt" – zum Beispiel dadurch, dass sie gerade in diesem Aufsatz erwähnt wurde. Attraktiv macht sie dafür zum Beispiel ihre Anschlussfähigkeit an die moderne Naturwissenschaft und ihr Vermögen, viele Fakten (z. B. Verteilung des Enzyms in Weltregionen, die jüngsten Funde von Joachim Burger) sehr gut verbinden und erklären zu können. Kurzum: wir haben hier ein Beispiel der Überlappung verschiedener Typen evolutionärer Kulturerklärungen.

Die genannten Typen evolutionärer Kulturerklärung lassen sich auch in eine Entwicklungsgeschichte bringen, da zu bestimmten Zeiten bestimmte Typen im wissenschaftlichen Diskurs vorherrschten.[10] So wurde die natürliche Selektion anfänglich stark auf das biologische Geschehen eingeschränkt und die menschliche Kultur als Reich der Freiheit verstanden. Georg Toepfer sieht diese Phase von 1871–1940. Das gilt jedoch nicht uneingeschränkt – Darwin selbst nimmt jedenfalls durchaus an, dass der Mensch viele kulturbestimmende Anlagen (im Sinne von Typ C) besitze, von der Moral und der Sprache über den Schönheitssinn bis hin zu einer Anlage für Religiosität (Hösle u. Illies 1999, Kap. 4). Doch betont Darwin auch immer wieder, wohl zum Teil unter dem Einfluss von Alfred R. Wallace, dem Mitbegründer der Evolutionstheorie, dass der Mensch eine Sonderstellung habe: „*civilisation thus checks in many ways the action of natural selection*“ (Darwin 1871, Bd. 1, S. 170). Das klingt, als sei die Kultur oder Zivilisation eine Begrenzung des Bereichs der natürlichen Selektion. Alsberg (1922) sieht in diesem Sinne die „Körperausschaltung“, also das Übersteigen einer biologischen Bestimmtheit, geradezu als Prinzip der kulturellen Entwicklung des Menschen. Kultur entstehe, weil der Mensch von Natur aus nicht biologisch festgelegt sei und dies mittels Sprache oder Werkzeugen kompensieren müsse (was dann Gehlen in seiner Mängelwesentheorie systematisch ausbaut.). Erst seit den 1940er Jahren wendet sich die Verhaltensforschung den natürlichen Anlagen zur Kultur verstärkt zu. Dabei wurde zunächst die Gruppenselektion ins Zentrum gerückt (entsprechend finden wir hier Erklärungen des Typs C und D) und dann, nach der soziobiologischen Wende, das Gen als Einheit der Selektion und damit als Schlüssel zur Erklärung der Kultur verstanden (was vor allem Erklärungen des Typs C favorisierte). Eine autonome Kulturevolution des Typs D erwähnt zwar schon Darwin (er wendet die Evolutionstheorie auf die Sprachentwicklung an) und sie ist bei Popper und von Hayek zu finden, aber ihre weit reichende Anwendung geschieht erst in den letzten 25 Jahren, etwa in der von Dawkins initiierten „Memetik“. Evolutionäre Welterklärungen des Typs E sind dagegen seit Charles Darwin anzutreffen, obgleich er selbst in dieser Hinsicht sehr zurückhaltend war. Herbert Spencer und Ernst Haeckel begannen dagegen sofort, aus der Evolutionstheorie ein umfassendes Welterklärungsmodell abzuleiten, um damit alle „Welträtsel“ zu lösen. Nach einigen Jahrzehnten, in den denen solche Ansinnen selten geworden waren, haben sich in den letzten zwei Jahrzehnten wieder vermehrt Autoren diesem Vorhaben verschrieben.

[10] Ich folge hier teilweise Georg Toepfer, der die hier skizzierte Entwicklungsabfolge unter dem Titel „Die Universalität der Selektion und die Sonderstellung des Menschen“ beim Treffen der Arbeitsgruppe *Anthropologie* der FEST-Heidelberg am 06. März 2009 vortrug.

13.3 Kritik und Grenzen evolutionswissenschaftlicher Erklärungsansprüche

13.3.1 Kritik an der Leistungsfähigkeit kausaler Kulturerklärungen (Erklärungstypen A–D)

Evolutionäre Kulturerklärungen sind von jeher auf Kritik gestoßen. Diese kann ganz konkreten Erklärungen von einzelnen Kulturphänomenen gelten, also eine wissenschaftsinterne Kritik sein.[11]

In diesem Fall wird nicht in Frage gestellt, dass die natürliche Selektion ein weit reichendes Erklärungsprinzip ist, sondern lediglich ein konkretes Ergebnis bzw. eine vorgelegte Erklärung angezweifelt. Allgemeiner ist der Einwand, die Zeiträume der menschlichen Evolution seien ohnehin zu knapp gewesen, um die genetische Codierung spezifischer, kulturrelevanter Anlagen plausibel zu machen (mit diesem Bedenken wären jedoch grundlegende, allgemeine Anlagen weiterhin kompatibel) (Kleeberg u. Walter 2001, S. 51 f.).[12]

Speziell gegen die Soziobiologie richtet sich die Kritik, dass die meisten kulturrelevanten Eigenschaften polygen vererbt werden, weswegen das Erklärungsmodell konkurrierender Gene nicht plausibel sei. In jüngster Zeit deutet sich zumal ein Paradigmenwechsel in der Genetik an, dessen Konsequenzen noch nicht abzuschätzen sind: Statt Gene als Blaupause für Strukturen zu betrachten, die lediglich abgelesen werden, geht man zunehmend von einer Steuerung, jedenfalls Auswahl der aktivierten Gene durch den Organismus selbst aus. Das neue Verständnis ist ein komplexes Wechselspiel zwischen Organismen und Genen; einerseits wird der Organismus von den Genen bestimmt, andererseits nutzt und aktiviert er seine Gene (Hanzig-Bätzing 2009). Inwieweit traditionelle soziobiologische Erklärungen mit diesem neuen Bild der Gene kompatibel sind, bleibt abzuwarten.

Eine gute wissenschaftliche Erklärung zeichnet sich dadurch aus, dass sie auf der Anwendung einer verlässlichen Methode beruht. Gerade das wird hinsichtlich der evolutionswissenschaftlichen Herangehensweisen vor allem des Typs C und D bestritten. Mit bloßen statistischen Untersuchungen ließen sich genetische Anlagen nicht nachweisen, wird häufig argumentiert; vermeintliche anthropologische Konstanten könnten kulturelle Artefakte sein. In diesem Sinne wird auch der Analogieschluss kritisiert, bei dem vom angeborenen Instinktverhalten bei Tieren auf eine entsprechende genetische Disposition des Menschen geschlossen wird.[13]

---

[11] Siehe auch die umfangreiche Darstellung kritischer Einwände bei Kleeberg und Walter 2001, S. 21–72. Ganz allgemein argumentiert Simon Conway Morris (2003), dass neben die natürliche Selektion bereits im Bereich des Biologischen weitere Erklärungsprinzipien hinzutreten müssten.

[12] Dagegen argumentiert aber schon Konrad Lorenz 1983.

[13] Eine genetische Erklärung wäre erst dann abgesichert, wenn wir tatsächlich zeigen könnten, wie konkrete Gene etwas codieren, das neuronal bestimmte Wirkungen hat. Auch die Aussagekraft evolutionärer Erklärungen wird in Frage gestellt. Man wendet ein, dass viele evolutionäre „Erklärungen“ gar keine seien, sondern lediglich Reformulierungen von Phänomenen oder eines

Neben diesen methodischen Zweifeln steht ein eher begrifflicher: Es ist nicht wirklich klar, was genau bei evolutionären Herangehensweisen erklärt werden soll. Die Rede von „Anlagen" bleibt höchst vage, wie sich an der sehr unterschiedlichen Interpretation dessen zeigt, was genau angelegt sein soll. Konrad Lorenz spricht von „Erbkoordinaten" oder „Instinkten", Edward O. Wilson von „epigenetischen Regeln", Hubert Markl gar von „innewohnenden Sehnsüchten". Steven Pinker bringt das recht treffend auf den Punkt, wenn er bemerkt, dass angebliche Anlagen (er untersucht das Beispiel „nepotischer Altruismus") lediglich „eine behavioristische Abkürzung für eine Fülle von Gefühlen und Gedanken" sei (Pinker 1999, S. 403). Diese begriffliche Schwierigkeit wird im Falle von Erklärungen des Typs C und D noch größer, weil es sehr kontrovers ist, was genau die Kulturbausteine sein sollen, die untereinander in einem Konkurrenzgeschehen vermutet werden.

Der Mensch, so lautet schließlich der am häufigsten von Kulturwissenschaftlern vorgebrachte (jedoch fragliche) Einwand, sei ein durch und durch geschichtlich und sozial geprägtes Wesen und werde durch sein jeweiliges sozio-kulturelles Umfeld, aber nicht von evolutionären Parametern bestimmt. Wenn dies allerdings mehr sein soll als ein Postulat gegen evolutionäre Erklärungen, so muss sich die Annahme sachlich begründen lassen. Hier sind vor allem drei wichtige Argumentationslinien zu finden.

Erstens der Verweis darauf, dass der Mensch „der erste Freigelassene der Natur" sei (wie Herder, freilich lange vor Darwin, es ausdrückte). Bereits 1870 publiziert Wallace einen Aufsatz unter dem bezeichnenden Titel „*The Limits of Natural Selection as Applied to Man*" (1870) und betont ausdrücklich: „*Man has [...] escaped ‚natural selection'*" (1864, S. clxviii). Wegen der Freiheit des Menschen sei eine Ausweitung der Evolutionstheorie auf spezifisch menschliche Vermögen und die Kultursphäre nicht zulässig. Diese Zurückweisung kann auf das Individuum oder das Kollektiv bezogen werden: Es wird darauf verwiesen, dass der einzelne Mensch (oder Kollektive) nicht mehr instinktgesteuert handle, sondern sich bewusst und frei bestimme – dies sei seine „Sonderstellung" (Alsberg 1922, S. 427).[14]

Zweitens wird gegen autonome Evolutionserklärungen der Kulturenwicklung eingewandt, dass sich der Prozess der Kulturentwicklung auf eine solche kausalerklärende Weise nicht adäquat erfassen lasse. Denn hier werde die Kultur und unser Handeln wie ein mechanisches Imitationsgeschehen gedeutet, obgleich für die Entwicklung und Weitergabe kultureller Traditionen die Inhalte entscheidend seien (Kleeberg u. Walter 2001, S. 51 f., Anm. 38). Letztlich setze sich eine Idee oder Theorie deswegen durch, weil sie von verstehenden Menschen als nützlich oder richtig eingesehen werde und sich in eine vorhandene Kultur integrieren lasse. Erklärend darauf zu verweisen, dass es sich um eine besonders gut imitier-

---

Explanandums in anderer (eben evolutionärer) Begrifflichkeit. In diesem Sinne kritisiert Ruse die Soziobiologie, also vor allem Typ-C-Erklärungen (1988, S. 66 f.).

[14] Diese These ist allerdings selbst nicht empirisch begründbar, wie schon Kant deutlich gemacht hat, weil es wissenschaftliche Begründungen nur für gesetzmäßige Zusammenhänge geben kann. Wie sollte ein abschließender Beweis für Freiheit aussehen, also für etwas, das unverursacht außerhalb aller solcher Zusammenhänge fallen soll?

bare und evolutionär angepasste Selektionseinheit (z. B. „Mem“) handele, bringe nicht nur keinen Erkenntnisfortschritt, sondern verfehle den Kern kultureller Tradierung.[15]

Noch umfassender ist der kritische Zweifel, ob die Naturwissenschaften und so auch die Evolutionswissenschaften überhaupt einen privilegierten Zugang zur Wirklichkeit eröffneten. Wissenschaftliche Theorien seien lediglich „symbolische Ordnungen“, welche „in sozialen Prozessen produziert werden [...], die letztlich kontingente Interpretationen anleiten“ (Reckwitz 2006, S. 24). Diese Ordnungen, beziehungsweise sinnstiftenden Systeme, können insofern keinen höheren Anspruch auf Objektivität erheben als andere Deutungen – sie sind selbst nur eine kulturelle Tätigkeit, ihre Ergebnisse ein kulturelles Produkt. Es gibt keine Gene oder Natur des Menschen, so wird behauptet, das sind nur Vorstellungen, mit denen wir spielen. Butler (1993) ist exemplarisch für diese Fundamentalkritik, wenn sie selbst unsere geschlechtliche Identität sowie jedes binäre System einer Mann-Frau-Dichotomie für eine bloße kulturelle Konstruktion ohne biologische Grundlage erklärt.

Inwieweit sich evolutionstheoretische Erklärungen des Typs A–D letztlich bestätigen werden, kann erst die Zukunft zeigen. Das zu untersuchen bleibt Aufgabe der Fachwissenschaften. Aber angesichts der vielfältigen Kritik an evolutionären Erklärungen der Kultur mag man sich fragen, ob eine philosophische Auseinandersetzung schon lohnt. Gewiss, die Evolutionstheorie ist *„en vogue“* – aber muss die Philosophie, deren Atemzüge Jahrhunderte wären, sich mit jeder Mode beschäftigen? Natürlich nicht mit jeder – doch mit den evolutionären Erklärungsversuchen für Kulturphänomene sollte sie es. Es gibt schon jetzt gute wissenschaftstheoretische Gründe anzunehmen, dass es sich nicht nur um eine kurzlebige Theorie handelt, sondern um einen wichtigen Beitrag zur Erhellung unseres Wirklichkeitsverständnisses: So ist Darwins Erklärungsansatz grundsätzlich vielfältig bestätigt worden, auch wenn noch offen bleiben muss, ob vorgelegte Erklärungen im Einzelfall validiert werden können und ob sie für die zu erklärende Entwicklung und Phänomene im Kulturbereich ausreichen oder ob zusätzliche Erklärungsprinzipien hinzugenommen müssen. Ferner spricht die Allgemeinheit des Mechanismus der natürlichen Selektion dafür, dass er komplexere Anlagen einschließen könnte und auch auf nichtbiologische Bereiche anwendbar sein müsste. Vor allem gibt es für den Bereich der Kulturentwicklung keine alternativen kausalwissenschaftlichen Erklärungsvorschläge vergleichbarer Art. Und solange wir am Ideal rationaler Erhellung der Zusammenhänge der Wirklichkeit festhalten, sollten wir deswegen die evolutionstheoretischen Beiträge sehr ernst nehmen.

---

[15] Dies bemerkt Blackmore, die zentrale Vertreterin der Memetik, selbst (1999, S. 176): Sie argumentiert deswegen, dass sich die Leistungsfähigkeit der Memetik vor allem bei der Verbreitung bizarrer, falscher oder gefährlicher Ideen beweise. Als Beispiel dient ihr etwa das Meme der Idee, von Außerirdischen entführt worden zu sein. Allerdings könnte man hier auch die Parallele zur Erklärungsleistung des *„survival of the fittest“* anführen; dieses ist ja eine Art Metaerklärung, die erst dadurch substanziell wird, indem man die konkreten Eigenschaften angibt, welche es einer Population erlaubt haben, sich erfolgreich durchzusetzen.

13.3.2 Grenzen des evolutionswissenschaftlichen Weltbildes (Erklärungstyp E)

Von philosophischer Relevanz ist freilich besonders der weltanschauliche Erklärungsanspruch – nicht nur, weil es die Philosophie interessieren muss, wenn sie jemand für überflüssig erklärt, sondern weil es keinen Weltbildentwurf gibt, der sich auf eine vergleichbar umfassende Erklärungsbasis stützt. Wenden wir uns daher den Grenzen der Erklärungen des Typs E zu. Kann das Projekt einer evolutionstheoretisch fundierten, naturalistischen Weltanschauung gelingen? Im Folgenden sollen drei grundsätzliche Bedenken skizziert werden.

Erstens gibt es Aspekte der Wirklichkeit, die sich der evolutionswissenschaftlichen Methode entziehen, weswegen sie letztlich ihren universalen Anspruch, sofern sie ihn erhebt, verfehlt. Was sie mit ihrer Methode nicht erreichen kann, ist vor allem all das, was die Methode und ihr Vorgehen bereits voraussetzt und was nicht Teil der empirisch erfassbaren (und kausal analysierbaren) Wirklichkeit ist. Sie muss solche Voraussetzungen machen, da sie selbst eine Deutung der Wirklichkeit ist; die Ergebnisse empirischer Wissenschaften erklären sich nicht selbst – es gibt keine wissenschaftlichen Fakten an sich, sondern immer nur eine mit bestimmten Kategorien systematisch gedeutete und interpretierte Wissenschaft. Was sind solche Voraussetzungen? Da die Evolutionswissenschaften kausale Erklärungen anbieten wollen, wäre hier die ontologische Annahme zu nennen, dass die Wirklichkeit streng kausal geordnet ist. Nun wird im Rahmen der Evolutionären Erkenntnistheorie zwar argumentiert, unsere Vorstellung von Kausalität sei eine lebensdienliche Anpassung an die Wirklichkeit, aber das kann nicht zur Begründung der eigenen Voraussetzungen dienen; denn auch hier wird bereits angenommen, dass die Welt so geordnet ist – nur unter dieser Voraussetzung erscheint es ja lebensdienlich, mit solchen kognitiven Annahmen ausgestattet zu sein (Vollmer 1986, S. 186). In jedem Fall haben wir also eine Grundstruktur, von der die Evolutionswissenschaft immer ausgeht, die sie aber selbst in ihrem Weltbild nicht weiter erhellen kann, sondern als *factum brutum* nehmen muss. Es ist dies das alte, etwa von Fichte und Husserl betonte Problem, dass die Naturwissenschaft ihr eigenes Fundament mit ihren Methoden nicht legen kann, sondern hier eine philosophische Reflexion hinzutreten muss. Dass die Philosophie mit der Erhellung solcher Voraussetzungen keine leichte Aufgabe hat und selbst um eine Methode ringen muss, bleibt unbestritten. Worum es hier allein geht, ist, dass die Evolutionstheorie diese Voraussetzungen nicht begründen oder erklären kann.

Auch stößt der Versuch, das Denken allein mit evolutionswissenschaftlichen Kategorien zu erklären, also die Epistemologie zu naturalisieren, auf Grenzen. Zwar lässt sich eine Naturgeschichte kognitiver Vermögen erzählen, in denen diese funktional erklärt werden – aber es bleibt völlig ungeklärt, warum die Evolutionstheorie oder die Naturwissenschaften selbst beanspruchen dürfen, einen besonders ausgezeichneten Zugriff zur Wirklichkeit zu haben. Eine Annahme, die sich oft mit der heftigen Zurückweisung anderer, genuin philosophischer Weisen des Vernunftgebrauchs verbindet, denn es wird ja behauptet, die einzig gültige Grundlage unseres

Weltbildes zu sein. Aber wie soll diese Selbstermächtigung der naturwissenschaftlichen Rationalität gelingen? Sie kann selbst keine Kriterien entwickeln und legitimieren, die ihren eigenen Wahrheits- und Rationalitätsanspruch absichern. Mit welchen Mitteln will sie gegen den fundamentalen Einwand argumentieren, es handele sich bei ihr nur um eine „symbolische Ordnung“ neben anderen? Was hierzu nötig wäre, ist eine die Naturwissenschaft übersteigende umfassende Reflexion über das Denkvermögen, also das, was man traditionellerweise „Vernunft“ nennt. Denn die Vernunft ist das Vermögen, den verschiedenen Denkweisen ihren Ort zuzuschreiben. Aber gerade diese umfassende Vernunft wird von den Evolutionswissenschaften bestritten, wenn sie das Denken naturalisieren wollen. Die evolutionstheoretische Erfassung des Denkens bleibt auf einer Ebene stehen und ist blind für die Notwendigkeit einer auf „eigenes Erkennen und Tun sich richtenden Reflexion“, also einer „Selbstaufstufung des Geistes“ (wie es Litt 1948, S. 297, in seiner Kritik an Gehlen formulierte). Kurz: Weit entfernt davon, gute Gründe zu haben, der philosophischen Vernunft ihren Geltungsanspruch abzusprechen, braucht die Evolutionswissenschaft die Philosophie dringend, um ihre eigene Rationalität zu begründen. Wie das geschehen kann und was aus dieser unverzichtbaren Aufgabe der Vernunft für das Weltbild folgt, soll nicht weiter ausgelotet werden – es kann genügen, grundsätzliche Grenzen eines naturwissenschaftlichen Weltbildes zu markieren.

Was ist die dritte Grenzziehung? Eine naturwissenschaftliche Neubegründung der Ethik (in der Evolutionären Ethik) und eine „Entlarvung“ der traditionellen Ethik und aller normativen Forderungen als bloße funktionale Anpassungen gehören zu den für die Philosophie besonders relevanten Ansprüchen, welche die Evolutionswissenschaften erheben. Die Schwächen des Begründungsprojekts der Evolutionären Ethik sind bereits hinreichend betont worden, sodass sie nicht eigens erörtert werden müssen. Naturwissenschaften können beschreiben, was ist, und erklären, wie es zustande gekommen ist, aber es ist ihnen methodisch unmöglich, zu sagen, was sein soll – und wenn sie es doch tun, dann weil sie ihre Grenze nicht reflektieren (Illies 2006, Kap. 7).

Aber auch die vermeintliche „Entlarvung“ jeder Moral, wenn sie mehr sein will als eine funktionale Anpassung, beruht auf einem Irrtum. Hier wird die Reichweite der Folgerungen, die berechtigterweise aus dem Naturalisierungsprogramm gezogen werden können, völlig überschätzt. Denn daraus, dass es funktional ist, sich als sozial lebendes Wesen ein Moralsystem zu geben, folgt keineswegs, dass es keine rational begründeten, also legitimen Orientierungen geben könne. Funktionale Erklärungen lassen die Möglichkeit einer anderen Begründung schlicht offen, deswegen kann von einer „Entlarvung“ keine Rede sein. Schließlich wird im Falle der Kausalität von vielen Evolutionswissenschaftlern auch davon ausgegangen, dass unseren angeborenen kognitiven Annahmen die Wirklichkeit einer kausal geordneten Welt entspricht – entsprechend könnte es auch eine normative Wirklichkeit geben, die den angeborenen normativen Annahmen entspricht (oder auch nicht).

Die logische Kompatibilität ist natürlich selbst kein Beweis dafür, dass es legitime moralische Forderungen wirklich gibt, aber sie zeigt, dass die Evolutionswissenschaften auch mit ihren Aussagen darüber, was es nicht gibt, keinesfalls die Grenzen ihrer Kompetenz überschreiten sollten.

Kurz: So sehr unser Wissen zugenommen hat, bleibt doch die „Löwenfrau" noch immer eine Herausforderung an unser Denken. Auch im biologischen Zeitalter ist der Mensch das Tier, das seine Vernünftigkeit nicht vernünftigerweise in Frage stellen kann – gerade da, wo er sich ganz als ein evolutionär entstandenes, besonderes Tier zu erklären versucht, stößt er auf Grenzen, die er nur mit seiner Vernunft ausloten kann. Der Philosophie werden daher auch angesichts evolutionswissenschaftlicher Erklärungsansprüche die Aufgaben nicht ausgehen; und die Einordnung der Evolutionswissenschaften und ihrer Erklärungsansprüche in ein allgemeines Weltbild dürfte eine besonders wichtige Aufgabe der Philosophie für das biologische Zeitalter sein.

Literatur

Alsberg P (1922) *Das Menschheitsrätsel. Versuch einer prinzipiellen Lösung.* Sibyllen-Verlag, Dresden

Blackmore S (1999) *The Meme Machine.* Oxford University Press, Oxford

Boyd R, Richerson PJ (1988) *Culture and Evolutionary Process.* University of Chicago Press, Chicago

Büchner L (1869) *Die Stellung des Menschen in der Natur in Vergangenheit, Gegenwart und Zukunft.* Thomas, Leipzig

Burger J, Kirchner M, Bramanti B, Haak W, Thomas MG (2007) *Absence of the Lactase-persistence-associated Allele in Early Neolithic Europeans.* Proc Natl Acad Sci USA 104: 3736–3741

Butler J (1993) *Bodies That Matter. On the Discursive Limits of ‚Sex'.* Routledge, New York

Conway Morris S (2003) *Life's Solution. Inevitable Humans in a Lonely Universe.* Cambridge University Press, Cambridge

Darwin C (1859) *On the Origin of Species.* John Murray, London

Darwin C (1871) *The Descent of Man and Selection in Relation to Sex.* Penguin, London

Darwin C (1872) *The Expressions of Emotions in Man and Animal.* John Murray, London

Dawkins R (1976) *The Selfish Gene.* Oxford University Press, Oxford [dt.: *Das egoistische Gen.* Springer, Berlin Heidelberg 1978]

Dennett D (1996) *Darwin's Dangerous Idea.* Penguin, Harmondsworth

Diamond J (1997) *Guns, Germs and Steel. The Fate of Human Societies.* Norton, New York

Durham W (1991) *Coevolution, Genes, Culture, and Human Diversity.* Stanford University Press, Palo Alto

Gould SJ (1996) *Life's Grandeur. The Spread of Excellence from Plato to Darwin.* Jonathan Cape, London

Haeckel E (1868) *Natürliche Schöpfungsgeschichte.* Georg Reimer, Berlin

Hanzig-Bätzing E (2009) *Die neuen Grenzen des Menschlichen. Zum Paradigmenwechsel in der Biologie.* Kommune. Forum für Politik, Ökonomie, Kultur 5: 66–78

Hösle V, Illies C (1999) *Darwin.* Herder, Freiburg

Huntington E (1915) *Civilization and Climate.* Yale University Press, New Haven

Huxley TH (1863) *Evidence as to Man's Place in Nature.* Williams & Norwood, London

Illies C (2004) *Die Gene, die Meme und wir. Was versprechen evolutionäre Erklärungen des Kulturwesens Mensch zu leisten?* In: Goebel B, Kruip G, Hauk A (Hrsg) *Probleme des Naturalismus.* Mentis, Paderborn, S. 127–160

Illies C (2006) *Philosophische Anthropologie im biologischen Zeitalter.* Suhrkamp, Frankfurt/M

Illies C (2009) *Die Bedeutung von Anthropologie und Evolutionswissenschaften für die politische Philosophie.* In: Jörke D, Ladwig B (Hrsg) *Politische Anthropologie. Geschichte, Gegenwart, Möglichkeiten.* Nomos, Baden-Baden, S. 197–231

Kleeberg B, Walter T (2001) *Der mehrdimensionale Mensch*. In: Kleeberg B, Metzger S, Rapp W, Walter T (Hrsg) *Die List der Gene. Strategeme eines neuen Menschen*. Narr, Tübingen, S. 21–72
Lenneberg EH (1967) *Biological Foundations of Language*. Wiley, New York
Litt T (1948) *Mensch und Welt. Grundlinien einer Philosophie des Geistes*. 2. Aufl. (1961) Quelle & Meyer, Heidelberg
Lorenz K (1977) *Die Rückseite des Spiegels*. dtv, München
Lorenz K (1983) *Das sogenannte Böse*, 10. Aufl. dtv, München
Losee J (2004) *Theories of Scientific Progress*. Routledge, New York
Montesquieu (1748) *De l'esprit des lois*. Reclam, Stuttgart [1994]
Pinker S (1999) *How the Mind Works*. Penguin, London
Reckwitz A (2006) *Die Transformation der Kulturtheorien. Zur Entwicklung eines Theorieprogramms*. Velbrück Wissenschaft, Weilerswist
Ruse M (1988) *Philosophy of Biology Today*. University Press, New York
Toulmin S (1961) *Foresight and Understanding* [dt.: *Voraussicht und Verstehen – Ein Versuch über die Ziele der Wissenschaft*. Suhrkamp, Frankfurt/M, 1968]
Toulmin S (1972) *Human Understanding*. Clarendon, Oxford
Voland E (2000) *Grundriss der Soziobiologie*. Spektrum, Heidelberg
Vollmer G (1986) *Kant und die evolutionäre Erkenntnistheorie*. In: Vollmer G (Hrsg) *Die Natur der Erkenntnis*. Hirzel, Stuttgart, S. 166–216
von Hayek FA (1969) *Freiburger Studien*. Mohr Siebeck, Tübingen (1994)
von Hayek FA (1973) *Law, Legislation and Liberty*. Bd. 1: Rules and Order. London [dt.: *Recht, Gesetzgebung und Freiheit*. Bd. 1: Regeln und Ordnung. München 1980]
von Hayek FA (1996) *Die Anmaßung von Wissens: Neue Freiburger Studien*. Mohr Siebeck, Tübingen
von Hayek FA (2005) *Die Verfassung der Freiheit*. In: Gesammelte Schriften in deutscher Sprache, Abt. B, Bd. 3. Mohr Siebeck, Tübingen [engl.: *The Constitution of Liberty*. University of Chicago Press, Chicago, 1960]
Wallace AR (1864) *The Origin of Human Races and the Antiquity of Man Deduced From the Theory of ‚Natural Selection'*. Anthropological Review 2: clviii–clxxxvi
Wallace AR (1870) *The Limits of Natural Selection as Applied to Man*. In: Wallace AR (Hrsg) *Contributions to the Theory of Natural Selection*. Macmillan, New York, S. 332–371 [1871]
Wallace AR (1871) *Contributions to the Theory of Natural Selection*. Macmillan, New York
Wickler W, Seibt U (1977) *Das Prinzip Eigennutz*. Hofmann & Campe, Hamburg
Wilson EO (1998) *Consilience. The Unity of Knowledge*. Random (Vintage Books), New York
Wilson FR (1998) *The Hand: How Its Use Shapes the Brain, Language, and Human Culture*. Panteon, New York

Kapitel 14
Tanzendes Tier oder exzentrische Positionalität – Philosophische Anthropologie zwischen Darwinismus und Kulturalismus

Joachim Fischer

Zunächst kurz vorweg zu den Formeln im Titel: „exzentrische Positionalität" ist der Kategorienvorschlag der Philosophischen Anthropologie (genauer: von Helmuth Plessner) für den Menschen, für seine „Sonderstellung" unter den Lebewesen – ich werde diesen Begriff erläutern. So viel kann man sagen: Der Terminus ist nicht schwieriger als „Transzendentalität" oder das „Apriori" oder „Autopoiesis", also Begriffe, mit deren Orientierungswert in der intellektuellen Öffentlichkeit bereits gespielt wird, bietet aber möglicherweise mehr Erschließungskraft als die Kunstbegriffe z. B. von Kant, Maturana oder Luhmann. Und „tanzendes Tier" ist ein glücklicher Anschauungsbegriff, eine Art Übersetzung für „exzentrische Positionalität" – also ein „verrücktes" Lebewesen, eine Verrückung im evolutionären Leben, die dieses Lebewesen von Natur aus zu einer bestimmten Art von Lebensführung, nämlich Kultur nötigt. Die Absicht des Beitrages ist es, die Philosophische Anthropologie als eine spezifische Theorietechnik zu präsentieren, um einen adäquaten Begriff des Menschen zu erreichen, und zwar eine Theoriestrategie angesichts des cartesianischen Dualismus – also des Dualismus zwischen Naturalismus und Kulturalismus.

14.1 Cartesianischer Dualismus: Darwinismus und Foucaultismus oder Naturalismus und Kulturalismus

Wichtig ist zu Beginn folgende Unterscheidung: Wenn hier von Philosophischer Anthropologie gesprochen wird, dann wird darunter das gleichnamige Paradigma, nicht die Disziplin unter demselben Titel verstanden (man kann das grafisch unterscheiden, indem man „philosophische Anthropologie" als Disziplin klein- und

J. Fischer (✉)
Institut für Soziologie, Lehrstuhl für soziologische Theorie, Theoriegeschichte und Kultursoziologie, Technische Universität Dresden, Chemnitzer Str. 46a, 01187 Dresden, Deutschland
E-Mail: joachim.fischer@tu-dresden.de

J. Oehler (Hrsg.), *Der Mensch – Evolution, Natur und Kultur,*
DOI 10.1007/978-3-642-10350-6_14, © Springer-Verlag Berlin Heidelberg 2010

„Philosophische Anthropologie" als Denkansatz oder Paradigma großschreibt). Sowohl für die Disziplin (Hartung 2008; Landmann 1976; Thies 2004) wie für die Theorierichtung (Fischer 2008; Rehberg 2008; Thies 2008) liegen Übersichten vor. Es geht hier im Folgenden allein um dieses Paradigma, diese moderne Theorierichtung der Philosophischen Anthropologie, die seit dem 20. Jahrhundert mit den Namen Max Scheler, Arnold Gehlen und Helmuth Plessner verknüpft ist (wobei der Beitrag sich auf den letzteren konzentrieren wird). Es dreht sich um die Theoriestrategie der Philosophischen Anthropologie – der Terminus „Theoriestrategie" meint hier dann tatsächlich eine Strategie, einen begrifflichen Plan, einen konzeptionellen Feldzug innerhalb des Ringens verschiedener Konzeptionen um die angemessene Erschließung der menschlichen Lebenswelt, man könnte auch sagen: einen Feldzug zur Besetzung, zur begrifflichen Okkupation der menschlichen Lebenswelt. Um den Theorietypus der Philosophischen Anthropologie zu erläutern, muss man zunächst das Spannungsfeld aufmachen, innerhalb dessen Philosophische Anthropologie als eine Theoriestrategie plausibel, prägnant und markant werden kann.

Dieses Spannungsfeld ist der *cartesianische Dualismus* in der Beschreibung der menschlichen Lebenswelt, der sich bereits zu Beginn des 20. Jahrhunderts verwandelt hatte und der sich zu Beginn des 21. Jahrhunderts noch einmal radikalisiert. Wie man weiß, bestimmt der cartesianische Dualismus seit dem 17. Jahrhundert in immer neuen Varianten die Ordnungen des Wissens, ursprünglich mit der Trennung der denkenden Substanz von der ausgedehnten Substanz, also zwischen denkendem Subjekt einerseits, der physikalischen Natur (einschließlich des Körpers) andererseits. In der Folge kann alles Wissen (einschließlich des Wissens vom Menschen) entweder vom denkenden, autonomen Ich aus entfaltet werden (als Idealismus) oder umgekehrt von der Natur, von der Physik her (als Materialismus oder Naturalismus).

Aus dem Cartesianismus gehen zwei sich fortwährend erneuernde verschiedene Paradigmengruppen hervor. Wissenschaftstheoretisch stehen nun seit dem 19. Jahrhundert der *neuere* Naturalismus des Darwinismus einerseits – als Kernparadigma der Naturwissenschaften, in jedem Fall als Kernparadigma aller Lebenswissenschaftler – und der kulturphilosophisch gestützte *neue* Kulturalismus innerhalb der Kultur- und Sozialwissenschaften andererseits in einem Exklusionsverhältnis. Es kommt ja im 19. Jahrhundert gleichzeitig zu einem Aufstieg der Lebenswissenschaften wie zum Durchbruch der Gruppe der Geisteswissenschaften. Darwin *oder* Dilthey, Darwin *oder* Cassirer, Darwin *oder* Foucault, das sind die Alternativen innerhalb der Wissensordnung, die einander ausschließen. Für den Darwinismus ereignet sich nämlich die Unterscheidung von Natur und Kultur in der Natur selbst, sie ist eine Naturtatsache, für den Konstruktivismus ist die Unterscheidung von Natur und Kultur hingegen eine Apriorileistung der Kultur. Man kann deutlich erkennen, dass beide Theorieansätze in der Erbschaft des Cartesianismus stehen, des cartesianischen Dualismus, also der seit Descartes strikten Trennung zwischen der denkenden Substanz und der ausgedehnten, körperlichen Substanz: das evolutionsbiologische Paradigma auf der Seite des Körpers, der Kulturalismus auf der Seite des Mentalen. Im 20. Jahrhundert werden mit der Biologie einerseits, den Sprach- und Sozialwissenschaften andererseits charakteristische Neubesetzungen der jeweiligen Flügel des Cartesianismus vorgenommen: Statt der Physik des unbelebten Körpers nun die evolutionären Mechanismen des Organismus und statt des denkenden Bewusstseinssubjekts nun die Sprache als inter- oder transsubjektives Medium des Denkens. Der cartesianische Dualismus verwandelt sich angesichts der evolutionsbiologischen Herausforderung in wechselseitige Übernahmeversuche der jeweiligen extremen Perspektiven: Der über den Materialismus hinausgehende Evolutionismus des Organischen übernimmt aufklärend die sozio-kulturelle Lebenswelt; umgekehrt kassiert der Kulturalismus das evolutionsbiologische Paradigma als ein bloß kulturelles Deutungsschema.

Um es vorwegzunehmen: Philosophische Anthropologie als weiteres, originäres Paradigma ist ein tiefer Einstieg in die Welt des Naturalismus, ohne selbst ein naturalistischer Ansatz zu sein; zu ihrem konzeptionellen Kern gehört eine philosophische Biologie als Antwort auf den evolutionsbiologischen Naturalismus, so dass eine Kultur- und Sozialwissenschaft möglich wird, die der Komplexität der spezifisch menschlichen Lebenswelt entspricht – und damit der komplexen Erfahrung menschlicher Lebewesen gerecht wird. Dieser Anspruch, eine Einheit des Verschiedenen, eine Übersetzung innerhalb des cartesianischen Alternativprinzips zu leisten, steckt im Terminus „Philosophie" – deshalb muss dieses Paradigma „*Philosophische* Anthropologie" heißen.

Ich erläutere zunächst kurz die zwei Flügel des Cartesianismus: die naturalistische Vorgehensweise *und* die kulturalistische, dann den Theorietypus der Philosophische Anthropologie anhand von Plessners Kategorie „exzentrische Positionalität". Abschließend deute ich die Erschließungsmöglichkeiten dieser philosophisch-anthropologischen Theoriestrategie zwischen Naturalismus und Kulturalismus an.

14.1.1 Die Herausforderung der Darwin'schen Theorie

Darwins Evolutionstheorie hat sich seit ihrer Erstveröffentlichung erstens als *die* Theorie innerhalb der Biologie durchgesetzt und – in der von ihm selbst schon gezogenen Konsequenz – zweitens als eine biologisch fundierte Theorie innerhalb der Anthropologie angeboten, wissenschaftlich und publizistisch. Kein moderner Denker, kein moderner Mensch – so die Vermutung der darwinistischen Theoretiker – kann es vermeiden, in wesentlichen Vermutungen seines Weltbildes letztendlich Darwinist zu sein (Mayr 2005). Theoriestrategisch ist die Darwin'sche Theorie eine Rakete, bei der man zwei Phasen der Zündung unterscheiden muss: die Theorie des Lebens überhaupt (Darwin 1983), und darin eingefügt, die Theorie des menschlichen Lebens (Darwin 2002).

Darwins Theorie des Lebens rekonstruiert alle – jetzt lebenden und bereits wieder verschwundenen – verschiedenen Arten des Lebens der Pflanzen- und Tierwelt als Resultat einer immanenten Evolution. Demnach sind die jetzt vorhandenen Arten von Organismen nicht Ergebnis einer parallel verfahrenden transzendenten Setzung, einer Setzung kraft einer Transzendenz, Geschöpfe einer schöpferischen Kraft (Gott), sondern Resultat eines Entwicklungsprozesses, der bestimmten kausalen Mechanismen folgt: Der Abweichungen und Fehler im Reproduktionsprozess, also der Variation erstens, der natürlichen Selektion von Varianten von Organismen, denen die Anpassung gelingt oder die durch Misserfolg aus der Reproduktion ausscheiden, zweitens, schließlich die relative Stabilisierung von erfolgreichen Varianten in konstanten Arten von Organismen. Entscheidend ist das Deutungsmuster: Alle differenten Organe und Leistungen, alle Verhaltensweisen der individuellen Organismen (bei höheren Arten), alle Verhaltensbereitschaften oder inneren Gestimmtheiten und Orientierungsprozesse werden als Funktionen eines solchen diversifizierten Anpassungsprozesses aufklärbar. Und: alle Organismen hängen – auch über bereits verschwundene Zwischenglieder – in einer Abstammungsgeschichte zusammen. Insofern kann man die Darwin'sche Theorie Evolutionstheorie, aber auch Umwandlungstheorie oder Abstammungstheorie des Lebens nennen.

Und hier greift die zweite Phase des Fluges der Theorierakete, den Darwin selbst noch 1871 in seinem Buch „*The Descent of Man*" eröffnet hat. Das überwältigende anschauliche Forschungsmaterial der vergleichenden Anatomie und der vergleichenden individualorganismischen Entwicklungsphasen führen Darwin zu der These, dass Menschen und andere organischen Lebensformen vergleichend zu betrachten sind – zur These der „gemeinsamen Abstammung" von Pflanze, Tier *und* Mensch sowie der Abstammung des menschlichen Lebewesens aus dem Reich der höheren Primaten. Diese systematische Einbeziehung des Menschen in die lebendige Welt – oder der *Anthropologie in die Biologie* – wird von Darwin selbst hinsichtlich der so genannten menschlichen Monopole, den klassischen Ausweisen seiner von ihm – dem Menschen – behaupteten Sonderstellung gegen das Reich des Lebendigen, also der Vernunft, der Sprache und der Moral durchgeführt: Der leistungsfähige Verstand entwickelt sich demnach aus niedrigen Vorformen, die Sprache aus der so genannten Lautsprache von Vögeln und Säugetieren, die moralischen Empfindungen aus Sozialinstinkten. Anders gesagt: Entgegen der „Anmaßung, die unsere Vorfahren erklären ließ, dass sie von Halbgöttern abstammten" (Darwin 2002, S. 32), ermöglicht die Evolutionsbiologie systematisch die Rückführung, die Reduktion der idealistisch behaupteten Monopole in die Mechanismen des Lebens selbst, die begriffliche Reduktion anthropologischer Begriffe in biologische Begriffe. Darwins gradualistischer Kernsatz dieser Theoriestrategie lautet: Es geht darum, zu zeigen, „dass die geistigen Fähigkeiten des Menschen und der niederen Tiere nicht der Art nach, wennschon ungeheuer dem Grade nach voneinander abweichen. Eine Verschiedenheit des Grades, so groß sie auch sein mag, berechtigt uns nicht dazu, den Menschen in ein besonderes Reich zu stellen" (Darwin 2002, S. 199). So groß also die Verschiedenheit an Geist zwischen dem Menschen und den höheren Tieren sein mag, so ist es entsprechend dem evolutionsbiologischen Paradigma doch nur eine Verschiedenheit des Grads und nicht der Art – es gibt keine Sonderstellung. Das Theorem der bloß graduellen Verschiedenheit in der Entwicklung des Lebens garantiert nun, dass die Impulse des Lebens – Selbsterhaltung der individuellen Organismen und Arterhaltung durch Reproduktion – sowie die kausalen Mechanismen des Lebens Variation, Selektion und Stabilisierung auch auf der Ebene des menschlichen Lebewesens ungebrochen in Kraft sind und *in letzter Hinsicht* ausschlaggebend sind: Sie sind es, die auch das Erklären aller Phänomene der soziokulturellen

Lebenswelt des Menschen anleiten, alle Verhaltensweisen, alle symbolischen Interaktionen, alle seelisch-geistige Verfasstheit lassen sich insofern als bloße Epiphänomene der Selbst- und Art- (oder Gen-)erhaltung entlang der Mechanismen Variation, Selektion und Stabilisierung erklären. Man könnte sagen: Evolutionsbiologie postuliert „Biomacht" bis hinein in das menschliche Lebewesen, aber in einem ganz anderen Sinn als der französische Poststrukturalist Michel Foucault eingeführt und in Umlauf gebracht hat: Nicht die kulturkonstruktivistischen Diskurse und Praktiken bemächtigen sich je verschieden des Lebens, üben Macht über das Leben aus, sondern im Darwin-Code ist das Leben selbst eine steuernde Größe, Biomacht ist die Macht des Bios bis in alle Konstruktionen und Diskurse des Menschen. Aus dem biologisch rekonstruierten Evolutionsgeschehen lassen sich dann alle Themen der sozio-kulturellen Lebenswelt des Menschen „biologisieren" oder in der evolutionären Natur „verwurzeln", das heißt von der evolutionsbiologischen Theorie des Lebens her beobachtet und beschreibt man, wie das „Leben" selbst bis in die Kapillaren des Psychischen, Sozialen und Kulturellen steuernd vordringt. Mit einer eigenen Psychobiologie, Soziobiologie und Kulturbiologie sowie Evolutionären Erkenntnistheorie, insgesamt einer „evolutionären Anthropologie" dringt das bioevolutionäre Theorieprogramm vom Phänomen des Lebens aus zur Erschließung der sozio-kulturellen Lebenswelt vor (z. B. Dawkins 2006; Eibl 2007). Die Maxime des Paradigmas lautet: „Der Darwin-Code. Die Evolution erklärt unser Leben" (Junker u. Paul 2009).

14.1.2 Die Herausforderung und die herausfordernde Antwort – Konstruktivismus und Kulturalismus

Was gibt es für Möglichkeiten, mit dieser Herausforderung des Naturalismus, der Darwin'schen Theorie des Lebens einschließlich des Menschen umzugehen? Was für Denkmöglichkeiten haben sich seit dem letzten Drittel des 19. Jahrhunderts entwickelt? Man kann hier zunächst zwei Antwortstrategien unterscheiden: *Darwin oder Gott* und *Darwin oder Foucault*.

Der öffentliche Diskurs, die öffentliche Debatte wird beherrscht von der ersten Alternative: Darwin oder Gott, Evolution oder Schöpfung (Klose u. Oehler 2008). Angesichts des „Wunders" des Lebens und der Unwahrscheinlichkeit des komplexen Phänomens Mensch bleibt die prinzipielle Denkmöglichkeit, an einem schöpfungstheologischen Programm festzuhalten: Dann ist das Leben, wie die Natur überhaupt einschließlich des Menschen eine Setzung, eine Kreation von Kreaturen, die Seinsmitteilung einer Gott zu nennenden Transzendenz, die in der Schöpfung sich selbst erkennt und bejaht.

Aber innerhalb der Wissenschaften spielt die alternative Evolution oder Schöpfung keine bedeutende Rolle. Darwin oder Gott ist ein Streit für die Öffentlichkeit, aber Darwin *oder* Foucault ist der Streit innerhalb der Wissenschaften. Wissenschaftsintern hat sich nämlich als Alternative zur naturalistischen Herausforderung des Darwinismus die Denkmöglichkeit des *Konstruktivismus* oder *Kulturalismus* mit seinem breiten Spektrum an Varianten ausgebildet – darauf konzentriere ich mich jetzt, um dann die Theorietechnik der Philosophischen Anthropologie zu demonstrieren. Es ist klar, dass im Darwin-Jahr 2009 (und auch auf der Dresdner Darwin-Konferenz) das Darwin-Paradigma als gesetzt gilt – aber es gibt ein ganz anderes modernes Paradigma in verschiedensten Varianten, das ich jetzt hier in diesem intellektuellen Raum dagegensetze – nicht weil ich es vertrete, sondern um überhaupt den Spalt für die Theoriestrategie der Philosophischen Anthropologie als einer dritten Position zu öffnen. Die zeitgenössisch konstruktivistische Antwort auf die erstmalige Darwin'sche Herausforderung im 19. Jahrhundert war der Neukantianismus (eine erste Form des Konstruktivismus), eine andere der Historismus bzw. die hermeneutische Philosophie (Dilthey) – heute heißt dasselbe Theorieprogramm kultureller Sozialkonstruktivismus. Es ist also das Paradigma des transzendentalhistorischen Konstruktivismus – eben Dilthey gegen Darwin oder Foucault gegen Darwin. Man kann auch an den Strukturalismus von Claude Lévi-Strauss oder an den *linguistic turn* im 20. Jahrhundert insgesamt denken. Der Titel der Dresdner Tagung würde also aus der Perspektive der modernen Kultur- und Sozialwissenschaften gänzlich anders lauten: *Foucault, Lévi-Strauss und Butler – Die Diskursgeschichte und unser heutiges Bild vom Menschen.*

Was ist die Grundannahme dieser Varianten des kulturellen Konstruktivismus? Gleich ob die denkende Vernunft im Menschen oder die Sprache, die symbolische Ordnung oder die Schrift, die symbolischen Formen, das historische Apriori oder die Episteme einer jeweiligen Welt- und Selbstbegegnung, immer ist im kulturphilosophischen oder sozio-konstruktivistischen Theorieprogramm der Ansatzpunkt der Rekonstruktion die immanente Ordnung des Denkens und Sprechens (Foucault 1974), die *als* intellektuelle oder symbolische, linguistische Ordnung vom Phänomen des Lebens selbst unberührt ist (zum Theorieprogramm des Kulturalismus insgesamt siehe Reckwitz 2006). Aus dieser Perspektive ist dann auch die „Evolutionsbiologie" ein Diskurs, eine historisch kontingente symbolische Form, ein diskursives Konstrukt *über* das „Leben" – nach Maßgabe einer rationalen oder historisch-diskursiven Konstruktion, Teil einer diskursiven „Biomacht". Der theoriestrategische Schachzug des kulturellen Konstruktivismus ist, die Unterscheidung zwischen Natur und Kultur als nur innerhalb der Kultur für möglich zu halten, nach Maßgabe eines rationalen oder historischen Aprioris. „Leben" und menschliches Leben kommt überhaupt nur nach Maßgabe einer Konstruktion, durch kulturelle Bildgebung, durch begriffliche Semantik, durch Symbolisierungen, durch kontingent gesetzte sinnhafte Ordnungsstrukturen, durch Diskurse, durch „Biopolitik", also durch „Biomacht" ins Spiel – ins Spiel der menschlichen Lebenswelt. Es sind also die Diskurse oder symbolische Formen, die überhaupt erst Menschen zu Menschen formieren, diskursformatierte Subjekte generieren; menschliche Lebewesen sind so gesehen allein diskursgeborene Akteure, die andere „Menschen" leben oder sterben lassen, die entscheiden, wer zum Leben gehört, wer oder was nicht – also diskursive „Biomacht" ausüben. Man kann es auch so sagen: Wenn Darwinismus als Naturalismus sagt: alles ist *sex*, sagt der Foucaultismus als Kulturalismus: alles ist *gender*. Entweder folgt alle menschliche Lebenswelt der naturalen Geschlechterdifferenz und ihrem Reproduktionsimperativ oder *alle* Geschlechterdifferenz ist eine kulturelle Ordnung der Geschlechter, eine Interpretation, wer oder was als welches Geschlecht zu gelten und zu leben habe. Und Naturalismen wie die Evolutionsbiologie können dann als Diskursstrategien oder Narrative dekonstruiert und damit in ihrer Geltungsbehauptung für die menschliche Sphäre eingeklammert werden (für eine solche, bei aller Differenzierung zwischen Foucault und Darwin letztlich doch diskursanalytisch verfahrende Dekonstruktion Darwins und des Darwinismus siehe Sarasin 2009).

14.2 Philosophische Anthropologie als Theoriestrategie – Plessner und die exzentrische Positionalität

Damit ist das Spannungsfeld präpariert, um die Philosophische Anthropologie als eine eigene bestimmte Theoriestrategie zu erläutern. Alle „Philosophischen Anthropologen" halten Menschen grundsätzlich für der kulturellen Konstruktion fähige Wesen, alle idealistischen Selbstvermutungen, die Menschen über sich hegen, werden nicht von vornherein als Täuschungen oder Epiphänomene der Natur abgebaut: insofern ist für sie, also für die sich als Philosophische Anthropologen identifizierenden Denker die Darwin'sche Theorie, die alle Monopole des Menschen in ein Naturgeschehen zurückzuführen beabsichtigt, eine Herausforderung, der sie sich *nicht* anschließen, der sie aber auch *nicht* – wie der Kulturalismus – ausweichen wollen. Sie akzeptieren nämlich am evolutionsbiologischen Ansatz die Immanenzerklärung aus der Natur, den gleichsam zur neuzeitlichen Philosophie passenden Versuch also, ohne theologische Modelle *und* auch ohne Teleologiemodelle einer Zweckmäßigkeit der Natur insgesamt eine immanente Aufklärung des Phänomens Leben in der Natur zu leisten – also von der Biologie aus zu operieren.

Der springende Punkt in der Theorietechnik der Philosophischen Anthropologie ist deshalb der theorieinterne Bezug zur Biologie. Entscheidend oder konstitutiv ist der Bezug zur Biologie, weil nur darüber die Herausforderung des Darwinismus angenommen werden kann. Die Philosophische Anthropologie differenziert deshalb innerhalb ihres Denkansatzes bei den Autoren jeweils eine philosophisch konzipierte Biologie aus, über die sie – die Philosophische Anthropologie – sich wiederum als Kultur- und Sozialtheorie entfalten kann (zu diesem Verfahren einer philosophischen Biologie bei verschiedenen Autoren siehe Grene 1965). Die Pointe ist, dass diese Philosophische Anthropologie als Anthropologie nicht mit dem Menschen anfängt, sondern, bevor sie vom Menschen spricht, vom Leben handelt. Der operative Impuls dabei ist, die basale Selbsterfahrung der Menschen, vernunft- und sprachvermittelte, diskursvermittelte Wesen zu sein, denen Selbstdistanz eignet, im Sprechen über das „Leben", das Organische – also das Andere der Vernunft und des Diskurses – nicht preiszugeben. Es soll im biologisch informierten Sprechen über das Organische dessen Phänomenalität so angesetzt werden, dass – wenn dann von unten her über eine rekonstruktive Aufstufung des Organischen die Sphäre des menschlichen Lebewesen erreicht wird – sich die Ausgangserfahrung der Selbstdistanz *nicht* als Täuschung, als bloßes Epiphänomen erweist (zur Programmatik einer solchen philosophischen Biologie siehe Jonas 1994). Anders gesagt: Die Theoriestrategie der Philosophischen Anthropologie angesichts der darwinistischen Herausforderung ist, im Umweg über eine immanent angelegte Theorie des Lebens, über den kontrastiven Pflanze-, Tier-, Menschvergleich einen vollen, nichtreduktiven Begriff des Menschen auszuweisen (die Autoren der Philosophischen Anthropologie setzten sich alle systematisch mit der damals einsetzenden systematischen Primatenforschung auseinander, Köhler 1917).

Diese philosophisch-anthropologische Theoriestrategie kann man am besten an Plessners Schlüsselkategorie der „exzentrischen Positionalität" (für den Menschen) zeigen. Plessner, der selbst Biologe war, setzt in seiner Theoriestrategie damit an, dass er das Organische vom Anorganischen unterscheidet, indem er nüchtern, aber zugleich äußerst folgenreich oder anschlussfähig das „lebendige Ding" als ein „grenzrealisierendes Ding" markiert (Plessner 1975, S. 99 f.), es also in seiner Eigenphänomenalität als ein Ding kennzeichnet, das durch eine Grenzleistung, im Grenzverkehr mit der Umwelt Eigenkomplexität aufbaut; der Stein hört am Rand auf, der Organismus geht aus seiner Grenze über sie hinaus und kehrt durch sie in den Organismus zurück. Das gibt Plessner nicht nur die Möglichkeit, innerhalb seiner „philosophischen Biologie" die Merkmale des Lebendigen von dieser Bestimmung des Lebens her zu explizieren, sondern auch Stufen der Lebensorganisation zu verfolgen, Organisationsniveaus der Grenzregulierung. Indem er grenzrealisierende Dinge als „Positionalitäten" umdefiniert, also anonyme „Gesetztheiten" in der Natur, unterscheidet er Stufen des Organischen, offene und geschlossene Formen, azentrische von zentrischer Positionalität mit jeweils zugeordneten Positionsfeldern oder Umwelten, wobei Letztere – die zentrische Positionalität – als senso-motorisch-neuronal ausdifferenzierte bereits die Primaten verständlich machen will. Typisch für die philosophisch-anthropologische Denkoperation und begriffstechnisch auf den Punkt gebracht ist jetzt Plessners Begriff für den Menschen: „exzentrische Positionalität" (Plessner 1975, S. 288). Mit diesem Begriff drückt Plessner die Unterbrochenheit des Lebens im menschlichen Lebewesen aus, das als Lebewesen zugleich auf neue Formen der Überbrückung dieser Diskontinuität angewiesen ist, um am Leben zu bleiben. Man könnte sagen: Im Begriff „exzentrische Positionalität" werden die 0,6 oder 1,2 % genetischer Differenz zwischen Menschen und Menschenaffen, die von den evolutionären Anthropologen oft als Beweis des Kontinuums innerhalb der Primaten, einschließlich des so genannten „Menschen", angeführt werden, anders gewichtet: die „Exzentrizität" der Positionalität bringt diese minimale genetische Differenz zum Ausdruck, dieses Minimum, das in jeder Hinsicht das Novum im Leben ausmacht. Exzentrizität meint: „Abstand im Körper zum Körper", das ist Plessners Übersetzungsformel für „exzentrische Positionalität", oder Abstand im Leben zum Leben (das ist theorierelevante Unterscheidung zum cartesianischen Alternativprinzip: einerseits Vernunft/Sprache; andererseits Natur/Leben): Die Naturgeschichte ist im Menschen eine Abstandnahme von der natürlichen Umwelt und der Körperlichkeit (der „Positionalität"), aber eine Abstandnahme in der Natur, die in der Natur gelebt werden muss. Exzentrische Positionalität kennzeichnet das Lebewesen, das – im Unterschied zu allen anderen Lebewesen einschließlich der Schimpansen und anderen großen Menschenaffen – in der Natur im Modus der „natürlichen Künstlichkeit" sein Leben führen muss, anders gesagt: im Modus der „vermittelten Unmittelbarkeit", das heißt nur im Umweg über künstliche Medien, Institutionen und Instrumente die natürlichen Impulse des Lebens zum Vollzug und zur Darstellung bringen kann (Plessner 1975, S. 309–340). Von dieser körperlichen Grundstruktur des Menschen her – „natürliche Künstlichkeit" und „vermittelte Unmittelbarkeit" – klärt die Philosophische Anthropologie die komplexen Phänomene der menschlichen Lebensform, „die spezifischen Monopole, Leistungen und Werke" auf: „Sprache, Gewissen, Werkzeug, Waffe, Ideen von Recht und Unrecht, Staat, Führung, die darstellende Funktion der Künste, Mythos, Religion, Wissenschaft, Geschichtlichkeit und Gesellschaft" (Scheler 1995, S. 67) – man kann noch ergänzen: Lachen und Weinen, das Lächeln und alle ekstatischen Phänomene wie z. B. Tanz.

Um den Theorietyp der Philosophischen Anthropologie deutlicher zu kennzeichnen: Gesetzt, die Darwin'sche Theorie bezogen auf den Menschen ist ein Theorietypus *vertikaler Reduktion* im Sinne einer begrifflich-methodischen Reduktion, in der alle theologischen und philosophischen Aussagen über den Menschen in naturwissenschaftliche Begriffe, biologische Begriffe übersetzt werden, oder noch einmal anders gesagt: Gesetzt, die Darwin'sche Theorie ist der Theorietypus vertikaler Reduktion im Sinne einer ontologischen Reduktion, für die der Mensch als Seiendes letztlich nichts als organischer Körper ist, dann dreht die Philosophische Anthropologie theoriestrategisch den Spieß um. Sie ist ein Theorietypus *vertikaler Emergenz*, in der über einen Begriff des Lebens im Wege einer nicht theologisch, nicht teleologisch vorgestellten Stufentheorie („Stufen des Organischen") die menschliche Lebensform begrifflich so gekennzeichnet werden kann, dass von diesem Begriff des Menschen mit Rückbezug auf das Leben, das Organische seine Sonderstellung exponiert werden kann. Die *Sonderstellung* des Menschen wird nicht als eine jenseits des Lebens (also als Vernunft-, Sprach- und Moralwesen, der auch zusätzlich einen Körper hat), sondern als eine Verrückung im Leben, als eine Transformation des Lebens, als eine Übersetzung des Lebens im Leben gekennzeichnet, sodass die Monopole des Menschen nur mit Rückbezug auf seine Körperlichkeit zu haben sind.

14.3 Konsequenzen der Philosophischen Anthropologie für die Erschließung der menschlichen Lebenswelt

„Philosophische Anthropologie im biologischen Zeitalter" (Illies 2006) heißt als Theoriestrategie verstanden die Umdrehung des Spießes des Reduktionismus: Statt Abbau höherer Kategorien auf niedere der Aufweis des Auftritts höherer Kategorien im Feld niederer, unterer Kategorien. Mit dieser Theoriestrategie sind Idealismus oder Konstruktivismus – die Selbstmacht des setzenden Geistes oder des sprachlichen Diskurses – ebenso in Schach gehalten wie der Naturalismus – Eigenmacht der Natur; es ist eine Theorietechnik *zwischen* Foucault und Darwin; ebenso – um das nebenbei anzumerken – eine Theorietechnik zwischen Darwin und Gott, denn ein schöpfungstheologischer Ursprung der Teleologie des Lebens oder des Menschen ist für diese Theoriestrategie nicht denknotwendig.

Von dieser philosophisch-anthropologischen Theoriestrategie aus lassen sich anthropologische Kategorien als Umbruchbegriffe des Vitalen gewinnen – und das könnte interessant und anschlussfähig sein für die Kultur- und Sozialwissenschaften im biologischen Zeitalter, wenn sie der Natur oder dem Lebendigen nicht ausweichen wollen. Anthropologische Kategorien, also Grundbegriffe, die für menschliche Lebewesen reserviert wären, wären dann keine Wesensbegriffe, sondern Transformationsbegriffe, solche, die einen eigenen Status zwischen den Kategorien der Biosphäre, den Vitalkategorien einerseits, und den Kategorien einer je spezifisch geschichtlichen soziokulturellen Welt der Menschen, den hermeneutischen und historischen Kategorien andererseits haben – den historisch variablen Stilbegriffen des Menschen, wie man sagen könnte. Alle prägnanten anthropologischen Kategorien sind aufgebrochene und neu vermittelte Lebenskreislaufbegriffe. Anthropologische Begriffe sind dann als Umbruchbegriffe des Lebens zu finden und so zu formulieren, dass in ihnen das Vitalitätsmoment als dynamischer Hintergrund erkennbar und zugleich in seiner konstruktierten Bestimmtheit für die Kultur- und Sozialwissenschaften ansprechbar bleibt.

Um ein Beispiel zu geben: die von Marx und Engels prominent gebrauchte Kategorie der „Arbeit" ist in diesem Sinne eine genuin *anthropologische* Kategorie. Die Schrift von Engels heißt ja: „Der Anteil der Arbeit an der Menschwerdung des Affen" (Engels 1962) – und sie heißt nicht à la Darwinismus: „Der Anteil der Arbeit an der Fortsetzung des evolutionären Reproduktionsgeschehens" oder „der Anteil der Arbeit an der Fortwirkung der großen Menschenaffen im Menschen". Gerade indem sich Engels in diesem Fragment gebliebenen Text aktuell auf Darwin bezieht, setzt er sich (und Marx) dezidiert von Darwins naturalistischer Konzeption ab. Die Kategorie „Arbeit" haben Marx und Engels ja gerade nicht von Darwin, sondern von Hegel, und sie wenden dessen idealistische Setzung – Arbeit als „Arbeit" des Geistes – in eine realistische Sonderstellungskategorie des menschlichen Lebewesens. In der Arbeit steckt demnach das Vitalmoment, die Vitaldynamik des Stoffwechsels, auch des tätigen Stoffwechsels der Primaten – aber die Kategorie der „Arbeit" ist ein Umbruchbegriff: Nur das menschliche Lebewesen „arbeitet", insofern in seinem Subjekt-Objekt-Verhältnis die Hand des sich aufrichtenden Lebewesens sich „formt" – oder „bildet". Arbeit bildet dieses Lebewesen als spezifisch Menschliches, weil die erfundenen Werkzeuge die Hand schulen und die gesamte Psyche und soziale Koordination zur Disziplinierung bringt. Es wäre ein theoriegeschichtliches Missverständnis, wollte man Marx und Engels in ihrer Arbeits-Anthropologie der Darwin'schen Evolutionsbiologie zuschlagen (siehe Reichholf in diesem Band) – vielmehr gehören sie gerade in diesem Punkt zum Paradigma einer Philosophischen Anthropologie *avant la lettre*. „Arbeit" ist also nur einem exzentrisch positionierten, zu sich selbst in Distanz gebrachten Lebewesen möglich – darin folgen Marx und Engels gerade nicht Darwin, sondern Plessner.

Die materialistische Anthropologie im Sinne von Marx und Engels unterscheidet sich also paradigmatisch von einer evolutionären Anthropologie im Sinne Darwins – eben weil eine auf die Sonderstellung zielende Theorie sich vom Ansatz her von einem strikt gradualistischen Theorieprogramm unterscheidet. Aber natürlich ist eine materialistische, eine marxistische Anthropologie zu eng, weil sie die Menschwerdung *allein* über den Mechanismus der „Arbeit" und damit über die Ökonomie laufen lassen will und insofern alle anderen Monopole von diesem einen Merkmal ableitet. Die *Philosophische Anthropologie* unterscheidet sich davon, insofern sie systematisch die Sonderstellung des Menschen von Beginn an in einem Geflecht von nicht aufeinander rückführbaren anthropologischen Kategorien begreift – von denen „Arbeit" nur eine unter mehreren ist. Diese anthropologischen Kategorien kennzeichnen also die spezifischen Phänomene der menschlichen Sphäre weder als Graduierung oder Fortsetzung der Mechanismen des Organischen mit anderen Mitteln (wie das evolutionsbiologische Paradigma) noch durch vollkommene Abtrennung von der Vitalsphäre (wie das sprach- und kulturkonstruktivistische Paradigma), sondern als Sprung- und Umbruchphänomene im Feld des Lebens selbst. Insofern sind diese anthropologischen Begriffe einerseits immer auch Abgrenzungsbegriffe zum Tier (die zur Dämpfung einer Anthropomorphisierung des Tieres führt): also Begriffe der „Sonderstellung" des menschlichen Lebewesens, Humanspezifika, oder um diesen Begriff der „Sonderstellung" zu variieren: seiner Sondersinnlichkeit, der Sonderexpression, der Sonderzeitlichkeit, der Sonderinteraktion, der Sonderbewegung, der Sondersterblichkeit: Tiere sind stoffwechselnd tätig, aber sie *arbeiten* nicht; Tiere können sehen, aber sie kennen nicht das erzeugte *Bild*; sie können sich verlauten und hören; aber nicht *musizieren*; sie kennen Gegnerschaft, aber nicht *Feindschaft*; sie sind aggressiv, aber nicht *gewalttätig*, sie bewegen sich virtuos, aber sie *tanzen* nicht; sie kommunizieren, aber sie haben keine *Sprache*, sie haben einen biologischen Lebenslauf, aber keine *Bio-grafie* im Sinne einer Sonderzeitlichkeit, sie stocken und erstarren für Lebensmomente, aber sie fallen nicht ins *Lachen* oder *Weinen* für sich und voreinander, sie verenden, aber sie *sterben* nicht und *begraben* einander nicht als leblose Körper. Auch die neueren Forschungen von Tomasello setzen indirekt diese Linienführung der Philosophischen Anthropologie fort: Schimpansen führen einander ihr Verhalten im Vollzug vor, aber sie zeigen nicht auf äußere Gegenstände, sie halten keine Gegenstände hoch, um auf sie zu zeigen – kurz sie kennen keine *Deixis*, kein *„Instruktionslernen"*; junge Schimpansen kennen hinsichtlich des Einsatzes von Mitteln ein „Emulationslernen", aber kein *„Imitationslernen"*, das sich in die Zielbestimmung und die Vorgehensweise des anderen Lebewesen hineinversetzt, um sie dann für eigene Ziele zu rekombinieren (Tomasello 2002, S. 21).

Die Pointe des philosophisch-anthropologischen Grundbegriffes der „exzentrischen Positionalität" ist, dass nicht Sprache oder Vernunft als Monopole des Menschen gegenüber den sprach- und vernunftlosen Tieren postuliert wird – sondern die *Sonderstellung* auf allen Ebenen des Lebens. So könnte man auch von einer „Sonderbeweglichkeit" des menschlichen Lebewesens sprechen. Den Menschen als das „tanzende Tier" kennzeichnen ist möglicherweise aufschlussreicher als ihn in erster Linie als das sprechende Tier zu kennzeichnen – weil die Dynamik des Bios, der Lebensschwung (der *„elan vital"* bei Bergson) des evolutionären Lebens überhaupt im Menschen bewahrt und zugleich umgebrochen ist im Modus des Tanzes, des Ekstatischen. Zugleich gibt es gar nicht *den* Tanz des menschlichen Lebewesens, sondern immer nur verschiedene Stile des Tanzens, Tanzstile als je verschiedene *Lebensstile*, als historische Aprioris der Selbst- und Welterschließung und der sozialen Interaktion, als je spezifische Erscheinungsformen der menschlichen Lebewesen voreinander – den Jagdtanz, den Tanz der Derwische, das Menuett, den Reigen, die Polka, die Polonaise, die Tarantella, den Discotanz. Das heisst: eine anthropologische Kategorie wie Tanz (die damit z. B. wie Arbeit, Sprache, Lachen und Weinen, Musik, Bilderzeugung, Gewalt für menschliche Lebewesen reserviert wäre) ist nicht nur verschieden von reinen Vitalkategorien (wie Bewegung), sondern immer auch offen zu den spezifisch hermeneutischen Begriffen der Kultur- und Sozialwissenschaften, also zu den jeweiligen Epochen, geschichtlichen Aprioris, Epistemen, Diskursformationen (menschlicher Lebenswelt), auf deren jeweilige „Differenz" der kulturalistische Ansatz allen Wert legt (Stile der Bewegungen). In der anthropologischen Kategorie des „Tanzes" stecken das Vitalmoment und zugleich die Differenzierung in je verschiedene soziokulturelle Stile. Das Wahrheitsmoment des Naturalismus ist gewahrt, um das Wahrheitsmoment des Kulturalismus erreichen zu können. Die relativ stabilen anthropologischen Kategorien, die (je in einem Aspekt) eine Transformation des Vitalen auf den Begriff zu bringen suchen, sind also zugleich offen für hermeneutische Kategorien (z. B. historische Stilbegriffe), in den das jeweilige Moment eine jeweilige historisch-kontingente Auslegung und Stilisierung der Lebensverhältnisse erzwingt und gewinnt – durch die anthropologischen Kategorien, die die hermeneutischen Begriffe tragen, wird also eine Vergleichbarkeit von verschiedensten Kulturen und Gesellschaften in ihrer Differenz gewonnen.

Und um seitens der Philosophischen Anthropologie einen letzten Schachzug in Richtung des Naturalismus, der Darwin-Theoretiker anzubringen: Die Sonderstellungsthese, so wie sie das Paradigma der Philosophischen Anthropologie durchführt – also im Medium des Lebens selbst, unter Explizierung einer philosophischen Biologie –, nimmt den Menschenaffen nichts weg, den Menschenaffen, um deren empathische und emphatische „Rettung" sich die Darwinisten mit ihrer Kontinuumsthese verdient zu machen glauben („*Great Ape Project*"). Im Gegenteil: Im Plädoyer „Wir (die so genannten Menschen) sind Menschenaffen" (Volker Sommer in diesem Band) ist das Sonderstellungstheorem – nur unexpliziert – vorausgesetzt, um überhaupt die Pointe des Plädoyers entfalten zu können. Nur „exzentrisch" positionierte Lebewesen können sich um andere Lebewesen in einem empathischen und emphatischen Sinn kümmern. Man könnte so sagen: *Wir* sind *die* Menschenaffen, die sich anderen Menschenaffen widmen können, sie fangen, ausstellen, grausam gebrauchen und verkrüppeln können – aber eben ihnen auch bestimmte Grundrechte, die allein menschliche Lebewesen für sich, an ihresgleichen entdecken und erfinden, *zusprechen* können, also für Bonobos, Schimpansen, Gorillas und Orang-Utans diese Grundrechte fordern und sie stellvertretend für sie durchsetzen: Das Recht auf Leben, der Schutz der individuellen Freiheit, Verbot von Folter. Die *Sonderstellung* menschlicher Lebewesen gegenüber allen anderen Tieren einschließlich der subhumanen Primaten wird in dieser Stellvertretertat geradezu vollzogen.

Literatur

Darwin C (1983) [engl. 1859] *Die Entstehung der Arten durch natürliche Zuchtwahl*. Kröner, Stuttgart

Darwin C (2002) [engl. 1875] *Die Abstammung des Menschen*. Kröner, Stuttgart

Dawkins R (2006) *Das egoistische Gen*. Spektrum, Heidelberg

Eibl E (2007) *Animal poeta. Bausteine der biologischen Kultur- und Literaturtheorie*. Mentis, Paderborn

Engels F (1962) *Der Anteil der Arbeit an der Menschwerdung des Affen*. In: Marx K, Engels F (Hrsg) *Werke*, Bd 20, Dietz, Berlin, S. 444–455

Fischer J (2008) *Philosophische Anthropologie. Eine Denkrichtung des 20. Jahrhunderts*. Studienausgabe, Alber, Freiburg

Foucault M (1974) *Die Ordnung des Diskurses*. Hanser, München

Grene M (1965) *Approaches to a Philosophical Biology*. Basic Books, New York, London

Hartung G (2008) *Philosophische Anthropologie*. Reclam, Stuttgart

Illies C (2006) *Philosophische Anthropologie im biologischen Zeitalter. Zur Konvergenz von Moral und Natur*. Suhrkamp, Frankfurt/M

Jonas H (1994) [engl. 1966] Das *Prinzip Leben. Ansätze zu einer philosophischen Biologie*. Insel, Frankfurt/M

Junker T, Paul S (2009) *Der Darwin Code. Die Evolution erklärt unser Leben*. C. H. Beck, München

Klose J, Oehler J (Hrsg) (2008) *Gott oder Darwin. Vernünftiges Reden über Schöpfung und Evolution*. Springer, Berlin, Heidelberg

Köhler W (1917) *Intelligenzprüfungen an Anthropoiden 1*. Abh der Königlpreuß Akad Wiss Phys-Math Klasse 1, Berlin

Landmann M (1976) [1955] *Philosophische Anthropologie. Menschliche Selbstdeutung in Geschichte und Gegenwart*, 4. überarb. u. erw. Aufl. de Gruyter, Berlin

Mayr E (2005) *Konzepte der Biologie*. Hirzel, Stuttgart

Plessner H (1975) [1928] *Die Stufen des Organischen und der Mensch. Einleitung in die philosophische Anthropologie*, 2. Aufl. de Gruyter, Berlin

Reckwitz A (2006) *Die Transformation der Kulturtheorien. Zur Entwicklung eines Theorieprogramms*. Vehlbrück, Weilerswist

Rehberg K-S (2008) *Eine Philosophie des Menschen und die Herausforderung der Evolutionsbiologie: Max Scheler, Helmuth Plessner, Arnold Gehlen*. In: Klose J, Oehler J (Hrsg) *Gott oder Darwin? Vernünftiges Reden über Schöpfung und Evolution*. Springer, Berlin, Heidelberg, S. 235–248

Sarasin P (2009) *Darwin und Foucault. Genealogie und Geschichte im Zeitalter der Biologie*. Suhrkamp, Frankfurt/M

Scheler M (1995) *Die Stellung des Menschen im Kosmos*. In: Scheler M (Hrsg) *Späte Schriften*. Bouvier, Bonn, S. 7–71

Thies C (2004) *Einführung in die philosophische Anthropologie*. WBG, Darmstadt

Thies C (2008) *Philosophische Anthropologie als Forschungsprogramm*. In: Neschke A, Sepp H-R (Hrsg) *Philosophische Anthropologie und Lebensphilosophie. Ursprünge und Aufgaben*. Reihe: *Philosophische Anthropologie, Themen und Positionen*. Bd 1, Bautz, Nordhausen, S. 230–248

Tomasello M (2002) *Die kulturelle Entwicklung des menschlichen Denkens*. Suhrkamp, Frankfurt/M

Kapitel 15
Evolution und die Natürlichkeit des Menschen

Jürgen Mittelstraß

15.1 Vorbemerkung

Der große Darwin ist nicht nur ein Thema für Biologen. Immer dann, wenn wissenschaftliche Theorien Karriere auch auf der Ebene der Weltbilder machen, ist es Aufgabe auch anderer Disziplinen, sich Gedanken über derartige Entwicklungen, ihre Tragweite und ihre Legitimität zu machen. Das galt z. B. zu Beginn der Neuzeit, als Newtons Mechanik zu einem neuen Weltbild, dem so genannten mechanistischen Weltbild, führte, aber auch für die Theorien Einsteins und Plancks, die wiederum das Newton'sche Weltbild ablösten. In einer Newton-Welt bewegen sich schwere Massen in absoluter Zeit durch einen absoluten Raum, ausgedrückt in einer Mechanik der Gravitationsbewegungen; in einer Einstein-Welt mit ihrem relationalen Raumbegriff ist real allein ein statisches vierdimensionales Sein, das der Anschauung, im Gegensatz zu allen vorausgegangenen Weltbildern, nur noch wenig Raum gibt.

Weltbildrelevanz hat in diesem Sinne auch die durch Charles Darwin begründete Evolutionstheorie. Aus einem dem Schöpfungsbericht folgenden „theologischen" Bild vom Menschen, das im Laufe der Zeit eine „idealistische" und „humanistische" Ausprägung gewann, wurde spätestens hier ein „naturalistisches" Bild. Der Mensch wird nachdrücklich an seine biologische Natur und daran erinnert, dass er selbst in evolutionären Entwicklungen steckt, die er mit allen Lebewesen teilt. Das wird zugleich im Rahmen ganz anderer Vorstellungen vom Menschen, z. B. als Krone der Schöpfung oder als Herr seiner selbst, als Kränkung empfunden. Als Kränkung dieser Art gilt nach einer auf Sigmund Freud zurückgehenden Auffassung zunächst der Verlust der kosmischen Mittelstellung des Menschen durch die Kopernikanische Astronomie, dann eben die Versetzung des Menschen in das Tierreich durch die Darwin'sche Evolutionstheorie und schließlich die Entdeckung der Rolle des Unbewussten und die damit erfolgte Verdrängung der Vernunft durch eine Triebstruktur durch Freud selbst. Kein Wunder, dass in den Vorstellungen vieler der

---

J. Mittelstraß (✉)
Konstanzer Wissenschaftsforum, Universität Konstanz, 78457 Konstanz, Deutschland
E-Mail: juergen.mittelstrass@uni-konstanz.de

J. Oehler (Hrsg.), *Der Mensch – Evolution, Natur und Kultur,*
DOI 10.1007/978-3-642-10350-6_15,

wissenschaftliche Fortschritt nicht immer der hohen Selbsteinschätzung des Menschen und den großen Theorien seiner selbst in die Hände spielt. Wissenschaftlicher Fortschritt nimmt auf den Menschen, der ihn bewirkt, keine Rücksicht, jedenfalls nicht immer.

So ist das auch im Falle der Darwin'schen Einsichten in das Evolutionsgeschehen, wenn es um die Konsequenzen dieser Einsichten für das Selbstverständnis des Menschen, für das Bild der Welt und seiner selbst geht. An Darwin scheiden sich noch immer die Geister. Freunde, die manchmal über das Erklärungsziel hinausschießen, und Feinde, die sich an ihre Vorurteile gewöhnt haben, wollen einfach nicht zusammenkommen. Im Folgenden einige Überlegungen zur Natürlichkeit des Menschen – jenseits eines einäugigen oder eindimensionalen Evolutionismus und eines bornierten Antievolutionismus. Dabei soll es um das schwierige Verhältnis von Glauben und Wissenschaft, um das Natürliche und das Künstliche gehen, neuerlichen Fantasien über eine Perfektionierung des Menschen, über den perfekten Menschen, nachgegangen und abschließend ein kleiner Ausflug in das schwierige Verhältnis von Evolution und Ethik unternommen werden.

Den folgenden Überlegungen liegt, teilweise in unmittelbarem Anschluss, eine frühere Darstellung zugrunde: *Naturalness and Directing Human Evolution. A Philosophical Note.* In: Arber W, Cabibbo N, Sánchez Sorondo M (Hrsg.), *Scientific Insights into the Evolution of the Universe and of Life.* (The Proceedings of the Plenary Session 31 October–4 November 2008), (2009) *Vatican City, The Pontifical Academy of Sciences*, Pontificia Academia Scientiarum Acta 20: 494–503.

15.2 Glaube und Wissenschaft

Das Darwin-Jahr 2009 hat nicht nur das Interesse an der Evolutionstheorie neu geweckt, sondern auch die alte Kontroverse zwischen Glauben und Wissenschaft wieder auf den Plan gerufen. Es geht um die Erklärung des Menschen – woher kommt er?, wohin geht er?, was ist seine Natur? – und wieder einmal in fundamentalistisch gesonnenen Köpfen um die Erklärungshoheit in wissenschaftlichen und theologischen Dingen, als ob es darauf ankäme, den Glauben wissenschaftlich und die Wissenschaft gläubig zu machen. Philosophisch gesehen geht es um eine neue Form des Naturalismus auf der einen Seite und eine neue Form des Theologismus auf der anderen Seite.

Unter Naturalismus soll hier der Anspruch der Naturwissenschaften auf eine universelle Erklärungskompetenz verstanden werden und die These, dass die natürliche Welt (einschließlich des Menschen) und die sie erklärenden Wissenschaften die alleinige Basis zur Erklärung aller Dinge darstellen. Spielart eines derartigen Naturalismus ist der Biologismus. Dieser bedeutet einerseits die Absolutsetzung biologischer Erklärungen gegenüber anderen, darunter auch philosophischen und theologischen Erklärungsformen, andererseits die Unterordnung des (wissenschaftlichen und philosophischen) Geltungsbegriffs unter den Evolutionsbegriff (philosophisch vertreten in der so genannten Evolutionären Erkenntnistheorie). Danach erklärt die Biologie alles, auch das Wissen selbst. Beide Spielarten, die methodologische wie die erkenntnistheoretische, sind heute gelegentlich in der Evolutionsbiologie und in der Hirnforschung zu beobachten. Der Biologismus verfolgt, ebenso wie der Naturalismus allgemein, sowohl ein universalistisches als auch ein reduktionistisches Programm.

Unter einem Theologismus sei hier der Anspruch einer universellen theologischen Erklärungskompetenz verstanden, die sich insofern als Konkurrentin zur wissenschaftlichen, speziell naturwissenschaftlichen Erklärungskompetenz versteht. Als ältere Spielarten lassen sich etwa (wenngleich in eher philosophischem als theologischem Gewande) der Pantheismus – die Lehre, dass Gott in allen Dingen dieser Welt existiert bzw. Gott und Welt identisch sind – und die Theosophie – mit der Annahme eines höheren (als des wissenschaftlichen) Erkenntnisvermögens – verstehen, als jüngere Spielarten alle fundamentalistischen Positionen, unter ihnen der Kreationismus, etwa in Form des so genannten wissenschaftlichen oder Junge-Erde-Kreationismus (mit wörtlicher Auslegung des Schöpfungsberichts) oder des so genannten evolutionistischen Kreationismus (der die natürliche Selektion als Eingriff Gottes in die Evolution deutet) – mit der These des *intelligent design* als neuester Form des Kreationismus (Neokreationismus).

Naturalismus und Theologismus in den hier beschriebenen Formen zeugen beide vom Rückfall in Positionen, die längst überwunden zu sein schienen. Tatsächlich macht in erkenntnistheoretischer Hinsicht jeglicher Reduktionismus, wissenschaftlicher wie theologischer, aber natürlich auch philosophischer Reduktionismus, nicht nur die Welt einfach, zu einfach, und schießt insofern über vernünftige Erklärungsziele hinaus, er verliert auch die Fähigkeit, in unterschiedlichen Dimensionen zu denken, etwa in denen der Wissenschaft und in denen der Lebenswelt. Dass sich beide nicht aufeinander reduzieren lassen, ist im Übrigen schon eine Einsicht des griechischen Denkens. Hier führt die Entdeckung der Möglichkeit von Wissenschaft nicht zur Ersetzung der Lebenswelt – gemeint sind lebensweltliche Orientierungen – durch Wissenschaft, sondern zu deren theoretischer Ergänzung.

Allgemein kommt es in allen Erklärungskontexten, auch und gerade was die Stellung des Menschen in der Welt betrifft, darauf an, wissenschaftliche Einsichten zur Kenntnis zu nehmen und in seinem Denken zu berücksichtigen, dies jedoch getreu der philosophischen Einsicht, dass Wissenschaft nicht alles ist, auch und gerade in Dingen, die den Menschen in seiner eigentümlichen Befindlichkeit, in seinem Denken, Fühlen und Wahrnehmen und in seinem Selbstverständnis betreffen. Es wäre eben ein fundamentaler Irrtum zu meinen, die Theologie müsste, ebenso wie die Philosophie, mit dem wissenschaftlichen Wissen konkurrieren, und es wäre gleichzeitig ein fundamentaler Irrtum zu meinen, die Wissenschaft erklärte alles, und sie hätte immer, selbst in Glaubensdingen, das letzte Wort. Wäre es so, stünden sich Wissenschaft (hier in Form eines Biologismus) und Theologie (hier in Form eines Theologismus, etwa in seiner Spielart als Kreationismus) unversöhnlich gegenüber. Dass dies heute gelegentlich wieder der Fall ist, zeugt daher auch nicht von besonderer Prinzipientreue, wissenschaftlicher wie theologischer, sondern von einem fundamentalen Missverständnis – auf beiden Seiten. Mit anderen Worten und auf die derzeitige Diskussionssituation um Evolution und Glaube bezogen: Wie sich die Wissenschaft jenseits eines falsch verstandenen Reduktionismus neutral gegenüber dem Glauben verhält, so kann auch der Glaube mit den Wissenschaften leben, ohne sich in deren Ergebnissen zu verlieren. Das gilt auch gegenüber der (Darwin'schen) Evolutionstheorie.

Nun soll es hier gar nicht um das alte Thema Glaube und Wissenschaft gehen. Die Frage ist vielmehr, wie sich die biologische Natur des Menschen, mit der sich die Biologie im Rahmen einer Theorie der Evolution befasst, und die kulturelle Natur des Menschen, mit der sich die Geisteswissenschaften und die Theologie befassen, zueinander verhalten, und in welcher Weise sich die *conditio humana*, die menschliche Befindlichkeit, gegenüber ihren wissenschaftlichen Erklärungsversuchen zur Geltung bringt. Die Perspektive, die hier eingenommen wird, ist denn auch nicht eine im engeren Sinne wissenschaftliche (etwa in Form einer wissenschaftstheoretischen Befassung mit der Evolutionstheorie) oder eine im engeren Sinne theologische (etwa in Form einer erneuten Auseinandersetzung mit dem Thema Wissenschaft und Glaube), sondern eine philosophische, genauer: anthropologische und ethische. Es soll um die richtigen Maßstäbe gehen, unter denen wir uns mit unserer biologischen und mit unserer kulturellen Natur befassen.

15.3 Das Natürliche und das Künstliche

Die Frage der Natürlichkeit des Menschen, wenn diese nicht ausschließlich unter biologischen, damit auch evolutionären Gesichtspunkten gestellt wird, ist eine Frage der philosophischen Anthropologie. Deren moderne Väter sind auf eine zugleich kontroverse Weise Max Scheler und Helmut Plessner. Nach Scheler ist der Mensch das „X, das sich in unbegrenztem Maße ‚weltoffen' verhalten kann" (Scheler 1927, S. 49). Nach Plessner zeichnet den Menschen eine „exzentrische Positionalität" (Plessner 1928, S. 362 ff.) aus, wobei seine exzentrische, keine feste Mitte besitzende Existenz als Einheit von vermittelter Unmittelbarkeit und natürlicher Künstlichkeit beschrieben wird. Dem entspricht bei Plessner die Formulierung von drei anthropologischen Grundgesetzen (Plessner 1928, S. 309–346; Lorenz 1990, S. 102 f.):

- Gesetz der natürlichen Künstlichkeit
- Gesetz der vermittelten Unmittelbarkeit
- Gesetz des utopischen Standorts

Ähnlich lautet Arnold Gehlens These, dass der Mensch von Natur ein Kulturwesen ist (Gehlen 1961, S. 78), wobei seine kulturellen Leistungen als Organersatz – der Mensch definiert als ein Mängelwesen – angesehen werden (Gehlen 1972, S. 37). Gemeinsam ist allen diesen Ansätzen, dass der Mensch nicht nur ein eigentümliches Wesen hat, sondern dass er an diesem Wesen auch selbst arbeitet.

Ebenfalls klar ist, dass eine Unterscheidung zwischen dem Gewordenen, das heißt dem, was ohne Einwirkung des Menschen zustande kam, dem Natürlichen, und dem Gemachten, das heißt dem, was durch den Menschen oder mit seiner Einwirkung zustande kam, dem Künstlichen, nicht einfach ist und bezogen auf neue technische und medizinische Eingriffsmöglichkeiten, nicht nur allgemein in die Natur, sondern auch in die (biologische) Natur des Menschen, immer schwieriger wird. Dabei ist die Unterscheidung zwischen dem Natürlichen und dem Künstlichen noch immer die unseren alltäglichen, lebensweltlichen Orientierungen zugrundeliegende wesentliche Unterscheidung. Auch wenn wir wissen, dass in vielem, was wir als natürlich empfinden, wie z. B. dem Klima oder der Flora, der Mensch seine Hand im Spiel hat, und dass das Herstellen von Künstlichem dem Menschen natürlich ist, orientieren wir uns doch nach dieser Unterscheidung. Wie sollte auch eine Welt aussehen, in der diese Unterscheidung, die Unterscheidung zwischen Natürlichem und Künstlichem, nicht mehr getroffen werden könnte? Und wie sollte ein Verständnis unserer selbst möglich sein, in dem auf diese Unterscheidung verzichtet wird?

Dass derartige Vorstellungen gleichwohl im Nachdenken über den Menschen und seine Welt eine Rolle spielen, machen philosophische Positionen deutlich, in denen jeweils das eine auf das andere reduziert wird, in denen entweder alles zu Gewordenem oder alles zu Gemachtem wird. So ist für Arthur Schopenhauer, in der Fiktion eines kontemplativen „klaren Weltauges“ (Schopenhauer 1988, S. 219), alles rein Gegebenes, durch menschliches Wollen und Handeln Unveränderbares, für Johann Gottlieb Fichte im Gegensatz dazu alles, auch das Natürliche, durch ein absolutes Ich Konstituiertes (diese Beispiele bei Birnbacher (2006, S. 3), auf dessen detaillierte Analysen zum Begriff der Natürlichkeit auch im Folgenden zurückgegriffen wird). Im einen Falle (Schopenhauer) wäre alles Natur, im anderen Falle (Fichte) alles Geist.

Gegen derartige Reduktionismen spricht nicht nur das natürliche Bewusstsein, unser Umgang mit der Welt und mit uns selbst, sondern auch eine genauere Analyse dessen, was hier jeweils als Gewordenes, das heißt Natürliches, und als Gemachtes, also Künstliches, verstanden wird. Faktisch haben wir es stets, in der Terminologie Plessners, mit einer künstlichen Natürlichkeit (gegen die Annahme eines scheinbar eingriffsfrei Gegebenen und damit Natürlichen) und einer natürlichen Künstlichkeit (gegen die Annahme eines scheinbar substratlos Gemachten und damit Künstlichen) zu tun. Auf den Begriff der Natürlichkeit bezogen hilft dabei eine von Dieter Birnbacher getroffene Unterscheidung, nämlich die zwischen einer genetischen und einer qualitativen Natürlichkeit bzw. einer genetischen und einer qualitativen Künstlichkeit, weiter: „Im genetischen Sinn sagen ‚natürlich‘ und ‚künstlich‘ etwas über die Entstehungsweise einer Sache aus, im qualitativen Sinn über deren aktuelle Beschaffenheit und Erscheinungsform. ‚Natürlich‘ im genetischen Sinn ist das, was einen natürlichen Ursprung hat, ‚natürlich‘ im qualitativen Sinn das, was sich von dem in der gewordenen Natur Vorzufindenden nicht unterscheidet“ (Birnbacher 2006, S. 8). Diese Unterscheidung wiederum lässt sich mit einer älteren, ursprünglich aristotelischen, scholastischen Unterscheidung zwischen einer *natura naturans* und einer *natura naturata* verbinden: „Der genetische Begriff von Natürlichkeit betrifft den Aspekt der *natura naturans*, den der schaffenden Natur, der qualitative Begriff den Aspekt der *natura naturata*, den der Natur als so und so beschaffener Natur“ (Birnbacher 2006, S. 8). Auch das macht deutlich, dass schon die Tradition, die im Begriff der Natürlichkeit liegende Dialektik, nämlich die wechselseitige Bestimmung von natürlicher Künstlichkeit und künstlicher Natürlichkeit nicht entgangen ist.

Was hier wie eine feste, wenngleich dialektische Ordnung erscheinen könnte, die sich immer wieder wie von selbst einstellt, ist in Bewegung geraten. So versetzt der rasche Fortschritt des biologischen und medizinischen Wissens den Menschen heute zunehmend in die Lage, nicht nur die „äußere" Natur im allgemeinen Sinne, sondern auch seine eigene Natur zu verändern. Der Mensch greift immer stärker in die Evolution, auch in seine eigene, ein, und er verändert die Maßstäbe, mit denen er bisher seine Situation, die *conditio humana*, beschrieb und regulierte.

Während wir seit Darwin wissen, dass der Mensch nicht nur unter dem Gesichtspunkt von Philosophie und Kultur, sondern auch biologisch kein fixes Wesen hat, dass er selbst, obgleich für den Einzelnen nicht wahrnehmbar und für die Wissenschaft nur über große Zeiträume hinweg erkennbar, Gegenstand evolutionärer Veränderungen ist, und dass er selbst in diese Veränderungen eingreifen kann, ist doch erst mit dem Wissen der neuen Biologie deutlich geworden, dass er in der Lage ist, seine eigene genetische Verfassung und die seiner Nachkommen absichtsvoll zu verändern. Tatsächlich verändert sich die *conditio humana* in der Weise, dass ihre biologischen Grundlagen dem Menschen zunehmend zur Verfügung stehen. Dies bedeutet eine völlig neue Situation unter Gesichtspunkten der Anthropologie und der Ethik – obwohl auch diese Idee, die Bestimmung der eigenen Natur, nicht völlig neu ist.

1488 schreibt der italienische Philosoph und Humanist Giovanni Pico della Mirandola über die Absichten Gottes mit dem Menschen: „Wir haben dir keinen festen Wohnsitz gegeben, Adam, kein eigenes Aussehen, noch irgendeine besondere Gabe, damit du den Wohnsitz, das Aussehen und die Gaben, die du selbst dir ausersiehst, entsprechend deinem Wunsch und Entschluß habest und besitzest. [...] Weder haben wir dich himmlisch noch irdisch, weder sterblich noch unsterblich geschaffen, damit du wie dein eigener, in Ehre frei entscheidender, schöpferischer Bildhauer dich selbst zu der Gestalt ausformst, die du bevorzugst" (Pico della Mirandola 1990, S. 5–7). Und gut 100 Jahre später (1596) schreibt Johannes Kepler im Widmungsschreiben des „*Mysterium cosmographicum*": „Wir sehen hier, wie Gott gleich einem menschlichen Baumeister, der Ordnung und Regel gemäß, an die Grundlegung der Welt herangetreten ist und Jegliches so ausgemessen hat, daß man meinen könnte, nicht die Kunst nähme sich die Natur zum Vorbild, sondern Gott selber habe bei der Schöpfung auf die Bauweise des kommenden Menschen geschaut" (Kepler 1938, S. 6 [=VIII, 17]).

Was bei Pico della Mirandola und Kepler noch in einer frommen, eindrucksvollen Sprache ausgedrückt wird, ist nichts anderes als die Erweiterung der Bestimmung des Menschen als *Homo sapiens* durch die Bestimmung als *Homo faber*, auf seine Welt und auf sich selbst bezogen. Das gilt auch noch für die moderne erkenntnistheoretische und anthropologische Entwicklung. Der Pico'schen Charakterisierung des Menschen als „Bildhauer seiner selbst" entspricht bei Friedrich Nietzsche die Definition des Menschen als des „nicht festgestellten Wesens" (Nietzsche 1968, S. 79) und seine Bestimmung über den Begriff der exzentrischen Positionalität (im Unterschied zur selbstdistanzlosen zentrischen Positionalität des Tieres) bei Plessner, der Kepler'schen Charakterisierung des mit Gott in paradigmatischer Weise konkurrierenden *Homo faber* die moderne Vorstellung wissenschaftsgestützter technischer Kulturen, in denen der Mensch nach seinen und in seinen Konstruktionen nicht nur die Welt schafft und erkennt, sondern auch sich selbst.

Steht die Natürlichkeit des Menschen auf dem Spiel? Ist sie überhaupt noch außerhalb des entweder rein biologischen oder rein erkenntnistheoretischen und anthropologischen Kontextes näher bestimmbar? Oder geht es am Ende sogar darum, mit der Natürlichkeit des Menschen Schluss zu machen, ihn selbst zu einem künstlichen Objekt zu machen? Und das hieße auch: der natürlichen Evolution durch die technische Evolution ein Ende zu bereiten? So seltsam das klingen mag, auch dies ist eine Position, die neuerdings als so genannter Post- und Transhumanismus Aufmerksamkeit und sogar wissenschaftliches Interesse gewinnt.

15.4 Der perfekte Mensch?

Utopien, also Vorstellungen darüber, wie der zukünftige Mensch leben wird, manchmal auch, wie er leben soll, sind das Salz in der Suppe anthropologischer und gesellschaftstheoretischer Betrachtungen und Konzeptionen. Seit der beginnenden Neuzeit, so in Francis Bacons „*New Atlantis*" (1627), verbinden sie sich mit Vorliebe, mit Erwartungen an die gesteigerte Leistungsfähigkeit von Wissenschaft und Technik. Während Bacon dabei noch von tugendhaften Inselbewohnern träumte, die biblische Traditionen pflegen und von den Segnungen ihrer ausgeprägt technischen Intelligenz leben, soll es in neueren Utopien dem Menschen selbst an den Kragen, das heißt an seine biologische und geistige Natur, gehen. Ziel ist die Erschaffung des perfekten Menschen, der allerdings mit dem Menschen, wie wir ihn kennen, nichts mehr gemein hat.

Schon die Terminologie, die Rede von einem Post- und Transhumanismus, ist befremdlich. Offenbar geht es gar nicht mehr um das eigentlich Menschliche, sondern um das, was nach ihm kommt. Die Anfänge reichen in die 1970er Jahre zurück und verbinden sich mit dem Namen des Robotikforschers Hans Moravec und des Physikers Frank Tipler; richtungsweisend und zu ganzen Schulbildungen führend Moravecs Buch „*Mind Children: The Future of Robot and Human Intelligence*" (1988). Posthumanisten lassen sich unter Hinweis auf die noch zu erwartenden Fortschritte von Gen- und Informationstechnologie, Robotik und Hirnforschung von der Vorstellung extremer Leistungssteigerungen intellektueller wie physischer Art – natürlich auch in sexueller Hinsicht, als sei das eine frohe Botschaft – leiten. Damit vertreten sie im Grunde eine Fortschrittsideologie, in der der Fortschritt selbst zum alleinigen Ziel wird. Hier wiederum treffen sie sich mit den Transhumanisten, die im Verzicht des Menschen auf seine Existenz die höchsten Menschheitsziele realisiert sehen. Es geht um eine technisch bewerkstelligte Veränderung des Menschen bis hin zu einem Punkt, an dem der Mensch seine eigene Spezies verlässt, um als Nichtmensch, vermeintlich perfekt, in eine neue Existenz zu treten. Dabei ist es insbesondere die Gehirn-Computer-Schnittstelle, die die Fantasie befeuert: das menschliche Bewusstsein soll in Form digitaler Speicher „hochgeladen" werden und auf diese Weise zu neuen Existenzformen führen. Man geht von der

Leistung informationsverarbeitender Systeme aus, denkt sie sich ins Unermessliche gesteigert und identifiziert das Ganze mit dem Gedanken einer nicht mehr zu überbietenden Optimierung des Menschen.

Auf diesem Wege werden zunächst, nicht unwillkommen, alle Gesundheitsprobleme gelöst – womit zugleich die immer gleichen Vorstellungen von ewiger Jugend, früher durch Altweiber- und Altmännermühlen bewerkstelligt, realisiert werden sollen –, dann der Mensch von seinem defekten Körper befreit und in eine transzendente Maschinenwirklichkeit gehoben. Irgendwelche ethischen oder anthropologischen Bedenken stören da nur. Nach dem IT-Unternehmer Kurzweil (1999), dem derzeit wohl bekanntesten Post- oder Transhumanisten – irgendwelche konzeptionellen Unterschiede zwischen beiden Positionen sind kaum erkennbar –, verzögern sie nur den laufenden Prozess von der Entstehung des Lebens und der Intelligenz über die Erfindung der Technik zur Verschmelzung von Technik und Leben. Ihn anzuhalten, vermögen sie nicht. Das Verschwinden des Menschen wird hier zum obersten Postulat; das Mängelwesen Mensch hat für eine überlegene Spezies, die offenbar keine menschliche Spezies mehr ist, Platz zu machen.

Dabei soll – jedenfalls in den Vorstellungen einiger Transhumanisten – der menschliche Körper nicht vollständig entfernt, sondern neu geschaffen werden (*re-design*). Jedenfalls hat die biologische Evolution ausgespielt. „*Man into Superman*" (Ettinger 1972) lautet die Parole. Der Mensch ist mangelhaft – eben Mängelwesen, wie das schon Arnold Gehlen ausgedrückt hatte. Deswegen geht es nur noch darum, sich von den Ursachen dieses bedauernswerten Zustandes zu trennen und diese selbst in die Hand zu nehmen. Wie – das wissen, so die Propheten des kommenden Menschen, Wissenschaft und Technik. Jedenfalls ist vorgesehen, dass jedem Einzelnen die Wahl seines neuen, virtuellen Körpers überlassen bleiben soll, mit dem er dann z. B. zu kosmischen Abenteuern – unter anderem seinen Vor- und Nachfahren begegnend – aufzubrechen vermag. Natürlich kann man dabei auch die Identität mit anderen virtuellen Körpern tauschen; die Speicherkapazitäten informationsverarbeitender Maschinen, deren Teil man nun ist, machen es möglich. Und selbstverständlich wird es (so Moravec) möglich sein, irgendwelchen tödlichen Unfällen vorbeugend, Notfallkopien seiner selbst anzufertigen – mit garantierter Unsterblichkeit!

Unsterblichkeit scheint ohnehin die geheime Sehnsucht aller Post- und Transhumanisten zu sein. Sterblichkeit wird als ein Gebrechen angesehen, das sich heilen lässt. Die gesuchte Unsterblichkeit wiederum besteht darin, im Speicher eines Computers „weiterzuleben". Welch ein Leben! Und welch eine Welt, in der sich nicht Menschen, sondern nur noch Computer miteinander verständigen. Dazu gibt es sogar so etwas wie einen Fahrplan: bis zum Jahre 2099, so Kurzweil, sei die Existenz des Menschen ausgelöscht, die biologische Evolution hätte ihr Ende erreicht; Menschen existierten nur noch als virtuelle Simulationen, unsterblich wohl, aber nicht von dieser Welt. So auch eine Physik der Unsterblichkeit, für die Tipler in einem kosmologischen Rahmen sorgt: alles, was existiert, real oder virtuell, fällt irgendwann in einem Punkt Omega zusammen. In ihm, der vollkommenen Information, spiegele sich dann Gott, während sich der Heilige Geist in der universellen Wellenfunktion zu erkennen gebe. Nur für Gottes Sohn scheint es eng zu werden.

Das Himmlische und das Theologische scheint es ohnehin unseren Freunden angetan zu haben: „Die himmlische Welt der Engel (wird) zum Bereich der virtuellen Welten, dank derer sich die Menschen als intelligente Kollektive konstituieren.“ Und weiter: „Es handelt sich zwar noch immer darum, das Menschliche dem Göttlichen anzunähern […], aber diesmal sind es reale, greifbare menschliche Kollektive, die gemeinsam ihre Himmel konstruieren, die ihr Licht aus Gedanken und Schöpfungen beziehen, welche hier unten entstehen. Was theologisch war, wird technologisch“ (Lévy 1997, S. 106).

Man weiß nicht, über was man sich mehr wundern soll: über die Verwegenheit der Gedanken, mit denen die Grenze zum Unvorstellbaren überschritten scheint, oder über die Naivität, mit der hier über die Transformation des Menschen in eine bizarre Maschinenwelt fabuliert wird. Es mag sein, dass der Mensch eines Tages, vielleicht ja auch schon bald, an die Grenzen seiner intellektuellen Kapazitäten und Entwicklungsmöglichkeiten stoßen wird und ihn ein technischer Fortschritt an diesem Punkte überholen könnte. Doch was zwingt zu der Annahme, dieser Fortschritt könne die Krone des Menschseins bilden und zugleich das Ende der biologischen Evolution bedeuten? Ganz abgesehen davon, dass hier Intelligenz auf Rechengeschwindigkeiten und Speicherkapazitäten reduziert wird und die Vorstellung eher merkwürdig ist, die Evolution selbst erzwinge, um fortzubestehen, das Verschwinden des Menschen und dessen Ersetzung durch eine überlegene Maschinenintelligenz. Als würde sich die Evolution des Menschen nur bedient haben, um KI, die Künstliche Intelligenz, hervorzubringen. Oder anders gefragt: Welch reduzierten Blick muss man auf den Menschen haben, um sich dessen Zukunft derart vorzustellen?

Es ist denn auch dieser reduzierte Blick auf die Natur des Menschen, die Weigerung, sich auf etwas einzulassen, das sich einem ausschließlich technologischen Paradigma entzieht, worin die besondere philosophische Schwäche und die unübersehbare intellektuelle Naivität dieser in das wissenschaftliche Bewusstsein drängenden Science-Fiction-Vorstellungen beruhen. Mag sein, dass umgekehrt, aus der Sicht der Post- und Transhumanisten, als von gestern gilt, wer an anthropologischen Einsichten in die menschlichen Formen der Endlichkeit und der Kontingenz festhalten will, doch sind es eben diese Einsichten, die auch heute vor einer naiven Fortschrittsideologie mit ihren falschen Optimierungsversprechen und einer Reduktion alles Nichttechnischen auf das Technische schützen.

Das wiederum ließe sich alles schnell vergessen, wenn hinter dem, was hier vom Post- und Transhumanismus propagiert wird, nicht eine sehr ernst zu nehmende Entwicklung steckte. Sie betrifft wiederum den Fortschritt, der immer auch ein wissenschaftlicher Fortschritt ist oder in diesem seine Voraussetzung hat. Das Konzept des Fortschritts sah einmal vor, dass der Mensch diesen besitzt, das heißt über ihn verfügt, um seine wohlverstandenen – und wohlbegründeten! – Ziele und Zwecke, und sich damit selbst, zu realisieren. Heute droht die Gefahr, dass es der Fortschritt ist, der dem Menschen seine Ziele und Zwecke setzt, ihn damit auch definiert, dass, mit anderen Worten, nicht der Fortschritt dem Menschen, sondern umgekehrt der Mensch dem Fortschritt gehört.

Wird der Mensch in allen Teilen, die sein Wesen ausmachen – Leib, Seele, Vernunft – sich selbst verfügbar werden und, in einem weiteren Schritt, diese

Verfügbarkeit an seine eigenen Erfindungen wieder verlieren? Wir werden uns wohl daran gewöhnen müssen, dass die Verfügbarkeit des Menschen über sich selbst, getrieben von wissenschaftlichen und technischen Entwicklungen, weiter zunehmen wird und dass sich diese Entwicklungen zunehmend verselbstständigen werden. Worauf es in einer derartigen Situation jedoch ankommt, ist, das Heil nicht in dieser Verselbstständigung, sondern gerade in deren Domestizierung zu suchen. Denn welchen Sinn sollte es haben, dass sich der Mensch in allem, was ihn zum Menschen macht – seine Endlichkeit und seine Kontingenzerfahrungen eingeschlossen –, selbst aufgibt und seine Zukunft allein noch im Nichtmenschen sucht? Davon mögen Post- und Transhumanisten träumen. Entscheidend ist, dem Fortschritt – dem wissenschaftlichen, dem technischen und dem sozialen – eine Richtung zu geben, die dem Menschen dient und nicht von ihm wegführt. Dazu bedarf es der Urteilskraft, nicht Science-Fiction.

15.5 Evolution und Ethik

Vorstellungen, wie sie hier mit dem Post- und Transhumanismus beschrieben wurden – ob man diese nun ernst nimmt oder gleich als abstrus, allenfalls interessant unter Science-Fiction-Aspekten, beiseiteschiebt –, werfen einen ethischen Schatten. Das hat damit zu tun, dass hier gleich im doppelten Sinne in die Evolution des Menschen eingegriffen wird, nämlich sowohl in seine biologische als auch in seine kulturelle Evolution, aber auch mit einem Fortschrittsbegriff, der sich ausschließlich auf wissenschaftliche und technische Entwicklungen bezieht. Doch merke: Fortschritt begründet und rechtfertigt sich nicht selbst. Vielmehr geht es stets um die Verbindung mit begründeten Zielen und Zwecken, insofern der Fortschritt diese nicht automatisch mit sich führt, und darum, dass der Mensch die Regie über wissenschaftliche und technische Entwicklungen, seine Fortschritte, nicht verliert, dass er über den Fortschritt, nicht umgekehrt der Fortschritt über den Menschen herrscht. Dies war stets Teil der Fortschrittsidee im besten aufgeklärten Sinne, scheint aber immer wieder vergessen zu werden.

Doch nicht nur die Einseitigkeit und die Absolutsetzung des wissenschaftlichen und technischen Fortschritts, wie sie hier am Beispiel des Post- und Transhumanismus demonstriert wurde, ist ethisch problematisch, sondern auch der umgekehrte Fall, wenn nämlich das Künstliche am Natürlichen gemessen wird, das heißt, wenn aus Bestimmungen der Natürlichkeit des Menschen ethische Schlüsse gezogen werden. Während Vorstellungen von einer Perfektionierung des Menschen auf dem Wege von Wissenschaft und Technik ohne Ethik auszukommen suchen bzw. Ethik mit einem naiven Fortschrittsbegriff oder Fortschrittsimperativ identifizieren, beansprucht in diesem Falle, was als natürlich gilt, moralische Geltung. Ein Beispiel dafür ist die Position von Hans Jonas, der das Natürliche zur höchsten Norm erklärt und jeden Eingriff in natürliche Prozesse, der als ethisch relevant gelten könnte, als Angriff auf „natürlich" gegebene Normen ansieht, als eine Maßnahme gegen „die Strategie der Natur" (Jonas 1985, S. 179). Dies gilt nach Jonas auch und gerade dann, wenn es um die Natürlichkeit des Menschen geht.

Eine derartige Vorstellung ruft sofort den Vorwurf eines naturalistischen Fehlschlusses hervor, insofern hier offenkundig vom Sein (gegebener Natürlichkeit) auf ein Sollen (Natürlichkeit als ein Prinzip oder als eine Norm) geschlossen wird (Birnbacher 2006, S. 17 ff.). Dieser Vorwurf ist allerdings nur berechtigt, wenn hier wirklich von einem Sein auf ein Sollen geschlossen wird. Handelt es sich dagegen nur um die Wahl eines Ausgangspunktes – wie bei Schopenhauer etwa das Mitleid, bei Nietzsche der Wille zur Macht, hier eine als natürlich angesehene Befindlichkeit des Menschen –, verschiebt sich der Akzent auf die Plausibilität des Ansatzes selbst, in diesem Falle also auf die zuvor dargestellte „Doppelnatur" des Menschen, die in den Begriffen der natürlichen Künstlichkeit und der künstlichen Natürlichkeit zum Ausdruck gebracht wird. Es wäre demnach eine anthropologische Annahme, aus der in einem ethischen Kontext gewisse Folgerungen gezogen würden. In jedem Falle ist es ein materialer Ansatz, der hier gegebenenfalls Schwierigkeiten bereitet, nämlich der Umstand, dass etwas Bestimmtes, und zwar das Natürliche – in anderen Fällen ethischer Argumentation etwa auch Vorstellungen vom Guten, Gerechten oder Vernünftigen (Schwemmer 2005, S. 404–411) –, als Norm oder als Begründungsinstanz ausgegeben wird.

Die Frage ist dann auch hier wieder die, was als „natürlich" bezeichnet werden kann oder bezeichnet werden soll. Dass damit nicht die Natur im Ganzen gemeint sein kann, ist klar, aber auch ein Rekurs auf den Menschen als natürliches Wesen griffe zu kurz, wie in den komplementären Begriffen der natürlichen Künstlichkeit und der künstlichen Natürlichkeit zum Ausdruck gebracht. Schließlich ist Ethik – und die Moral, deren Theorie sie ist – stets die Art und Weise, wie der Mensch mit seinen natürlichen Neigungen und Bedürfnissen, sie kultivierend, umgeht (Birnbacher 2006, S. 49 f.). Von Immanuel Kant wird das sogar als der „wesentliche Zweck der Menschheit" bezeichnet, also als derjenige Zweck, in dessen Erfüllung sich die wahre Natur des Menschen zum Ausdruck bringt: „Wer seine Person den Neigungen unterwirft, der handelt wider den wesentlichen Zweck der Menschheit, denn als ein frei handelndes Wesen muss er nicht den Neigungen unterworfen sein, sondern er soll sie durch Freiheit bestimmen, denn wenn er frei ist, so muss er eine Regel haben, diese Regel aber ist der wesentliche Zweck der Menschheit" (Kant 1990, S. 135).

Mit diesem Zweck verbindet sich bei Kant der Würdebegriff, bezogen auf die „Würde eines vernünftigen Wesens" (Kant 1956, S. 67), in neueren Diskussionen der Begriff einer Gattungsethik. Dieser Begriff – und damit eine Moralisierung der menschlichen Natur – wird von Jürgen Habermas gegen Eingriffe in die Integrität der Gattung Mensch, z. B. mit Mitteln der Reproduktionsmedizin, ins Feld geführt (Habermas 2001, S. 27, s. auch die Diskussion bei Birnbacher 2006, S. 169 ff.; Kaufmann u. Sosoe 2005). Damit geht es um natürliche Grundlagen und insofern erneut um das, was die menschliche Natur ausmacht. Rechnen wir zur menschlichen Natur auch das kulturelle Wesen des Menschen, den Umstand, dass der Mensch von Natur aus ein Kulturwesen ist, dass, mit anderen Worten, auch hier wieder die Bestimmungen von natürlicher Künstlichkeit und künstlicher Natürlichkeit greifen, würde mit Eingriffen in seine biologische Natur auch seine Natur insgesamt verändert – auf eine möglicherweise unkalkulierbare und unkontrollierbare Weise. Daher die Forderung nach einer Gattungsethik.

Eine derartige Ethik wiederum ist in der Tradition einer Kant'schen Ethik nur denkbar, wenn sie zugleich Ausdruck einer (universalen) Vernunftethik ist, das heißt einer Ethik, die ihre universale Grundlage in einem mit dem Kategorischen Imperativ formulierten formalen Prinzip besitzt. Andernfalls träten erneut biologische Kategorien an die Stelle ethischer Kategorien. Das aber bedeutet, dass es sich bei einer als Gattungsethik bezeichneten Ethik der menschlichen Natur recht verstanden auch gar nicht um eine Ethik besonderer Art handelt, die möglicherweise wieder dem Vorwurf eines naturalistischen Fehlschlusses ausgesetzt wäre, sondern um die Konsequenz einer Vernunftethik, mit der das Prinzip der Menschenwürde, das, mit Kant gesprochen, die „Würde eines vernünftigen Wesens" zum Ausdruck bringt, auf die menschliche Gattung insgesamt bezogen wird.

15.6 Schlussbemerkung

Das Darwin-Jahr ist vorüber. Im Februar 2009 haben wir den 200. Geburtstag dieses großen Biologen gefeiert. Manche mit gemischten Gefühlen. Nicht weil uns Darwin an die evolutionäre Vergangenheit und die evolutionäre Natur des Menschen erinnert – das ist, von unbelehrbaren Kreationisten, die mit der Bibel gegen die Wissenschaft zu Felde ziehen, hartnäckig übersehen, längst eine wissenschaftliche Tatsache –, sondern weil von biologischer Seite, meist assistiert von der modernen Hirnforschung, immer wieder einmal die Vorstellung vertreten wird, es sei nun die Biologie, die alles erklärt – den Menschen nicht nur in seiner biologischen Natur, sondern auch in seinem Denken, Fühlen und Hoffen, kurzum, auch in allem, was zu seinem Selbstverständnis gehört. Das heißt, es gibt heute neben der beschriebenen Absolutsetzung von *Homo faber*, des Menschen, der vermeintlich alles kann und alles beherrscht, seine biologische Natur eingeschlossen, den zu Beginn erwähnten Biologismus, der alles auf evolutionäre Fakten, den Menschen damit auf seine biologische Natur reduziert. Offenbar soll hier auf der einen Seite, der Seite unserer wackeren Post- und Transhumanisten, Gott gespielt werden, auf der anderen Seite, der Seite übereifriger Darwin-Jünger, die Natur zum alleinigen Gott erhoben werden. Das aber bedeutet: In beiden Fällen, der Überantwortung des Menschen entweder an die technische oder an die biologische Evolution, verlöre der Mensch sein Wesen, würde er entweder selbst zur Maschine oder träte er in die Natur zurück.

Beides (das dürfte deutlich geworden sein) ist nicht empfehlenswert, und beides (auch das dürfte deutlich geworden sein) missversteht die eigentliche menschliche Grundsituation. Die ist noch immer, und mit guten Gründen, beschreibbar durch das Ineinanderverwobensein dessen, was wir als das Verfügbare und als das Unverfügbare bezeichnen, als das, worüber der Mensch mit seinen wissenschaftlichen und technischen Fertigkeiten herrscht, und als das, worin die eigentümliche Endlichkeit des Menschen und seines Wesens zum Ausdruck kommt. Das wiederum bedeutet einerseits, dass sich der Mensch nicht auf seine biologische Natur reduzieren lässt, andererseits aber auch, dass er sich in bestimmter Weise nicht optimieren lässt – weil er mit einer zum Absoluten erhobenen Optimierung aus seiner eigentlichen Natur heraustrāte. Das wiederum, die Stellung des Menschen zwischen einem puren Evolutionsprodukt und einem artifiziellen Perfektionsprodukt, macht die besondere *conditio humana*, die menschliche Grundsituation und Befindlichkeit aus. In ihr spiegelt sich die Endlichkeit des Menschen in all ihren Facetten – in Glück und Unglück, Gelingen und Misslingen, Glauben und Wissen. Und in ihr muss sich, nicht in einer Überantwortung entweder an die biologische oder an die technische Evolution, realisieren, was wir ein gelingendes Leben nennen.

Literatur

Birnbacher D (2006) *Natürlichkeit*. De Gruyter, Berlin New York

Ettinger RCW (1972) *Man into Superman. The Startling Potential of Human Evolution – and How to Be Part of It*. St. Martin's, New York

Gehlen A (1961) *Anthropologische Forschung. Zur Selbstbegegnung und Selbstentdeckung des Menschen*. Rowohlt, Reinbek

Gehlen A (1972) [1940] *Der Mensch. Seine Natur und seine Stellung in der Welt*. 9. Aufl., Athenaion, Wiesbaden

Habermas J (2001) *Die Zukunft der menschlichen Natur. Auf dem Weg zu einer liberalen Eugenik?* Suhrkamp, Frankfurt/M

Jonas H (1985) *Laßt uns einen Menschen klonieren. Von der Eugenik zur Gentechnologie*. In: Jonas H (Hrsg) *Technik, Medizin und Ethik. Zur Praxis des Prinzips Verantwortung*. Suhrkamp, Frankfurt/M

Kant I (1956) *Grundlegung zur Metaphysik der Sitten*. Werke in sechs Bänden IV. In: Weischedel W (Hrsg) Wissenschaftliche Buchgesellschaft, Darmstadt

Kant I (1990) *Eine Vorlesung über Ethik*. In: Gerhardt G (Hrsg) Fischer, Frankfurt/M

Kaufmann M, Sosoe L (Hrsg) (2005) *Gattungsethik. Schutz für das Menschengeschlecht?* Peter Lang, Frankfurt/M

Kepler J (1938) [1596] *Prodromus dissertationum cosmographicarum continens Mysterium cosmographicum*. II. In: Kepler J *Gesammelte Werke* I. Dyck W, Caspar M, Hammer F (Hrsg) (=Ausgabe 1621, Gesammelte Werke VIII [1963]) C. H. Beck, München

Kurzweil R (1999) *The Age of Spiritual Machines. How We Will Live, Work and Think in the New Age of Intelligent Machines*. Phoenix, London

Lévy P (1997) *Die kollektive Intelligenz, für eine Anthropologie des Cyberspace*. Bollmann Kommunikation & Neue Medien, Mannheim [franz. *L'intelligence collective. Pour une anthropologie du cyberspace*, Paris 1995]

Lorenz K (1990) *Einführung in die philosophische Anthropologie*. WTB, Darmstadt

Moravec H (1988) *Mind Children. The Future of Robot and Human Intelligence*. Harvard University Press, Cambridge, London

Nietzsche F(1968) [1886] *Jenseits von Gut und Böse*. In: Colli G, Montinari M (Hrsg) *Werke. Kritische Gesamtausgabe VI/2*. de Gruyter, Berlin

Pico della Mirandola G (1990) *De hominis dignitate – über die Würde des Menschen*. In: Buck A (Hrsg) Philosophische Bibliothek Bd 427, Hamburg

Plessner H (1928) *Die Stufen des Organischen und der Mensch. Einleitung in die philosophische Anthropologie*. de Gruyter, Berlin, Leipzig
Scheler M (1927) *Die Stellung des Menschen im Kosmos*. Reichl, Darmstadt
Schopenhauer A (1988) *Die Welt als Wille und Vorstellung I*. In: Hübscher A (Hrsg) *Sämtliche Werke II*. § 36. Brockhaus, Mannheim
Schwemmer O (2005) *Ethik*. In: Mittelstraß J (Hrsg) *Enzyklopädie Philosophie und Wissenschaftstheorie II*, 2. Aufl, Metzler, Stuttgart, Weimar

Kapitel 16
Der evolutionäre Naturalismus in der Ethik

Marie I. Kaiser

Charles Darwin hat eindrucksvoll gezeigt, dass der Mensch ebenso wie alle anderen Lebewesen ein *Produkt der biologischen Evolution* ist. Die sich an Darwin anschließende Forschung hat außerdem plausibel gemacht, dass sich nicht nur viele der körperlichen Merkmale des Menschen, sondern auch (zumindest einige) seiner Verhaltensdispositionen in adaptiven Selektionsprozessen herausgebildet haben. Die Vorstellung, dass auch die *menschliche Moralität evolutionär bedingt* ist, scheint daher auf den ersten Blick ganz überzeugend. Schließlich hat die Evolutionstheorie in den vergangenen Jahrzehnten in vielen Bereichen (auch außerhalb der Biologie) ihre weitreichende Bedeutung unter Beweis gestellt. Warum sollte, so könnte man beispielsweise fragen, gerade die Fähigkeit des Menschen, moralische Normen aufzustellen und gemäß ihnen zu handeln, nicht evolutionär erklärt werden können? Und warum sollte eine solche evolutionäre Erklärung der menschlichen Moralität irrelevant für die Rechtfertigung moralischer Normen sein? Warum sollte die *Ethik* eine *Bastion der Philosophen* bleiben, für die evolutionsbiologische Forschungsergebnisse über den Menschen und seine nächsten Verwandten keinerlei Relevanz besitzen?

Dass eine Verbindung von Evolution und Moral weitaus komplizierter und kontroverser ist, als hier angedeutet, davon zeugt schon die lange andauernde und zum Teil sehr hitzig geführte Debatte über die Möglichkeiten und Grenzen einer *evolutionären Naturalisierung der Ethik*. Seit und mit Darwin haben zahlreiche Philosophen und Biologen versucht, aus der Darwin'schen Evolutionstheorie Konsequenzen für die Ethik abzuleiten. In seiner extremsten Form wird das Projekt der Naturalisierung der Ethik zum Versuch einer feindlichen Übernahme der philosophischen Ethik durch die Biologen, wie die folgende Forderung des Begründers der Soziobiologie, Edward O. Wilson, zeigt: „[T]he time has come for ethics to be removed temporarily from the hands of the philosophers and biologicized." (1975, S. 562) Die Philosophen lassen sich die Ethik jedoch nicht so leicht aus den Händen nehmen und entgegnen: Das gewagte Projekt der evolutionären Ethiker,

M. I. Kaiser (✉)
Philosophisches Seminar, Westfälische Wilhelms-Universität Münster,
Domplatz 23, 48143 Münster, Deutschland
E-Mail: marie.kaiser@uni-muenster.de

J. Oehler (Hrsg.), *Der Mensch – Evolution, Natur und Kultur,*
DOI 10.1007/978-3-642-10350-6_16,

die Ableitung moralischer Normen aus evolutionsbiologischen Tatsachen, sei doch schon seit Hume (1978) als auf einem *Sein-Sollens-Fehlschluss* (Treatise: Buch III, Teil I) basierend entlarvt worden. Alle übrigen Versuche einer Verbindung von Evolution und Moral, wie etwa die Erklärung des menschlichen Moralverhaltens auf Basis der Evolutionstheorie, seien *trivial* und aufgrund ihrer „evaluativen Irrelevanz" (Bayertz 1993, S. 165) schlichtweg uninteressant.

Mit Kitcher (1993) möchte ich betonen, dass immer noch viele Uneinigkeiten in der Debatte darauf zurückzuführen sind, dass die verschiedenen Projekte einer Verbindung von Evolution und Moral und die damit verbundenen Begrifflichkeiten und Argumentationsstrategien nicht hinreichend klar analysiert und differenziert werden. Das wesentliche Ziel meines Aufsatzes besteht deshalb darin, mehr *analytische Schärfe* in die Debatte um den evolutionären Naturalismus in der Ethik zu bringen. Im Fokus meiner Untersuchung wird die Frage stehen, worin genau das *Projekt einer evolutionären Naturalisierung der Ethik* besteht und in welchem Sinne dabei von „Naturalismus" die Rede ist. Um diese Frage zu beantworten, werde ich in zwei Hauptschritten vorgehen: Im Anschluss an die noch sehr allgemeine Feststellung, dass Naturalisten den Naturwissenschaften eine große Bedeutung zuschreiben, werde ich zunächst die allgemeine Debatte um den Naturalismus betrachten und analysieren, in welchem Sinne man ein Naturalist sein kann. Im Zuge dieser Untersuchung wird sich herausstellen, dass man *drei verschiedene Naturalismusbegriffe* unterscheiden muss: den ontologischen, den (schwachen oder starken) methodologischen und den empirischen Naturalismus. Die im ersten Teil gewonnenen Ergebnisse werde ich im zweiten Schritt auf den speziellen Fall des evolutionären Naturalismus in der Ethik anwenden. Entsprechend den drei klassischen Bereichen der Ethik – der Metaethik, der normativen Ethik und der deskriptiven Ethik – werde ich *drei Typen* von Projekten einer evolutionären Naturalisierung der Ethik unterscheiden, sie in ihren Grundzügen erläutern und deutlich machen, um welche Version des Naturalismus es sich jeweils handelt.

16.1 Der Naturalismus und die vermeintlich große Bedeutung der Naturwissenschaften

Der Ausdruck „*Naturalismus*" ist innerhalb der vergangenen Jahrzehnte ein *Sammelbegriff* für ganz unterschiedliche philosophische Positionen geworden. Er spielt innerhalb der Erkenntnistheorie, der Philosophie des Geistes, der Wissenschaftstheorie, der Religionsphilosophie, der Metaphysik und auch innerhalb der Ethik eine bedeutende Rolle. Eine präzise Definition des Ausdrucks findet man allerdings nur selten. Viele Autoren konzentrieren sich stattdessen auf die Aufzählung und kritische Diskussion der einzelnen als naturalistisch bezeichneten Positionen (Papineau 2009; Ritchie 2008).

Versucht man trotz der Bedeutungsvielfalt des Begriffes einige *zentrale Charakteristika naturalistischer Positionen* zu identifizieren, stößt man zunächst auf folgenden Punkt: Im Gegensatz zu klassischen Positionen wie z. B. dem ethischen Naturalismus, der zu den ältesten philosophischen Deutungsprogrammen der Moral gehört, ist für den modernen Naturalismus (seit Ende des 19. Jahrhunderts) nicht der Begriff der Natur, sondern der *Begriff der Naturwissenschaft* zentral. Dieses Charakteristikum des modernen Naturalismus ist das Ergebnis der Verfallsgeschichte des „qualitativen Naturbegriffs", an deren Ende die Natur nur noch als dasjenige angesehen wird, das „Gegenstand einer empirischen (Gesetzes-) Wissenschaft ist" (Mittelstraß 1984, S. 962). Entsprechend dieser Fokussierung ist für die modernen Naturalisten typisch, dass sie den Naturwissenschaften eine besondere Wertschätzung entgegenbringen, das heißt die *Bedeutung der Naturwissenschaften* im Vergleich zu und für andere Disziplinen als *sehr hoch* einstufen. Aufgrund des großen Erfolges der Naturwissenschaften bei der Erforschung und Erklärung der Welt sollten – so ihre Argumentation – auch die Philosophen endlich anerkennen, welche enorme Bedeutung die Naturwissenschaft für die Philosophie habe. Ein evolutionärer Naturalist in der Ethik behauptet dementsprechend, dass eine bestimmte Naturwissenschaft, nämlich die biologische Evolutionstheorie, von großer Bedeutung für einen bestimmten Teil der Philosophie, nämlich für die Ethik, ist.

Was genau ist jedoch mit der großen Bedeutung der Evolutionstheorie für die Ethik gemeint und welche Konsequenzen ergeben sich aus ihr? Geht es um die These, dass die Ethik bei genauerer Betrachtung letztlich nichts anderes als Evolutionstheorie sein sollte und aus diesem Grund durch sie *ersetzt* werden sollte? Oder besteht die Bedeutung der Evolutionstheorie vielmehr darin, dass sie spezifische *Methoden* bereitstellt, die zur Beantwortung ethischer Fragestellungen herangezogen werden sollen, bzw. dass sie bestimmte *empirische Daten* liefert, die in die ethische Argumentation einbezogen werden sollen? Oder geht es lediglich darum, die Fortschritte anzuerkennen, die Evolutionstheoretiker in den vergangenen Jahrzehnten bei der Erforschung der menschlichen Moralität gemacht haben? Letzteres kann sofort verneint werden. Will der Naturalismus in der heutigen Zeit eine substanzielle, interessante philosophische Position sein, so muss er über eine bloße *Solidaritäts- oder Respektbekundung* gegenüber den Naturwissenschaften hinausgehen. Ebenso lässt auch die vage These, dass in der Welt alles mit rechten Dingen zugeht, und die darin enthaltene Ablehnung jeglicher Art von Wunderglauben, Obskurantismus und Okkultismus den Naturalismus noch nicht zu einer substanziellen philosophischen Position werden. Das Ziel der Bestimmung des Begriffs „Naturalismus" kann nicht darin bestehen, die Bedeutung des Begriffs so vage und allgemein zu lassen, dass man wie Roy Wood Sellars zu dem Schluss kommt: „[W]e are all naturalists now." (Sellars 1922, S. i).

Wenn der evolutionäre Naturalismus in der Ethik nicht bloß darin bestehen kann, den bisherigen Erfolg der Evolutionstheorie anzuerkennen, worin genau besteht dann aber die vermeintlich große Bedeutung der Evolutionstheorie für die Ethik und in welchem Sinne spricht man von der Naturalisierung der Moralphilosophie? Um diese Fragen zu beantworten, ist es nützlich, zunächst einen Blick in die allgemeine Debatte um den Naturalismus zu werfen und zu untersuchen, welche verschiedenen *Typen von Naturalisierungsprojekten* man unterscheiden kann.

16.2 In welchem Sinne kann man Naturalist sein?

16.2.1 *Der ontologische Naturalismus*

In der Debatte werden üblicherweise zwei Varianten des Naturalismus unterschieden: der ontologische und der methodologische. Der ontologische Naturalismus ist eine These darüber, welche Entitäten in der Welt existieren. Ein ontologischer Naturalist behauptet, dass nur natürliche Entitäten, nicht aber nichtnatürliche Entitäten (wie z. B. Gott, Hexen, Schöpfungsakte, moralische Eigenschaften) existieren. Für diese Position ist auch der Spruch „Alles ist Natur." charakteristisch. Vermeintliche nichtnatürliche Entitäten existierten nur, insofern sie auf natürliche Entitäten *reduzierbar* seien. In den Worten von J. J. C. Smart: Ontologische Naturalisten sind der Ansicht, dass in der Welt *nichts über natürliche Entitäten Hinausgehendes* existiert („nothing over and above" Smart 1959, S. 142). Die Erkenntnis, dass vermeintlich nichtnatürliche Entitäten auf natürliche Entitäten reduzierbar sind, kann einerseits zur Folge haben, dass die nichtnatürlichen Entitäten *eliminiert* werden. So spricht man z. B. heutzutage nicht mehr in einer Weise von Hexen, als ob sie existierten. Andererseits kann die Folge aber auch sein, dass die vermeintlich nichtnatürlichen Entitäten *erhalten* bleiben, aber gezeigt wird, dass sie *nichts anderes als* natürliche Entitäten sind (Kim 2006, S. 276). Man kann als ontologischer Naturalist in der Ethik z. B. auch weiterhin davon sprechen, dass bestimmten Handlungen die moralische Eigenschaft zukommt, moralisch wertvoll zu sein, wenn klar bleibt, dass moralische Eigenschaften als solche nicht existieren, sondern dass sie auf natürliche Eigenschaften reduziert werden können.

Ähnlich wie beim Physikalismus die drängende Frage offen bleibt, was mit dem Physikalischen eigentlich genauer gemeint ist, muss auch ein ontologischer Naturalist näher bestimmen, was er unter dem Natürlichen versteht. Wie im vorherigen Abschnitt bereits deutlich wurde, zeichnet sich der moderne Naturalismus dadurch aus, dass in ihm der Begriff der Naturwissenschaften zentral ist und dementsprechend „natürlich" in der Regel mit „naturwissenschaftlich erforschbar" und „Gegenstand der Naturwissenschaften sein" ausbuchstabiert wird (z. B. Armstrong 1983, S. 82). Die Naturwissenschaften – ihre Forschungspraxis (Cartwright 1999) oder ihre erfolgreichsten und am besten bestätigten Theorien (Esfeld 2007) – werden dadurch als *alleinige Quelle der Ontologie* ausgezeichnet: Was in der Welt existiert, darüber können ausschließlich die Naturwissenschaften Auskunft geben.

Viele der ontologischen Naturalisten vertreten die Auffassung, dass zu den erfolgreichsten und am besten bestätigten Theorien vor allem oder ausschließlich die Theorien der Physik gehören. Der ontologische Naturalismus fällt in diesen Fällen mit einem (ontologischen) Physikalismus zusammen. (Maudlin 2007)

Wilfried Sellars formuliert diese These wie folgt: „[…] in the dimension of describing and explaining the world, science is the measure of all things, of what is that it is, and of what is not that it is not." (Sellars 1956, S. 173) Aus dieser These folgt allerdings nicht, dass es auch Naturwissenschaftler sind, denen die Aufgabe zufällt, Ontologie zu betreiben. Einige Autoren sind der Meinung, dass die Naturwissenschaftler lediglich das *Material* liefern (die wissenschaftliche Praxis und die Theorien), aus dem die Philosophen dann die ontologischen Thesen ableiten (Ladyman u. Ross 2007).

Gegen eine solche Vorgehensweise kann zu Recht eingewandt werden, dass die wissenschaftliche Praxis und die wissenschaftlichen Theorien die ontologischen Thesen, die einige Philosophen aus ihnen herauszulesen meinen, gar nicht hergeben. Denn große Teile der Naturwissenschaften – ihre Praxis ebenso wie ihre Theorien – sind meiner Ansicht nach *ontologisch unterbestimmt*, das heißt sie sind mit alternativen Ontologien gleichermaßen vereinbar. Philosophen, die Metaphysik der Naturwissenschaften betreiben, begehen zu häufig den Fehler, ontologische Thesen aus den Naturwissenschaften abzuleiten, die sie eigentlich selbst in sie hineingelegt haben. Eine solche Position kann nur als pseudonaturalistisch bezeichnet werden, insofern ihre Vertreter vorgeben, die Naturwissenschaften als alleinige Quelle ihrer Ontologie zu nutzen, dies aber *de facto* nicht tun. Einige ontologische Naturalisten wie z. B. Arthur Fine mahnen aus ähnlichen Gründen zur Vorsicht und fordern, dass der ontologische Naturalismus mit einer *natürlichen ontologischen Einstellung* (*natural ontological attitude* [NOA]) verbunden sein solle: „[T]ry to take science on its own terms, and try not to read things into science.“ (Fine 1996, S. 149)

16.2.2 Der methodologische Naturalismus

Durch die Gleichsetzung des Natürlichen mit dem naturwissenschaftlich Erforschbaren entsteht eine enge Verbindung des ontologischen zum methodologischen Naturalismus. In einer ersten Annäherung ist der methodologische Naturalismus eine Antwort auf die Frage, worin die erfolgreichste Weise, die Welt zu erforschen und Wissen über sie zu erlangen, besteht – nämlich in der Anwendung naturwissenschaftlicher Methoden – und was daraus für das Verhältnis zwischen der Philosophie und den Naturwissenschaften folgt. Diese Begriffsbestimmung ist deshalb noch recht vage, weil unter dem Etikett „methodologischer Naturalismus“ ganz *verschiedene Fragestellungen* diskutiert werden und Naturalisten auf einige dieser Fragen unterschiedliche Antworten geben. Im Folgenden werde ich diese verschiedenen Fragestellungen und Thesen unterscheiden und wichtige Beziehungen zwischen ihnen erläutern. Auf diese Weise werden wir der Antwort auf die Frage näher kommen, was ein methodologischer Naturalist behauptet.

16.2.2.1 Die schwache und starke Variante des methodologischen Naturalismus

Vor allem in Debatten um das Verhältnis zwischen Naturwissenschaft und Religion ist mit der Position des methodologischen Naturalismus häufig eine These darüber verbunden, *wie* man die Phänomene der natürlichen Welt erforschen *sollte*.

Schwacher methodologischer Naturalismus Es sollte versucht werden, alle Phänomene unter Anwendung ausschließlich naturwissenschaftlicher Methoden zu erforschen.

Der methodologische Naturalismus in seiner schwachen Form ist eine *methodologische Empfehlung* oder *Vorschrift*, wie man bei der Erforschung der Phänomene der Welt vorgehen sollte – nämlich indem man ausschließlich naturwissenschaftliche Methoden anwendet. Phänomene sollten erklärt und Hypothesen sollen getestet werden, indem man sich ausschließlich auf natürliche Entitäten, nicht aber auf okkulte Kräfte oder übernatürliche Wesen bezieht. Mit dieser Variante des Naturalismus als einem *Forschungsprogramm* ist vereinbar, dass es Phänomene gibt, bei denen die vorgeschriebene Strategie fehlschlägt, weil diese Phänomene prinzipiell nicht naturwissenschaftlich erforschbar und erklärbar sind. Der schwache methodologische Naturalismus lässt auf diese Weise z. B. Raum für einen Schöpfungsglauben und ermöglicht eine Kombination von Evolutionstheorie und Religion (Kummer 2009; Ruse 2008). Im Extremfall kann der schwache methodologische Naturalismus zu der These abgeschwächt werden, dass lediglich die Phänomene, die in den Gegenstandsbereich der Naturwissenschaften fallen, mit ausschließlich naturwissenschaftlichen Methoden erforscht werden sollten (Forrest 2000; Kurtz 1998). Ich möchte mich allerdings der Meinung von Keil und Schnädelbach anschließen, die behaupten, dass der Naturalismus erst dann spannend wird, wenn er die Anwendbarkeit der naturwissenschaftlichen Methode in Bereichen *außerhalb* der Naturwissenschaften postuliert (Keil u. Schnädelbach 2000, S. 20).

Nach Ansicht einiger Naturalisten sowie Naturalismuskritiker geht der schwache methodologische Naturalismus (auch in seiner stärkeren Form) nicht weit genug. Sie charakterisieren den methodologischen Naturalismus stattdessen als eine Verbindung zweier stärkerer Thesen:

Starker methodologischer Naturalismus Die Methoden der Naturwissenschaften (1) besitzen einen einzigartigen Status und (2) sind universell.

(1) *Einzigartiger Status der naturwissenschaftlichen Methoden* Die Methoden der Naturwissenschaft sind erfolgreich und der einzige verlässliche Weg zur Wahrheit. Aus diesem Grund besitzen die Naturwissenschaften ein Erklärungsprivileg.

Diese erste These des starken methodologischen Naturalisten wird auch unter dem Stichwort „Mittelbeschränkung" erörtert (Vollmer 2000, S. 48–50). Dadurch, dass der Naturalist die Methoden der Naturwissenschaften als den *einzigen* verlässlichen

Weg zur Wahrheit auszeichnet, beschränkt er die Mittel, die zur Erforschung und Erklärung der Welt zugelassen sind. Der starke methodologische Naturalist ist mit dieser These allerdings nicht auf einen Infallibilismus verpflichtet, das heißt auf die These, dass die naturwissenschaftlichen Methoden *immer* zur Wahrheit führen müssen. Der bisherige Erfolg der Naturwissenschaften wird meist als wichtigster Beleg für die Güte und Verlässlichkeit ihrer Methoden angeführt. Diese Strategie kann aber nicht darüber hinwegtäuschen, dass die Behauptung, die naturwissenschaftlichen Methoden seien der *einzige* verlässliche Weg zur Wahrheit, sehr stark ist und gewichtiger philosophischer Argumente bedarf. Viele der Naturalisten wehren sich jedoch schon gegen die *Voraussetzung* einer solchen Argumentation, nämlich gegen die *Spezifizierung des Begriffs der naturwissenschaftlichen Methoden*. Um den Naturwissenschaften nicht vorzugreifen, sie nicht zu bevormunden und neutral gegenüber jeder Wissenschaftsklassifikation zu bleiben, geben viele Naturalisten explizit nicht an, wodurch genau die naturwissenschaftlichen Methoden charakterisiert sind, sondern erklären ganz nach dem Motto „Wherever science will lead, I will follow." (Keil u. Schnädelbach 2000, S. 22) ihre Solidarität mit dem Gang der Naturwissenschaften selbst. So bequem eine solche neutrale Haltung auch sein mag, sie lässt den starken methodologischen Naturalismus (wie auch den schwachen) konturlos und damit unattraktiv werden. Jemand, der den Naturwissenschaften aufgrund ihrer Methoden einen einzigartigen epistemischen Status zuschreibt, sollte etwas darüber sagen können, was diese Methoden sind und wie sie sich von den Methoden anderer Wissenschaften (und Nichtwissenschaften) unterscheiden. Eine solche Spezifizierung des Begriffs muss auch nicht statisch sein, sondern kann gegenüber Veränderungen der in der wissenschaftlichen Praxis etablierten Methoden offen bleiben. Erst auf der Basis einer solchen Spezifizierung des Begriffs der naturwissenschaftlichen Methoden kann ein methodologischer Naturalist im starken Sinne seine Behauptung begründen, die Methoden der Naturwissenschaft seien der *einzige* verlässliche Weg zur Wahrheit.

Die Plausibilität der zweiten These des starken methodologischen Naturalisten setzt die Plausibilität der soeben erläuterten ersten These voraus:

> (2) *Universalität der naturwissenschaftlichen Methoden (globale Version)*
> Aufgrund ihres einzigartigen Status ist es möglich und Erfolg versprechend, die Methoden der Naturwissenschaft universell (das heißt in Bezug auf alle Phänomenbereiche und alle Fragestellungen) anzuwenden.

Hat man einmal nachgewiesen, dass die Methoden der Naturwissenschaften der einzige verlässliche Weg zur Wahrheit sind, erscheint es nach Ansicht des starken methodologischen Naturalisten plausibel, den Anwendungsbereich dieser Methoden auf die Fragestellungen und Phänomene anderer Wissenschaften (und Nichtwissenschaften) und letztlich auf die gesamte Welt auszudehnen. An dieser These wird der Unterschied zur schwachen Variante des methodologischen Naturalismus besonders deutlich: Starke methodologische Naturalisten behaupten nicht nur, dass versucht werden *sollte*, die naturwissenschaftlichen Methoden zur Erforschung aller Phänomene und zur Beantwortung aller Fragestellungen anzuwenden, sondern dass diese Anwendung außerdem in Bezug auf *alle* Phänomene und Fragen *möglich* und vor allem *Erfolg versprechend* (oder *erfolgreich*) ist. Nach Auffassung von Keil und Schnädelbach ist dieser *universale Anspruch* keine optionale Zutat des methodologischen Naturalismus, sondern es liegt „in der Logik des Naturalismus [...], keine Enklaven zu dulden" (Keil u. Schnädelbach 2000, S. 20 f.).

Aus dem universalen Anspruch folgt jedoch nicht, dass es nicht möglich ist, einen starken methodologischen Naturalismus zu vertreten, der lediglich *lokal* ist, das heißt in dem die Anwendbarkeit und Erfolg versprechende Anwendung naturwissenschaftlicher Methoden (außerhalb der Naturwissenschaften) nur für eine oder mehrere spezifische Disziplinen behauptet wird. Naturalistische Positionen werden meist in dieser lokalen Variante verteidigt. So vertritt Willard V. O. Quine einen Naturalismus in Bezug auf die Erkenntnistheorie (Quine 1975), Kitcher in Bezug auf die Ethik (Kitcher 1993, 2006a, b) und Eckard Voland in Bezug auf die Religion (Voland 2009) – um nur einige lokale Naturalisten zu nennen.

(2) *Universalität der naturwissenschaftlichen Methoden (lokale Version)*
Aufgrund ihres einzigartigen Status ist es möglich und Erfolg versprechend, die Methoden der Naturwissenschaft in Bezug auf die Phänomene und Fragestellungen des nichtnaturwissenschaftlichen Bereichs X anzuwenden.

Befürworter einer lokalen Variante des starken methodologischen Naturalismus sind meist nicht der Meinung, dass die Anwendbarkeit und Erfolg versprechende Anwendung naturwissenschaftlicher Methoden (außerhalb der Naturwissenschaften) auf diese Disziplinen *beschränkt* ist. Die meisten lokalen Naturalisten verhalten sich lediglich *agnostisch* gegenüber einer Ausweitung ihrer Thesen auf andere bzw. auf alle Gegenstandsbereiche und Fragestellungen.

16.2.2.2 Das Verhältnis zwischen den Naturwissenschaften und der Philosophie

Die Debatte um den Naturalismus wird unter Philosophen besonders hitzig geführt, wenn es um die Anwendung naturwissenschaftlicher Methoden auf ihre eigene Disziplin geht. Welches Bild vom Verhältnis zwischen den Naturwissenschaften und der Philosophie ist aber mit den beiden Thesen des starken methodologischen Naturalismus verbunden? Ich möchte im Folgenden *zwei Aspekte* dieses Bildes unterscheiden, die in der Naturalismusdebatte meiner Ansicht nach nicht klar genug voneinander getrennt werden: Zum einen kann man die Frage stellen, wie viel Naturwissenschaft nach Ansicht der Naturalisten in der Philosophie enthalten sein sollte und zum anderen kann man sich fragen, wie viel Philosophie nach Meinung der Naturalisten in der Naturwissenschaft stecken sollte. In Bezug auf die erste Frage herrscht unter den methodologischen Naturalisten eine starke Uneinigkeit, wohingegen sie sich in der Beantwortung der zweiten Frage weitgehend einig sind.

Kommen wir zur ersten Frage: *Wie viel Naturwissenschaft* sollte – nach Meinung der Naturalisten – *in der Philosophie* (bzw. in spezifischen Disziplinen der Philosophie) stecken? Sie zielt auf diejenige Frage ab, die im Zentrum dieses Artikels steht: Was versteht man unter der Naturalisierung der Philosophie (und der Ethik) und wie weit kann sie gehen? Sind die beiden Thesen des starken methodologischen Naturalisten korrekt, so folgt daraus, dass auch in der Philosophie der *einzige* verlässliche Weg zur Wahrheit in der Anwendung naturwissenschaftlicher Methoden besteht. Diese Behauptung scheint auf den ersten Blick seltsam, sind die Naturwissenschaften doch allesamt *empirische* Disziplinen, in denen es um das Erheben und Systematisieren empirischer Daten über die Welt geht. Die Philosophie scheint hingegen eher durch *nichtempirische* Methoden wie Begriffsanalyse und rationales Argumentieren charakterisiert zu sein – wie kann also jemals Philosophie mit naturwissenschaftlichen Methoden betrieben werden? Methodologische Naturalisten geben verschiedene Antworten auf diese Frage, von denen ich die zwei wichtigsten hier kurz skizzieren werde.

Die erste Strategie, für eine methodologische Naturalisierung der Philosophie zu argumentieren, besteht darin, auf die *Identität* oder die *Kontinuität* hinzuweisen, die nach Meinung einiger Naturalisten in methodischer Hinsicht zwischen der Philosophie und den Naturwissenschaften besteht. In der Philosophie würden ausschließlich Methoden verwendet (z. B. die Konstruktion synthetischer Theorien über die Welt, die Durchführung von (Gedanken-) Experimenten), die auf einer allgemeinen Ebene betrachtet identisch mit den Methoden der Naturwissenschaften seien oder die nicht klar von diesen abgegrenzt werden könnten. Es gebe folglich *keine genuin philosophischen Methoden* und – wenn überhaupt – nur *graduelle*, aber keine prinzipiellen methodischen Unterschiede zwischen der Philosophie und den Naturwissenschaften. Die Verschiedenartigkeit der beiden Disziplinen komme lediglich dadurch zustande, dass in ihnen unterschiedliche Fragestellungen und Ziele verfolgt, unterschiedliche Phänomene erforscht und unterschiedliche Begriffe und Prinzipien formuliert würden (Papineau 2009, S. 12–19). Gemäß dieser Argumentationsstrategie ist die Philosophie also insofern naturalisiert, als genuin philosophische Fragestellungen unter Anwendung ausschließlich naturwissenschaftlicher Methoden beantwortet werden. Insofern sich diese These auf die derzeit *vorhandene* Philosophie bezieht, liefern die methodologischen Naturalisten nur eine *Neubeschreibung bzw. -charakterisierung* der vorhandenen philosophischen Methoden und ihres Verhältnisses zu den naturwissenschaftlichen Methoden (Koppelberg 1996, 2000). Bezieht sich die These der Naturalisten hingegen nicht auf die vorhandene, sondern auf die in einem noch näher zu spezifizierenden Sinne „richtige" Philosophie, bekommt sie einen *normativen Charakter*: Die Identität und Kontinuität wird nicht zwischen den Methoden der Naturwissenschaften und allen in der Philosophie tatsächlich verwendeten Methoden behauptet, sondern zwischen den Methoden der Naturwissenschaften und den Methoden der „richtigen" Philosophie, die allerdings erst noch (durch Elimination und Hinzufügen bestimmter Methoden) hergestellt werden muss. Eine derartige Forderung steht auch im Fokus der zweiten Verteidigungsstrategie einer methodologischen Naturalisierung der Philosophie.

Laut dieser zweiten Strategie besitze die Philosophie zwar genuin philosophische Methoden. Diese seien aber aufgrund ihres *nichtnaturwissenschaftlichen Charakters* kein verlässlicher Weg zur Wahrheit und sollten daher aus der Philosophie verbannt werden. Das Resultat sei eine neue Philosophie, die ihren Platz *innerhalb* der Naturwissenschaften habe. Im Zentrum der naturalistischen Kritik steht neben einem reinen Apriorismus auch die so genannte *Lehnstuhlphilosophie*, deren Vertreter in ihrer philosophischen Argumentation höchstens solche empirischen (*common sense*-)Fakten berücksichtigen, die vom Lehnstuhl aus gewusst werden können. Quine, der bekannteste Befürworter dieses Naturalisierungsprojektes für die Erkenntnistheorie, formuliert seine Vorstellung wie folgt:

> [I]ch meine, [...] daß die Erkenntnistheorie auch weiterhin fortbesteht, jedoch in einem neuen Rahmen und mit einem geklärten Status. Die Erkenntnistheorie oder etwas Ähnliches erhält ihren Platz innerhalb der Psychologie und somit innerhalb der empirischen Wissenschaften. (Quine 1975, S. 114 f.)

Quines Idee ist allerdings nicht, dass die traditionellen erkenntnistheoretischen Fragestellungen erhalten bleiben und lediglich versucht werden soll, diese Fragen durch Anwendung naturwissenschaftlicher Methoden zu beantworten. Vielmehr solle die traditionelle Erkenntnistheorie vollständig durch Naturwissenschaften wie die Kognitionswissenschaften *ersetzt* werden. Aus diesem Grund wird Quines Variante des starken methodologischen Naturalismus auch als „replacement naturalism" (Feldman 2008, S. 2) bezeichnet. Im Gegensatz zur ersten Argumentationsstrategie besteht nach Ansicht von Naturalisten wie Quine also nicht nur zwischen den *Methoden* der Naturwissenschaften und der „richtigen" Philosophie eine Identität und Kontinuität, sondern auch zwischen ihren *Gegenstandsbereichen* und *Fragestellungen*. Eine derartige Naturalisierung der Philosophie ist nur möglich, wenn man zuvor das Verständnis von Philosophie verändert, indem man den „eigentlichen" bzw. „richtigen" Gegenstandsbereich und die „eigentlichen" bzw. „richtigen" Fragestellungen der Philosophie identifiziert. Erst auf der Basis eines solch veränderten Philosophieverständnisses kann ein Naturalist wie Quine behaupten, dass die *gesamte* Philosophie (oder Erkenntnistheorie) unter Anwendung *ausschließlich* naturwissenschaftlicher Methoden betrieben werden kann. Die *Replacement*-Version des starken methodologischen Naturalismus wird aufgrund seines fragwürdigen Philosophieverständnisses und zahlreichen anderen Problemen heutzutage von nur wenigen Autoren vertreten (Kornblith 1994; Stich 1993).

Schon Jaegwon Kim hat an Quines naturalisiertem Verständnis von Erkenntnistheorie kritisiert, dass die zentralen Fragen der traditionellen Erkenntnistheorie unbeantwortet bleiben (Kim 1988, S. 390). Ein weiteres wichtiges Problem besteht darin, dass die These des methodologischen Naturalismus selbst keine naturwissenschaftliche Aussage ist, sondern eine philosophische These darstellt, die nicht durch Anwendung naturwissenschaftlicher Methoden begründet werden kann. (Hartmann u. Lange 2000, S. 151–158)

Bei der Beantwortung der zweiten Frage, wie viel Philosophie in den Naturwissenschaften stecken sollte, sind sich die methodologischen Naturalisten einig. Ihre einhellige Antwort lautet: überhaupt keine! Sie stellen sogar ein *Einmischungsver-*

bot für Philosophen in die Naturwissenschaften auf. Es richtet sich nicht nur gegen Wissenschaftstheoretiker, die versuchen, die *eine* naturwissenschaftliche Methode zu bestimmen, ohne dabei mehr als einen Blick in die faktische Wissenschaftspraxis zu werfen, der zeigen würde, wie methodisch vielfältig die Naturwissenschaften sind.

Innerhalb der Wissenschaftstheorie vertreten Naturalisten folglich eine rein deskriptive Wissenschaftstheorie und lehnen jede Form von normativer Wissenschaftstheorie ab. Die Aufgabe der Philosophen sei es, die verschiedenen Elemente der vorhandenen Wissenschaftspraxis adäquat zu beschreiben, das heißt sie lediglich zu rekonstruieren und zu erklären, nicht aber den Wissenschaftlern Vorschriften darüber zu machen, wie sie zu forschen hätten. Dieser Trend hin zu einer sehr nah an der tatsächlichen Forschungspraxis der Wissenschaftler orientierten Wissenschaftstheorie ist vor allem im angelsächsischen Raum weit verbreitet und ist meiner Ansicht nach für die Wissenschaftstheorie äußerst gewinnbringend. (Carrier 2007; Gesang 2005)

Das Verbot richtet sich gegen *jeden* Versuch einer Grundlegung der Naturwissenschaften durch eine *Erste Philosophie* (Quine 1981, S. 21). Methodologische Naturalisten vertreten eine „Antifundierungsthese" (Koppelberg 2000, S. 83): Kein Philosoph habe bisher überzeugend begründen können, dass und warum die Philosophie gegenüber den Naturwissenschaften einen epistemisch privilegierten Status einnehme. Aus diesem Grund könne die Philosophie auch nicht das Fundament der Naturwissenschaften bereitstellen. Fragen wie „Wie betreibt man erfolgreich Wissenschaft?" und „Worüber kann man auf welche Weise Wissen erlangen?" könnten nicht Philosophen, sondern nur die Naturwissenschaftler selbst beantworten. Die Rechtfertigung des Einmischungsverbotes ist unabhängig davon, ob die methodologischen Naturalisten überzeugend für den privilegierten Status und die Universalität naturwissenschaftlicher Methoden argumentieren können oder nicht.

16.2.3 Der empirische Naturalismus

In der Debatte um den methodologischen Naturalismus und seine vermeintlichen Konsequenzen für die Philosophie taucht manchmal eine etwas andersgeartete Version des Naturalismus auf, in der es nicht darum geht, dass die Philosophie ausschließlich mit naturwissenschaftlichen Methoden betrieben werden sollte. Stattdessen geht es um die Forderung, dass Philosophen in ihrer Argumentation das *empirische Wissen* der Naturwissenschaften *berücksichtigen* sollten, weil es für die Beantwortung vieler philosophischer Fragestellungen einschlägig und unverzichtbar sei. Diese Version des Naturalismus wird meist auch unter der Rubrik „methodologischer Naturalismus" diskutiert und mit den zuvor dargestellten Positionen des schwachen und starken methodologischen Naturalismus vermischt. Ich halte diese Vermischung für einen großen Missstand in der Debatte und möchte daher für diese Variante des Naturalismus die neue Bezeichnung „empirischer Naturalismus" einführen. Empirische Naturalisten sind nicht der Meinung, dass die Philosophie (oder eine spezifische Disziplin der Philosophie) dadurch naturalisiert werden soll, dass genuin philosophische Fragestellungen ausschließlich mit naturwissenschaftlichen Methoden beantwortet werden sollen oder die Philosophie vollständig durch die Naturwissenschaften ersetzt werden soll. Stattdessen verstehen empirische Naturalisten unter einer *naturalisierten Philosophie* eine Philosophie, deren Vertreter in ihre Beantwortung genuin philosophischer Fragen unter Anwendung genuin philosophischer Methoden *relevante empirische Erkenntnisse*, die Naturwissenschaftler im Rahmen der Beantwortung ihrer eigenen Fragen mit ihren eigenen Methoden erlangt haben, *mit einbeziehen*.

Einige Autoren wie Koppelberg sprechen auch davon, dass zwischen den Naturwissenschaften und der Philosophie ein *kooperatives Verhältnis* bestehen soll, und bezeichnen diese Variante des Naturalismus daher als „kooperativen Naturalismus" (Koppelberg 2000, S. 89). Zwischen dieser Kooperationsthese und der zuvor erläuterten Antifundierungsthese, die von nahezu allen Naturalisten geteilt wird und meiner Ansicht nach nicht so schnell aufgegeben werden sollte, besteht allerdings eine beachtliche Spannung: Denn insofern Kooperation als eine wechselseitige Beziehung verstanden wird, ist es mehr als seltsam, dass die Philosophie keinerlei Einfluss auf die Naturwissenschaften haben darf, wohl aber umgekehrt. Empirische Naturalisten fordern also meist keine wechselseitige Kooperation zwischen Naturwissenschaftlern und Philosophen, sondern sie fordern alle Philosophen dazu auf, den Apriorismus und die Lehnstuhlphilosophie aufzugeben und beim Philosophieren stets die Ergebnisse der naturwissenschaftlichen Forschung zu berücksichtigen.

Die Plausibilität des empirischen Naturalismus steht und fällt mit der *Spezifizierung der Rolle des empirischen Wissens* für die Philosophie (Keil u. Schnädelbach 2000, S. 32–38). Was genau ist mit „berücksichtigen" oder „einbeziehen" gemeint? Klar ist, dass darunter mehr zu verstehen ist als „nicht im Widerspruch stehen". Unklar bleibt aber, ob empirisches Wissen *immer*, das heißt in Bezug auf alle philosophischen Fragestellungen, berücksichtigt werden muss und ob immer *alle* relevanten empirischen Erkenntnisse in die philosophische Argumentation einbezogen werden müssen oder nur ausgewählte. Wie bestimmt man überhaupt die *Relevanz* empirischer Erkenntnisse für bestimmte philosophische Fragestellungen und ist das nicht genau der Punkt, an dem der empirische Naturalist behaupten muss, dass empirisches Wissen *immer* (oder häufig) relevant ist? Erinnern wir uns an ein Ergebnis der bisherigen Erörterung: Der *universale Anspruch* ist dem Naturalismus eigen, zumindest insofern es sich um eine substanzielle philosophische Position handeln soll. Dass es überhaupt Fragestellungen in der Philosophie gibt, für deren Beantwortung Philosophen einen (kurzen) Blick auf einige Erkenntnisse der Naturwissenschaftler werfen müssen, würde kaum jemand bezweifeln. Auch die Position des empirischen Naturalismus wird folglich erst durch ihren universalen Anspruch interessant.

Empirischer Naturalismus Die Beantwortung philosophischer Fragestellungen geschieht zwar unter Anwendung philosophischer (und nicht naturwissenschaftlicher) Methoden, aber in die Beantwortung aller Fragestellungen müssen empirische Erkenntnisse der Naturwissenschaften einbezogen werden.

16.3 Was versteht man unter dem evolutionären Naturalismus in der Ethik?

Wie wir in Kap. 16.2 gesehen haben, ist für den modernen Naturalisten typisch, dass er die Bedeutung der Naturwissenschaften im Vergleich zu und für andere Disziplinen (vor allem auch für die Philosophie) als sehr hoch einstuft. Betrachtet man den Spezialfall des evolutionären Naturalismus in der Ethik, so heißt das: Es geht um die Bedeutung einer *spezifischen* Naturwissenschaft, der biologischen Evolutionstheorie, für eine *spezifische* philosophische Disziplin, die Ethik. Wie ich bereits deutlich gemacht habe, kann die Spezifizierung der Position des evolutionären Naturalismus in der Ethik an dieser Stelle jedoch nicht stehen bleiben, ist doch nach wie vor unklar, was mit dem Ausdruck „große Bedeutung" eigentlich genau gemeint ist. In Kap. 16.2 habe ich vier Naturalismusbegriffe und damit vier Weisen, ein Naturalist zu sein, unterschieden. Diese Begrifflichkeiten werde ich nun anwenden und untersuchen, *welche* in der Ethik diskutierten Positionen *in welchem Sinne* als (evolutionär) naturalistisch bezeichnet werden können. Ein wichtiger Schritt in dieser Analyse besteht darin, die Positionen danach zu differenzieren, in welcher der *drei klassischen Bereiche der Ethik* – der Metaethik, der normativen oder der deskriptiven Ethik – sie angesiedelt sind. Entsprechend dieser Dreiteilung werde ich im Folgenden drei Typen von Projekten einer evolutionären Naturalisierung der Ethik identifizieren und die Projekte in ihren Grundzügen erläutern.

16.3.1 ... in der Metaethik?

Die Metaethik wird auch als *Disziplin zweiter Ordnung* bezeichnet, weil es in ihr darum geht, die begrifflichen Grundlagen für die wissenschaftliche Auseinandersetzung mit dem Phänomen der Moral bereitzustellen. Insofern bildet sie die Grundlage sowohl für die normative als auch für die deskriptive Ethik (Düwell et al. 2006, S. 25–27). Standen zu Beginn nur *sprachphilosophische Fragestellungen* – wie die Frage nach der Bedeutung unserer moralischen Begriffe und die Frage nach der Bedeutung und dem Status moralischer Urteile – im Mittelpunkt (Moore 2004), so wurde im Laufe der Jahrzehnte das ursprüngliche Feld metaethischer Diskussionen immer weiter vergrößert. Heutzutage werden in der Metaethik neben psychologischen und epistemologischen vorwiegend *ontologische Fragestellungen* diskutiert, was auf den Einfluss von Mackie (1990) und Harman (1977) zurückzuführen ist. Beispiele für solche ontologischen Fragen sind: Existieren in der Welt (unabhängig von subjektiven Leistungen) moralische Tatsachen? Gibt es moralische Eigenschaften und wenn ja, welchen Status besitzen sie?

Die Debatte um ontologische Fragen dieser Art ist auch der Ort, an dem die naturalistischen Positionen innerhalb der Metaethik zu finden sind. Ich möchte *zwei Typen des metaethischen Naturalismus* unterscheiden: eine naturalistische Version des Realismus und eine des Antirealismus.

In der Debatte ist dagegen üblich, mit dem Ausdruck „Naturalismus" lediglich eine bestimmte Version der realistischen Position zu bezeichnen. Genau genommen gibt es aber in beiden Lagern Naturalisten.

Metaethische Realisten behaupten, dass in der Welt moralische Tatsachen oder Eigenschaften existieren. Erinnern wir uns an die in Kap. 16.2 erläuterte Position des ontologischen Naturalismus, so scheint es zunächst widersprüchlich, den Realisten als Naturalisten zu bezeichnen, ist ein ontologischer Naturalist doch der Meinung, dass in der Welt außer natürlichen Entitäten keine Entitäten eines anderen Typs – und so auch keine moralischen Tatsachen oder Eigenschaften – existieren. Diese vermeintliche Spannung lässt sich durch eine zusätzliche These des Realisten aufheben, die seine Position *naturalistisch* werden lässt, allerdings von verschiedenen Autoren unterschiedlich ausbuchstabiert wird: Moralische Tatsachen oder Eigenschaften seien nichts anderes als natürliche Tatsachen oder Eigenschaften, sie könnten auf sie reduziert werden oder sie seien durch sie konstituiert. Ist man der Meinung, dass sich moralische Tatsachen oder Eigenschaften auf natürliche Tatsachen oder Eigenschaften eines *ganz bestimmten Typs* reduzieren lassen, nämlich auf evolutionäre Tatsachen oder auf Eigenschaften, die Gegenstand der Evolutionstheorie sind, so ist man ein *evolutionärer* naturalistischer Realist. Moralische Werte, für deren Existenz ein evolutionärer naturalistischer Realist argumentieren könnte, sind z. B. das individuelle Überleben, die erfolgreiche Aufzucht von eigenen Kindern, Neffen und Nichten sowie die Erhaltung der eigenen Stammlinie.

Im Gegensatz zum Realisten verneint der *metaethische Antirealist* explizit die Existenz moralischer Tatsachen oder Eigenschaften, weil eine solche Annahme für die Erklärung der moralischen Praxis nicht notwendig sei.

Der Antirealismus kann entweder mit einem Nonkognitivismus oder mit einer Irrtumstheorie verbunden werden. Nonkognitivisten vertreten die Ansicht, dass moralische Urteile nicht wahrheitsfähig sind und dass in moralischen Urteilen keine Überzeugungen über moralische Tatsachen zum Ausdruck gebracht werden. Irrtumstheoretiker behaupten im Gegensatz dazu, dass moralische Urteile wahrheitsfähig sind und dass sie Überzeugungen über moralische Tatsachen ausdrücken. Sie sind allerdings der Meinung, dass diese moralischen Urteile immer falsch sind, da in der Welt keine moralischen Tatsachen existieren.

Auch Antirealisten sind folglich ontologische Naturalisten, insofern sie behaupten, dass in der Welt nur natürliche Entitäten existieren. Die Position von Kitcher ist ein Beispiel für einen Antirealismus, der *evolutionär* naturalistisch ist. Kitcher argumentiert wie folgt: Menschen hätten im Laufe ihrer biologischen und kulturellen Evolution bestimmte psychologische Vermögen entwickelt, die sie auch in der heutigen Zeit dazu befähigten, bestimmte moralische Urteile zu fällen und bestimmte Normensysteme zu entwickeln. Betrachte man diese evolutionäre Entstehung der moralischen Praxis des Menschen, so finde man darin keinerlei Anzeichen für die Existenz moralischer Tatsachen in der Welt. Bestimmte Normen hätten sich nicht deshalb etabliert, weil sie moralische Tatsachen adäquat einfingen, die in der Welt existierten, sondern weil sie eine Verbesserung des sozialen Zusammenhaltes zwischen den Mitgliedern einer Gemeinschaft bewirkt hätten (Kitcher 2006a, b).

Wenden wir nun die in Kap. 16.2 eingeführten Begrifflichkeiten an und stellen uns die Frage, in welchem Sinne die metaethischen Realisten und Antirealisten

Naturalisten sind. Wie schon deutlich geworden sein sollte, handelt es sich in beiden Fällen um einen Naturalismus im *ontologischen Sinne*. Sowohl die Realisten als auch die Antirealisten argumentieren – allerdings auf unterschiedliche Weise – für die ontologische These, dass ausschließlich natürliche Entitäten in der Welt existieren. Beide Positionen sind evolutionär, weil evolutionsbiologische Erkenntnisse innerhalb der metaethischen Argumentation verwendet werden. Evolutionär naturalistische Realisten verwenden die Evolutionstheorie als *Quelle der Ontologie*, insofern sie aus ihr ableiten, auf *welche* natürlichen Tatsachen oder Eigenschaften moralische Tatsachen oder Eigenschaften reduziert werden können. Evolutionär naturalistische Antirealisten wie Kitcher ziehen bestimmte Forschungsergebnisse über die Evolution des Menschen als *stützende Belege* für ihre metaethischen Thesen heran. Vor diesem Hintergrund stellt sich die Frage, ob die Naturalisten in der Metaethik nicht noch in einem zweiten Sinne Naturalisten sind. Schließlich setzen sowohl die Realisten als auch die Antirealisten (zumindest implizit) voraus, dass die Evolutionstheorie von großer Bedeutung dafür sein sollte, zu welchen Ergebnissen man innerhalb der Metaethik kommt. Meiner Analyse nach sind die metaethischen Naturalisten sowohl ontologische als auch *empirische Naturalisten*, aber in keinem Fall methodologische. Denn sowohl Realisten als auch Antirealisten betreiben nicht Metaethik unter Anwendung evolutionsbiologischer Methoden (wie z. B. der Methode der „historischen Rekonstruktion" Mayr 2005, S. 52) und zeichnen diese evolutionsbiologischen Methoden als den einzigen verlässlichen Weg zur Wahrheit in der Metaethik aus. Stattdessen ziehen sie empirische Erkenntnisse der Evolutionstheoretiker dazu heran, um sie als *Bestandteile* in ihre metaethische Argumentation einzubauen. Die Forschungsergebnisse der Evolutionsbiologen in die philosophische Argumentation einzubeziehen, ist jedoch etwas ganz anderes, als Philosophie mit evolutionsbiologischen Methoden zu betreiben.

16.3.2 ... in der normativen Ethik?

Die Aufgabe der normativen Ethiker besteht in der *Begründung* und *Rechtfertigung* moralischer Normen. Gegenstand der normativen Ethik ist folglich die menschliche *Moralität im normativen Sinne*, das heißt die Menge von Normen, die aufgestellt und befolgt werden *sollen*. Die Menge der moralischen Normen, die *de facto* aufgestellt und befolgt *werden*, fällt dagegen in das Gebiet der deskriptiven Ethik (Kap. 16.3.3). Eine normativ ethische Theorie liefert eine Antwort auf die Frage, worin *die richtige Moral* besteht, das heißt welche Handlungsweisen moralisch erlaubt, welche verboten und welche moralisch indifferent sind (Düwell et al. 2006, S. 25, 61 f.)

Um die naturalistischen Positionen in der normativen Ethik werden sowohl die meisten als auch die hitzigsten Diskussionen innerhalb der Debatte um die evolutionäre Ethik geführt. Die Idee der evolutionären Naturalisten ist die Folgende: Der Mensch sei ein Produkt der biologischen Evolution. Aus der Perspektive der heutigen Forschung sei es plausibel, dass sich nicht nur viele der körperlichen Merkmale des Menschen, sondern auch (zumindest einige) seiner Verhaltensdispositionen in adaptiven Selektionsprozessen herausgebildet hätten. Warum sollte also nicht auch die menschliche Moralfähigkeit wesentlich durch die biologische Evolution geformt sein? Im Tierreich könnten doch auch Vorstufen der menschlichen Moralität – die so genannte „Proto-Moralität" (Kitcher 2006a, S. 173) – beobachtet werden, die klarerweise das Ergebnis biologischer Evolution seien. Wie könne eine solche evolutionäre Bedingtheit der menschlichen Moral *irrelevant* für die Frage sein, welche moralischen Normen gelten sollten? Dieser letzte Schritt ist derjenige, den die Kritiker des evolutionären Naturalismus in der normativen Ethik nicht mitgehen. Sie betonen den Unterschied zwischen den empirischen *Fakten* einerseits und den moralischen *Normen* andererseits und weisen darauf hin, dass man – wie schon Hume (1978) gezeigt habe (Treatise: Buch III, Teil I) – nicht vom *Sein* auf das *Sollen* schließen könne. Aus der Tatsache, dass es im Lichte der biologischen Evolution beispielsweise vorteilhaft ist, seinen engsten Verwandten zu helfen (weil man dadurch indirekt die Weitergabe seiner eigenen Gene befördert), folge nicht, dass die moralische Norm, seinen engsten Verwandten zu helfen, auch gelten *solle*. Obwohl der Sein-Sollen-Schluss von einigen Befürwortern der evolutionären Ethik nicht als ein *Fehl*schluss angesehen wird (Wilson 1978) oder versucht wird, die Trennung zwischen Fakten und Normen aufzuheben (Voland 2004), sind sich die meisten Autoren darin einig, dass auf der Basis von empirischen Erkenntnissen über die Evolution des Menschen keine moralischen Normen ge*rechtfertigt* werden können.

Gibt man dieses Projekt einer evolutionären Naturalisierung der normativen Ethik auf, so bleiben noch zwei weitere, weniger problematische Versuche übrig, für die Bedeutung der Evolutionstheorie für die normative Ethik zu argumentieren. Evolutionsbiologische Erkenntnisse können zum einen dafür verwendet werden, bestimmte Behauptungen über die Natur und den Ursprung der Lebewesen (z. B. die Auffassung, dass der Mensch von Gott durch einen speziellen Akt der Schöpfung geschaffen worden ist) als empirisch falsch zu erweisen. Insofern sich eine ethische Theorie auf eine solche empirisch falsche Annahme stützt, kann die Evolutionstheorie diesen *Stützpfeiler* der Theorie *untergraben* und – sofern keine weiteren Stützpfeiler vorhanden sind – den begründeten Status dieser ethischen Theorie in Frage stellen. William FitzPatrick spricht auch von der *korrigierenden Funktion* der Evolutionsbiologie innerhalb der normativen Ethik (FitzPatrick 2008, S. 20 f.). Diese Art der Naturalisierung der normativen Ethik ist unter den Disputanten zwar wenig kontrovers, allerdings in ihrem Anwendungsbereich auch sehr eingeschränkt.

Eine andere Möglichkeit der evolutionären Naturalisierung der normativen Ethik besteht darin, die Ergebnisse der Forschung über die Evolution des Menschen dazu heranzuziehen, die *Grenzen der Lebbarkeit der Moral* zu bestimmen. Setzt man voraus, dass innerhalb der normativen Ethik nur solche moralischen Normen rechtfertigbar sind, die von Menschen auch prinzipiell befolgt werden könnten (ganz nach dem Prinzip „Sollen impliziert Können"), dann könnten evolutionsbiologische Erkenntnisse zwar nicht die Grundlage für die Begründung von Normen bilden, sie können aber dabei den *Rahmen* abstecken, innerhalb dessen normative Ethiker moralische Normen rechtfertigen könnten. Evolutionsbiologen seien demnach zwar nicht in der Lage, die positive Frage zu beantworten, welche Normen gelten sollten, sie würden aber zur Beantwortung der *negativen Frage* beitragen, welche Normen nicht gelten sollten. Die Voraussetzung dieses Naturalisierungsprojektes, nämlich die Annahme, dass normative Ethik nicht idealistisch sein darf und der begrenzten Moralfähigkeit des Menschen Rechnung tragen muss, ist jedoch keineswegs unumstritten (z. B. Craemer-Ruegenberg 1993).

Die Frage, welches Verständnis von Naturalismus den soeben erläuterten drei Naturalisierungsversuchen der normativen Ethik zugrunde liegt, ist schnell beantwortet. Es handelt sich nicht um einen Naturalismus im ontologischen Sinne, weil Naturalisten innerhalb der normativen Ethik keine These darüber aufstellen, welche Entitäten in der Welt existieren. Insofern die Metaethik die Grundlage der normativen Ethik bildet, können ontologische Thesen zwar zu den *Voraussetzungen* einer naturalistischen normativ-ethischen Theorie gehören, diese ist aber selbst keine naturalistische Position im ontologischen Sinne. Es geht auch nicht um einen Naturalismus im methodologischen Sinne, denn die These der Naturalisten ist nicht, dass man normative Ethik mit evolutionsbiologischen Methoden betreiben soll, sondern dass empirisches Wissen in die philosophische Erörterung normativ-ethischer Fragestellungen mit einbezogen werden soll. Evolutionäre Naturalisten in der normativen Ethik sind also *empirische Naturalisten*, die fordern, dass Tatsachenbehauptungen über die Evolution des Menschen einen wesentlichen Teil der philosophischen Argumentation für eine ethische These bilden sollen – sei es nun im Rahmen der Rechtfertigung von Normen, der Argumentation gegen den begründeten Status einer ethischen Theorie oder der Bestimmung der Rechtfertigbarkeit von Normen.

16.3.3 … in der deskriptiven Ethik?

Angesichts der umfangreichen und nur schwer zu begegnenden Kritik, die den evolutionären Ethikern bei dem Versuch einer evolutionären Rechtfertigung moralischer Normen entgegenschlägt, beschränken sich viele von ihnen mittlerweile darauf, lediglich eine evolutionäre *Erklärung* der menschlichen Moralität geben zu wollen (Boniolo u. De Anna 2006; Joyce 2006; Sinnott-Armstrong 2008). Damit verlagern sie ihr Naturalisierungsprojekt von der normativen in die deskriptive Ethik, in der es nicht um die Begründung der moralischen Normen geht, die befolgt werden sollen, sondern um die *Beschreibung* und *Erklärung* derjenigen moralischen Normen, die in einer bestimmten Gemeinschaft *faktisch* anerkannt sind (*Moralität im empirischen Sinne*). Dabei geht es nicht nur um moralische Normen, sondern um die Erklärung der gesamten Vielfalt an *de facto* vorhandenen moralischen Phänomenen (z. B. moralische Urteile, Gefühle, Vermögen, Verhaltensweisen, Handlungen, Systeme). Dass die biologische Evolution neben anderen phänotypischen Merkmalen des Menschen auch seine Fähigkeit zur Moralität geformt hat und insofern die Evolutionsbiologie nicht irrelevant dafür sein kann, die verschiedenen Elemente der heutigen moralischen Praxis des Menschen zu erklären, scheint unkontrovers. Strittig wird die These erst, wenn es um die Details geht.

Sehen wir uns die Details deshalb ein wenig genauer an: Die erste Frage, die sich für einen deskriptiven Ethiker stellt, ist die nach den *Explananda*: Welches sind die moralischen Phänomene, die es zu erklären gilt? Die Explananda sind auf zwei Ebenen angesiedelt: Zum einen geht es auf der Ebene der Individuen um die Erklärung derjenigen *Verhaltensweisen* (bzw. Handlungen) von Menschen, die als moralisch angesehen werden. Den moralischen Verhaltensweisen gehen häufig moralische *Urteile* voran. Seit der Kritik der evolutionären Psychologen an der Soziobiologie weiß man allerdings, dass menschliche Verhaltensmerkmale selbst nur schlecht einer evolutionären Erklärung zugänglich sind (Sterelny u. Griffiths 1999). Die evolutionären Psychologen haben sich deshalb darauf verständigt, nicht das Verhalten selbst, sondern die dem Verhalten zugrunde liegenden psychologischen Mechanismen als die zu erklärenden Phänomene zu identifizieren. Dementsprechend vertreten die evolutionäre Naturalisten in der deskriptiven Ethik die folgende These: Das menschliche Moralverhalten und -urteilen lasse sich in dem Sinne evolutionär erklären, dass sich bestimmte *kognitive* und *emotionale Vermögen* identifizieren ließen, die erstens Voraussetzungen für bzw. Einflussfaktoren auf die Bildung moralischer Urteile oder unmittelbar auf das moralische Verhalten seien, und die zweitens durch *biologische Evolution* entstanden seien, das heißt eine genetische Grundlage besäßen und das Ergebnis adaptiver Selektionsprozesse seien. Zum anderen sind die Explananda der deskriptiven Ethik auf der Ebene von moralischen Gemeinschaften angesiedelt. Auf dieser Ebene gilt es, die in einer Gemeinschaft anerkannten moralischen Normen und die in ihr etablierten *Normensysteme* evolutionär zu erklären. Ob die Evolutionsbiologie in der Lage ist, die heutigen Systeme moralischer Normen zu erklären, wird kontroverser diskutiert als im Falle des Moralverhaltens individueller Menschen (Ayala 2006; Kitcher 2006a, b; Parmigiani et al. 2006).

Für das Projekt einer evolutionären Naturalisierung der deskriptiven Ethik ist noch eine weitere Unterscheidung wichtig: Evolutionäre Naturalisten können zum einen behaupten, im Menschen existiere ein *allgemeines Moralvermögen* (z. B. ein Vermögen der normativen Urteilsbildung oder ein Sinn für Moralität), das evolutionär entstanden sei und Menschen dazu in die Lage versetze, überhaupt moralische Urteile zu fällen und sich von diesen leiten zu lassen, das aber den Inhalt der moralischen Urteile nicht beeinflusse. Zum anderen können sie die Existenz *bereichsspezifischer Moralvermögen* annehmen, die durch biologische Evolution geformt seien und die Menschen dazu befähigten, unter bestimmten Bedingungen moralische Urteile mit einem bestimmten Inhalt zu fällen oder moralische Verhaltensweisen eines bestimmten Typs zu zeigen. Beide Thesen können unabhängig voneinander vertreten werden (FitzPatrick 2008, S. 6 f.).

Kommen wir nun zu der Frage, was ein evolutionärer Naturalist in der deskriptiven Ethik eigentlich genau behauptet. Evolutionäre Naturalisten schreiben der Evolutionsbiologie in zwei Hinsichten eine große Bedeutung für die Erklärung der menschlichen Moralität zu – sie behaupten, die Evolutionsbiologie könne einen *großen Bereich* der moralischen Urteile und Verhaltensweisen des Menschen erklären und die Erklärungen hätten eine *große explanatorische Kraft*:

(1) Große Erklärungsreichweite Evolutionär entstandene Moralvermögen beeinflussen das Auftreten aller oder den Inhalt vieler moralischer Urteile und Verhaltensweisen.

(2) Große Erklärungskraft Evolutionär entstandene Moralvermögen besitzen im Einzelfall im Vergleich zu anderen Faktoren einen großen Einfluss auf (a) das Auftreten moralischer Urteile und Verhaltensweisen oder auf (b) den Inhalt moralischer Urteile und den Typ moralischer Verhaltensweisen.

Je nachdem, ob ein evolutionärer Naturalist die Evolution eines allgemeinen Moralvermögens oder verschiedener bereichsspezifischer Moralvermögen annimmt, lässt sich leichter entweder für These (1) oder (2) argumentieren: Ein allgemeines Moralvermögen würde zwar *alle* moralischen Urteile und Verhaltensweisen beeinflussen (Erklärungsreichweite sehr groß), aber der Einfluss wäre im Einzelfall *nicht sehr groß*, weil es nur das Auftreten, nicht aber den Inhalt der moralischen Urteile oder den Typ der Verhaltensweisen beeinflussen würde (Erklärungskraft nicht so groß). Bereichsspezifische Moralvermögen würden dagegen nur in einer höheren Anzahl *viele* moralischen Urteile und Verhaltensweisen beeinflussen (Erklärungsreichweite nicht so groß), ihr Einfluss wäre aber im Einzelfall *sehr groß*, weil sie auch den Inhalt der moralischen Urteile und den Typ der moralischen Verhaltensweisen beeinflussen würden (Erklärungskraft sehr groß).

Auf der Basis der bisherigen Forschungen scheint es unplausibel, anzunehmen, bei den moralischen Urteilen und Verhaltensweisen des Menschen handle es sich um eine *homogene Menge*, die auf der Basis weniger evolutionärer Vermögen erklärt werden können. Wahrscheinlicher ist, dass es eine *Pluralität von Einflussfaktoren* gibt, die nicht alle in den Gegenstandsbereich der Evolutionsbiologie fallen, und es daher noch andere Wissenschaften bedarf, um zu wirklich zufrieden stellenden Erklärungen der menschlichen Moralität zu gelangen. Dem evolutionären Naturalisten bleibt an dieser Stelle nichts anderes übrig, als darauf zu hoffen, dass sich seine Thesen als *empirisch richtig* erweisen werden. Die eigentliche Beantwortung der Fragen, welche Moralvermögen durch biologische Evolution entstanden sind und wie groß ihr Einfluss im Einzelfall ist, muss er den *Evolutionsbiologen* (sowie anderen Wissenschaftlern) überlassen.

Bleibt noch zu klären, welcher der in Kap. 16.2 eingeführten Naturalismusbegriffe innerhalb der deskriptiven Ethik seine Anwendung findet. Es scheint klar zu sein, dass es nicht um die ontologische Weise geht, ein Naturalist zu sein. Denn bei der oben erläuterten naturalistischen Position geht es nicht um die Frage, ob in der Welt nur natürliche Entitäten oder auch Entitäten eines anderen Typs existieren.

Es handelt sich auch nicht um einen Naturalismus im empirischen Sinne, denn der Naturalist innerhalb der deskriptiven Ethik vertritt keine Auffassung darüber, *wie* man Philosophie betreiben sollte und dass man in die philosophische Argumentation evolutionsbiologisches Wissen einbeziehen sollte. Der Grund dafür ist – und das mag zuerst vielleicht überraschen –, dass es sich bei der Entwicklung der evolutionären Erklärungen moralischer Urteile oder Verhaltensweisen des Menschen gar nicht um *Philosophie*, sondern um *Evolutionsbiologie* handelt. Der Aufgabenbereich der Philosophen innerhalb der deskriptiven Ethik umfasst stattdessen die Klärung der Bedeutung und des Zusammenhangs zwischen zentralen Begriffen und die Reflexion darüber, welches die zu erklärenden Phänomene sind, welche Adäquatheitsbedingungen sich für Erklärungen moralischer Phänomene formulieren lassen und welches Verhältnis zwischen den Erklärungen unterschiedlicher Disziplinen besteht. Ein empirischer Naturalist müsste in Bezug auf diese Fragestellungen fordern, dass sie unter Berücksichtigung evolutionsbiologischer Erkenntnisse beantwortet werden sollten. Das ist allerdings weder eine plausible Forderung noch eine These, die der tatsächliche evolutionäre Naturalist in der deskriptiven Ethik vertritt. In den obigen beiden Thesen bringt er vielmehr die *Zuversicht* zum Ausdruck, dass es der Evolutionsbiologie in der Zukunft gelingen wird, für nahezu *alle* moralischen Urteile und Verhaltensweisen des Menschen Erklärungen mit einer *großen Erklärungskraft* zu liefern. Damit legt er sich jedoch auch nicht auf die beiden Thesen des starken methodologischen Naturalismus fest, die evolutionsbiologischen (oder die naturwissenschaftlichen) Methoden seien der *einzige* Weg, um zu einer adäquaten Erklärung *aller* moralischen Urteile und Verhaltensweisen des Menschen zu gelangen. Er vertritt damit auch keinen methodologischen Naturalismus im schwachen Sinne, obwohl die Forderung, dass bei der Suche nach einer Erklärung der menschlichen Moralität zunächst ausschließlich evolutionsbiologische Methoden angewendet werden sollten, zu seiner Zuversichtsbekundung passen würde. Meine Antwort auf die Frage, in welchem Sinne hier von einem evolutionären Naturalismus die Rede ist, kann also nur lauten: Die Position des evolutionären Naturalisten in der deskriptiven Ethik geht über eine *bloße Respekts- und Solidaritätsbekundung gegenüber der Evolutionsbiologie* nicht wesentlich hinaus.

16.4 Schlussbemerkung

Fassen wir zusammen: Befürworter einer evolutionären Naturalisierung der Ethik behaupten, dass die Evolutionsbiologie von entscheidender Bedeutung für die Ethik ist oder sein sollte. Diese Behauptung konnte unter Anwendung der eingeführten Begrifflichkeiten und mit Blick auf die drei klassischen Bereiche der Ethik spezifiziert werden: Die in der *Metaethik* diskutierten Versionen des Naturalismus sind sowohl im ontologischen als auch im empirischen Sinne naturalistisch: Metaethische Naturalisten argumentieren für die ontologische These, dass ausschließlich natürliche Entitäten in der Welt existieren, und sie tun dies, indem sie empirische Forschungsergebnisse über die biologische Evolution des Menschen als Bestandteile in ihre metaethische Argumentation einbauen. Bei den Naturalisierungsversuchen der *normativen Ethik* handelt es sich ebenfalls um die Version des empirischen Naturalismus. Auch in diesem ethischen Gebiet ist die Forderung der Naturalisten nicht, dass die Ethik mit evolutionsbiologischen Methoden betrieben werden soll (methodologischer Naturalismus), sondern dass relevantes empirisches Wissen der Evolutionsbiologen in die philosophische Erörterung normativ-ethischer Fragestellungen mit einbezogen werden soll. Innerhalb der *deskriptiven Ethik* vertritt der Naturalist keine These darüber, wie man Ethik betreiben sollte (ob unter Anwendung evolutionsbiologischer Methoden oder unter Einbeziehung evolutionsbiologischer Forschungsergebnisse). Stattdessen besteht seine Position ausschließlich in der Zuversichtsbekundung, dass es der Evolutionsbiologie in der (nahen oder fernen) Zukunft gelingen wird, für nahezu alle moralischen Urteile und Verhaltensweisen des Menschen Erklärungen mit einer großen Erklärungskraft zu liefern. Eine solche Position kann nicht als eine substanzielle Version des Naturalismus bezeichnet werden.

Literatur

Armstrong DM (1983) *What Is a Law of Nature?* Cambridge University Press, Cambridge

Ayala F (2006) *Biology to Ethics: An Evolutionist's View of Human Nature*. In: Boniolo G, De Anna G (Hrsg) *Evolutionary Ethics and Contemporary Biology*. Cambridge University Press, Cambridge, S. 141–158

Bayertz K (1993) *Der evolutionäre Naturalismus in der Ethik*. In: Lütterfelds W (Hrsg) *Evolutionäre Ethik zwischen Naturalismus und Idealismus: Beiträge zu einer modernen Theorie der Moral*. WTB, Darmstadt, S. 141–165

Boniolo G, De Anna G (Hrsg) (2006) *Evolutionary Ethics and Contemporary Biology*. Cambridge University Press, Cambridge

Carrier M (2007) *Wege der Wissenschaftsphilosophie im 20. Jahrhundert*. In: Bartels A, Stöckler M (Hrsg) *Wissenschaftstheorie. Ein Studienbuch*. Mentis, Paderborn, S. 15–44

Cartwright N (1999) *The Dappled World. A Study of the Boundaries of Science*. Cambridge University Press, Cambridge

Craemer-Ruegenberg I (1993) *„Evolutionäre Ethik" und „Idealistische Ethik"*. In: Lütterfelds W (Hrsg) *Evolutionäre Ethik zwischen Naturalismus und Idealismus: Beiträge zu einer modernen Theorie der Moral*. WTB, Darmstadt, S. 166–179

Düwell M, Hübenthal C, Werner MH (Hrsg) (2006) *Handbuch Ethik*. 2. aktual. und erw. Aufl. Metzler, Stuttgart

Esfeld M (2007) *Metaphysics of Science between Metaphysics and Science*. Grazer Philosophische Studien 74: 199–213

Feldman R (2008) *Naturalized Epistemology*. Stanford Encyclopedia of Philosophy. Fall Edition (http://plato.stanford.edu/entries/epistemology-naturalized/)

Fine A (1996) *The Shaky Game: Einstein, Realism, and the Quantum Theory*. 2. Aufl. University of Chicago Press, Chicago

FitzPatrick W (2008) *Morality and Evolutionary Biology*. Stanford Encyclopedia of Philosophy. Winter Edition (http://plato.stanford.edu/entries/morality-biology/)

Forrest B (2000) *Methodological Naturalism and Philosophical Naturalism: Clarifying the Connection*. Philo 3: 7–29

Gesang B (2005) *Normative Wissenschaftstheorie – Ein längst verstorbener Patient?* In: Gesang B (Hrsg) *Deskriptive oder normative Wissenschaftstheorie?* Ontos, Frankfurt, S. 7–30

Harman G (1977) *The Nature of Morality. An Introduction to Ethics*. Oxford University Press, Oxford
Hartmann D, Lange R (2000) *Ist der erkenntnistheoretische Naturalismus gescheitert?* In: Keil G, Schnädelbach H (Hrsg) *Naturalismus. Philosophische Beiträge*. Suhrkamp, Frankfurt/M, S. 144–162
Hume D (1978) [1739/40] *A Treatise of Human Nature*. In: Selby-Bigge LA, Nidditch PH (Hrsg) 2. Ausg. Oxford University Press, Oxford (abgekürzt mit Treatise)
Joyce R (2006) *The Evolution of Morality*. Bradford Book, Cambridge
Keil G, Schnädelbach H (2000) *Naturalismus*. In: Keil G, Schnädelbach H (Hrsg) *Naturalismus. Philosophische Beiträge*. Suhrkamp, Frankfurt/M, S. 7–45
Kim J (1988) *What is Naturalized Epistemology?* In: Tomberlin JE (Hrsg) *Philosophical Perspectives* 2. *Ridgeview*, Asascadero, S. 381–406
Kim J (2006) *Philosophy of Mind*. 2. Aufl. Westview, Boulder
Kitcher P (1993) *Vier Arten, die Ethik zu „biologisieren"*. In: Bayertz K (Hrsg) *Evolution und Ethik*. Reclam, Stuttgart, S. 221–242
Kitcher P (2006a) *Biology and Ethics*. In: Copp D (Hrsg) *The Oxford Handbook of Ethical Theory*. Oxford University Press, Oxford, S. 163–185
Kitcher P (2006b) *Between Fragile Altruism and Morality*. In: Boniolo G, De Anna G (Hrsg) *Evolutionary Ethics and Contemporary Biology*. Cambridge University Press, Cambridge, S. 159–177
Koppelberg D (1996) *Was macht eine Erkenntnistheorie naturalistisch?* J Gen Philos Sci 27: 71–90
Koppelberg D (2000) *Was ist Naturalismus in der gegenwärtigen Philosophie?* In: Keil G, Schnädelbach H (Hrsg) *Naturalismus. Philosophische Beiträge*. Suhrkamp, Frankfurt/M, S. 68–91
Kornblith H (1994) *Naturalism: Both Metaphysical and Epistemological. Midwest Stud Philosophy* 19: 39–52
Kummer C (2009) *Der Fall Darwin. Evolutionstheorie contra Schöpfungsglaube*. Pattloch, München
Kurtz P (1998) *Darwin Re-Crucified – Why Are So Many Afraid of Naturalism?* Free Inquiry Magazine 18: 15–17
Ladyman J, Ross D (Hrsg) (2007) *Every Thing Must Go. Metaphysics Naturalized*. Oxford University Press, Oxford
Mackie J (1990) [1977] *Ethics: Inventing Right and Wrong*. Penguin Books, New York
Maudlin T (2007) *The Metaphysics within Physics*. Oxford University Press, Oxford
Mayr E (2005) *Konzepte der Biologie*. Hirzel, Stuttgart
Mittelstraß J (1984) *Natur*. In: Mittelstraß J (Hrsg) *Enzyklopädie Philosophie und Wissenschaftstheorie*. Bd 2 BI, Mannheim, S. 961–964
Moore GE (2004) [1903] *Principia Ethica*. University Press Cambridge, Cambridge
Papineau D (2009) *Naturalism*. Stanford Encyclopedia of Philosophy. Spring Edition. (http://plato.stanford.edu/entries/naturalism/)
Parmigiani S, De Anna G, Mainardi D, Palanza P (2006) *The Biology of Human Culture and Ethics: An Evolutionary Perspective*. In: Boniolo G, De Anna G (Hrsg) *Evolutionary Ethics and Contemporary Biology*. Cambridge University Press, Cambridge, S. 121–138
Quine WVO (1975) *Naturalisierte Erkenntnistheorie*. In: Quine WVO *Ontologische Relativität und andere Schriften*. Reclam, Stuttgart
Quine WVO (1981) *Theories and Things*. Harvard University Press, Cambridge
Ritchie J (2008) *Understanding Naturalism*. Acumen, Stocksfield
Ruse M (2008) *Creationism*. Stanford Encyclopedia of Philosophy. Fall Edition. (http://plato.stanford.edu/entries/creationism/)
Sellars RW (1922) *Evolutionary Naturalism*. Open Court, Chicago
Sellars W (1956) *Empiricism and the Philosophy of Mind*. In: Feigl H, Scriven M (Hrsg) *The Foundations of Science and the Concepts of Psychoanalysis*. University of Minnesota Press, Minneapolis, S. 127–196

Sinnott-Armstrong W (Hrsg) (2008) *Moral Psychology*. Bd 1, *The Evolution of Morality: Adaptations and Innateness*. Bradford Book, Cambridge
Smart JJC (1959) *Sensations and Brain Processes*. Philosop Rev 68: 141–156
Sterelny K, Griffiths P (1999) *Sex and Death. An Introduction to Philosophy of Biology*. The University of Chicago Press, Chicago
Stich S (1993) *Naturalizing Epistemology: Quine, Simon and the Prospects for Pragmatism*. In: Hookway C, Peterson D (Hrsg) *Philosophy and Cognitive Science*. Cambridge University Press, Cambridge, S. 1–17
Voland E (2004) *Genese und Geltung – Das Legitimationsdilemma der Evolutionären Ethik und ein Vorschlag zu seiner Überwindung*. Philosophia naturalis 41: 139–153
Voland E (2009) *Evaluating the Evolutionary Status of Religiosity and Religiousness*. In: Schiefenhövel W (Hrsg) *The Biological Evolution of Religious Mind and Behavior*. Springer, Berlin, S. 9–24
Vollmer G (2000) *Was ist Naturalismus?* In: Keil G, Schnädelbach H (Hrsg) *Naturalismus. Philosophische Beiträge*. Suhrkamp, Frankfurt/Main, S. 46–67
Wilson EO (1975) *Sociobiology. The New Synthesis*. Harvard University Press, Cambridge
Wilson EO (1978) *On Human Nature*. Harvard University Press, Cambridge

Kapitel 17
Dynamisierung und Erstarrung in der modernen Gesellschaft – Das Beschleunigungsphänomen

Hartmut Rosa

17.1 Was ist soziale Beschleunigung?

Dass die Geschichte der Moderne die Geschichte einer ungeheuren Beschleunigung „des Lebens", „der Kultur", „der Geschichte" oder gar „der Zeit selbst" sei, ist eine Behauptung, der man in Büchern über die Moderne – gelehrten wie ungelehrten – so häufig begegnet, dass sie geradezu als eine Binsenweisheit gelten kann. Völlig unklar bleibt dabei jedoch in aller Regel, was sich dabei wirklich beschleunigt hat und welcher Begriff von Beschleunigung dieser Auffassung zugrunde liegt. Ich will im Folgenden zunächst einen wissenschaftlich vertretbaren Begriff von Beschleunigung entwickeln, um danach mit Hilfe dieses Instruments zu überprüfen, inwieweit die Geschichte der Moderne wirklich als eine Beschleunigungsgeschichte aufgefasst werden kann.

In der Schulphysik wird Beschleunigung zumeist in Abhängigkeit von zurückgelegten Wegstrecken bestimmt ($a = v/t$ bzw. $a = 2s/t^2$ lauten die einschlägigen Formeln). Dies hilft uns hier nicht viel weiter, weil sich viele der Beschleunigungsphänomene – etwa das Tempo, mit dem Modewellen oder technische Innovationen aufeinanderfolgen – damit nicht fassen lassen. Der Rückgriff auf die Newtonsche Physik wird aber dann hilfreich, wenn man die in den angegebenen Gleichungen enthaltene Wegstrecke durch eine abstrakte Mengenangabe ersetzt. Beschleunigung lässt sich dann definieren als *Mengenzunahme pro Zeiteinheit* (oder, logisch gleichbedeutend, als Reduktion des Zeitquantums pro feststehendem Mengenquantum). Als *Menge* können dabei der zurückgelegte Weg, aber auch die Anzahl der kommunizierten Zeichen, die produzierten Güter pro Stunde, aber auch die Zahl der Arbeitsstellen pro Erwerbsleben oder die Intimpartnerwechsel pro Jahr und ebenso die Handlungsepisoden pro Zeiteinheit fungieren (Abb. 17.1).

Für das Verständnis des Verhältnisses zwischen der beobachtbaren technischen Beschleunigung (das heißt der Steigerung von Transport-, Kommunikations- und

H. Rosa (✉)
Institut für Soziologie, Friedrich-Schiller Universität Jena,
Carl Zeiß Straße 2, 07743 Jena, Deutschland
E-Mail: hartmut.rosa@uni-jena.de

J. Oehler (Hrsg.), *Der Mensch – Evolution, Natur und Kultur,*
DOI 10.1007/978-3-642-10350-6_17, © Springer-Verlag Berlin Heidelberg 2010

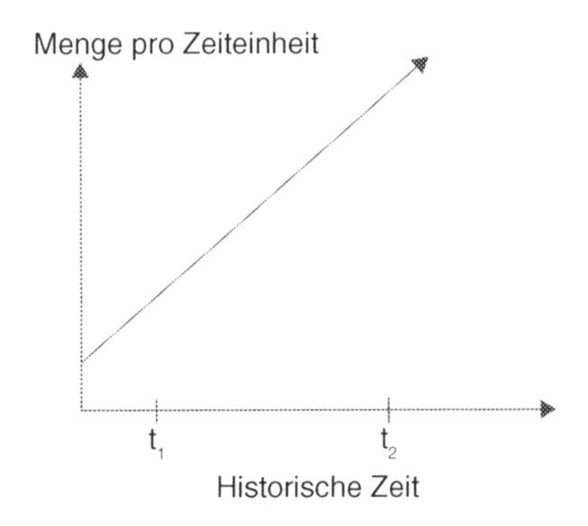

Abb. 17.1 Beschleunigung als Mengenzunahme pro Zeiteinheit (t_1 und t_2 können dabei etwa für die Jahre 1800 und 1950 stehen, wenn es um die Transportgeschwindigkeit in Kilometern pro Stunde geht, oder für 1960 und 1990, wenn die Computerprozessorgeschwindigkeiten in Megahertz verglichen werden)

Produktionsgeschwindigkeiten) und der Akzeleration des Tempos des Lebens (also der Steigerung von Stress und Zeitnot infolge des Gefühls, schneller handeln zu müssen), ist es nun von entscheidender Bedeutung, sich den genauen Zusammenhang zwischen Mengenwachstum und Beschleunigung vor Augen zu führen. Handelt es sich um Prozesse stetiger (das heißt ununterbrochen voranschreitender) „Produktion", so hat Beschleunigung ein exponentielles Mengenwachstum zur Folge (Abb. 17.2). Ein Musterbeispiel für eine solche Wachstumskurve ist etwa die Vermehrung der Weltbevölkerung in den letzten dreihundert Jahren. Ähnliche Beschleunigungskurven finden wir bisweilen (für kurze Zeiträume) auch für die Zunahme der Verbreitung von Waren oder technischen Neuerungen – beispielsweise bei der Publikationsmenge im Wissenschaftsbetrieb oder für die Zahl der Internetanschlüsse oder der versendeten E-Mails pro Jahr (z. B. Eriksen 2001, S. 78 ff.; Koselleck 2000, S. 199). Solche Wachstumsprozesse scheinen auch in der nichtmenschlichen Natur und ebenso in der vormodernen Geschichte verbreitet zu sein: Wir erkennen dieses Beschleunigungsmuster etwa auch in Darstellungen der Entwicklung der Arten auf dem Planeten Erde, im Wuchern von Krebszellen oder in der Geschichte der technisch-zivilisatorischen Entwicklung.

Von entscheidender Bedeutung für den hier interessierenden Zusammenhang ist nun aber, dass die technologisch beschleunigten Prozesse, deren Schwerpunkt Vorgänge des Transports, der Kommunikation und der Produktion bilden, allesamt

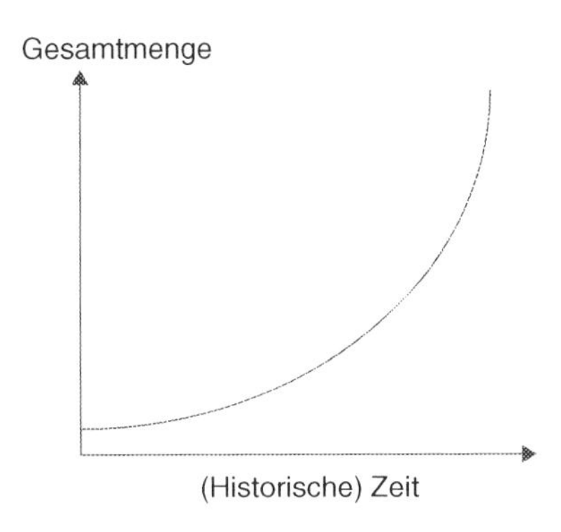

Abb. 17.2 Exponentielles Wachstum in Folge von Beschleunigung bei stetigen Prozessen

nichtstetig sind und daher keinerlei intrinsische Wachstumstendenzen aufweisen. Die Tatsache, dass es uns heute möglich ist, eine Wegstrecke von A nach B in kürzerer Zeit als früher zurückzulegen, beinhaltet weder logisch noch kausal, dass wir diese Wegstrecke häufiger zurücklegen oder längere Strecken bewältigen (sollten), und ebenso enthält die Möglichkeit, eine bestimmte Zeichenmenge in kürzerer Zeit (über eine gewisse Distanz hinweg) zu kommunizieren, weder logisch noch kausal die Verpflichtung oder auch nur die Tendenz, größere Mengen oder häufiger zu kommunizieren. Auch die Fähigkeit, eine bestimmte Gütermenge *schneller* herzustellen, ist in sich selbst unabhängig von einer *Steigerung der Produktion*. Bleibt die Menge des Transportierten, Kommunizierten oder Produzierten aber gleich, nimmt das „Tempo des Lebens" als logische Folge technologischer Akzeleration ab und nicht etwa zu, weil die zur Erfüllung eines bestimmten Aufgabenpensums benötigte Zeit sich verringert – es entsteht „Freizeit" im Sinne einer Freisetzung von zuvor gebundenen Zeitressourcen (Abb. 17.3). Das Problem der *Zeitknappheit* entspannt sich unter diesen Bedingungen zunehmend.

Wenn daher als Folge der unreflektierten Behauptung, in der Moderne werde eben mehr oder weniger „alles" schneller, die subjektiven Phänomene von Stress, Hektik und Zeitnot im populärwissenschaftlichen Diskurs immer wieder einsinnig auf die ungeheure *technische Beschleunigung* zahlreicher Prozesse zurückgeführt werden, welche auf den ersten Blick die mächtigste Triebfeder der ubiquitären sozialen und kulturellen Beschleunigung zu sein scheint, so stellt dies einen ebenso verbreiteten wie eklatanten Trugschluss dar. Die Dynamik und die Zeitzwänge des sozialen und psychischen Lebens der industriellen und postindustriellen Gesellschaft lassen sich nicht aus den technikgestützten Beschleunigungserfolgen ableiten, ja sie stehen zu ihnen geradezu in einem logischen Widerspruch. Die Erhöhung des „Tempos des Lebens", die Zeitknappheit der Moderne entsteht nicht *weil*, sondern *obwohl* auf nahezu allen Gebieten des sozialen Lebens enorme *Zeitgewinne* durch Beschleunigung verzeichnet werden.

Aus dieser Einsicht ergibt sich die Erkenntnis, dass die Beschleunigung des Lebenstempos und die Verknappung der Zeit die Folge einer von den Prozessen technischer Beschleunigung logisch unabhängigen *Mengensteigerung* sein muss:

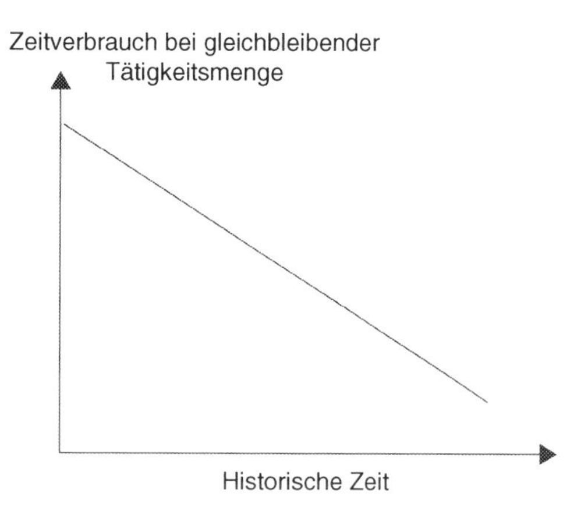

Abb. 17.3 Zeitverbrauch bei gleichbleibender Menge an Tätigkeiten im Zeitalter technologischer Beschleunigung (korrespondierend zu Abb. 17.1): Die Menge freigesetzter Zeitressourcen steigt entsprechend an

Wir produzieren, kommunizieren und transportieren gegenüber der je vorangehenden Gesellschaftsepoche nicht nur *schneller*, sondern auch *mehr*. Denn zu einer progressiven Verknappung von Zeitressourcen kann es grundsätzlich nur dann kommen, wenn *entweder* mehr Zeit für die Bewältigung eines bestimmten Aufgabenpensums benötigt wird, also bei technischer *Entschleunigung, oder* wenn die *Wachstumsraten* (der Produktion von Gütern und Dienstleistungen, der Zahl der getätigten Kommunikationen, der zurückgelegten Wegstrecken, der zu absolvierenden Tätigkeiten) die *Beschleunigungsraten* der korrespondierenden Prozesse übersteigen. Nur im letzteren Falle treten technische Beschleunigung und die Beschleunigung des Lebenstempos gleichzeitig auf. Dieser Fall tritt etwa dort ein, wo sich gegenüber einem Ausgangszeitpunkt t_1 die Menge des zurückzulegenden Weges (der zu produzierenden Güter, der Kommunikationen) zum Zeitpunkt t_2 verdreifacht, die Geschwindigkeit der Fortbewegung (der Produktion, der Kommunikation) aber nur verdoppelt hat. Je stärker die Beschleunigungsraten hinter den Wachstumsraten zurückbleiben, desto größer wird die Zeitnot; je mehr die ersteren die letzteren dagegen übersteigen, umso mehr Zeitressourcen werden freigesetzt, das heißt umso weniger wird Zeit knapp. Sind die beiden Steigerungsraten identisch, so ändert sich das Tempo des Lebens oder die Knappheit (oder der Überfluss) an Zeit nicht – gleichgültig wie hoch oder niedrig die technischen Beschleunigungsraten auch sein mögen (Abb. 17.4). Dies lässt sich leicht mit Hilfe eines zeitgenössischen Anschauungsbeispiels konkretisieren: Zweifellos hat die Etablierung des E-Mail-Systems die Kommunikation wesentlich beschleunigt. Das Schreiben und Absenden einer E-Mail-Nachricht mag nur halb so viel Zeit in Anspruch nehmen wie ein herkömmlicher Brief. Wenn jedoch die Menge der heute täglich verfassten E-Mail-Nachrichten diejenige der vor ihrer Einführung geschriebenen Briefe um ein Vierfaches übersteigt, so errechnet sich daraus eine Steigerung des der Korrespondenz gewidmeten Netto-Zeitverbrauchs um 100 %! Dieses Muster wiederholt sich im Hinblick auf die Auswirkungen des Automobils auf die Zeitressourcen: Der Besitz eines Personenkraftwagens verändert die Zeit, die unterwegs verbracht wird, nicht, jedenfalls nicht in Richtung auf eine Verringerung derselben. Stattdes-

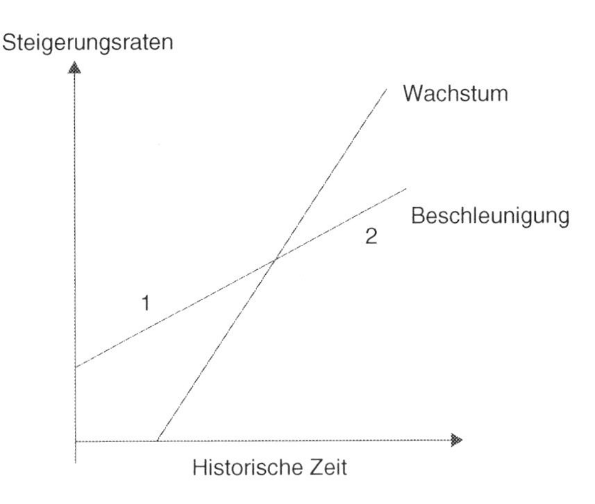

Abb. 17.4 „Freizeit" (*1*) und „Zeitknappheit" (*2*) als Folgen des Verhältnisses von Wachstums- und Beschleunigungsraten; (*1*) Abnehmendes, (*2*) zunehmendes Lebenstempo; bei identischen Raten ändert sich das Lebenstempo nicht

sen wird der beschleunigungsbedingte Zeitgewinn in häufigere und weitere Reisen investiert, sodass es den Anschein hat, die im Zeitbudget festgelegte Zeit für Transport sei invariant gegenüber der Fortbewegungsgeschwindigkeit.

Die im Folgenden zu explizierende Hypothese lautet daher, dass die moderne Gesellschaft als „Beschleunigungsgesellschaft" in dem Sinne verstanden werden kann, dass in ihr eine (strukturell und kulturell voraussetzungsreiche) Verknüpfung der beiden Beschleunigungsformen – technische Beschleunigung und Steigerung des Lebenstempos durch Verknappung der Zeitressourcen – und damit von Wachstum und Beschleunigung vorliegt. Dies impliziert, dass die durchschnittliche Wachstumsrate (definiert als Steigerung der Gesamtmenge z. B. des Produzierten, des Kommunizierten und der Kommunikationen, der zurückgelegten Wegstrecken) über der durchschnittlichen Beschleunigungsrate liegt.

17.2 Die Dynamisierung der Welt – Beschleunigung in der Moderne

Um nun aber zu verstehen, auf welche Weise sich die erfahrbaren Eigenschaften der Zeit in der Moderne wirklich verändern, müssen wir die Natur des so definierten Beschleunigungsprozesses genauer untersuchen. Die – selbst in wissenschaftlichen Abhandlungen – meist unreflektiert und oft kulturkritisch geäußerte Behauptung, in der modernen Gesellschaft gehe eben „alles" irgendwie schneller, weil so etwas wie eine „Universalbeschleunigung" sozialer Prozesse stattfinde, ist ganz offensichtlich sowohl irreführend als auch schlicht falsch. *Irreführend* ist sie deshalb, weil sie unterstellt, dass es sich bei den Beschleunigungsphänomenen um Manifestationen eines einzigen, gleichförmigen Prozesses handle (dessen Ursachen darüber hinaus im Dunkeln liegen: Das kapitalistische Wirtschaftssystem, die säkularisierte Kultur der Neuzeit, die technische Entwicklung und die Massenmedien, der Nationalstaat und das Militärwesen gelten als Hauptantriebsmotoren „des" Beschleunigungsprozesses).

In meinem Buch „Beschleunigung. Die Veränderung der Zeitstrukturen in der Moderne" (Rosa 2005) habe ich den Versuch unternommen, die Ursachen, Erscheinungsformen und Wirkungen neuzeitlicher Beschleunigungsprozesse systematisch zu erfassen und zueinander in Beziehung zu setzen.

Die Beschleunigung der Fortbewegungsmöglichkeiten, der Trend zu Fastfood und Speed-Dating und die beschleunigte Abfolge von Modezyklen sind aber beispielsweise drei ganz verschiedene Dinge. *Falsch* ist die Behauptung, weil es ganz offensichtlich viele Dinge gibt, die sich nicht beschleunigen lassen, wie sehr wir uns das auch wünschen mögen. Manches hat sich im Modernisierungsprozess sogar *verlangsamt*.

Was daher nottut, um das neuzeitliche Verhältnis zur Zeit genauer zu verstehen, ist eine systematische Unterscheidung und Bestimmung der Sozialbereiche, in denen sich tatsächliche Beschleunigungsprozesse beobachten lassen, sowie jener Felder, in denen es umgekehrt zu einer Entschleunigung kommt oder die sich zumindest durch temporale Beharrung auszeichnen. Für die Frage, ob sich die Geschichte der Moderne angemessen als Beschleunigungsgeschichte beschreiben lässt, kommt es dann entscheidend darauf an, das *Verhältnis* von Be- und Entschleunigung, von Bewegung und Beharrung exakt zu bestimmen. Ich will dazu im Folgenden einen Versuch unternehmen. Dabei arbeite ich zunächst drei systematisch unterscheidbare „Dimensionen" sozialer Beschleunigung heraus, denen ich im zweiten Abschnitt fünf „Kategorien" der Beharrung entgegenstelle. Im letzten Abschnitt versuche ich dann skizzenhaft darzulegen, dass die Beschleunigungskräfte die Beharrungs- und Verlangsamungstendenzen der Moderne systematisch überwiegen.

17.2.1 Technische Beschleunigung

Die *technische und vor allem technologische (das heißt maschinelle) Beschleunigung zielgerichteter Vorgänge* umfasst Prozesse des Transports, der Kommunikation und der Produktion. Diese Form der Beschleunigung lässt sich am einfachsten messen und nachweisen; niemandem kommt es in den Sinn, sie zu bezweifeln. Die Geschichte der Steigerung der Fortbewegungsgeschwindigkeit von der Fußreise über den Pferderücken und das Dampfschiff zur Eisenbahn, zum Automobil und schließlich zum Flugzeug und Raumschiff bedarf keiner Wiederholung. Die Spitzengeschwindigkeit vervielfachte sich in ihrem Verlauf von etwa 15 km/h auf weit mehr als 1000 km/h, oder, wenn man die Raumfahrt mit berücksichtigen will, auf mehrere tausend Kilometer pro Stunde, also mindestens um den Faktor 10^2. Abgesehen von der absoluten Spitzengeschwindigkeit stiegen dabei zugleich die Geschwindigkeitsgrenzen innerhalb der einzelnen Fortbewegungsarten: Autos, Schiffe, Lokomotiven, Flugzeuge, Raumschiffe und sogar Fahrräder erzielen heute weit höhere Geschwindigkeiten als bei ihrer Einführung, wenngleich sich hier Grenzen des Möglichen (und des Sinnvollen) abzeichnen.

Für die These einer generellen Mobilisierung und Dynamisierung moderner Gesellschaften ist jedoch die Steigerung der *durchschnittlichen* Fortbewegungsgeschwindigkeiten weit wichtiger als diejenige der Spitzengeschwindigkeiten, wenngleich genaue Werte hier weit schwieriger zu ermitteln sind. Das genaueste Maß für diejenige Form sozialer Beschleunigung, die im Zusammenhang mit der Beschleunigung des Transports steht, bestünde in der Ermittlung der Menge an Gütern und Personen, die pro Zeiteinheit bewegt werden, und ihrer durchschnittlichen Fortbewegungsgeschwindigkeit. Interessanterweise stehen diese beiden Werte mitunter in einer negativen Beziehung: Je mehr Personen sich gleichzeitig fortbewegen wollen, umso niedriger wird ihre Durchschnittsgeschwindigkeit, wenn es infolge überlasteter Infrastrukturen zu Staueffekten kommt. Dies erklärt, warum bei einigen Verkehrsformen (etwa im Stadtverkehr) die Durchschnittsgeschwindigkeiten eher zu sinken als zu steigen scheinen. Dennoch widerlegt der Stau in seinen vielfältigen Erscheinungsformen die Beschleunigungsthese keineswegs: Wenn und weil alles schneller gehen soll, kommt es zu vorübergehenden Verzögerungen, die aber keine eigenständige oder gleichrangige Gegenkraft gegen die Beschleunigung bilden, sondern nur deren dysfunktionale Nebeneffekte sind.

Die Steigerung der Transportgeschwindigkeit liegt an der Wurzel jener für die Moderne so charakteristischen Erfahrung der „Raumschrumpfung", denn die Raumerfahrung ist in erheblichem Maße eine Funktion der Zeitdauer, derer es zu seiner Durchquerung bedarf. Dies zeigt sich etwa in zeitlichen Entfernungsangaben (*„Wie weit ist es von Berlin nach Paris?" – „10 Autostunden, oder eine Flugstunde"*). Dauerte es im 18. Jahrhundert noch mehrere Wochen, um von Europa nach Amerika zu gelangen, so benötigt man heute nur noch gut 6 Flugstunden dafür. Infolgedessen scheint die Welt seit der industriellen Revolution auf etwa ein Sechzigstel ihrer ursprünglichen Größe geschrumpft zu sein. Beschleunigungsinnovationen im Transportwesen sind daher hauptverantwortlich für das, was seit Heinrich Heine als „die Vernichtung des Raumes durch die Zeit" erfahren wird.

Für diese Veränderung der Raumerfahrung spielt aber natürlich auch die Beschleunigung der Kommunikation und der Informationsübermittlung eine entscheidende Rolle. Auch diese Steigerungsgeschichte vom „Marathonläufer" über berittene Boten, Rauchzeichen und Brieftauben zum Telegrafen und Telefon und schließlich zum im wahrsten Sinne des Wortes utopischen, raumlosen Internet, in dem Daten ihren Ort verlieren und in Lichtgeschwindigkeit übermittelt werden können, ist wohlbekannt und unbestreitbar. Dabei nahm nicht nur die Geschwindigkeit der Übermittlung von Nachrichten, sondern auch die *Menge* der pro Zeiteinheit (in einem bestimmten Medium) *übermittelbaren* Informationen stetig zu. Forscher kalkulieren die Steigerung der Kommunikationsgeschwindigkeit allein im 20. Jahrhundert auf den Faktor 10^7. Für den Charakter zwischenmenschlicher Kommunikation entscheidend ist dabei aber vermutlich weniger die Datenmenge, die Maschinen mit Lichtgeschwindigkeit weltweit zugänglich machen können, als vielmehr die Tatsache, dass asynchrone (z. B. E-Mail oder Anrufbeantworter) und synchrone kommunikative Interaktionen jederzeit unabhängig vom jeweiligen Ort der Gesprächspartner möglich sind.

Technische Beschleunigung bezeichnet jedoch nicht nur die schnellere Bewegung von Menschen, Gütern, Informationen, sondern ebenso auch die raschere *Herstellung* von Gütern, die zügigere Umwandlung von Stoffen und Energien und, allerdings in geringerem Maße, die Beschleunigung von Dienstleistungen. Die hier zu erzählende Steigerungsstory beschreibt den Weg von der Dampfmaschine über die Nutzbarmachung der Hydraulik und den Verbrennungsmotor hin zur Elektrotechnik und zu den Technologien der industriellen Massenproduktion und schließt mit den Mikrotechnologien des Computerzeitalters. Die industrielle Revolution des 19. wie die digitale des 21. Jahrhunderts erweisen sich so letztlich zuerst und vor allem als Beschleunigungsrevolutionen, deren Schlüsselmaschine, wie Lewis Mumford einst bemerkte, weniger die Dampfmaschine als vielmehr die Uhr war. Tatsächlich fließen in der digitalen Revolution die drei Formen technologischer Beschleunigung (Transport, Kommunikation, Produktion) in den neuen Möglichkeiten der Virtualisierung und Digitalisierung von Prozessen und Produkten ineinander über: Der herkömmliche Transport von Gütern wie Tonträgern oder Büchern wird mittels Digitalisierung ersetzt durch eine Form der reinen Informationsübermittlung, und in ähnlicher Weise können materiale Produktionsprozesse (etwa die Entwicklung von Designs oder architektonischen Modellen) durch Virtualisierung in informationsverarbeitende Prozesse verwandelt werden. Die Datenverarbeitungsgeschwindigkeit ist dabei im 20. Jahrhundert ebenfalls um einen Faktor von ca. 10^6 gestiegen.

In einem kapitalistischen Wirtschaftssystem geht indessen die fortwährend erhöhte Produktionsgeschwindigkeit notwendig Hand in Hand mit der Steigerung der Verteilungs- und Konsumtionsgeschwindigkeiten einher. Diese werden ihrerseits angetrieben durch technologische Innovationen und sind im Zusammenspiel mit der ersteren dafür verantwortlich, dass die materialen Strukturen der modernen Gesellschaft in immer kürzeren Zeiträumen reproduziert und verändert werden. Eine Voraussetzung dafür war und ist jedoch, dass der Modernisierungsprozess über diese Grundformen *technologischer* Beschleunigung hinaus zugleich gekennzeichnet ist durch die Beschleunigung und Rationalisierung von Organisations-, Entscheidungs-, Verwaltungs- und Kontrollprozessen – etwa im System moderner Bürokratien und Verwaltungen, in der modernen Buchführung sowie in der arbeitsteiligen (Informations-) Verarbeitung und Entscheidungsfindung –, die hier ebenfalls unter die Kategorie der *technischen* Beschleunigung fallen.

17.2.2 Beschleunigter sozialer Wandel

Unser modernes Leben beschleunigt sich nun aber nicht nur durch die genannten technischen Temposteigerungen, sondern auch deshalb, weil sich die Art und Weise, wie wir zusammenleben, das heißt unsere Beziehungsmuster und Praxisformen, seit dem Zeitalter der Aufklärung immer rascher ändern. Die Tatsache, dass unsere Nachbarn in immer schnellerer Folge ein- und ausziehen, dass unsere Lebens(abschnitts)partner und Arbeitsstellen eine immer kürzere Halbwertszeit haben und dass Kleidermoden, Automodelle und Musikstile einander in wachsendem Tempo ablösen, ist keine logische Folge der technischen Beschleunigung, sondern ein soziales Phänomen, das sich als Beschleunigung des sozialen Wandels bestimmen lässt. Sie bewirkt, dass die Halbwertszeit unseres Wissens sinkt – das betrifft nicht nur wissenschaftliche Erkenntnisse, sondern auch praktisches Alltagswissen: Unser Wissen über die Wohnorte, Lebensgemeinschaften und Telefonnummern von Freunden, über den Gebrauch von Computerprogrammen, Handys und Mikrowellen, über Parteiprogramme, Spitzensportler, Geldanlagen und Bildungsprogramme muss in immer kürzeren Zeitabständen aktualisiert werden. In allen Lebensbereichen laufen wir Gefahr, nicht mehr „auf dem Laufenden" zu sein. Der Philosoph Hermann Lübbe beschreibt das als fortwährende „Gegenwartsschrumpfung": Wenn Gegenwart als das „Heute" all das bezeichnet, was Gültigkeit hat, rücken das *Gestern* – dasjenige, was *nicht meh*r gilt – und das *Morgen* – das, was *noch nicht* gilt – immer näher an uns heran (Lübbe 1998). *Beschleunigung des sozialen Wandels* lässt sich damit definieren als die Steigerung der Verfallsraten von handlungsorientierenden Erfahrungen und Erwartungen und als die Verkürzung der für die jeweiligen Funktions-, Wert- und Handlungssphären als Gegenwart zu bestimmenden

Zeiträume. Der so gewonnene Maßstab für Stabilität und Wandel kann dann auf soziale und kulturelle Institutionen und Praktiken aller Art angewandt werden: Die These einer allgemeinen Beschleunigung des sozialen Wandels besagt, dass die „Gegenwart" in der Politik ebenso wie in der Wirtschaft, der Wissenschaft und der Kunst, in Beschäftigungsverhältnissen ebenso wie in Familienarrangements und in moralischen ebenso wie in alltagspraktischen Orientierungen schrumpft. Wir müssen uns in immer kürzeren Abständen umorientieren.

Eindrucksvoll illustrieren lässt sich die Beschleunigung des sozialen Wandels etwa an der Geschichte der Verbreitung von Neuerungen: Von der Erfindung des Rundfunkgerätes Ende des 19. Jahrhunderts bis zu seiner Verbreitung auf 50 Mio. Empfänger dauerte es 38 Jahre; das ein Vierteljahrhundert später eingeführte Fernsehen erreichte denselben Verbreitungsgrad nach nur 13 Jahren, während es vom ersten bis zum 50-millionsten Internetanschluss gar nur noch 4 Jahre dauerte. Dass sich die Strukturen der sozialen Wirklichkeit beschleunigt ändern, lässt sich darüber hinaus auch an der abnehmenden Stabilität von Beschäftigungs- und Familienstrukturen ablesen. Während in frühmodernen Gesellschaften die Berufe häufig einfach von den Vätern auf die Söhne übergingen – also intergenerationale Stabilität aufwiesen –, galt für die „klassische" Moderne das Motto *ein Mann* (und später auch eine Frau), *ein Beruf* bzw. eine Arbeitsstelle, die individuell gefunden werden musste, dann aber, zumindest der Idee nach, über ein Erwerbsleben hinweg Bestand hatte. Berufe hatten also immerhin generationale Stabilität. In der spätmodernen US-amerikanischen Arbeitswelt wechselt dagegen ein Akademiker heute im Durchschnitt etwa elfmal seine Arbeitsstelle. Dieselbe Steigerung von einem intergenerationalen über ein generationales hin zum intragenerationalen Wandlungstempo lässt sich auch für die wachsende Instabilität von Familienbindungen beobachten: Waren die tragenden Familienstrukturen der Vormoderne (etwa die der dynastischen oder landwirtschaftlichen Höfe) noch auf übergenerationale Stabilität hin angelegt (die Generationen durchliefen vom Kind über den Junior bis zum Senior lediglich festgeschriebene Rollenmuster), war die klassische Familie der Moderne auf die über eine Generation hinweg stabil bleibende Kernfamilie hin entworfen. An deren Stelle treten heute tendenziell die wechselnde Lebensabschnittspartnerschaft oder die „serielle Monogamie", von der steigende Scheidungs- und Wiederverheiratungsraten Kunde geben.

Belege für ein zunehmendes Tempo des sozialen Wandels und mithin für eine abnehmende „Gegenwartsdauer" in den unterschiedlichen Lebensbereichen gibt es auch darüber hinaus zuhauf, etwa dort, wo die Unternehmensbilanzen zunächst jährlich, dann halbjährlich und heute vierteljährlich veröffentlicht werden müssen, wo die Kameraeinstellungen und Schnittfolgen in Film und Fernsehen in immer rascherer Folge wechseln oder wo sich die durchschnittliche Aufenthaltsdauer eines Touristen am Urlaubsort von einigen Wochen auf wenige Tage oder sogar Stunden verkürzt. Daraus ergibt sich zwar eine überwältigende Vielzahl an Einzelbefunden, doch einen definitiven Beweis für die generelle Steigerung des Tempos sozialen Wandels zu erbringen fällt den Soziologen schon deshalb schwer, weil sie sich bisher nicht auf eine gemeinsame Definition der Parameter, an denen der soziale Wandel als solcher abgelesen werden könnte, einigen konnten. Das ändert indessen nichts daran, dass die Hypothese einer unaufhaltsam voranschreitenden Gegenwartsschrumpfung höchste empirische Plausibilität genießt und kaum zu widerlegen sein dürfte. Das gilt auch für den letzten Beschleunigungsbereich, für die Steigerung des Lebenstempos.

17.2.3 Steigerung des Lebenstempos

Dass wir buchstäblich *schneller zu leben* versuchen, indem wir die Zahl der Handlungs- und Erlebnisepisoden pro Zeiteinheit erhöhen, also mehr Dinge in weniger Zeit erledigen, stellt die dritte kategoriale Form der sozialen Beschleunigung dar. Diesem Beschleunigungswunsch liegt das Gefühl einer wachsenden Zeitknappheit zugrunde. Die Wahrnehmung einer immer größeren Zeitnot ist in der modernen Gesellschaft so allgegenwärtig und verbreitet wie sie angesichts der technischen Zeitgewinne paradox erscheint: Obwohl wir mittels der Temposteigerungen in Transport, Kommunikation und Produktion im Laufe des Modernisierungsprozesses bei der Erledigung unseres Aufgabenpensums immer größere Zeitmengen eingespart haben, die uns als freie Zeitressourcen zur Verfügung stehen, gaben schon 1994 nur noch 7 % der Amerikaner an, über überflüssige Zeitressourcen zu verfügen, während 38 % sich *immer* in Eile oder unter Zeitdruck fühlten. Ähnliche Daten sind aus allen Industrieländern (mit einer gewissen Ausnahme Japans) bekannt. Das Gefühl, bei allem, was wir tun, *immer schon zu spät dran zu sein*, scheint sich mit wachsendem Wohlstand unaufhaltsam zu vermehren, sodass der schwedische Ökonom Staffan Linder (Linder 1973) schon in den 1970er Jahren ein Axiom definierte, nachdem sich Güterwohlstand und Zeitwohlstand umgekehrt proportional zueinander verhalten: Je reicher ein Land oder eine Bevölkerungsgruppe wird, desto größer ist ihr Zeithunger. Das aber bedeutet, dass was wir *tun wollen* oder *tun müssen* sich so rasch vermehrt, dass die durch technische Beschleunigung erzielten Zeitgewinne nicht ausreichen. Dies ist das einzigartige Kennzeichen moderner Gesellschaften: Ihre Zeitressourcen verknappen sich trotz permanenter technischer Zeiteinsparungen.

Der Grund dafür liegt in einem exponentiellen Mengenwachstum der Aufgaben und Möglichkeiten, denen nur lineare Temposteigerungen gegenüberstehen. Das beste Anschauungsbeispiel hierfür liefert uns die bereits in Kap. 17.1 beschriebene Erfindung des E-Mail-Verkehrs: Bei einer gleich bleibenden Korrespondenzmenge halbiert sich hier die Zeit, die wir für die Erledigung der täglichen Korrespondenz benötigen. Wenn wir indessen die Menge der versendeten und empfangenen Nachrichten im Zuge der Einführung der neuen Technologie nicht nur verdoppeln, sondern vervierfachen – wie viele E-Mails senden und empfangen Sie täglich? – *verdoppelt* sich natürlich der unserer Korrespondenz gewidmete tägliche Zeitaufwand *trotz der schnelleren Technik*; unsere Zeit wird knapper. Dafür ist indessen nicht die Technik selbst, sondern die Steigerungslogik der Moderne verantwortlich. Die wachsende Zeitnot lässt uns dann wiederum nach neuerlichen technischen Beschleunigungsmöglichkeiten suchen.

Grundsätzlich stehen uns drei Wege zur Verfügung, unser Lebenstempo zu steigern: *Erstens* können wir mehr Dinge innerhalb eines Zeitraums erledigen, wenn wir „schneller machen", wenn wir also die Handlungsgeschwindigkeit erhöhen, indem wir beispielsweise schneller kauen oder beten: Fastfood, Speed-Dating (das Treffen möglichst vieler potenzieller Heiratspartner in möglichst kurzer Zeit), *power naps* (angeblich maximaleffizienter Kurzschlaf) oder *quality time* mit Kindern (dahinter verbirgt sich das Bestreben, dem Nachwuchs möglichst wenig Zeit zu widmen, ohne ihn emotional zu vernachlässigen) sind aktuelle Beispiele dieser Variante. *Zweitens* können wir Pausen und Leerzeiten durch geschickte Zeitorganisation verkürzen oder ganz vermeiden, also Wartezeiten abschaffen: Alles muss „Schlag auf Schlag" gehen. Die überall zu beobachtende Folge der damit verbundenen Planungsstrategien ist es, dass jede unvorhergesehene Verzögerung zu verpassten Anschlüssen führt und damit zeitökonomisch „teuer" wird. Die vielversprechendste und aktuellste Form der Erhöhung des Lebenstempos besteht *drittens* im „Multitasking": Je mehr Dinge ich gleichzeitig tue, desto mehr Handlungen kann ich in einer Zeitspanne unterbringen.

Wir alle experimentieren täglich mit solchen Beschleunigungsmöglichkeiten. Sie lassen sich im Prinzip mittels der in fast allen westlichen Ländern durchgeführten Zeitbudgetstudien nachweisen, die durch Befragung und Beobachtung herauszufinden versuchen, *wie* oder *mit was* die Menschen ihre Alltagszeit verbringen. Wenngleich sich darüber in der Tat eine Zunahme des Multitaskings und eine Fragmentierung der Handlungsfolgen, also der immer raschere Wechsel zwischen verschiedenen Tätigkeitsbereichen, ermitteln lassen, sind die in solchen Studien zu Tage geförderten empirischen Belege für die vermutete Zunahme des Lebenstempos bisher eher dürftig. Das liegt jedoch weniger am geschwindigkeitsorientierten Verhalten der Menschen als vielmehr an den veralteten Messmethoden, die darauf ausgerichtet sind, die Verschiebungen im Zeitaufwand zwischen den verschiedenen Tätigkeitsbereichen – also etwa zwischen Arbeit und Freizeit – zu beobachten und gegenüber Beschleunigungseffekten erstaunlich blind bleiben.

17.3 Beharrung: Fünf Widerstände

17.3.1 Natürliche Geschwindigkeitsgrenzen

Nicht alles wird in der Moderne schneller. Unsere Beschleunigungsversuche stoßen in vielen Bereichen an Geschwindigkeitsgrenzen, unter denen zunächst die (geo-)physikalischen, biologischen und anthropologischen hervorstechen. Hier haben wir es mit Prozessen zu tun, die in ihrer Dauer und Geschwindigkeit kaum oder gar nicht manipuliert werden können. Das betrifft etwa Geschwindigkeitsgrenzen des Gehirns (beispielsweise bei Prozessen der Wahrnehmung, der Informationsverarbeitung und der Reaktion, aber auch der Regeneration) und des Körpers (man denke an Wachstumsvorgänge oder die Überwindung von Krankheiten), aber auch das Reproduktionstempo natürlicher Rohstoffe, etwa die Umwandlung von Meeresablagerungen in Erdöl. Eine der vielleicht gravierendsten Geschwindigkeitsgrenzen stellt darüber hinaus die Kapazität des Ökosystems der Erde dar, Gift- und Abfallstoffe zu verarbeiten. Auch die Jahres- und Tageszeiten lassen sich nicht beschleunigen, wenngleich sie in ihren Auswirkungen bisweilen manipuliert oder simuliert werden können – indem sich etwa durch Heiz- und Kühlsysteme die Temperatur verändern und durch künstliches Licht die Nacht zum Tag machen lässt. In der Landwirtschaft hat man in einigen Fällen mit Erfolg versucht, die natürlichen Geschwindigkeitsgrenzen biologischer Prozesse, beispielsweise das Eierlegen von Hühnern, dadurch zu erhöhen, dass man den tageszeitlichen Wechsel von hell und dunkel mittels künstlichen Lichts auf 23 h verkürzte, oder Wachstumsprozesse durch Züchtung beschleunigte. Sogenannte „Pillarbäume" tragen schon nach 4–5 Jahren volles Obst, allerdings werden sie auch nach kurzer Zeit wieder unfruchtbar – es handelt sich bei ihnen gewissermaßen um „Wegwerfbäume".

Wo immer soziale Vorgänge durch natürliche Tempogrenzen in ihrer Beschleunigung gehemmt werden, werden auch Versuche unternommen, sie zu verschieben, und dies erweist sich nicht selten als erstaunlich erfolgreich. Daher ist bei der Postulierung absoluter Geschwindigkeitsgrenzen in jedem Falle Vorsicht geboten. Insbesondere gilt es sich davor zu hüten, die infolge eines massiven Beschleunigungsschubes entstehenden Unsicherheiten und psychischen oder sogar physischen Irritationen vorschnell als unbewältigbare Barrieren anzusehen. Frühe Auto- oder Eisenbahnreisende wähnten sich bei 20 km/h an den Grenzen dessen, was unserem Gehirn und unserem Körper an Geschwindigkeit zuzumuten sei, und Ärzte warnten vor gravierenden Folgen bei Geschwindigkeiten jenseits von 25–30 km/h. Bestätigt wurden solche „Grenzerfahrungen" durch die Tatsache, dass den Reisenden beim Blick aus dem Wagenfenster buchstäblich übel wurde – sie mussten das „panoramatische" Sehen, den Blick in die Ferne, erst erlernen. Heute indessen scheinen uns jene Geschwindigkeiten allenfalls Grenzen kaum erträglicher Langsamkeit darzustellen. Und Mediziner und Psychologen glauben inzwischen Hinweise dafür gefunden zu haben, dass Kinder und Jugendliche viel besser auf das neue Tempo des *Multitasking* eingestellt sind als Erwachsene: Die anthropologischen Tempogrenzen, so zeigt sich, lassen sich in vielen Fällen durch Lernprozesse verschieben. Das schließt indessen die Möglichkeit einer *absoluten* tempobezogenen Verarbeitungsgrenze des menschlichen Organismus nicht aus – sie ließe sich dann nur noch durch den Einsatz neuer „Biotechnologien" hinausschieben.

17.3.2 Entschleunigungsinseln

Unabhängig von äußeren Beschleunigungsgrenzen finden wir aber auch geografische, kulturelle oder soziale „Entschleunigungsoasen", die von den beschleunigenden Modernisierungsprozessen bisher ganz oder teilweise ausgenommen waren. An diesen Orten (etwa der berühmten *Südseeinsel*), in diesen Gruppen (z. B. in Sekten wie den *Amish-Gemeinden* in Ohio) oder in diesen Praxiszusammenhängen (etwa in einigen Amtsstuben der Universitätsbürokratie oder in dem bekannten Jack-Daniels-Werbespot aus Tennessee) scheint dann buchstäblich „die Zeit stehen geblieben" zu sein: Diese gebräuchliche Redewendung zeigt eine gegenüber dem Temporausch resistente Sozialform an, die im Vergleich zu den sie umgebenden beschleunigenden Sozialformen zunehmend anachronistisch wird – die Uhren gehen dort „wie vor hundert Jahren", um in der Sprache der Redewendungen zu bleiben. Solche „Entschleunigungsoasen" geraten im Zeitalter der Globalisierung verstärkt unter Erosionsdruck. Der zeitliche Abstand zu ihren beschleunigungsfähigen und -willigen Umwelten wird immer größer und damit kostspieliger, zugleich steigt ihre „Bremswirkung" an den Schnittstellen mit der beschleunigten Sozialwelt. Ausgenommen von dieser Erosion sind natürlich bewusst als solche Entschleunigungsinseln geschaffene oder erhaltene Orte und Praxisformen (wie etwa die „Wellnessoasen"), die damit unter die vierte der hier identifizierten Entschleunigungskategorien fallen. Entschleunigungsinseln gewinnen dabei an „nostalgischem" Wert, oder an Verheißungsqualität, je seltener sie werden.

17.3.3 Verlangsamung als unbeabsichtigte Nebenfolge

Verlangsamung und Hemmung treten in der modernen Gesellschaft vermutlich immer häufiger als *unbeabsichtigte Nebenfolge* von Beschleunigungsprozessen auf. Das bekannteste Beispiel hierfür ist der *Verkehrsstau*. Die durchschnittliche Verkehrsgeschwindigkeit in den Ballungszentren sinkt beispielsweise seit Jahren infolge des stetig zunehmenden Verkehrsaufkommens. Als eine pathologische Entschleunigungsform dieser Kategorie können Depressionserkrankungen gelten: Die Forschung findet zunehmend Anhaltspunkte dafür, dass sie als dysfunktionale Ausstiegsreaktion auf den gesellschaftlichen Beschleunigungsdruck auftreten können. In Phasen der Depression scheint für die Erkrankten häufig die Zeit stillzustehen oder sich in eine zähe Masse zu verwandeln.

Verlangsamung tritt jedoch nicht nur als unmittelbare Nebenfolge von Beschleunigungsprozessen auf, sondern in noch weit stärkerem Maße als Nebenfolge von (beschleunigungsbedingten) Desynchronisationserscheinungen, das heißt in Form von Wartezeiten. Wo immer Vorgänge zeitlich aufeinander abgestimmt werden müssen, führt die *Beschleunigung* von Prozessen zu Reibungsproblemen an den Synchronisationsstellen. Im Alltag spürbar wird dies überall dort, wo temporeiche Vorgänge auf „rückständige" Systeme treffen: Was schneller gehen kann wird durch das, was langsamer geht, immer wieder gebremst und aufgehalten. In manchen Situationen führt diese Desynchronisation (vorübergehend) zu massiven realen Verlangsamungen, etwa wenn komplizierte Arbeitsketten so aus dem Takt geraten, dass Blockaden entstehen. Der *Eindruck* von Verzögerung entsteht jedoch überall dort, wo unterschiedliche Geschwindigkeiten aufeinandertreffen, selbst wenn keine reale Bremswirkung zu beobachten ist. Ein interessantes Beispiel hierfür stellt die unerträgliche Ungeduld dar, die einen PC-Benutzer befallen kann, wenn etwa die Internet-Suchmaschine nur quälend langsam Ergebnisse liefert. Auch hier handelt es sich letztlich um ein Synchronisationsproblem: Der Computer „simuliert" einen Dialog, antwortet auf Fragen aber stets mit Verzögerungen, die weit jenseits des im Rahmen von Gesprächen Tolerierbaren liegen. Dadurch entsteht der Eindruck, man werde vom Computer „aufgehalten", obwohl gerade er gewaltige Zeitgewinne erlaubt.

17.3.4 Zwei Formen intentionaler Entschleunigung

Von den Phänomenen unbeabsichtigter Entschleunigung strikt zu unterscheiden sind vorsätzliche, *intentionale Bemühungen* und oft *ideologisch begründete Bewegungen* zur Entschleunigung und sozialen Verlangsamung. Sie lassen sich wiederum unterteilen in Verlangsamungsbestrebungen, die zum Ziel haben, die Funktions- und Beschleunigungsfähigkeit aufrechtzuerhalten oder noch zu steigern, also letztlich selbst Strategien der Beschleunigung darstellen, und genuine Entschleunigungsbewegungen, die oftmals als Fundamentalopposition mit antimodernen Zügen auftreten. Wir wollen zunächst einen Blick auf letztere werfen.

17.3.4.1 Entschleunigung als Ideologie

Der Ruf nach radikaler Entschleunigung, der, wie die Widerstandsbewegungen gegen *mechanische Webstühle, Eisenbahnen* oder *Mobilfunkanlagen* deutlich machen, in der Geschichte der Neuzeit stets als Begleiterscheinung von Beschleunigungswellen laut wurde, vermischt sich häufig mit einer fundamentalen Kritik an der Moderne und mit einem grundsätzlichen Protest gegen (weitere) Modernisierung. Das ist nicht weiter verwunderlich wenn die These zutrifft, dass der Modernisierungsprozess in erster Linie als ein Beschleunigungsprozess zu verstehen ist. Die Sehnsucht nach der verlorenen geruhsamen, stabilen und gemächlichen Welt wird getragen von Fantasiebildern der Vormoderne, die sich in sozialen Protestbewegungen mit Vorstellungen einer entschleunigten Nach- oder Gegenmoderne verbinden.

Tatsächlich scheint sich der politische Radikalismus im 21. Jahrhundert zunehmend gegen den fortwährenden Wandel zu richten und auf die Bewahrung und Stillstellung von Bestehendem zu zielen. Peter Glotz vermutet sogar, dass *Entschleunigung* derzeit zur „aggressiven Ideologie" einer rapide wachsenden Klasse von Modernisierungsopfern wird und dabei den Sozialismus als revolutionäre Leitidee ablöst. Die Verlangsamungsbewegung verspricht „neuen Wohlstand durch Entschleunigung" (Reheis 1998) und organisiert sich in teils intellektuellen, teils bürgernahen Assoziationen wie dem „Verein zur Verzögerung der Zeit" oder den „Glücklichen Arbeitslosen". Während die in diesem Umfeld verbreiteten Fantasien radikaler Verlangsamung starken Zulauf auf der Ebene der Ideen, das heißt in Vorträgen, Tagungen und Druck-Erzeugnissen haben, erreichen sie nur selten strukturrelevante Ebenen des Handelns. Dies liegt zum einen daran, dass der Preis individueller Verlangsamung immer höher wird – wer sich als Aussteiger dem Tempodruck entzieht (indem er sich etwa einer Sekte anschließt, einen Öko-Bauernhof übernimmt oder in eine zeitvergessene Drogenkultur eintaucht), riskiert, alle Anschlüsse zu verpassen und keine Wiedereintrittschance zu erhalten. Zum anderen aber sind viele unserer alltäglichen Entschleunigungsbedürfnisse so selektiv, dass sie sich gleichsam selbst vereiteln: Wir wünschen etwa, endlich wieder einmal für uns selbst Zeit zu haben und fordern gerade deshalb, *alle anderen* sollen sich beeilen, von der Kassiererin im Supermarkt bis zum Beamten im Finanzamt.

17.3.4.2 Entschleunigung als Beschleunigungsstrategie

Für die Funktionsfähigkeit moderner Gesellschaften von großer Bedeutung sind Prozesse und Institutionen gezielter zeitweiliger Entschleunigung, die nicht mit den Bemühungen der ideologischen Bewegung verwechselt werden dürfen. Verlangsamungsstrategien können bisweilen unhintergehbare Voraussetzung für die weitere Beschleunigung *anderer* Prozesse sein. Sie werden sowohl von individuellen Akteuren als auch von gesellschaftlichen Organisationen eingesetzt.

Auf der Ebene der Individuen lassen sich etwa Einkehr-Aufenthalte in Klöstern, Meditationskurse oder Yogatechniken zu dieser Kategorie rechnen, sofern sie letztlich dem Zweck dienen sollen, das Berufs-, Beziehungs- und Alltagsleben danach umso erfolgreicher, das heißt schneller, zu bewältigen. Sie stellen damit künstliche Entschleunigungsoasen zum „Auftanken" und „Durchstarten" dar. Auch Versuche, sich durch die bewusste Verlangsamung einzelner Lernprozesse mehr Lernstoff in kürzerer Zeit anzueignen oder durch gezielte Pausen die Innovationsfähigkeit und Kreativität zu erhöhen, gehören zu den Strategien der *Beschleunigung-durch-Verlangsamung*.

Auf der kollektiven Ebene werden in ähnlicher Weise vor allem in der Politik unterschiedliche Formen von Moratorien eingesetzt, um Zeit für die Lösung von grundlegenden technischen, rechtlichen oder auch umweltbezogenen Problemen zu gewinnen, die als Hindernis weiterer Modernisierungsbestrebungen erscheinen. Beschleunigung wurde in zentralen Bereichen just dadurch möglich, dass maßgebende Institutionen der Gesellschaft – etwa das *Recht*, die *politischen Steuerungsmechanismen*, das *stabile industrielle Arbeits(zeit)regime* – vom Wandel selbst ausgenommen waren und daher Erwartungssicherheiten, Planungsstabilitäten und Berechenbarkeiten schufen, die als Grundlage der wirtschaftlichen, technischen und wissenschaftlichen Beschleunigung betrachtet werden müssen. Der heute zu beobachtende neoliberale Versuch der Beseitigung aller Geschwindigkeitsbarrieren im Dienste der *Entfesselung* des „totalen Marktes" könnte daher durchaus das Gegenteil des Intendierten bewirken: Den Zusammenbruch der Entfaltungsdynamik und damit wirtschaftliche Verlangsamung durch Rezession und Depression. Dem modernen Beschleunigungsprojekt droht die größte Gefahr vielleicht nicht durch seine ideologischen Gegner, die bisher noch jede Schlacht verloren haben, sondern durch seine eigene Übersteigerung.

17.3.5 Strukturelle und kulturelle Erstarrung

Die vielleicht interessanteste Form beobachtbarer Entschleunigung stellen heute jedoch jene Phänomene *kultureller* und *struktureller Erstarrung* dar, die sich paradoxerweise in enger Verknüpfung mit den Beschleunigungserscheinungen beobachten lassen. Damit sind jene Tendenzen gemeint, die Anlass zu Theorien über z. B. das „Ende der Geschichte", die endgültige „Erschöpfung utopischer Energien" oder die unaufhebbare „kulturelle Kristallisation" gegeben haben. Ihnen ist die Diagnose eines lähmenden Stillstands in der inneren Entwicklung moderner Gesellschaften gemeinsam, welche durch den Verdacht gespeist wird, dass die scheinbar grenzenlose Offenheit moderner Gesellschaften und ihr rascher Wandel nur Erscheinungen an der „Benutzeroberfläche" sind, während ihre Tiefenstrukturen unbemerkt verhärten und erstarren. *Obwohl nichts bleibt, wie es ist, ändert sich doch nichts Wesentliches mehr*; hinter aller Buntheit verbirgt sich nur *die Wiederkehr des Immergleichen*, so lauten die Erstarrungsbefunde, die sich zu einer komplementären Kehrseite der Beschleunigungsdynamik verdichten und in der Metapher des *rasenden Stillstandes* ihren sprechendsten Ausdruck finden. Diese Art der Verlangsamung ist der sozialen Beschleunigung nicht entgegengesetzt und bildet auch keine dysfunktionale Nebenfolge, sondern sie stellt ein *internes* Element und Komplementärprinzip des Beschleunigungsprozesses selbst dar. Je weiter dieser voranschreitet, so scheint es, umso überwältigender wird auch jene Kristallisationstendenz.

17.4 Balanceverschiebung – Zum Verhältnis von Bewegung und Beharrung in der Moderne

Damit ist deutlich geworden, dass die verbreitete Vorstellung, mit dem Anbruch der Moderne werde *„alles"* immer schneller, unhaltbar ist. Vieles bleibt gleich schnell (oder langsam), und einiges verlangsamt sich sogar. In jener nichtsdestotrotz immer wieder hartnäckig wiederholten Formel widerspiegelt sich indessen die für die Moderne grundlegende Überzeugung einer unablässigen Balanceverschiebung zwischen den Elementen der Beharrung und denen der Bewegung zugunsten der letzteren. Nach der Bestimmung der Formen sozialer Be- und Entschleunigung sind wir nun in der Lage, ihr Verhältnis zueinander zu präzisieren und damit die Stichhaltigkeit jener Überzeugung zu prüfen.

Dabei sind grundsätzlich zwei Möglichkeiten denkbar: Die erste besteht darin, dass sich die Kräfte der Beharrung und der Bewegung, über längere Zeiträume hinweg betrachtet, die Waage halten, das heißt, wir finden sowohl Be- als auch Entschleunigungsvorgänge in den Temporalstrukturen der Gesellschaft, ohne dass sich eine längerfristige Dominanzrichtung erkennen ließe. Die zweite Möglichkeit dagegen liegt darin, dass sich das Gleichgewicht tatsächlich in Richtung Bewegung und Beschleunigung verschiebt. Eine solche Diagnose wäre dann gerechtfertigt, wenn sich die auffindbaren Elemente der Verlangsamung und Beharrung gegenüber den Beschleunigungskräften als entweder *residual* oder *reaktiv* erwiesen.

Ich möchte nun behaupten, dass diese Bedingung in der modernen Gesellschaft in der Tat erfüllt ist, weil keines der diskutierten Verlangsamungsphänomene einen gleichrangigen Gegentrend gegen die Beschleunigungsdynamik der Moderne darstellt: Die unter die Kategorien in Kap. 17.3.1 und 17.3.2 gefassten Phänomene bezeichnen die (zurückweichenden) bisherigen *Grenzen* sozialer Beschleunigung; sie repräsentieren in keiner Weise eine *Gegenkraft*. Die Verlangsamungen der dritten Kategorie stellen dagegen *Folgewirkungen* der Beschleunigung dar und sind als solche von ihr ableitbar, ihr gegenüber also sekundär. Der im ersten Unterkapitel von Kap. 17.3.4 aufgelistete ideologische Widerstand gegen die soziale Beschleunigung wiederum stellt eine *Reaktion* auf den Beschleunigungsdruck dar. Abgesehen davon, dass er sich bisher stets als erfolglos erwiesen hat, repräsentiert er daher ebenfalls keine eigenständige, sondern eine geradezu „parasitäre" soziale Kraft. Die im zweiten Unterkapitel von Kap. 17.3.4 klassifizierten Prozesse dagegen sind von fundamentaler Bedeutung für den Beschleunigungsprozess selbst, indem sie unter dessen Ermöglichungsbedingungen gerechnet werden müssen. Auch sie stellen keine Gegentendenz dar.

Lediglich die in der fünften Kategorie (Kap. 17.3.5) erfassten Prozesse der kulturellen und strukturellen Erstarrung lassen sich nicht auf diese Weise als sekundäre, reaktive oder residuale Phänomene erklären, sie scheinen vielmehr ein fundamentales Element des Beschleunigungsprozesses selbst darzustellen und gehören ebenso unauflösbar zur Moderne wie jener. Bei ihnen handelt es sich um die paradoxe Kehrseite des Modernisierungsprozesses, und es steht zu vermuten, dass sie mit den Kräften der Beschleunigung selbst wachsen oder schwinden. Die Geschichte der Moderne bleibt daher eine Beschleunigungsgeschichte, auch wenn sie an ihrem Ende in einen Zustand münden mag, in dem der rasende Wandel von einem totalen Stillstand nicht mehr zu unterscheiden sein wird.

Selbst wenn daher Beschleunigungs- und Wachstumskurven, wie sie im Eingangsabschnitt dargelegt sind, ein allgemeines biologisches und darüber hinaus vielleicht sogar ein „geologisches" Steigerungsprinzip zum Ausdruck bringen mögen, stellt die Übertragung auf die endogene Reproduktionslogik von Gesellschaften doch einen historisch vermutlich einzigartigen Umstand: Während vormoderne Gesellschaften in aller Regel auf die Reproduktion des materiell und kulturell Lebensnotwendigen (und damit in der Regel: des Immergleichen) und auf die Stabilisierung des Bestehenden hin angelegt waren, wird in der Moderne die permanente Revolutionierung des Bestehenden, der ununterbrochene Wandel (zunächst im Sinne eines „Fortschritts", zunehmend aber auch als Selbstzweck), kurz: die Dynamisierung der materiellen, sozialen und kulturellen Verhältnisse zum bestandsnotwendigen Reproduktionsprinzip selbst. Selbst wenn sich also auch die vormoderne Zivilisationsgeschichte insgesamt – im historischen Rückblick – als „Beschleunigungsgeschichte" erzählen lässt, so vollzog sich dieser Prozess doch in aller Regel gleichsam „hinter dem Rücken der Akteure" und *gegen* die Institutionen und Intentionen der jeweiligen Gesellschaft. Der Moderne aber ist die Beschleunigungslogik in ihr strukturelles und kulturelles Programm gleichsam *eingeschrieben* – ein soziales Experiment mit offenem Ausgang.

Literatur

Eriksen TH (2001) *Tyranny of the Moment. Fast and Slow Time in the Information Age*. Pluto Press, London Sterling

Koselleck R (2000) *Zeitschichten*. Studien zur Historik, mit einem Beitrag von Gadamer HG. Suhrkamp, Frankfurt/M

Linder SB (1973) *Warum wir keine Zeit mehr haben. Das Linder-Axiom*. Fischer, Frankfurt/M

Lübbe H (1998) *Gegenwartsschrumpfung*. In: Backhaus K, Bonus H (Hrsg) *Die Beschleunigungsfalle oder der Triumph der Schildkröte*. Schäffer-Poeschel, Stuttgart, S. 129–164

Reheis F (1998) *Die Kreativität der Langsamkeit. Neuer Wohlstand durch Entschleunigung*. Wissenschaftliche Buchgesellschaft, Darmstadt

Rosa H (2005) *Beschleunigung. Die Veränderung der Zeitstrukturen in der Moderne*. Suhrkamp, Frankfurt/M

Kapitel 18
Das Prinzip Bewegung – Herz und Gehirn als Metaphern des menschlichen Lebens

Laura Otis

In diesem Jahr, in dem wir Charles Darwins gedenken, möchte ich etwas riskieren und eine Frage erörtern, die für die Literatur ebenso wie für die Biologie zentral ist: Was ist das Leben? Die Antwort auf diese Frage finden wir nicht in der Bibliothek und nicht im Labor, zumindest nicht an diesen erkenntnisproduzierenden Stellen allein. Als Literaturwissenschaftlerin und ehemalige Naturwissenschaftlerin glaube ich, dass wir das Leben nur verstehen werden, wenn wir seinen Wirkungen überall nachforschen, inklusive in der Literatur.

Ich beginne also mit zwei Anekdoten. Vor drei Jahren war ich auf einer Tagung über den spanischen Neurobiologen Santiago Ramón y Cajal. Die Tagung war am *Chestnut Hill College*, einer kleinen katholischen Universität, wo die Studenten sehr motiviert sind und aktiv über das Verhältnis zwischen Biologie und Religion nachdenken. Sie arbeiten sehr viel, und um halb neun Uhr morgens, am dritten Tage der Tagung, hatte einer der Studenten, der als Hausmeister arbeitete, Ted Jones und mich ins Gebäude gelassen. Jones ist ein Übersetzer von Cajal und war früher Präsident der *Society for Neuroscience*. Als wir den Gang entlang gingen, hat der Student uns gefragt, „Sind sie Naturwissenschaftler?" Ich habe „ja" gesagt, weil ich Neurobiologie bis zum Magister studiert und ungefähr 8 Jahre in Laboren gearbeitet habe, und Ted hat natürlich auch „ja" gesagt. „Na prima", erwiderte der Student, „dann können Sie mir sagen, was das Leben ist." Wir waren todmüde und haben zuerst nur gelacht, aber er meinte es ernst. Er wollte ein Paar Naturwissenschaftler auf die Probe stellen, aber er wollte auch eine Antwort.

An dem Tage sind wir gescheitert. Ted konnte keine Antwort geben, und ich konnte nur mit Phrasen helfen. Als Autorin denke ich in Sätzen, und eine Formulierung ist mir dann plötzlich eingefallen, ein Ausspruch des französischen Pathologen Xavier Bichat: „Das Leben ist die Gesamtheit von Kräften, die dem Tod widerstehen." Dieser Satz klingt normalerweise wunderbar, aber an jenem Morgen klang er tautologisch, und ich schämte mich ein wenig. Ich konnte dem jungen afroameri-

L. Otis (✉)
Department of English, Emory University,
N 302 Callaway Center, 537 Kilgo Circle, Atlanta, GA 30322, USA
E-Mail: lotis@emory.edu

J. Oehler (Hrsg.), *Der Mensch – Evolution, Natur und Kultur,*
DOI 10.1007/978-3-642-10350-6_18,

kanischen Studenten, der wahrscheinlich 5 Uhr morgens aufgestanden war, um das Gebäude für uns vorzubereiten, nicht sagen, was das Leben ist.

Wer ist in der besten Position, zu sagen, was das Leben ist? Es gibt viele inner- und außerhalb der Naturwissenschaften, die meinen, dass diese Frage in der Biologie nichts zu suchen hat. Das glaube ich nicht. Obwohl solche großen philosophischen Fragen oftmals keine offensichtliche Beziehung zur alltäglichen Arbeit im Labor haben, können sie dazu motivieren, Naturwissenschaftler zu werden und Forschung zu treiben. Wer wäre fähiger, diese Frage zu beantworten, als jene Menschen, die ihr Leben der Aufgabe widmen, die Struktur und Funktionen des lebenden Stoffes zu untersuchen? Diese Frage ist zu wichtig, als dass sie irgendjemandem „gehören könnte"– Naturwissenschaftlern, Ärzten, Priestern oder Philosophen. Ich glaube auch nicht, dass sie schlechterdings unbeantwortbar ist. Vielleicht haben wir die Frage auch noch nicht richtig gestellt. Man könnte zum Beispiel stattdessen fragen, „Was für ein Verhältnis sollten wir zu den Dingen der Welt haben, die von uns verschieden sind?" In jedem Fall aber glaube ich, dass wir diese und andere Fragen am besten beantworten können, wenn die Menschen, die die unterschiedlichsten Antworten gefunden haben, einander zuhören. Daher möchte ich die Gedanken von einigen Naturwissenschaftlern und einem Schriftsteller zusammenbringen.

Ich komme dann zur zweiten Anekdote. Am ersten Tag des Biologieunterrichts im 9. Schuljahr hat mein Lehrer, Herr Snyder, die Lebensfunktionen diskutiert. Er hat uns gesagt, stellt euch vor, ihr geht an einem Strand spazieren, und plötzlich seht ihr vor euch auf dem Sand einen großen, weichen Kloß. Wie würdet ihr versuchen, herauszufinden, ob das Ding lebendig ist? Wir haben darüber nachgedacht. Ernsthaft beobachten, sagte einer. Sehen, ob es sich mit der Zeit verändert. Ein Junge war aber ungeduldig. „Pieks das Ding mit einem Stäbchen", sagte er, „und siehe, ob es sich bewegt." „Ja!" sagte Herr Snyder. Das war die Antwort, die er suchte. Lebensfunktion Nummer eins war die Fähigkeit, sich zu bewegen.

Unsere Tendenz, eine Verbindung zwischen dem Leben und der Bewegung zu ziehen, ist sehr alt und tief verwurzelt. Schon die Sprache, die uns die Möglichkeit gibt, uns auszudrücken, zwingt uns dazu, die beiden zusammenzufügen. Das griechische und lateinische Wort „*anima*", die Wurzel von Ausdrücken wie „*animal*", „*animate*" und „*animation*" vereint Luft, Atem, Leben, Seele und Geist. Der amerikanische Linguist Benjamin Lee Whorf behauptete, dass die Sprache – das heißt die Grammatik, die Syntax, und die Art und Weise, Begriffe zu verbinden und zu trennen – unsere Fähigkeit zu denken prägt (Whorf 1956). Als Kinder sind wir für alle Perspektiven offen, aber sobald wir eine Sprache lernen, die Luft, Atem, Leben, Seele und Geist in einem Wort zusammenfügt, sehen wir ein „natürliches" Band zwischen diesen Begriffen. Im Deutschen ist diese Tendenz bestimmt schwächer – man könnte vielleicht von einem „belebten" oder „beseelten" Objekt sprechen –, aber sie ist trotzdem da. Ein „belebtes" Ding bewegt sich, egal ob es lebt oder nicht.

Aber in diesem Fall glaube ich, dass die Tendenz, Leben mit Bewegung zu verbinden, sogar tiefer als die Sprache geht. Obwohl alles Lebendige irgendwie fähig ist, sich zu bewegen (selbst wenn es ein sehr langsames Wachstum ist), so stimmt das Gegenteil – alles, was sich bewegt, ist lebendig – doch überhaupt nicht. Das ist zumindest die Theorie. Doch wie sieht es in der Praxis aus? Ein Roboter, ein geliebtes Auto mit einem defekten Getriebe, eine laufende Waschmaschine mit zu viel Gewicht auf der rechten Seite – wer könnte ehrlich sagen, dass er für einen Moment nicht gefühlt hätte, dass diese Dinge leben? Ich vermute, dass unsere Tendenz, zu glauben, dass alles, was sich bewegt, auch lebt, nicht rational, sondern emotional ist, und vielleicht sogar mit alten Beziehungen zwischen visuellen und emotionalen Zentren im Gehirn zu tun hat. Ich habe „vermute" gesagt, und das ist schon ein zu starkes Wort, weil ich noch nicht mal einen Nachweis anzubieten habe. Ich frage mich aber, warum diese Verbindung so hartnäckig ist.

Kulturell ist die Neigung, das Leben, die Seele und das Bewusstsein mit der Bewegung zu verbinden, so alt wie die Philosophie. In der westlichen Welt, in der Antike, gab es Auseinandersetzungen über die jeweilige Bedeutung des Herzens und des Gehirns für den Sitz des Bewusstseins und die Quelle der Bewegung. Im 5. Jahrhundert vor Christus meinte Hippokrates, dass das Gehirn für das Bewusstsein, die Wahrnehmungen und den Verstand verantwortlich sei. Sein Argument lautete, dass das Bewusstsein durch die Luft verursacht ist, dass wenn man einatmet, die Luft zuerst das Gehirn erreicht. „Einige Menschen sagen", so hat er geschrieben, „dass wir mit unseren Herzen denken, und dass es das Herz ist, das Schmerzen und Angst erleidet. Das stimmt aber nicht" (Hippocrates 1978, S. 250). Wenn ein Mensch starke Gefühle hat, so erklärte Hippokrates weiter, *reagiere* das Herz, aber das Herz sei nicht die Quelle der Gefühle. Aristoteles widersprach. Im nächsten Jahrhundert argumentierte er, dass das Herz, nicht das Gehirn, das Zentrum der menschlichen Fähigkeit sei, die Welt durch die Sinne zu erleben und durch Bewegungen zu beeinflussen. Nach Aristoteles bestand der Zweck des Gehirns nicht darin zu denken, sondern das Blut und das Herz zu kühlen. Er argumentierte, dass in der Entwicklung das Herz als das erste Organ entstanden war, und dass es allen Körperteilen, die für das Leben entscheidend sind, Wärme zufügte. Die Hitze steigt immer nach oben, also war es logisch, dass das Abkühlungsgerät im Körper ganz oben saß (Gillispie 1980, S. 262; Finger 1994, S. 14) In römischen Zeiten, im 2. Jahrhundert nach Christus, hat Galen diese Idee von Aristoteles „absolut absurd" genannt (Galen 1968, S. 387). Seine rhetorische Frage lautete: wenn es die Funktion des Gehirns ist, das Herz abzukühlen, warum ist es dann vom Herzen so weit entfernt? Warum ist das Gehirn im Schädel eingemauert, und warum ist es mit den Nerven verbunden? Und wenn man das Gehirn berührt, warum ist es dann immer wärmer als die Luft? Die Lungen liegen viel günstiger als das Gehirn, um das Herz zu kühlen. Galen hat das Gehirn „ein Instrument zur Kontrolle der Wahrnehmung und der Bewegung" genannt, und er vermutete, dass – obwohl es einfache Tiere gab, die bewegungsfähig waren und keine Gehirne hatten – das Gehirn von höheren Tieren dennoch für die Bewegungen verantwortlich sei. Er ging davon aus, dass sie über ein analoges Organ verfügten, kein Gehirn, aber irgendeine Struktur zur Kontrolle der Wahrnehmung und der Bewegung (Galen 1968, S. 395).

Heutzutage fällt es leicht, die Behauptungen dieser frühen Denker lächerlich zu machen, aber das ist ungerecht. Alle drei hatten viel Erfahrung mit Sektionen von Menschen und Tieren, und alle drei argumentierten sorgfältig und sachlich und haben sich auf empirische Nachweise gestützt. Alle drei glaubten an die vier Säfte, deren Gleichgewicht für die Gesundheit so wichtig war. Die Annahme, dass das Herz oder das Gehirn für Gedanken, Gefühle, und Bewegungen verantwortlich sein könnte, hatte aber auch kulturelle Wurzeln, so zum Beispiel Auffassungen über Verhaltensweisen, die mit Hitze und Kälte verbunden waren.

In den 1870er Jahren haben Gustav Frisch, Eduard Hitzig und David Ferrier demonstriert, dass elektrische Reizungen der Großhirnrinde bei Hunden und Affen Bewegungen verursachten, und dass die Reizung eines spezifischen Ortes immer wieder dieselbe Bewegung hervorbrachte (Clarke u. Jacyna 1987, S. 213–214). Nach Experimenten wie diesen und nach mehr als zwei Jahrtausenden, in denen Entdeckungen über das Nervensystem gemacht wurden, fällt es schwer, sich vorzustellen, wie jemand denken konnte, das Herz sei das Zentrum der Sinneswahrnehmung und der Bewegungsfähigkeit. Als mein Kollege Paul Lennard und ich diese klassischen Debatten unseren Studenten an der *Emory University* vorgestellt haben, in einem Seminar über „Die Wurzeln der modernen Neurobiologie", habe ich daher gefragt, „Wie kann man zu der Annahme kommen, dass der Sitz der menschlichen Seele im Herzen liegt?" Die Antwort war offensichtlich – eine Sache des *common sense*. Ohne Sektionen vorgenommen zu haben, ja, ohne irgendeine Kenntnis des menschlichen Körpers zu haben, merkt man sofort, dass sich das Herz bewegt.

Kulturell, metaphorisch, ist das Herz ein viel besserer Vertreter des menschlichen Lebens als das Gehirn, jenes schwabbelige Ding, das nur dasitzt und zittert. Sie haben bestimmt schon bemerkt, dass ich ein Mensch des 21. Jahrhunderts bin, und dass ich von der Frage, „Was ist das Leben?" einfach zum Gehirn, zum Denken und zum Bewusstsein übergegangen bin. Das ist auch ungerecht. Aber es lohnt sich zu fragen, warum das Herz so viel besser als eine Metapher für das Leben dienen kann, als das Gehirn, vor allem, wenn man die jenseitigen Funktionen dieser Organe betrachtet. Der Körper funktioniert immer als Ganzes, und Herz wie Gehirn sind unentbehrlich – obwohl das Gehirn die Bewegungen des Körpers kontrolliert, würde es ohne ein gesundes, schlagendes Herz überhaupt keine Bewegungen geben.

Literaturwissenschaftlich gesprochen sind das Herz und das Gehirn nicht Metaphern, sondern Synekdochen des menschlichen Körpers und des menschlichen Lebens: Teile, die das Ganze vertreten. In einer Metapher drückt man einen Gedanken oder ein Gefühl aus, wenn man einen relativ unbekannten Begriff mit einem besser bekannten vergleicht, der vom ersten Begriff verschieden, aber trotzdem mit ihm verwandt ist. Als Synekdoche und als Metapher des Lebens triumphiert das Herz, während das Gehirn weitgehend untauglich bleibt. Wieso? Warum kann man nicht sagen, „Ich liebe dich. Ich spüre dich in meinem Gehirn", oder „Ich liebe dich. Mein Gehirn gehört dir"? Sind das Gehirn und unsere Kenntnisse davon kulturell zu neu? Möglicherweise wollen wir aber noch immer von einem Körperteil vertreten werden, das sich bewegt.

William Harvey, der im 17. Jahrhundert demonstrierte, dass das Blut im menschlichen Körper zirkuliert, stimmte mit Aristoteles überein, dass das Herz das Leben ermöglicht und als ein Symbol für das Leben dienen kann. Harveys Text von 1628, *De Motu Cordis*, enthält Metaphern – er vergleicht die Kontraktionen des Herzens zum Beispiel mit der übergreifenden Bewegung einer komplizierten Maschine mit vielen Gängen –, aber er schreibt im Allgemeinen sehr praktisch, sachlich und technisch. Harveys Autorität als Naturforscher beruhte auf den zahlreichen Sektionen von verschiedenen Tieren, die er vorgenommen hatte, und er betonte, dass es wichtig sei, das Herz „durch eigne Anschauung und nicht durch Bücher" zu erforschen (Harvey 1952, S. 36). Bei unterschiedlichen Tieren hat Harvey gemessen, wie viel Blut mit jedem Schlag aus dem Herzen kam, und dann errechnet, dass in einer halben Stunde mehr Blut durch das Herz hindurchfloss, als im ganzen Körper vorhanden war. Wenn das Blut nicht zirkulieren würde, wäre es unmöglich, soviel zu essen und zu trinken, um eine entsprechende Menge Flüssigkeit herzustellen. Harvey schlussfolgerte:

> Das Blut bewegt sich bei den Lebewesen in einem Kreise vermöge einer gewissen Kreisbewegung und es ist in immerwährender Bewegung, und dies ist die Betätigung des Herzens, die es mittels seines Pulses zustande bringt. (Harvey 1952, S. 98)

Harvey war nicht der erste, der annahm, dass das Blut zirkulierte. Er verdient seine Anerkennung aber, weil er so viele experimentelle Nachweise für den Kreislauf des Bluts lieferte.

Wenn Harvey sich erlaubte, philosophisch und literarisch über das Herz zu schreiben – über das „warum" im Gegensatz zum „wie" –, zitierte er Aristoteles und beschrieb den Blutkreislauf als eine fundamentale Form natürlicher Bewegung, die nicht nur bei Tieren und Pflanzen, sondern auch beim Wetter zu beobachten war.

> „So ist das Herz der Urquell des Lebens", hat er geschrieben, „und die Sonne der ‚kleinen' Welt, so wie die Sonne im gleichen Verhältnis den Namen Herz der Welt verdient. Durch sein Kraftvermögen und durch seinen Schlag wird das Blut bewegt, zur Vollkommenheit gebracht und ernährt und vor Verderbnis und Zerfall bewahrt. Durch Ernährung, Warmhaltung und Belebung leistet es seinerseits dem ganzen Körper Dienste, dieser Hausgott, die Grundlage des Lebens, der Urheber alles Seins." (Harvey 1952, S. 72)

Harvey hat seinen Lesern geraten, die Behauptungen von Aristoteles über die Rolle des Herzens als Zentrum der Sinneswahrnehmung und der willkürlichen Bewegungen zu ignorieren, um die Bedeutung der allgemeineren Idee des griechischen Philosophen zu erkennen:

> Nicht minder ist dem Aristoteles in folgenden Fragen über den Vorrang des Herzens beizustimmen: […] dass nämlich das Herz das erstbestehende Ding ist und Blut, Leben, Empfindung, Beweglichkeit besitzt, bevor noch das Gehirn oder die Leber geschaffen wurden; […] auch dass das Herz vermöge seiner eigentümlichen für die Bewegung erzeugten Organe von alters her besteht als eine Art innerlichen Lebewesens (animal internum), nach dessen vorausgegangenem Zustandekommen die Natur das ganze Lebewesen als sein Werk und seine Heimstätte erst nachträglich werden, ernähren, erhalten und vollenden gewollte haben dürfte, und dass das Herz (gleich wie in einem Staate der Fürst (princeps), in dessen Händen die erste und höchste Regierungsgewalt gelegen ist) überall regiert, und dass in einem Lebewesen von ihm als dessen Ursprung und Grundlage, alle Macht abzuleiten ist und abhängt. (Harvey 1952, S. 118–119)

Harvey vergleicht das Herz mit der Sonne, mit einem Hausgott, und mit einem Fürsten, und es lohnt sich, die Logik dieser Metaphern näher zu betrachten. In jedem Fall vertritt ein Teil eines Systems das ganze System. Und in jedem Fall hat Harvey, so glaube ich, einen bestimmten Teil wegen seiner Funktion ausgewählt: die Sonne ermöglicht und reguliert das Leben; ein Hausgott behütet; ein Fürst leitet eine Regierung und bringt Ordnung in die Gesellschaft. Interessanter ist der Vergleich des Herzens mit einem inneren Tier (im Lateinischen *animal internum*). In diesem Fall darf das Herz das Leben als Ganzes vertreten, weil es sozusagen eine kleinere Version seines Eigentümers, seines Gastgebers ist. Mit Aristoteles stellt Harvey das Herz als das Wesen des Lebens dar, weil es der Anfang und die Triebkraft des Lebens ist. Das Herz bewegt sich, und aufgrund dieser Leistung hat es das Recht verdient, eine Synekdoche und Metapher für das Leben zu sein.

Das Herz als Anfang: diese Idee findet sich auch in der Erzählung „Die kreisförmigen Ruinen" des argentinischen Schriftstellers Jorge Luis Borges. Sie stammt aus seiner Sammlung „*Fiktionen*", die 1941 veröffentlicht wurde. In dieser Geschichte folgt ein alter Mann einem langen Fluss, bis er zu der Ruine eines kreisförmigen Tempels kommt. Dieser Tempel diente früher einmal dazu, einen Feuergott anzubeten, ist aber schon seit Jahrhunderten verlassen. Das Ziel des Mannes ist, einzuschlafen, zu träumen und seine eignen Träume dafür zu nutzen, einen Menschen zu schaffen: „Er wollte einen Menschen erträumen; er wollte ihn bis in die kleinste Einzelheit erträumen und ihn der Wirklichkeit aufzwingen" (Borges 2004, S. 47). In diesem Sinn ist Borges' Erzählung mit Mary Shelleys Roman Frankenstein vergleichbar, nicht nur in der Absicht des Protagonisten, in das göttliche Gebiet der Schöpfung einzudringen, sondern auch in seinem Versuch, einen Menschen ohne eine Frau zu erschaffen.

Der alte Mann schläft also ein, und die Menschen in der Nähe, die ihn für einen Heiligen halten, bringen ihm Essen. Zuerst träumt er, dass er im „Mittelpunkt eines kreisförmigen Amphitheaters" ist, vielleicht an einem Institut für Medizin; in seinen Träumen hält er Vorträge über Anatomie, Kosmografie und Magie, und beobachtet die Gesichter seiner Studenten (Borges 2004, S. 47). Aber diese erste Annäherung an die kreative Macht wird bald unterbrochen. Nach einigen Tagen merkt er, dass er nicht mehr schlafen und nicht mehr träumen kann. Frustriert fängt der Mann wieder von vorne an. Er wartet „bis sich die Scheibe des Mondes vollkommen gerundet hatte", betet zu den Planetengöttern, schläft wieder ein, und träumt dann sofort von einem schlagenden Herzen:

> Er träumte es aktiv, heiß, geheim; es hatte die Größe einer geballten Faust und hing granatfarben im Dämmer eines menschlichen Leibes, der noch kein Gesicht, kein Geschlecht hatte; mit eindringlicher Liebe träumte er es vierzehn helle Tage lang. (Borges 2004, S. 49)

Allmählich, einen minutiösen Teil nach dem anderen, erschafft der träumende Mann einen Jüngling; nach einem Jahr hat er ein Skelett und Augenlider. Wie in den Animationsfilmen des Kinos von heute sind die „unzählbaren Haupthaare" die größte Herausforderung. Aber sogar als sein Körper fertig ist, schläft der Jüngling. In einem weiteren Traum betet der alte Mann zum Feuergott des Tempels und bittet um Hilfe, und dieser bietet ihm an, dem Jüngling die Riten des Tempels zu lehren und ihn flussabwärts zu schicken, um sich um eine ähnliche Tempelruine zu kümmern. Borges schreibt: „Im Traum des Mannes, der träumte, erwachte der Geträumte." (Borges 2004, S. 50).

Von diesem Moment an nennt der alte Mann den geträumten Jüngling seinen „Sohn." Es macht ihm Sorge, dass der Feuergott weiß, dass der Sohn nur ein Phantom ist und dass der Sohn dies entdecken wird: „Kein Mensch, nur die Projektion des Traums eines anderen Menschen zu sein – welche Erniedrigung ohnegleichen, welch ein Taumel!" (Borges 2004, S. 51). Obwohl dieser Schöpfer rücksichtsvoller als Shelleys Frankenstein ist, endet sein Leben auch mit einer Enttäuschung. Eine gewalttätige, „konzentrische Feuersbrunst" zerstört die Ruinen des Tempels, genau wie sie den Tempel vor Jahrhunderten verbrannte, und sie verschlingt auch den Greis. Kurz bevor er stirbt, „erleichtert, erniedrigt, entsetzt, [begreift] er, dass auch er nur ein Scheinbild war, dass ein anderer ihn träumte" (Borges 2004, S. 52).

Die erste, offensichtliche Beziehung zwischen Harveys und Borges' Darstellungen des Lebens ist das schlagende Herz: der Anfang, das erste Organ, das erscheint. In seiner Erzählung über Träume, beschreibt Borges das Herz als aktiv, fest und greifbar. Es ist der Kern, um den ein Mensch gebaut wird. Das Herz impliziert den Kreislauf, und in einem weiteren Sinn ist diese Erzählung eine Erzählung über kreisende Bewegungen auf mehreren Ebenen: über infinite Serien von Parenthesen innerhalb von Parenthesen, über infinite Serien von Regressionen, in denen der Mensch sich als orientierungslos erlebt. Kreise kommen in der Erzählung überall vor: der Tempel, das Amphitheater, der Mond und am Ende die konzentrischen Ringe des einschließenden Feuers. Borges' Titel, „Die kreisförmigen Ruinen", könnte auf den Tempel verweisen, aber er beschreibt ebenso den Kreislauf, der das Leben ermöglicht, und die Wirkungen eines menschlichen Bewusstseins, das versucht, die Macht der Kreativität zu erhalten und dadurch die Unsterblichkeit zu erreichen. „Die kreisförmigen Ruinen" könnten der menschliche Körper sein oder auch der menschliche Geist. In einer Hinsicht erscheint das Herz als Triebfeder des Kreislaufs, als die Ursache eines neuen Lebens, doch der Kontext – die Schöpfung und die Fortpflanzung finden in Träumen statt, die innerhalb von Träumen stattfinden, die innerhalb von Träumen stattfinden und so weiter – legt etwas ganz anderes nahe. In dieser Erzählung ist die Ursache des Lebens, wenn man von einer solche reden kann, der Traum eines höheren Wesens ..., das selbst wahrscheinlich ein Phantom im Traum eines noch höheren Wesens ist. Auf einer bestimmten Ebene spielt das Herz eine wichtige Rolle, und die Tätigkeit des Herzens spiegelt auch das kreisförmige System als Ganzes. Für Borges ist das Wesen des Lebens diese Wechselwirkung zwischen einem warmen, konkreten Körper, dem Gastgeber für ein neugieriges, hungriges Bewusstsein, und höheren Ebenen von Realität, die das Bewusstsein niemals begreifen wird.

In seinem umstrittenen Vortrag von 1872, „Über die Grenzen des Naturerkennens", hat der Berliner Physiologe Emil du Bois-Reymond behauptet, dass unsere Naturerkenntnis den Ursprung des Lebens und des Bewusstseins niemals einschließen würde. Der Grund dafür sei nicht, so argumentierte er, dass ein übernatürliches Wesen dafür verantwortlich sei; vielmehr sei der Ursprung des Lebens ein „schwieriges mechanisches Problem" (du Bois-Reymond 1886, 1 S. 116). Das Wesen des Lebens könnte auf die Bewegungen von Atomen reduziert werden, und mit der Zeit würden die Naturforscher die Gesetze dieser Bewegungen entdecken. Was sie nicht entdecken würden, sei, wie diese Bewegung zuerst anfing. Du Bois-Reymonds Darstellung des Lebens ist nicht sonderlich romantisch:

> Denn beim Zusammentreten unorganischen Stoffes zu Lebendigem handelt es sich zunächst nur um Bewegung, um Anordnung von Molekeln in mehr oder minder festen Gleichgewichtslagen, und um Einlegung eines Stoffwechsels, theils durch von aussen überkommene Bewegung, theils durch Spannkräfte der mit Molekeln der Aussenwelt in Wechselwirkung tretenden Molekeln des Lebewesens. Was das Lebende vom Todten, die Pflanze und das nur in seinem körperlichen Functionen betrachtete Thier vom Krystall unterscheidet, ist zuletzt dieses: im Krystall befindet sich die Materie in stabilem Gleichgewichte, während durch das Lebewesen ein Strom von Materie sich ergiesst, die Materie darin in mehr oder minder vollkommenem dynamischen Gleichgewichte sich befindet, mit bald positiver, bald der Null gleicher, bald negativer Bilanz. Daher ohne Einwirkung äusserer Massen und Kräfte der Krystall ewig bleibt was er ist, dagegen das Lebewesen in seinem Bestehen von gewissen äusseren Bedingungen, den integrierenden oder Lebensreizen der älteren Physiologie, abhängt, in sich potentielle Energie in kinetische verwandelt und umgekehrt, und einem bestimmten zeitlichen Verlauf unterliegt. (du Bois-Reymond 1886, 1 S. 115)

Du Bois-Reymond bietet damit eine Erklärung des Lebens, aber nur auf einem bestimmten Niveau. Der am Anfang erwähnte Student, der als Hausmeister arbeitete, wäre damit wahrscheinlich nicht zufrieden gewesen. Chemisch, physikalisch, mathematisch ist das Lebendige mit dem Nichtlebendigen eng verwandt: der Unterschied kann mit den Gesetzen von Physik und Chemie beschrieben werden. Aber wie das schlagende Herz innerhalb des Traums in der Erzählung von Borges, passiert das alles innerhalb von einer Ebene. Es gibt auch andere Erklärungen, die neue Dimensionen des Denkens eröffnen. Du Bois-Reymond hat das akzeptiert, und um den Wert der Naturwissenschaften zu bewahren, wollte er sie von diesen anderen Erklärungen separieren. Seine Herausforderung (und unsere) ist, dass die Sprache, die viel älter ist als die Naturwissenschaften, immer Verbindungen zu diesen anderen Erklärungen enthält. Es ist schwierig, über das Leben zu reden, ohne das Wort „Wunder" zu benutzen – ein Wort das du Bois-Reymond, Harvey und Borges vermeiden.

In ihrer bekannten Untersuchung „*Leben in Metaphern*" vermuten der Linguist George Lakoff und der Philosoph Mark Johnson, dass Metaphern kein literarisches, dekoratives Phänomen sind, sondern Ausdrücke für die Art und Weise, wie wir denken (Lakoff u. Johnson 1980). Körper und Geist sind unzertrennlich, und die Sprache verrät unsere Bestrebungen, die Welt mit Hilfe unserer Körper zu interpretieren. Zum Beispiel beschreiben wir oft abstrakte Begriffe mit Raummetaphern: „hoch" oder „tief", „eng" oder „breit." In diesem Sinn ist sehr einfach zu verstehen, warum das bewegende Herz und nicht das grübelnde Gehirn die beliebteste Metapher (oder Synekdoche) des Lebens ist. Das Gehirn fühlt man niemals, aber man fühlt immer die Kraft des schlagenden Herzens, sogar wenn die Empfindung nicht bewusst wahrgenommen wird.

Um zur Eingangsfrage zurückzukommen, „Was ist das Leben?", will ich noch einmal betonen, dass es sich lohnt, Naturwissenschaftler, Ärzte, Schriftsteller und Philosophen zusammenzulesen. Interessanterweise sagen sie alle, dass das Leben eine Art von Bewegung ist. Für Aristoteles und Harvey ist das Herz der Anfang und das Symbol des Lebens. Für Borges ist es das auch – aber nur bis zu einem bestimmten Punkt. Der letzte Satz der Erzählung von Borges ist die „*punch line*" eines Witzes, der Anfang einer neuen Erzählung. Die Wahl des Herzens als Metapher des Lebens ist die Entscheidung eines denkenden Körpers. Wie du Bois-Reymond argumentiert hat, ist unsere Erkenntnis der Natur begrenzt, weil unsere Sinne und unser Gehirn sich so entwickelt haben, dass sie die Welt nur in bestimmten Weisen wahrnehmen. Ich stimme ihm nicht darin zu, dass der Ursprung des Lebens und des Bewusstseins unentdeckbar ist. Das war so mit der Naturerkenntnis von 1872, aber 2010 würde du Bois-Reymond das vielleicht anders sehen. Obwohl Körper und Geist unzertrennlich sind wenn man das Wesen des Lebens besser verstehen möchte, muss man vielleicht die Einbildungskraft benutzen und versuchen, jenseits des Körpers zu denken. Hier und jetzt, als denkender Körper, kann ich aber nur sagen: das Leben ist das, was sich bewegt. Das Leben ist das, was dem Tode widersteht. Und das Leben ist das, wovon wir nur noch träumen, eine Gelegenheit, eine infinite Serie von künftigen Möglichkeiten.

Danksagung Ich möchte der Alexander-von-Humboldt Stiftung für das Stipendium danken, das meine Forschung 2007–2008 unterstützte. Ich danke auch dem Max-Planck-Institut für Wissenschaftsgeschichte, das mich eingeladen hat, als Gastwissenschaftlerin in Berlin zu arbeiten. Ich bin meinem Kollegen Henning Schmidgen besonders dankbar, dass er mir geholfen hat, meine Gedanken auf Deutsch auszudrücken.

Literatur

Borges JL (2004) *Fiktionen: Erzählungen 1939–1944*. Fischer, Frankfurt/M

Clarke E, Jacyna LS (1987) *Nineteenth-Century Origins of Neuroscientific Concepts*. University of California Press, Berkeley, S. 213–214

du Bois-Reymond E (1886) [1872] *Ueber die Grenzen des Naturerkennens*. In: du Bois-Reymond E (Hrsg) *Reden von Du Bois-Reymond E*, Bd 1. Veit & Comp, Leipzig

Galen (1968) *On the Usefulness of the Parts of the Body. De Usu Partium*. Übersetzt von Margaret Tallmadge May, Bd 1. Cornell University Press, Ithaca, S. 387

Gillispie CC (Hrsg) (1980) *„Aristoteles". Dictionary of Scientific Biography*, Bd 1. Charles Scribner's Sons, New York, S. 262; In: Finger S (1994) *Origins of Neuroscience: A History of Explorations into Brain Function*. Oxford University Press, New York, S. 14

Harvey W (1952) *Die Bewegung des Herzens und des Blutes*. Übersetzt von Ritter R. Belser, Stuttgart

Hippocrates (1978) *Hippocratic Writings*. In: Lloyd GER (Hrsg) Übersetzt von Chadwick J, Mann WN et al. Penguin, Harmondsworth New York

Lakoff G, Johnson M (1980) *Metaphors We Live By*. University of Chicago Press, Chicago

Whorf BL (1956) *Language, Thought, and Reality: Selected Writings of Benjamin Lee Whorf*. In: Carroll JB (Hrsg). MIT Press, Cambridge

Kapitel 19
Gesellschaft, Lebensgemeinschaft, Ökosystem – Über die Kongruenz von politischen und ökologischen Theorien der Entwicklung

Annette Voigt

19.1 Einleitung

Im Jahr 1859 veröffentlichte Charles Darwin „*On the Origin of Species*". Seine Evolutionstheorie ist das wohl spektakulärste Beispiel einer naturwissenschaftlichen Theorie großer gesellschaftlicher Relevanz. Ihre verschiedenen Facetten wurden in der Öffentlichkeit kontrovers diskutiert, unter anderem auch ihre Anwendung zur Erklärung von Zuständen und Prozessen menschlicher Gesellschaften. Zum Teil wurde die Seiensweise der Natur – scheinbar unabhängig von gesellschaftlichen Interessen – für die Erklärung und Legitimation gesellschaftlicher Zustände oder die Legitimation von politischen Ideologien herangezogen (Sozialdarwinismus). Denn Gesellschaft funktioniere ja so, wie Darwin die Natur erklärt habe: es herrsche z. B. Konkurrenzkampf, Auslese und Arbeitsteilung, Erfolg hätten diejenigen, die sich an die Bedingungen am Besten anpassten.

Übereinstimmungen zwischen Theorien über menschliche Gesellschaft und Darwins naturwissenschaftlicher Theorie können allerdings auch ganz anders erklärt werden als dadurch, dass ihnen dieselben Naturgesetzlichkeiten zugrunde liegen: Einer der frühesten Hinweise dieser Art findet sich in einem Brief von Karl Marx an Friedrich Engels: „Es ist merkwürdig, wie Darwin unter Bestien und Pflanzen seine englische Gesellschaft mit ihrer Teilung der Arbeit, Konkurrenz, Aufschluss neuer Märkte, ‚Erfindungen' und Malthusschem ‚Kampf ums Dasein' wiedererkennt. Es ist Hobbes' Krieg aller gegen alle [...]" (Marx 1974, S. 249). Die darwinistische Theorie spiegelt – so lässt sich Marx weiterdenken – die wirtschaftliche und gesellschaftliche Wirklichkeit des „Manchesterkapitalismus" sowie die kulturelle und politische Verarbeitung dieser Wirklichkeit im Weltbild des Liberalismus (z. B. Desmond u. Moore 1995, S. 13 ff., 469 ff., 475 ff., 756; Engels 1962, 1975; Nordenskiöld 1926, S. 464–467, 484 ff.). Spiegelung heißt hier: Es finden sich Strukturanalogien zwischen Liberalismus und Kapitalismus auf der einen und Darwins

---

A. Voigt (✉)
AG Stadt- und Landschaftsökologie, FB Geographie und Geologie, Universität Salzburg,
Hellbrunnerstrasse 34, 5020 Salzburg, Österreich
E-Mail: annette.voigt@sbg.ac.at

J. Oehler (Hrsg.), *Der Mensch – Evolution, Natur und Kultur,*
DOI 10.1007/978-3-642-10350-6_19, © Springer-Verlag Berlin Heidelberg 2010

Evolutionstheorie auf der anderen Seite. Sie lassen sich dadurch erklären, dass Liberalismus und Kapitalismus als wissenschaftsexterne Faktoren die Entstehung der Evolutionstheorie Darwins beeinflussten.

Thema dieses Beitrags sind Übereinstimmungen zwischen politischen Philosophien und Theorien aus einem anderen Bereich der Biologie: der Ökologie. Ich werde Kongruenzen von Vorstellungen über menschliche Gesellschaften und deren Entwicklung mit ökologischen (Sukzessions-)Theorien aufzeigen. Diesen beiden unterschiedlichen Wissensbereichen ist gemeinsam, dass ihre Gegenstände „Gesellschaften", also aus Individuen zusammengesetzte Einheiten sind. Über diese überindividuellen Einheiten finden sich *in beiden* Bereichen jeweils unterschiedliche und einander widersprechende, konkurrierende Philosophien und Theorien. Im Folgenden geht es weder um tatsächliche empirische Eigenschaften von Naturobjekten oder menschlichen Gesellschaften noch um die Geltung oder Anwendbarkeit ökologischer Theorien noch um rationale Gründe für politische Idealvorstellungen oder historische Konsequenzen etwaiger Realisierungsversuche, sondern ich verfolge ein (wissenschafts-)theoretisches Interesse: Die hier vertretene These ist, dass es zwischen bestimmten politischen und synökologischen Theorien strukturelle Analogien gibt.

Die Kongruenzen werde ich anhand von zwei Beispielen verdeutlichen: Weitreichende Analogien gibt es zwischen liberalen Philosophien und Theorien in der Ökologie, die meist reduktionistisch oder individualistisch genannt werden, sowie zwischen konservativen Philosophien und holistischen oder organizistischen ökologischen Theorien (Kap. 19.2).[1]

Wenn ich im Folgenden die Trennung der Wissensbereiche unterlaufe und die politischen Philosophien und ökologischen Theorien nicht, wie üblich, auf der Basis ihrer Gegenstände, also „menschlicher Gesellschaft" und „synökologischer Einheit", anordne, sondern aufgrund bestimmter struktureller Ähnlichkeiten, ist meine Intention keinesfalls, die Differenz zwischen politischen Philosophien und naturwissenschaftlichen Theorien (oder die Differenz zwischen sozialen und natürlichen Systemen) zu negieren. Differenzen zwischen ökologischen Theorien und strukturanalogen politischen Philosophien resultieren z. B. daraus, dass in letzteren, aber nicht in ersteren, angenommen wird, dass das Individuum Vernunft besitzt, dass es die Freiheit hat, sich „falsch", also nicht gemäß des als Ideal angestrebten Gesellschaftsmodells, zu verhalten. Auf diese Differenzen gehe ich nicht weiter ein, da es mir nicht darum geht, die Unterschiede, sondern strukturelle Analogien zwischen den Theorien verschiedener Wissensbereiche aufzuzeigen. Dabei verorte ich die Gründe für ihr Auftreten nicht in der „Natur", sondern beziehe mich auf eine Theorie kultureller Konstitution, die sowohl erklären kann, warum es in der Synökologie einander widersprechende Theorien gibt als auch, warum Analogien zwischen politischen Philosophien und synökologischen Theorien bestehen (Kap. 19.3). Widersprüche zwischen synökologischen Theorien sind nicht nur von innerdisziplinärem

[1] Auf Strukturanalogien zwischen liberalen oder konservativen Gesellschaftstheorien und individualistischen oder organizistischen ökologischen Theorien ist bereits mehr oder weniger ausführlich verwiesen worden. (Eisel 1991, 2002; Trepl 1993, 1994; Voigt 2009)

und wissenschaftstheoretischem, sondern auch von praktischem Interesse, vor allem für die angewandten und anwendungsorientierten Disziplinen des Naturschutzes: Ökologische Theorien stellen eine naturwissenschaftliche Grundlage für den Naturschutz dar. Abhängig davon, welche ökologische Theorie man zugrunde legt, können unterschiedliche, einander gegebenenfalls widersprechende Ziele formuliert werden. Hier wird deutlich, wie wichtig die Frage nach den Einflüssen naturwissenschaftlicher Theorien auf die Felder des praktischen Handelns ist. Daher erkläre ich abschließend am Beispiel der Diskussion über invasive Arten die jeweiligen Handlungsmöglichkeiten für den Naturschutz, die aus den beiden unterschiedlichen ökologischen Theorien „resultieren" (Kap. 19.4).

19.2 Analogien zwischen politischen und ökologischen Theorien der Entwicklung

Bevor die Vermutung geprüft wird, dass es ökologische Theorien gibt, die synökologische Einheiten auf eine analoge Weise denken wie politische Philosophien Gesellschaft, werden kurz die Analogiebereiche der Auffassungen überindividueller Einheiten, also die synökologischen Theorien und die politischen Philosophien, sowie die hier verwendete Methode vorgestellt.

19.2.1 Überindividuelle Einheiten und ihre Entwicklung in Ökologie und politischer Philosophie

19.2.1.1 Theorien synökologischer Einheiten

Gegenstand der Synökologie[2] sind überindividuelle Einheiten, die aus Organismen verschiedener Arten bestehen, wobei diese Organismen interagieren und in Beziehung zu ihrer abiotischen Umwelt stehen. Solche synökologischen Einheiten sind z. B. Pflanzengesellschaften, biotische Gemeinschaften, oder das, was man Ökosysteme nennt. Theorien über synökologische Einheiten unterscheiden sich vor allem in ihren Annahmen darüber, wie eine synökologische Einheit *organisiert* ist und wie sie sich *entwickelt* (Sukzession). Einige Theorien widersprechen sich diesbezüglich in grundlegenden Aspekten. Diskutiert wird unter anderem, was die Häufigkeit des Auftretens von Arten und die Korrelationen in ihrem Vorkommen verursacht: Sind die Struktur und die Entwicklung der überindividuellen Einheit durch die Abhängigkeiten verschiedener Arten voneinander bestimmt? Oder ist dafür vor allem Konkurrenz oder die Selektion durch abiotische Standortfaktoren entscheidend?

[2] *Syn*ökologie wird hier abgegrenzt gegen andere Teile der naturwissenschaftlichen Ökologie wie Aut- oder Populationsökologie. Den Begriff Ökologie beziehe ich auf die Wissenschaft Ökologie als eine Subdisziplin der Biologie. Nicht gemeint ist also eine normative, handlungsorientierte „Ökologie als Weltanschauung", „Ökologie als Leitwissenschaft" oder „politische Ökologie".

Von Seiten der Wissenschaftstheorie der Ökologie gibt es verschiedene Ansätze, diese unterschiedlichen synökologischen Theorien zu typisieren. Verbreitet ist die Unterscheidung in individualistische und organizistische Theorien. In grober Vereinfachung kann man sagen, dass individualistische Theorien synökologische Einheiten folgendermaßen begreifen: als durch die *Ansprüche der einzelnen Individuen* und den Zufall der Einwanderung entstehende Kombinationen von Arten. In organizistischer Sicht ist eine synökologische Einheit von den *Abhängigkeitsbeziehungen* zwischen den Organismen gekennzeichnet und sie hat in gewisser Hinsicht ihrerseits den Charakter eines Organismus („Superorganismus"). Die Debatte zwischen Individualismus und Organizismus bzw. Reduktionismus und Holismus in der Synökologie dauert bis heute an – allem Anschein nach lässt sie sich nicht empirisch entscheiden, das heißt dadurch, dass man Tatsachen für die eine und gegen die andere Auffassung anführt. Was jede der beiden Positionen für sich geltend gemacht hat, lässt sich – zumindest in der Regel – aus der Perspektive der Gegenseite ebenfalls erklären.

19.2.1.2 Politische Gesellschaftsphilosophien

Die in der Neuzeit und Moderne wichtigen konträren und konkurrierenden politischen Philosophien lassen sich in idealtypischer Vereinfachung dem liberalen und dem konservativen Weltbild zuordnen. – Es gibt im breit gefächerten Spektrum der politischen Philosophien der Moderne natürlich noch einige mehr, z. B. die demokratische; vor allem gibt es allerlei Übergänge und Zwischenformen. Auf diese gehe ich aber nicht ein.

Die Begriffe „Liberalismus" und „Konservatismus" verwende ich nicht so, wie sie heute im Alltag oder zur Bezeichnung von politischen Parteien üblicherweise benutzt werden, sondern beziehe sie auf politische Philosophien, die zu Beginn der Moderne in Europa formuliert wurden. Mit Liberalismus ist die Grundfigur gemeint, wie sie im Zuge der Aufklärung vor allem in England entstanden ist, mit Konservatismus die Denkfigur, wie sie sich im Zuge der Gegenaufklärung entwickelt hat. Spätere liberal oder konservativ genannte politische Richtungen weichen von diesen Grundfiguren oft erheblich ab, wenn man ihnen auch einen gemeinsamen Kern unterstellen kann. Der Vorteil, sich methodisch auf *frühe* Philosophien zu beziehen, liegt darin, dass diese noch nicht – oder jedenfalls weniger stark als spätere – dazu gezwungen waren, die sich ausdifferenzierende Vielfalt und Widersprüchlichkeit der modernen Welt zu berücksichtigen. Im Gegensatz zu den entsprechenden heutigen Positionen waren z. B. weder der frühe Liberalismus noch der frühe Konservatismus demokratisch.

19.2.2 Methodische Vorbemerkung

Wie lassen sich die politischen Philosophien und ökologischen Theorien zweckmäßig darstellen? Ein für mein Anliegen sinnvolles Vorgehen ist es, sie als *Idealtypen* zu konstruieren: Idealtypen werden – so Max Weber – in ihrer „begrifflichen Reinheit“ (Weber 1988, S. 191) konstruiert, sie finden sich *nicht* in der Wirklichkeit. Als Idealtypen kann ich die politischen Philosophien und ökologischen Theorien als stark zugespitzte, vereinfachte und gegebenenfalls einander entgegengesetzte Positionen vorstellen, also als radikale Positionen, wie sie in der Realität eher selten eingenommen werden. Auf diese Weise lässt sich ein *Strukturkern* der jeweiligen politischen Philosophie oder jeweiligen ökologischen Position herausarbeiten, trotz der Vielzahl an Transformationen, denen diese unterliegen. Idealtypen sind keine beliebigen Konstruktionen, sondern entstehen auf dem empirischen Fundament *real existierender* Philosophien und Theorien. Die zwischen politischen Philosophien und ökologischen Theorien auftretenden strukturellen Analogien werden also nicht durch die idealtypische Konstruktion verursacht, sondern sie können in ihr sichtbar gemacht werden.

Ich werde also nicht die Philosophien und Theorien einzelner politischer und ökologischer Autoren vergleichend diskutieren, sondern jeweils einen Idealtypus der liberalen und einen der konservativen Philosophie bestimmten idealtypischen Positionen in der Synökologie gegenüberstellen und ihre strukturellen Gemeinsamkeiten aufzeigen. Ich betone bei den idealtypischen Konstruktionen Gesichtspunkte, die es ermöglichen, Analogien zwischen politischen Philosophien und ökologischen Theorien zu zeigen. Diese Gesichtspunkte betreffen folgende Fragenkomplexe:

- Wie wird das Verhältnis der Individuen zueinander und zum gesellschaftlichen Ganzen gedacht? Dazu gehören auch die Fragen danach, ob die Individuen in ihrer Existenz voneinander abhängig sind, ob sie einander beeinflussen und ob sie vom gesellschaftlichen Ganzen abhängen. Wenn eine Beeinflussung oder/und Abhängigkeit existiert, worin besteht sie? Welche Eigenschaften werden dabei für die Individuen als wesentlich angesehen? Außerdem wird danach gefragt, ob das Individuum und das gesellschaftliche Ganze einer Zweckbestimmung unterliegen und wenn ja, welcher?
- Wie entsteht das gesellschaftliche Ganze? Wie entwickelt sich das Verhältnis der Individuen zueinander und das zwischen den Individuen und dem gesellschaftlichen Ganzen in der Zeit?

Anhand dieser Fragen soll die Vermutung geprüft werden, dass es ökologische Theorien gibt, die synökologische Einheiten auf analoge Weise denken wie politische Philosophien Gesellschaften.

19.2.3 Analogien zwischen liberalen Philosophien und synökologischen Theorien – Überindividuelle Einheiten als Gesellschaften unabhängiger Einzelner

In liberalen politischen Philosophien, wie sie im Zuge der Aufklärung vor allem im England des 17. und frühen 18. Jahrhunderts entstanden sind, und in bestimmten (individualistischen) Theorien der Ökologie werden überindividuelle Einheiten als „*Gesellschaften unabhängiger Einzelner*“ verstanden. Die „Gesellschaft unabhängiger Einzelner“ ist der strukturelle Kern der – ansonsten durchaus unterschiedlichen – liberalen Philosophien von Thomas Hobbes (1970), John Locke (1966) und Adam Smith (1904). Ein prägnantes Beispiel für eine Theorie dieses Typs in der frühen Ökologie ist, trotz einiger Abweichungen, die von Henry A. Gleason (1927). Erst in den 1950er Jahren wurde diese Position wieder vertreten: z. B. von Curtis und McIntosh (1951) und Whittaker (1953). Analogien zur liberalen Gesellschaftsvorstellung finden sich vor allem in Konkurrenztheorien, z. B. den nischentheoretischen Gleichgewichts- bzw. Ungleichgewichtstheorien (z. B. Hutchinson 1959; MacArthur 1972; bzw. Connell 1978; Pickett 1980), in der neutralistischen Theorie (Hubbell 2001) und in Theorien, die dem organismenzentrierten Ansatz (z. B. Peus 1954) zugeordnet werden können.

Im Folgenden stelle ich den gemeinsamen strukturellen Kern der liberalen Philosophie und der entsprechenden ökologischen Position dar. Dieser gemeinsame Strukturkern wird für überindividuelle Einheiten im Allgemeinen, also unabhängig vom Gegenstandsbereich, formuliert. Jedoch wird anhand von Beispielen auf die Ebene der politischen Philosophien und die der synökologischen Theorietypen verwiesen.

Was ist impliziert, wenn man überindividuelle Einheiten als „Gesellschaften unabhängiger Einzelner“ denkt?

Wie ist das Verhältnis der Individuen zueinander und zum gesellschaftlichen Ganzen? Unterliegen das Individuum und das gesellschaftliche Ganze einer Zweckbestimmung? Den Einzelindividuen kommen ihre essenziellen Eigenschaften prinzipiell *unabhängig* von anderen Individuen und vom Ganzen der Gesellschaft zu. Individuen sind, um sich selbst zu erhalten, darauf angewiesen, dass ihre Erfordernisse erfüllt werden, aber sie brauchen dazu weder bestimmte andere Individuen noch eine bestimmte Gesellschaft.

Auf der Ebene der politischen Philosophie sind die Menschen *nicht* an einen bestimmten Platz in der Gesellschaft gebunden. Sie sind frei, im Rahmen der für alle gleichermaßen geltenden Gesetze zu handeln, um ihre partikularen und egoistischen Bedürfnisse zu befriedigen und Reichtum zu akkumulieren. Der Einzelne befindet sich von Natur aus in einem „Zustand vollkommener Freiheit, innerhalb der Grenzen des Naturgesetzes seine Handlungen zu lenken und über seinen Besitz und seine Person zu verfügen, wie es ihm am besten scheint – ohne jemandes Erlaubnis einzuholen und ohne von dem Willen eines anderen abhängig zu sein“ (Locke 1966, S. 9). In den entsprechenden ökologischen Theorien bedeutet „unabhängig sein“ natürlich nicht Freiheit oder Autonomie – solche Begriffe aus der politischen Sphäre können in den ökologischen Theorien nicht vorkommen. „Unabhängig sein“ bedeutet hier, dass der Organismus *nicht Funktionen* für ein übergeordnetes Ganzes erfüllt. Ein Organismus kann zwar durchaus eine essenzielle Funktion für einen anderen haben (wie z. B. die Beute für den Räuber), aber dadurch werden nicht seine Eigenschaften erklärt. Seine Ansprüche müssen von der Umwelt, zu der in der Regel auch andere Organismen gehören, erfüllt werden, aber er ist normalerweise nicht von bestimmten anderen Organismen und keinesfalls von einer bestimmten Gesellschaft abhängig. Dem Ökologen Gleason zufolge hängt es nur von den individuellen Anforderungen einer Art an die Umwelt und von vorhandenen Umweltfaktoren ab, ob eine Art an einem Ort vorkommt oder nicht,: „*The location and behavior of every individual plant is determined partly by heritable requirements and partly by the environmental complex under which it grows*" (Gleason 1927, S. 321).

Sowohl in den politischen Philosophien als auch in den entsprechenden ökologischen Theorien ist die Struktur der „Gesellschaft unabhängiger Einzelner" durch die *Interaktionen* der Individuen bestimmt, vor allem durch *Konkurrenz* um knappe Ressourcen. Konkurrenten entwickeln bestimmte Verhaltensweisen, sie *spezialisieren* sich und weichen dadurch der Konkurrenz aus. Individuen können auch *kooperieren* und mildern so die Konkurrenz oder verschaffen sich dadurch Vorteile gegenüber anderen. Das Agieren des Individuums ist allein davon bestimmt, dass es ihm *selber* nutzt. Durch Vergesellschaftung erzielt es für *sich selbst Vorteile.* Gesellschaft und Vergesellschaftung kann nur aus der Perspektive des einzelnen Individuums als nützlich oder schädlich betrachtet werden.

Wie entsteht das gesellschaftliche Ganze? Wie entwickeln sich das Verhältnis der Individuen zueinander und das zwischen den Individuen und dem gesellschaftlichen Ganzen? Gesellschaft entsteht dadurch, dass zwischen den Individuen Konkurrenz herrscht und dass sie bestimmte, ihnen für ihre Erhaltung und Verbesserung nützliche *Interaktionen* mit anderen eingehen. *Veränderungen* werden durch Einzelindividuen und ihre Interaktionen ausgelöst: „*Vegetational change is constant and universal but varies greatly in its rate. [...] All phenomena of succession depend on the ability of the individual plant to maintain itself and to reproduce its kind*" (Gleason 1927, S. 324). Die Entwicklung der Gesellschaft (wie auch die jedes Individuums) hat *kein* Ziel, sie ist *prinzipiell unabgeschlossen.* „Die Revolution findet als rationaler Neuordnungswille prinzipiell kein Ende" (Greiffenhagen 1986, S. 81 über den Liberalismus). „*Climax associations are changing now and must change still further in the future*" (Gleason 1927, S. 317). Auch wenn sich eine biotische Gesellschaft in ihrer Artenzusammensetzung über längere Zeit nicht signifikant ändert oder in einer menschlichen Gesellschaft die politischen und ökonomischen Machtverhältnisse unverändert bleiben, kann es nie ausgeschlossen werden, dass ein *neuer* Konkurrent auftritt, eine *neue* Verhaltensweise, eine Innovation entwickelt wird oder sich die äußeren Bedingungen derart modifizieren, dass sich die innergesellschaftlichen Strukturen verändern. Das ist immer möglich.

19.2.4 Analogien zwischen konservativen Philosophien und synökologischen Theorien – Überindividuelle Einheiten als organismische Gemeinschaften

Demgegenüber werden in konservativen politischen Philosophien, wie sie im Zuge der Gegenaufklärung vor allem im späten 18. Jahrhundert entstanden sind, und in bestimmten (meist als organizistisch oder holistisch bezeichneten) Theorien der Ökologie überindividuelle Einheiten als *„organismische Gemeinschaften"* verstanden. Die „organismische Gemeinschaft" ist der strukturelle Kern der – ansonsten durchaus unterschiedlichen – konservativen Philosophien von Adam Müller (2006) und Friedrich J. Stahl (1868). Sie findet sich auch in Arbeiten des deutschen Ökologen August Thienemann (1939) wieder. Als weitere frühere Vertreter dieses ökologischen Theorietyps lassen sich z. B. Friederichs (1927), Phillips (1934/1935) und Sukachev (1958) nennen. Beispiele der jüngeren Ökologie sind Arbeiten, die mit Bezeichnungen wie „Gaia-Hypothese" (Lovelock 1979) oder *ecosystem health* (z. B. Rapport 1989) in Verbindung gebracht werden können. Auch in bestimmten Ausrichtungen des Ökosystemansatzes (z. B. Odum 1971) ist diese Struktur zu erkennen, auch wenn dort der organizistische Aspekt meist mehr oder weniger hinter eine technische Sichtweise zurücktritt.

Was ist impliziert, wenn man überindividuelle Einheiten als „organismische Gemeinschaften" denkt?

Wie ist das Verhältnis der Individuen zueinander und zum gesellschaftlichen Ganzen? Unterliegen das Individuum und das gesellschaftliche Ganze einer Zweckbestimmung? In einer organismischen Gemeinschaft stehen die Einzelindividuen in *funktionalen und meist obligatorischen Abhängigkeiten* zueinander. Sie ermöglichen einander also durch die Erfüllung von essenziellen Funktionen wechselseitig ihre Existenz. Dabei sind sie nicht nur von anderen Einzelindividuen abhängig, sondern auch von Gruppen von Individuen (den „Organen" der Gemeinschaft) und damit immer auch von der Gemeinschaft als Ganzem. Die Individuen erfüllen unterschiedliche und unterschiedlich wichtige Aufgaben in der Gemeinschaft: Leitungsfunktionen und untergeordnete Funktionen. Die organismische Gemeinschaft ist also eine funktionale und hierarchisch organisierte Ganzheit.

Um das eben Gesagte auf der politischen Ebene zu konkretisieren: Der Konservatismus argumentiert, dass die Menschen *notwendig ungleich* seien: Sie haben – von Gott, der Natur oder auch der Tradition – verschiedene Voraussetzungen mitbekommen. Jeder hat eine besondere individuelle Stellung und Aufgabe in der Gemeinschaft. Für Müller ist die „ewig unabänderliche große Ungleichheit der Menschen" (Müller 2006, S. 141) aus den Unterschieden zwischen den Geschlechtern, dem Alter und den Ständen ableitbar. Die jeweiligen Gruppen sind in *ihrer Funktion* für den Staat wesentlich. Indem jeder Mensch individuell, auf *seine Weise* und zugleich *orientiert am Ganzen* arbeitet, z. B. eine Familie gründet, politisch und kulturell tätig ist, lebt er nicht nur sein eigenes Leben richtig, sondern bestätigt die Institutionen des Staates und bringt sie mit hervor. Daher ist die Gemeinschaft – jedenfalls in den frühen konservativen Theorien – nicht eine durch allgemeine Gesetze geregelte Ordnung des Zusammenlebens gleichberechtigter Bürger, sondern sie ist hierarchisch, individuell und vielfältig. Den entsprechenden ökologischen Theorien zufolge ermöglichen sich Organismen wechselseitig ihre Existenz. Sie können einander unmittelbar bedingen (z. B. Organismen verschiedener Arten in Form von Mutualismen), aber vor allem bedingen sie einander, insofern sie alle zu der Bildung von Funktionseinheiten („Organen") der Gemeinschaft beitragen. Solche Funktionseinheiten können z. B. die funktionellen Gruppen Primärproduzenten, Konsumenten verschiedener Ordnung und Destruenten sein. Organismen können nur als *Teile* von (bestimmten) organismischen Gemeinschaften existieren und nicht in beliebig anderen Gemeinschaften oder alleine. Der Ökologe Thienemann schreibt, dass „das Leben sich nur in Gemeinschaften verschiedenartiger Organismen verwirklicht", wobei für Lebensgemeinschaften oder Biozönosen charakteristisch ist, dass die „Einzelglieder [...] bestimmte, lebensnotwendige Beziehungen zueinander zeigen" (Thienemann 1939, S. 268). „Die Lebensgemeinschaft ist nicht nur ein Aggregat, eine Summe von – aufgrund gleicher exogener Lebensbedingungen an der gleichen Lebensstätte *neben*einander befindlicher – Organismen, sondern eine (überindividuelle) Ganzheit, ein *Mit*einander und *Für*einander von Organismen" (Thienemann 1939, S. 275).

Individuen „agieren" also nicht, um nur ihren eignen, partikularen Bedürfnissen gerecht zu werden, – das entspräche dem liberalen Modell des Individuums und seiner sozialen Beziehungen. Natürlich haben auch die Individuen der organismischen Gemeinschaft Bedürfnisse, aber diese entsprechen einer vorgegebenen individuellen Rolle im Funktionszusammenhang des überindividuellen Ganzen. Auf diese Weise erfüllen sie Zwecke *in* der Gemeinschaft und *für* die Gemeinschaft.

Wie entsteht das gesellschaftliche Ganze? Wie entwickelt sich das Verhältnis der Individuen zueinander und das zwischen den Individuen und dem gesellschaftlichen Ganzen? Diese organismische Gemeinschaft bringt sich selbst hervor und entwickelt sich selbst. Entwicklung realisiert, was *in* der Gemeinschaft und in ihren äußeren Bedingungen als Möglichkeit „angelegt" ist. Es gibt ein zu realisierendes Ziel. Die Entwicklung der organismischen Gemeinschaft ist an die äußeren Bedingungen gebunden, insofern die Gemeinschaft sich an deren Besonderheiten anpasst und – soweit möglich – diese gestaltet. Diese Anpassung ist zugleich eine Loslösung von direkten Naturzwängen.

Dem Konservatismus zufolge liegt dem Staat eine *von selbst entstandene* gesellschaftliche Ordnung zugrunde. Der Staat darf keine künstliche, letztlich von willkürlichen Interessen geleitete Konstruktion seiner Bürger sein wie im Liberalismus, sondern es wird behauptet, dass es Staat (bzw. seine Idee oder seine Grundlage, die „Vergemeinschaftung" des Menschen) immer schon gegeben habe: Er sei von Gott geschaffen, liege in der Natur des Menschen, sei eine ewige Idee: „Der Staat ruhet ganz in sich; unabhängig von menschlicher Willkühr und Erfindung, kommt er unmittelbar und zugleich mit dem Menschen eben daher, woher der Mensch kommt: aus der *Natur*: – aus *Gott*, sagten die Alten" (Müller 2006, S. 62). Fortschritt ist *kontinuierliche Entwicklung*. Wenn Reformen als nötig erachtet werden, sollen diese an das Bestehende anknüpfen und das beachten, was als immer geltend betrachtet wird. Kulturelle Entwicklung besteht in der Vervollkommnung dessen, was als „Wesen" in den „Völkern" und dessen, was in der konkreten Natur ihrer Lebensräume angelegt ist. So soll eine bestimmte, an die Ausgangsbedingungen anknüpfende und diese ausgestaltende Form von Hochkultur entwickelt werden. Durch diese Gestaltung ihrer Umwelt löst sich die Gemeinschaft immer mehr aus den Naturzwängen. Auch in den entsprechenden ökologischen Theorien findet sich die Vorstellung wieder, dass die Entwicklung der Lebensgemeinschaft in ihrer Anpassung an und zugleich Loslösung von direkten Naturzwängen besteht: Das *sukzessive Auftreten* von Organismen verschiedener Arten an einem Ort wird als *funktional* für die Gemeinschaft betrachtet. Denn Arten früher Stadien schaffen im Laufe der Entwicklung die abiotischen und biotischen Bedingungen für die *nachfolgenden* Arten, zum Beispiel durch Humusanreicherung oder Veränderung des Mikroklimas. Sie verändern alle Ausgangsbedingungen bis auf das Großklima in einer Weise, die für die Entwicklung der Gemeinschaft von Vorteil, für ihr eigenes Weiterbestehen aber von Nachteil ist. So wird kontinuierlich eine bestimmte, von den ursprünglichen lokalen Umweltbedingungen losgelöste, aber an das Großklima immer besser angepasste Gemeinschaft ausdifferenziert: In ihrem Klimaxzustand befindet sie sich im Gleichgewicht mit ihren Umweltbedingungen, daher verändert sie sich nicht mehr. Zum Beispiel schreibt Eugene P. Odum, dass die biotische Gemeinschaft eine bestimmte Strategie verfolge: „*increased control of, or homeostasis with, the physical environment in the sense of achieving maximum protection from its perturbations. [...] Ecosystem development [...] culminates in a stabilized ecosystem in which maximum biomass [...] and symbiotic function between organisms are maintained [...]*“ (Odum 1971, S. 251).

Es lassen sich also weitreichende strukturelle Analogien zwischen bestimmten politischen Philosophien und synökologischen Theorien bezüglich ihrer Annahmen über Organisationsform und Entwicklung der überindividuellen Einheit herausarbeiten. In der Ökologie gibt es Theorien, die dem Typ „Gesellschaft unabhängiger Einzelner“ oder dem Typ „organismische Gemeinschaft“ relativ gut entsprechen, aber auch Theorien, die Komponenten aus beiden Typen kombinieren. – Natürlich gibt es auch ökologische Theorien, die weder Analogien zu der liberalen noch zu der konservativen Denkfigur von Gesellschaft aufweisen, insbesondere bestimmte Formen von Ökosystemtheorien. Es lässt sich aber zeigen, dass auch sie Kongruenzen zu bestimmten politischen Philosophien über Gesellschaft aufzeigen. Es lassen sich z. B. strukturelle Übereinstimmungen zwischen bestimmten Ökosystemtheorien und der demokratischen Gesellschaftsphilosophie, wie sie in der französischen Aufklärung von Rousseau entwickelt wurde, herausarbeiten (Voigt 2009).

19.3 Die Ursachen der Analogien – Ökologische Paradigmen als Ergebnis weltbildbedingter Gegenstandskonstitution

In gewisser Weise sind die hier gezeigten Analogien von mir „konstruiert“ worden, insofern sie durch *bestimmte* idealtypische Konstruktionen von politischen Philosophien und ökologischen Theorien zum Vorschein gebracht worden sind. Man hätte die Idealtypen auch nach anderen Gesichtspunkten konstruieren können – dann hätten sich andere oder eventuell gar keine Analogien gezeigt. Jedoch sind die Analogien *nicht* durch die idealtypische Konstruktion *verursacht*, sondern durch sie *herausgearbeitet* worden. Was ist ihre Ursache? Dass die Analogien rein zufällig auftreten, ist so unwahrscheinlich, dass diese Möglichkeit ausgeschlossen werden kann. Das bedeutet aber, dass sie einer *gemeinsamen Ebene* zugehören. Welche Art von gemeinsamer Ebene kann das sein?

Man könnte das Auftreten von Analogien dadurch erklären, dass man ihre Ursachen in Naturgesetzen sucht, die auch in der menschlichen Gesellschaft wirksam sind. Dann würde man davon ausgehen, dass den betrachteten Gegenständen, den synökologischen Einheiten und den menschlichen Gesellschaften, eine gemeinsame natürliche Basis zugrunde liegt und damit also den Grund für die Analogien im beobachterunabhängigen Objekt verankern. Im Folgenden soll eine andere, nichtnaturalisierende Erklärung angeboten werden: Auf einer *konstitutionstheoretischen* Basis kann man das Auftreten nichtzufälliger und nichtformaler Analogien zwischen Theorien unterschiedlicher Wissensbereiche dadurch erklären, dass diesen Theorien die *selben Konstitutionsideen* zugrunde liegen. Dass Analogien auftreten, hat einen Grund, der in den Bedingungen *unseres Denkens* liegt – des jeweils spezifischen, kulturell geprägten Denkens bestimmter Gruppen der Gesellschaft, das verschiedene Wissensbereiche strukturiert.

Was sind Konstitutionsideen? Sie sind „vorliegende" intersubjektive Deutungsmuster, die das Denken strukturieren und Denkmöglichkeiten vorgeben (Eisel 2002). Sie bestimmen als wissenschaftsexterne, im weitesten Sinne kulturelle Faktoren auch die Erkenntnisweise der Naturwissenschaften und ihre Theoriebildung. Konstitution wird hier also *nicht* in dem in der Philosophie geläufigen Sinn, also etwa im Sinne Kants verstanden: dass die Objekte der Wissenschaften durch die transzendentalen ahistorischen Konstitutionsbedingungen von Erfahrung und Erkenntnis überhaupt ermöglicht sind. Gemeint ist vielmehr die Vorstellung, dass wissenschaftliche Theorien sich bereits vorhandenen *außerwissenschaftlichen* Denkmustern verdanken (Eisel 2002). Unter „externen Faktoren" werden in diesem Zusammenhang nicht die sozialen Bedingungen der naturwissenschaftlichen Theoriebildung und -durchsetzung (z. B. im Sinne konkreter politischer, ökonomischer und technischer Rahmenbedingungen, der Organisation der wissenschaftlichen Institutionen und der Wissenschaftlergemeinde) oder die persönlichen Lebensumstände der Wissenschaftler verstanden. Vielmehr wird danach gefragt, wie die Erkenntnisweise der Naturwissenschaften und ihre als ahistorisch und universell geltenden Aussagen von wissenschaftsexternen Weltbildern bestimmt sind. Diese wissenschaftsexternen Denkmuster sind weder zu vermeiden noch zu eliminieren, sondern *notwendig*. Denn sie sind zugleich *interne*, konstituierende Faktoren der Theoriebildung: das „Unbewusste der Wissenschaft", die „Ebene, die dem Bewußtsein des Wissenschaftlers entgleitet und dennoch Teil des wissenschaftlichen Diskurses ist" (Foucault 1974, S. 11 ff.). Foucault schreibt auch von einem „historischen Apriori"; Eisel von bereitliegenden „fundamentale[n] kulturelle[n] Deutungsmuster[n]" (Eisel 2002, S. 131), die die naturwissenschaftliche Erkenntnis und die Theoriebildung strukturieren.

Das heißt nicht, dass empirische Fakten irrelevant sind, denn naturwissenschaftliche Theorien sind empirisch überprüfbar und widerlegbar. Das, was an Natur empirisch ist oder sein kann, hängt ebenso von den Konstitutionsideen und ihren Transformationen ab wie von ihr selbst.

Solche „apriorischen" kulturellen Deutungsmuster sind vor dem Hintergrund bestimmter gesellschaftlicher Problemkonstellationen entstanden. Sie sind also nicht beliebig oder willkürlich, sondern historisch-individuell und liegen für einen bestimmten Kreis von Subjekten als *intersubjektive*, kulturelle Deutungsmuster vor. Die jeweilige Konstellation des gesellschaftlichen Erfahrungshorizontes ermöglicht bestimmte Gedanken und schließt andere aus. Dabei können *konkurrierende* Deutungsmuster („Weltbilder") produziert werden, z. B. gegensätzliche, einander ausschließende Individualitäts- und Gesellschaftskonzeptionen.

Konstitutionsideen sind notwendige und systematisch relevante Faktoren naturwissenschaftlicher Theorien, denn sie ermöglichen naturwissenschaftliche Theorien erst, bleiben aber in der Regel unbemerkt, da die Naturwissenschaften nicht nach der Herkunft ihrer Erkenntnisbegriffe fragen können. Sie sorgen dafür, dass neue Fakten das alte Denken nicht zerstören, sondern die Theorie (oder das Paradigma) bestätigen und „ausbauen", da die neuen Fakten (z. B. durch Zusatzhypothesen) „eingeordnet" werden.

Kulturelle Ideen strukturieren Theorien über verschiedene Gegenstandsbereiche, sodass zwischen ihnen *Analogien* auftreten können. Oder, umgekehrt formuliert: Analogien in Theorien verschiedener Wissensbereiche können als Anzeichen dafür gewertet werden, dass den Analogiepartnern eine *gemeinsame Konstitutionsidee* zugrunde liegt – und nicht dafür, dass die Gegenstände empirisch gleich sind oder gleich funktionieren. Bestimmte kulturelle Deutungsmuster finden sich sowohl in synökologischen Theorien als auch in politischen Philosophien. Das betrifft z. B. die unterschiedlichen Deutungsmuster des Verhältnisses der Individuen zueinander und der Entwicklung der überindividuellen Einheit. Die Bereiche der Synökologie und der politischen Philosophien sind demnach verbunden, weil diese kulturellen Deutungsmuster zum *context of discovery* ökologischer Theorien und zum Strukturkern politischer Philosophien gehören. Auf der Basis der Annahme der kulturellen Konstituiertheit lässt sich erklären, warum es in *unterschiedlichen* Wissensbereichen *strukturanaloge* Auffassungen gibt. Auch lässt sich erklären, warum es in der Ökologie *Kontroversen* konkurrierender synökologischer Theorien gibt, die sich anscheinend ohne die Möglichkeit empirischer Lösungen immer weiter fortsetzen, denn das, was jede der beiden Positionen für sich als Belege geltend machen konnte, ließ sich – zumindest in der Regel – aus der Perspektive der Gegenseite ebenfalls erklären: Da es *unterschiedliche* kulturelle Weltbilder gibt, erscheint die Natur in der einen *und* der anderen Weise. Die ursprünglich kulturellen Ideen wurden und werden als naturwissenschaftliche Theorien gegeneinandergestellt und ausdifferenziert.

Ausgehend von einer konstitutionstheoretischen Perspektive, der zufolge die konkurrierenden Theorien der Ökologie durch konkurrierende kulturelle Weltbilder mit verursacht sind, lassen sich nicht nur die Differenzen zwischen den beiden vorgestellten Theorietypen und ihre jeweilige immanente Logik, sondern auch die völlig unterschiedlichen praktischen Konsequenzen besser verstehen, die sie nach sich ziehen können.

19.4 Invasive Arten und ihre Bewertung im Naturschutz

Ökologische Theorien über Natur werden gesellschaftlichen Entscheidungen, vor allem im Bereich des Naturschutzes, zugrunde gelegt. Sie erlangen damit eine Relevanz, die auf einer anderen Ebene liegt als ihre Verwendung zur Lösung wissenschaftlicher Fragen und als ihre Eignung zur Erklärung empirischer Phänomene. Dies lässt sich an dem im Naturschutz aktuellen Thema der invasiven Arten (auch: gebietsfremde oder nichtheimische Arten, Neobiota) verdeutlichen.

Unter *biologischer Invasion* versteht man in der Ökologie das Phänomen, dass sich gebietsfremde Organismen nach erfolgreicher Überwindung einer Ausbreitungsbarriere in einem neuen Areal etablieren und dort ausbreiten (Heger 2004). Einige viel diskutierte Beispiele für invasive Arten in Mitteleuropa sind das Drüsige Springkraut (*Impatiens glandulifera*), der Japanische Staudenknöterich (*Fallopia japonica*), der Nordamerikanische Ochsenfrosch (*Rana catesbeiana*) und der Nandu (*Rhea americana*).

Wie werden invasive Arten vor dem Hintergrund der ökologischen Theorietypen „Gesellschaft unabhängiger Einzelner" und „organismische Gemeinschaft" *im Naturschutz* betrachtet? Welche naturschutzfachlichen Bewertungen von invasiven Arten können auf dieser ökologischen Grundlage getroffen werden?[3]

Zuvor sind noch einige klärende Überlegungen zum Verhältnis von Naturschutz und wissenschaftlicher Ökologie notwendig: Oft wird in Positionen des Naturschutzes (und manchmal auch in ökologischen Theorien) nicht beachtet, dass es *keine naturwissenschaftliche* Frage ist, ob biologische Invasionen und ihre Folgen gut oder schlecht sind, sondern die von *menschlichen Wertsetzungen*. Grundsätzlich dürfen in den Naturwissenschaften keine normativ-wertenden Aussagen vorkommen das heißt, es kann kein Schluss vom „Sein" auf das „Sollen" gezogen werden. Man kann also weder vom (historischen oder aktuellen) Existieren bestimmter Artenkombinationen darauf schließen, dass sie in dieser Form weiter existieren *sollen*, noch von wissenschaftlich beschriebenen oder prognostizierten Wirkungen invasiver Arten auf ihren neuen Lebensraum, dass man sie bekämpfen *soll*. Diese Schlussfolgerungen können sich erst durch menschliche Wert- und Zielsetzungen ergeben, nicht aber aus der Naturwissenschaft Ökologie. Allerdings gibt es zwei Probleme bezüglich des Verhältnisses des gesellschaftlichen Feldes des Naturschutzes und der Naturwissenschaft Ökologie. Erstens werden oft im Naturschutz menschliche Wertsetzungen nicht als solche thematisiert und gesellschaftlich verhandelt, sondern als scheinbar *ökologische* Schlussfolgerungen über den richtigen Umgang mit Natur formuliert und legitimiert. Zweitens gibt es bei ökologischen Theorien des Typs „organismische Gemeinschaft" ein Problem mit der Wertfreiheit: Denn sie gehen von einer funktionalen, auf *Selbsterhaltung* ausgerichteten Organisation der synökologischen Einheit aus. Die Gemeinschaft folgt damit einem *Selbstzweck*. Sie ist eine

[3] Zum weltanschaulichen Gehalt der Diskussion über biologische Invasionen in Naturschutz und Ökologie siehe auch Eser (1998), Kirchhoff und Haider (2009), Körner (2000).

individuelle Ganzheit, die ein „Bestreben" hat, sich in ihrem Zustand zu erhalten oder sich auf einen bestimmten Zustand hin zu entwickeln. Daher scheinen Begriffe wie „Optimum" oder „Nutzen" und „Schaden" notwendig und im naturwissenschaftlichen Zusammenhang sinnvoll anwendbar zu sein. Solche Theorien legen den Schluss nahe, für überindividuelle Einheiten wären objektive, nicht auf menschliche Wertsetzungen (sondern auf Selbsterhaltung) bezogene Wertungen möglich.

Im Folgenden sollen nun nicht die mangelnde Naturwissenschaftlichkeit von bestimmten ökologischen Theorien, naturalistische Fehlschlüsse oder das Verhältnis des Naturschutzes zur Ökologie kritisiert werden. Ich vernachlässige diese berechtigten Kritikpunkte und diskutiere die ökologischen Theorien als „Grundlagen des Naturschutzes".

19.4.1 Wie werden invasive Arten in der Denkart der „organismischen Gemeinschaft" betrachtet?

Einer ökologischen Theorie des Typs „organismische Gemeinschaft" zufolge ist eine hochentwickelte Gemeinschaft durch die *Vielfalt* ihrer Funktionseinheiten, der dazu beitragenden Individuen und der Qualität der Beziehungen zwischen den Teilen charakterisiert. So eine Gemeinschaft ist eine einzigartige, individuelle Ganzheit, die aus einer nichtbeliebigen Vielfalt von zweckmäßig angeordneten Funktionseinheiten und Individuen besteht. „Nichtbeliebige Vielfalt" bedeutet, dass man von der Gemeinschaft *nicht* einfach Teile entfernen kann, *ohne* dass sich wesentliche Eigenschaften verändern. Ihre Vielfalt kann auch nicht beliebig gesteigert werden: Bringt man ein fremdes Element ein, das sich *nicht* organisch in die Gemeinschaft einfügt, wird die *Eigenart* der Gemeinschaft beeinträchtigt und die Differenz zu anderen Gemeinschaften wird abnehmen.

Bezieht man sich im Naturschutz auf eine ökologische Theorie dieses Typs, kann man *nur* dann dem Einwandern fremder Arten zustimmen, wenn diese sich an die vorgegebenen Bedingungen und Entwicklungsmöglichkeiten, also an die Eigenart der Gemeinschaft, *anpassen*, das heißt, wenn sie diese Bedingungen nicht in einer gegen das „Wesen" der Gemeinschaft gerichteten Weise verändern. Fremde Arten werden akzeptiert, wenn sie Teil der regionalen Kultur und damit der heimischen Artenvielfalt werden, wie z. B. die Rosskastanie in den bayerischen Biergärten oder die Mustangs in den USA. Jedoch entspricht letztlich Invasion und deren Konsequenz der Homogenisierung der Artenzusammensetzungen nicht dem Ideal einer vielfältigen Welt, die an jedem Ort an den jeweiligen Naturraum angepasste biotische Gemeinschaften mit besonderer Eigenart ausbildet oder doch ausbilden soll. Ziel des konservativen Naturschutzes ist es daher, die individuelle Eigenart und Vielfalt des jeweiligen Ortes zu erhalten. Folglich müssen die bestehenden biotischen Gemeinschaften vor dem „Zuzug der Fremden" geschützt werden.

19.4.2 Wie werden invasive Arten in der Denkart der „Gesellschaft unabhängiger Einzelner" betrachtet?

In einer ökologischen Theorie des Typs „Gesellschaft unabhängiger Einzelner" ist offen, wer mit wem konkurriert oder kooperiert und wer welche Ressource auf welche Weise nutzt. Es gibt prinzipiell beliebig viele verschiedene Möglichkeiten von Existenz, Interaktionspartnern und Ressourcennutzung. Das heißt auch, dass jedes neu dazukommende Individuum Mitglied dieser Gesellschaft werden kann. Gesellschaft ist bezüglich der Quantität und Qualität ihrer Mitglieder und auch bezüglich ihrer Grenzen *nicht* festgelegt. In solchen ökologischen Theorien und auch naturschützerischen Positionen wird betont, dass die Verteilung von Leben auf der Erde immer sehr dynamisch war, neu sei nur, dass nun der Mensch die Veränderungen bewirke. Es habe schon immer zahlreiche individuelle Invasionen und auch umfangreiche „Invasionswellen" gegeben. Große Teile heutzutage einheimischer Lebewesen seien Nachkommen früherer Invasoren.

Auf dieser Grundlage lässt sich im Naturschutz prinzipiell *nichts* gegen invasive Arten sagen: ökologische Gesellschaften haben kein „Wesen", das beeinträchtigt werden könnte. Die ökologische Theorie legt keine Bewertung von Invasionen nahe. Jedoch kann im Rahmen dieses Denkens die Erhöhung der Diversität als eine *Zunahme an Nutzungsmöglichkeiten* befürwortet werden. Sie kann dann abgelehnt werden, wenn sie anderen, wichtigeren Nutzungen im Weg steht. Es wird also rein pragmatisch und nutzenorientiert mit invasiven Arten umgegangen: nicht die Herkunft ist ein Kriterium für die Bewertung einer Art, sondern ob eine Art ein Problem im Hinblick auf ein bestimmtes menschliches Nutzungsinteresse verursacht oder nicht.

Wenn ich ökologische Theorien und Positionen des Naturschutzes nach dem Schema liberal und konservativ sortiere, geht es mir *nicht* darum, die eine oder andere ökologische Theorie oder Naturschutzposition wegen der Bedeutung ihrer Struktur auf der politischen Ebene abzulehnen oder anzunehmen. Ich behaupte auch nicht, dass ein Ökologe, der „Ökosystem" oder „Lebensgemeinschaft" so denkt wie ein Konservativer „Gemeinschaft", „automatisch" politisch konservativ sei. Die Theorieentwicklung der Wissenschaft Ökologie ist wohl kaum politisch motiviert, aber in ihr werden Kontroversen ausgetragen, deren *Struktur* sich auch in Kontroversen der politischen Philosophien findet. Die Rückbezüge auf solche politischen Kontroversen erklären die oft unverständlich verbissen und wechselseitig ignorant ausgetragenen Kontroversen in der Wissenschaft Ökologie und im gesellschaftlichen Feld des Naturschutzes.

Literatur

Connell JH (1978) *Diversity in tropical rain forests and coral reefs. High diversity of trees and corals is maintained only in a nonequilibrium state.* Science 199: 1302–1310

Curtis JT, McIntosh RP (1951) *The upland forest continuum in the prairie-forest border region of Wisconsin.* Ecology 32: 476–496

Desmond A, Moore J (1995) *Darwin*. List, München, Leipzig
Eisel U (1991) *Warnung vor dem Leben. Gesellschaftstheorie als „Kritik der Politischen Biologie"*. In: Hassenpflug D (Hrsg) *Industrialismus und Ökoromantik: Geschichte und Perspektiven der Ökologisierung*. Deutscher Universitätsverlag, Wiesbaden, S. 159–191
Eisel U (2002) *Leben ist nicht einfach wegzudenken*. In: Lotz A, Gnädinger J (Hrsg) *Wie kommt die Ökologie zu ihren Gegenständen? Gegenstandskonstitution und Modellierung in den ökologischen Wissenschaften*. Lang, Frankfurt/M, S. 129–151
Engels F (1962) [1886] *Dialektik der Natur*. In: Marx-Engels-Werke, Bd 20, Dietz, Berlin, S. 305–570
Engels F (1975) [1875] *Brief von F. Engels an Lawrow, 12./17. November 1875*. In: Marx-Engels-Werke, Bd 34, Dietz, Berlin, S. 169–170
Eser U (1998) *Ökologie und Ethik. Ökologische und normative Grundlagen von Naturschutzbewertungen am Beispiel der Neophytenproblematik*. In: Engels E-M, Junker T, Weingarten M (Hrsg) *Ethik der Biowissenschaften*. Verlag für Wissenschaft und Bildung, Berlin, S. 85–97
Foucault M (1974) *Die Ordnung der Dinge. Eine Archäologie der Humanwissenschaft*. Suhrkamp, Frankfurt/M
Friederichs K (1927) *Grundsätzliches über die Lebenseinheiten höherer Ordnung und den ökologischen Einheitsfaktor*. Die Naturwissenschaften 15: 153–157, 182–186
Gleason HA (1927) *Further views on the succession-concept*. Ecology 8: 299–326
Greiffenhagen M (1986) *Das Dilemma des Konservatismus in Deutschland*. Suhrkamp, Frankfurt/M
Heger T (2004) *Zur Vorhersagbarkeit biologischer Invasionen. Entwicklung und Anwendung eines Modells zur Analyse der Invasion gebietsfremder Pflanzen*. Neobiota Bd 4, Berlin
Hobbes T (1970) [engl. 1651] *Leviathan or the matter, forme and power of a commonwealth ecclesiastical and civil*. Reclam, Stuttgart
Hubbell SP (2001) *The unified neutral theory of biodiversity and biogeography*. Oxford University Press, Oxford
Hutchinson GE (1959) *Homage to Santa Rosalia or why are there so many kinds of animals?* Am Natural 93: 145–159
Kirchhoff T, Haider S (2009) *Globale Vielzahl oder lokale Vielfalt: Biodiversität aus „liberaler" und „konservativer" Sicht*. In: Kirchhoff T, Trepl L (Hrsg) *Vieldeutige Natur. Landschaft, Wildnis und Ökosystem als kulturgeschichtliche Phänomene*. Transcript, Bielefeld, S. 315–330
Körner S (2000) *Das Heimische und das Fremde. Die Werte Vielfalt, Eigenart und Schönheit in der konservativen und in der liberal-progressiven Naturschutzauffassung*. Lit, Münster
Locke J (1966) [engl. 1690] *Über die Regierung. „The second Treatise of Government"*. Rowohlt, Reinbek
Lovelock JE (1979) *Gaia: a new look at life on earth*. University Press Oxford, Oxford
MacArthur RH (1972) *Geographical ecology. Patterns in the distribution of species*. Harper & Row, New York
Marx K (1974) [1862] *Brief von Marx an Engels 18. Juni 1862*. In: Marx-Engels-Werke (Briefe), Bd 30, Dietz, Berlin, S. 249
Müller AH (2006) [1809] *Die Elemente der Staatskunst I. Oeffentliche Vorlesungen*. Repr. d. Ausg. Leipzig Berlin. Olms, Hildesheim
Nordenskiöld E (1926) *Die Geschichte der Biologie. Ein Überblick*. Gustav Fischer, Jena
Odum EP (1971) *Fundamentals of ecology*. W. B. Saunders, Philadelphia
Peus F (1954) *Auflösung der Begriffe „Biotop" und „Biozönose"*. Deutsche Entomologische Zeitschrift 1: 271–308
Phillips J (1934/35) *Succession, development, the climax and the complex organism: an analysis of concepts. Part I*. J Ecol 22: 554–571; *Part II & III*. J Ecol 23: 210–246, 488–508
Pickett STA (1980) *Non-equilibrium coexistence of plants*. Bulletin Torrey Botanical Club 107: 238–248
Rapport DJ (1989) *What constitutes ecosystem health?* Perspect Biol Med 33: 120–132
Smith A (1904) [1776] *An inquiry into the nature and causes of the wealth of nations*. Methuen, London

Stahl FJ (1868) *Die gegenwärtigen Parteien in Staat und Kirche. Neunundzwanzig akademische Vorlesungen.* Wilhelm Hertz, Berlin
Sukachev VN (1958) *On the principles of genetic classification in biocenologie.* Ecology 39: 364–367
Thienemann A (1939) *Grundzüge einer allgemeinen Ökologie.* Arch Hydrobiol 35: 267–285
Trepl L (1993) *Was sich aus ökologischen Konzepten von „Gesellschaften" über die Gesellschaft lernen läßt.* In: Mayer J (Hrsg) *Zurück zur Natur!? – Zur Problematik ökologisch-naturwissenschaftlicher Ansätze in den Gesellschaftswissenschaften.* Loccumer Protokolle 75/92. Rehburg-Loccum, S. 51–64
Trepl L (1994) *Competition and coexistence: on the historical background in ecology and the influence of economy and social sciences.* Ecol Model 75/76: 99–110
Voigt A (2009) *Die Konstruktion der Natur. Ökologische Theorien und politische Philosophien der Vergesellschaftung.* Franz Steiner, Stuttgart
Weber M (1988) [1904] *Die „Objektivität" sozialwissenschaftlicher und sozialpolitischer Erkenntnis.* In: Winckelmann J (Hrsg) *Gesammelte Aufsätze zur Wissenschaftslehre.* Mohr, Tübingen, S. 146–214
Whittaker RH (1953) *A consideration of climax theory: the climax as a population and pattern.* Ecol Monogr 23: 41–78

Kapitel 20
Menschliche Freiheit versus biologische Determination – Plädoyer für ein libertarianisches Konzept der Willensfreiheit

Christian Suhm

20.1 Einleitung

In den seit vielen Jahren in wissenschaftlichen Fachkreisen und in der breiten Öffentlichkeit vehement geführten Debatten um den Begriff der Willensfreiheit und die Konsequenzen neurowissenschaftlicher Forschungsergebnisse für unser Menschenbild ist ein zentrales Leitmotiv klar erkennbar. Die inzwischen von Vertretern unterschiedlicher natur- und geisteswissenschaftlicher Fachdisziplinen geführten Diskussionen kreisen immer wieder um den Gegensatz zwischen einem bestimmten Verständnis von menschlicher Freiheit und der Determination des Menschen durch Naturbedingungen, insbesondere durch die Neurophysiologie des menschlichen Gehirns. Willensfreiheit in einem starken und seit der Aufklärung im Selbstverständnis des Menschen fest verankerten Sinn stehe – so die weit verbreitete Meinung vieler Neurowissenschaftler und naturwissenschaftlich orientierter Philosophen – in einem krassen und offensichtlichen Widerspruch zu jüngsten neurowissenschaftlichen Erkenntnissen, gemäß denen das menschliche Gehirn ein vollständig durch naturwissenschaftlich darstellbare Kausalursachen determiniertes System sei.

Zumindest sogenannte libertarianische Konzepte menschlicher Freiheit, die eine genuine Wirksamkeit des Geistes im Bereich des Physischen voraussetzen, würden mit dem aktuellen naturwissenschaftlichen Bild des Menschen und seines für geistige Phänomene grundlegenden Organs, des Gehirns, konfligieren. Allerdings ist zu konstatieren, dass die Trennschärfe philosophischer Theoriebildungen im Umfeld des Begriffs der Willensfreiheit in zuletzt eher feuilletonistisch geprägten Debatten zumeist nicht angemessen Berücksichtigung findet. Es sei daher gleich zu Beginn der hier dargelegten Überlegungen darauf verwiesen, dass der angedeutete Gegensatz zwischen dem Konzept der Willensfreiheit und naturwissenschaftlichen, speziell neurophysiologischen, Forschungsresultaten lediglich eine kleinere Fraktion

C. Suhm (✉)
Stiftung Alfried Krupp Kolleg Greifswald, Martin-Luther-Straße 14,
17489 Greifswald, Deutschland
E-Mail: christian.suhm@wiko-greifswald.de

J. Oehler (Hrsg.), *Der Mensch – Evolution, Natur und Kultur,*
DOI 10.1007/978-3-642-10350-6_20, © Springer-Verlag Berlin Heidelberg 2010

der philosophischen Konzeptionen von Willensfreiheit betrifft, nämlich die im Weiteren noch näher zu erläuternden libertarianischen Ansätze. Viele andere Versionen des Begriffs der Willensfreiheit rufen aufgrund ihrer Kompatibilität mit dem Determinismus keinen Gegensatz oder gar Widerspruch mit der neurophysiologisch motivierten Vorstellung des menschlichen Gehirns als eines vollständig durch Naturbedingungen determinierten Systems hervor.

In den nachfolgenden Überlegungen will ich mich der Kontroverse um menschliche Freiheit und biologische Determination zunächst in zwei im Wesentlichen auf Begriffsklärungen ausgerichteten Weisen nähern (Kap. 20.2).

Zum einen soll das Konzept der Determination und des Determinismus, das den neurowissenschaftlich motivierten Angriffen auf unser traditionelles Verständnis der Willensfreiheit zugrunde liegt, aus wissenschaftstheoretischer Perspektive näher beleuchtet werden. Dabei wird sich zeigen, dass Anspruch und Wirklichkeit der Vorstellung einer biologischen oder neurophysiologischen Determination menschlicher Entscheidungen und Handlungen weit auseinanderklaffen.

Zum anderen möchte ich skizzieren, welche Voraussetzungen ein Vertreter eines starken libertarianischen Freiheitskonzeptes überhaupt machen muss und inwiefern diese mit naturwissenschaftlichen Theorien und Ansätzen in Konflikt geraten können. Wiederum wird das Ergebnis der Betrachtung einige Missverständnisse auszuräumen und damit manche notorischen Überspitzungen der Debatte um die Willensfreiheit zu glätten erlauben.

Vor dem Hintergrund der gewonnenen begrifflichen Einsichten möchte ich mich im naturalismus- und szientismuskritischen Teil meines Beitrags (Kap. 20.3) neurowissenschaftlich inspirierten Versuchen der Revision unseres Menschenbildes entgegenstellen und die diesen Versuchen, meiner Auffassung nach, implizit zugrundeliegenden wissenschaftstheoretischen Annahmen aufdecken. Mit Blick auf den für die Debatte zentralen Begriff des Determinismus, aber auch hinsichtlich des Reduktionsverhältnisses naturwissenschaftlicher Theorien und des Methoden- und Theorienwandels in den Naturwissenschaften scheint mir hier eine Reihe von ungerechtfertigten oder zumindest nur schwach belegten Prämissen im Spiel zu sein. Grundsätzlich glaube ich, dass viele willensfreiheitskritische Ansätze einem oft uneingestandenen und nicht plausiblen Szientismus geschuldet sind.

Für mein abschließendes Plädoyer für ein libertarianisches Konzept der Willensfreiheit (Kap. 20.4) ist es unverzichtbar, den szientistischen Zeitgeist in weiten Teilen der Naturwissenschaften und der Philosophie des Geistes einer Kritik zu unterziehen und die Tragweite und die Konsequenzen naturwissenschaftlicher Forschungsresultate, insbesondere derjenigen der aktuellen Neurowissenschaften, aus wissenschaftstheoretischer Perspektive neu zu bewerten. Damit lassen sich meines Erachtens viele Elemente unseres traditionellen Menschenbildes auch in Zeiten der neurowissenschaftlichen Erschließung des komplexesten menschlichen Organs bewahren. Zumindest aber müssen einige Fragen nach der Einordnung des menschlichen Geistes in eine durch Naturbedingungen bestimmte physische Welt nach wie vor als offen gelten.

20.2 Determination und Libertarianismus

Wenden wir uns zunächst dem Begriff des Determinismus und der Determination zu. Typischerweise wird in den jüngeren Debatten um die Willensfreiheit davon gesprochen, dass sich das menschliche Gehirn aus neurophysiologischer Perspektive als ein durch Naturbedingungen, also etwa die Aktivität von Nervenzellen und deren komplexe Vernetzung, vollständig determiniertes, das heißt in seinem Verhalten lückenlos bestimmtes System darstelle. Nehme man die naheliegende These hinzu, dass das Gehirn als Zentralorgan des menschlichen Körpers die materielle Grundlage von Entscheidungen und Handlungen eines menschlichen Subjekts sei, ergibt sich rasch die Konsequenz, dass menschliches Entscheiden und Handeln ohne Einschränkung neurophysiologischen und damit letztlich biologischen Naturbedingungen unterliegt. Ohne Umschweife wird dann die Schlussfolgerung gezogen, dass die menschliche Natur keinen Platz lasse für freie Entscheidungen und freies Handeln und somit die Idee der Willensfreiheit illusorisch sei (Roth 1996, 2009).

So sehr diese hier nur grob skizzierte Argumentation zu verfangen und unser Alltagsverständnis der menschlichen Freiheit als auch philosophische Reflexion über Willensfreiheit rasch *ad absurdum* zu führen scheint – es bleibt große Vorsicht geboten. Zunächst – und darum ist es mir in diesem Abschnitt hauptsächlich zu tun – ist zwischen mindestens drei Sinnen von Determination oder Bestimmung zu unterscheiden.

Zum Ersten sind offensichtlich neurophysiologische Bedingungsverhältnisse dergestalt gemeint, dass bestimmte Prozesse in unserem Gehirn, beispielsweise das sogenannte Feuern von Neuronen oder bestimmte Aktivitätsmuster von Gehirnarealen, andere solche Prozesse bedingen. Es geht bei diesem Sinn von Determination also um zumeist komplexe Bedingungsverhältnisse neuronaler Geschehnisse, die sich in Form von notwendigen und hinreichenden Kausalbedingungen ausdrücken lassen. Wenn z. B. davon die Rede ist, dass dieses oder jenes neuronale Aktivitätsmuster zwingend dieser oder jener Körperbewegung vorausgegangen ist, ist genau dieser Sinn gemeint. Bestimmte Vorgänge im Gehirn werden dann als notwendige Voraussetzung bestimmter anderer physischer Vorgänge, etwa von Muskelkontraktionen und entsprechenden Körperbewegungen, gesehen. Diese Form der Determination liegt auch den berühmten Experimenten von Benjamin Libet zum freien Willen zugrunde, die zu der Vermutung Anlass gegeben haben, der freie Wille sei eine Illusion (Libet et al. 1983; Libet 1985).

Zum Zweiten ist von „Determination", „Bestimmung", „Abhängigkeit" oder semantisch benachbarten Ausdrücken die Rede, wenn vorausgesetzt wird, dass neurophysiologische Prozesse im menschlichen Gehirn die „Grundlage" oder die „Basis" geistiger (mentaler) Prozesse darstellen. Dahinter steht die Vorstellung, dass beispielsweise Gedanken, Vorstellungen, Entscheidungen und Handlungen (sofern letztere geistige Phänomene involvieren) nur dann auftreten, wenn bestimmte mit ihnen bedingungsmäßig verknüpfte Prozesse auf neurophysiologischer Ebene ablaufen. Auch diese Form der Determination wird oft so beschrieben, dass die

Vorgänge auf materieller Ebene, also die Geschehnisse im Gehirn, die notwendige Voraussetzung für das Auftreten geistiger Phänomene darstellen und es letztere ohne erstere nicht gäbe. Grundsätzlich soll zum Ausdruck gebracht werden, dass der physischen Seite der kausale und ontologische Vorrang gegenüber den geistigen Vorgängen gebührt. Hinsichtlich der Ursache-Wirkungs-Verhältnisse und der Existenz sind physische Vorgänge, insbesondere neurophysiologische Prozesse, prioritär gegenüber geistigen Phänomenen. Diese Form der Determination spielt in der Debatte um das Körper-Geist-Problem eine zentrale Rolle (Beckermann 1999; Bieri 1981).

Ein dritter Sinn von Determination ist im Spiel, wenn der wissenschaftstheoretisch viel diskutierte Begriff des Determinismus herangezogen wird, um das Verhältnis zwischen physischen und geistigen Phänomenen aufzuklären. Seine Wurzeln hat der Begriff in antiken naturphilosophischen Überlegungen und in der Newton'schen Physik. Im Grundsatz ist mit Determinismus in der aktuellen Wissenschaftstheorie gemeint, dass ein bestimmter Gegenstandsbereich oder ein System (also beispielsweise das menschliche Gehirn) in seinen Zuständen zu allen Zeiten seines Bestehens durch einen einzigen Zustand zu einer bestimmten Zeit und die (Natur-)Gesetze, die die Veränderungen des betrachteten Gegenstandsbereichs oder Systems in der Zeit angeben, vollständig festgelegt ist. Übertragen auf kosmologische Dimensionen, also bezogen auf das System der gesamten physischen Wirklichkeit, bedeutet dies, dass mit dem Zustand des Universums zum aktuellen Zeitpunkt und der Gültigkeit physikalischer Naturgesetze festliegt, in welchem Zustand sich das Universum zu jeder anderen Zeit seiner Geschichte befunden hat und noch befinden wird. Mit Blick auf das menschliche Gehirn könnte die Rede von Determinismus also meinen, dass mit einer vollständigen neurophysiologischen Zustandsbeschreibung eines Gehirns zu einem Zeitpunkt und der Angabe neurophysiologischer Grund- oder Naturgesetze, die neuronale Veränderungen in der Zeit angeben, feststeht, in welchem Zustand sich das Gehirn zu jedem anderen Zeitpunkt seiner Existenz befunden hat und noch befinden wird. Einen guten Überblick über die neuere wissenschaftstheoretische Behandlung des Begriffs des Determinismus gibt John Earman (Earman 1986).

Ohne hier bereits auf meine szientismuskritischen Überlegungen des nächsten Abschnitts einzugehen, dürfte anhand der gemachten Unterscheidung dreier Sinne von Determination oder Bestimmung deutlich werden, dass die zunächst plausibel anmutende Argumentation vieler Neurowissenschaftler und Philosophen des Geistes, die neuesten Erkenntnisse über die Naturbedingungen, denen das menschliche Gehirn unterliegt, ließen keinen Raum für Willensfreiheit, zumindest äußerst lückenhaft und mit Mehrdeutigkeiten behaftet ist. Man sieht rasch, dass die auf empirischen Befunden fußende Auffassung, dass neurophysiologische Prozesse ein komplexes Netzwerk von notwendigen und hinreichenden kausalen Bedingungen darstellen, noch weit von der These entfernt ist, dass das Gehirn ein deterministisches System darstellt. Um von einem solchen zu sprechen, müsste erstens gewährleistet sein, dass man angeben kann, was eine vollständige Beschreibung der für die neuronale Aktivität des Gehirns relevanten physischen Eigenschaften überhaupt ist (selbst wenn man nie in der Lage sein sollte, eine solche Beschreibung zu geben). Zweitens müsste eine vollständige Liste von neurophysiologischen Grund- oder Naturgesetzen verfügbar sein, oder zumindest müsste die Idee einer solchen Liste plausibel gemacht werden können. Drittens schließlich müsste ein Konnex zwischen neurophysiologischen Zustandsbeschreibungen und neurophysiologischen Grundgesetzen dergestalt aufgezeigt werden, dass mit den Gesetzen gerade und genau zeitliche Veränderungen derjenigen Eigenschaften des betrachteten Systems, also des Gehirns, betroffen sind, die als „Grundlage" geistiger Prozesse vermutet werden (hierzu auch meine Überlegungen in Suhm 2003).

Doch selbst wenn es gelänge, eine strenge Theorie des Determinismus des Gehirns aufzustellen – die Überlegungen des voranstehenden Absatzes sollten deutlich gemacht haben, dass ich der Auffassung bin, dass die Neurowissenschaften und die Philosophie des Geistes davon noch meilenweit entfernt sind –, müsste noch das klassische Körper-Geist-Problem gelöst werden, also eine Antwort auf die Frage gefunden werden, in welchem Sinn genau physische Prozesse die Grundlage oder Basis geistiger Prozesse darstellen und damit ein Determinismus des Gehirns eine physische Determiniertheit unseres geistigen Lebens nach sich zieht.

An dieser Stelle bietet es sich an, auf ein bereits in der Einleitung angedeutetes Missverständnis der jüngeren Kontroversen um Willensfreiheit und neurowissenschaftliche Erkenntnisse einzugehen. Die meisten philosophischen Theorien der menschlichen Freiheit (im Genaueren von Willens-, Handlungs- und Entscheidungsfreiheit) und die aus ihnen resultierenden handlungstheoretischen Konsequenzen stehen in keinerlei Konflikt mit der Idee des Determinismus des Gehirns. Im Gegenteil, viele Philosophen des Geistes würden dafür argumentieren, dass von freien, selbstbestimmten Handlungen und Entscheidungen eines menschlichen Subjekts nur dann gesprochen werden kann, wenn den mit Handlungen und Entscheidungen einhergehenden geistigen Prozessen physische Vorgänge zugrunde liegen, die unser Handeln und Entscheiden in der materiellen Welt verankern und es in das kausale Netzwerk der raumzeitlichen Wirklichkeit einbinden. Ein von den physischen Bedingungen der menschlichen Existenz kausal unabhängiges Handeln und Entscheiden wäre nach dieser Auffassung gerade kein freies Handeln und Entscheiden, sondern eher eine Form des zufälligen Auftretens geistiger Prozesse. In einem gewissen Sinn stellen also Konzeptionen von Determination und Bedingtheit für viele Philosophen des Geistes und insbesondere Handlungstheoretiker selbst eine notwendige Voraussetzung der Rede von freien Handlungen und Entscheidungen und damit von menschlicher Freiheit dar. Ohne Determination unseres Handelns keine menschliche Freiheit – so könnte man die Quintessenz dieser Auffassung in einem Slogan zusammenfassen. Dass es sich bei den determinierenden Faktoren möglicherweise um neurophysiologische Prozesse im menschlichen Gehirn handelt, spielt keine entscheidende Rolle mehr; viele philosophische Vorstellungen menschlicher Freiheit werden so gewissermaßen immun gegenüber den empirischen Befunden und Erkenntnissen der Neurowissenschaften, die Anlass zu der Idee eines neurowissenschaftlichen Determinismus geben.

Von diesen dem Determinismus gleichsam affinen Auffassungen von menschlicher Freiheit sind die so genannten libertarianischen Konzeptionen der Willensfreiheit zu unterscheiden, die in der Regel eine fundamentale Inkompatibilitätsbehauptung, also eine Unverträglichkeitsbehauptung, implizieren. Nach libertarianischer Überzeugung besteht ein Widerspruch zwischen den Begriffen der Willensfreiheit und des Determinismus. Grob gesagt und global gefasst kann es nach Auffassung eines Libertarianers in einem deterministischen Universum keine Wesen geben, die willensfrei sind. Freiheit und Determinismus sind – kurz gesagt – inkompatibel. Im Unterschied zu vielen Philosophen des Geistes macht der Libertarianismus also den Gedanken stark, dass Freiheit gerade etwas mit Unabhängigkeit von Naturbedingungen zu tun hat. Nur dann, wenn das Handeln und Entscheiden menschlicher Subjekte nicht oder zumindest nicht vollständig durch determinierende Faktoren, insbesondere Gehirnprozesse, verursacht ist, kommt die Idee der Willensfreiheit überhaupt erst in den Blick (ausführlicher: Suhm 2003). Damit ist klar, dass der Libertarianismus nicht immun gegenüber Erkenntnisfortschritten der modernen Neurowissenschaften ist. Sollte sich tatsächlich eines Tages herausstellen, dass das Gehirn ein System ist, das den strengen wissenschaftstheoretischen Anforderungen an den Determinismus genügt, und sollte sich ferner überzeugend begründen lassen, dass deterministische neurophysiologische Prozesse das geistige Leben eines Menschen vollständig determinieren, müsste sich der Libertarianer geschlagen geben. Er müsste dann zugeben, dass die physische Welt in für das menschliche Handeln und Entscheiden relevanten Teilen, nämlich auf neurophysiologischer Ebene, deterministisch verfasst ist und somit gemäß der Inkompatibilitätsthese des Libertarianers Willensfreiheit unmöglich ist.

Nun sollte zumindest in Umrissen klar geworden sein, wie hoch die Messlatte für Neurowissenschaftler und Philosophen des Geistes liegt, die behaupten, dass mit neueren neurowissenschaftlichen Ergebnissen das Konzept der Willensfreiheit und das aus ihm resultierende Selbstverständnis des Menschen bedroht sind. Zunächst bleibt festzuhalten, dass viele, wenn nicht die meisten philosophischen Theorien der menschlichen Freiheit von einer empirisch bestätigten Theorie des Determinismus des Gehirns gar nicht betroffen wären. Um den neurowissenschaftlichen Angriff auf ein auf Willensfreiheit beruhendes Menschenbild also nicht ins Leere laufen zu lassen, muss zunächst gezeigt werden, dass libertarianische Konzeptionen der Willensfreiheit als angemessen für die Explikation des menschlichen Selbstverständnisses gelten können.

> Wie bereits deutlich geworden sein dürfte, glaube ich als Libertarianer, dass diese Voraussetzung erfüllt ist. Nur deshalb nehme ich die neurowissenschaftliche Herausforderung des auf dem Freiheitsgedanken fußenden Menschenbildes überhaupt ernst.

Des Weiteren wäre zu zeigen, dass die aktuellen neurowissenschaftlichen Theorien die Hoffnung nähren, dass es sich beim menschlichen Gehirn um ein deterministisches System in dem oben skizzierten strengen Sinn handelt. Und schließlich müsste eine Lösung für das klassische Körper-Geist-Problem gefunden werden, die den von libertarianischer Seite zugestandenen Widerspruch zwischen Willensfreiheit und Determinismus gleichsam wirksam werden lässt und zur Aufgabe des Konzepts der Willensfreiheit und etwaiger auf ihm beruhender Aspekte unseres Menschenbildes zwingt.

20.3 Kritik des Szientismus

In diesem Abschnitt möchte ich den Versuch unternehmen, den meines Erachtens allzu hochfliegenden Träumen mancher Neurowissenschaftler und Philosophen des Geistes, die von einer Revision unseres Menschenbildes angesichts des Erkenntnisfortschritts der Neurowissenschaften sprechen, nachzuspüren. Wenn meine Diagnose richtig ist, dass mit den zugegebenermaßen beeindruckenden empirischen Befunden vieler aktueller neurowissenschaftlicher Forschungsprojekte und den immer differenzierter werdenden empirischen Methoden der Untersuchung des menschlichen Gehirns – man denke nur an die Entwicklung diverser bildgebender Verfahren in der Medizin –, gleichwohl noch wenig Anlass gegeben ist, das libertarianische Konzept der Willensfreiheit in Gefahr zu sehen, stellt sich die Frage, welche impliziten und uneingestandenen Voraussetzungen sich möglicherweise hinter dem Projekt einer neurowissenschaftlichen Revolution unseres Menschenbildes verbergen. Um es sogleich in aller Deutlichkeit zu sagen: Meine These lautet, dass hinter vielen neurowissenschaftlich motivierten Angriffen auf bestimmte Vorstellungen menschlicher Freiheit Elemente des Naturalismus oder Szientismus stehen, die – zumeist nur vage erkannt und selten formuliert – gewissermaßen blind machen für die zu Ende des letzten Abschnitts dargelegten hohen Anforderungen an eine neurowissenschaftliche Entkräftung des Libertarianismus und zu allzu rasch formulierten Konsequenzen neurowissenschaftlicher Erkenntnisse für unser Selbstverständnis als frei handelnder und moralisch verantwortlicher Wesen verleiten (für eine erweiterte Kritik des Naturalismus und Szientismus mit Blick auf die Philosophie des Geistes: Suhm 2009).

Es ist hier nicht der Ort, die philosophischen Begriffe des Naturalismus oder Szientismus eingehend zu erläutern. Es wird, so hoffe ich, im Lauf der weiteren Darstellung deutlich werden, welche theoretischen Bausteine meines Erachtens zu naturalistischen oder szientistischen Auffassungen gehören. Ich werde keinerlei Anspruch auf eine vollständige Charakterisierung dieser Auffassungen erheben. Grundsätzlich, indes noch sehr vage, soll mit den Ausdrücken „Naturalismus" und „Szientismus" auf eine wissenschaftstheoretische Haltung verwiesen sein, die auch und gerade in philosophischen Fragen Orientierung und Lösungspotenziale in den Naturwissenschaften und ihren Leitdisziplinen sucht. Terminologisch sei festgehalten, dass im Folgenden nur noch von Szientismus die Rede sein wird, da der Begriff des Naturalismus eine Vielzahl von Verwendungsweisen kennt und zahlreiche hier nicht intendierte Konnotationen mit sich führt. Eine ausführliche Erörterung verschiedener Konzeptionen des Naturalismus bietet Haack (1993); einen guten Überblick über die philosophische Debatte um den Naturalismus geben die Beiträge in Keil und Schnädelbach (2000).

Ein zentraler und für die Debatte um Willensfreiheit und Neurowissenschaften möglicherweise bereits entscheidender szientistischer Gesichtspunkt ist der des Determinismus. Im vorangegangenen Abschnitt habe ich bereits einige Facetten dieses Begriffs angeführt. Ich möchte nun etwas weiter ausholen und der Frage nachgehen, wie es zu erklären ist, dass oftmals rasch und in unzulässiger Weise von empirisch ermittelten kausalen Abhängigkeitsverhältnissen auf die vollständige Determiniertheit und den Determinismus eines Systems oder Gegenstandsbereichs geschlossen wird. Auf den ersten Blick scheint es nämlich gerade nicht einem szientistischen Standpunkt zu entsprechen, die Idee des Determinismus zu bemühen, von der viele glauben, dass sie mit der Überwindung der klassischen Physik durch Relativitätstheorie und Quantentheorie *ad acta* gelegt wurde. Mit einer gewissen Berechtigung kann man sagen, dass ein Newton'sches Universum deterministisch ist, denn in der klassischen Physik ist genau festgelegt, welche Eigenschaften ein grundlegendes materielles System (typischer idealisiert als Massepunkt betrachtet) haben kann und wie sich seine Eigenschaften gemäß den Newton'schen Grundgleichungen der Mechanik, die die Naturgesetze gemäß der klassischen Physik darstellen, in der Zeit verändern. Es gilt der zuvor erwähnte Zusammenhang, dass mit einer vollständigen Zustandsbeschreibung aller materiellen Systeme des Universums zu einem Zeitpunkt und mit den Naturgesetzen die Zustände des Universums zu allen anderen Zeiten festliegen. Bekanntermaßen gilt dieser Zusammenhang in der Quantentheorie nicht mehr. Aufgrund des offenbar irreduziblen indeterministischen Charakters mikrophysikalischer Prozesse kann von einem Festliegen aller Weltzustände nicht mehr die Rede sein. Wieso halten also Neurowissenschaftler und Philosophen mehr oder weniger explizit an der mindestens physikalisch obsoleten Vorstellung des Determinismus fest? Würde es ein konsequenter Szientismus nicht gerade fordern, sich an den modernsten und am besten bestätigten Theorien der Naturwissenschaften (wozu die Quantentheorie in ausgezeichneter Weise gehört) zu orientieren?

Die empirische Bestätigung bestimmter Kausalzusammenhänge allein kann nicht ausreichen, die Renaissance des Determinismus in den Neurowissenschaften und der Philosophie des Geistes zu erklären. Vielmehr scheint ein szientistisches Ideal im Spiel zu sein, das nicht allein aus dem aktuellen Stand naturwissenschaftlicher Forschung gespeist wird, sondern an die Idee einer lückenlosen und einheitlichen Naturerklärung durch die Naturwissenschaften gebunden ist. Szientisten verfolgen mit der Hoffnung auf deterministische Theorien gewissermaßen ein Erklärungsideal, das keinerlei Fragen jenseits naturwissenschaftlicher Antwortmöglichkeiten zulässt. Ein solches Ideal schien mit der Newton'schen Physik gewonnen zu sein. Heutzutage lassen die aufstrebenden Neurowissenschaften erwarten, dass ein vergleichbares Ideal alsbald wiedergewonnen werden kann, das es im Unterschied zur klassischen Physik sogar erlauben soll, den menschlichen Geist und die mit ihm verbundenen Vorstellungen von Willensfreiheit und moralischer Verantwortung erfolgreich einer naturwissenschaftlichen Erklärung zuzuführen. Während sich das mechanistische Weltverständnis der klassischen Physik als untauglich erwiesen hat, die Sphäre des Geistigen in den naturwissenschaftlichen Kosmos einzugemeinden, versprechen die Neurowissenschaften eine den Komplexitäten des menschlichen Geistes angemessene naturwissenschaftliche Erklärung bzw. Negation zentraler Elemente unseres Menschenbildes zu liefern.

Neben dem Determinismus, der das Ideal einer lückenlosen Erklärung aller physischen Phänomene in Aussicht stellt, scheint mir eine weitere Leitlinie szientistischer Prägung im Spiel zu sein, wenn unter den Vorzeichen neurowissenschaftlicher

Forschungsresultate zentrale Elemente unseres menschlichen Selbstverständnisses wie die Willensfreiheit und die moralische Verantwortung in Zweifel gezogen werden. Offenbar scheint für viele Naturwissenschaftlicher und naturwissenschaftlich orientierte Philosophen der Begriff der Erklärung, insbesondere wenn es um Kausalverhältnisse geht, eng mit der Auffassung des Primats der Naturwissenschaften vor der Lebenswelt verbunden zu sein. Zugespitzt kann man sagen, dass vielen Protagonisten in der Debatte um die Willensfreiheit nur naturwissenschaftliche Erklärungen überhaupt als Erklärungen gelten. Phänomene – seien sie physischer oder geistiger Natur – sind demnach erst dann als zufriedenstellend erklärt oder hinsichtlich ihrer Ursachen und Wirkungen als hinreichend analysiert anzusehen, wenn sie durch eine naturwissenschaftliche Theorie vollständig erfasst werden, das heißt wenn die Eigenschaften und zeitlichen Eigenschaftsentwicklungen der betreffenden Systeme und Gegenstandsbereiche deterministischen Naturgesetzen unterworfen sind.

Zusätzlich zu den Idealen des Determinismus und der Erklärungskraft naturwissenschaftlicher Theorien ist noch eine dritte Idealkonzeption zu berücksichtigen, die meiner Auffassung nach zu den szientistischen Voraussetzungen vieler neurowissenschaftlich motivierter Angriffe auf das Selbstverständnis des Menschen gehört. Es handelt sich um die Vorstellung des Reduktionismus, der auf einzelne naturwissenschaftliche Theorien oder ganze Disziplinen bezogen werden kann und in der Regel die Auffassung involviert, dass sich Elemente einer übergeordneten Ebene (z. B. der Chemie) auf Elemente einer zugrundeliegenden Ebene (z. B. der Physik) dergestalt zurückführen lassen, dass die Phänomene der übergeordneten Ebene durch Phänomene der zugrundeliegenden Ebene erklärt werden können und die Gegenstände der Ersteren aus Gegenständen der Letzteren zusammengesetzt sind. In den aktuellen Diskussionen in der Philosophie des Geistes ist vor allem die Frage relevant, ob sich geistige Phänomene auf neurophysiologische Prozesse reduzieren lassen und damit eine reduktionistische Lösung des Körper-Geist-Problems gegeben werden kann. Wie schon angemerkt wurde, gehört die Lösung dieses Problems zu den uneingestandenen Voraussetzungen vieler Schlussfolgerungen aus der jüngeren Entwicklung der Neurowissenschaften.

Wie sind die szientistischen Ideale des Determinismus, der allumfassenden Erklärungskraft naturwissenschaftlicher Theorien, und des Reduktionismus aus wissenschaftstheoretischer Sicht zu bewerten? Der Umstand, dass sie in vielen Zusammenhängen aktueller Debatten in der Philosophie des Geistes nur unzureichend kenntlich gemacht und zumeist implizit vorausgesetzt werden, sagt noch nichts über ihre argumentative Reichweite und Tragfähigkeit aus. Vielleicht täte ein Szientist gut daran, seine Karten offen auf den Tisch zu legen und seine Position durch einen programmatischen Unterbau zu stärken. Meines Erachtens nicht. Denn wie ich bereits angedeutet habe, kranken die skizzierten Ideale zuvorderst und in erster Linie daran, dass sie als naturwissenschaftlich überholt gelten müssen. Es ist geradezu paradox, dass sich ein Szientist nicht an dem aktuellen Stand naturwissenschaftlicher Theoriebildung und Forschung orientiert, sondern wissenschaftshistorisch überholten Begriffen wie dem Determinismus anhängt und wissenschaftstheoretisch fragwürdig gewordene Konzeptionen wie den Erklärungsprimat der Naturwissenschaften und den Reduktionismus favorisiert.

Selbstverständlich ist keineswegs ausgemacht, dass die genannten szientistischen Ideale ein für alle Mal aufgegeben werden müssen. Es ist nicht von der Hand zu weisen, dass gerade neuere neurowissenschaftliche Forschung die Idee des Determinismus erneut aufkommen lässt. Auch über reduktionistische Theorien in der Philosophie des Geistes soll und kann hier nicht der Stab gebrochen werden. Allerdings muss sich ein Szientist fragen lassen, warum er bestimmte Ideale oder Konzeptionen nicht vor dem Hintergrund des je aktuellen naturwissenschaftlichen Forschungsstandes kritisch bewertet. Recht verstanden und konsequent ausgeführt scheint der Szientismus meiner Meinung nach gerade darauf zu verpflichten, dem Weg der Naturwissenschaften zu folgen und ihnen insbesondere dadurch Respekt zu zollen, dass man ihren Fortschritt und die mit ihm bisweilen einhergehende Neubewertung grundlegender wissenschaftstheoretischer Prinzipien und Begriffe akzeptiert. Diese Interpretation kann sich auch auf die Auffassung vieler prominenter Szientisten stützen, namentlich auf Quine (1992).

Eine Kritik des Szientismus sollte also mit einer Selbstaufklärung des Szientismus und seiner metatheoretischen Voraussetzungen beginnen. In einem zweiten Schritt kann man dem wohlverstandenen Szientismus dann entgegenhalten, dass das Paradigma der alleinigen oder vorrangigen Orientierung an den Naturwissenschaften, auch und gerade bei der Lösung philosophischer Probleme, begründungsbedürftig, aber kaum begründungsfähig ist. Die entscheidenden Probleme in der Philosophie des Geistes (das Körper-Geist-Problem, das Qualia-Problem und das Problem der Willens- oder Handlungsfreiheit) widersetzen sich offenbar einer naturwissenschaftlichen, insbesondere neurowissenschaftlichen, Lösung. Entgegen dem Urteil vieler Szientisten scheinen mir die Ergebnisse der seit Jahrzehnten vehement geführten Diskussionen über das Verhältnis von Geist und Materie nicht die Hoffnung auf naturwissenschaftliche Lösungen philosophischer Probleme zu nähren, sondern eher dafür zu sprechen, neben der Sphäre naturwissenschaftlicher Theoriebildungen und Erklärungsansätze einen kausal und ontologisch eigenständigen Bereich des Geistes zu akzeptieren, der eigene Erklärungsressourcen bereitstellt und weder in explanatorischer noch ontologischer Hinsicht auf den Bereich des Physischen reduziert werden kann.

Dies heißt ausdrücklich nicht, dass nicht einzelne Elemente des Geistigen oder des menschlichen Selbstverständnisses als geistige Wesen in Konflikt mit naturwissenschaftlichen Erkenntnissen geraten können. Wie oben gezeigt, sollte ein Libertarianer, der die Unvereinbarkeit von Determinismus und Willensfreiheit behauptet, die Entwicklung der Neurowissenschaften aufmerksam verfolgen und sich für die gegebenenfalls neu gewonnenen Chancen deterministischer Theoriebildung interessieren. Neurowissenschaftler und die mit ihnen übereinstimmenden Philosophen des Geistes mögen gerade in den letzten Jahren viele ungedeckte Schecks auf ihre szientistischen Ideale ausgestellt haben – ausgeschlossen ist es nicht, dass sie eines Tages das Potenzial besitzen werden, ihre theoretischen Rechnungen zu begleichen.

20.4 Kurzes Plädoyer für den Libertarianismus

Zum Abschluss meiner Ausführungen möchte ich noch ein kurzes Plädoyer für den Libertarianismus halten und damit direkt an die zuletzt geübte Kritik am Szientismus anknüpfen (eine detailliertere Argumentation für den Libertarianismus habe ich in Suhm 2003 vorgelegt).

Auch wenn die für den Libertarianismus zentrale Auffassung, dass Willensfreiheit und Determinismus inkompatibel sind, von vielen Philosophen nicht geteilt wird, spielt sie doch in den jüngeren Debatten um eine neurowissenschaftlich motivierte Revision unseres Menschenbildes eine entscheidende Rolle. Dies ist meines Erachtens nicht allein durch ein Missverständnis von neurowissenschaftlicher Seite oder eine Unkenntnis der Mehr- oder Minderheitenauffassungen in der Philosophie begründet. Vielmehr zeigt sich an der Vehemenz der geführten Debatten und ihre Breitenwirkung in der Öffentlichkeit, dass der Libertarianismus den Kern unseres Selbstverständnisses als freie und moralisch verantwortliche Wesen trifft. Das mag nicht als philosophisches Argument gelten, es stärkt jedoch die Intuition, dass menschliche Freiheit so zu konzipieren ist, dass sie auch Freiheit von Naturbedingungen bedeutet. Wie immer man die Begriffe der Willens- und Handlungsfreiheit näher explizieren mag – die negative Bestimmung, dass Freiheit auch Freiheit von etwas, nämlich von physischen Ursachen, bedeutet, scheint unaufhebbar zu sein, und sie gipfelt in der libertarianischen Behauptung, dass die Willensfreiheit mit dem Determinismus, vor allem in seiner naturwissenschaftlich untermauerten Form, unvereinbar ist. Das macht die Brisanz der Debatte um die Konsequenzen neurowissenschaftlicher Forschung für die menschliche Freiheit aus.

Für den Libertarianismus spricht indes nach wie vor, dass es keine gegenwärtig akzeptierte naturwissenschaftliche Theorie, insbesondere keine neurowissenschaftliche, gibt, die das Ideal des Determinismus auch nur annähernd erreicht zu haben vorgeben könnte. Zudem scheinen sich die mit libertarianisch verstandener Willensfreiheit eng verbundenen Konzeptionen geistiger Eigenschaften und Prozesse naturwissenschaftlichen Reduktionsversuchen erfolgreich zu widersetzen. Trotz aller Erfolge der Neurowissenschaften in der Aufklärung einzelner kausaler Zusammenhänge im Gehirn und der Aufdeckung zahlreicher Korrelationen (aber eben nicht Reduktionen) zwischen physischen und geistigen Prozessen gibt es keinen Anlass, an der lebensweltlich fest verankerten und intuitiv einleuchtenden These zu zweifeln, dass der Mensch über Willensfreiheit verfügt und in seinem Wollen und Handeln nicht vollständig durch physische Ursachen, im Besonderen nicht durch Vorgänge in seinem Gehirn, determiniert ist.

Die weitere Entwicklung der neurowissenschaftlichen Forschung und Theoriebildung bleibt selbstverständlich abzuwarten. Es gibt keine Letztbegründung für die These, dass wir in einer Welt leben, in der libertarianisch verstandene Freiheit möglich und auch existent ist. Bis auf Weiteres dürfen wir aber mit guten Gründen an einem Selbstverständnis festhalten, das auf dem Fundament eines libertarianischen Freiheitsverständnisses ruht.

Literatur

Beckermann A (1999) *Analytische Einführung in die Philosophie des Geistes*. De Gruyter, Berlin

Bieri P (1981) (Hrsg) *Analytische Philosophie des Geistes*. Beltz, Weinheim

Earman J (1986) *A Primer on Determinism*. Reidel, Dordrecht

Haack S (1993) *Naturalism Disambiguated*. In: Haack S (Hrsg) *Evidence and Inquiry: Towards Reconstruction in Epistemology*. Wiley, Oxford, S. 118–138

Keil G, Schnädelbach H (Hrsg) (2000) *Naturalismus. Philosophische Beiträge*. Suhrkamp, Frankfurt/M

Libet B (1985) *Unconscious Cerebral Initiative and the Role of Conscious Will in Voluntary Action*. Behav Brain Sci 8: 529–539

Libet B, Gleason CA, Wright EW, Pearl DK (1983) *Time of Conscious Intention to Act in Relation to Onset of Cerebral Activity (Readiness-Potential): The Unconscious Initiation of a Freely Voluntary Act*. Brain 106: 623–642

Quine WVO (1992) *Structure and Nature*. J Philosophy 89: 5–9

Roth G (1996) *Das Gehirn und seine Wirklichkeit. Kognitive Neurobiologie und ihre philosophischen Konsequenzen*. Suhrkamp, Frankfurt/M

Roth G (2009) *Aus Sicht des Gehirns*. Suhrkamp, Frankfurt/M

Suhm C (2003) *Anomaler Interaktionismus. Überlegungen zu einer libertarianischen Freiheitskonzeption und ihren indeterministischen Naturbedingungen*. In: Mischer S, Quante M, Suhm C (Hrsg) *Auf Freigang. Metaphysische und ethische Annäherungen an die menschliche Freiheit*. LIT, Münster, S. 61–85

Suhm C (2009) *Kritik des Physikalismus aus wissenschaftstheoretischer Perspektive*. In: Backmann M, Michel JG (Hrsg) *Physikalismus, Willensfreiheit, Künstliche Intelligenz*. Mentis, Paderborn, S. 75–92

Kapitel 21
Homo sapiens und das 21. Jahrhundert – evolutionsbiologische Betrachtungen

Jochen Oehler

21.1 Zeit in Natur und Kultur

Was meinen wir, wenn wir vom 21. Jahrhundert sprechen? Es ist ein Zeitraum, der sich durch die Festlegung des Menschen ergibt, die nach Christi Geburt verstrichene Zeit in Jahren zu zählen. Eine kulturelle Leistung, die primär auf der Fähigkeit beruht, das Phänomen Zeit *a priori* wahrnehmen zu können. Die Antizipation der Zeit ist in der Welt der Organismen ein weit verbreitetes Prinzip. Entsprechend existieren auf zellulären bis zu zentralnervösen Ebenen verschiedenste Mechanismen, die dies ermöglichen. So basiert die Zeitwahrnehmung des Menschen auf zentralnervösen Strukturen und Prozessen phylogenetisch älterer Hirnstrukturen, die ihrerseits die Körperfunktionen von der zellulären bis zur Verhaltensebene steuern und regeln und sie damit an exogene Zeitregime, wie z. B. den Tag-Nacht-Rhythmus (circadianer Rhythmus), anpassen. Die Chronobiologie weist nach, welch große adaptive Bedeutung zeitantizipierende Mechanismen für die Organismen haben, das heißt Fitness fördernd sind (Piechulla 1999; Spork 2004). Die für verschiedene Kulturen des Menschen maßgebliche Zeitrechnung basiert auf der quantitativen Erfassung kosmisch oder irdisch regelmäßig wiederkehrender Ereignisse. Unsere Zeitrechnung, die nun in das 21. Jahrhundert geht, hat für verschiedene Kulturkreise, nicht für alle, ordnende Bedeutung. Schon dies weist die anthropogene Relativität der Betrachtung aus, denn unsere Zeitrechnung ist, aus kosmologischer und auch phylogenetischer Sicht verschwindend klein – „kaum der Rede Wert", jedoch als Zeitabschnitt kultureller Entwicklung des *Homo sapiens* keineswegs marginal. Zeitbestimmung und Zeitrechnung ist eine wichtige kulturelle Fähigkeit, den Verlauf sowie die Aufeinanderfolge relevanter Gegebenheiten und Ereignisse zu beschreiben. Die zeitliche Bestimmung der Vergangenheit, Gegenwart und Zukunft ist wesentlich für Einordnungen und Abstimmungen innerhalb eines jeden interindividuellen Gefüges, von den mikrosozialen (z. B. Partnerschaft, Familie) bis zu den

J. Oehler (✉)
Klinik und Poliklinik für Psychiatrie und Psychotherapie, AG Neurobiologie,
Universitätklinikum Dresden, Fetscherstr. 74, 01307 Dresden, Deutschland
E-Mail: jochen.oehler@uniklinikum-dresden.de

J. Oehler (Hrsg.), *Der Mensch – Evolution, Natur und Kultur,*
DOI 10.1007/978-3-642-10350-6_21,

komplexen gesellschaftlichen Ebenen. Es ist offensichtlich, dass die quantifizierbare Einbeziehung und Berücksichtigung zeitlicher Aspekte immer wichtiger werden, je vielfältiger und komplexer sich die Beziehungen zwischen den Menschen gestalten, erst recht bei zunehmender Größe sozialer, gesellschaftlicher, staatlicher oder gar internationaler Gefüge einschließlich wirtschaftlicher oder industrieller Abläufe (Pöppel 1997; Wagner 1997). Die Berücksichtigung der Zeit oder der Dauer eines Vorgangs erhöht die Kohärenz in der Abbildungsmöglichkeit von Umweltgeschehnissen in ihrem Verlauf und ist damit eine Voraussetzung für optimale dynamische Interaktionen – dementsprechend ein wesentliches Moment für Anpassungskompetenz auf der kulturellen Ebene.

Ohne auf weitere Einzelheiten einzugehen, sei zusammenfassend betont, dass Zeitantizipation offensichtlich eine die Evolution begleitende Erscheinung und somit ein Resultat der Evolution ist, die auch auf kultureller Ebene aufgrund offensichtlicher Vorteile einen hohen Stellenwert eingenommen hat. Die Zeiterfassung und -messung ist ein Ordnungsinstrument geworden, das unseren Erkenntnisfortschritt wesentlich mitbestimmt. Zeitmessung hat sich bewährt, weil dadurch Umweltbereiche und Prozesse für unsere Lebensführung optimaler nutzbar gemacht werden können. Zeiterfassung im Kontext der Wissenschaften Mathematik, Physik, Chemie oder Biologie hat als Kulturleistung wesentlichen Anteil auch an der Anpassungskompetenz des Menschen. Daher stellt die Geschichte der Zeitmessung ein beeindruckendes Stück Kulturgeschichte dar (Walther 1997). Kulturen, Völker, Nationen, die bessere, das heißt exaktere Methoden der Zeitmessung beherrschten, konnten anderen überlegen sein (Wagner 1997).

21.2 Fortschritt der Gegenwart und Anthropogenese

Die vielen durch die kulturelle Entwicklung der Art *Homo sapiens sapiens* wachsenden Fitnessvorteile haben vor allem in den letzten beiden Jahrhunderten zur exponentiellen Zunahme der Erdbevölkerung (heute: exponentielles Populationswachstum), gleichzeitig aber zum Verdrängen anderer Arten (heute: exponentielles Artensterben) geführt. Dies beweisen zu Beginn des 21. Jahrhunderts entsprechende Statistiken in durchaus bedrückender Weise (Nentwig 1995; von Weizsäcker 1997; Wilson 1998). Ein Zustand, der eine deutliche, zugleich aber bedenklich gewordene ökologische *Überlegenheit* der Art *Homo sapiens* demonstriert. Hubert Markl hat die Ursachen, die zu dieser dominanten Position geführt haben, in einem sehr markanten Zitat zusammengefasst: „Wenn uns dieser grandiose […] Erfolg unserer Art nun zunehmend mehr Probleme bereitet, und zugleich aller Natur um uns herum, so nicht, weil wir den Pfad der natürlichen Tugend verlassen hätten, sondern weil wir ihn bisher geradezu besinnungslos konsequent verfolgten" (Markl 1988). Dazu haben in der Anthropogenese primär die durch die evolutionsbiologische Basis vorgegebenen und kulturell kumulativ zunehmenden kognitiven Fähigkeiten beigetragen, die vor allem in den so genannten Hochzivilisationen zugleich zu einer rasanten technologischen Entwicklung geführt haben.

Hochkomplexe Informationsverarbeitung nicht nur einzelner Gehirne, sondern ganzer Hirnkollektive, die insbesondere über das Sprachverhalten und heute vor allem auch über die modernen Informationstechnologien (s. Eibl in diesem Band) möglich ist, führte zu einem sich ständig beschleunigenden Informationswechsel, der als Umweltkomponente das Verhalten des Menschen in entscheidender Weise mitbestimmt. Komplexe Sachverhalte können weltweit allein auf informationeller Ebene weitergegeben, ausgetauscht und verarbeitet werden, was den kumulativen Erkenntniszuwachs bedeutend forciert. Eine Entwicklungsstrategie, die es in der Evolution nach unserem heutigen Kenntnisstand noch nicht gegeben hat. Sie sicherte und sichert dem *Homo sapiens* ultimat im Wettbewerb mit anderen Arten zunehmende Überlegenheit im Zugang zu lebensdienlichen abiotischen und biotischen Ressourcen, einschließlich der aktiv durch den Menschen verursachten Veränderung von Naturgegebenheiten, z. B. durch Ackerbau, Viehzucht, Industrie und Wissenschaft inklusive genetischer Manipulation.

21.3 Homo sapiens – der besondere Ökotyp

Das kontinuierliche Populationswachstum einschließlich zunehmender Inanspruchnahme bisher wenig genutzter Habitate (z. B. Meeresbereiche) ist besonders kritisch zu sehen. Nimmt man für die Zeit um Christi Geburt eine Bevölkerungszahl von einigen zehn Millionen Menschen an – so unsicher eine solche Schätzung auch sein mag – so ist der exponentielle Anstieg etwa seit Ausgang des Mittelalters doch wissenschaftlich belegbar und lässt sich heute mit relativer Zuverlässigkeit auf die nächsten Jahrzehnte extrapolieren. Trotz der sich anbahnenden, in manchen Ländern schon nachweisbaren demografischen Wende (Nentwig 1995, 2008), die in einigen hochentwickelten Ländern wie z. B. Deutschland zu stagnierendem bis rückläufigem Bevölkerungswachstum führt, liegt die globale jährliche Wachstumsrate zwischen 1 und 2 % (von Weizsäcker 1997). Keine Frage, dass diese Entwicklung eine exponentielle Zunahme der Ressourceninanspruchnahme nach sich zieht und daher nicht wenige Stimmen davor warnen, dass die ökologische Tragekapazität der Erde bezüglich der zukünftigen Bevölkerungszahl bald erreicht sein könnte, wenn *nicht gegenwärtig sogar schon erreicht ist.* Dies und die durch die kulturell-technische Entwicklung bedingte kontinuierliche Zunahme individueller Ansprüche an materiellen, energetischen und auch räumlichen Ressourcen führen zu einer Dominanz der Art *Homo sapiens*, die zwangsläufig den schon erwähnten (anthropogen verursachten) Rückgang der Artenvielfalt in Tier- und Pflanzenwelt und damit eine Verminderung der Biodiversität zur Folge hat (Wilson 1992, 2002).

Franz M. Wuketits formuliert es so: „Der Mensch selbst ist die größte Naturkatastrophe, weil er seinen Planeten innerhalb kurzer Zeit verändert hat. Das anthropozoische Zeitalter [nur ein Augenblick in der gesamten biologischen

Evolutionsgeschichte der Erde] ist in erster Linie ein Zeitalter der Verwüstung und Ausrottung“ (Wuketits 1998). Er fährt an anderer Stelle fort: „[...] aber wir dürfen uns nicht verschließen vor dem Umstand, dass wir uns gemäß alter stammesgeschichtlich stabilisierender Erbprogramme verhalten, die mit *Gut* und *Böse* nichts zu tun haben, für die das Überleben der einzige Richtwert ist“. Ähnliches meint Edward O. Wilson, wenn er schreibt: „Will die übrige Weltbevölkerung mit Hilfe der vorhandenen Technologie das Konsumniveau der Vereinigten Staaten erreichen, braucht sie dafür vier weitere Planeten wie die Erde“ (Wilson 2002, S. 180). Mögen die beiden Zitate auch überspitzt klingen, im Kern charakterisieren sie, ähnlich wie das schon erwähnte Zitat von Hubert Markl, die gegenwärtige Situation des *Homo sapiens* zu Beginn des 21. Jahrhunderts. Es wäre somit sehr wichtig, dass derartige Erkenntnisse, die wissenschaftlich ausreichend belegbar sind (Markl 1986, 1998; Nentwig 2008; von Weizsäcker 1997), weit mehr zur Grundlage aktueller und zukünftiger politischer Entscheidungen würden. Es gilt einen von Achtung vor der Natur und durch ein ausgewogenes Verhältnis zur Natur getragenen Entwicklungsweg einzuschlagen, der mit dem Begriff „Nachhaltigkeit“ (Jonas 1979) ausreichend klar definiert ist.

Dies erfordert, dass sich *Homo sapiens* im Kontinuum seiner biologischen und kulturellen Evolution zukünftig mehr denn je als Teil der Natur versteht und reflektiert – aber nicht so, wie es Wuketits beschreibt: „Sich selbst herauszunehmen aus der Kette organischen Werdens, sich zum selbst ernannten Herrscher über die Kreatur emporzuheben – dieses Bedürfnis ist so kennzeichnend für die menschliche Eitelkeit, dass mächtige philosophische und theistische also religiöse Denksysteme darauf errichtet worden sind, so dass geradezu mit anthropozentrischer Arroganz eine Trennung zwischen Mensch und Natur stattgefunden hat“ (Wuketits 1999). Schon David Hume, der große englische Aufklärer des 18. Jahrhunderts, hatte mit Nachdruck betont: „Der Mensch kann keine Ausnahme vom Los aller Tiere beanspruchen“ (Hume 1993). Damit nahm er genau das vorweg, was Wilson (Wilson 1998) seinem Buch „Die Einheit des Wissens“ voranstellt: „Um die Conditio humana wirklich zu begreifen, muss man den genetischen Beitrag [also den der genetischen Evolution] ebenso verstehen wie den kulturellen – aber nicht auf die klassisch naturwissenschaftliche und geisteswissenschaftliche Weise als etwas Getrenntes, sondern in Anerkennung der Realitäten der menschlichen Evolution als etwas Zusammengehörendes.“ Es waren die Welt- und Menschenbilder der Vergangenheit (und leider teils auch noch der Gegenwart), die die Sonderstellung des Menschen als eines mit Vernunft ausgestatteten, teils gottähnlichen Sonderwesens streng von den übrigen Lebewesen unterschieden und die kulturelle Entwicklung eines Teils der Menschheit, der aber aufgrund des eingeschlagenen technologisch-industriellen Entwicklungswegs zum Weltbeherrscher wurde, dominierend beeinflusst haben. So leben wir heute im Zeitalter der „ökologischen Kränkung“ (Vollmer 1992) die dem Menschen deutlich macht, dass sein Ausbeuten der Natur bei Nichtachtung des Gebots der Nachhaltigkeit (Jonas 1979) an dramatische Grenzen stößt und die Gefahr des Vernichtens seiner eigenen Lebensgrundlagen in sich trägt.

21.4 Die agonistische Mitgift und die Gegenwart

Bisher wurde vor allem der ökologische Typus *Homo sapiens* charakterisiert, der auch als so genannter „offener Ökotyp" bezeichnet und diese bedenkliche Dominanz unter den biologischen Arten erreicht hat (Wickler u. Seibt 1977). Im Folgenden sei noch auf einige weitere Eigenheiten menschlichen Verhaltens hingewiesen, die ebenfalls unserer phylogenetischen Vergangenheit zu Schulden sind und als biologischer „Background", im kulturellen Kontext bis in die Gegenwart bedenkliche Auswirkungen auf das Zusammenleben von z. B. Kulturen, Ländern, Staaten und Ethnien haben. Gemeint sind im Wettbewerbs- und Konkurrenzverhalten auftretende feindliche bis aggressive Auseinandersetzungen, die im biologischen Schrifttum dem agonistischen Verhalten zugeordnet werden (Gattermann 2006). In diesem Zusammenhang greift Hans Mohr (Mohr 1989) auf ein Zitat aus der Bibel zurück und betont den oft beobachtbaren Konflikt zwischen dem realen Handeln und dem, wie man eigentlich nach humanem Gebot handeln sollte: Röm. 7, Vers 19: „Denn das Gute, das ich will, tue ich nicht, sondern das Böse, das ich nicht will, tue ich." Das weist auf die Widersprüche, die die kulturelle Entwicklung des *Homo sapiens* eben nicht erst seit der Entstehungsgeschichte der Bibel, sondern mit Sicherheit schon viel länger („seit Menschen Gedenken") begleiten. Ethische Gebote, wie die Lehren des Jesus Christus, komprimiert und zusammengefasst in der berühmten Bergpredigt, sind eine Anleitung zum humanen Handeln, das durch Nächstenliebe und Achtung des Anderen gekennzeichnet sein sollte. Die Aufforderung zu einem bewussten sozial positiven Miteinander ist ja nur dann notwendig, wenn dem die alltägliche Realität vielfach nicht entspricht.

Schon Darwin (1859, 2003) wies darauf hin, dass die meisten Auseinandersetzungen und die hartnäckigsten Kämpfe *zwischen den Angehörigen einer Art selbst* stattfinden. Damit ist der intraspezifische Wettbewerb (zwischen den Artangehörigen – „*zwischen den Menschen*") ein entscheidender Begleitumstand der Evolution, auch der Anthropogenese. Hier scheinen Auseinandersetzungen eine besondere Ausprägung zu erreichen, da im Wettbewerb um die verschiedensten Ressourcen (z. B. Nahrung, Revier, Reproduktionspartner, soziale Position, „Macht".) auf Grund der physischen und mentalen Fähigkeiten optional auch die bewusste Vernichtung (Tötung) des Konkurrenten („Rivale", „Gegner", „Feind") als Möglichkeit gegeben ist. Die vollständige Ausschaltung, so fatal das klingt, birgt natürlich die *größte* Wahrscheinlichkeit, den Wettbewerb erfolgreich zu eigenen Gunsten zu entscheiden. Handlungsbereitschaften sind evolutionär so angelegt, dass sie mit ultimater Wahrscheinlichkeit dem biologischen Imperativ (Fitnessmaximierung) entsprechen können.

Interindividuelle Auseinandersetzungen mit unterschiedlichem Gewaltpotenzial treten beispielsweise dann auf, wenn das Umfeld das Erreichen individueller Ziele erschwert oder gar unterbindet (z. B. bei Jugendlichen, wenn ihnen die gesellschaftliche Einbindung entsprechend ihrer Möglichkeiten erschwert wird), in katastrophenbedingten Mangelsituationen (z. B. Erdbeben, Tsunami, Überschwemmungen, Revolutionen), wenn es um „Leib und Leben" geht. Vergleiche zum Tierreich sind leicht zu ziehen. Mehrere phylogenetisch angelegte Neigungen oder Dispositionen im Verhalten des Menschen, die sich in ihrer Ausprägung auch bei Prähominiden schon andeuten (Sommer 2000), bilden wie morphologische und physiologische Charakteristika auch hier die phylogenetische Mitgift, den „Hintergrund" der soziokulturellen Evolution. Dies sind Handlungsbereitschaften aus dem Bereich des schon erwähnten agonistischen Verhaltens (Wettbewerb, Konkurrenz, Rivalität einschließlich Aggressivität).

So sind die vergangenen zweitausend Jahre kultureller Entwicklung von der Entstehung und Verwendung immer effektiverer Waffen (Fernwaffen, Massenvernichtungswaffen) sowie von immer intelligenteren Strategien zur Ausrottung ganzer Ethnien begleitet. Die in verheerenden Gewalttaten gipfelnden kollektiven Auseinandersetzungen, die Kriege und Ethnozide der vergangenen Jahrhunderte, sind bei aller Unterschiedlichkeit der einzelnen Konflikte letztlich das Ergebnis kulturell überschichteter, phylogenetisch erworbener Dispositionen und an Beweiskraft für diesen Tatbestand kaum zu überbieten. Die an vielen Stellen der Welt, somit in vielen Köpfen auf der Welt, existierende Bereitschaft, hohe materielle und intellektuelle Kapazitäten zur weiteren Entwicklung von Vernichtungspotenzial zur Verfügung zu stellen, anstelle diese Kapazitäten für die Bekämpfung von Hunger und Armut und zur Herstellung allgemeiner sozialer Gerechtigkeit einzusetzen, sind erschreckende Widersprüche, die auch im 21. Jahrhundert unvermindert andauern. Ob es uns nun gefällt oder nicht, die sich aus unserer biologischen Herkunft ergebenden Möglichkeiten, Rivalen, die dann als „Feinde" oder gar als „Unmenschen" bezeichnet werden, auszuschalten, ist offenbar in unserer soziobiologischen Evolution ebenso entstanden, wie die Dispositionen zu altruistischem Verhalten, das den evolutionären Hintergrund für das von der menschlichen Kultur geforderte humane und menschenwürdige Verhalten bildet.

21.5 Biologische Fitness – Profit, Reichtum und Macht

Offensichtlich ist auch das in den Industrienationen favorisierte, auf Profit und Wachstum orientierte marktwirtschaftliche System von einer globalen evolutionsbiologischen Vorgabe, nämlich der Fitnesssteigerung und Fitnesssicherung durch Anhäufung individueller Ressourcen (Profite, Besitzstände, Geld als „Universalressource") bestimmt. Wie sollte sonst die geradezu irrational wirkende Anhäufung großer individueller, letztlich nicht verbrauchbarer und nicht dem Gemeinwohl zur Verfügung stehender Reichtümer erklärbar sein, oder die in kriminellen und sittenwidrigen Bereichen angesiedelten Beschaffungsweisen (z. B. Raub, Diebstahl und Korruption). Und erst recht – wie sollten die kriegerischen Eroberungen, Plünderungen und Kolonialisierungen, bei denen mit immer intelligenteren Strategien bewusst der Tod vieler Menschen „in Kauf genommen" wird, erklärt werden? So aber ist die Literatur voll von Beschreibungen *heldenhafter Kämpfe*, die immer mit dem Töten von Menschen („Menschenopfer") einhergehen, und es gibt eine umfangreiche *Bibliothek der Kriegskunst* (z. B. Delbrück 2003; Newark 2010).

Der Aufbau und Erhalt von Machtstrukturen einschließlich der Nutzung technologischer Entwicklungen (Waffen, Vernichtungsstrategien) führte und führt immer wieder zu ungeahntem Leid vieler Menschen, wofür die Naziherrschaft in Deutschland leider nicht das letzte erschreckende Beispiel in der jüngsten Vergangenheit ist. Siegmund Freud schreibt: „Eröffnet eine Gesellschaft Chancen für die Freisetzung der ‚bösen Gelüste', so wird man erleben, dass die Menschen Taten begehen von Grausamkeit und Tücke, von Verrat und Rohheit, deren Möglichkeiten man mit dem kulturellen Niveau für unvereinbar gehalten hätte" (Freud 1967). Milgrams berühmte Experimente (Milgram 1995) und auch andere Untersuchungen (Zimbardo 2008) belegen, wie leicht es gelingt, in autoritären Strukturen oder durch Lernen am Vorbild (Bandura 1976) antihumane Einstellungen und entsprechendes Verhalten zu induzieren. Die wenigen Beispiele, die keinerlei Vollständigkeit beanspruchen, sollen nur andeuten, dass trotz eines historisch verankerten kulturellen Überbaus auch der *Conditio humana* widersprechende Entwicklungen entstehen können, die einer Vernunft und humanem Anstand gehorchenden Einsicht entgegenstehen. Offensichtlich wird der Begriff Kultur zu häufig einseitig nur mit den „guten" Fähigkeiten des Menschen in Zusammenhang gebracht. Diese Sicht ist jedoch nicht haltbar, denn auch die „negativ" belegten individuellen und kollektiven Verhaltensphänomene gehören (leider) auch zur Kultur des Menschen (Vogel 2000). Hubert Markl fasste dies in dem schon erwähnten Kontext so zusammen: „Wir blieben und bleiben stets an der Leine der uns via natürlicher Selektion einprogrammierten genetischen Fitness-Imperative" (Markl 1988).

Unser phylogenetischer Hintergrund ist uns also im Sinne der *Conditio humana* nur bedingt und in einigen Fällen gar kein guter Ratgeber. Die biologische Evolution, aus der wir hervorgegangen sind, kennt kein Gut und kein Böse und auch keine Vorgabe für einen alle menschlichen Populationen umfassenden Humanismus. Biologische Evolution ist (leider) auch in dieser Hinsicht nicht auf Humanismus aus – und schon gar nicht zielgerichtet (Mohr 1981), wenngleich eine Reihe wiederum evolutionsbiologisch vorgegebener und entstandener Verhaltensoptionen und Handlungsbereitschaften (sozial positive, altruistische Verhaltensweisen) eine biologisch vorgegebene „Hängematte" unserer humanistischen Grundhaltungen darstellen. Humanismus zum obersten Prinzip, zur Handlungsmaxime in allen interpersonellen Bereichen zu machen, von der Familie und Kommune bis zu Länder und Völker übergreifenden internationalen Übereinkünften, ist somit der Menschen eigene Sache. Wie weit der *Homo sapiens* in seiner Gesamtheit („Menschheit") allerdings noch davon entfernt ist, demonstrieren uns tägliche Nachrichten. Die Vergangenheit lehrt, dass der Vorsatz allein nicht ausreicht, eine humane und friedfertige Welt zu wollen, wie es gesinnungsethische Ansätze im Sinne von Geboten und Verboten verschiedenster weltanschaulicher und/oder religiöser Strukturen vorgeben und fordern. Wie hätte es sonst zu den die Kulturgeschichte begleitenden „unmenschlichen" Entgleisungen selbst im Namen oder trotz der Gebote der Religionen kommen können (Dollinger 1999)? Gebote und sittliche Vorgaben wurden durch menschliche Populationen in bestimmten Epochen, unter bestimmten Bedingungen als Verhaltenskodizes tradiert, da sie sich zur Erhaltung entsprechender überindividueller, sozialer Strukturen unter realen historischen Bedingungen bewährt haben (von Hayek 1983) – stabilisierend nach innen und abgrenzend/dominierend nach außen.

21.6 Das Besondere der menschlichen Ontogenese

Verhaltenswissenschaften, Psychologie und Hirnforschung sagen aus, dass das menschliche Gehirn und dementsprechend seine verhaltensgenerierenden Mechanismen in komplexer Weise einerseits durch phylogenetische Vorprogrammierungen biogenetisch determiniert sind, andererseits beim Menschen aber die reale individuelle Ausformung der das Verhalten generierenden Mechanismen („Software“) in hohem Maße von den Informationen abhängig und mitbestimmt ist, die im individuellen Entwicklungsprozess aus der frühkindlichen und der später immer mehr sich erweiternden sozialen oder gesellschaftlichen Umwelt aufgenommen werden. Dieser Umstand gibt weder denen Recht, die auf das Angeborensein von Verhaltensweisen und ihre Unveränderbarkeit verweisen (Biologismus), noch denen, die das Tabula-rasa-Konzept vertreten und meinen, das intellektuelle Werden sei der Willkür eines lehrenden Schulmeisters unterworfen und alles sei unabhängig von biologischen Vorgaben durch Lernprozesse zu erreichen, wie es der glücklicherweise weitestgehend überwundene Behaviorismus (Watson 1968) propagierte. „Hirnstrukturen und ihre Funktionen sind das Ergebnis eines ständigen Dialogs zwischen genetischen und epigenetischen also phylogenetisch vorgegebenen und ontogenetisch ablaufenden Prozessen. Beide Kategorien haben Einflüsse auf dieselbe Strukturbildung. Die phylogenetisch vorgegebenen Instruktionen (Vorprogramme/Vorwissen) sind komplizierten Sätzen vergleichbar, die über eine eigene Grammatik verfügen. Diese Sätze werden durch den Entwicklungsprozess in Strukturen und Funktionen übersetzt, die schließlich der Anpassungsfähigkeit des Individuums, der Fähigkeit Probleme zu lösen [dienen]“ (Singer 2002). Der biologische Vorteil einer derartigen Individualentwicklung liegt auf der Hand, da dadurch mit den grundsätzlich phylogenetisch ererbten (Biogenese, „darwinistisch“) Verhaltensdispositionen eine für das aktuelle individuelle kulturelle Umfeld (zum Zeitpunkt der Geburt und danach) optimierte Anpassung möglich wird. Ohne diese komplexe biologische Vorgabe aber wäre kulturelle Kontinuität über die Generationen hinweg, wie auch ihre ständige weitere Entwicklung, undenkbar (Tradigenese – „lamarckistische Vererbung“). Das betrifft das Einordnen in eine mikrosoziale Struktur (Bindungsphasen – Familie) und das Erlernen der Muttersprache genau so wie das Sublimieren von Haltungen und Wertesystemen, die durch das gesamte kulturelle Umfeld vorgegeben werden.

Bei der Betrachtung menschlichen Verhaltens und seiner grundsätzlichen individuellen Ausformungen bildet daher das Interaktionsgefüge phylogenetisch vorgegebener und darauf aufbauend individuell erworbener Fähigkeiten eine funktionelle Einheit. Verschiedene Phasen des individuellen Entwicklungsprozesses (Adaptation) haben dabei unterschiedliche Bedeutung für eine sich aufeinander aufbauende Schichtung verhaltensgenerierender Mechanismen mit unterschiedlicher Stabilität und Variabilität. Dies geschieht in einem biologisch vorprogrammierten Rahmen und bildet mit den entwicklungspsychologisch abgrenzbaren psychisch-kognitiven Entwicklungsstadien (Piaget u. Inhelder 1972) ein zeitliches und funktionales Kontinuum. Es entwickeln sich Handlungsbereitschaften und moralische Haltungen im Sinne eines Orientierungswissens (Mohr 1989), welches „prägend" die Grundlage für die spätere Handlungsdisposition bildet und somit die generelle Lebenshaltung entscheidend mitbestimmt. Dieser eigentlich lebenslang anhaltende Prozess ist jedoch in bestimmten Phasen (frühe Kindheit, Kindheits- und Jugendphasen) von unterschiedlicher Stabilität und Wertigkeit („Was Hänschen nicht lernt, [...]"). Gemeinhin werden all diese Prozesse mit dem Begriff „Erziehung" in Verbindung gebracht. Die Komplexität, die sich dabei im dynamischen Interaktionsgefüge biogenetischer und tradigenetischer Prozesse abspielt, ist von der Gesellschaft gebührend zu berücksichtigen. Zu beachten ist vor allem, dass gerade im Entwicklungsprozess Quantität und Qualität der Informationen aus dem gesellschaftlichen Umfeld einen entscheidenden Einfluss haben.

21.7 Die Gefahr falscher Informationen

In der modernen Welt, in der neben den traditionellen Informationsflüssen und sozialen Interaktionen (z. B. Mutter/Kind) innerhalb der Familie und des unmittelbaren sozialen Lebenskreises in jeder Entwicklungsphase eine Unzahl beliebiger medialer Informationen mit undifferenzierter Wertigkeit und vor allem mit beliebiger (auch gezielter) Wiederholung zugänglich ist, erlangen letztere häufig – im wahrsten Sinne des Wortes – ungeahnte Vorbildwirkung. Striegler (2008) warnt daher eindringlich vor der Vereinnahmung und Umlenkung des intergenerationalen Erziehungsprozesses durch die „Kulturindustrie". Es besteht die Gefahr, dass Vorbilder auf die Verhaltens- und Charakterentwicklungen Einfluss nehmen, die allgemeinen, sozial positiven und humanistischen Vorstellungen widersprechen. Die Kriminalitätsstatistiken und die Zunahme erschreckender Einzelbeispiele jugendlich-krimineller Energie (Tötungsdelikte an Schulen und andernorts) machen dies zunehmend deutlich. Informationelle, mediale Produkte dienen nicht nur dann als Vorbilder, wenn sie als solche benannt werden. Sie können diese Funktion ausüben, sobald sie die Empfänger erreichen. Da mediale Produkte in zunehmendem Maße durch marktwirtschaftlichen Wettbewerb also vom ökonomischen Interesse ihrer Produzenten oder Vermarkter mitbestimmt werden und immer weniger von der Verantwortung gegenüber den Empfängern, ergibt sich eine problematische Konstellation.

Es ist an der Zeit, trotz pluralistisch-freiheitlichem Gesellschaftskonzept, allein in Anbetracht schon heute sichtbarer Verwerfungen, deutlich zu machen, dass insbesondere durch Frequenz, Intensität und Art der Darbietung von Informationsangeboten eine Vorbildwirkung induziert wird, die bei den Informationskonsumenten zu Veränderungen von Einstellungen, Haltungen, Wertmaßstäben und Handlungsbereitschaften sowie zu einem veränderten Sozialtyp führen. Winterhoff-Spurk (2005) spricht auch aufgrund eigener Untersuchungen vom vor allem durch das

Fernsehen veränderten Sozialcharakter und charakterisiert diesen unter anderem mit dem Typ des Histrios. Auch der Philosoph Thomas Metzinger brachte dies unlängst unmissverständlich in einer Diskussion mit dem Hirnforscher Wolf Singer zum Ausdruck: „Ich glaube auch, dass die medialen Umwelten, die wir uns selbst schaffen, gefährlicher für uns werden können, als die einfache pharmakologische Manipulation. Wir leben mittlerweile in künstlich medialen Welten, für die das menschliche Gehirn nicht optimiert ist. [...] Ständig nehmen die Hinweise zu, dass unsere Erfahrungen selbst die physischen Hirnstrukturen verändern und zwar nachhaltig" (Singer u. Metzinger 2002). Eigentlich sind diese Aspekte aus psychologischen Untersuchungen schon vielfach bekannt (z. B. Bandura 1976) und sollten längst dazu geführt haben, dass man den Zusammenhängen und Wechselwirkungen zwischen der „Natur des Menschen", das heißt dem evolutionsbiologischen Erbe, und der „Kultur des Menschen" mehr Aufmerksamkeit widmet. Leider gilt in der Realität vielfach das Zitat von Hans Mohr: „Die chronische Lebenslüge des modernen Menschen, die abgrundtiefe Unmoral unserer Zeit, findet ihren Ausdruck in der Beliebigkeit und Willkür, mit der Erkenntnis akzeptiert oder abgewiesen werden kann" (Mohr 1981). Die mit zunehmender Geschwindigkeit (s. Rosa in diesem Band) ständig komplexer werdende, vom Menschen selbst geschaffene, gesellschaftlich-ökonomische und informationelle Umwelt besitzt ein bedenkliches Verselbstständigungspotenzial mit entsprechenden soziokulturellen Folgen. Noch ist der sogenannte Fortschritt in erster Linie ein technisch materieller, der in seiner Eigendynamik und Verselbstständigung unter den gegenwärtigen Verhältnissen zu ständig steigenden Ansprüchen der darin involvierten Menschen führt. Leider führt er nicht automatisch zu einer selbstständig sich entwickelnden solidarisch-humanistischen Gesellschaft.

Das Ziel einer solidarisch-humanistischen Gesellschaft kann sich das „*Zoon politikon*", „*Homo sapiens sapiens*" mit seiner Fähigkeit zur Selbstreflexion, seiner außerordentlichen Erkenntnisfähigkeit und seinen Möglichkeiten der eigenständigen Zielbestimmung nur selbst vorgeben und durchsetzen. Dies bedeutet jeden Entwicklungsschritt in der gesellschaftlichen Entwicklung auf den Prüfstand zu stellen, zu fragen, ob er uns einer humanistischen Zielvorgabe näher bringt, oder ob lediglich Bedingungen erfüllt sind, die einzelnen Gruppen, Kulturen, Nationen oder Staaten Vorteile bringen. Das Bild, das sich zu Beginn des neuen Jahrhunderts abzeichnet, ist ein deutlicher Hinweis, wie mühsam der Weg zu dem von vielen Menschen ersehnten Ziel einer humanistisch-solidarischen Welt ist.

21.8 Was sollte getan werden?

Es sind Denkweisen gefordert, die die gegenwärtigen Triebfedern gesellschaftlicher Entwicklung ganzheitlich erfassen und kritisch die technisch-ökonomischen Entwicklungen auf ihre Zweckdienlichkeit im Kontext humanistischer und ökologisch nachhaltiger Zielsetzung hinterfragen, um dann konsequent politische Entscheidungen zu favorisieren, die Fehlentwicklungen verhindern helfen. Natürlich ist das leichter gesagt als getan, da dies in einer ganzen Reihe verschiedener gesellschaftlicher Bereiche ein Umdenken und damit einen politischen Paradigmenwechsel erforderlich macht. So steht heute der *Homo sapiens* mehr denn je vor der Aufgabe der Verwirklichung eines humanistischen Menschheitsideals. Technischer Fortschritt allein hat auch in den davon profitierenden Ländern und Kulturen die angesprochenen Spannungsfelder menschlicher Existenz nicht gelöst. Am Beispiel der Ressourceninanspruchnahme und der Entwicklung von Vernichtungstechnologien (Rüstung) zeigt sich eher, dass sie dramatisch verstärkt werden.

Der vorrangig materiell eingestellten Welt mit der Dominanz wirtschaftlich-ökonomischer Prozesse und mit innerhalb dieses Wertesystems tradierten, legitimierten, ja favorisierten eigennützigen Vorteilsnahmen sind neue, auf jeder sozialen und gesellschaftlichen Ebene vor allem an Solidarität, Kooperation und Nachhaltigkeit orientierte Denkweisen und Haltungen entgegenzusetzen und gemeinnützige Handlungsbereitschaften zu entwickeln. Am Gemeinsinn orientierte Grundhaltungen müssen aber, wenn sie als individuelle und kollektive Grundhaltungen auf das Gesamtgeschehen Einfluss nehmen sollen, in weit stärkerem Maße vor allem auch die tradigenetische und ratiogenetische Verhaltensgenese mitbestimmen. Wie wir heute wissen, erfordern die komplexen Wechselwirkungen zwischen Menschen und ihren Umwelten eine ganzheitliche Betrachtung unter Berücksichtigung der menschlichen Vergangenheit (Mohr 1989; von Weizsäcker 1997; Wilson 1998, 2002; Wuketits 1998, 1999). Vor allem müssen politische Zielsetzungen durch humanistisch-moralischen Konsens getragen sein. Sie können auf Dauer nur dann praktischen Erfolg haben, wenn sie die Eigengesetzlichkeiten der menschlichen Natur sowie die Wechselwirkungen mit der belebten und unbelebten Natur in ihrer Ganzheitlichkeit und zeitlichen Dynamik berücksichtigen. Zu Recht ist die Aufhebung der Trennung – hier Biologie des Menschen, da Kultur des Menschen – gefordert. Eine moderne, ganzheitliche Anthropologie kann und muss dabei eine wichtige Rolle spielen.

Literatur

Bandura A (1976) *Lernen am Modell.* Klett-Cotta, Stuttgart

Darwin C (1859) *On the Origin of Species by Means of Natural Selection.* Murray, London

Darwin C (2003) [1871] *The Descent of Man and Selection in Relation to Sex.* Gibson Square, London

Delbrück H (2003) *Geschichte der Kriegskunst. Das Altertum. Die Germanen. Das Mittelalter. Die Neuzeit: 4 Bde.* Nikol, Hamburg

Dollinger H (1999) *Schwarzbuch der Weltgeschichte.* Komet, Frechen

Freud S (1967) *Zeitgemäßes über Krieg und Tod.* In: Freud S (Hrsg), *Gesammelte Werke.* Bd 10, Fischer, Frankfurt/M

Gattermann R (Hrsg) (2006) *Wörterbuch zur Verhaltensbiologie der Tiere und des Menschen.* Spektrum, Heidelberg

von Hayek FA (1983) *Die überschätzte Vernunft.* In: Riedl RJ, Kreuzer F (Hrsg) *Evolution und Menschenbild.* Hoffmann & Campe, Hamburg, S. 164–192

Hume D (1993) *Untersuchung über den menschlichen Verstand.* Meiner, Hamburg

Jonas H (1979) *Das Prinzip Verantwortung.* Insel, Frankfurt/M

Markl H (1986) *Natur als Kulturaufgabe.* DVA, Stuttgart

Markl H (1988) *Evolution, Genetik und menschliches Verhalten*. Piper, München
Markl H (1998) *Wissenschaft gegen Zukunftsangst*. Hanser, München
Milgram S (1995) *Das Milgram-Experiment*. Rowohlt, Reinbek
Mohr H (1981) *Biologische Erkenntnis*. Teubner, Stuttgart
Mohr H (1989) *Biologische und kulturelle Evolution der Moral*. Naturwissenschaftliche Rundschau 42: 4
Nentwig W (1995) *Humanökologie*. Springer, Berlin
Nentwig W (2008) *Homo sapiens – Vom Jäger und Sammler zum Bedroher der Schöpfung*. In: Klose J, Oehler J (Hrsg) *Gott oder Darwin*. Springer, Berlin, S. 275–289
Newark T (2010) *Kriegskunst*. Bassermann, München
Piaget J, Inhelder B (1972) *Die Psychologie des Kindes*. Walter, Olten
Piechulla B (1999) *Chronobiologie; Wie tickt unsere biologische Uhr?* Biologen heute 4: 1–5
Pöppel E (1997) *Was also ist die Zeit?* In: Treusch J, Altner H, zur Hausen H (Hrsg) *Koordinaten der menschlichen Zukunft: Energie – Materie – Information – Zeit*. Hirzel, Stuttgart, S. 73–82
Singer W (2002) *Der Beobachter im Gehirn*. Suhrkamp, Frankfurt/M
Singer W, Metzinger T (2002) *Ein Frontalangriff auf unsere Menschenwürde*. Gehirn & Geist 4: 32–35
Sommer V (2000) *Von Menschen und anderen Tieren*. Hirzel, Stuttgart
Spork P (2004) *Das Uhrwerk der Natur. Chronobiologie –Leben mit der Zeit*. Rowohlt, Reinbek
Striegler B (2008) *Die Logik der Sorge*. Edition Unseld, Suhrkamp, Frankfurt/M
Vogel C (2000) *Anthropologische Spuren*. Hirzel, Stuttgart
Vollmer G (1992) *Die vierte bis siebte Kränkung des Menschen – Gehirn, Evolution und Menschenbild*. Biologie heute 400: 1–3
Wagner A (1997) *Einführung: Koordinate Zeit*. In: Treusch J, Altner H, zur Hausen H (Hrsg) *Koordinaten der menschlichen Zukunft: Energie – Materie – Information – Zeit*. Hirzel, Stuttgart, S. 25–29
Walther H (1997) *Das Atom in der Falle – eine neue Uhr?* In: Treusch J, Altner H, zur Hausen H (Hrsg) *Koordinaten der menschlichen Zukunft: Energie – Materie – Information – Zeit*. Hirzel, Stuttgart, S. 45–57
Watson JB (1968) *Behaviorismus*. Kiepenheuer & Witsch, Köln
von Weizsäcker EU (1997) *Erdpolitik*. Primus, Darmstadt
Wickler W, Seibt U (1977) *Das Prinzip Eigennutz*. Hoffmann & Campe, Hamburg
Wilson EO (1992) *Ende der biologischen Vielfalt?* Spektrum, Heidelberg
Wilson EO (1998) *Die Einheit des Wissens*. Siedler, Berlin
Wilson EO (2002) *Die Zukunft des Lebens*. Siedler, Berlin
Winterhoff-Spurk P (2005) *Kalte Herzen. Wie das Fernsehen unseren Charakter formt*. Klett-Cotta, Stuttgart
Wuketits FM (1998) *Naturkatastrophe Mensch*. Patmos, Düsseldorf
Wuketits FM (1999) *Die Selbstzerstörung der Natur*. Patmos, Düsseldorf
Zimbardo P (2008) *Der Luzifer-Effekt: Die Macht der Umstände und die Psychologie des Bösen*. Spektrum, Heidelberg

Sachverzeichnis

J. Oehler (Hrsg.), *Der Mensch – Evolution, Natur und Kultur,*
DOI 10.1007/978-3-642-10350-6, © Springer-Verlag Berlin Heidelberg 2010

J

K

L

M

N